研究生系列教材

光的电磁理论
——光波的传播与控制

(第二版)

石顺祥　刘继芳　孙艳玲　编著

西安电子科技大学出版社

内 容 简 介

本书系统地讲授了光波传播与控制的光的电磁理论，主要采用光波电磁场的模式理论和耦合模理论讨论光波在各种介质中的传播规律。全书共6章。第一章讨论了光波在各向同性介质中的传播，给出了光波电磁理论的基础；第二章讨论了光波在各向异性介质中的传播；第三章主要讨论了光波在周期性介质中的传播；第四章讨论了光波在平板光波导、光纤等有限空间介质中的传播；第五章讨论了光波在非线性介质中的传播；第六章讨论了控制介质中光波传播特性的电光、声光、磁光效应的电磁理论。

本书可作为光学工程、物理电子学、光学以及物理等专业研究生"光的电磁理论"课程的教科书，也可作为其他相关专业师生及科技人员的参考书。

图书在版编目(CIP)数据

光的电磁理论：光波的传播与控制/石顺祥，刘继芳，孙艳玲编著. —2版.
—西安：西安电子科技大学出版社，2013.11
研究生系列教材
ISBN 978-7-5606-3069-4

Ⅰ. ① 光…　Ⅱ. ① 石…　② 刘…　③ 孙…　Ⅲ. ① 光—电磁理论—研究生—教材
Ⅳ. ① O431.1

中国版本图书馆CIP数据核字(2013)第165370号

责任编辑　夏大平　李惠萍
出版发行　西安电子科技大学出版社(西安市太白南路2号)
电　　话　(029)88242885　88201467　　邮　　编　710071
网　　址　www.xduph.com　　电子邮箱　xdupfxb001@163.com
经　　销　新华书店
印刷单位　陕西华沐印刷科技有限责任公司
版　　次　2013年11月第2版　2013年11月第2次印刷
开　　本　787毫米×1092毫米　1/16　印张23
字　　数　541千字
印　　数　4001～6000册
定　　价　45.00元
ISBN 978-7-5606-3069-4/O
XDUP　3361002-2

序

激光器的发明，解决了强相干光和光频载波的产生问题，使古老的光学焕发了青春。从此，电子技术的各种基本概念(如放大与振荡，调制与解调，倍频与和、差频以及参量振荡，外差探测等)几乎都移植到了光频波段，并直接导致光子学这门新兴学科的诞生和发展，使之成为信息科学的重要基础和支柱；光和物质相互作用的新现象层出不穷，为一系列具有重要应用价值的科学技术奠定了新的物理基础，极大地推动了科学技术的发展和新兴科学技术的产生，并在国民经济、国防建设等诸方面获得了广泛的应用。

人们对于描述光与物质相互作用的过程——光在各种介质中传播的基本理论先后发展了经典理论、半经典理论和全量子理论。实际上，采用经典理论、半经典理论已经能够很好地处理目前所遇到的绝大部分光学及现代光学问题。描述光和物质相互作用的经典理论、半经典理论，均把光辐射视为经典电磁波(光频电磁波)，遵从光的电磁理论。因此，对于光学、光电子技术领域的研究人员，掌握好光的电磁理论十分重要，对于光学、光电子技术专业的学生，特别是研究生，光的电磁理论应当是必须学好的基础理论。

纵观我国高校光学、光电子学、光电子技术等领域的教学和研究，光的电磁理论散见于各种专业教科书和专著中，系统反映光在各种介质中传播规律和特性的光的电磁理论基础性书籍不多。西安电子科技大学的石顺祥教授及其研究集体长期从事相关领域的科学研究和教学工作，在其长期进行的本科生、研究生教学实践的基础上，为了使学生系统掌握光的电磁理论，编写了这本《光的电磁理论——光波的传播与控制》研究生教材，这是一件很有意义的工作。

这本书是半经典理论体系的光的电磁理论教科书，采用光波电磁场的模式理论和耦合模理论，分别讨论了光在各向同性和各向异性介质、无限大和有限空间介质、均匀和非均匀介质、线性和非线性介质中的传播规律，利用电磁理论处理各种光学现象贯穿始终。全书内容取舍恰当，条理清楚，层次分明，论述严谨，符合由浅及深的认知规律，是一本特色鲜明的好书，特别适合于我国研究生教学，并可供相关专业科技人员参考使用。相信这本书的出版，将会对我国研究生的培养发挥重要作用。

姚建铨

中国科学院院士

2006 年 9 月 1 日

作 者 简 介

石顺祥，1965年毕业于西北军事电讯工程学院。现任西安电子科技大学教授，博士生导师，学科带头人，校教学名师，享受国家政府特殊津贴。长期以来，为研究生和本科生开设并主讲了“非线性光学”“光的电磁理论”“物理光学与应用光学”“光电子技术及其应用”等20余门课程，获陕西省优秀教学成果一等奖、二等奖各1项。主要研究领域为非线性光学与技术、光电子技术及应用、超短脉冲技术，多项研究成果达到国际先进水平，获省部级科技进步三等奖5项，国家发明专利授权8项，已在国内外刊物上发表学术论文120余篇。已出版《非线性光学》《光的电磁理论》《物理光学与应用光学》《光电子技术及其应用》《光纤技术及应用》等12部著作，获电子部优秀教材二等奖2项。

刘继芳，教授，理学博士。现在西安电子科技大学从事非线性光学及光学信息处理等领域的教学研究工作。相关研究成果获国防科技进步三等奖1项，中船重工集团科技进步三等奖1项，获国家发明专利授权4项。在国内刊物、学术会议发表论文50余篇。先后讲授“普通物理”“激光原理与技术”“光电子技术”“傅里叶光学”“光信息处理”“概率论与数理统计”等本科生课程以及“现代光学”和“激光技术试验”等研究生课程。合作出版本科生教材《光电子技术》《光电子技术及应用》《激光原理与技术》《光纤技术及应用》和研究生教材《非线性光学》《光的电磁理论——光的传播与控制》《现代光学》等。

孙艳玲，副教授。现在西安电子科技大学从事光电子技术及应用、非线性光学等领域的教学与科研工作。发表论文20余篇，获国家发明专利授权6项，获省部级科技进步三等奖1项。讲授“普通物理”“力学”“概率论与数理统计”“物理光学与应用光学”“光纤技术”等课程。合作出版本科生教材《光纤技术及应用》和研究生教材《光的电磁理论——光波的传播与控制》。

前　　言

本书第一版于2006年10月在西安电子科技大学研究生院和中国科学院西安光学精密机械研究所研究生部的支持下，由西安电子科技大学出版社出版。该书出版后受到了国内同行的厚爱，他们对本书的定位、体系和撰写给予了充分肯定，本书已被许多高校、研究所选作为研究生“光的电磁理论”等课程的教材或参考书。

本书主要是为与光电子技术专业相关的光学工程、物理电子学、光学等专业的研究生“光的电磁理论”课程编写的专业基础课教材，是作者结合自己长期从事光电子技术专业科研和研究生教学工作的积累、根据我国光电子技术发展需求编写的。本书与目前国内高等学校相关专业通常采用的电子学的电磁场理论教材体系不同，是基于光的电磁场理论，系统地讲授光在各向同性、各同异性介质，光在无限大、有限空间介质，光在均匀、非均匀(周期性)介质，光在线性、非线性介质中的传播规律及控制光波在介质中传播特性的光学效应。基于研究各类介质中光波传播特性的问题实际上是结合应用环境的电磁参数求解光的波动方程的边值问题，而因实际环境的复杂性，通常都需要采用近似方法，例如简正模理论、耦合模理论以及诸多的数值解法，本书的理论研究体系采用了最基本、物理概念最明确、应用最广泛的模式理论和耦合模理论。本书理论体系清晰，讲授光的电磁理论内容系统、条理，可改变通常光电子技术相关专业光的电磁理论教学内容散见于各专业课中的现象，使研究生获得系统的光的电磁理论知识。

本书第二版的出版是适应光电子技术的发展需求，根据光电子技术相关专业研究生教学培养计划的修订，在许多同行和热心读者的支持下进行的。本书第二版保留了第一版的基本结构，在保证本书内容基础性、先进性、系统性、论述严谨性的基础上，主要进行了以下修改和内容补充：增加了光在各向异性介质界面上的双折射、双反射、负反射及左手材料内容；增加了光在光子晶体、光子晶体光纤及二元光学器件中的传输内容；增加了准相位匹配技术内容；将光学双稳态内容移到光波传播控制一章中；考虑到本书讲授内容的系统性，删去了光在随机介质中的传播和光波的衍射内容。

作者期望本书第二版的出版，有助于推进国内研究生的光的电磁理论教学工作。

作者感谢关心和帮助本书第二版修订出版的同行和读者，衷心期望并热忱欢迎专家、同行和读者提出宝贵意见。

作　者

2013年3月

第一版前言

19 世纪中叶，麦克斯韦建立了经典电磁理论，指出光也是一种电磁波，由此产生了光的电磁理论。光和电的统一理论，推动了光学和整个物理学的发展，特别是 20 世纪 60 年代激光的诞生，更标志着光学进入了一个新的发展阶段。

众所周知，光在各种介质中传播的过程实质上是光与物质相互作用的过程，描述光与物质相互作用的理论有经典理论、半经典理论和全量子理论。对于描述光与物质相互作用的经典理论、半经典理论，均视光辐射为经典电磁波，遵从光的电磁理论；对于描述光与物质相互作用的全量子理论，视光辐射为光量子，遵从量子光学理论。尽管现代光学中有许多问题需要运用量子理论处理，但是在目前光学领域内遇到的绝大部分现象和技术，利用光的电磁理论已经能够得到很好的解释。因此，对于绝大多数从事光学、光电子学、光电子技术领域的研究人员，掌握好光的电磁理论十分重要。对于高校培养的光学、光电子技术专业的学生，特别是研究生，光的电磁理论应当是必须学好的基础理论。

综观我国光学、光电子学、光电子技术等领域的研究生、本科生的教育，通过学习“电磁学”、“电磁场理论”、“电动力学”、“物理光学”等基础课程，学生已掌握了光的电磁理论基础，进而通过学习“光纤理论”、“激光技术”、“傅里叶光学”等专业课程，他们也已掌握了光在不同介质、不同光学元器件中的传播规律和属性。在长期进行的教学实践中我们深深感到，为了使学生所学到的知识从体系上更具有条理性和系统性，尚需要有一本总体体系清晰、处理方法统一、能系统反映光在各种不同介质中传播规律和特性的光的电磁理论专业基础性书籍，为此编写了本书。

本书主要是为“光学工程”、“物理电子学”、“光学”等专业的研究生编写的教科书，也可以作为相应专业高年级本科生的参考书籍。本书在电磁场基本理论的基础上，重点讲授光的波动性，讲授光在各向同性介质中、各向异性介质中的传播规律，光在无限大介质中、有限空间中的传播规律，光在均匀介质中、非均匀介质中的传播规律，光在线性介质中、非线性介质中的传播规律。全书始终贯穿光的电磁场理论、光的电磁波动性，在处理光波的各种传播特性时，均利用目前通常采用的光波电磁场模式理论和耦合模理论来求解光电磁波动方程。本书总体理论体系清晰，思路明确，论述严谨。

全书共分为六章。第一章针对光在各向同性介质中的传播，综述了光的电磁理论基础知识，着重讨论了平面光波和高斯光束的传播规律；第二章主要讨论了光在各向异性介质中的传播，根据模式理论和耦合模理论，分析了光在线双折射晶体和圆双折射晶体中的传播规律，详细介绍了描述双折射光学系统中偏振光传播的琼斯计算法；第三章讨论了光在非均匀介质中的传播，利用模式理论和耦合模理论详细讨论了光在周期性介质中的传播，并对于光在随机分布的非均匀介质中的传播，讨论了光的散射，进而针对光在传播空间遇到障碍物时的非均匀传播情况，讨论了光的衍射理论；第四章详细讨论了光在有限空间中的传播，利用模式理论和耦合模理论讨论了光在平板波导和光纤中的传播规律，同时还介绍了射线光学理论；第五章在通常讨论的线性光学基础上，详细讨论了光在非线性介质中的传播，主要介绍了光的二次谐波产生、参量上转换、光参量放大与参量振荡、受激布里渊散射等目前经常应用的非线性光学效应，以及有广泛应用前景的非线性光学相位共轭技术和双稳态技术；第六章在前五章讨论光的传播规律的基础上，进一步讨论了光波传播的控制，主要介绍了电光效应、声光效应和磁光效应，这些效应对于研究激光应用有着十分重要的意义。为了便于教学和学生自学，每章后面都备有一定数量的习题，并给出了主要参考文献。

本书由西安电子科技大学石顺祥主编，并编写第一、二、五章及统编全稿；刘继芳编写第三、六章；孙艳玲编写第四章。

本书在编写过程中，得到了西安电子科技大学研究生院的支持，还得到了西安电子科技大学激光教研室老师们的帮助，特别是西北大学的张纪岳教授审阅了全书书稿，并提出许多有益的建议和意见，在此一并表示感谢。

由于作者水平所限，本书中难免会存在个别疏漏，敬请读者批评指正。

本书的出版得到了西安电子科技大学研究生教材建设基金的资助。

作　者

2006 年 6 月

本书符号特别说明

1. 按照国家标准，本书矢量用单字母表示时，采用黑体斜体，如 $\boldsymbol{a}$、$\boldsymbol{M}$；

相应地，由于读者用手书写矢量时无法表示黑体，故采用字母上面带一条箭线的白体斜体字母表示矢量，如 $\vec{a}$、$\vec{M}$。

2. 按照国家标准，张量也应用黑体斜体字母表示，但本书为了与矢量区别，张量采用黑体正体字母表示，如 $\mathbf{T}$、$\boldsymbol{\varepsilon}$；

相应地，用手书写二阶张量时，可采用字母上面带两条箭线的白体斜体字母表示，如 $\overset{\substack{\rightarrow\\\rightarrow}}{T}$、$\overset{\substack{\rightarrow\\\rightarrow}}{\varepsilon}$；三阶张量可采用字母上面带有三条箭线的白体斜体字母表示，如 $\overset{\substack{\rightarrow\\\rightarrow\\\rightarrow}}{T}$、$\overset{\substack{\rightarrow\\\rightarrow\\\rightarrow}}{\varepsilon}$；以此类推。用手书写张量时，也可采用字母上面带有两条箭线或双向箭线的白体斜体字母表示，如 $\overset{\rightarrow\rightarrow}{T}$、$\overset{\rightarrow\rightarrow}{\varepsilon}$ 或 $\overset{\leftrightarrow}{T}$、$\overset{\leftrightarrow}{\varepsilon}$。

目　录

第一章　光在各向同性介质中的传播——光的电磁理论基础 …… 1
1.1　光电磁场的基本方程 …… 1
1.1.1　麦克斯韦方程和边界条件 …… 1
1.1.2　电磁场的能量、能流和动量 …… 3
1.1.3　波动方程 …… 4
1.1.4　光电磁场的表示 …… 5
1.2　平面光波的传播 …… 8
1.2.1　单色平面光波 …… 8
1.2.2　平面光波的速度 …… 9
1.2.3　单色平面光波的偏振 …… 12
1.3　高斯光束的传播 …… 19
1.3.1　标量波动方程 …… 19
1.3.2　高斯光束的传播 …… 20
1.3.3　高斯光束的简正模理论 …… 34
习题一 …… 40
参考文献 …… 42

第二章　光在各向异性介质中的传播 …… 44
2.1　各向异性介质的介电张量与晶体的分类 …… 44
2.1.1　各向异性介质的介电张量 …… 44
2.1.2　晶体的分类 …… 45
2.2　光在晶体中的传播特性 …… 46
2.2.1　光在晶体中传播特性的解析法描述 …… 47
2.2.2　光在晶体中传播特性的几何法描述 …… 55
2.2.3　光在晶体界面上的反射和折射 …… 61
2.2.4　介质损耗对光波传播的影响 …… 68
2.3　旋光性(圆双折射) …… 69
2.3.1　旋光现象 …… 69
2.3.2　旋光现象的定性解释 …… 71
2.3.3　旋光性的电磁理论 …… 71
2.4　光在各向异性介质中传播的耦合模理论 …… 76
2.4.1　耦合模方程 …… 76
2.4.2　旋光性的耦合模理论 …… 77
2.5　双折射光学系统的琼斯计算法 …… 81
2.5.1　双折射光学元件的琼斯计算法 …… 81
2.5.2　双折射光学系统的琼斯计算法 …… 87
习题二 …… 95
参考文献 …… 99

第三章　光在非均匀介质中的传播 …… 101
3.1　光在周期性介质中的传播 …… 101
3.1.1　周期性介质 …… 101
3.1.2　光在周期性介质中传播的简正模理论 …… 101
3.1.3　光在周期性介质中传播的耦合模理论 …… 114
3.1.4　电磁表面波 …… 124
3.1.5　周期性介质中光波的相速度、群速度和能量速度 …… 126
3.2　光在光子晶体中的传播 …… 129
3.2.1　光子晶体概述 …… 129
3.2.2　光在光子晶体中的传播特性 …… 131
3.3　二元光学器件中的光传播 …… 141
3.3.1　二元光学概述 …… 141
3.3.2　光在二元光学器件中传播的简正模理论 …… 142
3.3.3　光在二元光学器件中传播的耦合模理论 …… 149
3.3.4　二元光学器件的应用 …… 153
习题三 …… 157
参考文献 …… 159

第四章　光在有限空间中的传输 …… 160
4.1　光在理想平板介质光波导中的传输 …… 160
4.1.1　平板波导的射线光学理论 …… 161
4.1.2　平板波导的波动光学理论 …… 167
4.2　光在有扰动的平板介质光波导中的传输 …… 177
4.2.1　耦合模理论 …… 178
4.2.2　均匀电介质微扰平板波导 …… 179
4.2.3　周期性平板波导 …… 180
4.2.4　分布反馈激光器 …… 186
4.2.5　介质平板波导电光调制 …… 190
4.2.6　波导间的模式耦合 …… 193
4.2.7　其它平板波导 …… 195
4.3　光在光纤中的传输 …… 199
4.3.1　光纤的射线光学理论 …… 200
4.3.2　光纤的波动光学理论 …… 207
4.4　光子晶体光纤 …… 217
4.4.1　光子晶体光纤概述 …… 217
4.4.2　光子晶体光纤的传输特性 …… 220
附录Ⅰ …… 225
习题四 …… 227
参考文献 …… 230

第五章　光在非线性介质中的传播 …… 232
5.1　光在非线性介质中传播的电磁理论 …… 232
5.1.1　非线性光学概述 …… 232

5.1.2　非线性介质响应特性的描述 …… 233
5.1.3　非线性光学相互作用的电磁理论 …… 237
5.2　光的二次谐波产生 …… 241
5.2.1　均匀平面光的二次谐波产生 …… 242
5.2.2　高斯光束的二次谐波产生 …… 258
5.3　光参量上转换 …… 259
5.4　光参量放大与光参量振荡 …… 262
5.4.1　光参量放大 …… 263
5.4.2　光参量振荡器 …… 265
5.4.3　背向光参量放大与振荡 …… 272
5.5　受激布里渊散射 …… 274
5.6　非线性光学相位共轭技术 …… 277
5.6.1　非线性光学相位共轭技术概述 …… 277
5.6.2　四波混频相位共轭理论 …… 280
5.6.3　非线性光学相位共轭技术的应用 …… 284
习题五 …… 287
参考文献 …… 291

第六章　光波传播的控制 …… 292
6.1　光波的电光效应控制 …… 292
6.1.1　线性电光效应的折射率椭球方法描述 …… 293
6.1.2　电光晶体中光波的传播 …… 305
6.1.3　电光调制 …… 312
6.1.4　电光光束扫描 …… 319
6.2　光波的声光效应控制 …… 322
6.2.1　声光效应的折射率椭球方法描述 …… 322
6.2.2　布喇格衍射的耦合波理论分析 …… 330
6.2.3　声光调制器 …… 333
6.2.4　光束的声光扫描 …… 337
6.2.5　声光空间光调制 …… 339
6.3　光波的磁光效应控制 …… 339
6.3.1　光波在法拉第介质中传播的简正模理论 …… 340
6.3.2　光传播的磁光调制 …… 342
6.3.3　磁光空间光调制 …… 343
6.4　光学双稳态 …… 344
6.4.1　光学双稳态概述 …… 344
6.4.2　光学双稳态的基本原理 …… 346
6.4.3　光学双稳态的基本形式 …… 350
习题六 …… 354
参考文献 …… 355

第一章 光在各向同性介质中的传播——光的电磁理论基础

19 世纪 60 年代，麦克斯韦(Maxwell)建立了经典电磁场理论，并把光学现象与电磁现象联系起来，指出光也是一种电磁波，是光频范围内的电磁波[1]，从而产生了光的电磁理论。光的电磁理论是描述光在介质中传播的各种现象的基本理论。

本章将简述光的电磁理论基础，并应用光的电磁场理论讨论光波在各向同性介质中传播的基本特性，重点讨论平面光波和高斯光束的传播规律及色散特性。

1.1 光电磁场的基本方程

1.1.1 麦克斯韦方程和边界条件

1. 电磁波谱

自从 19 世纪人们证实了光是一种电磁波后，又经过大量的实验，进一步证实了 X 射线、γ 射线也都是电磁波。它们的电磁特性相同，只是频率(或波长)不同而已。电磁波按其频率的次序排列成谱，如图 1.1－1 所示。通常所说的光谱区域包括红外线、可见光和紫外线。由于光波频率极高($10^{12}\sim10^{16}$ Hz)，数值很大，使用起来不方便，所以通常都采用波长表征，光谱区域的波长范围约为 1 mm～10 nm。

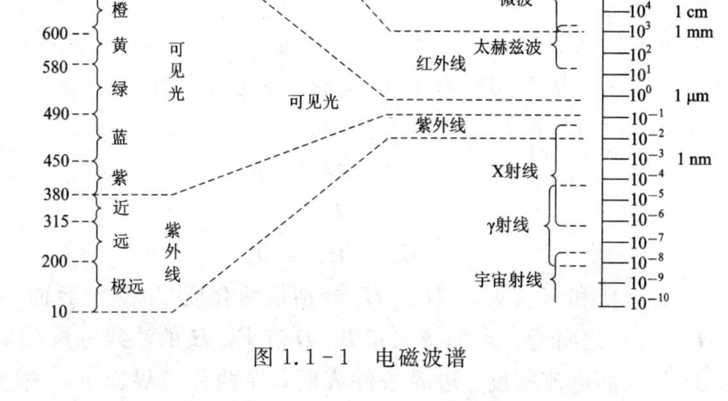

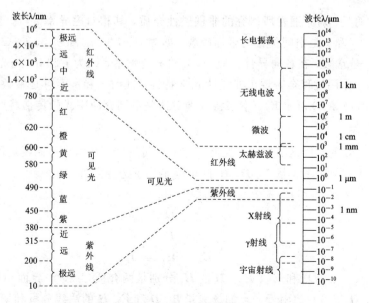

图 1.1－1 电磁波谱

2. 麦克斯韦方程

根据光的电磁场理论，描述光波性质的基本方程——麦克斯韦方程的微分形式为

$$\nabla \times \boldsymbol{E} + \frac{\partial \boldsymbol{B}}{\partial t} = \boldsymbol{0} \tag{1.1-1}$$

$$\nabla \times \boldsymbol{H} - \frac{\partial \boldsymbol{D}}{\partial t} = \boldsymbol{J} \tag{1.1-2}$$

$$\nabla \cdot \boldsymbol{D} = \rho \tag{1.1-3}$$

$$\nabla \cdot \boldsymbol{B} = 0 \tag{1.1-4}$$

式中，$\boldsymbol{E}$、$\boldsymbol{D}$、$\boldsymbol{H}$、$\boldsymbol{B}$ 分别是电场强度、电感应强度(电位移矢量)、磁场强度、磁感应强度；$\boldsymbol{J}$ 是电流密度；ρ 是电荷密度。这种微分形式的方程组将空间任一点处的电场、磁场联系在一起，可以确定空间任一点的电场和磁场，可以描述电磁波在任意介质中的传播。本书中未加特殊说明，均采用国际单位制(SI)。

上述麦克斯韦方程中，电流密度 $\boldsymbol{J}$ 和电荷密度 ρ 可以看做是电磁辐射源。在光学的许多应用领域里，经常处理的是电磁辐射在远离源的区域中的传播，在这种情况下，方程中的 $\boldsymbol{J}$ 和 ρ 可视为零。本书所讨论的所有内容均属于这种情况。

由于光波在各种介质中的传播过程实际上就是光与介质相互作用的过程，因而在运用麦克斯韦方程处理光的传播问题时，必须考虑介质的特性，以及介质对电磁场量的影响。描述介质特性对电磁场量影响的关系式，即是物质方程(或本构方程)：

$$\boldsymbol{D} = \varepsilon \boldsymbol{E} = \varepsilon_0 \varepsilon_r \boldsymbol{E} = \varepsilon_0 \boldsymbol{E} + \boldsymbol{P} \tag{1.1-5}$$

$$\boldsymbol{B} = \mu \boldsymbol{H} = \mu_0 \mu_r \boldsymbol{H} = \mu_0 \boldsymbol{H} + \mu_0 \boldsymbol{M} \tag{1.1-6}$$

$$\boldsymbol{J} = \sigma \boldsymbol{E} \tag{1.1-7}$$

式中，ε、ε_0、ε_r 分别是介质介电常数、真空介电常数、介质相对介电常数；μ、μ_0、μ_r 分别是介质磁导率、真空磁导率、介质相对磁导率；σ 是介质电导率；$\boldsymbol{P}$ 和 $\boldsymbol{M}$ 分别是电极化强度和磁极化强度。

应当指出的是，对于通常所研究的非铁磁性介质，其相对磁导率 μ_r 均可视为 1；对于非均匀性介质，ε 和 σ 是空间位置的坐标函数，即为 $\varepsilon(x, y, z)$ 和 $\sigma(x, y, z)$；在各向同性介质中，ε 和 σ 是常数；在各向异性介质中，ε 和 σ 是张量，即为 $\boldsymbol{\varepsilon}$ 和 $\boldsymbol{\sigma}$；当光强度很强时，光与介质的相互作用过程会表现出非线性光学特性，此时 ε 和 σ 不再是常数，而是与光场有关系的量，即为 $\boldsymbol{\varepsilon}(\boldsymbol{E})$ 和 $\boldsymbol{\sigma}(\boldsymbol{E})$。本书将分别对这些不同介质中光的传播特性进行讨论。

3. 边界条件

在 ε 和 μ 连续的空间区域内，麦克斯韦方程是可解的。在两个不同物理性质(ε 和 μ)介质的光滑界面上，两边场矢量 $\boldsymbol{E}$、$\boldsymbol{D}$、$\boldsymbol{H}$ 和 $\boldsymbol{B}$ 满足如下边界条件：

$$B_{2\mathrm{n}} = B_{1\mathrm{n}} \tag{1.1-8}$$

$$D_{2\mathrm{n}} - D_{1\mathrm{n}} = \rho_{\mathrm{s}} \tag{1.1-9}$$

$$\boldsymbol{E}_{2\mathrm{t}} = \boldsymbol{E}_{1\mathrm{t}} \tag{1.1-10}$$

$$\boldsymbol{H}_{2\mathrm{t}} - \boldsymbol{H}_{1\mathrm{t}} = \boldsymbol{J}_{\mathrm{s}} \tag{1.1-11}$$

式中，$B_{2\mathrm{n}}$、$B_{1\mathrm{n}}$、$D_{2\mathrm{n}}$、$D_{1\mathrm{n}}$ 和 $\boldsymbol{E}_{2\mathrm{t}}$、$\boldsymbol{E}_{1\mathrm{t}}$、$\boldsymbol{H}_{2\mathrm{t}}$、$\boldsymbol{H}_{1\mathrm{t}}$ 分别是两介质(1 和 2)界面一边某点的场矢量 $\boldsymbol{B}$、$\boldsymbol{D}$ 和 $\boldsymbol{E}$、$\boldsymbol{H}$ 与另一边附近一点的场矢量 $\boldsymbol{B}$、$\boldsymbol{D}$ 和 $\boldsymbol{E}$、$\boldsymbol{H}$ 的法线分量和切向分量；ρ_{s} 是表面电荷密度；$\boldsymbol{J}_{\mathrm{s}}$ 是表面电流密度。边界条件表明，在两介质界面上，磁感应强度矢量 $\boldsymbol{B}$

的法向分量总是连续的；电位移矢量 $\boldsymbol{D}$ 的法向分量之差在数值上等于表面电荷密度 ρ_s；在两介质界面上，电场矢量 $\boldsymbol{E}$ 的切向分量总是连续的；磁场矢量 $\boldsymbol{H}$ 的切向分量之差等于表面电流密度 $\boldsymbol{J}_s$。

在光学的许多领域里(例如，导波光学和层状介质中光波的传播)，表面电荷密度 ρ_s 和表面电流密度 $\boldsymbol{J}_s$ 往往均为零，此时，$\boldsymbol{E}$ 和 $\boldsymbol{H}$ 的切向分量以及 $\boldsymbol{B}$ 和 $\boldsymbol{D}$ 的法向分量在两个介质的界面处均是连续的。

1.1.2 电磁场的能量、能流和动量

电磁场是一种特殊形式的物质，既然是物质，就必然有能量。时变电磁场是一种电磁波，因此，它将携带着能量向外传播。根据麦克斯韦方程，可以导出电磁场满足的能量守恒定律。

由方程(1.1-2)出发，可以得到

$$\boldsymbol{J}\cdot\boldsymbol{E}=\boldsymbol{E}\cdot(\nabla\times\boldsymbol{H})-\boldsymbol{E}\cdot\frac{\partial\boldsymbol{D}}{\partial t}\tag{1.1-12}$$

上式左边的 $\boldsymbol{J}\cdot\boldsymbol{E}$ 表示在分布电荷和电流的情形下，每单位体积的电磁场所作功的速率。若利用熟知的矢量微分恒等式

$$\nabla\cdot(\boldsymbol{E}\times\boldsymbol{H})=\boldsymbol{H}\cdot(\nabla\times\boldsymbol{E})-\boldsymbol{E}\cdot(\nabla\times\boldsymbol{H})\tag{1.1-13}$$

及方程(1.1-1)，则(1.1-12)式可变为

$$\boldsymbol{J}\cdot\boldsymbol{E}=-\nabla\cdot(\boldsymbol{E}\times\boldsymbol{H})-\boldsymbol{H}\cdot\frac{\partial\boldsymbol{B}}{\partial t}-\boldsymbol{E}\cdot\frac{\partial\boldsymbol{D}}{\partial t}\tag{1.1-14}$$

如果进一步假定所研究的介质在电磁性质上是线性的，则(1.1-14)式可以写成

$$\frac{\partial U}{\partial t}+\nabla\cdot\boldsymbol{S}=-\boldsymbol{J}\cdot\boldsymbol{E}\tag{1.1-15}$$

式中，U 和 $\boldsymbol{S}$ 分别定义为

$$U=\frac{1}{2}(\boldsymbol{E}\cdot\boldsymbol{D}+\boldsymbol{B}\cdot\boldsymbol{H})\tag{1.1-16}$$

$$\boldsymbol{S}=\boldsymbol{E}\times\boldsymbol{H}\tag{1.1-17}$$

标量 U 代表电磁场的能量密度；矢量 $\boldsymbol{S}$ 代表电磁场能流，称为坡印廷矢量，或称为电磁功率密度、能流密度。在空间任意一点，$\boldsymbol{S}$ 的方向表示该点功率流的方向，其大小表示通过与能量流动方向垂直的单位面积的功率，$\nabla\cdot\boldsymbol{S}$ 表示从单位体积内流出的净电磁功率。因此，(1.1-15)式表示在一定体积内所包含的电磁能的时间速率，加上单位时间通过该体积界面流出的能量，等于场对该体积内的源所作总功的负值。该式称为连续性方程或能量守恒方程(坡印廷定理)。

利用类似的方法(见习题1-3)，可以得到电磁场线性动量守恒定律：

$$\frac{\partial\boldsymbol{P}}{\partial t}=\nabla\cdot\mathbf{T}-\boldsymbol{F}\tag{1.1-18}$$

式中，$\boldsymbol{P}$、$\mathbf{T}$ 和 $\boldsymbol{F}$ 分别为电磁场动量密度、麦克斯韦应力张量和电磁场作用于电荷及电流分布的洛仑兹力：

$$\boldsymbol{P}=\mu\varepsilon(\boldsymbol{E}\times\boldsymbol{H})\tag{1.1-19}$$

$$T_{ij}=\varepsilon E_iE_j+\mu H_iH_j-\frac{1}{2}\delta_{ij}(\varepsilon E^2+\mu H^2)\tag{1.1-20}$$

$$\boldsymbol{F} = \rho\boldsymbol{E} + \boldsymbol{J} \times \boldsymbol{B} \tag{1.1-21}$$

(1.1-18)式表示一定体积内所包含的电磁场动量密度的时间变化率等于由麦克斯韦应力作用于该区的力与电磁场作用于该体积内电荷和电流分布的洛仑兹力之差。

1.1.3 波动方程

麦克斯韦方程描述了电磁现象的变化规律，并指出任何随时间变化的电场，将在周围空间产生变化的磁场；任何随时间变化的磁场，将在周围空间产生变化的电场，变化的电场和磁场之间相互联系，相互激发，并且以一定的速度向周围空间传播，这就是电磁波。电磁波的场矢量都应满足描述电磁波传播规律的波动方程。

下面从麦克斯韦方程出发，导出各向同性的均匀介质中，远离辐射源、不存在自由电荷和传导电流的区域内光波场矢量满足的波动方程。在这种介质中，ε 和 μ 是标量。

如果将关于磁感应强度矢量的物质方程(1.1-6)代入(1.1-1)式，两边除以 μ，并应用旋度算符，可得

$$\nabla \times \left(\frac{1}{\mu}\nabla \times \boldsymbol{E}\right) + \frac{\partial}{\partial t}\nabla \times \boldsymbol{H} = 0 \tag{1.1-22}$$

现在将(1.1-2)式对时间求导数，把它与(1.1-22)式结合起来，并应用物质方程(1.1-5)，可以得到

$$\nabla \times \left(\frac{1}{\mu}\nabla \times \boldsymbol{E}\right) + \varepsilon\frac{\partial^2 \boldsymbol{E}}{\partial t^2} = 0 \tag{1.1-23}$$

利用矢量微分恒等式

$$\nabla \times \left(\frac{1}{\mu}\nabla \times \boldsymbol{E}\right) = \frac{1}{\mu}\nabla \times (\nabla \times \boldsymbol{E}) + \left(\nabla \frac{1}{\mu}\right) \times (\nabla \times \boldsymbol{E}) \tag{1.1-24}$$

和

$$\nabla \times (\nabla \times \boldsymbol{E}) = \nabla(\nabla \cdot \boldsymbol{E}) - \nabla^2 \boldsymbol{E} \tag{1.1-25}$$

(1.1-23)式变成

$$\nabla^2 \boldsymbol{E} - \mu\varepsilon\frac{\partial^2 \boldsymbol{E}}{\partial t^2} + (\nabla \log\mu) \times (\nabla \times \boldsymbol{E}) - \nabla(\nabla \cdot \boldsymbol{E}) = 0 \tag{1.1-26}$$

将(1.1-5)式中的 $\boldsymbol{D}$ 代入(1.1-3)式，并应用矢量微分恒等式

$$\nabla \cdot (\varepsilon\boldsymbol{E}) = \varepsilon\nabla \cdot \boldsymbol{E} + \boldsymbol{E} \cdot \nabla\varepsilon \tag{1.1-27}$$

由(1.1-26)式可得

$$\nabla^2 \boldsymbol{E} - \mu\varepsilon\frac{\partial^2 \boldsymbol{E}}{\partial t^2} + (\nabla \log\mu) \times (\nabla \times \boldsymbol{E}) + \nabla(\boldsymbol{E} \cdot \nabla\log\varepsilon) = 0 \tag{1.1-28}$$

这就是电场矢量 $\boldsymbol{E}$ 满足的波动方程。磁场矢量 $\boldsymbol{H}$ 满足的波动方程，可以用类似的方法求得，并可表示为

$$\nabla^2 \boldsymbol{H} - \mu\varepsilon\frac{\partial^2 \boldsymbol{H}}{\partial t^2} + (\nabla \log\varepsilon) \times (\nabla \times \boldsymbol{H}) + \nabla(\boldsymbol{H} \cdot \nabla\log\mu) = 0 \tag{1.1-29}$$

在均匀的各向同性介质中，ε 和 μ 的对数的梯度均为零，因此，波动方程(1.1-28)和(1.1-29)就可以简化为

$$\nabla^2 \boldsymbol{E} - \mu\varepsilon\frac{\partial^2 \boldsymbol{E}}{\partial t^2} = 0 \tag{1.1-30}$$

$$\nabla^2 \boldsymbol{H} - \mu\varepsilon \frac{\partial^2 \boldsymbol{H}}{\partial t^2} = 0 \tag{1.1-31}$$

实际上，即使介质的 ε 和 μ 在空间变化，只要在一个波长的范围内变化很小(即慢变化)，$\boldsymbol{E}$ 和 $\boldsymbol{H}$ 仍可近似满足波动方程(1.1-30)和(1.1-31)[2]。该方程就是通常使用的标准的电磁波动方程。

电磁波动方程最简单的特解是平面波、球面波和柱面波，其通解是这些特解的线性叠加。在实际的理论工作中，最通常运用的是单色平面波。一角频率为 ω、传播方向为 $\boldsymbol{k}$ 的单色平面光波电磁场矢量 $\boldsymbol{E}$ 和 $\boldsymbol{H}$ 的表示式为

$$\boldsymbol{E} = \boldsymbol{E}_0 \cos(\omega t - \boldsymbol{k} \cdot \boldsymbol{r} + \varphi_0) \tag{1.1-32}$$

$$\boldsymbol{H} = \boldsymbol{H}_0 \cos(\omega t - \boldsymbol{k} \cdot \boldsymbol{r} + \varphi_0) \tag{1.1-33}$$

式中，单色平面光波的角频率 ω 和波矢 $\boldsymbol{k}$ 的大小(波数 k)满足如下关系：

$$k = \omega \sqrt{\mu\varepsilon} \tag{1.1-34}$$

1.1.4 光电磁场的表示

1. 光电磁场的复数表示

1) 场的复数表示

在光学中，一个随时间正弦变化场(只考虑场矢量的某个分量)的表示式为

$$a(t) = |A| \cos(\omega t + \alpha) \tag{1.1-35}$$

式中，$|A|$为振幅；ω 为角频率；α 为相位。这个场量是实数。为了数学上的运算方便，通常将场量 $a(t)$表示成如下的复数函数形式：

$$a(t) = A\mathrm{e}^{-\mathrm{i}\omega t} \tag{1.1-36}$$

式中，A 为 $a(t)$的复振幅，定义为

$$A = |A| \mathrm{e}^{-\mathrm{i}\alpha} \tag{1.1-37}$$

应当明确的是，这种用复数函数表示的物理量，只有取其实部才有物理意义，即(1.1-36)式应理解为

$$a(t) = \mathrm{Re}[A\mathrm{e}^{-\mathrm{i}\omega t}] \tag{1.1-38}$$

在大多数情况下，利用复数形式表示场量，就线性数学运算(如微分、积分和求和等)来说是没有问题的，但当涉及到场量的乘积(或乘方)，如求能量密度或坡印廷矢量时，就会出现问题，这时必须采用物理量的实数表示形式。

为了说明这一点，现在考虑两个正弦函数 $a(t)$和 $b(t)$的乘积。$a(t)$和 $b(t)$分别为

$$a(t) = |A| \cos(\omega t + \alpha) = \mathrm{Re}[A\mathrm{e}^{-\mathrm{i}\omega t}] \tag{1.1-39}$$

$$b(t) = |B| \cos(\omega t + \beta) = \mathrm{Re}[B\mathrm{e}^{-\mathrm{i}\omega t}] \tag{1.1-40}$$

式中，$A=|A|\mathrm{e}^{-\mathrm{i}\alpha}$，$B=|B|\mathrm{e}^{-\mathrm{i}\beta}$。采用实数形式时，$a(t)$和 $b(t)$的乘积为

$$a(t)b(t) = \frac{1}{2} |AB| [\cos(2\omega t + \alpha + \beta) + \cos(\alpha - \beta)] \tag{1.1-41}$$

如果采用复数形式求 $a(t)$和 $b(t)$的乘积，就会得到

$$a(t)b(t) = AB\mathrm{e}^{-\mathrm{i}2\omega t} = |AB| \mathrm{e}^{-\mathrm{i}(2\omega t+\alpha+\beta)} \tag{1.1-42}$$

与(1.1-41)式比较，其中与时间无关的直流项没有了，因此使用复数形式计算产生了误差。一般说来，两个复数实部之乘积不等于两个复数乘积的实部，即如果 x 和 y 是两个任

意复数，则一般应有下面的不等式：

$$\mathrm{Re}[x]\mathrm{Re}[y] \neq \mathrm{Re}[xy] \tag{1.1-43}$$

2）正弦乘积的平均值

在光学领域里，场矢量随时间的变化非常快，例如，波长为 1 μm 的光场随时间变化的周期为 0.33×10^{-14} s，因此，光能量密度和坡印廷矢量随时间的变化也非常快。而目前光探测器的响应时间都较慢，例如，响应最快的光电二极管也仅为 $10^{-9}\sim10^{-10}$ s，远远跟不上光能量的瞬时变化，只能给出能量的时间平均值。所以，在实际应用中通常考虑的是许多光学物理量的时间平均值，而不是其瞬时值，经常需要求两个相同频率正弦函数的时间平均：

$$\langle a(t)b(t)\rangle = \frac{1}{T}\int_0^T |A|\cos(\omega t+\alpha)|B|\cos(\omega t+\beta)\,\mathrm{d}t \tag{1.1-44}$$

式中，$a(t)$和 $b(t)$由(1.1-39)式和(1.1-40)式给出；角括号表示时间平均；$T=2\pi/\omega$，为振荡周期。因为(1.1-44)式的积分是以 T 为周期的，所以可在时间 T 内求平均。又因为(1.1-44)式积分中含有 $\cos(2\omega t+\alpha+\beta)$的项对 T 的平均为零，所以利用(1.1-41)式，可直接求得

$$\langle a(t)b(t)\rangle = \frac{1}{2}|AB|\cos(\alpha-\beta) \tag{1.1-45}$$

这个结果可以直接按照(1.1-39)式和(1.1-40)式定义的复振幅 A 和 B 的形式，写成

$$\langle a(t)b(t)\rangle = \frac{1}{2}\mathrm{Re}[AB^*] \tag{1.1-46}$$

或用 $a(t)$和 $b(t)$的解析形式，直接写成

$$\langle \mathrm{Re}[a(t)]\mathrm{Re}[b(t)]\rangle = \frac{1}{2}\mathrm{Re}[a(t)b^*(t)] \tag{1.1-47}$$

式中的星号 * 表示复数共轭。因为 $a(t)$和 $b(t)$有相同的正弦形式时间关系 $\mathrm{e}^{-\mathrm{i}\omega t}$，所以上式右边的时间相关性不存在了。(1.1-46)式和(1.1-47)式在本书中将会经常使用。

如果采用场矢量 $\boldsymbol{E}$、$\boldsymbol{H}$、$\boldsymbol{D}$ 和 $\boldsymbol{B}$ 的复数形式，对于正弦形式变化的场，时间平均的坡印廷矢量和能量密度分别为

$$\boldsymbol{S} = \frac{1}{2}\mathrm{Re}[\boldsymbol{E}\times\boldsymbol{H}^*] \tag{1.1-48}$$

$$U = \frac{1}{4}\mathrm{Re}[\boldsymbol{E}\cdot\boldsymbol{D}^* + \boldsymbol{B}\cdot\boldsymbol{H}^*] \tag{1.1-49}$$

2. 光电磁场的时空频谱表示

光波动方程(1.1-30)和(1.1-31)的光电磁场解是时间 t 和空间 $\boldsymbol{r}$ 的函数，根据需要可以在时间域内，也可以在空间域内讨论光波的传播特性，而在稳态情况下，则经常采用频谱法在频率域内进行讨论。下面，简单地介绍光电磁场的频谱表示。

1）光电磁场的时域频谱表示

在一般情况下，若只考虑光波场在时间域内的变化，可以表示为时间 t 的函数形式 $\psi(t)$。根据傅里叶变换，该场也可以表示成如下积分形式：

$$\psi(t) = \mathrm{F}^{-1}[\psi(\omega)] = \int_{-\infty}^{\infty}\psi(\omega)\mathrm{e}^{-\mathrm{i}\omega t}\,\mathrm{d}\omega \tag{1.1-50}$$

式中，$\exp(-\mathrm{i}\omega t)$为傅氏空间（或频率域）中角频率为 ω 的一个基元成分，取实部后得 $\cos(\omega t)$。因此，可将 $\exp(-\mathrm{i}\omega t)$视为角频率为 ω 的单位振幅简谐波。$\psi(\omega)$随 ω 的变化称为$\psi(t)$的频谱分布，或简称为频谱。这样，(1.1-50)式可以理解为：一个随时间变化的光波场 $\psi(t)$，可以看做所有可能的单频成分简谐波的线性叠加，各成分相应的振幅为 $\psi(\omega)$，并且 $\psi(\omega)$按下式计算：

$$\psi(\omega)=\mathrm{F}[\psi(t)]=\frac{1}{2\pi}\int_{-\infty}^{\infty}\psi(t)\mathrm{e}^{\mathrm{i}\omega t}\,\mathrm{d}t \tag{1.1-51}$$

通常，由该式计算出来的 $\psi(\omega)$为复数，它就是 ω 频率分量的复振幅，可表示为

$$\psi(\omega)=|\psi(\omega)|\,\mathrm{e}^{\mathrm{i}\varphi(\omega)} \tag{1.1-52}$$

式中，$|\psi(\omega)|$为模，$\varphi(\omega)$为辐角。

2) 光电磁场的空域频谱表示

(1) 空间频率。根据上述场的复数表示，沿任意波矢 $\boldsymbol{k}$ 方向传播的单色平面光波场可表示为

$$\begin{aligned}\psi&=\psi_0\,\mathrm{e}^{-\mathrm{i}(\omega t-\boldsymbol{k}\cdot\boldsymbol{r}+\varphi_0)}\\&=\psi_0\,\mathrm{e}^{-\mathrm{i}\left[2\pi\left(\frac{1}{T}t-\frac{1}{\lambda}\boldsymbol{k}_0\cdot\boldsymbol{r}\right)+\varphi_0\right]}\end{aligned} \tag{1.1-53}$$

式中，ω 是单色平面光波的时域角频率，

$$\omega=2\pi\nu=\frac{2\pi}{T} \tag{1.1-54}$$

ν 是光波场的频率，T 是振动周期；$\boldsymbol{k}=k\boldsymbol{k}_0$，$\boldsymbol{k}_0$ 是传播方向的单位矢量。从单色平面光波场时、空相位关系的对称性来看，波长 λ 可称为空间周期，相应波长的倒数可称为单色平面光波场在传播方向上的空间频率 f，且

$$f=\frac{1}{\lambda} \tag{1.1-55}$$

它表示光波场沿传播方向每增加单位长度，光波场增加的周期数，k 可称为空间角频率。

应当指出，光波的空间频率是观察方向的函数。对于任意传播方向的单色平面光波，

$$\psi=\psi_0\,\mathrm{e}^{-\mathrm{i}(\omega t-\boldsymbol{k}\cdot\boldsymbol{r}+\varphi_0)}=\psi_0\,\mathrm{e}^{-\mathrm{i}(\omega t-k_x x-k_y y-k_z z+\varphi_0)} \tag{1.1-56}$$

相应于 $\boldsymbol{k}$ 方向、x 方向、y 方向、z 方向上的空间角频率分别为 k、k_x、k_y、k_z，空间频率分别为 $f=1/\lambda=k/(2\pi)$、$f_x=\cos\alpha/\lambda=k_x/(2\pi)$、$f_y=\cos\beta/\lambda=k_y/(2\pi)$、$f_z=\cos\gamma/\lambda=k_z/(2\pi)$，且有

$$f^2=f_x^2+f_y^2+f_z^2 \tag{1.1-57}$$

上面式中的 $\cos\alpha$、$\cos\beta$、$\cos\gamma$ 为传播 $\boldsymbol{k}$ 方向的方向余弦。

由上所述，一个波矢为 $\boldsymbol{k}$ 的单色平面光波可视为一个空间角频率为 $\boldsymbol{k}(k_x, k_y, k_z)$的单色光波。

(2) 光波场的空域频谱表示。对于一个光波场，若只考虑其在空间域内的变化，可以表示为空间 $\boldsymbol{r}$ 的函数形式 $\psi(\boldsymbol{r})$。根据傅里叶变换，该场可以表示成如下积分形式：

$$\psi(\boldsymbol{r})=\mathrm{F}^{-1}[\psi(\boldsymbol{k})]=\int_{-\infty}^{\infty}\psi(\boldsymbol{k})\mathrm{e}^{\mathrm{i}\boldsymbol{k}\cdot\boldsymbol{r}}\,\mathrm{d}\boldsymbol{k} \tag{1.1-58}$$

因此，一个随空间变化的光波场 $\psi(\boldsymbol{r})$，可以看做所有可能的空间频率简谐波的线性叠加，各成分相应的振幅为 $\psi(\boldsymbol{k})$，并且 $\psi(\boldsymbol{k})$按下式计算：

$$\psi(\boldsymbol{k})=\mathrm{F}[\psi(\boldsymbol{r})]=\frac{1}{(2\pi)^3}\int_{-\infty}^{\infty}\psi(\boldsymbol{r})\mathrm{e}^{-\mathrm{i}\boldsymbol{k}\cdot\boldsymbol{r}}\,\mathrm{d}\boldsymbol{r} \qquad (1.1-59)$$

$\psi(\boldsymbol{k})$随$\boldsymbol{k}$的变化称为$\psi(\boldsymbol{r})$的空间频谱分布，或简称为空间频谱。

3) 光电磁场的时空频谱表示

对于一般的光波场，若需同时考虑时间域和空间域内的变化，则光波场表示为$\psi(\boldsymbol{r}, t)$。根据傅里叶变换，该场可以表示成如下积分形式：

$$\psi(\boldsymbol{r}, t)=\mathrm{F}^{-1}\mathrm{F}^{-1}[\psi(\boldsymbol{k}, \omega)]=\int_{-\infty}^{\infty}\int_{-\infty}^{\infty}\psi(\boldsymbol{k}, \omega)\mathrm{e}^{-\mathrm{i}(\omega t-\boldsymbol{k}\cdot\boldsymbol{r})}\,\mathrm{d}\omega\,\mathrm{d}\boldsymbol{k} \qquad (1.1-60)$$

因此，一个时空域变化的光波场$\psi(\boldsymbol{r}, t)$，可以看做是所有可能的时域频率、空域频率光波场分量的线性叠加。

1.2 平面光波的传播

1.2.1 单色平面光波

由光的电磁场理论，在充满均匀、无损耗的各向同性介质的无源、无界空间中，单色平面光波是波动方程的一种特解形式，它是最简单的一种光波，并且是研究任意实际光波的基础。单色平面光波电磁场矢量表示式为

$$\boldsymbol{E}=\boldsymbol{e}E_0\mathrm{e}^{-\mathrm{i}(\omega t-\boldsymbol{k}\cdot\boldsymbol{r})} \qquad (1.2-1)$$

$$\boldsymbol{H}=\boldsymbol{h}H_0\mathrm{e}^{-\mathrm{i}(\omega t-\boldsymbol{k}\cdot\boldsymbol{r})} \qquad (1.2-2)$$

式中，$\boldsymbol{e}$和$\boldsymbol{h}$是电场和磁场振动方向上的单位矢量；E_0和H_0是电场和磁场的复振幅，它们不随时间和空间变化；$\boldsymbol{k}$是平面光波的波矢，其方向表示波的传播方向。

在无电荷的均匀介质中，散度麦克斯韦方程是$\nabla\cdot\boldsymbol{E}=0$和$\nabla\cdot\boldsymbol{H}=0$，应用于(1.2-1)式和(1.2-2)式时，得到

$$\boldsymbol{e}\cdot\boldsymbol{k}=\boldsymbol{h}\cdot\boldsymbol{k}=0 \qquad (1.2-3)$$

这表示$\boldsymbol{E}$和$\boldsymbol{H}$都垂直于传播方向，这种波称为横波。横波性条件(1.2-3)式对于均匀、各向同性介质中平面光波传播的所有四个场矢量都成立，而在一般的各向异性介质中，只有场矢量$\boldsymbol{D}$和$\boldsymbol{B}$垂直于传播方向$\boldsymbol{k}$，$\boldsymbol{E}$和$\boldsymbol{H}$一般情况下并不垂直于$\boldsymbol{k}$。

旋度麦克斯韦方程对场矢量作了进一步的限制。把(1.2-1)式和(1.2-2)式代入(1.1-1)式，可以得到场矢量的如下关系：

$$\boldsymbol{h}=\frac{\boldsymbol{k}\times\boldsymbol{e}}{|\boldsymbol{k}|} \qquad (1.2-4)$$

$$H_0=\frac{E_0}{\eta} \qquad (1.2-5)$$

$$\eta=\sqrt{\frac{\mu}{\varepsilon}} \qquad (1.2-6)$$

这表明三素组($\boldsymbol{e}$, $\boldsymbol{h}$, $\boldsymbol{k}$)形成一组正交矢量；假如ε和μ是实数，$\boldsymbol{E}$和$\boldsymbol{H}$同相，且其比值为常数η。因为量η具有电阻的量纲，故称其为空间阻抗。在真空中，$\eta_0=\sqrt{\mu_0/\varepsilon_0}\approx377\ \Omega$。

在各向同性介质中，沿$\boldsymbol{k}$方向传播的平面光波是横电磁波，根据坡印廷矢量(1.1-48)

式，平面光波的时间平均能量通量为

$$\boldsymbol{S}=\frac{|E_0|^2\boldsymbol{k}_0}{2\eta}=\frac{|E_0|^2}{2\omega\mu}\boldsymbol{k} \tag{1.2-7}$$

式中 $\boldsymbol{k}_0$ 是沿着 $\boldsymbol{k}$ 方向的单位矢量。平面光波的时间平均能量密度为

$$U=\frac{1}{2}\varepsilon|E_0|^2 \tag{1.2-8}$$

1.2.2 平面光波的速度

1. 单色平面光波的速度

为了使讨论的概念清楚起见，只考虑一维标量波情况。假设单色平面光波场矢量 $\boldsymbol{E}$ 和 $\boldsymbol{H}$ 的任一直角坐标分量为

$$\psi=\psi_0\mathrm{e}^{-\mathrm{i}(\omega t-\boldsymbol{k}\cdot\boldsymbol{r})} \tag{1.2-9}$$

式中角频率 ω 和波矢 $\boldsymbol{k}$ 的大小(波数 k)满足如下关系：

$$k=\omega\sqrt{\mu\varepsilon} \tag{1.2-10}$$

若一个观察者要按照总是观察同样大小场的方式行走，则他的位置 $\boldsymbol{r}(t)$ 就必须满足

$$\omega t-\boldsymbol{k}\cdot\boldsymbol{r}=\text{常数} \tag{1.2-11}$$

式中的常数是任意的，它取决于观察者“看到”的场的大小。方程(1.2-11)决定了一个任意时刻 t 垂直于波矢的平面，此平面称为等相位面。容易看出，等相位面沿 $\boldsymbol{k}$ 的方向行进，其速度为

$$\boldsymbol{v}=\frac{\mathrm{d}\boldsymbol{r}}{\mathrm{d}t}=\frac{\omega}{k}\boldsymbol{k}_0 \tag{1.2-12}$$

该速度称为波的相速度，$\boldsymbol{k}_0$ 为波矢方向的单位矢量。在各向同性介质中，由(1.2-7)式可见，单色平面光波的相速度也即是其能量传播速度。平面光波的波长为

$$\lambda=\frac{2\pi}{k}=2\pi\frac{v}{\omega} \tag{1.2-13}$$

因此，相速度的大小反映了介质的一种特征，由(1.2-12)式和(1.2-10)式可得

$$v=\frac{1}{\sqrt{\mu\varepsilon}} \tag{1.2-14}$$

真空中电磁辐射的相速度大小即光速 c，在 1983 年第十七届国际计量大会上被定义为

$$c\overset{\mathrm{d}}{=}\frac{1}{\sqrt{\mu_0\varepsilon_0}}=2.997\,930\times10^8\ \mathrm{m/s}$$

介质中的相速度为

$$v=\frac{c}{n} \tag{1.2-15}$$

式中，$n=\sqrt{\varepsilon_r}$，是介质的折射率。应当指出的是，对于非磁性介质，折射率 n 都是频率的函数，折射率随频率变化的现象即是光学中的色散现象。在色散介质中，光波的相速度与频率有关。

2. 光脉冲的群速度

在激光的实际应用中，经常要涉及脉冲工作状态。众所周知，激光脉冲的有限持续时

间导致光频率(或波长)的有限展宽分布。因为麦克斯韦方程是线性方程，所以在线性介质中激光脉冲的传播，可以由不同频率的单色平面波经适当的线性叠加后的波的传播来描述。然而在色散介质中，激光脉冲的传播将出现一些新现象，即波的不同频率成分以不同的速度传播，这就势必改变彼此间的相对相位，导致激光脉冲在色散介质中传播时的展宽，并且激光脉冲在色散介质中传播的能流速度可能与相速度极不相同。为此，我们将进一步研究激光脉冲在色散介质中的传播。

对于一个沿 z 方向传播、脉冲场矢量一个分量为 $\psi(z, t)$ 的一维标量波，可以看做是一系列波数为 k(或频率为 ω)的平面波分量的线性叠加，$\psi(z, t)$ 可表示为

$$\psi(z, t) = \int_{-\infty}^{\infty} A(k) e^{-i[\omega(k)t - kz]} dk \tag{1.2-16}$$

这个积分满足麦克斯韦方程，而被积函数则是同一麦克斯韦方程的平面波基本解。形式上如前所述，$A(k)$ 是 $\psi(z, t)$ 的傅里叶变换，并且通常称 $|A(k)|^2$ 为 $\psi(z, t)$ 的傅里叶光谱(功率谱)。ω 与 k 之间的关系由(1.2-10)式给出，可表示成一般函数形式 $\omega=\omega(k)$，称为色散关系。在各向同性介质中，色散性质与传播方向无关，因此 ω 为 k 的偶函数：$\omega(-k)=\omega(k)$。下面，我们在讨论中假设 ω 和 k 都是实数。典型的脉冲及其傅里叶光谱如图 1.2-1 所示。

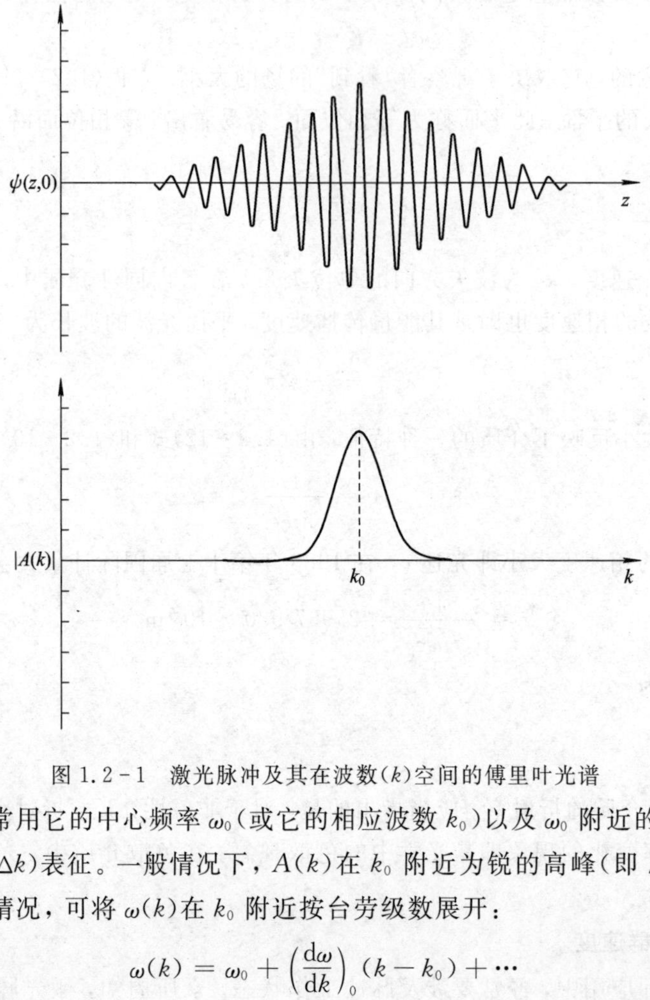

图 1.2-1 激光脉冲及其在波数(k)空间的傅里叶光谱

激光脉冲通常用它的中心频率 ω_0(或它的相应波数 k_0)以及 ω_0 附近的频率扩展 $\Delta\omega$(或相应的波数扩展 Δk)表征。一般情况下，$A(k)$ 在 k_0 附近为锐的高峰(即 $\Delta k \ll k_0$)。为研究这种脉冲的演变情况，可将 $\omega(k)$ 在 k_0 附近按台劳级数展开：

$$\omega(k) = \omega_0 + \left(\frac{d\omega}{dk}\right)_0 (k - k_0) + \cdots \tag{1.2-17}$$

并代入(1.2-16)式，则(1.2-16)式可写成

$$\psi(z,t)\approx \mathrm{e}^{-\mathrm{i}(\omega_0 t-k_0 z)}\int_{-\infty}^{\infty}A(k)\exp\left\{-\mathrm{i}\left[\left(\frac{\mathrm{d}\omega}{\mathrm{d}k}\right)_0 t-z\right](k-k_0)\right\}\mathrm{d}k \tag{1.2-18}$$

式中忽略了$(k-k_0)$的高阶项。上式中的积分只是复合变量$[z-(\mathrm{d}\omega/\mathrm{d}k)_0 t]$的函数，称其为包络线函数$E[z-(\mathrm{d}\omega/\mathrm{d}k)_0 t]$。因此脉冲场可写成

$$\psi(z,t)\approx E\left[z-\left(\frac{\mathrm{d}\omega}{\mathrm{d}k}\right)_0 t\right]\mathrm{e}^{-\mathrm{i}(\omega_0 t-k_0 z)} \tag{1.2-19}$$

这表明，除了总的相位因子外，激光脉冲在外形上无失真地传播(见图1.2-2)，其速度为

$$v_{\mathrm{g}}=\left(\frac{\mathrm{d}\omega}{\mathrm{d}k}\right)_0 \tag{1.2-20}$$

称为脉冲的群速度。应当指出，只有$A(k)$在k_0附近为锐峰、$\omega(k)$在k_0附近是k的光滑变化函数时，这种激光脉冲形状无失真传播的近似才是合理的。又因为激光脉冲的电磁能量密度与场的绝对值平方有关，所以在这种近似下，群速度代表能量的输运(见习题1-6)。

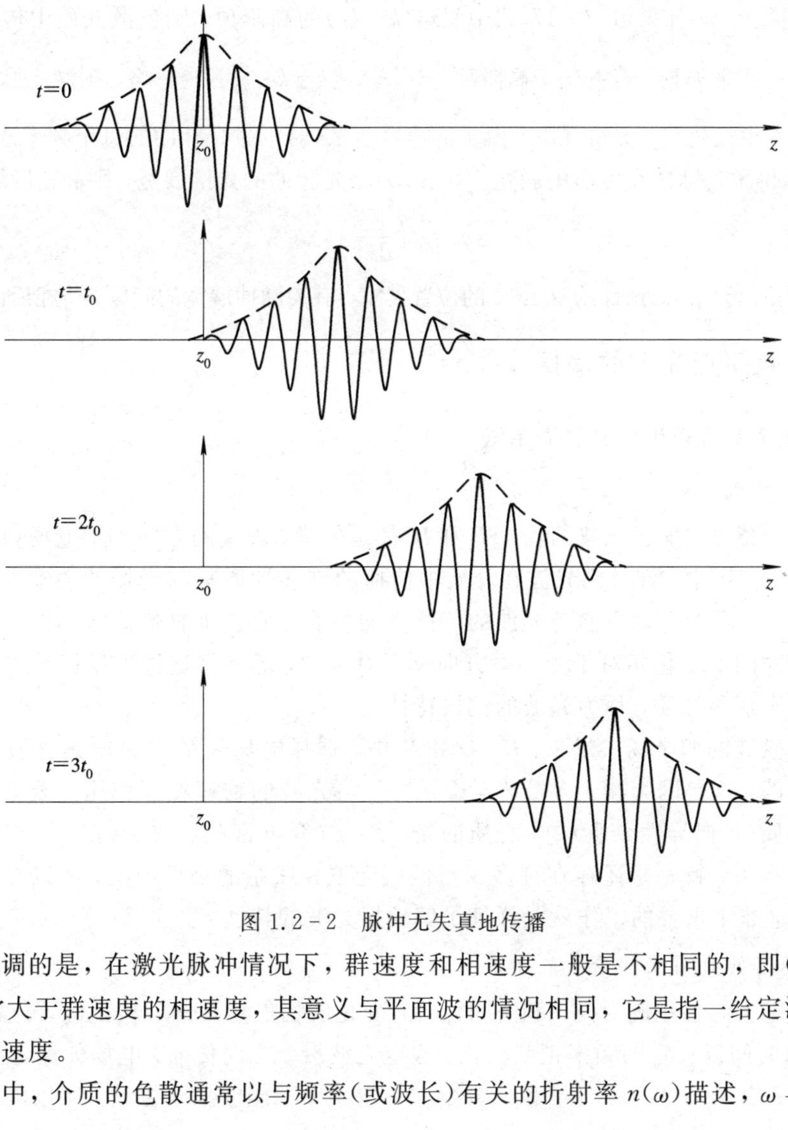

图1.2-2　脉冲无失真地传播

应当强调的是，在激光脉冲情况下，群速度和相速度一般是不相同的，即$(\mathrm{d}\omega/\mathrm{d}k)_0\neq\omega_0/k_0$。通常大于群速度的相速度，其意义与平面波的情况相同，它是指一给定波峰或波谷在传播中的速度。

在光学中，介质的色散通常以与频率(或波长)有关的折射率$n(\omega)$描述，ω与k之间的

关系为

$$k = n(\omega)\,\frac{\omega}{c} \tag{1.2-21}$$

式中 c 是光在真空中的速度。相速度为

$$v_{\mathrm{p}} = \frac{c}{n(\omega)} \tag{1.2-22}$$

根据上面两式关系，群速度为

$$v_{\mathrm{g}} = \frac{c}{n + \omega(\mathrm{d}n/\mathrm{d}\omega)} \tag{1.2-23}$$

对于正常色散，$\mathrm{d}n/\mathrm{d}\omega>0$，群速度小于相速度。而在反常色散的情况下，$\mathrm{d}n/\mathrm{d}\omega$ 可以变得很大，且因其为负值，所以群速度与相速度差别很大，有时变得比真空中的光速 c 还大。后面这种情况只有在 $\mathrm{d}n/\mathrm{d}\omega$ 负得很大时才出现，而这相当于 ω 随 k 的变化很快，因而使上述近似不再合理，故并不违背狭义相对论。

上述研究指出，如果(1.2-17)式中忽略$(k-k_0)$的高阶项，则色散介质中传播的激光脉冲在外形上不产生失真。若下一个高阶项$\frac{1}{2}\left(\frac{\mathrm{d}^2\omega}{\mathrm{d}k^2}\right)_0(k-k_0)^2$ 不能忽略，则激光脉冲形状在传播过程中将发生变化。一般情况下，由于群速度色散(对于激光脉冲的每个频率成分，群速度不同)，将使得激光脉冲在传播中展宽。若 Δk 为激光脉冲的光谱展宽，则群速度展宽

$$\Delta v_{\mathrm{g}} \approx \left(\frac{\mathrm{d}^2\omega}{\mathrm{d}k^2}\right)_0 \Delta k \tag{1.2-24}$$

与之相应，脉冲传播时，预计约有 $\Delta v_{\mathrm{g}} t$ 的位置展宽。有关脉冲展宽的问题，将在后面专门讨论。

1.2.3 单色平面光波的偏振

1. 偏振态的直角坐标分量表示法

1) 偏振的概念

光波是电磁波，描述光波的场量 $\boldsymbol{E}$ 和 $\boldsymbol{H}$ 都是矢量，矢量的方向表示电场和磁场的振动方向。在实际应用中，涉及到光波在介质中传播的许多性质都与光场的振动方向有关。对于平面光波，光场的振动方向与光波的传播方向垂直。而在垂直传播方向的平面内，光场振动方向随时间的变化相对于光传播方向是不对称的，通常将这种光场振动方向相对于光传播方向的不对称性质，称为光波的偏振特性。

在光电磁波的四个场矢量 $\boldsymbol{E}$、$\boldsymbol{H}$、$\boldsymbol{D}$ 和 $\boldsymbol{B}$ 中，选择电场矢量 $\boldsymbol{E}$ 来确定光波的偏振状态是非常方便的，这是因为在大多数光学介质中，与光波的物理相互作用主要涉及电场。由于在许多物质(各向异性介质)中，介质的光学性质(介电常数 ε 或折射率 n)与电场矢量 $\boldsymbol{E}$ 的振动方向有关，特别是还存在许多仅与偏振光波相联系的物理现象，所以在研究这些光学现象之前，非常重要的工作就是详细了解偏振光波的特性。

2) 偏振态的直角坐标分量表示法

光波的偏振特性由随时间 t 和空间位置 $\boldsymbol{r}$ 变化的场矢量 $\boldsymbol{E}(\boldsymbol{r}, t)$表示，单色平面光波电场矢量 $\boldsymbol{E}$ 随时间以一定的频率正弦变化。假定光波沿 z 方向传播，电场矢量将在 xOy 平面上振动。因为电场矢量的 x 分量和 y 分量在一定频率下能够独立振动，所以电场矢量可以

看成是这两个正交分量的矢量相加。

在场矢量的复函数表示法中，沿 z 方向传播的单色平面光波的电场矢量为

$$\boldsymbol{E}(z,\ t) = \mathrm{Re}[\boldsymbol{A}\mathrm{e}^{-\mathrm{i}(\omega t - kz)}] \tag{1.2-25}$$

式中 $\boldsymbol{A}$ 是位于 xOy 平面内的复振幅矢量。这个电场矢量 $\boldsymbol{E}$ 的端点坐标(E_x，E_y)为

$$\left.\begin{aligned} E_x &= A_x\cos(\omega t - kz + \varphi_x) \\ E_y &= A_y\cos(\omega t - kz + \varphi_y) \end{aligned}\right\} \tag{1.2-26}$$

式中，复矢量 $\boldsymbol{A}$ 定义为

$$\boldsymbol{A} = \boldsymbol{i}A_x\mathrm{e}^{-\mathrm{i}\varphi_x} + \boldsymbol{j}A_y\mathrm{e}^{-\mathrm{i}\varphi_y} \tag{1.2-27}$$

A_x 和 A_y 是正数，$\boldsymbol{i}$ 和 $\boldsymbol{j}$ 是 x 和 y 坐标轴上的单位矢量。将(1.2-26)式中各式的 $\omega t - kz$ 消除掉，经过初等代数运算后，可得

$$\left(\frac{E_x}{A_x}\right)^2 + \left(\frac{E_y}{A_y}\right)^2 - 2\,\frac{\cos\varphi}{A_xA_y}E_xE_y = \sin^2\varphi \tag{1.2-28}$$

式中

$$\varphi = \varphi_y - \varphi_x \tag{1.2-29}$$

所有的相角都限定在 $-\pi < \varphi \leqslant \pi$ 的范围内。方程(1.2-28)描述了电场矢量端点随着时间演变的轨迹，它是一个二次曲线方程，被限制在边平行于坐标轴、长度为 $2A_x$ 和 $2A_y$ 的矩形区内，是一个椭圆线。因此，由(1.2-25)式描述的波是一个椭圆偏振光波。

对于一个椭圆偏振光波的完全描述，应包括椭圆对坐标轴的取向、形状和 $\boldsymbol{E}$ 矢量的旋转方向。由于椭圆的主轴通常不在 x 方向和 y 方向上，所以利用上述 xOy 坐标系描述偏振态不方便。在实际应用中，经常采用由椭圆长、短轴构成的新主坐标系 $x'Oy'$ 中的两个正交电场分量 $E_{x'}$ 和 $E_{y'}$ 描述偏振态。如图 1.2-3 所示，新、旧坐标系中电场分量之间的关系为

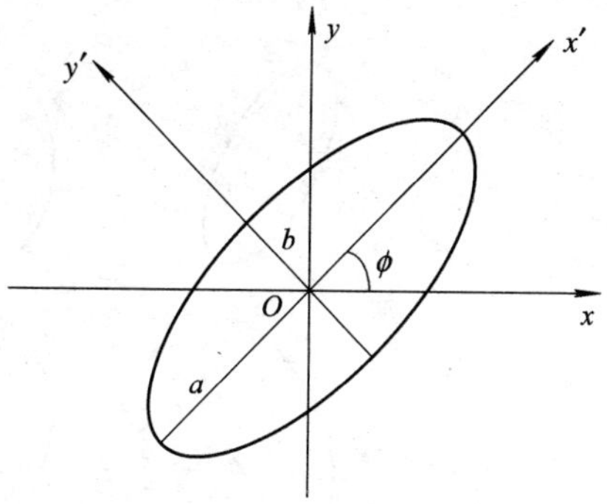

图 1.2-3　偏振椭圆图

$$\left.\begin{aligned} E_{x'} &= E_x\cos\phi + E_y\sin\phi \\ E_{y'} &= -E_x\sin\phi + E_y\cos\phi \end{aligned}\right\} \tag{1.2-30}$$

式中，$\phi(0 \leqslant \phi < \pi)$为主轴 x' 方向与 x 轴之间的夹角。在新主坐标系中，椭圆方程为

$$\left(\frac{E_{x'}}{a}\right)^2 + \left(\frac{E_{y'}}{b}\right)^2 = 1 \tag{1.2-31}$$

式中，a 和 b 为椭圆的半主轴。椭圆的参量方程为

$$\left.\begin{aligned} E_{x'} &= a\cos(\omega t - kz + \varphi_0) \\ E_{y'} &= \pm b\sin(\omega t - kz + \varphi_0) \end{aligned}\right\} \tag{1.2-32}$$

式中的正、负号相应于两种旋向的椭圆偏振光。若令

$$\left.\begin{aligned} &\frac{A_y}{A_x} = \tan\psi \qquad && 0 \leqslant \psi \leqslant \frac{\pi}{2} \\ &\pm\frac{b}{a} = \tan\theta \qquad && -\frac{\pi}{4} \leqslant \theta \leqslant \frac{\pi}{4} \end{aligned}\right\} \tag{1.2-33}$$

则已知 A_x、A_y 和 φ，即可由下面的关系式求出相应的 a、b 和 ϕ：

$$\left.\begin{aligned}(\tan 2\psi)\cos\varphi &= \tan 2\phi \\ (\sin 2\psi)\sin\varphi &= \sin 2\theta\end{aligned}\right\} \tag{1.2-34}$$

$$A_x^2 + A_y^2 = a^2 + b^2 \tag{1.2-35}$$

反之，如果已知 a、b 和 ϕ，也可以由这些关系式求出 A_x、A_y 和 φ。这里的 θ 和 ϕ 表征了椭圆的形状和取向，在实际应用中，它们可以直接测量。

椭圆偏振的旋转方向可以由 $\sin\varphi$ 的正负号决定。若 $\sin\varphi>0$，电场矢量的端点按顺时针方向旋转；若 $\sin\varphi<0$，电场矢量的端点按逆时针方向旋转。

图 1.2-4 给出了若干偏振椭圆，用以说明偏振椭圆随相位差 φ 变化的情况。

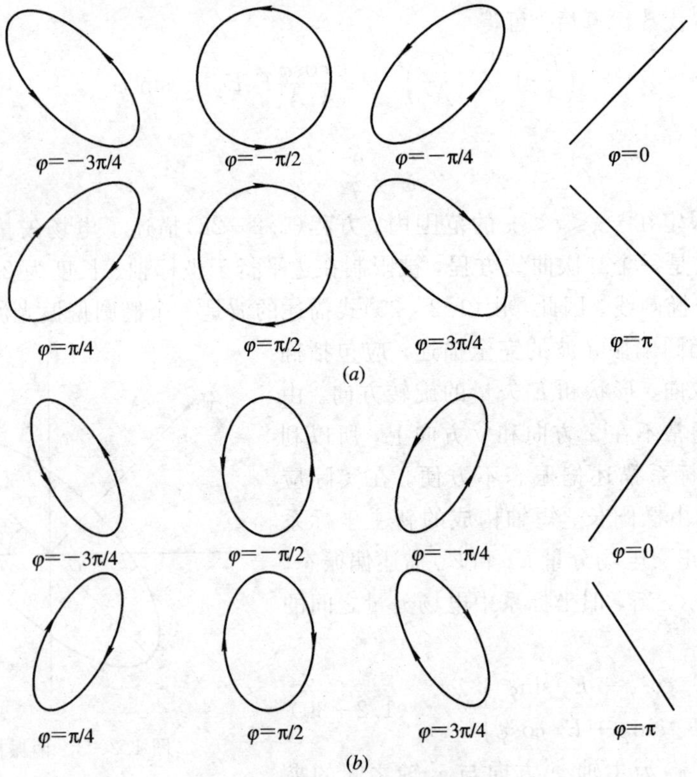

图 1.2-4　各种相角的偏振椭圆

(a) $A_x=A_y$；(b) $A_x\neq A_y$

这里需要说明一个常用的术语问题。电场矢量 $\boldsymbol{E}$ 的端点沿直线运动时，称为线偏振光；当它作椭圆运动时，称为椭圆偏振光；当电场矢量 $\boldsymbol{E}$ 的端点作圆运动时，称为圆偏振光。在描述椭圆偏振光和圆偏振光的旋转方向时，常用右旋偏振光和左旋偏振光的称谓。在本书中，我们采用如下习惯规定：逆着光波传播方向(即沿 $-\boldsymbol{k}$ 方向)看，电场矢量 $\boldsymbol{E}$ 的端点依顺时针方向旋转时，称为右旋偏振光，反之，称为左旋偏振光。有的光学书籍采用了相反的习惯规定，应当予以注意。

在方程(1.2-28)中，所有相角都限定在 $-\pi<\varphi\leqslant\pi$ 范围内。当

$$\varphi = \varphi_y - \varphi_x = m\pi \qquad m = 0,\ 1 \tag{1.2-36}$$

时，椭圆变成直线。在这种情况下，电场矢量的分量之比为常数：

$$\frac{E_y}{E_x} = (-1)^m \frac{A_y}{A_x} \tag{1.2-37}$$

此时的光为线偏振光。$m=0$ 时，电场矢量在Ⅰ、Ⅲ象限内振动；$m=1$ 时，电场矢量在Ⅱ、Ⅳ象限内振动。

根据方程(1.2-28)和(1.2-31)，当

$$\varphi = \varphi_y - \varphi_x = \pm \frac{1}{2}\pi \tag{1.2-38}$$

$$A_y = A_x \tag{1.2-39}$$

时，椭圆将变成圆。并且根据上述规定，$\varphi=-\pi/2$(相当于电场矢量依逆时针方向旋转)时，光为左旋圆偏振光；$\varphi=\pi/2$(相当于电场矢量依顺时针方向旋转)时，光为右旋圆偏振光。

为了表征椭圆偏振的形状，定义椭圆度 e 为

$$e = \pm \frac{b}{a} \tag{1.2-40}$$

式中 a 和 b 为椭圆主轴的长度。电场矢量的转动为左旋时，椭圆度取正；反之，椭圆度取负。

2. 偏振态的复数表示法

上面，我们利用光电场矢量 $\boldsymbol{E}$ 的 x、y 分量的振幅 A_x、A_y 和相角 φ 或者椭圆的长、短半轴 a、b 和椭圆倾角 ϕ，描述了光波的偏振态。实际上，在(1.2-25)式表示的平面光波场矢量中，其复振幅 $\boldsymbol{A}$ 已包含了关于光波偏振的全部信息。因此，定义下面的复数 χ 就足以描述光波的偏振态：

$$\chi = \mathrm{e}^{-\mathrm{i}\varphi}\tan\psi = \frac{A_y}{A_x}\mathrm{e}^{-\mathrm{i}(\varphi_y - \varphi_x)} \tag{1.2-41}$$

规定角度 ψ 在 0 与 $\pi/2$ 之间。如前所述，一个偏振椭圆的完全描述，包括取向、旋转方向和椭圆度，而现在完全可以用 φ 和 ψ 来表示。图 1.2-5 表示了复平面内各种不同的偏振态。从图中可以看出，复平面上的每个点都代表一种特定的偏振态：原点相当于振动方向平行于 x 轴的线偏振态；x 轴上的每个点代表具有不同振动方位角的一种线偏振态；两个点(0，±1)相当于圆偏振态；其余每个点相当于一种特定的椭圆偏振态，而所有左旋椭圆偏振态都在下半平面内，右旋椭圆偏振态都在上半平面内。

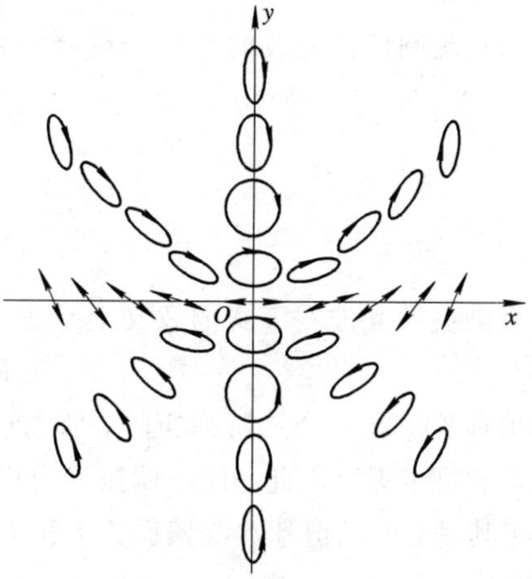

图 1.2-5 复平面的每个点与一种偏振态相联系

给定一个复数 χ，就有一个偏振椭圆与之对应，其椭圆倾角 ϕ 和椭圆度角 θ($\theta=\arctan e$)分别由下面公式给出：

$$\tan 2\phi = \frac{2\,\mathrm{Re}[\chi]}{1-|\chi|^2} \tag{1.2-42}$$

$$\sin 2\theta = -\frac{2\,\mathrm{Im}[\chi]}{1+|\chi|^2} \tag{1.2-43}$$

3. 偏振态的琼斯矢量表示法

1941 年琼斯(Jones)引入了一种能有效地描述平面波偏振态的方法——琼斯矢量表示法。在这种表示法中，将平面波(1.2-25)式的电场用它的复振幅表示成一个列矢量：

$$\boldsymbol{J}=\begin{bmatrix}A_x\mathrm{e}^{-\mathrm{i}\varphi_x}\\ A_y\mathrm{e}^{-\mathrm{i}\varphi_y}\end{bmatrix} \tag{1.2-44}$$

应当注意，琼斯矢量是一个复矢量，即它的元素是复数。在实际的物理空间中，琼斯矢量 $\boldsymbol{J}$ 并不是一个矢量，它只是抽象数学空间上的矢量。例如，为了得到电场 $\boldsymbol{E}$ 的 x 实分量，必须进行取实部运算，即 $E_x(t)=\mathrm{Re}[J_x\mathrm{e}^{-\mathrm{i}\omega t}]=\mathrm{Re}[A_x\mathrm{e}^{-\mathrm{i}(\omega t+\varphi_x)}]$。

琼斯矢量含有电场矢量分量的全部振幅和相位信息，因此它惟一地确定了波的状态。如果我们只关心波的偏振态，则非常方便的方法是采用满足下面条件的归一化琼斯矢量：

$$\boldsymbol{J}^*\cdot\boldsymbol{J}=1 \tag{1.2-45}$$

式中 $\boldsymbol{J}^*$ 表示 $\boldsymbol{J}$ 的复数共轭。因此，电场矢量沿着一给定方向振动的线偏振光波，可由下面琼斯矢量表示：

$$\begin{pmatrix}\cos\psi\\ \sin\psi\end{pmatrix} \tag{1.2-46}$$

式中 ψ 为振动方向相对于 x 轴的方位角。若用 $\psi+\pi/2$ 代替(1.2-46)式中的 ψ，即可得到与(1.2-46)式代表的偏振态正交的琼斯矢量：

$$\begin{pmatrix}-\sin\psi\\ \cos\psi\end{pmatrix} \tag{1.2-47}$$

对于代表电场矢量沿坐标轴振动的线偏振光波的特殊情况，其琼斯矢量为

$$\boldsymbol{i}=\begin{pmatrix}1\\0\end{pmatrix},\qquad \boldsymbol{j}=\begin{pmatrix}0\\1\end{pmatrix} \tag{1.2-48}$$

右旋和左旋圆偏振光波的琼斯矢量分别为

$$\boldsymbol{R}=\frac{1}{\sqrt{2}}\begin{pmatrix}1\\-\mathrm{i}\end{pmatrix} \tag{1.2-49}$$

$$\boldsymbol{L}=\frac{1}{\sqrt{2}}\begin{pmatrix}1\\ \mathrm{i}\end{pmatrix} \tag{1.2-50}$$

这两个圆偏振光波在下式的意义上是正交的：

$$\boldsymbol{R}^*\cdot\boldsymbol{L}=0 \tag{1.2-51}$$

因为琼斯矢量是一个二阶列矩阵，所以可用任何一对正交琼斯矢量作为所有琼斯矢量覆盖的数学空间的基。因此，任一偏振光可以表示成两个相互正交偏振光 $\boldsymbol{i}$ 和 $\boldsymbol{j}$ 或 $\boldsymbol{R}$ 和 $\boldsymbol{L}$ 的叠加。尤其是，可以把基本线偏振光 $\boldsymbol{i}$ 和 $\boldsymbol{j}$ 分解成两个圆偏振光 $\boldsymbol{R}$ 和 $\boldsymbol{L}$，反之亦然。具体来说，有如下关系：

$$\boldsymbol{R}=\frac{1}{\sqrt{2}}(\boldsymbol{i}-\mathrm{i}\boldsymbol{j}) \tag{1.2-52}$$

$$\boldsymbol{L}=\frac{1}{\sqrt{2}}(\boldsymbol{i}+\mathrm{i}\boldsymbol{j}) \tag{1.2-53}$$

$$\boldsymbol{i}=\frac{1}{\sqrt{2}}(\boldsymbol{R}+\boldsymbol{L}) \tag{1.2-54}$$

$$\boldsymbol{j} = \frac{1}{\sqrt{2}}(\boldsymbol{R} - \boldsymbol{L}) \tag{1.2-55}$$

这些关系式表明，圆偏振光可以看成是由相等振幅($1/\sqrt{2}$)、相位差为 $\pi/2$ 的沿 x 和 y 方向的线偏振光组成，而线偏振光则可看成是两个相反旋向的圆偏振光的叠加。

上面，我们只讨论了关于偏振光的某些简单特例的琼斯矢量。容易证明，一般的椭圆偏振光可由下面的琼斯矢量表示：

$$\boldsymbol{J}(\psi, \varphi) = \begin{pmatrix} \cos\psi \\ \mathrm{e}^{-\mathrm{i}\varphi}\sin\psi \end{pmatrix} \tag{1.2-56}$$

这个琼斯矢量代表的偏振态与复数 $\chi = \mathrm{e}^{-\mathrm{i}\varphi}\tan\psi$ 表示的偏振态相同。表 1.2-1 给出了某些典型偏振态的琼斯矢量。

表 1.2-1　典型偏振态的琼斯矢量

偏振椭圆	琼斯矢量
	$\begin{pmatrix} 1 \\ 0 \end{pmatrix}$
	$\begin{pmatrix} 0 \\ 1 \end{pmatrix}$
	$\frac{1}{\sqrt{2}}\begin{pmatrix} 1 \\ 1 \end{pmatrix}$
	$\frac{1}{\sqrt{2}}\begin{pmatrix} 1 \\ -1 \end{pmatrix}$
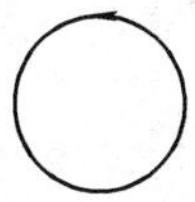	$\frac{1}{\sqrt{2}}\begin{pmatrix} 1 \\ \mathrm{i} \end{pmatrix}$
	$\frac{1}{\sqrt{2}}\begin{pmatrix} 1 \\ -\mathrm{i} \end{pmatrix}$
	$\frac{1}{\sqrt{5}}\begin{pmatrix} 1 \\ -2\mathrm{i} \end{pmatrix}$
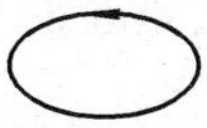	$\frac{1}{\sqrt{5}}\begin{pmatrix} 2 \\ \mathrm{i} \end{pmatrix}$

利用琼斯矢量表示完全偏振光偏振状态的优点是，在处理多个相干偏振光叠加的问题时，只需把它们对应的琼斯矢量相加；在计算偏振光通过线性光学元件后偏振状态的变化时，只需把琼斯矢量与描述光学元件传光特性的琼斯矩阵相乘。琼斯矢量的最重要应用是与琼斯计算法相结合，研究具有任意偏振态的平面光波通过任意序列的双折射组件和偏振器的传播。这些内容将在后面讨论。

4. 偏振态的斯托克斯参量表示法和邦加莱球表示法

除了上述三种偏振态表示法外，还有两种常用的偏振态表示法：斯托克斯参量表示法和邦加莱球表示法。

1）斯托克斯参量表示法

如前所述，为表征椭圆偏振态，必须有三个独立变量，例如振幅 A_x、A_y 和相位差 φ 或者椭圆的长、短半轴 a、b 和椭圆倾角 ϕ。1852 年斯托克斯(Stockes)提出用四个参量(斯托克斯参量)描述一个光波的强度和偏振态。与琼斯矢量不同的是，这种表示法描述的光可以是完全偏振光、部分偏振光和完全非偏振光，也可以是单色光、非单色光。可以证明，对于任意给定的光波，这些参量都可以通过简单的实验加以测定。

一个平面单色光波的斯托克斯参量是

$$\left.\begin{aligned} s_0 &= E_x^2 + E_y^2 \\ s_1 &= E_x^2 - E_y^2 \\ s_2 &= 2E_xE_y\cos\varphi \\ s_3 &= 2E_xE_y\sin\varphi \end{aligned}\right\} \tag{1.2-57}$$

其中只有三个参量是独立的，因为它们之间存在下面的恒等式关系：

$$s_0^2 = s_1^2 + s_2^2 + s_3^2 \tag{1.2-58}$$

参量 s_0 显然正比于光波的强度，参量 s_1、s_2 和 s_3 则与图 1.2-3 所示的表征椭圆取向的 ϕ 角和表征椭圆率及椭圆转向的 θ 角有如下关系：

$$\left.\begin{aligned} s_1 &= s_0\cos2\theta\cos2\phi \\ s_2 &= s_0\cos2\theta\sin2\phi \\ s_3 &= s_0\sin2\theta \end{aligned}\right\} \tag{1.2-59}$$

2）邦加莱球表示法

邦加莱球是表示任一偏振态的图示法，是 1892 年由邦加莱(Poincare)提出的。这种方法常用于晶体光学，讨论各向异性介质对于光波偏振态的影响，是一种很形象地表示偏振态连续变化的方法。其基本思路是，任一椭圆偏振光由两个方位角即可完全确定其偏振态，而用这两个方位角构成球面坐标，就可以由球面上的一个点代表一个偏振态，球面上所有点的组合就代表了所有各种可能的偏振态。具体而言，任一椭圆偏振光的偏振态可以由图 1.2-3 所示的两个方位角确定：一个是椭圆半长轴 a 与坐标轴 x 的夹角 ϕ；另一个是 θ 角，其正切为椭圆半短轴 b 与半长轴 a 之比，即 $\tan\theta=\pm b/a$。显然，该椭圆偏振光的偏振态也可以用另一对方位角表示：一个是 ψ 角，其正切为电矢量在两坐标轴上的投影之比，即$\tan\psi=A_y/A_x$；另一个是两电矢量分量之间的相位差 φ。

邦加莱球是一个半径为 s_0的球面 Σ，其上任意点 P 的直角坐标为 s_1、s_2和 s_3，而 2ϕ 和 2θ 则是该点的相应球面角坐标，2ϕ 是球上的经度，2θ 是球上的纬度(图 1.2-6)。一个单色平面光波，当其强度给定时(s_0＝常数)，对于它的每一个可能的偏振态，Σ 上都有一点与之对应，反之亦然。可以证明，赤道上不同点代表不同振动方向的线偏振光($\theta=0$)，其中 A 点为沿水平方向振动的线偏振光，A'点为与之垂直方向振动的线偏振光；球面上赤道上半部分的点代表右旋椭圆偏振光，下半部分的点代表左旋椭圆偏振光；两个极点代表圆偏振光($2\theta=90°$)，南、北极两点则分别代表左、右旋圆偏振光。任一直径与球面的两个交点的

ϕ 角差 $\pi/2$，而 θ 变号，说明这两个点正好对应于一对正交的偏振态。

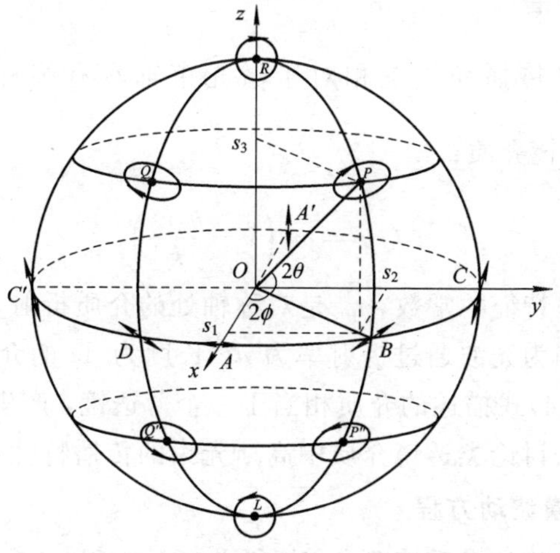

图 1.2-6 单色波偏振态的邦加球表示法

邦加莱球除了是上述半径为 s_0 的球面外，还可表示为一个半径为 1(对应于场振幅归一化)的球面。

1.3 高斯光束的传播

在激光应用中，经常处理的激光束是在垂直其传播方向的平面内强度分布呈现高斯形的高斯光束。这种激光束与前面讨论的无限平面波不同，它的横向尺寸认为是有限的，且随着传播距离的增加而展宽。高斯光束的传播特性可以采用两种不同的方法描述：一种是高斯光束法，另一种是简正模法。应当指出的是，不同的描述方法，适于解决不同的实际问题：高斯光束法适于讨论高斯光束在光学系统中的传播变换，而简正模法更适于研究高斯光束在介质中传输的色散特性。

1.3.1 标量波动方程

激光束是一种相干光波，其传播特性遵从麦克斯韦方程，相应的场矢量满足矢量波动方程(1.1-28)和(1.1-29)。如果我们只考虑小角度发散的光束及折射率在横向没有明显变化的介质，则矢量波动方程可简化成标量波动方程[3]：

$$\nabla^2 \boldsymbol{\Psi} - \frac{n^2}{c^2}\frac{\partial^2 \boldsymbol{\Psi}}{\partial t^2} = 0 \tag{1.3-1}$$

$\boldsymbol{\Psi}$ 可以是 $\boldsymbol{E}$ 和 $\boldsymbol{H}$ 的任一直角坐标分量，$n=c\sqrt{\mu\varepsilon}$ 是折射率。考虑到激光的单色性好，可以假设电场量按 $\boldsymbol{\Psi}(x, y, z, t)=\mathrm{Re}[E(x, y, z)\mathrm{e}^{-\mathrm{i}\omega t}]$ 规律变化，则标量波动方程(1.3-1)变成

$$\nabla^2 E + K^2 E = 0 \tag{1.3-2}$$

式中

$$K^2 = \left(\frac{\omega}{c}\right)^2 n^2(\boldsymbol{r}) \tag{1.3-3}$$

在这里，已经考虑到折射率 n 对横向位置 $\boldsymbol{r}$ 有依赖关系。方程(1.3-2)称为亥姆霍兹方程。

1.3.2 高斯光束的传播

在一般情况下，激光传播介质是相对于激光束轴具有圆柱对称性、其折射率 $n=\sqrt{\dfrac{\mu\varepsilon}{\mu_0\varepsilon_0}}$ 按下式变化的类透镜介质：

$$n^2(r)=n_0^2\left(1-\frac{k_2 r^2}{k}\right) \tag{1.3-4}$$

式中，k_2 是一个表征介质特征的常数，n_0 是对称轴处的介质折射率，r 是离对称轴的距离，k 是波数($k=2\pi n_0/\lambda$)。因为光波通过折射率为 n、长度为 dz 的介质后，将产生$(2\pi \mathrm{d}z/\lambda)n$ 的相位延迟，所以(1.3-4)式描述的介质相当于一个薄透镜，产生与 r^2 成正比的相移。

本节采用高斯光束法讨论类透镜介质中高斯光束的传播特性。

1. 类透镜介质的标量波动方程

对于(1.3-4)式所描述的介质情况，亥姆霍兹标量方程(1.3-2)中的 $K^2(r)$ 为

$$K^2(r)=k^2-kk_2r^2 \tag{1.3-5}$$

若进一步假设解的横向分布只与 $r=\sqrt{x^2+y^2}$ 有关，则式中的拉普拉斯算子 ∇^2 可写成

$$\nabla^2=\nabla_t^2+\frac{\partial}{\partial z^2}=\frac{\partial^2}{\partial r^2}+\frac{1}{r}\frac{\partial}{\partial r}+\frac{\partial^2}{\partial z^2} \tag{1.3-6}$$

因此，亥姆霍兹标量方程(1.3-2)的解是圆柱形对称解。

因为我们所研究的激光束能量主要沿着单一方向(z)传播，近似于平面光波，所以可用标量波近似，将 E 写成

$$E(x,\ y,\ z)=\psi(x,\ y,\ z)\mathrm{e}^{\mathrm{i}kz} \tag{1.3-7}$$

代入方程(1.3-2)，并利用(1.3-5)式后，可以得到

$$\nabla_t^2\psi+2\mathrm{i}k\psi'-kk_2r^2\psi=0 \tag{1.3-8}$$

式中 $\psi'\equiv\partial\psi/\partial z$。推导中利用了慢变化振幅近似，假设场振幅变化很慢，以致于$\partial^2\psi/\partial z^2$ 与 $k\psi'$或 $k^2\psi$ 相比很小，可以忽略。

对于所要求解的圆柱形对称光束振幅，可以引入两个复函数 $P(z)$和 $q(z)$，将 ψ 写成如下形式：

$$\psi=\exp\left\{\mathrm{i}\left(P(z)+\frac{k}{2q(z)}r^2\right)\right\} \tag{1.3-9}$$

则将上式代入方程(1.3-8)，并利用(1.3-6)式，可得

$$\left(\frac{k}{q}\right)^2r^2-2\mathrm{i}\left(\frac{k}{q}\right)+k^2r^2\left(\frac{1}{q}\right)'+2kP'+kk_2r^2=0 \tag{1.3-10}$$

其中撇号代表对 z 求导数。如果上式对于所有的 r 都成立，则 r 的不同幂的系数必须为零。这就导致

$$\left.\begin{aligned}&\left(\frac{1}{q}\right)^2+\left(\frac{1}{q}\right)'+\frac{k_2}{k}=0\\&P'=\frac{\mathrm{i}}{q}\end{aligned}\right\} \tag{1.3-11}$$

上式即为标量波动方程(1.3-2)在类透镜介质中、圆柱形对称光束模式情况下的简化形式。

2. 均匀介质中的高斯光束

1) 均匀介质中的基模高斯光束

如果传播介质是均匀的，折射率 n 是常数，则按照(1.3-5)式，有 $k_2=0$，波动方程(1.3-11)变成

$$\left.\begin{aligned}&\left(\frac{1}{q}\right)^2+\left(\frac{1}{q}\right)'=0\\&P'=\frac{\mathrm{i}}{q}\end{aligned}\right\}\tag{1.3-12}$$

式中的 $P(z)$和 $q(z)$按如下方法求得：引入一个函数 $u(z)$，使其满足

$$\frac{1}{q}=\frac{1}{u}\frac{\mathrm{d}u}{\mathrm{d}z}\tag{1.3-13}$$

则由方程(1.3-12)可以直接得到

$$\frac{\mathrm{d}^2u}{\mathrm{d}z^2}=0\tag{1.3-14}$$

因而

$$\frac{\mathrm{d}u}{\mathrm{d}z}=a,\ u=az+b$$

由方程(1.3-13)可得

$$\frac{1}{q(z)}=\frac{a}{az+b}\tag{1.3-15}$$

式中，a 和 b 是任意常数。(1.3-15)式也可改写为

$$q=z+q_0\tag{1.3-16}$$

式中，q_0 是复数常数($q_0=q(0)=b/a$)。另一个复函数 $P(z)$可由方程(1.3-12)和(1.3-16)式得到

$$P'=\frac{\mathrm{i}}{q}=\frac{\mathrm{i}}{z+q_0}\tag{1.3-17}$$

对上式进行积分可得

$$P(z)=\mathrm{i}\ln\left(1+\frac{z}{q_0}\right)\tag{1.3-18}$$

式中已取积分常数为零。这样做是因为积分常数只影响解(1.3-7)式场的相位，积分常数的不同相当于移动了时间原点。

将(1.3-16)式和(1.3-18)式一起代入(1.3-9)式，可以得到如下形式的圆柱形对称解：

$$\psi=\exp\left\{\mathrm{i}\left[\mathrm{i}\ln\left(1+\frac{z}{q_0}\right)+\frac{k^2}{2(q_0+z)}r^2\right]\right\}\tag{1.3-19}$$

这里的 q_0 是任意复数常数。由上式可见，若选取 q_0 为虚数，便可以得到有物理意义的解 ψ，在 $r\to\infty$时，其值趋近于零。

现在，采用一个新的常数 w_0 重新表示 q_0：

$$q_0=-\mathrm{i}\,\frac{\pi w_0^2 n}{\lambda}\qquad \lambda=\frac{2\pi n}{k}\tag{1.3-20}$$

式中，n 与均匀介质中的折射率 n_0 相同。用(1.3-20)式替换(1.3-19)式中的常数 q_0，得

到式中的第一个因子为

$$\exp\left\{-\ln\left(1+\mathrm{i}\,\frac{\lambda z}{\pi w_0^2 n}\right)\right\}=\frac{1}{\sqrt{1+\left(\dfrac{\lambda z}{\pi w_0^2 n}\right)^2}}\exp\left\{-\mathrm{i}\ \arctan\left(\frac{\lambda z}{\pi w_0^2 n}\right)\right\} \tag{1.3-21}$$

这里已利用了关系式 $\ln(a+\mathrm{i}b)=\ln\sqrt{a^2+b^2}+\mathrm{i}\ \arctan(b/a)$。将(1.3-20)式代入(1.3-19)式中的第二个因子，得到

$$\exp\left\{\mathrm{i}\,\frac{k}{2(q_0+z)}r^2\right\}=\exp\left\{\frac{-r^2}{w_0^2\left[1+\left(\dfrac{\lambda z}{\pi w_0^2 n}\right)^2\right]}+\frac{\mathrm{i}kr^2}{2z\left[1+\left(\dfrac{\pi w_0^2 n}{\lambda z}\right)^2\right]}\right\} \tag{1.3-22}$$

若定义下列参量：

$$w^2(z)=w_0^2\left[1+\left(\frac{\lambda z}{\pi w_0^2 n}\right)^2\right]=w_0^2\left(1+\frac{z^2}{z_0^2}\right) \tag{1.3-23}$$

$$R(z)=z\left[1+\left(\frac{\pi w_0^2 n}{\lambda z}\right)^2\right]=z\left(1+\frac{z_0^2}{z^2}\right) \tag{1.3-24}$$

因而定义

$$\frac{1}{q(z)}=\frac{1}{z-\mathrm{i}\,\dfrac{\pi w_0^2 n}{\lambda}}=\frac{1}{R(z)}+\mathrm{i}\,\frac{\lambda}{\pi w^2(z)n} \tag{1.3-25}$$

$$\eta(z)=\arctan\left(\frac{\lambda z}{\pi w_0^2 n}\right)=\arctan\left(\frac{z}{z_0}\right) \tag{1.3-26}$$

式中

$$z_0\equiv\frac{\pi w_0^2 n}{\lambda} \tag{1.3-27}$$

则将(1.3-21)式和(1.3-22)式一起代入(1.3-19)式，并利用上面定义的参量，由 $E(x, y, z)=\psi(x, y, z)\mathrm{e}^{\mathrm{i}kz}$ 可得

$$\begin{aligned}E(x, y, z)&=E_0\,\frac{w_0}{w(z)}\exp\left\{\mathrm{i}\left[(kz-\eta(z))+\frac{kr^2}{2q(z)}\right]\right\}\\&=E_0\,\frac{w_0}{w(z)}\exp\left\{\mathrm{i}(kz-\eta(z))-r^2\left(\frac{1}{w^2(z)}-\frac{\mathrm{i}k}{2R(z)}\right)\right\}\end{aligned} \tag{1.3-28}$$

式中，$k=2\pi n/\lambda$。这个表示式就是我们所要求的最基本的结果。由于在求解亥姆霍兹方程(1.3-2)时，只考虑了包含横向关系 $r=\sqrt{x^2+y^2}$ 的解，没有讨论含方位角变量的解，故将这个解视为高斯光束的基模，而将包含方位角变量的解称为高阶模。有关高斯光束高阶模的情况，将在后面讨论。

由基模高斯光束解(1.3-28)式可以看出，基模高斯光束具有以下基本特征[4, 5]：

(1) 基模高斯光束在横截面内的光电场振幅分布按高斯函数的规律从中心(即传播轴线)向外平滑地下降，如图 1.3-1 所示。由中心振幅值下降到其 1/e 值时，所对应的宽度 $w(z)$ 定

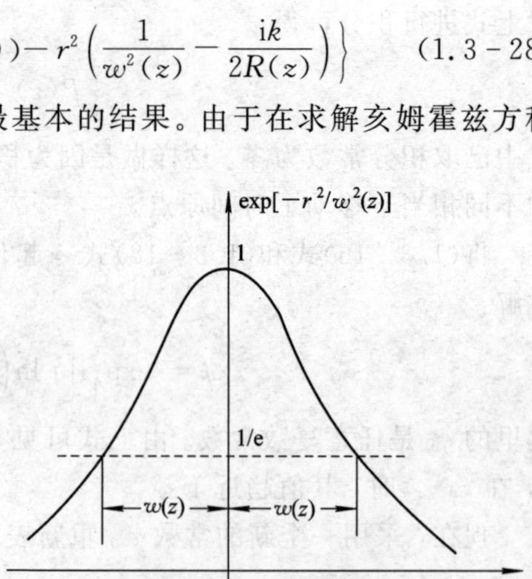

图 1.3-1 高斯分布与光斑半径

义为光斑半径(光斑尺寸)。由(1.3-23)式，光斑半径为

$$w(z)=w_0\sqrt{1+\left(\frac{z}{z_0}\right)^2} \tag{1.3-29}$$

可见，光斑半径随着 z 坐标按双曲线的规律扩展，即

$$\frac{w^2(z)}{w_0^2}-\frac{z^2}{z_0^2}=1 \tag{1.3-30}$$

如图 1.3-2 所示。在 $z=0$ 处，$w(z)=w_0$，光斑半径为最小值，称为束腰半径；z_0 称为高斯光束的共焦参数。由(1.3-30)式可见，只要知道高斯光束的束腰半径，即可确定任何位置 z 处的光斑半径。在激光器中，w_0 是由激光器谐振腔决定的，改变谐振腔的设计结构，即可改变 w_0 值。

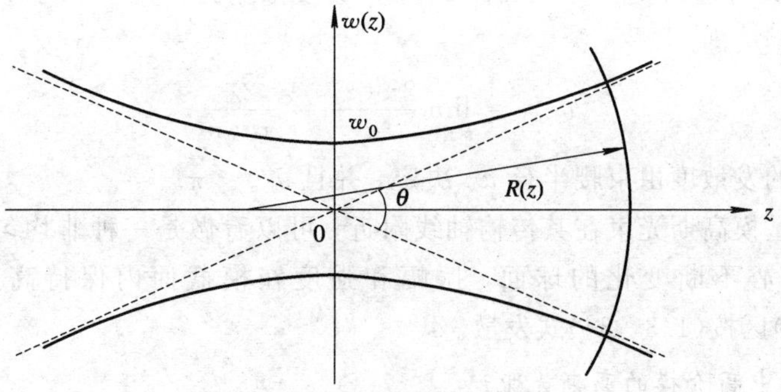

图 1.3-2 高斯光束的扩展

(2) 基模高斯光束的相位因子 $\exp\left\{\mathrm{i}\left[k\left(z+\frac{r^2}{2R(z)}\right)-\eta(z)\right]\right\}$ 决定了该光束的空间相移特性。其中，kz 项描述了高斯光束的几何相移；$\eta(z)=\arctan(z/z_0)$ 项描述了高斯光束在空间行进距离 z 时，相对于几何相移的附加相移；$kr^2/(2R(z))$ 项描述了与横向坐标 r 有关的相移，它表明高斯光束的等相位面是以 $R(z)$ 为半径的球面。为说明高斯光束的球面波特性，下面给出位于 $z=0$ 处点光源发射的球面光波表示式，并与高斯光束进行比较。已知 $z=0$ 处点光源发射的球面光波电场的表示式为

$$E\propto\frac{1}{R}\mathrm{e}^{\mathrm{i}kR}=\frac{1}{R}\mathrm{e}^{\mathrm{i}k\sqrt{x^2+y^2+z^2}}\approx\frac{1}{R}\mathrm{e}^{\left[\mathrm{i}kz+\mathrm{i}k\left(\frac{x^2+y^2}{2R}\right)\right]}\qquad x^2+y^2\ll z^2 \tag{1.3-31}$$

上式已在 $z^2\gg x^2+y^2$ 区域展开平方根，并取 z 等于球面波的曲率半径 R。将(1.3-28)式与(1.3-31)式相比较可见，$R(z)$ 就是高斯光束的曲率半径，但高斯光束的曲率半径是 z 的函数，$R(z)$ 随 z 的变化规律为

$$R(z)=z+\frac{z_0^2}{z} \tag{1.3-32}$$

习惯上规定 $R(z)$ 的符号是：如果曲率中心位于 $z'>z$，$R(z)$ 为负；位于 $z'<z$，$R(z)$ 为正。由该式可见：

当 $z=0$ 时，$R(z)\to\infty$，表明束腰所在处的等相位面为平面；

当 $z=\pm\infty$ 时，$|R(z)|\approx z\to\infty$，表明离束腰无限远处的等相位面也是平面，且曲率中

心就在束腰处；

当 $z=\pm z_0$ 时，$|R(z)|=2z_0$，曲率半径为极小值；

当 $0<z<z_0$ 时，$R(z)>2z_0$，表明等相位面的曲率中心在$(-\infty,\ -z_0)$区间上；

当 $z>z_0$ 时，$z<R(z)<z+z_0$，表明等相位面的曲率中心在$(-z_0,\ 0)$区间上。

进一步，按照(1.3-28)式，一旦确定了基模高斯光束的束腰半径 w_0 和它的位置(即 $z=0$ 的平面)，就可以惟一地确定它的形式。这时由(1.3-23)式和(1.3-24)式就可以求出任一平面 z 处的光斑半径 $w(z)$ 和曲率半径 $R(z)$。

(3) 基模高斯光束既非平面波，又非球面波，它的能量传播方向是如图 1.3-2 所示的双曲线，具有一定的发散性，其发散度通常采用远场发散角表征。对于 z 很大的远场，双曲面渐近于圆锥体：

$$r=\sqrt{x^2+y^2}=\frac{\lambda}{\pi w_0 n}z \tag{1.3-33}$$

其顶角可用来定义为远场发散角。具体来说，远场发散角为 $z\to\infty$ 时，强度为中心值的 $1/\mathrm{e}^2$ 点所夹角的全宽度，即

$$\theta_{1/\mathrm{e}^2}=\lim_{z\to\infty}\frac{2w(z)}{z}=\frac{2\lambda}{\pi w_0 n} \tag{1.3-34}$$

显然，高斯光束的发散度由束腰半径 w_0 决定，并且 $\theta_{1/\mathrm{e}^2}\ll\pi$。

综上所述，基模高斯光束在其传输轴线附近，可以看做是一种非均匀的球面波，其等相位面是曲率中心不断变化的球面，振幅和强度在模截面内保持高斯分布，在远场($z\gg z_0=\pi w_0^2 n/\lambda$)区按(1.3-34)式发散。

2) 均匀介质中高阶模的高斯光束

在上面处理基模高斯光束时，假设其场仅与轴向距离 z 和离轴距离 r 有关。若考虑场与方位角 ϕ 有关，并取 $k_2=0$，就可以由波动方程(1.3-2)得到高斯光束的高阶模解，其$(l,\ m)$阶模厄米-高斯光束的电场解为[2]

$$\begin{aligned}E_{lm}(x,y,z)&=E_0\frac{w_0}{w(z)}H_l\left(\sqrt{2}\frac{x}{w(z)}\right)H_m\left(\sqrt{2}\frac{y}{w(z)}\right)\\&\quad\times\exp\left[\mathrm{i}k\frac{x^2+y^2}{2q(z)}+\mathrm{i}kz-\mathrm{i}(l+m+1)\eta\right]\\&=E_0\frac{w_0}{w(z)}H_l\left(\sqrt{2}\frac{x}{w(z)}\right)H_m\left(\sqrt{2}\frac{y}{w(z)}\right)\\&\quad\times\exp\left[-\frac{x^2+y^2}{w^2(z)}+\mathrm{i}k\frac{x^2+y^2}{2R(z)}+\mathrm{i}kz-\mathrm{i}(l+m+1)\eta\right]\end{aligned} \tag{1.3-35}$$

式中，H_l、H_m 分别为 l、m 阶厄米多项式；$w(z)$、$R(z)$、$q(z)$ 和 η 由(1.3-23)式至(1.3-26)式确定。

上述厄米-高斯光束与基模高斯光束的区别在于：厄米-高斯光束的横向场分布由高斯函数与厄米多项式的乘积

$$\mathrm{e}^{-\frac{x^2+y^2}{w^2(z)}}H_l\left(\frac{\sqrt{2}}{w(z)}x\right)H_m\left(\frac{\sqrt{2}}{w(z)}y\right)$$

决定(厄米-高斯光束沿 x 方向有 l 条节线，沿 y 方向有 m 条节线)；沿传输轴线相对于几何相移的附加相位超前$(l+m+1)\arctan(z/z_0)$，随着高阶模阶数 l 和 m 的增大而增大。其

x 方向和 y 方向的束腰半径分别为

$$\left.\begin{aligned} w_l^2 &= (2l+1)w_0^2 \\ w_m^2 &= (2m+1)w_0^2 \end{aligned}\right\} \tag{1.3-36}$$

在 z 处的光斑半径为

$$\left.\begin{aligned} w_l^2(z) &= (2l+1)w^2(z) \\ w_m^2(z) &= (2m+1)w^2(z) \end{aligned}\right\} \tag{1.3-37}$$

式中，w_0 和 $w(z)$分别为基模高斯光束的束腰半径和 z 处的光斑半径。在 x 方向和 y 方向的远场发散角为

$$\left.\begin{aligned} \theta_l &= \lim_{z\to\infty}\frac{2w_l(z)}{z} = \sqrt{2l+1}\,\frac{2\lambda}{\pi\omega_0 n} = \sqrt{2l+1}\theta_0 \\ \theta_m &= \lim_{z\to\infty}\frac{2w_m(z)}{z} = \sqrt{2m+1}\,\frac{2\lambda}{\pi\omega_0 n} = \sqrt{2m+1}\theta_0 \end{aligned}\right\} \tag{1.3-38}$$

式中，θ_0 为基模高斯光束的远场发散角。

由(1.3-37)式和(1.3-38)式可见，厄米-高斯光束的光斑半径和光束发散角均随 l 和 m 的增大而增大。

为了更清楚地了解厄米-高斯光束的横向分布规律，将电场沿 x(或 y)方向的变化形式写成 $H_l(\xi)\mathrm{e}^{-\xi^2/2}$，其中 $\xi=\sqrt{2}x/w(z)$。这个函数形式早已被人们深入地研究过，例如量子力学中的谐振子波函数 $u_l(\xi)$ 就是这种函数形式[6]。图 1.3-3 画出了基模和两个高阶模($l=0$, 1, 2)光束的厄米-高斯函数 $u_l(\xi)=(\pi^{1/2}l!\ 2^l)^{-1/2}H_l(\xi)\mathrm{e}^{-\xi^2/2}$ 的分布曲线，图中各曲线是归一化的，即各模式的光束总功率都相同$\left(\int_{-\infty}^{\infty}u_l^2(\xi)\mathrm{d}\xi=1\right)$。

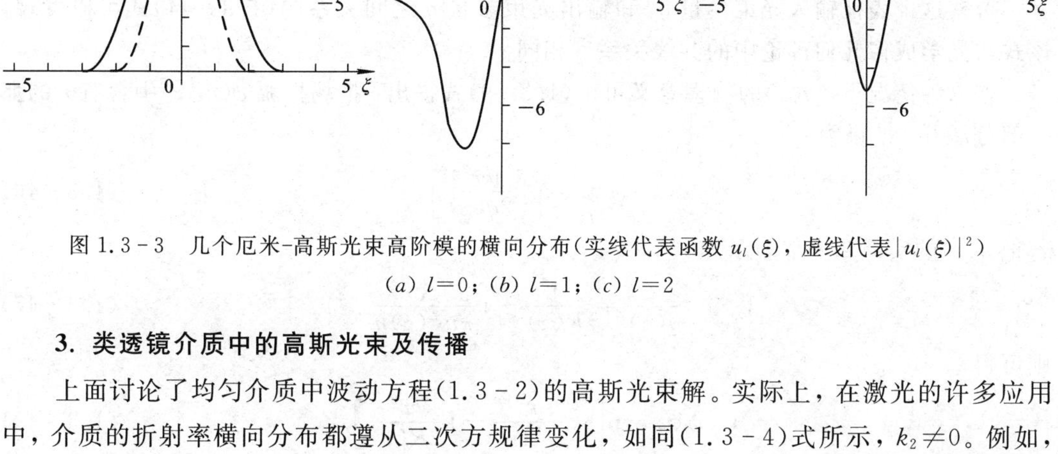

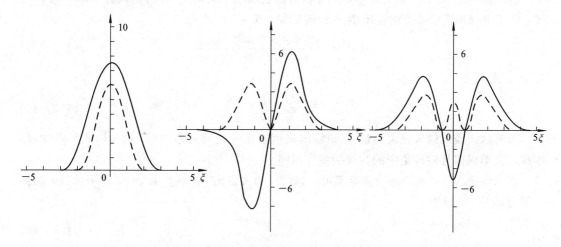

图 1.3-3 几个厄米-高斯光束高阶模的横向分布(实线代表函数 $u_l(\xi)$，虚线代表$|u_l(\xi)|^2$)

(a) $l=0$；(b) $l=1$；(c) $l=2$

3. 类透镜介质中的高斯光束及传播

上面讨论了均匀介质中波动方程(1.3-2)的高斯光束解。实际上，在激光的许多应用中，介质的折射率横向分布都遵从二次方规律变化，如同(1.3-4)式所示，$k_2\neq0$。例如，广泛采用的梯度折射率光纤的折射率即是按(1.3-4)式规律分布的；高斯激光束在介质中

传播时，由于克尔效应引起的折射率分布也是按二次方变化的。因此，下面讨论类透镜介质中高斯光束的传播。

1）类透镜介质中基模高斯光束

如果传播介质的折射率呈类透镜分布，$k_2 \neq 0$，则按照波动方程(1.3-11)，光场振幅(1.3-9)式中的复函数 $P(z)$ 和 $q(z)$ 满足

$$\left.\begin{aligned} \left(\frac{1}{q}\right)^2 + \left(\frac{1}{q}\right)' + \frac{k_2}{k} = 0 \\ P' = \frac{\mathrm{i}}{q} \end{aligned}\right\} \tag{1.3-39}$$

假定引入由下式定义的函数 u：

$$\frac{1}{q} = \frac{u'}{u} \tag{1.3-40}$$

就能由方程(1.3-39)得到

$$u'' + u\left(\frac{k_2}{k}\right) = 0 \tag{1.3-41}$$

并解得

$$u(z) = a\sin\sqrt{\frac{k_2}{k}}\,z + b\cos\sqrt{\frac{k_2}{k}}\,z \tag{1.3-42}$$

$$u'(z) = a\sqrt{\frac{k_2}{k}}\cos\sqrt{\frac{k_2}{k}}\,z - b\sqrt{\frac{k_2}{k}}\sin\sqrt{\frac{k_2}{k}}\,z \tag{1.3-43}$$

式中，a 和 b 是任意常数，撇号代表对 z 求导。

将上面两式代入方程(1.3-40)，并在得到的结果中采用 $z=0$ 的输入值 $q(0)=q_0$ 的形式，可以得到相应于 z 处的输出值 $q(z)$ 满足如下关系：

$$q(z) = \frac{q_0\cos\alpha_2 z + \alpha_2^{-1}\sin\alpha_2 z}{-q_0\alpha_2\sin\alpha_2 z + \cos\alpha_2 z} \tag{1.3-44}$$

其中 α_2 定义为

$$\alpha_2 \equiv \sqrt{\frac{k_2}{k}} \tag{1.3-45}$$

考察这个表征输入光束参量 q_0 和输出光束参量 q 之间关系的(1.3-44)式可以发现，该式与光学成像几何理论中的共线关系[7]相同。

在这种情况下，$q(z)$ 的物理意义可由(1.3-9)式得出：把场振幅 $\psi(r, z)$ 中含有 r 的那一部分展开，结果为

$$\psi \propto \exp\left[\frac{\mathrm{i}kr^2}{2q(z)}\right] \tag{1.3-46}$$

若把 $q(z)$ 的实部和虚部表示为

$$\frac{1}{q(z)} = \frac{1}{R(z)} + \mathrm{i}\,\frac{\lambda}{\pi w^2(z) n} \tag{1.3-47}$$

则可得

$$\psi \propto \exp\left[-\frac{r^2}{w^2(z)} + \mathrm{i}\,\frac{kr^2}{2R(z)}\right] \tag{1.3-48}$$

与均匀介质中的情况一样，$w(z)$ 是类透镜介质中高斯光束的光斑半径，$R(z)$ 是类透镜介

质中高斯光束波阵面的曲率半径，而通常将 $q(z)$ 称为高斯光束复半径。对于均匀介质($k_2=0$)的特殊情况，方程(1.3-44)式简化为(1.3-16)式。

2）类透镜介质中高斯光束的传播

对于类透镜介质中高斯光束的传播特性问题，当然可以利用上述光波场方程进行描述，但是对于高斯光束在光学系统中的传输问题，人们更经常采用与熟知的光线传输矩阵方法相似的 $ABCD$ 定律描述。

(1) 类透镜介质中的光线传播。如前所述，光束在介质中的传播规律可由麦克斯韦方程或由适当条件下的标量波动方程(1.3-1)描述。在波动方程(1.3-1)中，如果折射率 n 是常数，则平面波解(1.2-9)式可满足该方程；如果折射率是位置的函数，平面波不再是它的解，相应的光波波阵面可以是任意曲面。但是，如果折射率随位置的变化缓慢，则在局部范围内波阵面仍可近似地看做平面，这种局部平面波(本地平面波)解的形式可表示为

$$\Psi = A(r)e^{-i[\omega t-\phi(r)]} \tag{1.3-49}$$

式中，$A(r)$ 和 $\phi(r)$ 是待定位置函数，并且都是实数。因此，$A(r)$ 是衡量波振幅的尺度，而 $\phi(r)$ 在 n 是常数时，简化为 $\boldsymbol{k}\cdot\boldsymbol{r}$，故称其为波的相位，也常称为程函。若将(1.3-49)式代入波动方程(1.3-1)，并假定在波长量级的距离上 n 的变化可以忽略，则标量波动方程可化为如下简单的形式：

$$(\nabla\phi)^2 = \left(\frac{2\pi}{\lambda}n\right)^2 \tag{1.3-50}$$

该方程就是几何光学中的程函方程，它是几何光学的基础。由这个方程可以得到程函 $\phi(r)$，所决定的等 ϕ 面是光学等相位面，称为波阵面，该波阵面确定了光波场的形状。在几何光学中，光波场的传播是以光线概念描述的，尽管程函方程可以求得程函，但是不能直接解决光线的传播问题。为了研究光线的传播，必须在程函方程的基础上导出光线方程。

假定空间有一条光线，如图 1.3-4 所示，$\boldsymbol{r}$ 代表光线上某点 P 的位置矢量。若取光线上任一点 P_0 为曲线坐标的原点，P 点到 P_0 点的距离(即 P 点的曲线坐标)为 s，$d\boldsymbol{r}/ds$ 为 P 点处光线的切向单位矢量，定义为光线方向，则 P 点的光线方向与该点的电场 $\boldsymbol{E}$ 和磁场 $\boldsymbol{H}$ 正交，即与波阵面正交，与 $\nabla\phi$ 同方向。故若取(1.3-50)式的平方根，可得

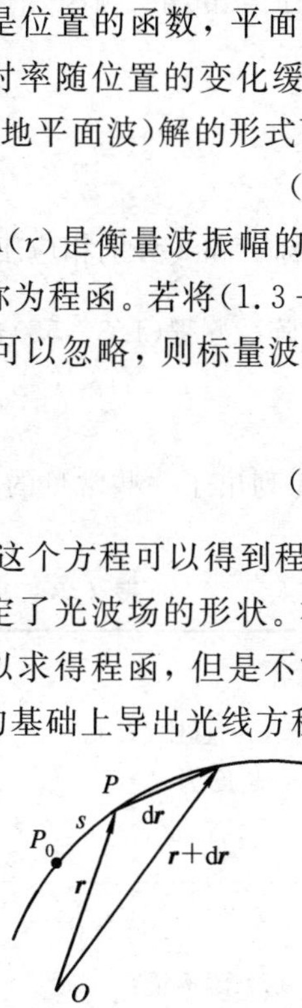

图 1.3-4 光线示意图

$$\frac{2\pi}{\lambda}n\frac{d\boldsymbol{r}}{ds} = \nabla\phi \tag{1.3-51}$$

这就是光线的传播方程。这个方程是用程函 $\phi(\boldsymbol{r})$ 表示光线，反之，程函也可表示成光线积分：

$$\phi(\boldsymbol{r}) = \frac{2\pi}{\lambda}\int n\ ds \tag{1.3-52}$$

此外，光线传播方程也可以直接用 $n(\boldsymbol{r})$ 表示，并由(1.3-50)式和(1.3-51)式导出：

$$\frac{d}{ds}\left(n\frac{d\boldsymbol{r}}{ds}\right) = \nabla n \tag{1.3-53}$$

对于近轴光线(即与 z 轴形成很小角度的光线)，可用 d/dz 代替 d/ds。因此，由(1.3-4)式描述的类透镜介质情况，光线方程变为

$$\frac{\mathrm{d}^2 r}{\mathrm{d}z^2}+\frac{k_2}{k}r=0 \tag{1.3-54}$$

这里应当指出，这个方程与方程(1.3-41)形式上相同，这意味着在近轴近似的情况下，类透镜介质中的光线参量 $r/(\mathrm{d}r/\mathrm{d}z)$ 和高斯光束光束复参量 q 的空间演变规律是相同的。也就是说，光线参量的传播变换定律也能应用于高斯光束的光束复参量 q。

为了得到光线在类透镜介质中的传播规律，可将任一位置 z 处的光线表示成列矩阵

$$\begin{pmatrix} r \\ r' \end{pmatrix}$$

矩阵中的 $r'=\mathrm{d}r/\mathrm{d}z$，则由光线方程(1.3-54)可以推导出光线通过类透镜介质的如下演变关系：

$$\begin{pmatrix} r \\ r' \end{pmatrix}_2=\begin{pmatrix} A & B \\ C & D \end{pmatrix}\begin{pmatrix} r \\ r' \end{pmatrix}_1 \tag{1.3-55}$$

式中，下标 1 和 2 分别相应于位置 z_1 和 z_2，$\begin{pmatrix} A & B \\ C & D \end{pmatrix}$ 矩阵是表征类透镜介质传播特性的光线变换矩阵。方程(1.3-55)也可写成

$$(r/r')_2=\frac{A(r/r')_1+B}{C(r/r')_1+D} \tag{1.3-56}$$

表 1.3-1 列出了一些常见的类透镜介质及可视为类透镜介质特殊情况的光学元件的光线变换矩阵。

表 1.3-1　一些常见的光学元件和介质的光线矩阵

(1) 直段： 长度为 d	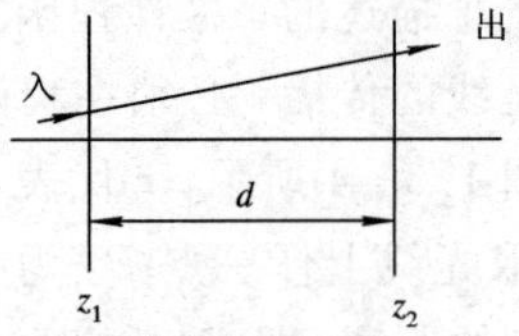	$\begin{pmatrix} 1 & d \\ 0 & 1 \end{pmatrix}$
(2) 薄透镜： 焦距 f ($f>0$，会聚；$f<0$，发散)	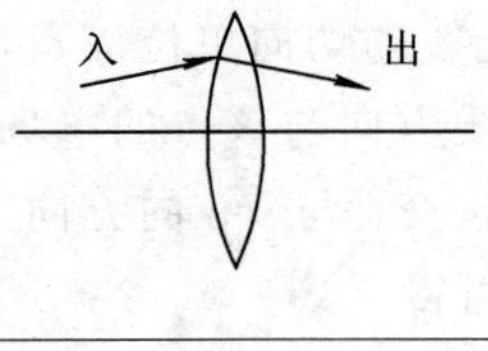	$\begin{bmatrix} 1 & 0 \\ \frac{-1}{f} & 1 \end{bmatrix}$
(3) 电介质界面： 折射率 n_1，n_2	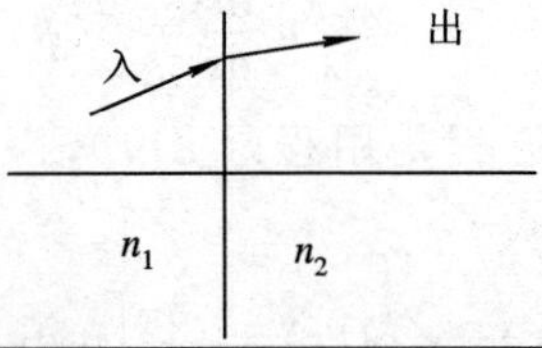	$\begin{bmatrix} 1 & 0 \\ 0 & \frac{n_1}{n_2} \end{bmatrix}$
(4) 球面电介质界面： 半径为 R	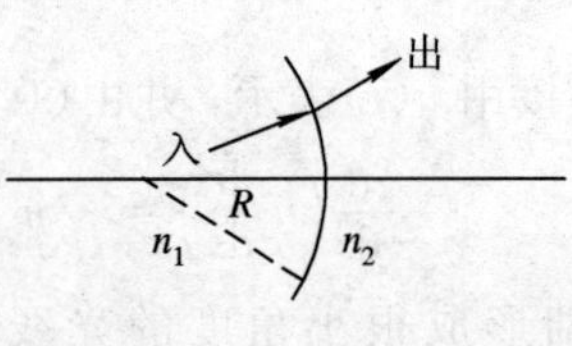	$\begin{bmatrix} 1 & 0 \\ \frac{n_2-n_1}{n_2 R} & \frac{n_1}{n_2} \end{bmatrix}$

续表

(5) 球面反射镜：曲率半径为 R	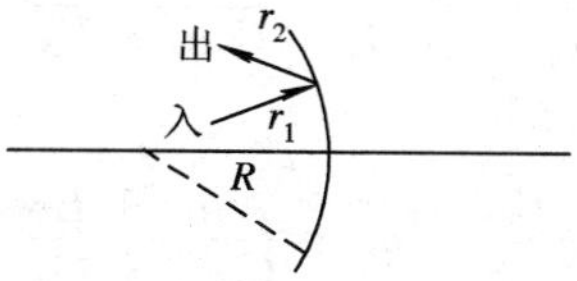	$\begin{pmatrix} 1 & 0 \\ \frac{-2}{R} & 1 \end{pmatrix}$
(6) 折射率呈二次方分布的介质	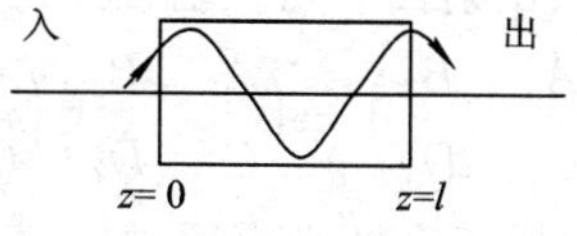 $n=n_0(1-\frac{k_2r^2}{2k})$	$\begin{pmatrix} \text{I} & \text{II} \\ \text{III} & \text{IV} \end{pmatrix}$

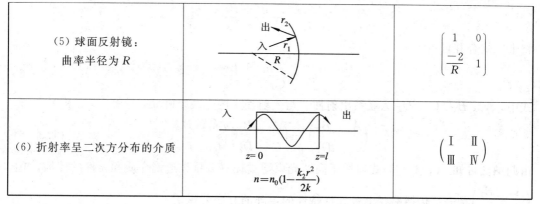

注：表中(6)的 $\text{I}=\cos\left(\sqrt{\frac{k_2}{k}}l\right)$，$\text{II}=\sqrt{\frac{k}{k_2}}\sin\left(\sqrt{\frac{k_2}{k}}l\right)$，$\text{III}=-\sqrt{\frac{k_2}{k}}\sin\left(\sqrt{\frac{k_2}{k}}l\right)$，$\text{IV}=\cos\left(\sqrt{\frac{k_2}{k}}l\right)$

(2) 高斯光束的变换——$ABCD$ 定律。上面导出了高斯光束和光线通过用 k_2 表征的类透镜介质传播时的变换定律(1.3-44)式和(1.3-56)式，并证明在近轴极限情况下，光束参量 q 和光线参量 r/r' 遵从相同的变换规律。也就是说，光束复参量 q 的变换也可表示为

$$q_2=\frac{Aq_1+B}{Cq_1+D} \tag{1.3-57}$$

式中，A、B、C、D 为光线矩阵元，它们把 $z=z_2$ 平面的光线与 $z=z_1$ 平面的光线联系起来((1.3-55)式)。(1.3-57)式就是高斯光束通过类透镜介质的 $ABCD$ 公式($ABCD$ 定律)。因此，当高斯光束经过表 1.3-1 所列元件传播或反射时，因这些元件都可以看做是类透镜介质的特殊情况，也一定遵从(1.3-57)式关系。例如，高斯光束通过焦距为 f 的薄透镜时，可由(1.3-57)式和表 1.3-1 中的(2)得

$$\frac{1}{q_2}=\frac{1}{q_1}-\frac{1}{f} \tag{1.3-58}$$

因而，由关系式(1.3-58)可以得到

$$\left.\begin{aligned} w_2&=w_1 \\ \frac{1}{R_2}&=\frac{1}{R_1}-\frac{1}{f} \end{aligned}\right\} \tag{1.3-59}$$

式中，w_1、w_2 为高斯光束在 $z=z_1$ 平面、$z=z_2$ 平面的光斑半径；R_1、R_2 为高斯光束在 $z=z_1$ 平面、$z=z_2$ 平面的曲率半径。因此，高斯光束通过薄透镜时，其光斑半径不变，曲率半径遵从(1.3-59)式给出的关系。如果将公式中的 f 用 $R/2$ 代替，这些结果也同样适用于曲率半径为 R 的镜面反射。

当高斯光束通过两个相邻的类透镜介质时，假设第一个介质的光线矩阵是 $\begin{pmatrix} A_1 & B_1 \\ C_1 & D_1 \end{pmatrix}$，第二个介质的光线矩阵是 $\begin{pmatrix} A_2 & B_2 \\ C_2 & D_2 \end{pmatrix}$，入射光束参量为 q_1，出射光束参量为 q_3，则由(1.3-57)式得到介质 1 出射处的光束参量 q_2 为

$$q_2=\frac{A_1q_1+B_1}{C_1q_1+D_1}$$

介质 2 出射处的光束参量 q_3 为

$$q_3=\frac{A_2q_2+B_2}{C_2q_2+D_2}$$

将上二式合并可得

$$q_3=\frac{A_Tq_1+B_T}{C_Tq_1+D_T} \tag{1.3-60}$$

式中，A_T、B_T、C_T、D_T 为联系出射面 3 与入射面 1 的光线矩阵元，且有

$$\begin{pmatrix}A_T & B_T\\ C_T & D_T\end{pmatrix}=\begin{pmatrix}A_2 & B_2\\ C_2 & D_2\end{pmatrix}\begin{pmatrix}A_1 & B_1\\ C_1 & D_1\end{pmatrix} \tag{1.3-61}$$

由归纳法可知，(1.3-60)式适用于高斯光束通过任意数目类透镜介质和元件的传播，矩阵 $\begin{pmatrix}A_T & B_T\\ C_T & D_T\end{pmatrix}$是表征传播路径上各元件特性的矩阵的有序乘积。

ABCD 定律的最重要用途是能够追迹通过一个复杂的类透镜元件序列的高斯光束参量，利用(1.3-47)式可以求得在任何一个平面处的光束曲率半径 $R(z)$和光斑半径 $w(z)$。下面举两个例子说明这个方法的应用。

例 1　高斯光束的聚焦

如图 1.3-5 所示，一高斯光束入射到焦距为 f 的薄透镜 L 上，该光束的束腰半径为 w_0，束腰距离透镜为 l，则由(1.3-16)式和(1.3-58)式很容易得到：

在 $z=0$ 处

$$q(0)=q_0=-\frac{\mathrm{i}\pi w_0^2 n}{\lambda}$$

在 A 处(紧靠透镜的“左方”)

$$q_A=q(0)+l$$

在 B 处(紧靠透镜的“右方”)

$$\frac{1}{q_B}=\frac{1}{q_A}-\frac{1}{f}$$

在 C 处

$$q_C=q_B+l_C \tag{1.3-62}$$

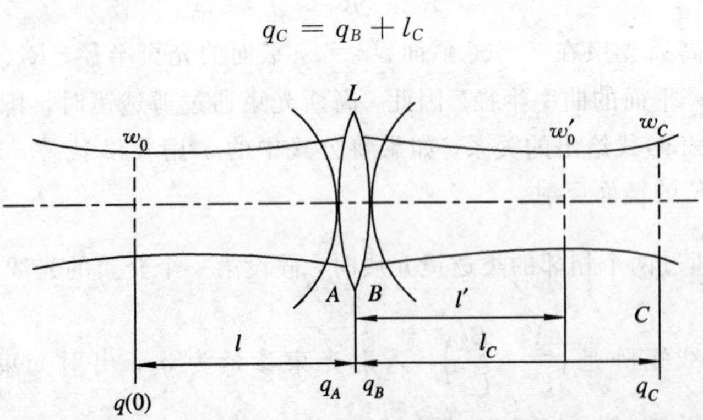

图 1.3-5　高斯光束的传输

为了讨论高斯光束通过薄透镜的聚焦特性，将 C 点取在像方束腰处，此时应有 $R_C=\infty$，$\mathrm{Re}(1/q_C)=0$，由(1.3-62)式可得

$$l_C+f\frac{l(f-l)-\left(\frac{\pi w_0^2 n}{\lambda}\right)^2}{(f-l)^2+\left(\frac{\pi w_0^2 n}{\lambda}\right)^2}=0$$

因而

$$l'=l_C=f+\frac{(l-f)f^2}{(l-f)^2+\left(\frac{\pi w_0^2 n}{\lambda}\right)^2} \tag{1.3-63}$$

$$q_C=-\mathrm{i}\frac{f^2\left(\frac{\pi w_0^2 n}{\lambda}\right)}{(f-l)^2+\left(\frac{\pi w_0^2 n}{\lambda}\right)^2} \tag{1.3-64}$$

由此可求得

$$\frac{1}{w_0'^2}=-\frac{\pi n}{\lambda}\mathrm{Im}\left(\frac{1}{q_C}\right)=\frac{1}{w_0^2}\left(1-\frac{l}{f}\right)^2+\frac{1}{f^2}\left(\frac{\pi w_0 n}{\lambda}\right)^2$$

$$w_0'^2=\frac{f^2 w_0^2}{(f-l)^2+\left(\frac{\pi w_0^2 n}{\lambda}\right)^2} \tag{1.3-65}$$

(1.3-63)式和(1.3-65)式就是高斯光束通过薄透镜的束腰变换关系式，它们完全确定了像方高斯光束的特征。

由(1.3-65)式可以很清楚地说明高斯光束通过焦距为 f 的薄透镜的聚焦特性：

① 当 $l<f$ 时，w_0' 随 l 的减小而减小。当 $l=0$ 时，达到最小值：

$$w_0'=\frac{w_0}{\sqrt{1+\left(\frac{\pi w_0^2 n}{\lambda f}\right)^2}}=\frac{w_0}{\sqrt{1+\left(\frac{z_0}{f}\right)^2}} \tag{1.3-66}$$

此时，由(1.3-63)式得到

$$l'=f\left[1-\frac{f^2}{f^2+\left(\frac{\pi w_0^2 n}{\lambda}\right)^2}\right]=\frac{f}{1+\left(\frac{f}{z_0}\right)^2}<f \tag{1.3-67}$$

而腰斑放大率为

$$K=\frac{w_0'}{w_0}=\frac{1}{\sqrt{1+\left(\frac{\pi w_0^2 n}{\lambda f}\right)^2}}=\frac{1}{\sqrt{1+\left(\frac{z_0}{f}\right)^2}}<1 \tag{1.3-68}$$

可见，当 $l=0$ 时，w_0' 总是比 w_0 小，因而不论透镜的焦距 f 为多大，它都有一定的聚焦作用，并且像方腰斑的位置将处在前焦点以内。

如果进一步满足条件

$$f\ll\frac{\pi w_0^2 n}{\lambda}\equiv z_0 \tag{1.3-69}$$

则有

$$w_0'\approx\frac{\lambda}{\pi w_0 n}f,\quad l'\approx f \tag{1.3-70}$$

在这种情况下，像方腰斑就处在透镜的前焦面上，且透镜的焦距 f 愈小，焦斑半径 w_0' 也愈小，聚焦效果愈好。

② 当 $l>f$ 时，w_0' 随 l 的增大而单调地减小。当 $l\to\infty$ 时，按(1.3－63)式和(1.3－65)式得出

$$w_0' \to 0, \quad l' \to f \tag{1.3-71}$$

一般地，当 $l\gg f$ 时，有

$$\begin{aligned}\frac{1}{w_0'^2} &\approx \frac{1}{w_0^2}\left(\frac{l}{f}\right)^2+\frac{1}{f^2}\left(\frac{\pi w_0 n}{\lambda}\right)^2 \\ &= \frac{1}{f^2}\left(\frac{\pi w_0 n}{\lambda}\right)^2\left[1+\left(\frac{\lambda l}{\pi w_0^2 n}\right)^2\right]=\frac{\pi^2 n^2}{f^2\lambda^2}w^2(l)\end{aligned}$$

由此式及(1.3－63)式得出

$$w_0' \approx \frac{\lambda}{\pi w(l) n}f \qquad l' = f \tag{1.3-72}$$

式中，$w(l)$为入射在透镜表面上的高斯光束光斑半径。若同时还满足条件 $l\gg \pi w_0^2 n/\lambda = f$，则有

$$w_0' \approx \frac{f}{l}w_0 \tag{1.3-73}$$

可见，在物高斯光束的束腰离透镜甚远($l\gg f$)的情况下，l 愈大，f 愈小，聚焦效果愈好。当然，上述讨论都是在透镜孔径足够大的假设下进行的，否则，还必须考虑衍射效应。

③ 当 $l=f$ 时，w_0' 达到极大值：

$$w_0' = \frac{\lambda}{\pi w_0 n}f \tag{1.3-74}$$

且有 $l'=f$。此时，仅当 $f<\pi w_0^2 n/\lambda = z_0$，透镜才有聚焦作用。

f 一定时，w_0' 随 l 变化的情况及透镜对高斯光束的聚焦作用如图 1.3－6 所示。由该图

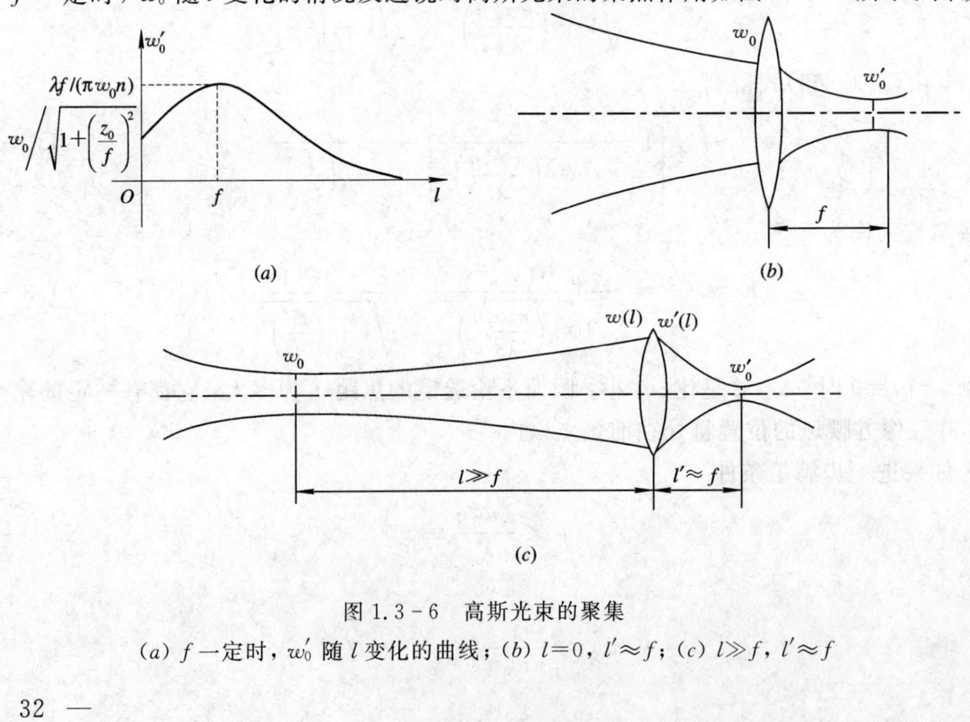

图 1.3－6　高斯光束的聚集

(a) f 一定时，w_0' 随 l 变化的曲线；(b) $l=0$，$l'\approx f$；(c) $l\gg f$，$l'\approx f$

可以看出，不论 l 的值为多大，只要满足条件

$$z_0 = \frac{\pi w_0^2 n}{\lambda} > f \tag{1.3-75}$$

就能实现一定的聚焦作用。

例 2 高斯光束的准直

(1) 单透镜对高斯光束发散角的影响。按照(1.3-34)式，束腰半径为 w_0 的入射高斯光束的发散角为

$$\theta_0 = \frac{2\lambda}{\pi w_0 n} \tag{1.3-76}$$

如图 1.3-6 所示，通过焦距为 f 的薄透镜后，出射光束的发散角为

$$\theta_0' = \frac{2\lambda}{\pi w_0' n} \tag{1.3-77}$$

按照(1.3-65)式，θ_0' 为

$$\theta_0' = \frac{2\lambda}{\pi n}\sqrt{\frac{1}{w_0^2}\left(1-\frac{l}{f}\right)+\frac{1}{f^2}\left(\frac{\pi w_0 n}{\lambda}\right)^2} \tag{1.3-78}$$

可以看出，对 w_0 为有限大小的高斯光束，无论 f、l 取什么数值，都不可能使 $w_0'\to\infty$，从而也就不可能使 $\theta_0'\to 0$。这就表明，要想用单个透镜将高斯光束转换成平面波，从原理上说是不可能的。为了准直高斯光束，可以采用望远镜系统。

(2) 利用望远镜将高斯光束准直。图 1.3-7 是利用望远镜将高斯光束准直的原理图。L_1 为一短焦距透镜(称为副镜)，其焦距为 f_1，当满足条件

$$f_1 \ll l$$

时，它将入射高斯光束聚焦于前焦面上，得到一极小光斑：

$$w_0' = \frac{\lambda f_1}{\pi w(l) n} \tag{1.3-79}$$

式中 $w(l)$ 为入射在副镜表面上的光斑半径。由于 w_0' 恰好落在长焦距透镜 L_2(称为主镜，其焦距为 f_2)的后焦面上，因而腰斑为 w_0' 的高斯光束将被 L_2 很好地准直。

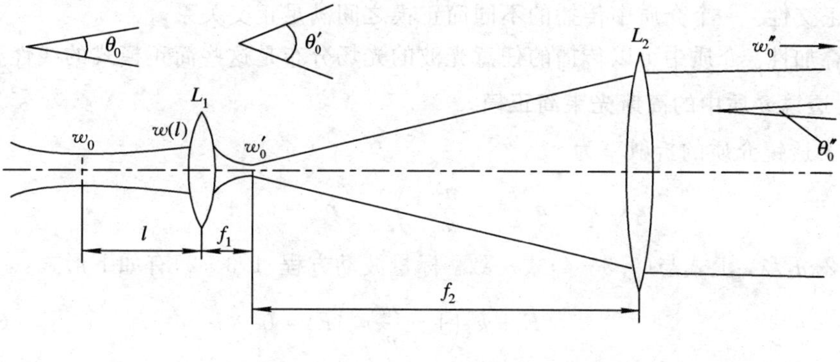

图 1.3-7 利用望远镜将高斯光束准直

1.3.3 高斯光束的简正模理论

上面，利用高斯光束法讨论了类透镜介质中的高斯光束，并利用高斯光束的光束复参量 q 研究了圆对称的(基模)高斯光束在类透镜介质中的传播特性。现在利用简正模理论(求解本征值问题的方法)，导出类透镜介质中高斯光束的简正模，研究光脉冲传播的色散特性。

1. 简正模理论概述

由波动方程可见，光波的传播特性主要受介质的折射率空间分布影响。在这里假定折射率分布是线性、时不变、各向同性的，并且纵向(即沿传播方向)均匀分布，即 $n=n(x, y)$，则可以证明，光场可表示为分离形式：

$$\boldsymbol{E}(x, y, z, t)=\boldsymbol{e}(x, y)\mathrm{e}^{-\mathrm{i}(\omega t-\beta z)} \tag{1.3-80}$$

其复振幅为 $\boldsymbol{E}(x, y, z)=\boldsymbol{e}(x, y)\mathrm{e}^{\mathrm{i}\beta z}$，$\beta$ 是相移常数(或称传播常数)；$\boldsymbol{e}(x, y)$ 是复矢量，表征了场的振幅大小、相位和振动方向，表示了光场横截面中的分布。

在数学上，求解二阶常微分方程级数解法中有一类本征值问题，在一定边界条件下它们不存在一般的非零解，只有当方程中的参量满足某些值时才有非零解。能使方程有解的这些参量值，称为本征值，相应于这些本征值，微分方程存在一系列本征函数特解，方程的通解是这一系列特解的线性组合。在光的电磁理论中，求解光电磁场的波动方程问题，实际上就是这种本征值问题，方程的一系列本征解(矢量)代表了不同的光电磁场结构，称为本征模式，在介质中光电磁场的一般结构，是这些本征模式的线性组合。通常称能够传播的本征模为简正模(或正规模、正交模、标准模)，在介质中传播的一般光波场是这些简正模的线性组合。实际上，1.2 节中讨论的单色平面光波就是无限大空间、均匀、无损耗的各向同性介质中的简正模。

简正模具有以下的特性：

(1) 稳定性。一个模式沿纵向传播时，其场分布形式不变，即沿着传播方向有稳定的场分布。

(2) 有序性。简正模是波动方程的一系列可以传播的本征解，是离散的、可以排序的。排序的方法有两种，一种是按传播常数 β 的大小排序，β 越大序号越小；另一种是按 (x, y) 两个自变量排序，有两个序号。

(3) 正交性。一个介质中传播的不同简正模之间满足正交关系。

(4) 叠加性。介质中可以传播的任意光波的光场分布是这些简正模式的线性叠加。

2. 类透镜介质中的高斯光束简正模

假设类透镜介质的折射率为

$$n^2(r)=n_0^2\left(1-\frac{n_2}{n_0}r^2\right) \qquad r^2=x^2+y^2 \tag{1.3-81}$$

若令 $k_2=2\pi n_2/\lambda$，上式与(1.3-4)式一致。标量波动方程(1.3-2)有如下形式：

$$\nabla^2 E+k^2\left(1-\frac{n_2}{n_0}r^2\right)E=0 \tag{1.3-82}$$

式中

$$E(x, y, z)=\psi(x, y)\mathrm{e}^{\mathrm{i}\beta z} \tag{1.3-83}$$

令 $\psi(x, y)=f(x)g(y)$，则波动方程(1.3-82)变成

$$\frac{1}{f}\frac{\partial^2 f}{\partial x^2}+\frac{1}{g}\frac{\partial^2 g}{\partial y^2}+k^2-k^2\frac{n_2}{n_0}(x^2+y^2)-\beta^2=0 \tag{1.3-84}$$

该方程可分解为分别依赖于变量 x 和变量 y 的两个方程：

$$\frac{1}{f}\frac{\partial^2 f}{\partial x^2}+\left(k^2-\beta^2-k^2\frac{n_2}{n_0}x^2\right)=C \tag{1.3-85}$$

$$\frac{1}{g}\frac{\partial^2 g}{\partial y^2}-k^2\frac{n_2}{n_0}y^2=-C \tag{1.3-86}$$

式中，C 为常数。

首先考虑方程(1.3-86)。定义一个变量

$$\xi=\alpha y \qquad \alpha=k^{1/2}\left(\frac{n_2}{n_0}\right)^{1/2} \tag{1.3-87}$$

方程(1.3-86)变为

$$\frac{\mathrm{d}^2 g}{\mathrm{d}\xi^2}+\left(\frac{C}{\alpha^2}-\xi^2\right)g=0 \tag{1.3-88}$$

这是一个与谐振子薛定谔方程相同的微分方程，其本征值 C/α^2 必须满足

$$\frac{C}{\alpha^2}=2m+1 \qquad m=1, 2, 3, \cdots \tag{1.3-89}$$

相应于整数 m 的解是

$$g_m(\xi)=H_m(\xi)\mathrm{e}^{-\xi^2/2} \tag{1.3-90}$$

式中，H_m 是 m 阶厄米多项式。现在对方程(1.3-85)重复上述步骤，进行变量代换：

$$\zeta=\alpha x \tag{1.3-91}$$

得到

$$\frac{\mathrm{d}^2 f}{\mathrm{d}\zeta^2}+\left(\frac{k^2-\beta^2-C}{\alpha^2}-\zeta^2\right)f=0 \tag{1.3-92}$$

$$\frac{k^2-\beta^2-C}{\alpha^2}=2l+1 \qquad l=1, 2, 3, \cdots \tag{1.3-93}$$

$$f_l(\zeta)=H_l(\zeta)\mathrm{e}^{-\zeta^2/2} \tag{1.3-94}$$

于是，相应(l, m)简正模的 $\psi_{l,m}(x, y)$解为

$$\psi_{l,m}(x, y)=H_l\left(\frac{\sqrt{2}x}{w}\right)H_m\left(\frac{\sqrt{2}y}{w}\right)\mathrm{e}^{-(x^2+y^2)/w^2} \tag{1.3-95}$$

根据(1.3-87)式，上式中的“光斑半径”w 为

$$w=\frac{\sqrt{2}}{\alpha}=\sqrt{\frac{2}{k}}\left(\frac{n_0}{n_2}\right)^{1/4}=\sqrt{\frac{\lambda}{\pi}}\left(\frac{1}{n_0 n_2}\right)^{1/4} \tag{1.3-96}$$

因此，类透镜介质中(l, m)简正模的复数电场表示式为

$$\begin{aligned}E_{l,m}(x, y, z)&=\psi_{l,m}(x, y)\mathrm{e}^{\mathrm{i}\beta_{l,m}z}\\&=E_0H_l\left(\frac{\sqrt{2}x}{w}\right)H_m\left(\frac{\sqrt{2}y}{w}\right)\mathrm{e}^{-(x^2+y^2)/w^2}\mathrm{e}^{\mathrm{i}\beta_{l,m}z}\end{aligned} \tag{1.3-97}$$

(l, m)简正模的传播常数 $\beta_{l,m}$ 可由(1.3-89)式和(1.3-93)式得到

$$\beta_{l,m}=k\left[1-\frac{2}{k}\sqrt{\frac{n_2}{n_0}}(l+m+1)\right]^{1/2} \tag{1.3-98}$$

类透镜介质中传播的总光场分布是这些简正模光场的线性组合：

$$E(x, y, z) = \sum_{l, m} c_{l, m} E_{l, m}(x, y, z) \tag{1.3-99}$$

考察类透镜介质中高斯光束简正模的光电场表示式可以看出：

(1) 与高斯光束法的高斯光束光电场解不同，类透镜介质中高斯光束简正模的光电场满足稳定特性，其“光斑半径”w与z无关，而高斯光束光电场的光斑半径$w(z)$与z有关(见均匀介质中的高斯光束光电场解)。这一点可由折射率的变化($n_2>0$)引起了对光束的聚焦作用解释，这种作用阻碍了一束约束光会发生衍射(扩展)的自然倾向。至于介质折射率随r增加($n_2<0$)的情形，由(1.3-96)式和(1.3-97)式可知，$w^2<0$，所以根本不存在约束解，在这种情况下将引起对光束的散焦作用，使得光束的衍射加强。

(2) 不同模式(l, m)的传播常数$\beta_{l, m}$不同，同一模式不同频率ω的传播常数$\beta_{l, m}$也不同，这就导致了相速度$v_{l, m}=\dfrac{\omega}{\beta_{l, m}}$和群速度$(v_g)_{l, m}=\dfrac{d\omega}{d\beta_{l, m}}$不同，并由此可以很好地解释光脉冲在介质中传播的群速度色散现象。

在这里要特别强调，由于光在类透镜介质中传播时群速度色散对光脉冲的传播有重要的影响，所以必须特别注意。例如，在光纤通信中需要将信息编码到光脉冲序列上，因此其信息容量主要受单位时间内能够传送的脉冲数目所限制[8, 9]，而每秒钟所能传送的不与相邻输出脉冲有严重重叠的最大脉冲数目，就是受群速度色散的制约。所以，下面专门就这个问题进行讨论。

3. 类透镜介质中的群速度色散

群速度色散(或简称色散)主要从模式色散和频率(波长)色散两个方面影响光脉冲的传输，引起脉冲展宽，限制类透镜介质(如光波导、光纤)中光脉冲的重复速率。

1) 模式色散

群速度的模式色散可由群速度定义式

$$(v_g)_{l, m} \stackrel{d}{=} \frac{d\omega}{d\beta_{l, m}} \tag{1.3-100}$$

看出：不同的模式(l, m)，群速度不同。如果折射率的变化很小，以致于

$$\frac{1}{k}\sqrt{\frac{n_2}{n_0}}(l+m+1) \ll 1 \tag{1.3-101}$$

则可将(1.3-98)式近似表示为

$$\beta_{l, m} \approx k - \sqrt{\frac{n_2}{n_0}}(l+m+1) - \frac{n_2}{2kn_0}(l+m+1)^2 \tag{1.3-102}$$

由此，群速度$(v_g)_{l, m}$的表示式为

$$(v_g)_{l, m} = \frac{c/n_0}{1+\dfrac{n_2/n_0}{2k^2}(l+m+1)^2} \tag{1.3-103}$$

如果光脉冲进入类透镜介质(如光波导、光纤)输入端后激发起大量的模式，则每个模式将以(1.3-103)式给出的各自不同的群速度$(v_g)_{l, m}$传输。假定激发的模式包含了从(0, 0)到(l_{max}, m_{max})的所有模式，并定义光脉冲传过单位长度介质的延迟时间t为群时延：

$$t = \frac{1}{v_g} \tag{1.3-104}$$

则多模传输引起的最大群时延差为$(t_{l_{max}, m_{max}}-t_{0,0})$。在 $z=L$ 处导致输出脉冲被展宽$\Delta\tau$，且

$$\Delta\tau \approx L\left[\frac{1}{(v_g)_{l_{max}, m_{max}}}-\frac{1}{(v_g)_{0,0}}\right] \tag{1.3-105}$$

由(1.3－103)式，并利用

$$\frac{n_2}{n_0}\frac{(l+m+1)^2}{2k^2} \ll 1 \tag{1.3-106}$$

条件，可得

$$\Delta\tau = \frac{n_0 L}{c}\frac{n_2}{2n_0 k^2}(l_{max}+m_{max}+1)^2 \tag{1.3-107}$$

所以，每秒钟所能传送的不与相邻输出脉冲有严重重叠的最大脉冲数为 $f_{max}\approx 1/\Delta\tau$。因此，为了提高光纤通信中的数据传输率，应尽量减少传输模数，通常采用单模激发方式，或采用单模光纤。

例如，考虑一条长达 1 km 的二次方折射率光纤，$n_0=1.5$，$n_2=5.1\times10^3\ \text{cm}^{-2}$，若波长 $\lambda=1\ \mu\text{m}$ 的输入光脉冲激发的模式最高为 $l_{max}=m_{max}=30$，则将其代入(1.3－107)式可得 $\Delta\tau=3.6\times10^{-9}$ s。因此，$f_{max}\approx(\Delta\tau)^{-1}=2.8\times10^8$/s，这就是利用该光纤通信所允许的最大脉冲速率。

2) 频率(波长)色散

如上所述，当类透镜介质(如光波导、光纤)中单模传输时，可以消除多模激发引起的脉冲展宽。但实际中，即使单模传输，由于群速度本身对频率的依赖关系(群速度的频率色散)，光脉冲仍然会展宽。这种展宽可由下式具有光谱宽度 $\Delta\omega$ 的光脉冲经过一段距离 L 后的展宽说明(见习题 1－8)：

$$\Delta\tau = 2L\left|\frac{\mathrm{d}}{\mathrm{d}\omega}(v_g)^{-1}\right|\Delta\omega = \frac{2L}{v_g^2}\left|\frac{\mathrm{d}v_g}{\mathrm{d}\omega}\right|\Delta\omega \tag{1.3-108}$$

如果光脉冲来源于一个光谱宽度可以忽略的相干连续光源，则脉冲的光谱宽度 $\Delta\omega$ 与脉冲宽度 τ 的关系为 $\Delta\omega\approx2/\tau$，上式可写成

$$\Delta\tau \approx \frac{4L}{v_g^2\tau}\left(\frac{\mathrm{d}v_g}{\mathrm{d}\omega}\right) \tag{1.3-109}$$

如果光源带宽 $\Delta\omega_s$ 超过 τ^{-1}，则必须将(1.3－108)式中的 $\Delta\omega$ 用 $\Delta\omega_s$ 代替。因此，这种展宽是由群速度对频率 ω(或波长 λ)的依赖关系引起的。

群速度的频率(波长)色散将因下面两个机制导致脉冲展宽：① 因为 $k=\omega n/c$，由(1.3－103)式可见，v_g依赖于 ω；② 因为材料的折射率 n 与 ω 有关，所以 v_g 又是依赖于 ω 的隐函数。因此，群速度对频率的导数可写成

$$\frac{\mathrm{d}v_g}{\mathrm{d}\omega} = \frac{\partial v_g}{\partial\omega}+\frac{\partial v_g}{\partial n}\frac{\mathrm{d}n}{\mathrm{d}\omega} \tag{1.3-110}$$

再由(1.3－108)式，可以得到

$$\Delta\tau = \frac{2L}{c}\left|\frac{n_0 n_2}{ck^3}(l+m+1)^2-\frac{\mathrm{d}n}{\mathrm{d}\omega}\right|\Delta\omega \tag{1.3-111}$$

这里，已假定了$\frac{n_2}{2k^2 n_0}(l+m+1)^2\ll1$。上面式中第一项相应于光在类透镜介质中传播(波导效应)引起的色散，常称为波导色散，第二项相应于材料色散。在多数类透镜介质(如光

波导、光纤)中，材料色散项 $dn/d\omega$ 对脉冲的展宽起主要作用。

下面，以具有高斯包络的光脉冲在色散光波导中的传输，进行具体分析。

设输入光脉冲电场的表示式为

$$E(z=0,\ t)=e^{-\alpha t^2}e^{-i\omega_0 t}=e^{-i\omega_0 t}\int_{-\infty}^{\infty}F(\Omega)e^{-i\Omega t}d\Omega \tag{1.3-112}$$

其中 $F(\Omega)$是包络线 $e^{-\alpha t^2}$ 的傅里叶变换，满足下面关系：

$$F(\Omega)=\sqrt{\frac{1}{4\pi\alpha}}e^{-\Omega^2/4\alpha} \tag{1.3-113}$$

该输入光脉冲的频谱是以 ω_0 为峰值的高斯分布。在距离 z 处的光电场可用 $e^{i\beta(\omega_0+\Omega)z}$ 乘以(1.3-112)式中的每一个频率成分($\omega_0+\Omega$)得到。如果将 $\beta(\omega_0+\Omega)$在 ω_0 附近按台劳级数展开：

$$\beta(\omega_0+\Omega)=\beta(\omega_0)+\left.\frac{d\beta}{d\omega}\right|_{\omega_0}\Omega+\frac{1}{2}\left.\left(\frac{d^2\beta}{d\omega^2}\right)\right|_{\omega_0}\Omega^2+\cdots \tag{1.3-114}$$

则光电场为

$$E(z,\ t)=e^{-i(\omega_0 t-\beta_0 z)}\int_{-\infty}^{\infty}F(\Omega)\exp\left\{-i\left[\Omega t-\frac{\Omega z}{v_g}-\frac{1}{2}\frac{d}{d\omega}\left(\frac{1}{v_g}\right)\Omega^2 z\right]\right\}d\Omega \tag{1.3-115}$$

式中

$$\beta_0\equiv\beta(\omega_0),\ \frac{d\beta}{d\omega}=\frac{1}{v_g} \tag{1.3-116}$$

该光电场可表示为

$$E(z,\ t)=\varepsilon(z,\ t)e^{-i(\omega_0 t-\beta_0 z)} \tag{1.3-117}$$

其包络 $\varepsilon(z,\ t)$由(1.3-115)式中的积分给出：

$$\begin{aligned}\varepsilon(z,\ t)&=\int_{-\infty}^{\infty}F(\Omega)\ \exp\left\{-i\Omega\left[\left(t-\frac{z}{v_g}\right)-\frac{1}{2}\frac{d}{d\omega}\left(\frac{1}{v_g}\right)\Omega z\right]\right\}\ d\Omega\\&=\int_{-\infty}^{\infty}F(\Omega)\ \exp\left\{-i\Omega\left[\left(t-\frac{z}{v_g}\right)-a\Omega z\right]\right\}\ d\Omega\end{aligned} \tag{1.3-118}$$

其中，

$$a=\frac{1}{2}\frac{d}{d\omega}\left(\frac{1}{v_g}\right)=-\frac{1}{2v_g^2}\frac{dv_g}{d\omega} \tag{1.3-119}$$

将(1.3-113)式关系代入(1.3-118)式，得

$$\varepsilon(z,\ t)=\sqrt{\frac{1}{4\pi\alpha}}\int_{-\infty}^{\infty}\exp\left\{-\left[\Omega^2\left(\frac{1}{4\alpha}-iaz\right)-i\left(t-\frac{z}{v_g}\right)\Omega\right]\right\}d\Omega$$

经过积分运算后可得(见习题 1-8)

$$\varepsilon(z,\ t)=\frac{1}{\sqrt{1-i4\alpha az}}\exp\left[-\frac{(t-z/v_g)^2}{1/\alpha+16a^2z^2\alpha}-i\frac{4az(t-z/v_g)^2}{1/\alpha^2+16a^2z^2}\right] \tag{1.3-120}$$

该光脉冲在 z 处的脉冲宽度 τ 可以看成是脉冲包络振幅的平方为其峰值一半时的两个时刻之差，即

$$\tau(z)=\sqrt{2\ln 2}\sqrt{\frac{1}{\alpha}+16a^2z^2\alpha} \tag{1.3-121}$$

光脉冲在 $z=0$ 处的脉冲宽度 τ_0(半极大强度处的全宽度)为

$$\tau_0 = \left(\frac{2\ \ln 2}{\alpha}\right)^{1/2} \tag{1.3-122}$$

因此，光脉冲传过一段距离 L 后的脉冲宽度可表示为

$$\tau(L) = \tau_0 \sqrt{1 + \left(\frac{8aL\ \ln 2}{\tau_0^2}\right)^2} \tag{1.3-123}$$

当传播距离较大，使得 $aL \gg \tau_0^2$ 时，可得

$$\tau(L) \approx \frac{(8\ \ln 2)aL}{\tau_0} \tag{1.3-124}$$

若将 a 的定义(1.3-119)式关系代入，上式可写成

$$\tau(L) = \frac{4\ \ln 2}{v_g^2}\frac{\mathrm{d}v_g}{\mathrm{d}\omega}\frac{L}{\tau_0} \tag{1.3-125}$$

上式与(1.3-109)式基本一致，只相差一个因子 ln2。

群速度的频率色散通常用 $D \equiv L^{-1}\mathrm{d}T/\mathrm{d}\lambda$ 表示，其中 T 为脉冲通过一长度为 L 的类透镜介质(如光波导、光纤)的传输时间。按此定义，D 与 $\mathrm{d}^2\beta/\mathrm{d}\omega^2$ 的关系为

$$D = -\frac{2\pi c}{\lambda^2}\left(\frac{\mathrm{d}^2\beta}{\mathrm{d}\omega^2}\right) \tag{1.3-126}$$

利用参量 a 的定义关系(1.3-119)式，群速度的频率色散可表示为

$$D = -\frac{4\pi c}{\lambda^2}a \tag{1.3-127}$$

因此，脉冲宽度(1.3-123)式可写成

$$\tau(L) = \tau_0 \sqrt{1 + \left(\frac{2\ \ln 2}{\pi c}\frac{DL\lambda^2}{\tau_0^2}\right)^2} \tag{1.3-128}$$

若 DL 以 ps/nm 为单位，λ 以 μm 为单位，τ 以 ps 为单位，则上式等于

$$\tau(L) = \tau_0 \sqrt{1 + \left(\frac{1.47DL\lambda^2}{\tau_0^2}\right)^2} \tag{1.3-129}$$

若将(1.3-120)式和(1.3-115)式结合，类透镜介质(如光波导、光纤)中位于 z 处的光电场可表示为

$$\begin{aligned} E(z,t) &= \varepsilon(z,t)\mathrm{e}^{-\mathrm{i}(\omega_0 t - \beta_0 z)} \\ &= \frac{\mathrm{e}^{\mathrm{i}\beta_0 z}}{\sqrt{1-\mathrm{i}4\alpha a z}}\exp\left\{-\mathrm{i}\left[\omega_0 t + \frac{4az(t-z/v_g)^2}{\alpha^{-2}+16a^2z^2}\right] - \frac{(t-z/v_g)^2}{\alpha^{-1}+16a^2z^2\alpha}\right\} \end{aligned} \tag{1.3-130}$$

光电场的相位是

$$\Phi(z,t) = \omega_0 t + \frac{4az(t-z/v_g)^2}{\alpha^{-2}+16a^2z^2} - \beta_0 z \tag{1.3-131}$$

光电场的本地频率 $\omega(z,t)$ 为

$$\omega(z,t) = \frac{\partial\Phi}{\partial t} = \omega_0 + \frac{8az(t-z/v_g)}{\alpha^{-2}+16a^2z^2} \tag{1.3-132}$$

它由中心频率 ω_0 和与群速度色散项 a 成正比的线性扫频(线性调频)项组成。线性调频起因于群速度的频率色散。由(1.3-129)式可见，如果群速度的频率色散-长度积 DL 比 $(\tau_0/\lambda)^2$ 小得多，则某一激光脉冲的展宽比 $\tau(L)/\tau_0$ 是很小的(即接近于 1)。当然，最好是在群速度的频率色散为零的条件下传输光脉冲。在光纤传输中，当波导色散与材料色散在某个波长上相互抵消时，就属于这种情况。

习 题 一

1-1 由麦克斯韦方程导出连续性方程：

$$\frac{\partial \rho}{\partial t}+\nabla \cdot \boldsymbol{J}=0$$

式中，ρ 是空间任一点的电荷密度，$\boldsymbol{J}$ 是该点邻域的电流密度。

1-2 由麦克斯韦方程推导出电场和磁场的边界条件((1.1-8)式～(1.1-11)式)。

1-3 试推导电磁场线性动量守恒定律：

$$\frac{\partial \boldsymbol{P}}{\partial t}=\nabla \cdot \mathbf{T}-\boldsymbol{F}$$

式中，$\boldsymbol{P}$、$\mathbf{T}$ 和 $\boldsymbol{F}$ 分别为电磁场动量密度、麦克斯韦应力张量和电磁场作用于电荷和电流分布的洛仑兹力：

$$\boldsymbol{P}=\mu\varepsilon(\boldsymbol{E}\times\boldsymbol{H})$$

$$T_{ij}=\varepsilon E_i E_j+\mu H_i H_j-\frac{1}{2}\delta_{ij}(\varepsilon E^2+\mu H^2)$$

$$\boldsymbol{F}=\rho\boldsymbol{E}+\boldsymbol{J}\times\boldsymbol{B}$$

证明在无源区，电磁场动量密度的时间变化率等于由麦克斯韦应力作用于该区的力。

1-4 令 $\boldsymbol{E}=\boldsymbol{E}_0(\boldsymbol{r})\mathrm{e}^{-\mathrm{i}\omega t}$，$\boldsymbol{H}=\boldsymbol{H}_0(\boldsymbol{r})\mathrm{e}^{-\mathrm{i}\omega t}$ 为麦克斯韦方程的解。

(1) 证明 $\boldsymbol{E}^*$ 和 $\boldsymbol{H}^*$ 也满足麦克斯韦方程。

(2) 假若介质是无耗的(即 $\boldsymbol{\varepsilon}$ 和 $\boldsymbol{\mu}$ 是实张量)，相位共轭波

$$\boldsymbol{E}_{PC}=\boldsymbol{E}_0^*(\boldsymbol{r})\mathrm{e}^{-\mathrm{i}\omega t},\ \boldsymbol{H}_{PC}=\boldsymbol{H}_0^*(\boldsymbol{r})\mathrm{e}^{-\mathrm{i}\omega t}$$

也满足麦克斯韦方程。

1-5 对于下面给出的每一类波数的分布 $A(k)$，利用(1.2-18)式积分计算出相应的包络线函数 $E(\xi)$，画出 $|A(k)|^2$ 和 $|E(\xi)|^2$ 图，求此法的标准偏差(Δk 和 $\Delta\xi$)，并验证海森堡测不准关系 $\Delta k\Delta\xi\geqslant 1/2$。

(1) $A(k)=A(k_0)\mathrm{e}^{-(k-k_0)^2/4q^2}$。此光谱分布相当于高斯脉冲，并且是最小波包，即 $\Delta k\Delta\xi=1/2$。

(2) $A(k)=A(k_0)\mathrm{e}^{-|k-k_0|/2q}$。此光谱分布相当于洛仑兹脉冲。

(3) $A(k)=A(k_0)\dfrac{\sin[(k-k_0)/q]}{(k-k_0)/q}$。此光谱分布相当于方形波脉冲。

1-6 一维激光脉冲

$$E_x=E(z-v_g t)\mathrm{e}^{-\mathrm{i}(\omega t-k_0 z)}$$

的包络线函数为 $E(z-v_g t)$，写出相应磁场 H_y 的包络线，并计算其坡印廷矢量。

1-7 一介质的折射率表示式为

$$n(\omega)=n_0-\frac{\Gamma(\omega-\omega_0)}{\Gamma^2+(\omega-\omega_0)^2}$$

计算光脉冲在这种介质中传输的群速度。

1-8 假定 $\omega(k)$ 在 k_0 附近的展开式为

$$\omega(k)=\omega_0+\left(\frac{\mathrm{d}\omega}{\mathrm{d}k}\right)_0(k-k_0)+\frac{1}{2}\left(\frac{\mathrm{d}^2\omega}{\mathrm{d}k^2}\right)_0(k-k_0)^2$$

试计算光谱分布为$A(k)=A(k_0)\exp\left[-\frac{(k-k_0)^2}{4q^2}\right]$的高斯脉冲的包络线函数及随时间$t$变化的包络线宽度。可利用下面的积分公式

$$\int_{-\infty}^{\infty}\mathrm{e}^{-(\alpha x^2+\beta x)}\mathrm{d}x=\sqrt{\frac{\pi}{\alpha}}\mathrm{e}^{\beta^2/4\alpha}$$

1-9 试证明，若将折射率表示成波长λ的函数，(1.2-23)式可写成

$$v_g=\frac{c}{n-(\mathrm{d}n/\mathrm{d}\lambda)}$$

1-10 证明$\omega(k)$的台劳展开系数$\frac{1}{2}\frac{\mathrm{d}^2\omega}{\mathrm{d}k^2}$与群速度色散成正比，并证明

$$\frac{\mathrm{d}v_g}{\mathrm{d}\lambda}=v_g^2\left(\frac{\lambda}{c}\right)\frac{\mathrm{d}^2n}{\mathrm{d}\lambda^2}$$

1-11 证明：若$\sin\varphi>0$，椭圆偏振光电矢量的端点按顺时针方向旋转；若$\sin\varphi<0$，椭圆偏振光电矢量的端点按逆时针方向旋转。

1-12 试找一个偏振态与下列偏振态正交：

$$\boldsymbol{J}(\psi,\varphi)=\begin{pmatrix}\cos\psi\\ \mathrm{e}^{-\mathrm{i}\varphi}\sin\psi\end{pmatrix}$$

并证明两个相互正交偏振态的椭圆主轴是相互垂直的，旋转方向相反。

1-13 证明公式(1.2-42)和(1.2-43)。

1-14 今有两个单色平面波$\boldsymbol{E}_a(z,t)=\mathrm{Re}[\boldsymbol{A}\mathrm{e}^{-\mathrm{i}(\omega t-kz)}]$和$\boldsymbol{E}_b(z,t)=\mathrm{Re}[\boldsymbol{B}\mathrm{e}^{-\mathrm{i}(\omega t-kz)}]$，它们的偏振态是正交的，即$\boldsymbol{A}^*\cdot\boldsymbol{B}=0$。

(1) 令φ_a、φ_b为方程(1.2-26)中确定的相角，证明

$$\varphi_a-\varphi_b=\pm\pi$$

(2) 因为φ_a、φ_b都在$-\pi<\varphi\leqslant\pi$范围内，证明

$$\varphi_a\varphi_b\leqslant 0$$

(3) 若χ_a、χ_b为代表这两种波偏振态的复数，证明

$$\chi_a\chi_b=-1$$

(4) 证明偏振椭圆的主轴相互正交，椭圆度数值相同，符号相反。

1-15 一高斯光束通过焦距为f的薄透镜，实现聚焦。若光束向右传播，入射光束腰在离透镜的距离d_1处，束腰半径为w_1。试证明输出光的束腰半径为

$$\frac{1}{w_2^2}=\frac{1}{w_1^2}\left(1-\frac{d_1}{f}\right)^2+\frac{1}{f^2}\left(\frac{\pi w_1}{\lambda}\right)^2$$

若束腰在离透镜距离d_2处，则有下列关系：

$$d_2-f=(d_1-f)\frac{f^2}{(d_1-f)^2+(\pi w^2/\lambda)^2}$$

并证明

$$\frac{w_2^2}{w_1^2}=\frac{d_2-f}{d_1-f}$$

1-16 如题1-16图所示，高斯光束垂直入射到折射率为n的固体棱镜上，

(1) 求出射光束的远场衍射角。

(2) 若棱镜向左移动到其入射面位于 $z=-l_1$ 处，试求光束新的束腰大小及位置。(设固体足够长，以致束腰位于其内。)

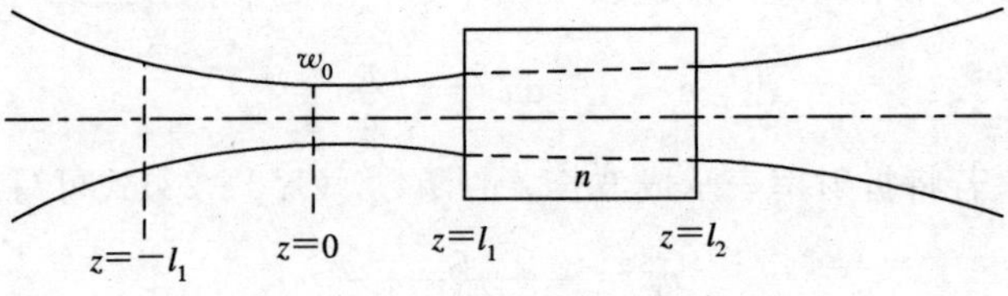

题 1-16 图

1-17　如题 1-17 图所示，波长为 λ 的高斯光束入射到位于 $z=l$ 处的透镜上，为使出射光束的束腰位于样品的前表面，试计算透镜的焦距 f。证明(给定 l 和 L)存在两个解，并对每个解画出光束的传播情况。

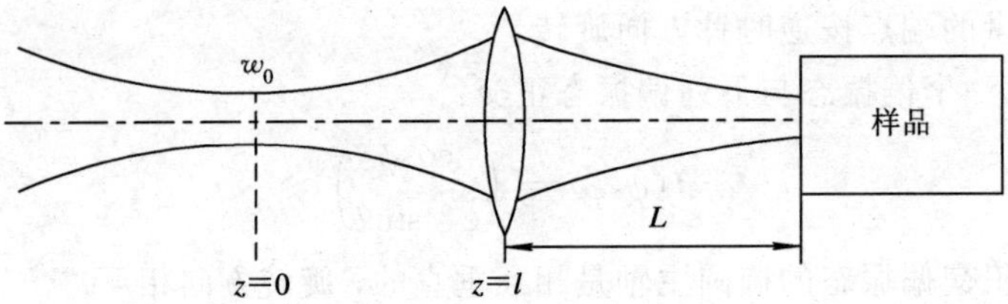

题 1-17 图

1-18　试求光束($\lambda=1\ \mu$m)在 $n=1.5$ 和 $n_2=5\times10^2\ \text{cm}^{-2}$ 的二次方折射率变化的玻璃纤维中传播时，其光斑半径和每秒钟内光脉冲数目的极大值：①单模 $l=m=0$ 激发的情形；②所有 $l, m\leqslant5$ 的模式都被激发的情形。利用任一典型的玻璃色散数据(n 与 ω 的关系)，试比较模式色散和材料色散对脉冲加宽的相对贡献。

1-19　把表示 Ψ 的(1.3-49)式代入波动方程(1.3-1)，证明

$$\nabla^2 A-A(\nabla\phi)^2+\left(\frac{2\pi}{\lambda}n\right)^2 A=0$$

和

$$A\nabla^2\phi+2\nabla A\cdot\nabla\phi=0$$

并证明：若 $A(r)$ 随空间位置变化缓慢，$\nabla^2 A$ 可以忽略，则第一个方程可简化为方程(1.3-50)。

参考文献

[1] M 玻恩，E 沃耳夫. 光学原理. 杨葭荪，等，译. 北京：科学出版社，1978；电子工业出版社，2007.

[2] Marcuse D. Light Transmission Optics. Van Nostrand, Princeton, N.J., 1972.

[3] A 亚里夫，P 叶. 晶体中的光波. 于荣金，金锋，译. 北京:科学出版社，1991.

[4] A 亚里夫. 现代通信光电子学. 5 版. 北京：电子工业出版社，2002.

[5] 周炳琨，等. 激光原理. 4版. 北京：国防工业出版社，2000.
[6] Yariv A. Quantum Electronics，2nd ed. Wiley，New York，1975.
[7] Drude P. Theory of Optics. Longmans，Green and Co.，New York，1933.
[8] Cohen L G and Presby H M. Shuttle pulse measurement of pulse spreading in a low loss graded index fiber. Appl. Opt.，1975，14:1361.
[9] Cohen L G and Personick S D. Length dependence of pulse dispersion in a long multimode optical fiber. Appl. Opt.，1975，14:1250.

第二章　光在各向异性介质中的传播

自然界中，许多介质的光学性质是各向异性的，例如，方解石、石英、铌酸锂、磷酸二氘钾等氧化物晶体，以及半导体、有机晶体和液晶等。光在这种各向异性介质中传播时，其特性与光的传播方向和偏振性质有关，并表现出许多独特的光学现象，例如，(线)双折射、圆双折射(旋光性)、偏振效应、锥形折射等。在光学中，许多光学元器件都是由这种光学各向异性介质制成的，例如棱镜起偏器、偏振片、双折射滤波器和波片等。此外，这种光学各向异性介质还是非线性光学的重要材料。因此，为了有效地应用这些光学各向异性介质及其独特的现象，必须了解光在各向异性介质中的传播特性。本章将根据光的电磁理论，利用简正模理论和耦合模理论详细研究光波在各向异性介质中的传播规律和偏振特性。

2.1　各向异性介质的介电张量与晶体的分类

2.1.1　各向异性介质的介电张量

在大多数介质中，涉及到光与物质的物理相互作用主要是光电场的作用。因此，这里提到介质的光学性质主要是指其光电学性质，用介电常数表征。在各向同性介质中，电位移矢量 $\boldsymbol{D}$ 与电场强度矢量 $\boldsymbol{E}$ 满足如下关系：

$$\boldsymbol{D}=\varepsilon\boldsymbol{E}=\varepsilon_0\varepsilon_r\boldsymbol{E} \tag{2.1-1}$$

式中，ε 是介电常数，ε_0 是真空中的介电常数，ε_r 是介质的相对介电常数。由该式可见，电位移矢量 $\boldsymbol{D}$ 与电场强度矢量 $\boldsymbol{E}$ 的方向相同，即 $\boldsymbol{D}$ 矢量的每个分量只与 $\boldsymbol{E}$ 矢量的相应分量线性相关。而在诸如晶体等各向异性介质中，由于其物质结构的空间周期性和对称性，即其空间结构的各向异性，导致了光学性质的各向异性。各向异性介质的光学各向异性表现在 $\boldsymbol{D}$ 和 $\boldsymbol{E}$ 之间的关系为

$$\boldsymbol{D}=\boldsymbol{\varepsilon}\cdot\boldsymbol{E}=\varepsilon_0\boldsymbol{\varepsilon}_r\cdot\boldsymbol{E} \tag{2.1-2}$$

其中，介量张量 $\boldsymbol{\varepsilon}=\varepsilon_0\boldsymbol{\varepsilon}_r$ 是一个二阶张量，有 9 个张量元素。(2.1-2)式关系的分量形式为

$$D_i=\varepsilon_0\varepsilon_{ij}E_j \qquad i,\ j=x,\ y,\ z \tag{2.1-3}$$

式中，ε_{ij} 是相对介电张量元素，该式关系中已利用了爱因斯坦求和规则：相邻量间有相同的下标(j)，表示对该下标(j)求和，即其实际关系式应为 $D_i=\varepsilon_0\sum\limits_{j=x,y,z}\varepsilon_{ij}E_j$。由该式可见，各向异性介质中电位移矢量 $\boldsymbol{D}$ 的每个分量与电场强度矢量 $\boldsymbol{E}$ 的各个分量均线性相关，在一般情况下，$\boldsymbol{D}$ 与 $\boldsymbol{E}$ 的方向不相同。

假定各向异性介质是均匀的、无吸收损耗的和磁学性质上是各向同性的，则其中的电能量密度为

$$U_e = \frac{1}{2}\boldsymbol{E}\cdot\boldsymbol{D} = \frac{1}{2}E_i\varepsilon_0\varepsilon_{ij}E_j \tag{2.1-4}$$

将(2.1-4)式对时间求导数，可得

$$\dot{U}_e = \frac{1}{2}\varepsilon_0\varepsilon_{ij}(\dot{E}_iE_j + E_i\dot{E}_j) \tag{2.1-5}$$

按照1.1.2节对电磁场能量守恒定律(坡印廷定理)的推导，流入单位体积无损耗介质中的净功率流为

$$-\nabla\cdot(\boldsymbol{E}\times\boldsymbol{H}) = \boldsymbol{E}\cdot\dot{\boldsymbol{D}} + \boldsymbol{H}\cdot\dot{\boldsymbol{B}} \tag{2.1-6}$$

将(2.1-3)式代入，上式可写成

$$-\nabla\cdot(\boldsymbol{E}\times\boldsymbol{H}) = E_i\varepsilon_0\varepsilon_{ij}\dot{E}_j + \boldsymbol{H}\cdot\dot{\boldsymbol{B}} \tag{2.1-7}$$

因为坡印廷矢量为介质中的能流，上式右边第一项应等于$\dot{U}_e$。因此有下列关系：

$$\frac{1}{2}\varepsilon_0\varepsilon_{ij}(\dot{E}_iE_j + E_i\dot{E}_j) = \varepsilon_0\varepsilon_{ij}E_i\dot{E}_j \tag{2.1-8}$$

由该式可以直接得出

$$\varepsilon_{ij} = \varepsilon_{ji} \tag{2.1-9}$$

这个关系式的含义是：介质的介电张量是对称的，它有六个独立分量。应当指出，这个对称性是定义(2.1-3)式和假定$\boldsymbol{\varepsilon}$为实介电张量的直接结果。如果介电张量是复数(例如旋光性介质)，类似的推导可以证明：

$$\varepsilon_{ij} = \varepsilon_{ji}^* \tag{2.1-10}$$

这就意味着，电磁场能量守恒要求介电张量是厄密的。在介电张量是实数的特殊情况下，厄密性简化为对称性。

根据线性代数理论，相应于这种对称张量有一个主轴坐标系，经过主轴变换后的介电张量是对角张量，只有三个非零的对角元素，其形式为

$$\begin{bmatrix} \varepsilon_{xx} & 0 & 0 \\ 0 & \varepsilon_{yy} & 0 \\ 0 & 0 & \varepsilon_{zz} \end{bmatrix} \tag{2.1-11}$$

三个对角元素ε_{xx}、ε_{yy}、ε_{zz}(或简写为ε_x、ε_y、ε_z)叫做相对主介电常数。这个介电张量也可表示为

$$\begin{bmatrix} \varepsilon_1 & 0 & 0 \\ 0 & \varepsilon_2 & 0 \\ 0 & 0 & \varepsilon_3 \end{bmatrix} \tag{2.1-12}$$

由麦克斯韦关系式

$$n = \sqrt{\varepsilon_r} \tag{2.1-13}$$

还可以相应地定义出三个主折射率n_x、n_y、n_z或者n_1、n_2、n_3。在主轴坐标系中，(2.1-3)式可表示为

$$D_i = \varepsilon_0\varepsilon_{ii}E_i \qquad i = x, y, z \tag{2.1-14}$$

在本书中，如果没有特别的说明，均选用主轴坐标系描述介质的光学性质。

2.1.2 晶体的分类

由于实际工作中经常用到的各向异性介质主要是晶体材料，因此下面讨论晶体的光学

各向异性。根据光学性质的不同，晶体可分为各向同性晶体和各向异性晶体，或细分为三类：各向同性晶体、单轴晶体和双轴晶体。对于自然界中存在的七大晶系：立方晶系、四方晶系、六方晶系、三方晶系、正交晶系、单斜晶系、三斜晶系，由于它们的空间对称性不同，其光学性质不同，相对介电张量的形式也不同，分别如表 2.1－1 所示。其中，立方晶系在光学上是各向同性的，$\varepsilon_{xx}=\varepsilon_{yy}=\varepsilon_{zz}=\varepsilon_0$；三方、四方、六方晶系在光学上是各向异性的，相对主介电常数 $\varepsilon_{xx}=\varepsilon_{yy}=\varepsilon_o$，$\varepsilon_{zz}=\varepsilon_e$，这几类晶体称为单轴晶体；三斜、单斜和正交晶系在光学上也是各向异性的，它们的相对主介电常数 $\varepsilon_{xx}\neq\varepsilon_{yy}\neq\varepsilon_{zz}$，这几类晶体称为双轴晶体。

表 2.1－1　各种晶系的相对介电张量矩阵

晶 系	在主轴坐标系中	在非主轴坐标系中	光学分类
三斜		$\begin{bmatrix}\varepsilon_{xx} & \varepsilon_{xy} & \varepsilon_{xz}\\ \varepsilon_{yx} & \varepsilon_{yy} & \varepsilon_{yz}\\ \varepsilon_{zx} & \varepsilon_{zy} & \varepsilon_{zz}\end{bmatrix}$	
单斜	$\begin{bmatrix}\varepsilon_1 & 0 & 0\\ 0 & \varepsilon_2 & 0\\ 0 & 0 & \varepsilon_3\end{bmatrix}$	$\begin{bmatrix}\varepsilon_{xx} & 0 & \varepsilon_{zx}\\ 0 & \varepsilon_{yy} & 0\\ \varepsilon_{zx} & 0 & \varepsilon_{zz}\end{bmatrix}$	双轴
正交		$\begin{bmatrix}\varepsilon_{xx} & 0 & 0\\ 0 & \varepsilon_{yy} & 0\\ 0 & 0 & \varepsilon_{zz}\end{bmatrix}$	
三方 四方 六方	$\begin{bmatrix}\varepsilon_1 & 0 & 0\\ 0 & \varepsilon_1 & 0\\ 0 & 0 & \varepsilon_3\end{bmatrix}$	$\begin{bmatrix}\varepsilon_{xx} & 0 & 0\\ 0 & \varepsilon_{xx} & 0\\ 0 & 0 & \varepsilon_{zz}\end{bmatrix}$	单轴
立方	$\begin{bmatrix}\varepsilon_1 & 0 & 0\\ 0 & \varepsilon_1 & 0\\ 0 & 0 & \varepsilon_1\end{bmatrix}$	$\begin{bmatrix}\varepsilon_{xx} & 0 & 0\\ 0 & \varepsilon_{xx} & 0\\ 0 & 0 & \varepsilon_{xx}\end{bmatrix}$	各向同性

这里必须附加一段关于色散效应的说明。如前所述，在各向同性介质中，介电常数并不是一个物质常数，它随频率而变，这即是所谓的材料色散。在各向异性介质中，也有材料色散，介电张量的 6 个独立分量也随频率变化，结果不仅主介电常数的值会改变，而且主轴方向也会改变，这个现象称为轴色散。这种轴色散现象在红外区特别明显，并且只能发生在其结构对称性并不确定一组择优的三个正交方向的晶体中，即仅在单斜晶系和三斜晶系中才能被观察到。

如果只限于讨论单色波，则可以不考虑色散，ε_{ij} 是只与介质有关的常数。

2.2　光在晶体中的传播特性[1,2]

光在晶体中的传播特性与光在各向同性介质中不同，其主要特征是光的相速度依赖于它的偏振状态和传播方向。由于晶体的光学各向异性，平面光波的偏振态可能随着它通过晶体的传播而变化。在晶体中给定一个传播方向，一般说来，存在两个传播的简正模式，它们各自具有确定的本征相速度和偏振方向，对于偏振与这两个本征偏振方向之一平行的光波，在其通过晶体传播时，将保持不变的偏振态，但是这两个简正模式的传播速度或折射率不同，这就是双折射现象。

本节将根据简正模理论，采用解析法和几何法分别讨论单色平面光波在双折射晶体中的传播特性。

2.2.1 光在晶体中传播特性的解析法描述

1. 晶体光学的基本方程

在均匀、不导电、非磁性的晶体中，若没有自由电荷存在，麦克斯韦方程为

$$\nabla \times \boldsymbol{H} = \frac{\partial \boldsymbol{D}}{\partial t} \tag{2.2-1}$$

$$\nabla \times \boldsymbol{E} = -\mu_0 \frac{\partial \boldsymbol{H}}{\partial t} \tag{2.2-2}$$

$$\nabla \cdot \boldsymbol{B} = 0 \tag{2.2-3}$$

$$\nabla \cdot \boldsymbol{D} = 0 \tag{2.2-4}$$

假设在晶体中传播的单色平面光波的电场为 $\boldsymbol{E} = \boldsymbol{E}_0 \mathrm{e}^{-\mathrm{i}(\omega t - \boldsymbol{k} \cdot \boldsymbol{r})}$，磁场为 $\boldsymbol{H} = \boldsymbol{H}_0 \mathrm{e}^{-\mathrm{i}(\omega t - \boldsymbol{k} \cdot \boldsymbol{r})}$，$\boldsymbol{k} = (\omega/c) n \boldsymbol{k}_0$ 为波矢，$\boldsymbol{k}_0$ 为传播方向(波法线方向)的单位矢量，n 为单色平面光波沿传播方向的折射率，则将电、磁场表示式代入方程(2.2-1)和(2.2-2)，可得

$$\boldsymbol{k} \times \boldsymbol{E} = \omega \mu_0 \boldsymbol{H} \tag{2.2-5}$$

$$\boldsymbol{k} \times \boldsymbol{H} = -\omega \boldsymbol{\varepsilon} \cdot \boldsymbol{E} \tag{2.2-6}$$

再将(2.2-5)式和(2.2-6)式中的 $\boldsymbol{H}$ 消去，得到

$$\boldsymbol{D} = -\frac{n^2}{\mu_0 c^2} \boldsymbol{k}_0 \times (\boldsymbol{k}_0 \times \boldsymbol{E}) = \varepsilon_0 n^2 [\boldsymbol{E} - \boldsymbol{k}_0 (\boldsymbol{k}_0 \cdot \boldsymbol{E})] \tag{2.2-7}$$

该式即是描述晶体光学性质的基本方程，其分量形式为

$$D_i = \varepsilon_0 n^2 [E_i - k_{0i} (\boldsymbol{k}_0 \cdot \boldsymbol{E})] \qquad i = x, y, z \tag{2.2-8}$$

将 $D_i \sim E_i$ 的关系(2.1-14)式代入，经过整理可得

$$\frac{k_{0x}^2}{\dfrac{1}{n^2} - \dfrac{1}{\varepsilon_{xx}}} + \frac{k_{0y}^2}{\dfrac{1}{n^2} - \dfrac{1}{\varepsilon_{yy}}} + \frac{k_{0z}^2}{\dfrac{1}{n^2} - \dfrac{1}{\varepsilon_{zz}}} = 0 \tag{2.2-9}$$

这个方程描述了在晶体中传播的光波波法线方向 $\boldsymbol{k}_0$ 与相应的折射率和晶体的主介电常数之间的关系，称为波法线菲涅耳(Fresnel)方程。

2. 简正模

利用上述基本方程讨论沿任一方向传播的平面光波在晶体中传播特性的问题，实际上是求解光学各向异性介质中沿该方向传播简正模的本征值问题。由基本方程出发得到的波法线菲涅耳方程(2.2-9)实际上是本征方程(久期方程)，求解该方程即可解出本征值(折射率)n，将其代入基本方程(2.2-8)，就可以得到相应的简正模的本征光电场矢量，其偏振方向为

$$\begin{bmatrix} \dfrac{k_{0x}}{n^2-\varepsilon_{xx}} \\ \dfrac{k_{0y}}{n^2-\varepsilon_{yy}} \\ \dfrac{k_{0z}}{n^2-\varepsilon_{zz}} \end{bmatrix} \tag{2.2-10}$$

由于方程(2.2-9)是n^2的二次方程，因此对于每个传播方向$\boldsymbol{k}_0$，可以得到两个有意义的特解，即对应于每个传播方向$\boldsymbol{k}_0$，有两个本征折射率和两个相应的本征光场矢量。由(2.2-10)式可以看出，在无吸收介质中，因为式中所有分量均为实数，所以这些简正模是线偏振的。下面，详细讨论简正模的特性。

1）简正模的光场结构

假设对应于传播方向$\boldsymbol{k}_0$、分别与本征折射率n_1和n_2相应的线偏振简正模的本征光电场矢量为$\boldsymbol{E}_1$和$\boldsymbol{E}_2$，本征电位移矢量为$\boldsymbol{D}_1$和$\boldsymbol{D}_2$，则其中的一个本征矢量$\boldsymbol{E}_m$满足如下方程：

$$\boldsymbol{\varepsilon}\cdot\boldsymbol{E}_m=\varepsilon_0 n_m^2[\boldsymbol{E}_m-\boldsymbol{k}_0(\boldsymbol{k}_0\cdot\boldsymbol{E}_m)] \tag{2.2-11}$$

如果用另一个本征矢量$\boldsymbol{E}_n$标量乘(2.2-11)式，可得

$$\boldsymbol{E}_n\cdot[\boldsymbol{E}_m-\boldsymbol{k}_0(\boldsymbol{k}_0\cdot\boldsymbol{E}_m)]=\frac{1}{\varepsilon_0 n_m^2}\boldsymbol{E}_n\cdot\boldsymbol{\varepsilon}\cdot\boldsymbol{E}_m \tag{2.2-12}$$

交换指标m和n后，有

$$\boldsymbol{E}_m\cdot[\boldsymbol{E}_n-\boldsymbol{k}_0(\boldsymbol{k}_0\cdot\boldsymbol{E}_n)]=\frac{1}{\varepsilon_0 n_n^2}\boldsymbol{E}_m\cdot\boldsymbol{\varepsilon}\cdot\boldsymbol{E}_n \tag{2.2-13}$$

将上二式两边相减，考虑到介电张量$\boldsymbol{\varepsilon}$是对称张量，可以得到

$$\frac{1}{\varepsilon_0}\left[\frac{1}{n_m^2}-\frac{1}{n_n^2}\right]\boldsymbol{E}_m\cdot\boldsymbol{\varepsilon}\cdot\boldsymbol{E}_n=0 \tag{2.2-14}$$

如果$n_m\neq n_n$，则有

$$\boldsymbol{E}_m\cdot\boldsymbol{\varepsilon}\cdot\boldsymbol{E}_n=0 \tag{2.2-15}$$

如果$n_m=n_n$，仍可通过选择本征矢量使之满足该方程，并可选择本征矢量，使其满足归一化条件[3]：

$$\boldsymbol{E}_m\cdot\boldsymbol{\varepsilon}\cdot\boldsymbol{E}_m=1 \tag{2.2-16}$$

将上面两个方程组合在一起，便给出权重正交性条件：

$$\boldsymbol{E}_m\cdot\boldsymbol{\varepsilon}\cdot\boldsymbol{E}_n=\delta_{mn} \tag{2.2-17}$$

或表示为

$$\boldsymbol{E}_m\cdot\boldsymbol{D}_n=\delta_{mn} \tag{2.2-18}$$

这个关系叫做双正交条件，它表明每一个简正模的本征光电场矢量与另一个简正模的本征电位移矢量是正交的。

如果将$\boldsymbol{D}_m$标量乘$\boldsymbol{D}_n=\varepsilon_0 n_n^2[\boldsymbol{E}_n-\boldsymbol{k}_0(\boldsymbol{k}_0\cdot\boldsymbol{E}_n)]$，则有

$$\boldsymbol{D}_m\cdot[\boldsymbol{E}_n-\boldsymbol{k}_0(\boldsymbol{k}_0\cdot\boldsymbol{E}_n)]=\frac{1}{\varepsilon_0 n_n^2}\boldsymbol{D}_m\cdot\boldsymbol{D}_n \tag{2.2-19}$$

$m\neq n$时，有

$$\boldsymbol{D}_m\cdot\boldsymbol{D}_n=0 \tag{2.2-20}$$

即晶体中两个传播简正模的本征电位移矢量是正交的。

综上所述，晶体中相应于某一波法线方向 $\boldsymbol{k}_0$ 的两个传播简正模的本征场矢量间的关系如下：

$$\left.\begin{aligned} \boldsymbol{D}_1 \cdot \boldsymbol{D}_2 &= 0 \\ \boldsymbol{D}_1 \cdot \boldsymbol{E}_2 &= 0 \\ \boldsymbol{D}_2 \cdot \boldsymbol{E}_1 &= 0 \\ \boldsymbol{k}_0 \cdot \boldsymbol{D}_1 = \boldsymbol{k}_0 \cdot \boldsymbol{D}_2 &= 0 \end{aligned}\right\} \tag{2.2-21}$$

应当强调的是，两个传播简正模的光电场矢量 $\boldsymbol{E}_1$ 和 $\boldsymbol{E}_2$ 之间一般并不正交。为了更清晰起见，图 2.2-1 画出了晶体中相应于某一波法线方向 $\boldsymbol{k}_0$ 的两个简正模的电场矢量 $\boldsymbol{E}$、电位移矢量 $\boldsymbol{D}$ 及光线方向 $\boldsymbol{s}_0$ 的关系。在一般情况下，这两个简正模的折射率或速度不相等(称为双折射)。

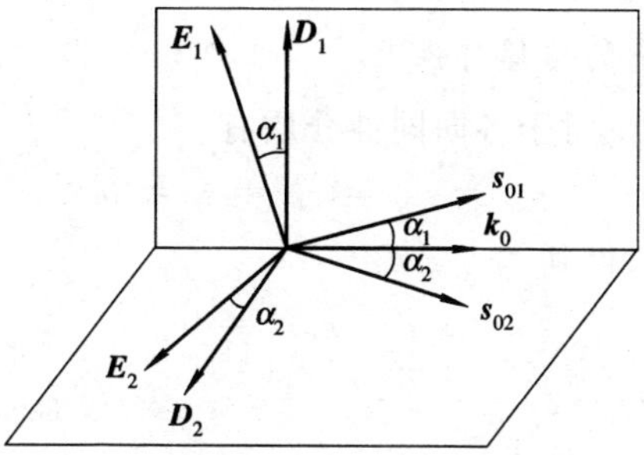

图 2.2-1 与给定 $\boldsymbol{k}_0$ 相应的 $\boldsymbol{D}$、$\boldsymbol{E}$、$\boldsymbol{s}_0$ 方向

2) 简正模的正交性

利用光场矢量表示式(1.2-1)、(1.2-2)以及洛仑兹互易定理，可以得到

$$\boldsymbol{k}_0 \cdot (\boldsymbol{E}_1 \times \boldsymbol{H}_2) = \boldsymbol{k}_0 \cdot (\boldsymbol{E}_2 \times \boldsymbol{H}_1) \tag{2.2-22}$$

如果把 $\boldsymbol{H}_1$ 和 $\boldsymbol{H}_2$ 的方程(2.2-5)代入(2.2-22)式，可得

$$\frac{n_2}{\mu_0 c}\boldsymbol{k}_0 \cdot [\boldsymbol{E}_1 \times (\boldsymbol{k}_0 \times \boldsymbol{E}_2)] = \frac{n_1}{\mu_0 c}\boldsymbol{k}_0 \cdot [\boldsymbol{E}_2 \times (\boldsymbol{k}_0 \times \boldsymbol{E}_1)]$$

进一步，利用矢量恒等式

$$\boldsymbol{A} \cdot (\boldsymbol{B} \times \boldsymbol{C}) = \boldsymbol{C} \cdot (\boldsymbol{A} \times \boldsymbol{B})$$

上式变成

$$\frac{n_2}{\mu_0 c}(\boldsymbol{k}_0 \times \boldsymbol{E}_1) \cdot (\boldsymbol{k}_0 \times \boldsymbol{E}_2) = \frac{n_1}{\mu_0 c}(\boldsymbol{k}_0 \times \boldsymbol{E}_1) \cdot (\boldsymbol{k}_0 \times \boldsymbol{E}_2) \tag{2.2-23}$$

因为该式必须适用于 $n_1 \neq n_2$ 的任一传播方向 $\boldsymbol{k}_0$，所以只有当等式两边都为零时才能成立。这表明

$$\boldsymbol{k}_0 \cdot (\boldsymbol{E}_1 \times \boldsymbol{H}_2) = \boldsymbol{k}_0 \cdot (\boldsymbol{E}_2 \times \boldsymbol{H}_1) = 0 \tag{2.2-24}$$

该式即为两个传播简正模的正交性关系式。若对垂直于 $\boldsymbol{k}_0$ 方向的横截面积分，可得

$$\iint \boldsymbol{k}_0 \cdot (\boldsymbol{E}_1 \times \boldsymbol{H}_2)\mathrm{d}s = \iint \boldsymbol{k}_0 \cdot (\boldsymbol{E}_2 \times \boldsymbol{H}_1)\mathrm{d}s = 0$$

或

$$\iint (\boldsymbol{E}_1 \times \boldsymbol{H}_2)_{\boldsymbol{k}_0}\, \mathrm{d}s = \iint (\boldsymbol{E}_2 \times \boldsymbol{H}_1)_{\boldsymbol{k}_0}\, \mathrm{d}s = 0 \tag{2.2-25}$$

由上所述，沿任意传播方向 $\boldsymbol{k}_0$ 能够存在两个独立的线偏振平面波传播简正模，由于这两个简正模的正交性，所以沿传播方向的光波功率是每个模式各自携带的功率之和：

$$\iint (\boldsymbol{E} \times \boldsymbol{H})_{\boldsymbol{k}_0}\, \mathrm{d}s = \iint (\boldsymbol{E}_1 \times \boldsymbol{H}_1)_{\boldsymbol{k}_0}\, \mathrm{d}s + \iint (\boldsymbol{E}_2 \times \boldsymbol{H}_2)_{\boldsymbol{k}_0}\, \mathrm{d}s \tag{2.2-26}$$

3. 光在各类晶体中的传播特性

现将方程(2.2-9)展开，可以得到一个关于 n^2 的二次方程：

$$n^4(\varepsilon_{xx}k_{0x}^2 + \varepsilon_{yy}k_{0y}^2 + \varepsilon_{zz}k_{0z}^2) - n^2[\varepsilon_{xx}\varepsilon_{yy}(k_{0x}^2 + k_{0y}^2) + \varepsilon_{yy}\varepsilon_{zz}(k_{0y}^2 + k_{0z}^2) + \varepsilon_{zz}\varepsilon_{xx}(k_{0z}^2 + k_{0x}^2)] + \varepsilon_{xx}\varepsilon_{yy}\varepsilon_{zz} = 0 \tag{2.2-27}$$

由此，我们可以利用(2.2-18)式和方程(2.2-27)来求解各向同性介质(包括立方晶体)、单轴晶体及双轴晶体中光波传播简正模的本征值和本征场矢量。

1) 光在各向同性介质中的传播特性

这是最简单的一种情况。对于各向同性介质有

$$\varepsilon_{xx} = \varepsilon_{yy} = \varepsilon_{zz} = \varepsilon_r = n_0^2 \tag{2.2-28}$$

将其代入方程(2.2-27)后，得到

$$(n^2 - \varepsilon_r)^2 = 0 \tag{2.2-29}$$

由此可解得本征折射率 n 为

$$n = \sqrt{\varepsilon_r} = n_0 \tag{2.2-30}$$

现令 $\boldsymbol{e}$ 是一个传播简正模光电场振动方向的单位矢量，并假定

$$\boldsymbol{E}_1 = \frac{\boldsymbol{e}}{N_1} \tag{2.2-31}$$

式中 N_1 是一个归一化常数，则相应的电位移矢量为

$$\boldsymbol{D}_1 = \varepsilon \boldsymbol{E}_1 = \varepsilon \frac{\boldsymbol{e}}{N_1} \tag{2.2-32}$$

利用归一化条件(2.2-18)式，可以求得 $N_1 = \sqrt{\varepsilon}$。

对于另一个传播的简正模来说，按(2.2-18)式，应有 $\boldsymbol{D}_2 \perp \boldsymbol{E}_1$，所以有

$$\boldsymbol{D}_2 = \frac{\boldsymbol{k}_0 \times \boldsymbol{e}}{N_2} \tag{2.2-33}$$

$$\boldsymbol{E}_2 = \frac{\boldsymbol{k}_0 \times \boldsymbol{e}}{\varepsilon N_2} \tag{2.2-34}$$

利用归一化条件(2.2-18)式，可求出归一化常数为 $N_2 = 1/\sqrt{\varepsilon}$。

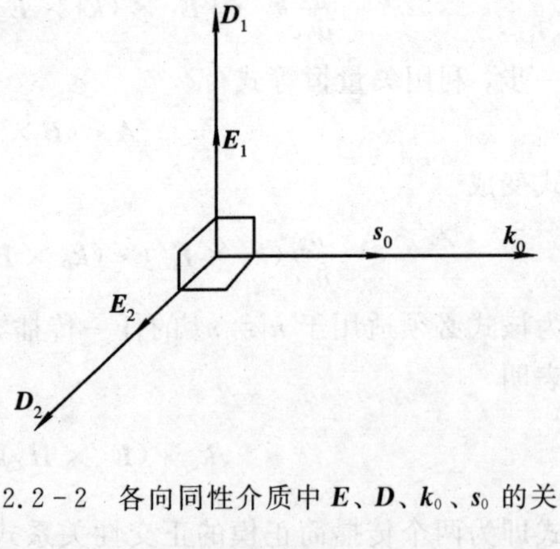

图 2.2-2　各向同性介质中 $\boldsymbol{E}$、$\boldsymbol{D}$、$\boldsymbol{k}_0$、$\boldsymbol{s}_0$ 的关系

综上所述，在各向同性介质中，两个传播横向模的光电场矢量 $\boldsymbol{E}$ 和电位移矢量 $\boldsymbol{D}$ 平行，且都垂直于 $\boldsymbol{k}_0$，两个模间 $\boldsymbol{E}$ 和 $\boldsymbol{D}$ 的振动方向正交，但方向任意，如图 2.2-2 所示，它们的折射率相等，都等于 n_0。

2）光在单轴晶体中的传播特性

对于单轴晶体有

$$\varepsilon_{xx}=\varepsilon_{yy}=\varepsilon_{\perp}=n_{\mathrm{o}}^{2},\quad \varepsilon_{zz}=\varepsilon_{\parallel}=n_{\mathrm{e}}^{2} \tag{2.2-35}$$

其主轴 x、y 的方向是任意的。如果选择主轴方向使得光波传播方向 $\boldsymbol{k}_0$ 在 yOz 平面内（这并不影响问题的讨论），则有如下关系：

$$\left.\begin{aligned} k_{0x}&=0\\ k_{0y}&=\sin\theta\\ k_{0z}&=\cos\theta \end{aligned}\right\} \tag{2.2-36}$$

式中 θ 是 z 轴与 $\boldsymbol{k}_0$ 方向之间的夹角。将上述关系代入方程(2.2-27)，得到

$$(n^2-\varepsilon_{\perp})[n^2(\varepsilon_{\parallel}\cos^2\theta+\varepsilon_{\perp}\sin^2\theta)-\varepsilon_{\parallel}\varepsilon_{\perp}]=0 \tag{2.2-37}$$

由此可见，对于满足上式第一个因子等于零，即 $n^2=\varepsilon_{\perp}$ 的光波来说，其本征折射率与光波的传播方向无关，称为寻常光(o 光)，折射率为 n_{o}。对于由上式第二个因子等于零所确定的光波，其本征折射率满足如下关系：

$$\frac{1}{n^2}=\frac{\cos^2\theta}{\varepsilon_{\perp}}+\frac{\sin^2\theta}{\varepsilon_{\parallel}} \tag{2.2-38}$$

表明该光波的折射率与光波的传播方向有关，称为非常光(e 光)，折射率用 $n_{\mathrm{e}}(\theta)$表示。当 $\theta=0$ 时，$n_{\mathrm{e}}^2(\theta=0)=\varepsilon_{\perp}$，即沿该方向传播的非常光的折射率与寻常光的折射率相等(或相速度相等)，$n_{\mathrm{e}}(\theta=0)=n_{\mathrm{o}}$(或 $v_{\mathrm{e}}(\theta=0)=v_{\mathrm{o}}$)，通常称该方向($z$ 轴)为光轴方向；当 $\theta=\pi/2$，即光波垂直于光轴方向传播时，非常光的折射率为 $n_{\mathrm{e}}(\theta=\pi/2)=n_{\mathrm{e}}$。因为该类晶体只有一个光轴，所以叫单轴晶体。

对于寻常光来说，将 $n_{\mathrm{o}}^2=\varepsilon_{\perp}$ 代入基本方程(2.2-7)可以证明，除沿光轴方向传播外，E_y 和 E_z 分量均为零，仅有 E_x 分量。一般说来，寻常光电场的振动方向与光波传播方向 $\boldsymbol{k}_0$ 和光轴所组成的平面垂直，且与电位移矢量的振动方向平行。对于非常光将本征折射率关系(2.2-38)式代入基本方程(2.2-7)时，可以证明其 $E_x=0$，而 E_y 和 E_z 分量均不为零。一般说来，非常光电场的振动方向在光波传播方向 $\boldsymbol{k}_0$ 与光轴所组成的平面内，且与电位移矢量的振动方向同面但不平行。进一步可以证明[4]，若非常光的 $\boldsymbol{E}$ 与 $\boldsymbol{D}$ 的夹角为 α，则 α 满足

$$\tan\alpha=\frac{1}{2}n_{\mathrm{e}}^2(\theta)\ \sin2\theta\left(\frac{1}{\varepsilon_{\perp}}-\frac{1}{\varepsilon_{\parallel}}\right) \tag{2.2-39}$$

该 α 角实际上也就是光波波矢方向与光线(能量)方向之间的夹角。由于对我们所感兴趣的大多数情况来说，$\varepsilon_{\parallel}$ 和 $\varepsilon_{\perp}$ 只相差百分之几，因而 $\tan\alpha$ 的值很小，可以用 α 代替。当 $\theta=0$ 或 $\pi/2$ 时，$\alpha=0$，这时 $\boldsymbol{E}$ 与 $\boldsymbol{D}$ 平行，且均与 $\boldsymbol{k}_0$ 方向垂直，而对于 $\boldsymbol{k}_0$ 的其它方向($\theta\neq0$，$\pi/2$)，$\alpha\neq0$，$\boldsymbol{E}$ 与 $\boldsymbol{D}$ 不平行，$\boldsymbol{E}$ 与 $\boldsymbol{k}_0$ 方向不垂直。

下面具体讨论传播简正模的本征场矢量。

对于寻常光的本征场矢量有如下关系：

$$\boldsymbol{D}_{\mathrm{o}}=\varepsilon_0\boldsymbol{\varepsilon}_r\cdot\boldsymbol{E}_{\mathrm{o}}=\varepsilon_0\varepsilon_{\perp}\ \boldsymbol{E}_{\mathrm{o}} \tag{2.2-40}$$

因此，$\boldsymbol{D}_{\mathrm{o}}/\!/\boldsymbol{E}_{\mathrm{o}}$。如果用 $\boldsymbol{z}_0$ 表示 z 轴方向的单位矢量，则 $\boldsymbol{E}_{\mathrm{o}}$ 垂直于($\boldsymbol{k}_0\times\boldsymbol{z}_0$)，所以可令

$$\boldsymbol{E}_{\mathrm{o}}=\frac{\boldsymbol{k}_0\times\boldsymbol{z}_0}{N_{\mathrm{o}}} \tag{2.2-41}$$

利用归一化条件(2.2-18)式和矢量代数公式

$$\boldsymbol{A}\cdot(\boldsymbol{B}\times\boldsymbol{C})=\boldsymbol{B}\cdot(\boldsymbol{C}\times\boldsymbol{A}) \quad \text{及} \quad \boldsymbol{C}\times(\boldsymbol{A}\times\boldsymbol{B})=(\boldsymbol{C}\cdot\boldsymbol{B})\boldsymbol{A}-(\boldsymbol{C}\cdot\boldsymbol{A})\boldsymbol{B}$$

可得寻常光的归一化常数 N_o 为

$$N_o=\sqrt{\varepsilon_{\perp}[1-(\boldsymbol{k}_0\cdot\boldsymbol{z}_0)^2]} \tag{2.2-42}$$

对于非常光的本征场矢量，按(2.2-18)式应有

$$\boldsymbol{D}_e\perp\boldsymbol{E}_o \tag{2.2-43}$$

又因电位移矢量 $\boldsymbol{D}$ 垂直于 $\boldsymbol{k}_0$，所以 $\boldsymbol{D}_e$ 可表示为

$$\boldsymbol{D}_e=\frac{\boldsymbol{k}_0\times(\boldsymbol{k}_0\times\boldsymbol{z}_0)}{N_e} \tag{2.2-44}$$

相应的 $\boldsymbol{E}_e$ 为

$$\boldsymbol{E}_e=\frac{(\boldsymbol{\varepsilon})^{-1}\cdot[\boldsymbol{k}_0\times(\boldsymbol{k}_0\times\boldsymbol{z}_0)]}{N_e} \tag{2.2-45}$$

一般情况下，$\boldsymbol{D}_e$ 与 $\boldsymbol{E}_e$ 不平行。利用归一化条件(2.2-18)式和矢量代数公式，可以求得非常光的归一化常数 N_e：

$$N_e=\frac{1}{\sqrt{\varepsilon_0}\,n_e(\theta)}\sqrt{1-(\boldsymbol{k}_0\cdot\boldsymbol{z}_0)^2} \tag{2.2-46}$$

式中的 $n_e(\theta)$ 为非常光的折射率，由(2.2-38)式决定。

综上所述，在单轴晶体中，两个传播简正模的光电场矢量 $\boldsymbol{E}$ 和电位移矢量 $\boldsymbol{D}$ 与波矢 $\boldsymbol{k}_0$ 的方向关系如图 2.2-3 所示。可见，寻常光的 $\boldsymbol{E}_o$ 与 $\boldsymbol{D}_o$ 相平行，非常光的 $\boldsymbol{E}_e$ 与 $\boldsymbol{D}_e$ 在一般情况下不平行，波矢 $\boldsymbol{k}_0$ 的方向一定时，它们的振动方向一定。

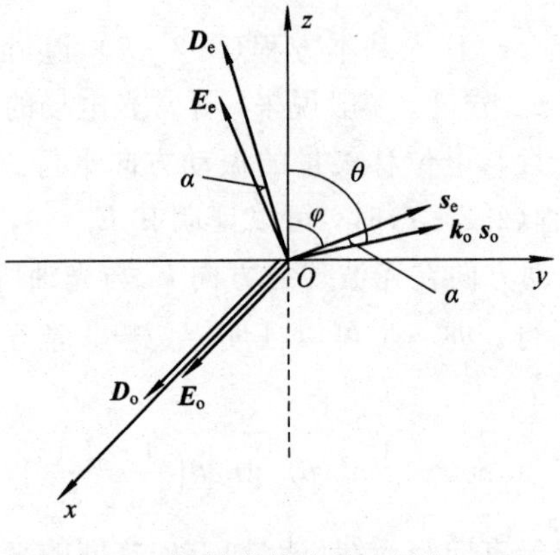

图 2.2-3 单轴晶体中的本征矢 $\boldsymbol{E}$ 和 $\boldsymbol{D}$

3) 光在双轴晶体中的传播特性

介电张量三个主值都不相同的晶体具有两个光轴，称为双轴晶体。属于正交、单斜和三斜晶系的晶体都是双轴晶体。其中，正交晶体的对称性很高，三个介电主轴方向都沿晶轴方向；单斜晶体只有一个主轴方向沿着晶轴；而三斜晶体的三个介电主轴都不沿晶轴，并且介电主轴相对晶轴的方向随频率而变。按习惯，主值是按 $\varepsilon_{xx}<\varepsilon_{yy}<\varepsilon_{zz}$ 选取的。由方程(2.2-9)可以证明，双轴晶体的两个光轴都在 xOz 平面内，并且与 z 轴的夹角分别为 β 和 $-\beta$，如图 2.2-4 所示。β 值由

$$\tan\beta = \sqrt{\frac{\varepsilon_{zz}(\varepsilon_{yy} - \varepsilon_{xx})}{\varepsilon_{xx}(\varepsilon_{zz} - \varepsilon_{yy})}} \tag{2.2-47}$$

给出，β 小于 45°的晶体，叫正双轴晶体；β 大于 45°的晶体，叫负双轴晶体。由两个光轴构成的平面叫光轴面。

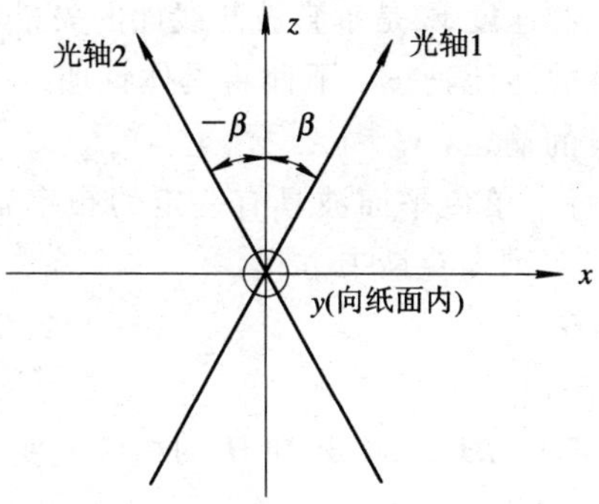

图 2.2-4 双轴晶体中光轴的取向

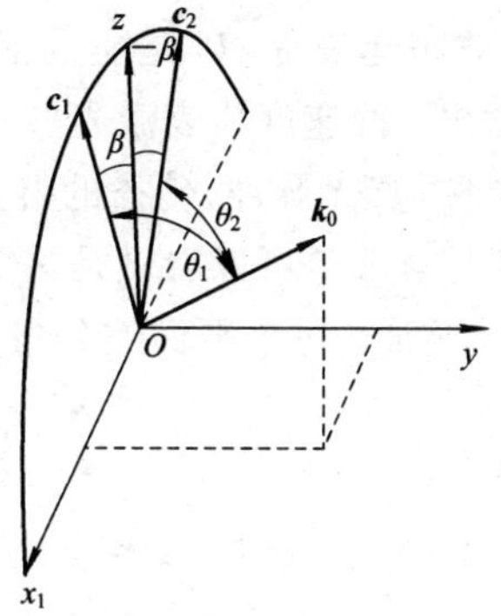

图 2.2-5 双轴晶体中 $\boldsymbol{k}_0$ 方向的取向

由方程(2.2-9)出发可以证明，若光波法线方向与二光轴方向的夹角为 θ_1 和 θ_2（见图 2.2-5），则相应的两个传播模的折射率满足下面关系：

$$\frac{1}{n_{1,2}^2} = \frac{\cos^2[(\theta_1 \pm \theta_2)/2]}{\varepsilon_{xx}} + \frac{\sin^2[(\theta_1 \pm \theta_2)/2]}{\varepsilon_{zz}} \tag{2.2-48}$$

当 $\theta_1 = \theta_2 = \theta$，即当波法线方向 $\boldsymbol{k}_0$ 在二光轴的角平分面内时，相应两个传播模的折射率为

$$n_1 = \sqrt{\varepsilon_{xx}} \tag{2.2-49}$$

$$n_2 = \left(\frac{\cos^2\theta}{\varepsilon_{xx}} + \frac{\sin^2\theta}{\varepsilon_{zz}}\right)^{-1/2} \tag{2.2-50}$$

双轴晶体传播简正模的本征光电场矢量可由方程(2.2-10)和(2.2-18)式求得：

$$E_{mi} = \frac{k_{0i}}{(n_m^2 - \varepsilon_{ii})N_m} \qquad i = x,\ y,\ z;\ m = 1,2 \tag{2.2-51}$$

式中

$$N_m = \left[\varepsilon_0 \sum_{i=x,\ y,\ z} \frac{\varepsilon_{ii} k_{0i}^2}{(n_m^2 - \varepsilon_{ii})^2}\right]^{1/2} \tag{2.2-52}$$

相应的电位移矢量分量为

$$D_{mi} = \frac{\varepsilon_0 \varepsilon_{ii} k_{0i}}{(n_m^2 - \varepsilon_{ii})N_m} \tag{2.2-53}$$

4. 相速度、群速度和能流速度

如果用 ω^2/c^2 乘以方程(2.2-9)，可将方程(2.2-9)改写成

$$\frac{k_{0x}^2}{\dfrac{1}{k^2} - \dfrac{c^2}{\omega^2\varepsilon_{xx}}} + \frac{k_{0y}^2}{\dfrac{1}{k^2} - \dfrac{c^2}{\omega^2\varepsilon_{yy}}} + \frac{k_{0z}^2}{\dfrac{1}{k^2} - \dfrac{c^2}{\omega^2\varepsilon_{zz}}} = 0 \tag{2.2-54}$$

这个方程描述的是波法线曲面，该波法线面是 $\boldsymbol{k}$ 空间中的等 ω 面，它包含有关于相速度和群速度的信息。单色平面波的相速度定义为

$$\boldsymbol{v}_{\mathrm{p}} = \frac{\omega}{k}\boldsymbol{k}_0 \tag{2.2-55}$$

波包的群速度定义为

$$\boldsymbol{v}_g = \nabla_k \omega(\boldsymbol{k}) \tag{2.2-56}$$

而能流速度的定义为

$$\boldsymbol{v}_e = \frac{\boldsymbol{S}}{U} \tag{2.2-57}$$

式中，$\boldsymbol{S}$ 是坡印廷矢量，U 是能量密度。按照定义，群速度 $\boldsymbol{v}_g$ 是垂直波法线面的矢量。在第一章已经指出，群速度代表激光脉冲在介质中传播的能流速度。下面将具体证明，在各向异性介质中波包(光脉冲)传播的群速度即代表能量的输运，$\boldsymbol{v}_g=\boldsymbol{v}_e$。

如前所述，波包可以看做是许多单色平面波(每个单色平面波具有一定的频率 ω 和波矢 $\boldsymbol{k}$)的线性叠加，每个平面波分量在动量空间满足下列麦克斯韦方程：

$$\boldsymbol{k}\times\boldsymbol{E} = \omega\mu_0\boldsymbol{H} \tag{2.2-58}$$

$$\boldsymbol{k}\times\boldsymbol{H} = -\omega\boldsymbol{\varepsilon}\cdot\boldsymbol{E} \tag{2.2-59}$$

现在，假定 $\boldsymbol{k}$ 按无穷小量 $\delta\boldsymbol{k}$ 发生改变，如果 $\delta\omega$、$\delta\boldsymbol{E}$ 和 $\delta\boldsymbol{H}$ 是 ω、$\boldsymbol{E}$ 和 $\boldsymbol{H}$ 的相应改变，则有

$$\delta\boldsymbol{k}\times\boldsymbol{E}+\boldsymbol{k}\times\delta\boldsymbol{E} = \delta\omega\mu_0\boldsymbol{H}+\omega\mu_0\delta\boldsymbol{H} \tag{2.2-60}$$

$$\delta\boldsymbol{k}\times\boldsymbol{H}+\boldsymbol{k}\times\delta\boldsymbol{H} = -\delta\omega\boldsymbol{\varepsilon}\cdot\boldsymbol{E}-\omega\boldsymbol{\varepsilon}\cdot\delta\boldsymbol{E} \tag{2.2-61}$$

用 $\boldsymbol{H}$ 标量乘方程(2.2-60)，用 $\boldsymbol{E}$ 标量乘方程(2.2-61)，并利用矢量恒等式

$$\boldsymbol{A}\cdot(\boldsymbol{B}\times\boldsymbol{C}) = \boldsymbol{B}\cdot(\boldsymbol{C}\times\boldsymbol{A}) = \boldsymbol{C}\cdot(\boldsymbol{A}\times\boldsymbol{B})$$

可得

$$\delta\boldsymbol{k}\cdot(\boldsymbol{E}\times\boldsymbol{H})+\boldsymbol{k}\cdot(\delta\boldsymbol{E}\times\boldsymbol{H}) = \delta\omega(\boldsymbol{H}\cdot\mu_0\boldsymbol{H})+\omega(\boldsymbol{H}\cdot\mu_0\delta\boldsymbol{H}) \tag{2.2-62}$$

$$-\delta\boldsymbol{k}\cdot(\boldsymbol{E}\times\boldsymbol{H})+\boldsymbol{k}\cdot(\delta\boldsymbol{E}\times\boldsymbol{H}) = -\delta\omega(\boldsymbol{E}\cdot\boldsymbol{\varepsilon}\cdot\boldsymbol{E})-\omega(\boldsymbol{E}\cdot\boldsymbol{\varepsilon}\cdot\delta\boldsymbol{E}) \tag{2.2-63}$$

将方程(2.2-62)减去方程(2.2-63)，得

$$2\delta\boldsymbol{k}\cdot(\boldsymbol{E}\times\boldsymbol{H})-\delta\omega(\boldsymbol{E}\cdot\boldsymbol{\varepsilon}\cdot\boldsymbol{E}+\boldsymbol{H}\cdot\mu_0\boldsymbol{H}) = \delta\boldsymbol{H}\cdot(\omega\mu_0\boldsymbol{H}-\boldsymbol{k}\times\boldsymbol{E})+\delta\boldsymbol{E}\cdot(\omega\boldsymbol{\varepsilon}\cdot\boldsymbol{E}+\boldsymbol{k}\times\boldsymbol{H}) \tag{2.2-64}$$

式中，已利用了张量 $\boldsymbol{\varepsilon}$ 的对称性：

$$\boldsymbol{E}\cdot\boldsymbol{\varepsilon}\cdot\delta\boldsymbol{E} = \delta\boldsymbol{E}\cdot\boldsymbol{\varepsilon}\cdot\boldsymbol{E} \tag{2.2-65}$$

根据方程(2.2-58)和方程(2.2-59)，方程(2.2-64)的右边等于零。因此由方程(2.2-64)得到

$$\delta\boldsymbol{k}\cdot(\boldsymbol{E}\times\boldsymbol{H}) = \frac{1}{2}(\boldsymbol{E}\cdot\boldsymbol{\varepsilon}\cdot\boldsymbol{E}+\boldsymbol{H}\cdot\mu_0\boldsymbol{H})\delta\omega \tag{2.2-66}$$

根据能量密度和坡印廷矢量的定义，方程(2.2-66)可写成

$$\delta\omega = \delta\boldsymbol{k}\cdot\frac{\boldsymbol{S}}{U} = \delta\boldsymbol{k}\cdot\boldsymbol{v}_e \tag{2.2-67}$$

由群速度的定义还可得到

$$\delta\omega = \delta\boldsymbol{k}\cdot(\nabla_k\omega) = \delta\boldsymbol{k}\cdot\boldsymbol{v}_g \tag{2.2-68}$$

因为 $\delta\boldsymbol{k}$ 是任意矢量，所以可得到如下结论：

$$\boldsymbol{v}_g = \boldsymbol{v}_e \tag{2.2-69}$$

这个等式对(2.2-56)式定义的群速度概念赋予了一个严格的含义。

在上面的证明中，假定 $\boldsymbol{E}$ 和 $\boldsymbol{H}$ 都是实场矢量。若场矢量用复数表示，也可以得到(2.2-69)式关系(见习题 2-3)。

如果 $\delta\boldsymbol{k}$ 是波法线面的切面的一个无穷小矢量，则因为波法线面是等 ω 面，$\delta\omega$ 为零。

由(2.2－66)式可得

$$\delta \boldsymbol{k}' \cdot (\boldsymbol{E} \times \boldsymbol{H}) = 0 \tag{2.2-70}$$

其中撇号代表 $\delta \boldsymbol{k}'$是在波法线面的切面内。这表明：$\boldsymbol{E}$ 和 $\boldsymbol{H}$ 都位于波法线面的切面内，坡印廷矢量 $\boldsymbol{E}\times\boldsymbol{H}$ 总是垂直于波法线面。

2.2.2 光在晶体中传播特性的几何法描述

光波在晶体中的传播规律除了利用上述解析方法进行严格的描述外，还可以利用一些几何图形描述。这些几何图形能使我们直观地看出晶体中传播简正模的各个本征场矢量间的方向关系，以及与各传播方向相应的光速或折射率的空间取值分布。当然，几何方法仅仅是一种表示方法，它的基础仍然是光的电磁理论基本方程和基本关系。描述光波在晶体中传播特性的图形有折射率椭球、折射率曲面、波法线面、菲涅耳椭球、射线曲面、相速卵形面等六种三维曲面。在这里，根据通常的应用需要，主要介绍折射率椭球和折射率曲面两种几何描述方法。

1. 折射率椭球

1）折射率椭球的概念

由光的电磁理论，在主轴坐标系中，晶体中的电能密度为

$$w_e = \frac{1}{2}\boldsymbol{E}\cdot\boldsymbol{D} = \frac{1}{2\varepsilon_0}\left(\frac{D_x^2}{\varepsilon_{xx}} + \frac{D_y^2}{\varepsilon_{yy}} + \frac{D_z^2}{\varepsilon_{zz}}\right) \tag{2.2-71}$$

因而有

$$\frac{D_x^2}{2w_e\varepsilon_0\varepsilon_{xx}} + \frac{D_y^2}{2w_e\varepsilon_0\varepsilon_{yy}} + \frac{D_z^2}{2w_e\varepsilon_0\varepsilon_{zz}} = 1 \tag{2.2-72}$$

在给定电能密度 w_e 的情况下，该方程表示为 $\boldsymbol{D}(D_x, D_y, D_z)$空间中的椭球面。若用 $\boldsymbol{r}^2$ 代替$\dfrac{\boldsymbol{D}^2}{2w_e\varepsilon_0}$，则(2.2－72)式可改写为

$$\frac{x^2}{\varepsilon_{xx}} + \frac{y^2}{\varepsilon_{yy}} + \frac{z^2}{\varepsilon_{zz}} = 1 \tag{2.2-73}$$

这个方程描述的是一个在归一化 $\boldsymbol{D}$ 空间中的椭球面，其三个主轴方向就是介电主轴方向。方程(2.2－73)也可以表示成

$$\frac{x^2}{n_x^2} + \frac{y^2}{n_y^2} + \frac{z^2}{n_z^2} = 1 \tag{2.2-74}$$

该方程就是在折射率空间、主轴坐标系中的折射率椭球方程。

利用折射率椭球可以确定晶体内沿任意方向 $\boldsymbol{k}_0$ 传播的两个简正模的折射率和相应电位移矢量 $\boldsymbol{D}$ 的方向。其步骤如下：如图 2.2－6 所示，从主轴坐标系的原点出发作波法线矢量 $\boldsymbol{k}_0$，再过坐标原点作与 $\boldsymbol{k}_0$ 垂直的平面(中心截面)$\Pi(\boldsymbol{k}_0)$，$\Pi(\boldsymbol{k}_0)$ 与椭球的截线为一椭圆，其短半轴和长半轴的矢径分别为

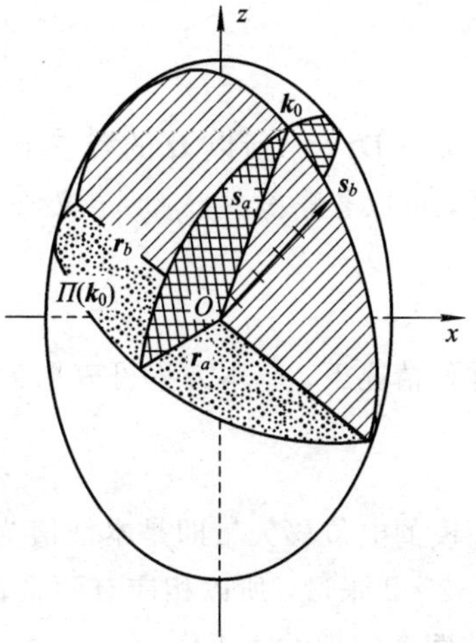

图 2.2－6 利用折射率椭球确定折射率和 $\boldsymbol{D}$ 振动方向图示

$\boldsymbol{r}_a(\boldsymbol{k}_0)$ 和 $\boldsymbol{r}_b(\boldsymbol{k}_0)$，则

① 与波法线方向 $\boldsymbol{k}_0$ 相应的两个传播简正模的折射率 n_1 和 n_2，分别等于这个椭圆的两个主轴的半轴长，即

$$n_1(\boldsymbol{k}_0) = |\boldsymbol{r}_a(\boldsymbol{k}_0)|, \quad n_2(\boldsymbol{k}_0) = |\boldsymbol{r}_b(\boldsymbol{k}_0)| \tag{2.2-75}$$

② 与波法线方向 $\boldsymbol{k}_0$ 相应的两个传播简正模的电位移矢量 $\boldsymbol{D}$ 的振动方向 $\boldsymbol{d}_1$ 和 $\boldsymbol{d}_2$，分别平行于 $\boldsymbol{r}_a$ 和 $\boldsymbol{r}_b$，即

$$\boldsymbol{d}_1(\boldsymbol{k}_0) = \frac{\boldsymbol{r}_a(\boldsymbol{k}_0)}{|\boldsymbol{r}_a(\boldsymbol{k}_0)|}, \quad \boldsymbol{d}_2(\boldsymbol{k}_0) = \frac{\boldsymbol{r}_b(\boldsymbol{k}_0)}{|\boldsymbol{r}_b(\boldsymbol{k}_0)|} \tag{2.2-76}$$

这里，$\boldsymbol{d}$ 是 $\boldsymbol{D}$ 振动方向上的单位矢量。

为了证明这种处理方法等价于解析法，定义一个逆相对介电张量 $\boldsymbol{\eta}$，其分量 η_{ij} 为

$$\eta_{ij} = \varepsilon_0(\boldsymbol{\varepsilon}^{-1})_{ij} \tag{2.2-77}$$

式中 $\boldsymbol{\varepsilon}^{-1}$ 是介电张量 $\boldsymbol{\varepsilon}$ 的逆。利用这个定义，光电场矢量 $\boldsymbol{E}$ 和电位移矢量 $\boldsymbol{D}$ 之间的关系可写成

$$\boldsymbol{E} = \frac{1}{\varepsilon_0}\boldsymbol{\eta}\cdot\boldsymbol{D} \tag{2.2-78}$$

将该关系式代入基本方程(2.2-7)中，基本方程可表示为

$$\boldsymbol{k}_0 \times (\boldsymbol{k}_0 \times \boldsymbol{\eta}\cdot\boldsymbol{D}) + \frac{1}{n^2}\boldsymbol{D} = 0 \tag{2.2-79}$$

因为 $\boldsymbol{D}$ 总是与传播方向 $\boldsymbol{k}_0$ 正交($\boldsymbol{k}_0\cdot\boldsymbol{D}=0$)，所以讨论中的一种简便处理方法是采用一个新的坐标系，它的一个坐标轴在波的传播方向 $\boldsymbol{k}_0$ 上，另外两个横向轴用 1 和 2 表示。在此坐标系中，传播方向的单位矢量 $\boldsymbol{k}_0$ 为

$$\boldsymbol{k}_0 = \begin{pmatrix} 0 \\ 0 \\ 1 \end{pmatrix} \tag{2.2-80}$$

基本方程(2.2-79)可写成

$$\begin{pmatrix} \eta_{11} & \eta_{12} & \eta_{13} \\ \eta_{21} & \eta_{22} & \eta_{23} \\ 0 & 0 & 0 \end{pmatrix}\boldsymbol{D} = \frac{1}{n^2}\boldsymbol{D} \tag{2.2-81}$$

因为 $\boldsymbol{k}_0\cdot\boldsymbol{D}=0$，所以 $\boldsymbol{D}$ 的第三个分量(在 $\boldsymbol{k}_0$ 轴上的分量)总是为零，即 $\boldsymbol{D}$ 在 12 坐标面内。于是，可以忽略 η_{13} 和 η_{23}，定义一个横向逆相对介电张量 $\boldsymbol{\eta}_t$：

$$\boldsymbol{\eta}_t = \begin{pmatrix} \eta_{11} & \eta_{12} \\ \eta_{21} & \eta_{22} \end{pmatrix} \tag{2.2-82}$$

在这种情况下，基本方程可表示为

$$\left(\boldsymbol{\eta}_t - \frac{1}{n^2}\right)\boldsymbol{D} = 0 \tag{2.2-83}$$

简正模的电位移矢量即是本征值为 $1/n^2$ 的横向逆相对介电张量的本征矢量。因为 $\boldsymbol{\eta}_t$ 是对称的 2×2 张量，所以相应有两个正交的本征矢量 $\boldsymbol{D}_1$ 和 $\boldsymbol{D}_2$，它们分别为本征折射率 n_1 和 n_2 的两个传播的简正模。

对于折射率椭球，若选取上述新坐标系，并设(ξ_1，ξ_2，ξ_3)为新坐标系中任意一点的坐标，则折射率椭球可表示为

$$\eta_{\alpha\beta}\xi_\alpha\xi_\beta = 1 \tag{2.2-84}$$

该式利用了爱因斯坦求和规则，式中形式表示对重复的下标 α，$\beta=1$，2，3 进行求和，共有 9 项。现令方程(2.2-84)中的 $\xi_3=0$，可以得到通过原点并与传播方向垂直的平面($\xi_3=0$)与折射率椭球相交的椭圆。这个相交的椭圆方程为

$$\eta_{11}\xi_1^2 + \eta_{22}\xi_2^2 + 2\eta_{12}\xi_1\xi_2 = 1 \tag{2.2-85}$$

其椭圆系数构成了横向逆相对介电张量 $\boldsymbol{\eta}_t$。因此，由折射率椭球的定义，这个 2×2 张量的本征矢量 $\boldsymbol{D}_1$ 和 $\boldsymbol{D}_2$ 的方向沿着该椭圆的主轴。根据方程(2.2-83)，主轴的长度决定本征折射率 n 的数值。这就证明了折射率椭球法和解析法的等价性。

2）光在晶体中的传播特性

现在，利用折射率椭球的概念讨论光在各向同性介质、单轴晶体和双轴晶体中的传播特性。

(1) 各向同性介质或立方晶体。在各向同性介质或立方晶体中，主介电常数 $\varepsilon_{xx}=\varepsilon_{yy}=\varepsilon_{zz}$，相应的主折射率 $n_x=n_y=n_z=n_0$，折射率椭球方程为

$$x^2 + y^2 + z^2 = n_0^2 \tag{2.2-86}$$

这就是说，各向同性介质或立方晶体的折射率椭球是一个半径为 n_0 的球面。因此，不论 $\boldsymbol{k}_0$ 沿什么方向，垂直于 $\boldsymbol{k}_0$ 的中心截面与球面的交线均是半径为 n_0 的圆，不存在特定的长、短主轴，因而相应二传播简正模的折射率相等，均为 n_0，其电位移矢量 $\boldsymbol{d}_1$ 和 $\boldsymbol{d}_2$ 正交，但可为任意方向。

(2) 单轴晶体。在单轴晶体中，$\varepsilon_{xx}=\varepsilon_{yy}\neq\varepsilon_{zz}$，或 $n_x=n_y=n_o$，$n_z=n_e\neq n_o$，因此，折射率椭球方程为

$$\frac{x^2}{n_o^2} + \frac{y^2}{n_o^2} + \frac{z^2}{n_e^2} = 1 \tag{2.2-87}$$

这是一个旋转椭球面，旋转轴为 z 轴。若 $n_e>n_o$，则该晶体称为正单轴晶体；若 $n_e<n_o$，则该晶体称为负单轴晶体。

如图 2.2-7 所示，对于一个正单轴晶体的折射率椭球，光波方向 $\boldsymbol{k}_0$ 与 z 轴夹角为 θ，由于单轴晶体折射率椭球是一个旋转椭球，所以不失普遍性，可以选择坐标使 $\boldsymbol{k}_0$ 在 yOz 平面内。由此作出的中心截面 $\Pi(\boldsymbol{k}_0)$ 与椭球的交线为椭圆，其短半轴长度与 $\boldsymbol{k}_0$ 的方向无关，不管 $\boldsymbol{k}_0$ 的方向如何，均为 n_o；长半轴长度则随 $\boldsymbol{k}_0$ 的方向而定，并且可以证明[4]，对应的折射率 $n_e(\theta)$ 满足如下关系：

$$\frac{1}{n_e^2(\theta)} = \frac{\cos^2\theta}{n_o^2} + \frac{\sin^2\theta}{n_e^2} \tag{2.2-88}$$

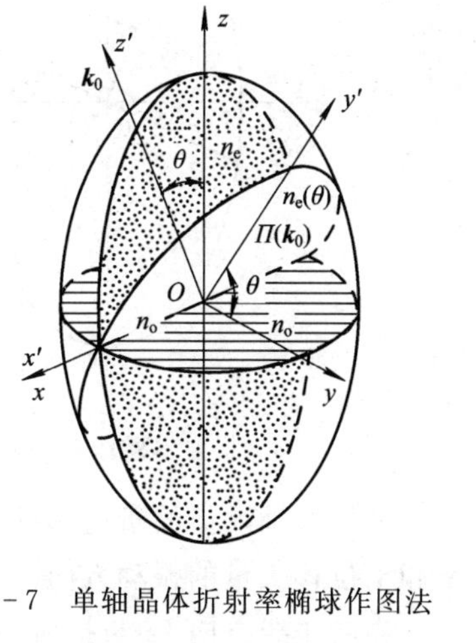

图 2.2-7 单轴晶体折射率椭球作图法

相应于这两个折射率的传播简正模分别为寻常光(o 光)和非常光(e 光)。寻常光的折射率为常数 n_o，与传播方向无关。寻常光的电位移矢量 $\boldsymbol{D}_o$ 的振动方向，垂直于光轴(z 轴)与波法线方向 $\boldsymbol{k}_0$ 组成的平面。非常光的折射率 $n_e(\theta)$ 随 θ 变化：$\theta=0$ 时，$n_e(\theta=0)=n_o$，该方向(z 轴)为光轴方向；$\theta=\pi/2$ 时，$n_e(\theta=\pi/2)=n_e$。非常光的电位移矢量 $\boldsymbol{D}_e(\theta)$ 的振动方向，在光轴

(z 轴)与波法线方向 $\boldsymbol{k}_0$ 组成的平面内。

(3) 双轴晶体。双轴晶体中，$\varepsilon_{xx} \neq \varepsilon_{yy} \neq \varepsilon_{zz}$ 或 $n_x \neq n_y \neq n_z$，因此折射率椭球方程为

$$\frac{x^2}{n_x^2}+\frac{y^2}{n_y^2}+\frac{z^2}{n_z^2}=1 \tag{2.2-89}$$

若约定 $n_x < n_y < n_z$，则折射率椭球与 xOz 平面的交线椭圆(见图 2.2-8)方程为

$$\frac{x^2}{n_x^2}+\frac{z^2}{n_z^2}=1 \tag{2.2-90}$$

设椭圆上任意一点的矢径 $\boldsymbol{r}$ 与 x 轴的夹角为 ψ，长度为 n，则 n 的大小在 n_x 和 n_z 之间随 ψ 变化。由于 $n_x < n_y < n_z$，因此总可以找到某一矢径 $\boldsymbol{r}_0$，其长度为 $n=n_y$。设这个矢径 $\boldsymbol{r}_0$ 与 x 轴的夹角为 ψ_0，则由(2.2-90)式可以确定 ψ_0 满足

$$\tan\psi_0=\pm\sqrt{\frac{n_z^2(n_y^2-n_x^2)}{n_x^2(n_z^2-n_y^2)}} \tag{2.2-91}$$

显然，矢径 $\boldsymbol{r}_0$ 与 y 轴组成的平面与折射率椭球的截线是一个半径为 n_y 的圆，若以 Π_0 表示该圆截面，则与 Π_0 面垂直的方向 $\boldsymbol{c}$ 即为光轴方向，由于相应的 Π_0 面及法线方向有两个，因此有两个光轴方向 $\boldsymbol{c}_1$ 和 $\boldsymbol{c}_2$，这就是双轴晶体名称的由来。实际上，$\boldsymbol{c}_1$ 和 $\boldsymbol{c}_2$ 对称地分布在 z 轴两侧，如图 2.2-9 所示。由 $\boldsymbol{c}_1$ 和 $\boldsymbol{c}_2$ 构成的平面叫光轴面，该光轴面即是 xOz 平面。设 $\boldsymbol{c}_1$ 和 $\boldsymbol{c}_2$ 与 z 轴的夹角为 β 和 $-\beta$，则 β 值满足

$$\tan\beta=\sqrt{\frac{n_z^2(n_y^2-n_x^2)}{n_x^2(n_z^2-n_y^2)}} \tag{2.2-92}$$

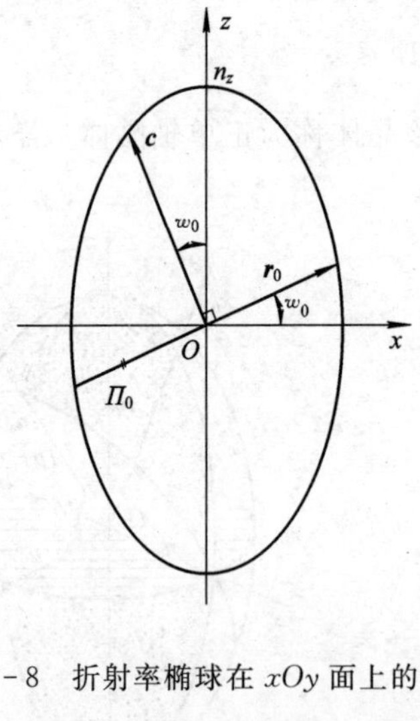

图 2.2-8 折射率椭球在 xOy 面上的截线

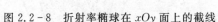

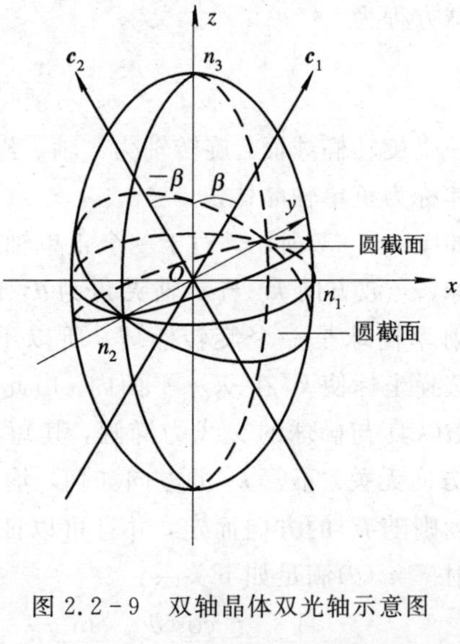

图 2.2-9 双轴晶体双光轴示意图

利用双轴晶体的折射率椭球可以确定相应于波法线方向 $\boldsymbol{k}_0$ 的两个传播简正模的折射率和电位移矢量的振动方向。

当波法线方向 $\boldsymbol{k}_0$ 与折射率椭球的三个主轴既不平行又不垂直时，相应的两个传播简正模的折射率都不等于主折射率，其中一个介于 n_x 和 n_y 之间，另一个介于 n_y 和 n_z 之间。如果用波法线与两个光轴的夹角 θ_1 和 θ_2 来表示波法线方向(见图 2.2-5)，则利用折射率椭球的几何关系，可以得到与 $\boldsymbol{k}_0$ 相应的二传播模折射率的表示式为

$$\frac{1}{n_{1,2}^2}=\frac{\cos^2[(\theta_1+\theta_2)/2]}{n_x^2}+\frac{\sin^2[(\theta_1+\theta_2)/2]}{n_z^2} \tag{2.2-93}$$

利用作图法确定两个传播模的电位移矢量振动方向，如图 2.2-10 所示：给定 $\boldsymbol{k}_0$ 方向后，通过双轴晶体折射率椭球的中心作垂直于 $\boldsymbol{k}_0$ 的中心截面 Π，则其截线椭圆的长、短轴方向就是与 $\boldsymbol{k}_0$ 相应的两个 $\boldsymbol{D}$ 矢量振动方向 $\boldsymbol{d}_1$ 和 $\boldsymbol{d}_2$，其半轴长度就是相应的折射率 n_1 和 n_2。设双轴晶体的光轴方向为 $\boldsymbol{c}_1$ 和 $\boldsymbol{c}_2$，垂直光轴的两个圆截面为 $\Pi_0^{(1)}$ 和 $\Pi_0^{(2)}$，这两个圆截面与 Π 面分别在 $\boldsymbol{r}_1$ 和 $\boldsymbol{r}_2$ 处相交，$\boldsymbol{r}_1$ 和 $\boldsymbol{r}_2$ 有相等的长度，它们与 Π 椭圆的主轴有相等的夹角(见图 2.2-10 和图 2.2-11)，所以 $\boldsymbol{d}_1$ 和 $\boldsymbol{d}_2$ 方向必是 $\boldsymbol{r}_1$ 和 $\boldsymbol{r}_2$ 两个方向的等分角线的方向。又因 $\boldsymbol{r}_1$ 垂直于 $\boldsymbol{c}_1$ 和 $\boldsymbol{k}_0$，所以垂直于 $\boldsymbol{c}_1$ 和 $\boldsymbol{k}_0$ 组成的平面。同样，$\boldsymbol{r}_2$ 垂直于 $\boldsymbol{c}_2$ 和 $\boldsymbol{k}_0$ 组成的平面。设($\boldsymbol{c}_1$，$\boldsymbol{k}_0$)平面和($\boldsymbol{c}_2$，$\boldsymbol{k}_0$)平面与 Π 椭圆分别交于矢径 $\boldsymbol{r}_1'$ 和 $\boldsymbol{r}_2'$，则 $\boldsymbol{r}_1\perp\boldsymbol{r}_1'$，$\boldsymbol{r}_2\perp\boldsymbol{r}_2'$。所以，椭圆的主轴也等分 $\boldsymbol{r}_1'$ 和 $\boldsymbol{r}_2'$ 方向。由此可以得到如下结论：$\boldsymbol{D}$ 矢量的两个振动面($\boldsymbol{d}_1$，$\boldsymbol{k}_0$)和($\boldsymbol{d}_2$，$\boldsymbol{k}_0$)分别是($\boldsymbol{c}_1$，$\boldsymbol{k}_0$)和($\boldsymbol{c}_2$，$\boldsymbol{k}_0$)两个平面的内等分面和外等分面。

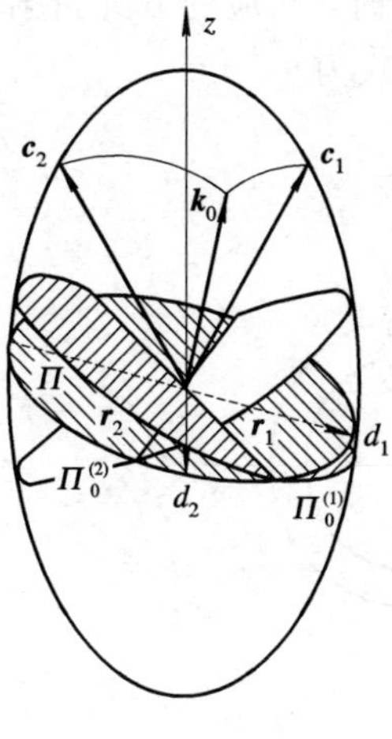

图 2.2-10 **D** 矢量振动面的确定

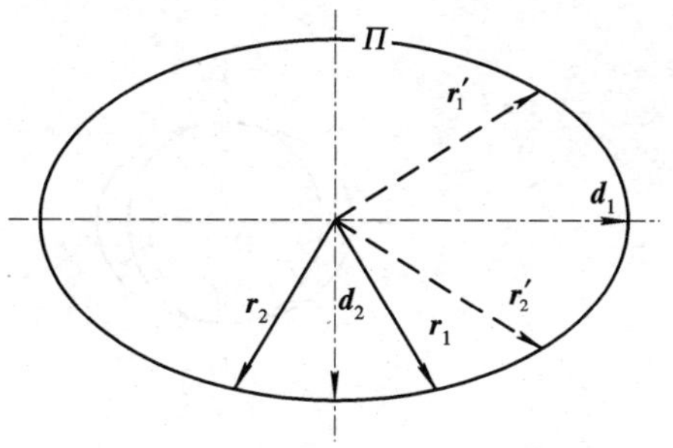

图 2.2-11 图 2.2-10 中的 Π 平面

最后应当指出，在双轴晶体中，由于折射率椭球没有旋转对称性，相应于 $\boldsymbol{k}_0$ 的两个传播简正模的折射率都与 $\boldsymbol{k}_0$ 的方向有关，因此这两个传播模都是非常光。所以在双轴晶体中，不能采用 o 光和 e 光的称呼来区分这两个传播本征模。

2. 折射率曲面

折射率椭球可以用来确定与波法线方向 $\boldsymbol{k}_0$ 相应的两个传播模的折射率，但需要通过一定的作图过程才能实现。为了更直接地表示出与每一个波法线方向 $\boldsymbol{k}_0$ 相应的两个折射率，人们引入了折射率曲面。这种折射率曲面的矢径为 $\boldsymbol{r}=n\boldsymbol{k}_0$，其方向平行于给定的波法线方向 $\boldsymbol{k}_0$，长度则等于与 $\boldsymbol{k}_0$ 相应的两个传播模的折射率。因此，折射率曲面必定是一个双壳层曲面。

实际上，根据折射率曲面的意义，(2.2-9)式就是它在主轴坐标系中的极坐标方程，其直角坐标方程为

$$(n_x^2x^2+n_y^2y^2+n_z^2z^2)(x^2+y^2+z^2)$$
$$-[n_x^2(n_y^2+n_z^2)x^2+n_y^2(n_z^2+n_x^2)y^2+n_z^2(n_x^2+n_y^2)z^2]+n_x^2n_y^2n_z^2=0 \tag{2.2-94}$$

这是一个四次曲面方程。

对于立方晶体，$n_x=n_y=n_z=n_0$，将其代入(2.2-94)式，得

$$x^2+y^2+z^2=n_0^2 \tag{2.2-95}$$

显然，这个折射率曲面是一个半径为 n_0 的球面，在所有的 $\boldsymbol{k}_0$ 方向上，折射率都等于 n_0，在光学上是各向同性的。

对于单轴晶体，$n_x=n_y=n_o$，$n_z=n_e$，将其代入(2.2-94)式，得

$$\left.\begin{aligned} x^2+y^2+z^2&=n_o^2\\ \frac{x^2+y^2}{n_e^2}+\frac{z^2}{n_o^2}&=1\end{aligned}\right\} \tag{2.2-96}$$

可见，单轴晶体的折射率曲面是双层曲面，它是由半径为 n_o 的球面和以 z 轴为旋转轴的旋转椭球构成的，球面对应 o 光的折射率曲面，旋转椭球对应 e 光的折射率曲面，该二曲面在 z 轴上相切，z 轴为光轴方向。单轴晶体的折射率曲面在主轴截面上的截线如图 2.2-12 所示。对于正单轴晶体，$n_e>n_o$，球面内切于椭球；对于负单轴晶体，$n_o>n_e$，球面外切于椭球。与 z 轴夹角为 θ 的波法线方向 $\boldsymbol{k}_0$ 与折射率曲面相交时，相应的 o 光折射率为 n_o，e 光折射率为 $n_e(\theta)$，该 $n_e(\theta)$ 可由(2.2-96)式求出，其表示式为

$$n_e(\theta)=\frac{n_o n_e}{\sqrt{n_o^2\sin^2\theta+n_e^2\cos^2\theta}} \tag{2.2-97}$$

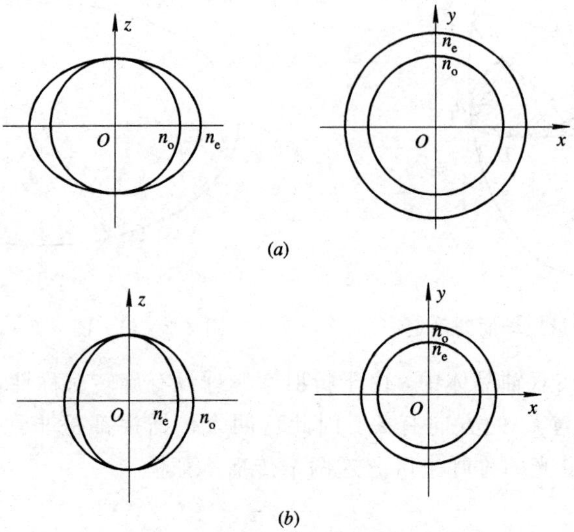

图 2.2-12 单轴晶体的折射率曲面

(a) 正单轴晶体；(b) 负单轴晶体

对于双轴晶体，$n_x\neq n_y\neq n_z$，相应于(2.2-94)式四次曲面在三个主轴截面上的截线，都是一个圆加上一个同心椭圆，它们的方程分别是

$$\left.\begin{aligned} &yOz\ 平面\quad (y^2+z^2-n_x^2)\left(\frac{y^2}{n_z^2}+\frac{z^2}{n_y^2}-1\right)=0\\ &zOx\ 平面\quad (z^2+x^2-n_y^2)\left(\frac{z^2}{n_x^2}+\frac{x^2}{n_z^2}-1\right)=0\\ &xOy\ 平面\quad (x^2+y^2-n_z^2)\left(\frac{x^2}{n_y^2}+\frac{y^2}{n_x^2}-1\right)=0\end{aligned}\right\} \tag{2.2-98}$$

按约定，$n_x < n_y < n_z$，三个主轴截面上的截线如图2.2-13所示。折射率曲面的两个壳层有四个交点，这四个交点处在zOx截面上，相应在三维示意图中可以看出四个“脐窝”。图2.2-14给出了双轴晶体折射率曲面在第一卦限中的示意图。

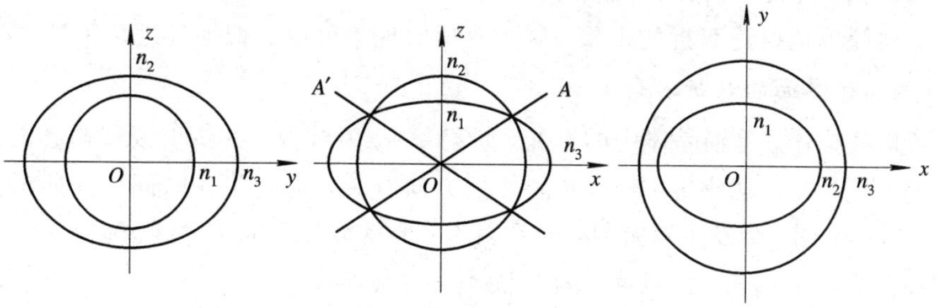

图 2.2-13 双轴晶体折射率曲面在三个主轴截面上的截线

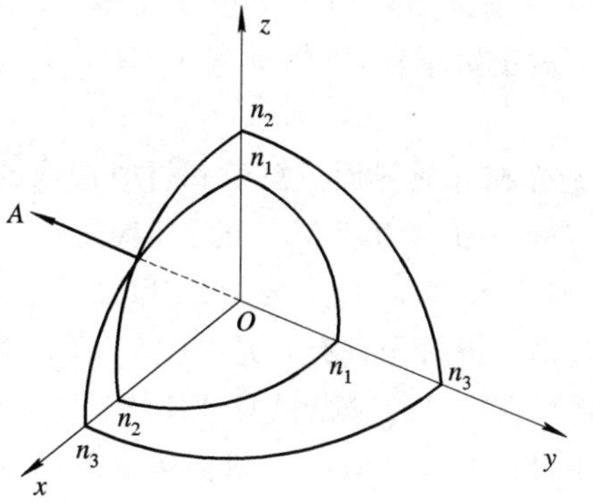

图 2.2-14 双轴晶体折射率曲面在第一卦限中的示意图

2.2.3 光在晶体界面上的反射和折射

1. 光在介质界面上的反射和折射[4]

当平面光波入射到介质界面上时，将发生反射和折射。对于一定的入射光波，其反射光波和折射光波的波矢方向由反射定律和折射定律确定，而反射和折射光场由菲涅耳公式确定。根据光的电磁理论，反射定律和折射定律为

$$n_i \sin\theta_i = n_r \sin\theta_r \tag{2.2-99}$$

$$n_i \sin\theta_i = n_t \sin\theta_t \tag{2.2-100}$$

式中，n_i、n_r、n_t和θ_i、θ_r、θ_t分别为入射光、反射光、折射光的折射率和波矢方向与界面法线方向的夹角。反射定律和折射定律表明：入射光、反射光和折射光具有相同的频率；入射光、反射光和折射光的波矢都在入射面内。

2. 光在晶体界面上的反射和折射

光在晶体界面上的反射规律和折射规律与各向同性介质并无本质不同，只是由于晶体的光学各向异性，导致：① 尽管入射光、反射光和折射光的波矢都在入射面内，但它们相应的光线有可能不在入射面内；② 由于晶体中两个简正模光的折射率随传播方向而异，所

以光从各向同性介质射至晶体时，其折射角可能不同；光从晶体内部射出时，相应入射光和反射光的折射率可能不相等，所以入射角可能不等于反射角，因而光在晶体界面上可能发生双折射和双反射现象，并因此，相应于入射波的一个 n_i 和 θ_i，满足(2.2-99)式和(2.2-100)式的 n_r、θ_r 和 n_t、θ_t 可能有两个值。

下面，仅简单地讨论双折射现象，对于双反射现象可以类似地处理。

1）单轴晶体界面的双折射

(1) 解析法描述。单轴晶体中的 o 光，折射率 n_o 为常数，其折射规律与各向同性介质相同；对于 e 光，其折射率 $n_e(\theta)$ 与光的传播方向有关，则光从各向同性介质射至单轴晶体，$n_{et}(\theta)$ 与 n_{ot} 不同，会发生双折射，并且因为 e 光的波矢方向和光线方向一般不同，尽管折射光的波矢在入射面内，但其光线却可能不在入射面内。

当单轴晶体的光轴在入射面内时，可以证明入射光线和折射光线都在入射面内。只要给出入射光波矢方向 θ_i 和光轴方向 θ，就可以求出折射光的波矢方向 θ_t，而其光线方向与波矢方向的夹角 α 可由(2.2-39)式给出：对于正单轴晶体，$n_e>n_o$，$\alpha>0$，表示光线方向在波矢方向和光轴方向之间；对于负单轴晶体，$n_e<n_o$，$\alpha<0$，表示波矢方向在光线方向和光轴方向之间。

对于通常物理光学讨论光在介质界面上反射和折射选取的坐标和 s、p 分量的约定[4]，采用(称 s 分量为)TE 波、(称 p 分量为)TM 波的称谓(其含义与平面波导中定义的 TE 波和 TM 波不同)，则只有光轴在入射面内，o 光才是 TE 波，e 光才是 TM 波。真空中的 TE 波(TM 波)入射到单轴晶体时，折射光只有 o 光(e 光)，反射光是 TE 波(TM 波)；反之，o 光(e 光)从单轴晶体入射到真空中，折射光只有 TE 波(TM 波)，反射光只有 o 光(e 光)。如果光轴不在入射面内，则 TE 波或 TM 波从真空入射到单轴晶体时，折射光中既有 o 光成分也有 e 光成分，反射光中既有 TE 波成分也有 TM 波成分；o 光或 e 光从单轴晶体入射到真空中，折射光既有 TE 波成分也有 TM 波成分，反射光既有 o 光成分也有 e 光成分，而且，e 光(无论是入射光、反射光还是折射光在晶体内)光线不在入射面内。对于光轴不在入射面内的情形，确定 e 光反射、折射的光线方向问题比较繁琐，其思路和方法可参看有关文献[5, 6, 7]。

(2) 几何法描述。如前所述，折射率曲面是一个双壳层曲面。而比较(2.2-54)式和(2.2-9)式可见，由(2.2-54)式表示的波法线面与由(2.2-9)式表示的折射率曲面相似，也是一个双壳层曲面。这种波法线面也是描述光波在晶体中传播特性的一种几何图形，其矢径为 $\boldsymbol{r}=k\boldsymbol{k}_0$。下面，利用波法线面讨论单轴晶体边界处的双折射特性。

设 $\boldsymbol{k}_i$ 为入射光的波矢，则如图 2.2-15 所示，边界条件要求

$$k_i \sin\theta_i = k_1 \sin\theta_1 = k_2 \sin\theta_2 \tag{2.2-101}$$

即波法线面的双壳层特性将导致有两个折射光波 $\boldsymbol{k}_1$ 和 $\boldsymbol{k}_2$。上式看起来像斯涅耳定律，但重要的是，k_1 和 k_2 一般不是常数，它们随 $\boldsymbol{k}_1$ 和 $\boldsymbol{k}_2$ 的方向变化。

在单轴晶体中，寻常光的波法线面是一个球面，相应的波数 k_1 对所有传播方向均是常数 k_o，并服从斯涅耳定律

$$k_i \sin\theta_i = k_o \sin\theta_1 \tag{2.2-102}$$

非常光的波法线面是旋转椭球面，相应的波数 k_2 是传播方向的函数。图 2.2-16 示出了单轴晶体中的某些双折射结果。

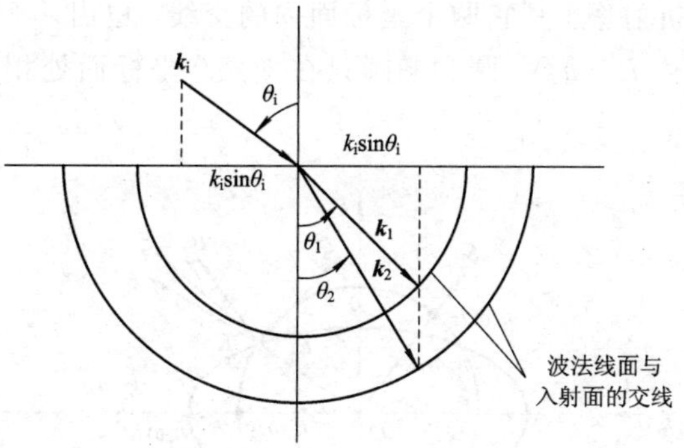

图 2.2-15 各向异性介质边界处的双折射及确定 θ_1 和 θ_2 的图解法

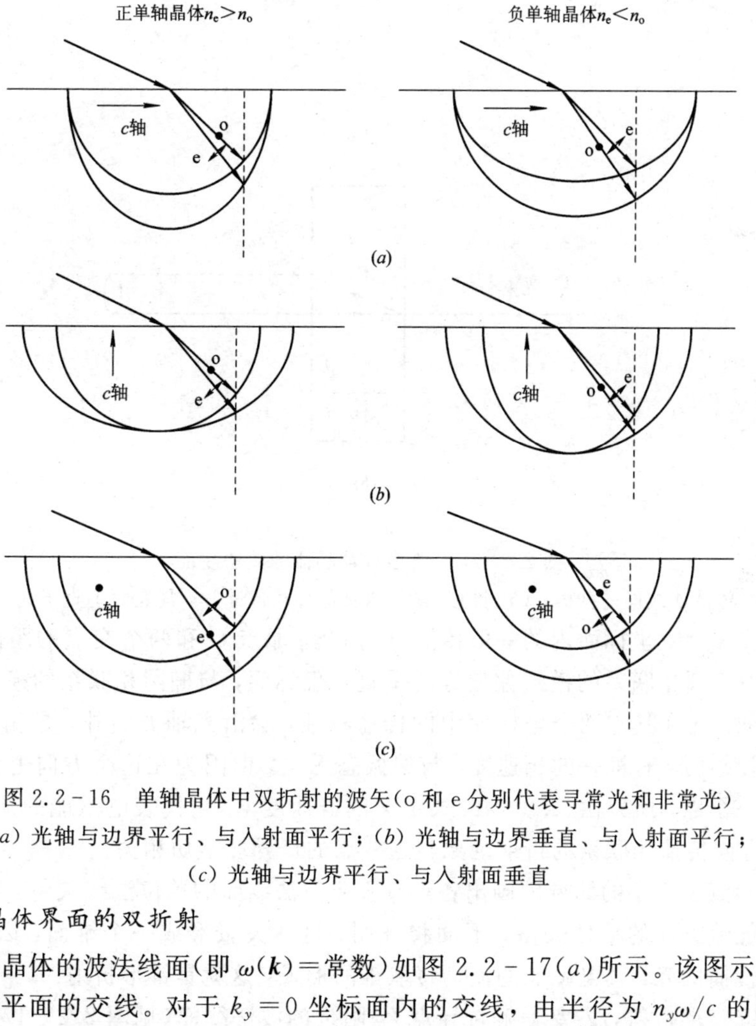

图 2.2-16 单轴晶体中双折射的波矢(o 和 e 分别代表寻常光和非常光)

(*a*) 光轴与边界平行、与入射面平行；(*b*) 光轴与边界垂直、与入射面平行；

(*c*) 光轴与边界平行、与入射面垂直

2）双轴晶体界面的双折射

典型双轴晶体的波法线面(即 $\omega(\boldsymbol{k})=$常数)如图 2.2-17(*a*)所示。该图示出了波法线面与三个坐标平面的交线。对于 $k_y=0$ 坐标面内的交线，由半径为 $n_y\omega/c$ 的圆及半轴为 $n_x\omega/c$ 和 $n_z\omega/c$ 的椭圆组成：

$$\left.\begin{aligned}\frac{k_x^2+k_z^2}{n_y^2}&=\left(\frac{\omega}{c}\right)^2\\ \frac{k_x^2}{n_x^2}+\frac{k_z^2}{n_z^2}&=\left(\frac{\omega}{c}\right)^2\end{aligned}\right\}\tag{2.2-103}$$

式中 n_x、n_y 和 n_z 是主折射率。其它两个坐标面内的交线，也由一个圆和一个椭圆组成。由于坐标轴的选择(即 $n_x<n_y<n_z$)，圆和椭圆只在 $k_y=0$ 坐标面处相交，其交点确定了晶体的两个光轴方向。

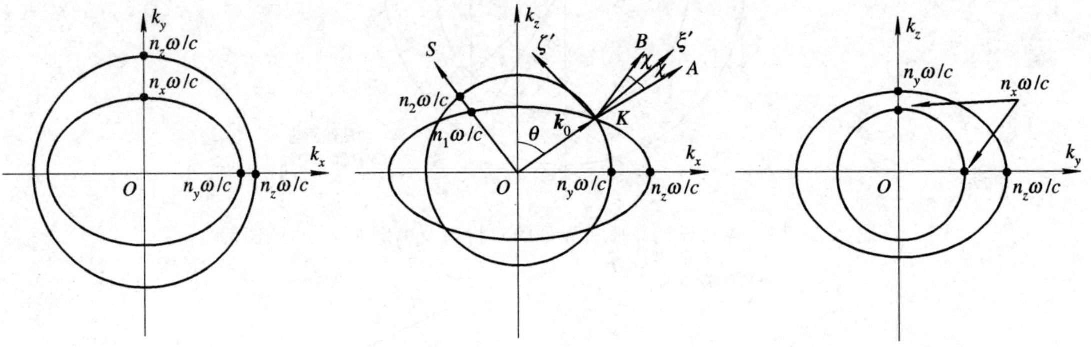

(a)

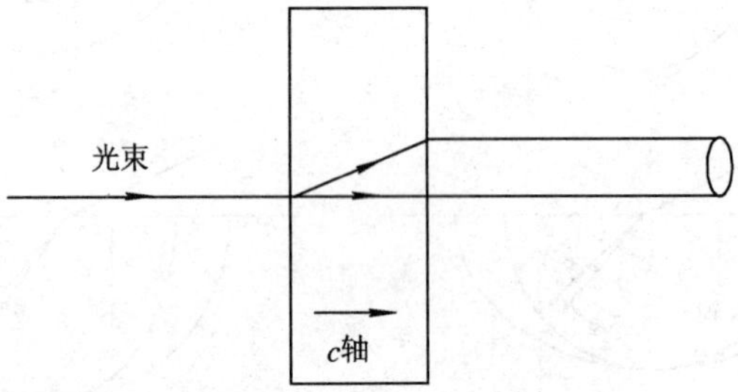

(b)

图 2.2-17　典型双轴晶体的波法线面

(a) 双轴晶体波法线面的截面；(b) 锥形折射(双轴晶片切成晶片，其表面垂直于其中一个光轴)

对于光在 $k_y=0$ 坐标面内的一般传播方向 OS，原点 O 和两个交点的距离决定了波矢的长度，其中与圆相联系的模式偏振方向垂直于坐标面，与椭圆相联系的模式偏振方向平行于椭圆平面。光在其它两个坐标面中的传播特性，除沿光轴方向外，是相似的。当光沿着光轴方向传播时，有惟一的相速度，与偏振态无关。但因为在这个方向上波法线面的两个壳退化成一个点，所以由(2.2-56)式定义的群速度 $\boldsymbol{v}_g$(它代表电磁能的流动)是不确定的，与这个方向传播相联系的折射现象与这些点的奇异性密切相关。

若在奇异点无穷小的邻域内画出各点垂直于波法线面的单位法线矢量，就会得到无限多个相当于能流方向的单位矢量。下面将证明，这些矢量形成一个锥面，因此可以预期，沿光轴方向传播的光，其电磁能的流动将取锥的形式，这就是锥形折射。

为了研究锥形折射，需要了解奇异点 $\boldsymbol{k}_0$ 附近的波法线面(见图 2.2-17(a))情况。对于光沿图 2.2-17(a)所示的光轴方向传播时，波矢为

$$\boldsymbol{k}_0=\boldsymbol{i}k_{x0}+\boldsymbol{j}k_{y0}+\boldsymbol{k}k_{z0} \tag{2.2-104}$$

其中

$$\left.\begin{aligned}k_{x0}&=n_y\frac{\omega}{c}\sin\theta\\k_{y0}&=0\\k_{z0}&=n_y\frac{\omega}{c}\cos\theta\end{aligned}\right\}\tag{2.2-105}$$

式中 θ 是光轴和 z 轴之间的夹角，由下式给出：

$$\tan\theta=\frac{n_z}{n_x}\left(\frac{n_y^2-n_x^2}{n_z^2-n_y^2}\right)^{1/2}\tag{2.2-106}$$

为了考察 $\boldsymbol{k}_0$ 点附近的波法线面，需要在 $\boldsymbol{k}_0$ 点附近进行台劳级数展开。令

$$\left.\begin{aligned}k_x&=k_{x0}+\xi\\k_y&=k_{y0}+\eta\\k_z&=k_{z0}+\zeta\end{aligned}\right\}\tag{2.2-107}$$

并代入(2.2-54)式，忽略 ξ、η、ζ 的高次项后，得

$$4(k_{x0}\xi+k_{z0}\zeta)(n_x^2k_{x0}\xi+n_z^2k_{z0}\zeta)+\eta^2(n_y^2-n_x^2)(n_y^2-n_z^2)=0\tag{2.2-108}$$

这个二次方程代表一个锥，锥顶位于 $\boldsymbol{k}_0$ 点(即 $\xi=\eta=\zeta=0$)。通过坐标的旋转可使其对角化(见图 2.2-17(a))，并变成

$$\zeta'^2+\frac{1}{1-\tan^2\chi}\eta^2=\xi'^2\cot^2\chi\tag{2.2-109}$$

式中 χ 满足下式：

$$\tan^2 2\chi=\frac{(n_z^2-n_y^2)(n_y^2-n_x^2)}{n_x^2n_z^2}\tag{2.2-110}$$

按照(2.2-109)式，光轴附近的法线面是以 $\boldsymbol{k}_0$ 为顶点的锥。因此，波矢与光轴方向重合时，将有无限多个能流方向(即无限多个 $\boldsymbol{v}_g$)，它们位于由下式给出的锥上：

$$\zeta'^2+(1-\tan^2\chi)\eta^2=\xi'^2\tan^2\chi\tag{2.2-111}$$

这是一个以 ξ' 轴为锥轴、以 $\boldsymbol{k}_0$ 点为顶点的椭圆锥。这个锥含有光轴 OA，并与垂直于 OA 的任意平面相交于一个圆。此锥的孔径角在 xOz 平面内是 2χ(见图 2.2-17(a))。从锥顶发出并位于锥上的每个单位矢量，代表传播的一个能流方向，其波矢为 $\boldsymbol{k}_0$。每一个这种方向相应于一种线偏振态。例如，KA 方向代表 y 偏振波的能流，而 KB 方向代表在 xOz 平面内偏振波的能流(见图 2.2-17(a))。

现在考虑一块双轴晶片(例如云母)，将其切成的两个平行面垂直于光轴之一。若如图 2.2-17(b)所示，用一单色非偏振平行光照射这个晶片，使之正入射一个面上，则能量就以空心锥的形式在晶片内发散，并在晶片的另一面出射，形成空心柱面。因此，在平行于晶面的屏幕上，将能看到明亮的圆环。

3. 单轴晶体的负折射和负反射现象

负折射和负反射现象是指入射光线和折射光线、反射光线位于界面法线同侧的现象。

1) 单轴晶体负折射现象[8]

由(2.2-101)式，入射光波矢和折射光波矢位于界面法线的两侧，随着波矢入射角逐渐减小，波矢折射角也逐渐减小，$\theta_i=0$ 时，$\theta_t=0$；由(2.2-39)式，单轴晶体中的 e 光光线与其波矢一般不重合。对于光从各向同性介质入射到单轴晶体，可以通过选择合适的光轴取向，

对负单轴晶体使折射光波矢位于光轴和界面法线之间，对正单轴晶体使折射光波矢与光轴位于界面法线两侧。于是，对于较大的 θ_t，折射光线与折射波矢位于法线同侧，但折射光线比折射波矢更靠近界面法线，光线折射角 θ_{st} 小于 θ_t。随着入射角的不断减小，折射波矢不断靠近界面法线，折射光线将越过法线，与折射波矢位于法线的两侧，而与入射光线位于法线同侧，这就是单轴晶体的负折射现象。单轴晶体负折射现象的实验结果如图 2.2-18 所示。

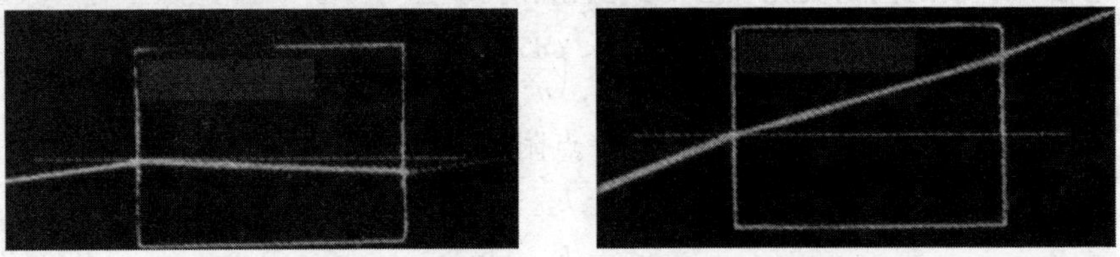

(a) 负折射　　(b) 正折射

图 2.2-18　单轴晶体的折射现象

假设界面为(x, y)平面，仅讨论光轴在入射面(x, z)内的情形。光从折射率为 n_1 的各向同性介质入射到单轴晶体，入射角为 θ_1，单轴晶体的主折射率为 n_o，n_e。定义

$$\begin{aligned}\alpha &\overset{\mathrm{d}}{=} n_e^2\cos^2\theta + n_o^2\sin^2\theta \\ \beta &\overset{\mathrm{d}}{=} (n_e^2 - n_o^2)\sin 2\theta \\ \gamma &\overset{\mathrm{d}}{=} n_o^2\cos^2\theta + n_e^2\sin^2\theta\end{aligned} \tag{2.2-112}$$

式中，θ 是光轴与 x 轴的夹角；α，γ 分别是沿 z 轴方向和沿 x 轴方向的光线折射率的平方；α，β，γ 都随 θ 变化。对于各向同性介质，折射率为 n_1，$\alpha=\gamma=n_1^2$，$\beta=0$。可以求得波矢折射角表示式为

$$\tan\theta_t = \frac{2\gamma n_1\sin^2\theta_1}{\beta n_1\sin\theta_1 + 2n_o n_e\sqrt{\gamma - n_1^2\sin^2\theta_1}} \tag{2.2-113}$$

光线折射角表示式为

$$\tan\theta_{st} = \frac{\beta\sqrt{\gamma - n_1^2\sin^2\theta_1} + 2n_o n_e n_1\sin\theta_1}{2\gamma\sqrt{\gamma - n_1^2\sin^2\theta_1}} \tag{2.2-114}$$

由(2.2-113)式可见，波矢折射角随入射角的变化曲线总是通过原点，波矢不发生负折射。但是，单轴晶体中的光线与波矢分离，光线折射角与波矢折射角不同，当波矢发生正折射($\theta_1\theta_t>0$)时，光线有可能发生负折射($\theta_1\theta_{st}<0$)。光线折射角的大小取决于 n_o，n_e，n_1，θ_1 和 θ，实现光线负折射的入射角范围为

$$0 \leqslant \theta_1 \leqslant \theta_{1c} \tag{2.2-115}$$

其中 θ_{1c} 为临界角，且

$$\theta_{1c} = \arcsin\left|\frac{\beta}{n_1}\sqrt{\frac{1}{\gamma}}\right| \tag{2.2-116}$$

对确定的 n_o，n_e 和 n_1，为使 θ_{1c} 最大，θ 的最优取值为

$$\theta_{opt-c} = \arccos\sqrt{1/(n_e/n_o + 1)} \tag{2.2-117}$$

这时最大临界角为

$$\theta_{1c}^{max} = \arcsin\left|\frac{n_e - n_o}{n_1}\right| \tag{2.2-118}$$

光线折射临界角由 $\theta_1=0$ 给出：

$$\theta_{stc}=-\arctan|\beta/2\gamma| \tag{2.2-119}$$

光线折射临界角的最优值也可以通过选取 θ 得到

$$\theta_{opt-st}=\arcsin\sqrt{n_o^2/(n_o^2+n_e^2)} \tag{2.2-120}$$

相应的折射临界角最大负值为

$$\theta_{stc}^{max}=-\arctan\left|\frac{n_e^2-n_o^2}{2n_o n_e}\right| \tag{2.2-121}$$

2）单轴晶体负反射现象

负反射是指入射光线和反射光线位于法线同侧的现象。有关单轴晶体负反射现象的分析，可参看文献[9]。单轴晶体负反射的实验结果如图 2.2-19 所示。

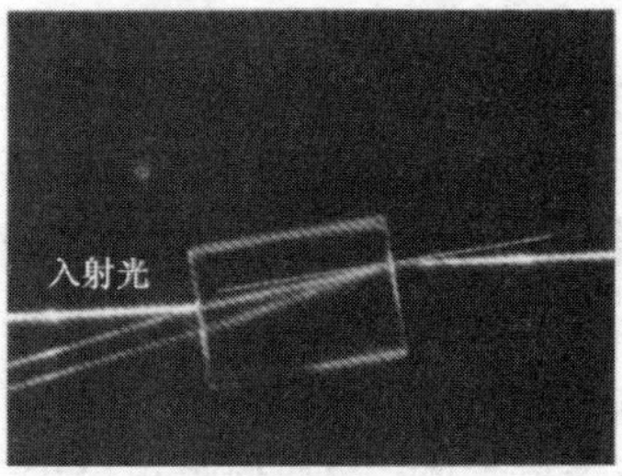

(a) 负反射

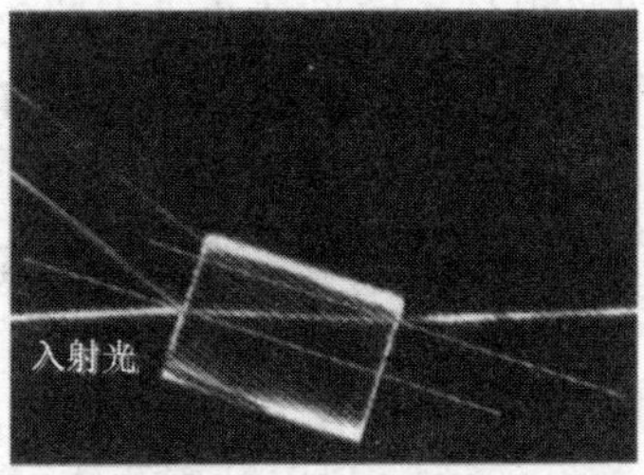

(b) 正反射

图 2.2-19　单轴晶体反射现象

4. 左手材料及其负折射现象

尽管到目前为止人们并未在自然界中发现介电常数 ε 和磁导率 μ 都是负值的介质，但早在 1968 年，苏联科学家 Veselago 就在理论上研究了这种介质的电磁学性质。实事上，作为描述宏观电磁现象普遍理论的麦克斯韦方程组，介电常数 ε 和磁导率 μ 取负值仍然成立。在各向同性介质中，由(2.2-5)式和(2.2-6)式可见，只要 ε 和 μ 同号，$k^2=\omega^2\varepsilon\mu/c^2>0$，$k$ 取实数，平面波就能在这种介质中传播。

由(2.2-5)和(2.2-6)式又知，对于 ε 和 μ 均为正值的常规材料，$\boldsymbol{E}$、$\boldsymbol{H}$ 和 $\boldsymbol{k}$ 三者方向构成右手螺旋关系，而对于 ε 和 μ 均为负值的非常规材料，$\boldsymbol{E}$、$\boldsymbol{H}$ 和 $\boldsymbol{k}$ 三者方向构成左手螺旋关系。因此，通常称上述常规材料为右手材料，而称非常规材料为左手材料。对于右手材料和左手材料中的 $\boldsymbol{E}$、$\boldsymbol{H}$ 和 $\boldsymbol{k}$ 三者方向关系，如图 2.2-20 所示。应当指出的是，在左手材料中，坡印廷矢量 $\boldsymbol{S}$ 的定义式(1.1-17)仍然成立，所以在左手材料中，波矢 $\boldsymbol{k}$ 与坡印廷矢量 $\boldsymbol{S}$ 反向，因此，其相速度 $\boldsymbol{v}_p$ 与群速度 $\boldsymbol{v}_g$ 方向正好相反。

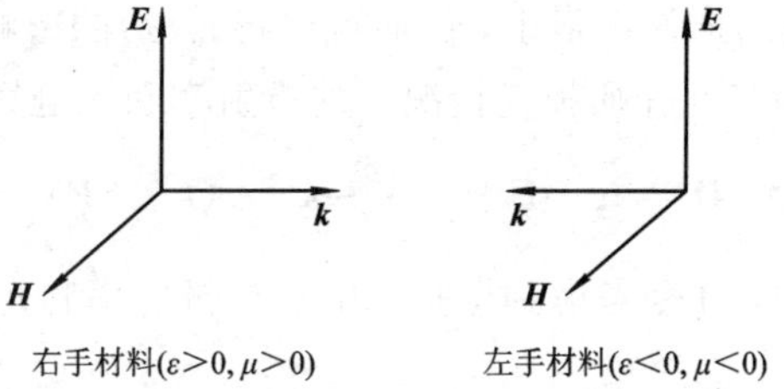

图 2.2-20　右手材料和左手材料中的 $\boldsymbol{E}$、$\boldsymbol{H}$ 和 $\boldsymbol{k}$ 方向关系

光电磁波在左手材料中传播时会发生一系列反常现象，例如负折射现象、逆多普勒效应、逆切伦科夫辐射等。这里只简单介绍负折射现象。

如图 2.2-21 所示，光波从介质 1 入射到左手材料 2，应用边界条件(1.1-8)～(1.1-11)式可知，经过界面后光电磁场的切向分量方向不变，而法向分量方向反向。再考虑左手材料的 $\boldsymbol{E}$、$\boldsymbol{H}$、$\boldsymbol{k}$ 满足左手螺旋关系，入射光和折射光将出现在分界面法线的同一侧，这就是左手材料的负折射现象。应当强调的是，左手材料的负折射现象与单轴晶体的负折射现象的机理完全不同。

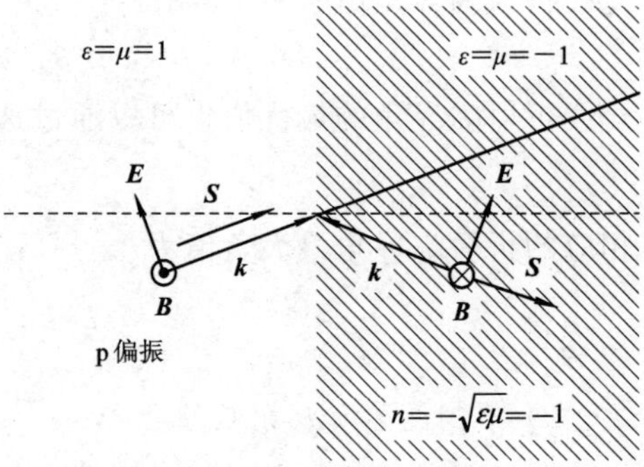

图 2.2-21　负折射现象

如果定义左手材料的折射率为负值：

$$n \overset{\mathrm{d}}{=} -\sqrt{\varepsilon\mu} \tag{2.2-122}$$

并在折射光线与入射光线处在界面法线同一侧时取 $\theta_t<0$，则折射定律仍然成立。正因如此，左手材料又称为负折射(NIR)材料。

目前，左手材料均需要人工合成，而且通常是由形成负介电常数 ε 和负磁导率 μ 的单元结构复合而成的。例如，利用等离子体(气体等离子体、金属内自由电子等离子体)激元，在一定条件下，可以使材料的介电常数为负，而利用开口环共振器有可能实现磁导率为负值。2001 年，史密斯(Smith)等[10]人工合成了左手材料，并且通过实验观察到了微波的负折射现象。

左手材料的合成需要利用金属对电磁波的共振效应，因此，金属吸收不可避免。而且，左手材料的负介电常数 ε 和负磁导率 μ 通常使用不同的结构单元产生。利用这些特点，还可以人工合成负介电常数和负磁导率的其它组合材料，这些材料同样具有一些反常的功能。例如，采用薄金属与介电质的纳米复合结构能得到所谓的超材料，这类材料具有包括隐形性质等的奇特光学性质。

2.2.4　介质损耗对光波传播的影响

迄今为止，我们讨论的光在介质中的传播规律都是以 $\boldsymbol{D}=\boldsymbol{\varepsilon}\cdot\boldsymbol{E}$ 为基础的，其中 $\boldsymbol{\varepsilon}$ 是实数，表示介质是无损耗的。实际上介质总是有损耗的，在这种情况下，介电张量是复数，应表示为

$$\boldsymbol{\varepsilon}(\omega)=\boldsymbol{\varepsilon}_r(\omega)+\mathrm{i}\,\boldsymbol{\varepsilon}_i(\omega) \tag{2.2-123}$$

因为通常所讨论的电介质的损耗都很小，因而可以将 $\boldsymbol{\varepsilon}_i(\omega)$ 的影响视为一个微扰。

令 n 和 $\boldsymbol{E}$ 分别表示为忽略介质损耗情况下的折射率和光电场矢量，由方程(2.2-7)有

$$\boldsymbol{D}=\boldsymbol{\varepsilon}_r\cdot\boldsymbol{E}=-\frac{n^2}{\mu_0 c^2}\boldsymbol{k}_0\times(\boldsymbol{k}_0\times\boldsymbol{E}) \tag{2.2-124}$$

如果考虑到损耗 $\boldsymbol{\varepsilon}_i$ 的影响，并令考虑到微扰影响后的折射率和光电场矢量分别为 n' 和 $\boldsymbol{E}'$，则由方程(2.2-7)应有

$$\boldsymbol{\varepsilon}\cdot\boldsymbol{E}'=-\frac{(n')^2}{\mu_0 c^2}\boldsymbol{k}_0\times(\boldsymbol{k}_0\times\boldsymbol{E}') \tag{2.2-125}$$

或

$$\frac{(n')^2}{\mu_0 c^2}\boldsymbol{k}_0\times(\boldsymbol{k}_0\times\boldsymbol{E}')+\boldsymbol{\varepsilon}_r(\omega)\cdot\boldsymbol{E}'+\mathrm{i}\,\boldsymbol{\varepsilon}_i(\omega)\cdot\boldsymbol{E}'=0 \tag{2.2-126}$$

若将 $\boldsymbol{E}'$标量乘(2.2－124)式，$\boldsymbol{E}$ 标量乘(2.2－126)式，并将所得二式相减，可得

$$\boldsymbol{E}'\cdot\boldsymbol{\varepsilon}_r\cdot\boldsymbol{E}+\frac{n^2}{\mu_0 c^2}\boldsymbol{E}'\cdot[\boldsymbol{k}_0\times(\boldsymbol{k}_0\times\boldsymbol{E})]-\frac{(n')^2}{\mu_0 c^2}\boldsymbol{E}\cdot[\boldsymbol{k}_0\times(\boldsymbol{k}_0\times\boldsymbol{E}')]$$
$$-\boldsymbol{E}\cdot\boldsymbol{\varepsilon}_r\cdot\boldsymbol{E}'-\mathrm{i}\boldsymbol{E}\cdot\boldsymbol{\varepsilon}_i\cdot\boldsymbol{E}'=0$$

或

$$\frac{(n')^2}{\mu_0 c^2}\boldsymbol{E}\cdot[\boldsymbol{k}_0\times(\boldsymbol{k}_0\times\boldsymbol{E}')]-\frac{n^2}{\mu_0 c^2}\boldsymbol{E}'\cdot[\boldsymbol{k}_0\times(\boldsymbol{k}_0\times\boldsymbol{E})]+\mathrm{i}\boldsymbol{E}\cdot\boldsymbol{\varepsilon}_i\cdot\boldsymbol{E}'=0 \tag{2.2-127}$$

这里已利用了恒等式

$$\boldsymbol{E}\cdot\boldsymbol{\varepsilon}_r\cdot\boldsymbol{E}'=\boldsymbol{E}'\cdot\boldsymbol{\varepsilon}_r\cdot\boldsymbol{E} \tag{2.2-128}$$

另外，利用矢量恒等式$(\boldsymbol{A}\times\boldsymbol{B})\cdot\boldsymbol{C}=\boldsymbol{A}\cdot(\boldsymbol{B}\times\boldsymbol{C})$，有

$$\boldsymbol{E}\cdot[\boldsymbol{k}_0\times(\boldsymbol{k}_0\times\boldsymbol{E}')]=-(\boldsymbol{k}_0\times\boldsymbol{E}')\cdot(\boldsymbol{k}_0\times\boldsymbol{E})=\boldsymbol{E}'\cdot[\boldsymbol{k}_0\times(\boldsymbol{k}_0\times\boldsymbol{E})] \tag{2.2-129}$$

将(2.2－129)式代入(2.2－127)式，便得

$$\frac{(n')^2}{\mu_0 c^2}=\frac{n^2}{\mu_0 c^2}+\frac{\mathrm{i}\boldsymbol{E}\cdot\boldsymbol{\varepsilon}_i\cdot\boldsymbol{E}'}{(\boldsymbol{k}_0\times\boldsymbol{E})\cdot(\boldsymbol{k}_0\times\boldsymbol{E}')} \tag{2.2-130}$$

或

$$(n')^2=n^2+\frac{1}{\varepsilon_0}\frac{\mathrm{i}\boldsymbol{E}\cdot\boldsymbol{\varepsilon}_i\cdot\boldsymbol{E}'}{(\boldsymbol{k}_0\times\boldsymbol{E})\cdot(\boldsymbol{k}_0\times\boldsymbol{E}')} \tag{2.2-131}$$

如果我们忽略上式右边 $\boldsymbol{E}$ 和 $\boldsymbol{E}'$之间的微小差别，等式两边进行开方，并将平方根展开，得

$$n'=n+\frac{\mathrm{i}\boldsymbol{E}\cdot\boldsymbol{\varepsilon}_i\cdot\boldsymbol{E}}{2\varepsilon_0 n(\boldsymbol{k}_0\times\boldsymbol{E})^2}=n+\mathrm{i}K \tag{2.2-132}$$

式中

$$K=\frac{1}{2\varepsilon_0 n}\frac{\boldsymbol{E}\cdot\boldsymbol{\varepsilon}_i\cdot\boldsymbol{E}}{(\boldsymbol{k}_0\times\boldsymbol{E})^2} \tag{2.2-133}$$

叫做在 $\boldsymbol{k}_0$ 方向传播的光波的消光系数。

由上述分析可见，由于介质有损耗，折射率是复数，其虚部 K 表示光波在介质中传播时，将受到衰减。

2.3 旋光性(圆双折射)

2.3.1 旋光现象

1811 年，阿喇果(Arago)在研究石英晶体的双折射特性时发现：一束线偏振光沿着石英晶体的光轴方向传播，其振动平面相对原来的方向转过了一个角度，如图 2.3－1 所示。由于石英晶体是单轴晶体，光沿着光轴方向传播时不会发生双折射，因而阿喇果发现的现象应属于另外一种新现象，这就是旋光现象。不久，比奥(Biot)在一些蒸汽和液态物质中

也观察到了同样的旋光现象。

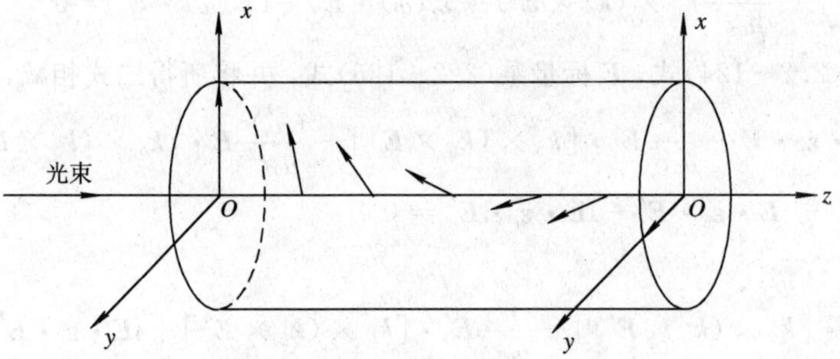

图 2.3-1 旋光现象

实验证明，一定波长的线偏振光通过旋光介质时，光振动方向转过的角度 θ 与在该介质中通过的距离 l 成正比：

$$\theta = \alpha l \tag{2.3-1}$$

式中，比例系数 α 表征了该介质的旋光本领，称为旋光率，它与光波长、介质的性质及温度有关；对于具有旋光特性的溶液，光振动方向旋转的角度还与溶液的浓度成正比：

$$\theta = \alpha c l \tag{2.3-2}$$

式中，α 称为溶液的比旋光率，c 为溶液浓度。在旋光介质中，光振动平面旋转的方向与光的传播波矢有固定的关系，如果使光在两个相反方向上都通过一次，净旋转为零。因此，旋光现象具有互易性。如果迎着来的光束看去，振动平面的旋转方向是顺时针方向，如图 2.3-1 所示，则称此介质是右旋的；如果旋转方向是逆时针方向，则称为左旋的。石英晶体存在右旋和左旋两种结晶形式，因而有右旋石英晶体和左旋石英晶体之分。其它常用的旋光介质有朱砂、氯酸钠、松节油、糖、硫酸马钱子碱、碲、硒和硫代镓酸银($AgGaS_2$)等。表 2.3-1 列出了一些旋光介质的旋光率。

表 2.3-1 旋 光 本 领

	λ/nm	α/(deg·mm^{-1})		λ/nm	α/(deg·mm^{-1})
石英	400	49		505	430
	450	37	Se	750	180
	500	31		1000	30
	550	26	Te	(6 μm)	40
	600	22		(10 μm)	15
	650	17	TeO_2	369.8	587
$AgGaS_2$	485	950		438.2	271
	490	700		530	143
	495	600		632.8	87
	500	500		1000	30

2.3.2 旋光现象的定性解释

1825 年，菲涅耳对旋光现象提出了一种唯象的解释。按照他的观点，可以把进入旋光介质的线偏振光看做是右旋圆偏振光和左旋圆偏振光的组合，并认为：在各向同性介质中，线偏振光的右、左旋圆偏振光分量的传播速度 v_R 和 v_L 相等，因而其相应的折射率 $n_R=c/v_R$ 和 $n_L=c/v_L$ 相等；在旋光介质中，右、左旋圆偏振光的传播速度不同，其相应的折射率也不相等。在右旋晶体中，右旋圆偏振光的传播速度较快，$v_R>v_L(n_R<n_L)$；在左旋晶体中，左旋圆偏振光的传播速度较快，$v_R<v_L(n_R>n_L)$。根据这一种假设，可以解释旋光现象，并因此可将旋光性称为圆双折射，而将前面讨论过的双折射现象叫做线双折射。

假设右、左旋圆偏振光在 $+z$ 方向传播，其电位移矢量为 $\boldsymbol{R}_0\exp\left[-\mathrm{i}\omega\left(t-\frac{zn_R}{c}\right)\right]$ 和 $\boldsymbol{L}_0\exp\left[-\mathrm{i}\omega\left(t-\frac{zn_L}{c}\right)\right]$，式中 $\boldsymbol{R}_0$ 和 $\boldsymbol{L}_0$ 分别为圆偏振光(1.2－52)式和(1.2－53)式的单位琼斯矢量。若振幅为 D_0、沿 x 方向振动的线偏振光在 $z=0$ 处进入介质，它可以由振幅为 $D_0/\sqrt{2}$ 的右、左旋圆偏振光波之和表示，在介质内传过距离 z 后，该光为

$$\frac{D_0}{\sqrt{2}}\mathrm{e}^{-\mathrm{i}\omega t}\{\boldsymbol{R}_0\mathrm{e}^{\mathrm{i}\omega zn_R/c}+\boldsymbol{L}_0\mathrm{e}^{\mathrm{i}\omega zn_L/c}\} \tag{2.3-3}$$

若利用(1.2－52)式和(1.2－53)式，上式可进一步写成

$$D_0\boldsymbol{P}_0\exp\left\{-\mathrm{i}\omega\left[t-\frac{z(n_R+n_L)}{2c}\right]\right\} \tag{2.3-4}$$

其中

$$\boldsymbol{P}_0=\boldsymbol{i}\cos\left[\frac{\omega(n_R-n_L)}{2c}z\right]+\boldsymbol{j}\sin\left[\frac{\omega(n_R-n_L)}{2c}z\right] \tag{2.3-5}$$

表征了合波的偏振。该光波是线偏振光，若旋光介质是左旋的，$n_R>n_L$，则随着光波从 $z=0$ 传播到 z 处，它的偏振面从 x 轴按逆时针方向旋转角度 $\omega(n_R-n_L)z/(2c)$，因此旋光率为

$$\alpha=\frac{\pi}{\lambda}(n_R-n_L) \tag{2.3-6}$$

若旋光介质是右旋的，$n_R<n_L$，则线偏振光的偏振面是右旋(顺时针方向)旋转。所以，线偏振光在旋光介质中传播时，其振动平面以与具有较大相速度传播的圆偏振光旋向相同的方向偏转。

石英晶体在 $\lambda=0.6328\ \mu\mathrm{m}$ 时的旋光率为 188°/cm，由此可得到 $|n_R-n_L|=6.6\times10^{-5}$。显然，偏振面的旋转是一种测量微小圆双折射的极灵敏方法。

2.3.3 旋光性的电磁理论

对于介质的旋光性仅由物质方程(2.1－1)不能够解释，必须要推广其本构关系。下面介绍的旋光性电磁理论采用模式理论的方法，求解旋光性介质中的基本方程，得到旋光介质中两个相互正交、彼此旋向相反的椭圆偏振光传播简正模。

根据旋光性电磁理论[11]，当光波作用于旋光性介质的分子上时，将产生如下的分子感

应偶极矩 P：

$$P = \alpha E - \beta \dot{H} \tag{2.3-7}$$

式中，α 是分子的线性电极化率，β 是代表旋光性的参量，E 和 H 是作用于介质的光波电场和磁场。对于通常的线性分子，$\beta=0$，上式中仅存第一项，它将引起前面讨论过的线双折射现象。对于具有螺旋结构的分子，β 非零，这种螺旋分子处在变化的磁场中时，通过分子的变化磁通量在由楞次定律(1.1-1)式给出的方向上，建立起围绕 $\boldsymbol{H}$ 流通的感应电流，这种感应电流就产生了在 $\dot{\boldsymbol{H}}$ 方向随时间变化的电荷分离，建立起由(2.3-7)式中 β 项代表的电偶极矩。

对于在均匀介质中传播的平面波，旋光材料的物质方程可写成

$$\boldsymbol{D} = \boldsymbol{\varepsilon} \cdot \boldsymbol{E} + \mathrm{i}\varepsilon_0 \boldsymbol{G} \times \boldsymbol{E} \tag{2.3-8}$$

式中，$\boldsymbol{\varepsilon}$ 是没有旋光性的介电张量，$\boldsymbol{G}$ 是平行于传播方向的矢量，称为回转矢量。因为矢量积$\boldsymbol{G}\times\boldsymbol{E}$总是能用反对称张量$[G]$与 $\boldsymbol{E}$ 的乘积表示，$[G]$的矩阵元为

$$\left.\begin{aligned} [G]_{23} &= -[G]_{32} = -G_x \\ [G]_{31} &= -[G]_{13} = -G_y \\ [G]_{12} &= -[G]_{21} = -G_z \end{aligned}\right\} \tag{2.3-9}$$

所以方程(2.3-8)可改写为

$$\boldsymbol{D} = (\boldsymbol{\varepsilon} + \mathrm{i}\varepsilon_0[G]) \cdot \boldsymbol{E} \tag{2.3-10}$$

现在定义一个新的介电张量

$$\boldsymbol{\varepsilon}' = \boldsymbol{\varepsilon} + \mathrm{i}\varepsilon_0[G] \tag{2.3-11}$$

这个新张量是厄密的，即 $\varepsilon'_{ij} = \varepsilon'^{*}_{ji}$，将其代入方程(2.2-7)，可以根据简正模理论求解出传播的简正模。

令 $\boldsymbol{k}_0$ 为传播方向的单位矢量，回转矢量可写成

$$\boldsymbol{G} = G\boldsymbol{k}_0 \tag{2.3-12}$$

则由方程(2.2-7)可以得到本征折射率满足的本征方程(菲涅耳方程)为

$$\frac{k_{0x}^2}{n^2 - n_x^2} + \frac{k_{0y}^2}{n^2 - n_y^2} + \frac{k_{0z}^2}{n^2 - n_z^2} - \frac{1}{n^2} = G^2 \frac{k_{0x}^2 n_x^2 + k_{0y}^2 n_y^2 + k_{0z}^2 n_z^2}{n^2 (n^2 - n_x^2)(n^2 - n_y^2)(n^2 - n_z^2)} \tag{2.3-13}$$

式中 n_x、n_y 和 n_z 是主折射率。若令 n_1^2 和 n_2^2 为菲涅耳方程中 $G=0$ 时的根，则方程(2.3-13)可写成

$$(n^2 - n_1^2)(n^2 - n_2^2) = G^2 \tag{2.3-14}$$

对于沿着光轴方向传播，有 $n_1 = n_2 = \bar{n}$，于是由方程(2.3-14)给出

$$n^2 = \bar{n}^2 \pm G \tag{2.3-15}$$

考虑到 G 很小，可以近似得到

$$n = \bar{n} \pm \frac{G}{2\bar{n}} \tag{2.3-16}$$

后面将证明，它们是旋光介质中两个圆偏振简正模光波的折射率。按照(2.3-6)式关系，旋光率为

$$\alpha = \frac{\pi G}{\lambda \bar{n}} \tag{2.3-17}$$

进一步，方程(2.3-13)中的参量 G 随波矢的方向而变化，且是方向余弦 k_{0x}、k_{0y}、k_{0z} 的二次函数，因此可以写成

$$G = g_{11}k_{0x}^2 + g_{22}k_{0y}^2 + g_{33}k_{0z}^2 + 2g_{12}k_{0x}k_{0y} + 2g_{23}k_{0y}k_{0z} + 2g_{31}k_{0x}k_{0z} \tag{2.3-18}$$

或

$$G = g_{ij}k_{0i}k_{0j} \qquad i, j = x, y, z \tag{2.3-19}$$

式中 g_{ij} 是回转张量的矩阵元，它们可描述晶体的旋光性。

为了研究沿 $\boldsymbol{k}_0$ 方向传播的简正模的偏振态，利用电位移矢量 $\boldsymbol{D}$ 讨论较为方便，这是因为 $\boldsymbol{D}$ 总是垂直于 $\boldsymbol{k}_0$ 方向。更为方便的是使用参量逆介电张量 $\boldsymbol{\varepsilon}^{-1}$，此时可以把旋光材料的本构关系写成

$$\boldsymbol{E} = \frac{1}{\boldsymbol{\varepsilon}'} \cdot \boldsymbol{D} \tag{2.3-20}$$

式中 $\boldsymbol{\varepsilon}'$ 由(2.3-11)式给出，逆介电张量 $1/\boldsymbol{\varepsilon}'$ 也是厄密张量。由基本方程(2.2-7)出发，可以得到电位移矢量 $\boldsymbol{D}$ 满足的基本方程：

$$n^2\boldsymbol{k}_0 \times \left(\boldsymbol{k}_0 \times \frac{\varepsilon_0}{\boldsymbol{\varepsilon}'}\right)\boldsymbol{D} + \boldsymbol{D} = 0 \tag{2.3-21}$$

因为与 $\boldsymbol{\varepsilon}/\varepsilon_0$ 相比，$[G]$ 很小，逆介电张量可写成

$$\frac{1}{\boldsymbol{\varepsilon}'} = \frac{1}{\boldsymbol{\varepsilon}} - \mathrm{i}\varepsilon_0 \frac{1}{\boldsymbol{\varepsilon}}[G]\frac{1}{\boldsymbol{\varepsilon}} \tag{2.3-22}$$

因此方程(2.3-21)可用逆相对介电张量 $\boldsymbol{\eta}(=\varepsilon_0/\boldsymbol{\varepsilon})$ 写成

$$[k_0][k_0]\{\boldsymbol{\eta} - \mathrm{i}\boldsymbol{\eta}[G]\boldsymbol{\eta}\}\boldsymbol{D} = -\frac{1}{n^2}\boldsymbol{D} \tag{2.3-23}$$

式中，$[k_0]$ 为($\boldsymbol{k}_0\times$)的反对称张量表示法，并以与 $[G]$ 相似的方式定义(见方程(2.3-9))。令 $\boldsymbol{D}_1$、$\boldsymbol{D}_2$ 为没有旋光性($G=0$)时的归一化本征电位移矢量，它们满足：

$$\left\{[k_0][k_0]\boldsymbol{\eta} + \frac{1}{n_{1,2}^2}\right\}\boldsymbol{D}_{1,2} = 0 \tag{2.3-24}$$

和

$$\boldsymbol{D}_i \cdot \boldsymbol{D}_j = \delta_{ij} \tag{2.3-25}$$

为了方便起见，现在在由($\boldsymbol{D}_1$，$\boldsymbol{D}_2$，$\boldsymbol{k}_0$)构成的坐标系中求解上面本征值问题。在此坐标系中，相应于传播方向 $\boldsymbol{k}_0$，方程(2.3-23)可简化成

$$\begin{pmatrix} \dfrac{1}{n_1^2} & \dfrac{\mathrm{i}G}{n_1^2 n_2^2} \\ -\dfrac{\mathrm{i}G}{n_1^2 n_2^2} & \dfrac{1}{n_2^2} \end{pmatrix}\boldsymbol{D} = \frac{1}{n^2}\boldsymbol{D} \tag{2.3-26}$$

其本征方程为

$$\left(\frac{1}{n_1^2} - \frac{1}{n^2}\right)\left(\frac{1}{n_2^2} - \frac{1}{n^2}\right) = \left(\frac{G}{n_1^2 n_2^2}\right)^2 \tag{2.3-27}$$

解为本征折射率：

$$\frac{1}{n^2}=\frac{1}{2}\left(\frac{1}{n_1^2}+\frac{1}{n_2^2}\right)\pm\sqrt{\frac{1}{4}\left(\frac{1}{n_1^2}-\frac{1}{n_2^2}\right)^2+\left(\frac{G}{n_1^2n_2^2}\right)^2} \tag{2.3-28}$$

相应的简正模电位移矢量偏振态可由琼斯矢量表示：

$$\boldsymbol{J}_{\pm}=\begin{bmatrix}\frac{1}{2}\left(\frac{1}{n_1^2}-\frac{1}{n_2^2}\right)\pm\sqrt{\frac{1}{4}\left(\frac{1}{n_1^2}-\frac{1}{n_2^2}\right)^2+\left(\frac{G}{n_1^2n_2^2}\right)^2}\\ -\frac{\mathrm{i}G}{n_1^2n_2^2}\end{bmatrix} \tag{2.3-29}$$

这些琼斯矢量代表相互正交、旋转方向彼此相反的两种椭圆偏振光。因为第一个分量是实数，第二个分量是纯虚数，所以偏振椭圆的主轴平行于“未受微扰的”偏振 $\boldsymbol{D}_1$、$\boldsymbol{D}_2$（见图 2.3-2）。偏振椭圆的椭圆度（定义为主轴长度之比）为

$$e=\frac{-G}{\frac{1}{2}(n_2^2-n_1^2)\pm\sqrt{\frac{1}{4}(n_2^2-n_1^2)^2+G^2}} \tag{2.3-30}$$

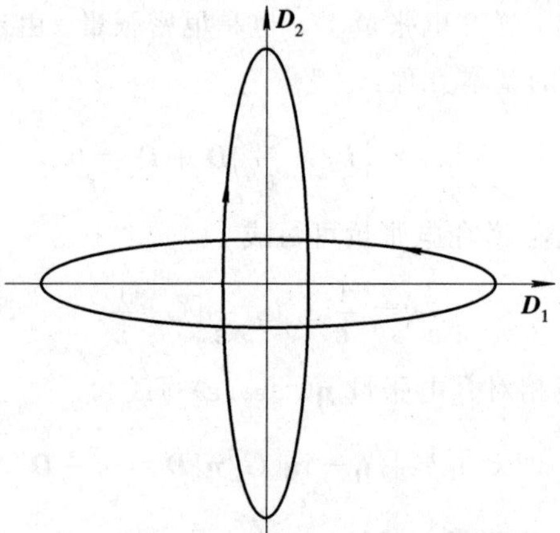

图 2.3-2 同时存在线双折射和旋光性的简正模的偏振椭圆

在各向同性介质（$n_1=n_2=\bar{n}$）的情况下，本征折射率（2.3-28）式变为

$$\frac{1}{n^2}=\frac{1}{\bar{n}^2}\pm\frac{G}{\bar{n}^4}=\frac{1}{\bar{n}^2}\left(1\pm\frac{G}{\bar{n}^2}\right) \tag{2.3-31}$$

该式与（2.3-16）式一致。相应的偏振态（2.3-29）式变为

$$\boldsymbol{J}_{\pm}=\begin{pmatrix}\pm 1\\ -\mathrm{i}\end{pmatrix} \tag{2.3-32}$$

此式代表右旋、左旋圆偏振光。

在各向异性介质的情况下，与（$n_2^2-n_1^2$）相比，G 通常是很小的，且偏振椭圆的椭圆度极小（即 $e\ll 1$），以致这些光波几乎是线偏振的（见图 2.3-2）。例如，波长为 $\lambda=0.51\ \mu\mathrm{m}$ 的光束垂直于石英晶体光轴方向传播时，G 值为 6×10^{-5}，椭圆度为 2×10^{-3}[12]。

最后，再说明一下描述介质旋光性的回转张量 **g**。回转张量是对称的，通常有六个独立分量。由于晶体的空间对称性，某些分量可能为零。例如，具有对称中心的晶体没有旋光性。不同晶类回转张量的非零分量的矩阵如表2.3-2 所示。

表 2.3－2　回转张量$[g_{ij}]$的形式

中心对称	$(\bar{1}, 2/m, mmm, 4/m, 4/mmm, \bar{3}, \bar{3}m, 6/m, 6/mmm, m3, m3m)$: $\begin{bmatrix} 0 & 0 & 0 \\ 0 & 0 & 0 \\ 0 & 0 & 0 \end{bmatrix}$
三斜晶系	1: $\begin{bmatrix} g_{11} & g_{12} & g_{13} \\ g_{12} & g_{22} & g_{23} \\ g_{13} & g_{23} & g_{33} \end{bmatrix}$
单斜晶系	$2(2\parallel y)$: $\begin{bmatrix} g_{11} & 0 & g_{13} \\ 0 & g_{22} & 0 \\ g_{13} & 0 & g_{33} \end{bmatrix}$　$2\ (2\parallel z)$: $\begin{bmatrix} g_{11} & g_{12} & 0 \\ g_{12} & g_{22} & 0 \\ 0 & 0 & g_{33} \end{bmatrix}$　$m(m\perp y)$: $\begin{bmatrix} 0 & g_{12} & 0 \\ g_{12} & 0 & g_{23} \\ 0 & g_{23} & 0 \end{bmatrix}$　$m(m\perp z)$: $\begin{bmatrix} 0 & 0 & g_{13} \\ 0 & 0 & g_{23} \\ g_{13} & g_{23} & 0 \end{bmatrix}$
正交晶系	222: $\begin{bmatrix} g_{11} & 0 & 0 \\ 0 & g_{22} & 0 \\ 0 & 0 & g_{33} \end{bmatrix}$　$2mm$: $\begin{bmatrix} 0 & g_{12} & 0 \\ g_{12} & 0 & 0 \\ 0 & 0 & 0 \end{bmatrix}$
正方晶系	4, 422: $\begin{bmatrix} g_{11} & 0 & 0 \\ 0 & g_{22} & 0 \\ 0 & 0 & g_{33} \end{bmatrix}$　$\bar{4}$: $\begin{bmatrix} g_{11} & g_{12} & 0 \\ g_{12} & -g_{11} & 0 \\ 0 & 0 & 0 \end{bmatrix}$　$\bar{4}2m(2\parallel x)$: $\begin{bmatrix} 0 & g_{12} & 0 \\ g_{12} & 0 & 0 \\ 0 & 0 & 0 \end{bmatrix}$
三角和六角晶系	3, 32, 622: $\begin{bmatrix} g_{11} & 0 & 0 \\ 0 & g_{11} & 0 \\ 0 & 0 & g_{33} \end{bmatrix}$
立方晶系	432, 23: $\begin{bmatrix} g_{11} & 0 & 0 \\ 0 & g_{11} & 0 \\ 0 & 0 & g_{11} \end{bmatrix}$
各向同性(没有对称中心)	$\begin{bmatrix} g & 0 & 0 \\ 0 & g & 0 \\ 0 & 0 & g \end{bmatrix}$
其它	$(4mm, \bar{4}3m, 3m, 6mm, \bar{6}, \bar{6}m2)$: $\begin{bmatrix} 0 & 0 & 0 \\ 0 & 0 & 0 \\ 0 & 0 & 0 \end{bmatrix}$

2.4 光在各向异性介质中传播的耦合模理论

2.4.1 耦合模方程

前面利用模式理论讨论光在各向异性介质中的传播时指出，光在各向异性介质中的简正模有确定的偏振态和相速度，任何光在各向异性中的传播，均可视为具有固定振幅的这些简正摸的线性组合。若令 $\boldsymbol{e}_1$、$\boldsymbol{e}_2$ 为简正模光电场矢量 $\boldsymbol{E}$ 的偏振方向单位矢量，k_1、k_2 为相应的波数，则在各向异性介质中传播的一般光波电场可表示为

$$\boldsymbol{E} = A_1\boldsymbol{e}_1\mathrm{e}^{-\mathrm{i}(\omega t-k_1\zeta)} + A_2\boldsymbol{e}_2\mathrm{e}^{-\mathrm{i}(\omega t-k_2\zeta)} \tag{2.4-1}$$

式中，A_1、A_2 为常数，ζ 为沿传播方向 $\boldsymbol{k}_0$ 的距离(即 $\zeta=\boldsymbol{k}_0\cdot\boldsymbol{r}$)。应当指出的是，光电场单位矢量 $\boldsymbol{e}_1$、$\boldsymbol{e}_2$ 与电位移矢量的单位矢量不同，一般情况下它们与传播方向 $\boldsymbol{k}_0$ 不正交，即 $\boldsymbol{k}_0\cdot\boldsymbol{e}_{1,2}\neq0$。

如果介质具有一个外部(或内部)微扰，例如应力、磁场、电场，或旋光效应，上述 $\boldsymbol{e}_1$ 和 $\boldsymbol{e}_2$ 不再是有微扰介质的本征矢量。存在这些微扰时，介质的介电张量变为

$$\boldsymbol{\varepsilon}' = \boldsymbol{\varepsilon} + \Delta\boldsymbol{\varepsilon} \tag{2.4-2}$$

式中，$\boldsymbol{\varepsilon}$ 是未受微扰时的介电张量，$\Delta\boldsymbol{\varepsilon}$ 是由于微扰引起的介电张量的改变。在这种情况下，一旦知道了 $\Delta\boldsymbol{\varepsilon}$ 和 $\boldsymbol{\varepsilon}'$，便可利用 2.2 节的处理方法求得相应于 $\boldsymbol{\varepsilon}'$ 介质的简正模，描述光波的传播特性。

但在实际上，特别是在微扰小(即 $\Delta\boldsymbol{\varepsilon}\ll\boldsymbol{\varepsilon}$)的情况下，往往采用基于未受微扰时介质 $\boldsymbol{\varepsilon}$ 的简正模的线性组合，并考虑这些简正模间产生耦合的耦合模理论来描述光波的传播，更为方便，甚至更有利。因为介质存在微扰($\Delta\boldsymbol{\varepsilon}$)时，$\boldsymbol{e}_1\mathrm{e}^{-\mathrm{i}(\omega t-k_1\zeta)}$ 和 $\boldsymbol{e}_2\mathrm{e}^{-\mathrm{i}(\omega t-k_2\zeta)}$ 一般不再是其简正模，所以 A_1 和 A_2 不再是常数，此时可以将总光电场表示为

$$\boldsymbol{E}(\zeta, t) = A_1(\zeta)\boldsymbol{e}_1\mathrm{e}^{-\mathrm{i}(\omega t-k_1\zeta)} + A_2(\zeta)\boldsymbol{e}_2\mathrm{e}^{-\mathrm{i}(\omega t-k_2\zeta)} \tag{2.4-3}$$

因为 $\boldsymbol{e}_1$、$\boldsymbol{e}_2$、$\boldsymbol{k}_1$ 和 $\boldsymbol{k}_2$ 是未受微扰情况(即 $\Delta\boldsymbol{\varepsilon}=0$)下的解，它们已经知道，所以只要给出 $A_1(\zeta)$ 和 $A_2(\zeta)$，光电场 $\boldsymbol{E}$ 就可惟一地被确定。而 A_1 和 A_2 与 ζ 的关系源自介质的微扰 $\Delta\boldsymbol{\varepsilon}$，可根据下面推导出的耦合模振幅微分方程，即耦合模方程求解。

为推导耦合模方程，由下面的波动方程出发：

$$\nabla\times(\nabla\times\boldsymbol{E}) - \omega^2\mu_0(\boldsymbol{\varepsilon}+\Delta\boldsymbol{\varepsilon})\cdot\boldsymbol{E} = 0 \tag{2.4-4}$$

因为光波是沿 $\boldsymbol{k}_0$ 方向传播的，所以算符 ∇ 可用 $\boldsymbol{k}_0(\partial/\partial\zeta)$ 代替，上式可写成

$$\frac{\partial^2}{\partial\zeta^2}[\boldsymbol{E}-\boldsymbol{k}_0(\boldsymbol{k}_0\cdot\boldsymbol{E})] + \omega^2\mu_0(\boldsymbol{\varepsilon}+\Delta\boldsymbol{\varepsilon})\cdot\boldsymbol{E} = 0 \tag{2.4-5}$$

式中已假定了介质是均匀的，光电场矢量是平面波。上式方括号中的量实际上是光电场矢量 $\boldsymbol{E}$ 的横向分量。

现在忽略光电场的纵向分量，假定 $\boldsymbol{k}_0\cdot\boldsymbol{E}=0$(即认为 $\boldsymbol{k}_0\cdot\boldsymbol{e}_1=\boldsymbol{k}_0\cdot\boldsymbol{e}_2=0$)和 $\boldsymbol{e}_1\cdot\boldsymbol{e}_2=0$。将(2.4-3)式代入方程(2.4-5)，并假定 $\boldsymbol{e}_1\mathrm{e}^{-\mathrm{i}(\omega t-k_1\zeta)}$ 和 $\boldsymbol{e}_2\mathrm{e}^{-\mathrm{i}(\omega t-k_2\zeta)}$ 为未受微扰介质的简正模光电场矢量，可以得到

$$\left[\frac{\mathrm{d}^2A_1}{\mathrm{d}\zeta^2} + 2\mathrm{i}k_1\frac{\mathrm{d}A_1}{\mathrm{d}\zeta} + \omega^2\mu_0\Delta\boldsymbol{\varepsilon}A_1\right]\boldsymbol{e}_1\mathrm{e}^{-\mathrm{i}(\omega t-k_1\zeta)} + \left[\frac{\mathrm{d}^2A_2}{\mathrm{d}\zeta^2} + 2\mathrm{i}k_2\frac{\mathrm{d}A_2}{\mathrm{d}\zeta} + \omega^2\mu_0\Delta\boldsymbol{\varepsilon}A_2\right]\boldsymbol{e}_2\mathrm{e}^{-\mathrm{i}(\omega t-k_2\zeta)} = 0 \tag{2.4-6}$$

式中已利用了关系式 $k_\alpha^2 \boldsymbol{e}_\alpha - \omega^2 \mu_0 \boldsymbol{\varepsilon}_\alpha \cdot \boldsymbol{e}_\alpha = 0$，$\alpha=1, 2$。如果假定 $A_{1,2}$ 为 ζ 的慢变化函数，以致$(\mathrm{d}^2 A_\alpha/\mathrm{d}\zeta^2) \ll (k_\alpha \mathrm{d}A_\alpha/\mathrm{d}\zeta)$，则用 $\boldsymbol{e}_1$ 和 $\boldsymbol{e}_2$ 分别标量乘(2.4-6)式，得到

$$\left.\begin{aligned} \frac{\mathrm{d}A_1}{\mathrm{d}\zeta} &= \frac{\mathrm{i}\omega^2\mu_0}{2k_1}[\Delta\varepsilon_{11}A_1 + \Delta\varepsilon_{12}A_2\mathrm{e}^{\mathrm{i}(k_2-k_1)\zeta}] \\ \frac{\mathrm{d}A_2}{\mathrm{d}\zeta} &= \frac{\mathrm{i}\omega^2\mu_0}{2k_2}[\Delta\varepsilon_{21}A_1\mathrm{e}^{-\mathrm{i}(k_2-k_1)\zeta} + \Delta\varepsilon_{22}A_2] \end{aligned}\right\} \tag{2.4-7}$$

这里已利用了 $\boldsymbol{e}_{1,2}$ 的正交归一性。上面方程中的 $\Delta\varepsilon_{\alpha\beta}$ 是以 $\boldsymbol{e}_1$、$\boldsymbol{e}_2$ 和 $\boldsymbol{k}_0$ 构成的坐标系表示的微扰张量 $\Delta\boldsymbol{\varepsilon}$ 的矩阵元。这个方程组即为耦合模方程组。已知光波偏振态的初始条件，耦合模方程(2.4-7)就可以惟一地被求解。

2.4.2 旋光性的耦合模理论

1. 旋光效应

作为耦合模理论应用的一个例子，现在利用耦合模理论讨论光波在具有(线)双折射和旋光性(圆双折射)的介质中的传播，并设旋光效应是一个小的微扰 $\Delta\boldsymbol{\varepsilon}$。按(2.3-11)式，$\Delta\boldsymbol{\varepsilon}$ 为

$$\Delta\boldsymbol{\varepsilon} = \mathrm{i}\varepsilon_0[G] \tag{2.4-8}$$

其微扰矩阵元为

$$\begin{aligned} \Delta\varepsilon_{11} &= \Delta\varepsilon_{22} = 0 \\ \Delta\varepsilon_{12} &= -\mathrm{i}\varepsilon_0 G \\ \Delta\varepsilon_{21} &= \mathrm{i}\varepsilon_0 G \end{aligned} \tag{2.4-9}$$

利用该式给出的微扰矩阵元 $\Delta\varepsilon_{\alpha\beta}$，并令 $A_1(0)$ 和 $A_2(0)$ 为 $\zeta=0$ 的模振幅，求解方程(2.4-7)，可以得到某点 ζ 处模振幅 $A_1(\zeta)$ 和 $A_2(\zeta)$ 的表达式为

$$\left.\begin{aligned} A_1(\zeta) &= \mathrm{e}^{\mathrm{i}\Delta k\zeta/2}\left[A_1(0)\left(\cos s\zeta - \mathrm{i}\frac{\Delta k}{2s}\sin s\zeta\right) - \frac{\omega}{c}\,\frac{G}{2n_1 s}A_2(0)\sin s\zeta\right] \\ A_2(\zeta) &= \mathrm{e}^{-\mathrm{i}\Delta k\zeta/2}\left[A_2(0)\left(\cos s\zeta + \mathrm{i}\frac{\Delta k}{2s}\sin s\zeta\right) + \frac{\omega}{c}\,\frac{G}{2n_2 s}A_1(0)\sin s\zeta\right] \end{aligned}\right\} \tag{2.4-10}$$

式中 n_1、n_2 为模折射率(即 $k_{1,2}=n_{1,2}\omega/c$)，且

$$\Delta k = k_2 - k_1 = \frac{\omega}{c}(n_2 - n_1) \tag{2.4-11}$$

$$s^2 = \left(\frac{\Delta k}{2}\right)^2 + \left(\frac{\omega}{c}\right)^2 \frac{G^2}{4n_1 n_2} \tag{2.4-12}$$

(2.4-10)式表示了因微扰 $\Delta\varepsilon_{12}$ 引起模式 1 和 2 之间的能量交换。当旋光性消失($G=0$)时，按照(2.4-9)式，$\Delta\varepsilon_{12}$ 为零，且有 $A_1(\zeta)=A_1(0)$ 和 $A_2(\zeta)=A_2(0)$。因此，光波在具有(线)双折射和旋光性(圆双折射)的介质中传播时，光波的偏振态是位置的函数。根据 1.2.3 节的讨论，假设 $\chi(0)$ 是光波的初始偏振态(复数)，则 ζ 处的偏振态为

$$\chi(\zeta) = \frac{A_2\mathrm{e}^{\mathrm{i}k_2\zeta}}{A_1\mathrm{e}^{\mathrm{i}k_1\zeta}} = \frac{\chi(0)\left(\cos s\zeta + \mathrm{i}\dfrac{\Delta k}{2s}\sin s\zeta\right) + \dfrac{\omega}{c}\,\dfrac{G}{2n_2 s}\sin s\zeta}{\left(\cos s\zeta - \mathrm{i}\dfrac{\Delta k}{2s}\sin s\zeta\right) - \chi(0)\dfrac{\omega}{c}\,\dfrac{G}{2n_1 s}\sin s\zeta} \tag{2.4-13}$$

由该式可见，光波的偏振态是 ζ 的周期函数，其周期是 π/s。在 $n_1=n_2$(即 $\Delta k=0$)的特殊情

况下(例如在单轴晶体中，光沿着光轴方向传播)，上面偏振态的表示式变为

$$\chi(\zeta)=\frac{\chi(0)\cos\alpha\zeta+\sin\alpha\zeta}{\cos\alpha\zeta-\chi(0)\sin\alpha\zeta} \tag{2.4-14}$$

式中 $\alpha=(\omega/c)G/(2n)$ 即为(2.3-17)式表示的旋光率。若光波初始偏振态是方位角为 ψ_0 的线偏振光波[即 $\chi(0)=\tan\psi_0$]，则按(2.4-14)式，在 ζ 处的偏振态为 $\chi(\zeta)=\tan(\psi_0+\alpha\zeta)$，它代表了方位角为 $\psi_0+\alpha\zeta$ 的线偏振光波。也就是说，光波传播了距离 ζ 后，振动平面旋转了角度 $\alpha\zeta$。这与 2.3 节讨论的结论一样。

2. 旋光介质中的传播简正模

上面，利用耦合模理论讨论了旋光效应。实际上，利用耦合模形式也能推导出有微扰介质中光波传播的简正模。这时，需要将表示光波偏振态电场矢量的琼斯矢量定义为

$$\boldsymbol{E}=\begin{pmatrix}E_1(\zeta)\\E_2(\zeta)\end{pmatrix}=\begin{bmatrix}A_1(\zeta)\mathrm{e}^{\mathrm{i}k_1\zeta}\\A_2(\zeta)\mathrm{e}^{\mathrm{i}k_2\zeta}\end{bmatrix} \tag{2.4-15}$$

由耦合模方程(2.4-7)可以得到 $\boldsymbol{E}$ 满足下面方程：

$$\frac{\mathrm{d}}{\mathrm{d}\zeta}\boldsymbol{E}=\mathrm{i}\boldsymbol{K}_e\boldsymbol{E} \tag{2.4-16}$$

式中矩阵 $\boldsymbol{K}_e$ 称为波矩阵，由下式给出：

$$\boldsymbol{K}_e=\frac{\omega}{c}\begin{bmatrix}n_1+\dfrac{1}{2n_1\varepsilon_0}\Delta\varepsilon_{11} & \dfrac{1}{2n_1\varepsilon_0}\Delta\varepsilon_{12}\\ \dfrac{1}{2n_2\varepsilon_0}\Delta\varepsilon_{21} & n_2+\dfrac{1}{2n_2\varepsilon_0}\Delta\varepsilon_{22}\end{bmatrix} \tag{2.4-17}$$

对于旋光性介质，$\Delta\varepsilon_{\alpha\beta}$ 由(2.4-9)式给出，因此波矩阵为

$$\boldsymbol{K}_e=\frac{\omega}{c}\begin{bmatrix}n_1 & -\dfrac{\mathrm{i}G}{2n_1}\\ \dfrac{\mathrm{i}G}{2n_2} & n_2\end{bmatrix} \tag{2.4-18}$$

按照简正模理论，介质中传播的简正模必须有惟一的传播常数及惟一的偏振态。也就是说，介质中简正模光电场矢量可写成

$$\boldsymbol{E}=\boldsymbol{e}\mathrm{e}^{\mathrm{i}k\zeta} \tag{2.4-19}$$

将该式代入方程(2.4-16)，就可以把这个微分方程变成代数方程，写成

$$\boldsymbol{K}_e\boldsymbol{e}=k\boldsymbol{e} \tag{2.4-20}$$

这是一个简单的本征值方程。由此可见，简正模的偏振矢量 $\boldsymbol{e}$ 是波矩阵 $\boldsymbol{K}_e$ 的本征矢量，其本征值相当于传播常数。令传播常数 $k=(\omega/c)n$，其中折射率 n 待定，则由(2.4-18)式和方程(2.4-20)得到波矩阵 $\boldsymbol{K}_e$ 的本征方程为

$$\begin{vmatrix}n_1-n & -\dfrac{\mathrm{i}G}{2n_1}\\ \dfrac{\mathrm{i}G}{2n_2} & n_2-n\end{vmatrix}=0 \tag{2.4-21}$$

或等价为

$$(n_1-n)(n_2-n)=\frac{G^2}{4n_1n_2} \tag{2.4-22}$$

方程(2.4-22)式的根即是简正模的折射率，并由下式给出：

$$n = \frac{n_1 + n_2}{2} \pm \sqrt{\left(\frac{n_1 - n_2}{2}\right)^2 + \frac{G^2}{4n_1 n_2}} \tag{2.4-23}$$

因此简正模的波数为

$$k = \frac{k_1 + k_2}{2} \pm \sqrt{\left(\frac{\Delta k}{2}\right)^2 + \left(\frac{\omega}{c}\right)^2 \frac{G^2}{4n_1 n_2}} \tag{2.4-24}$$

式中 Δk 由(2.4-11)式给出。

将(2.4-23)式代入方程(2.4-20)，即可以得到简正模偏振矢量相应的本征矢量：

$$\boldsymbol{e} = \begin{bmatrix} n_2 - n \\ -\dfrac{\mathrm{i}G}{2n_2} \end{bmatrix} \tag{2.4-25}$$

如果 $n_1 \approx n_2$，该式与(2.3-29)式一致。

最后还应强调，在各向异性介质中，光电场矢量 $\boldsymbol{E}$ 与电位移矢量 $\boldsymbol{D}$ 的偏振态一般是不相同的。这里得到的结果(2.4-24)式和(2.4-25)式是忽略光电场矢量 $\boldsymbol{E}$ 的纵向分量得到的，而 2.3 节的(2.3-28)式和(2.3-29)式是针对电位移矢量 $\boldsymbol{D}$ 得到的结果。

3. 偏振态的运动方程

上面，我们忽略了光电场的纵向分量利用耦合模方程推导出了光电场矢量 $\boldsymbol{E}$ 演变的矩阵方程(2.4-16)。现在，推导电位移矢量 $\boldsymbol{D}$ 的运动方程。电位移矢量 $\boldsymbol{D}$ 总是垂直于传播方向 $\boldsymbol{k}_0$，常用来表征沿 $\boldsymbol{k}_0$ 方向传播的光波偏振态。

由波动方程(1.1-23)出发，利用光电场矢量 $\boldsymbol{E}$ 与电位移矢量 $\boldsymbol{D}$ 的关系(2.2-78)式，可以将波动方程变化为如下形式：

$$\nabla \times (\nabla \times \boldsymbol{\eta} \cdot \boldsymbol{D}) - \left(\frac{\omega}{c}\right)^2 \boldsymbol{D} = \boldsymbol{0} \tag{2.4-26}$$

因为现在欲研究的是光波沿 $\boldsymbol{k}_0$ 方向传播的偏振态，所以微分算符 ∇ 可用 $\boldsymbol{k}_0(\partial/\partial\zeta)$ 代替(ζ 为沿传播方向 $\boldsymbol{k}_0$ 的距离)，上式波动方程可取如下形式：

$$\boldsymbol{k}_0 \times \left(\boldsymbol{k}_0 \times \frac{\partial^2}{\partial\zeta^2}\boldsymbol{\eta} \cdot \boldsymbol{D}\right) - \left(\frac{\omega}{c}\right)^2 \boldsymbol{D} = \boldsymbol{0} \tag{2.4-27}$$

这里仍采用 2.2.2 节的新坐标系，其中 $\boldsymbol{k}_0$ 为第三个坐标轴的方向。在该坐标系中，上面波动方程简化为

$$\boldsymbol{\eta}_\mathrm{t} \cdot \frac{\partial^2}{\partial\zeta^2}\boldsymbol{D} = -\left(\frac{\omega}{c}\right)^2 \boldsymbol{D} \tag{2.4-28}$$

式中 $\boldsymbol{\eta}_\mathrm{t}$ 为由(2.2-82)式定义的 2×2 横向逆相对介电张量。现在再定义一个 2×2 矩阵 $\boldsymbol{N}$，使得

$$\boldsymbol{N}^2 \boldsymbol{\eta}_\mathrm{t} = 1 \tag{2.4-29}$$

用 $\boldsymbol{N}^2$ 乘方程(2.4-28)，并利用方程(2.4-29)，可得

$$\frac{\partial^2}{\partial\zeta^2}\boldsymbol{D} = -\left(\frac{\omega}{c}\right)^2 \boldsymbol{N}^2 \boldsymbol{D} \tag{2.4-30}$$

这个微分方程与下列两个线性微分方程等价：

$$\frac{\partial}{\partial\zeta}\boldsymbol{D} = \mathrm{i}\,\frac{\omega}{c}\boldsymbol{N}\boldsymbol{D} \tag{2.4-31}$$

$$\frac{\partial}{\partial\zeta}\boldsymbol{D} = -\mathrm{i}\,\frac{\omega}{c}\boldsymbol{N}\boldsymbol{D} \tag{2.4-32}$$

矩阵 $\boldsymbol{N}$ 称为折射率矩阵，对于各向同性介质，它将简化成折射率 n。因为我们使用的时间因子是 $e^{-i\omega t}$ 形式，所以方程(2.4-31)式相当于波在 $+\zeta$ 方向的传播，而方程(2.4-32)式相当于波在 $-\zeta$ 方向的传播。现在，用方程(2.4-31)来讨论由折射率矩阵所表征的介质中沿 $\boldsymbol{k}_0$ 方向传播的光波偏振态的演变。

考虑有外部(或内部)微扰时的情况，例如存在应力、磁场、电场或旋光性等。若令 1 和 2 代表没有这些微扰时简正模传播的坐标轴，则介质横向逆相对介电张量 $\boldsymbol{\eta}_t$ 可写成

$$\boldsymbol{\eta}_t = \begin{bmatrix} \dfrac{1}{n_1^2} & 0 \\ 0 & \dfrac{1}{n_2^2} \end{bmatrix} + \Delta\boldsymbol{\eta} \tag{2.4-33}$$

式中 $\Delta\boldsymbol{\eta}$ 代表微扰。如果 $\Delta\boldsymbol{\eta}$ 很小，则 $\boldsymbol{N}$ 的显表达式可由定义和(2.4-33)式直接得到，其结果为

$$\boldsymbol{N} = \begin{bmatrix} n_1 - \dfrac{1}{2}n_1^3\Delta\eta_{11} & -\dfrac{n_1^2 n_2^2}{n_1+n_2}\Delta\eta_{12} \\ -\dfrac{n_1^2 n_2^2}{n_1+n_2}\Delta\eta_{21} & n_2 - \dfrac{1}{2}n_2^3\Delta\eta_{22} \end{bmatrix} \tag{2.4-34}$$

因为 $\boldsymbol{\eta}_t$ 是厄密张量，所以折射率矩阵 $\boldsymbol{N}$ 也是厄密的。一旦知道了 $\boldsymbol{N}$，只要给出偏振态的初始条件，就能惟一地求解方程(2.4-31)。通过对在有微扰情况下的折射率矩阵对角化，也可以得到传播的简正模。

下面，求解旋光介质中传播简正模的偏振态。令 $\Delta\boldsymbol{\eta}$ 代表旋光效应，按照方程(2.3-23)，$\Delta\boldsymbol{\eta}$ 为

$$\Delta\boldsymbol{\eta} = -i\boldsymbol{\eta}[G]\boldsymbol{\eta} \tag{2.4-35}$$

$\Delta\boldsymbol{\eta}$ 的矩阵元为

$$\left.\begin{aligned} \Delta\eta_{11} &= \Delta\eta_{22} = 0 \\ \Delta\eta_{12} &= \frac{iG}{n_1^2 n_2^2} \\ \Delta\eta_{21} &= -\frac{iG}{n_1^2 n_2^2} \end{aligned}\right\} \tag{2.4-36}$$

因此，折射率矩阵 $\boldsymbol{N}$ 可写成

$$\boldsymbol{N} = \begin{bmatrix} n_1 & \dfrac{-iG}{n_1+n_2} \\ \dfrac{iG}{n_1+n_2} & n_2 \end{bmatrix} \tag{2.4-37}$$

按照定义，传播简正模必须有确定的偏振态和确定的波数。也就是说，简正模电位移矢量可写成

$$\boldsymbol{D} = \boldsymbol{d}e^{ik\zeta} \tag{2.4-38}$$

将该式代入运动方程

$$\frac{\partial}{\partial\zeta}\boldsymbol{D} = i\,\frac{\omega}{c}\boldsymbol{N}\boldsymbol{D} \tag{2.4-39}$$

可以得到

$$\boldsymbol{N}\boldsymbol{d} = n\boldsymbol{d} \tag{2.4-40}$$

式中利用了 $k=(\omega/c)n$。

由此可见，简正模的偏振态 $\boldsymbol{d}$ 必定是折射率矩阵 $\boldsymbol{N}$ 的本征矢量，折射率矩阵的本征值给出了简正模传播的折射率。按照方程(2.4－40)和(2.4－37)式，n 满足的本征方程为

$$(n-n_1)(n-n_2)=\frac{G^2}{(n_1+n_2)^2} \tag{2.4-41}$$

该方程的根为本征折射率：

$$n=\frac{n_1+n_2}{2}\pm\sqrt{\left(\frac{n_2-n_1}{2}\right)^2+\frac{G^2}{(n_1+n_2)^2}} \tag{2.4-42}$$

简正模偏振态相应的琼斯矢量为

$$\boldsymbol{J}_{\pm}=\begin{bmatrix}\dfrac{n_2-n_1}{2}\pm\sqrt{\left(\dfrac{n_2-n_1}{2}\right)^2+\dfrac{G^2}{(n_1+n_2)^2}}\\ -\dfrac{\mathrm{i}G}{n_1+n_2}\end{bmatrix} \tag{2.4-43}$$

这个结果与 2.3 节所得的结果(2.3－29)式是等同的。

2.5 双折射光学系统的琼斯计算法

在许多复杂的光学系统应用中，都会遇到偏振器、波片等双折射光学元件，涉及到光束偏振态的变化。通常，对于光束经这些系列光学元件传输时偏振态的变化，计算起来非常复杂。但是，如果用系统方法处理就可能变得非常方便。琼斯[13]于 1940 年发明的琼斯计算法就是一种强有力的 2×2 矩阵计算方法。在这种方法中，光束偏振态由含有两个分量的琼斯矢量表示，每个光学元件的传输效应由一个 2×2 的琼斯矩阵表示，而整个光学系统的传输效应可由所含光学元件的琼斯矩阵相乘得到的系统琼斯矩阵表征，则透射光的偏振态可以由系统琼斯矩阵乘以入射光束的琼斯矢量计算得出。在这一节中，我们首先导出琼斯计算法的数学表示，然后给出若干应用示例。

2.5.1 双折射光学元件的琼斯计算法

1. 光束偏振态的琼斯计算法

1）琼斯计算法

前面已经证明，光在双折射晶体中的传播可以视为两个本征波的线性叠加，每个本征波都对应一种模式，有确定的相速度和偏振方向，且二模式正交。一束光通过晶体后，其偏振状态会发生变化，而一束光通过用双折射晶体制成的偏振态变换器(波片、移相器等)时，则会将其偏振态变换成其它任何偏振态。利用琼斯计算方法可以很方便地计算出光束通过波片、移相器等元件的偏振态的变化。

在琼斯计算法中，通常假定光在波片等元件表面上不存在反射，认为光通过波片等元件是完全透射的。图 2.5－1 示出了一个方位角为 ϕ 的波片，入射光束的偏振态由琼斯矢量描述：

$$\boldsymbol{V}=\begin{pmatrix}V_x\\ V_y\end{pmatrix} \tag{2.5-1}$$

式中，V_x 和 V_y 为两个复数分量，x 轴和 y 轴是固定的实验坐标轴。该图中，光的传播方向 $\boldsymbol{k}$ 与坐标 z 反向。

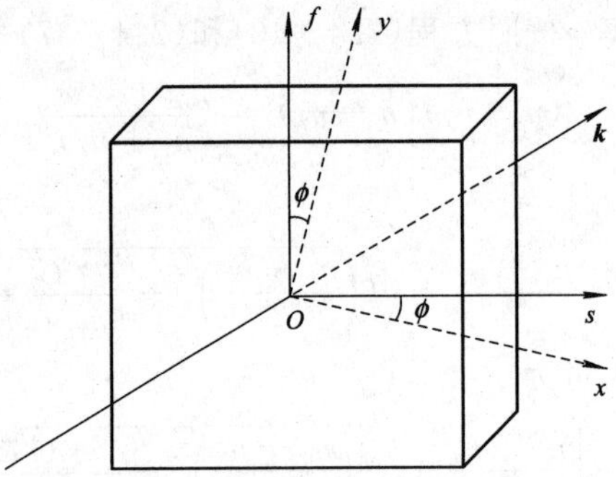

图 2.5-1　方位角为 ϕ 的波片

为了确定光在波片中传播时偏振态的变化，需要把光分解成波片中"快"本征波和"慢"本征波的线性组合。这可以通过下面的坐标变换来实现：

$$\begin{bmatrix} V_s \\ V_f \end{bmatrix} = \begin{bmatrix} \cos\phi & \sin\phi \\ -\sin\phi & \cos\phi \end{bmatrix} \begin{bmatrix} V_x \\ V_y \end{bmatrix} \equiv \boldsymbol{R}(\phi) \begin{bmatrix} V_x \\ V_y \end{bmatrix} \tag{2.5-2}$$

式中，V_s 是偏振光矢量的慢分量，V_f 是偏振光矢量的快分量，这两个分量作为波片的本征波，以各自的相速度和偏振状态在波片中传播。对于某种晶体，其"慢"轴方向和"快"轴方向是确定的。由于 V_s 分量和 V_f 分量的相速度不同，它们通过晶体后其间将产生相位延迟差(称为波片相位延迟)，从而改变了输出光束的偏振态。

令 n_s 和 n_f 分别为"慢分量"和"快分量"的折射率，则出射光束在晶体 fs 坐标系中的偏振态变为

$$\begin{bmatrix} V_s' \\ V_f' \end{bmatrix} = \begin{bmatrix} e^{in_s\frac{\omega}{c}l} & 0 \\ 0 & e^{in_f\frac{\omega}{c}l} \end{bmatrix} \begin{bmatrix} V_s \\ V_f \end{bmatrix} \tag{2.5-3}$$

式中，l 为波片的厚度，ω 为光束频率，$(n_{s,f}\omega l/c)$ 为二分量通过波片后的相位延迟。这两个分量通过波片后的相位延迟差(波片相位延迟)Γ 定义为

$$\Gamma = (n_s - n_f)\frac{\omega l}{c} \tag{2.5-4}$$

由于常用(波片的)晶体双折射很小，即 $|n_s - n_f| \ll n_s, n_f$，所以波片引起的光传播相位绝对变化可能是上述相位延迟的几百倍。令 φ 为平均的绝对相位变化：

$$\varphi = \frac{1}{2}(n_s + n_f)\frac{\omega l}{c} \tag{2.5-5}$$

则方程(2.5-3)可用 φ 和 Γ 表示成

$$\begin{bmatrix} V_s' \\ V_f' \end{bmatrix} = e^{i\varphi} \begin{bmatrix} e^{i\Gamma/2} & 0 \\ 0 & e^{-i\Gamma/2} \end{bmatrix} \begin{bmatrix} V_s \\ V_f \end{bmatrix} \tag{2.5-6}$$

通过坐标变换，可给出 xy 坐标系中出射光束偏振态的琼斯矢量：

$$\begin{bmatrix} V_x' \\ V_y' \end{bmatrix} = \begin{bmatrix} \cos\phi & -\sin\phi \\ \sin\phi & \cos\phi \end{bmatrix} \begin{bmatrix} V_s' \\ V_f' \end{bmatrix} \tag{2.5-7}$$

合并方程(2.5-2)、(2.5-6)和(2.5-7)，可以把由波片产生的偏振态变换写成

$$\begin{bmatrix} V'_x \\ V'_y \end{bmatrix} = \boldsymbol{R}(-\phi)\boldsymbol{W}_0\boldsymbol{R}(\phi)\begin{bmatrix} V_x \\ V_y \end{bmatrix} \tag{2.5-8}$$

式中，$\boldsymbol{R}(\phi)$是坐标旋转矩阵，$\boldsymbol{W}_0$ 是晶体 fs 坐标系中波片的琼斯矩阵，它们分别为

$$\boldsymbol{R}(\phi) = \begin{bmatrix} \cos\phi & \sin\phi \\ -\sin\phi & \cos\phi \end{bmatrix} \tag{2.5-9}$$

$$\boldsymbol{W}_0 = e^{i\varphi}\begin{bmatrix} e^{i\Gamma/2} & 0 \\ 0 & e^{-i\Gamma/2} \end{bmatrix} \tag{2.5-10}$$

如果光波通过波片产生的干涉效应不重要或不易觉察，则可将绝对相位变化因子 $e^{i\varphi}$忽略。

由上述可见，在实验室坐标系(xy)中，一块波片的传输作用可以由它的相位延迟 Γ 和它的方位角 ϕ 表征，其琼斯矩阵 $\boldsymbol{W}$ 可由下面三个矩阵之积表示：

$$\boldsymbol{W} = \boldsymbol{R}(-\phi)\boldsymbol{W}_0\boldsymbol{R}(\phi) \tag{2.5-11}$$

应当指出的是，一个波片的琼斯矩阵 $\boldsymbol{W}$ 是一个幺正矩阵，即

$$\boldsymbol{W}^+ \boldsymbol{W} = 1 \tag{2.5-12}$$

式中字母的上角号“+”代表厄密共轭。一束偏振光通过波片，在数学上被描述为一个幺正变换。包括琼斯矢量之间的正交关系以及琼斯矢量的大小在内的许多物理性质，在幺正变换下是不变的。因此，假若两束光的偏振态是相互垂直的，在通过一个任意波片后它们还是垂直的。

2）几种光学元件的琼斯矩阵和琼斯计算法

(1) 偏振器。偏振器是用于产生线偏振光的光学元件。根据上述琼斯矩阵的定义，一个透射轴与 x 实验轴平行取向的理想均匀长片状偏振器，其琼斯矩阵为

$$\boldsymbol{P}_0 = e^{i\varphi}\begin{bmatrix} 1 & 0 \\ 0 & 0 \end{bmatrix} \tag{2.5-13}$$

式中 φ 是因偏振器有限光学厚度产生的绝对相位。围绕 z 轴旋转 ϕ 角度的偏振器，其琼斯矩阵为

$$\boldsymbol{P} = \boldsymbol{R}(-\phi)\boldsymbol{P}_0\boldsymbol{R}(\phi) \tag{2.5-14}$$

因此，如果忽略绝对相位的影响，透射光在电场矢量分别与 x 轴和 y 轴平行时，偏振器的琼斯矩阵为

$$\boldsymbol{P}_x = \begin{bmatrix} 1 & 0 \\ 0 & 0 \end{bmatrix}, \quad \boldsymbol{P}_y = \begin{bmatrix} 0 & 0 \\ 0 & 1 \end{bmatrix} \tag{2.5-15}$$

(2) 半波片。半波片的相位延迟 $\Gamma=\pi$。按照(2.5-4)式，x 切割(晶片面垂直于 x 主轴)或 y 切割(晶片面垂直于 y 主轴)单轴晶体的厚度为 $l=\lambda/[2(n_e-n_o)]$（或其奇数倍）时，即可制作成一个半波片。

现在确定半波片对传输光束偏振态的作用。假定半波片的方位角为 45°，入射光束为垂直线偏振光(xy 坐标系)，则入射光束的琼斯矢量为

$$\boldsymbol{V} = \begin{bmatrix} 0 \\ 1 \end{bmatrix} \tag{2.5-16}$$

半波片的琼斯矩阵可利用(2.5-9)式、(2.5-10)式和(2.5-11)式，得到

$$\boldsymbol{W} = \frac{1}{\sqrt{2}}\begin{bmatrix} 1 & -1 \\ 1 & 1 \end{bmatrix}\begin{bmatrix} i & 0 \\ 0 & -i \end{bmatrix}\frac{1}{\sqrt{2}}\begin{bmatrix} 1 & 1 \\ -1 & 1 \end{bmatrix} = \begin{bmatrix} 0 & i \\ i & 0 \end{bmatrix} \tag{2.5-17}$$

出射光束的琼斯矢量可由(2.5－17)式和(2.5－16)式相乘得到，其结果为

$$\boldsymbol{V}' = \begin{bmatrix} \mathrm{i} \\ 0 \end{bmatrix} = \mathrm{i}\begin{bmatrix} 1 \\ 0 \end{bmatrix} \tag{2.5-18}$$

这是水平线偏振光。因此，半波片的作用是使入射光偏振面旋转了 90°。可以证明，对于一般的方位角 ϕ，半波片将使入射光偏振面旋转角度 2ϕ(见习题 2－14)。也就是说，线偏振光通过半波片后，除了偏振面旋转角度 2ϕ 外，仍保持为线偏振状态。

类似方法可以证明，入射光为圆偏振光时，半波片将使左旋圆偏振光转变成右旋圆偏振光(反之亦然)，与方位角无关。

图 2.5－2 示出了上述半波片对光束偏振态的作用。

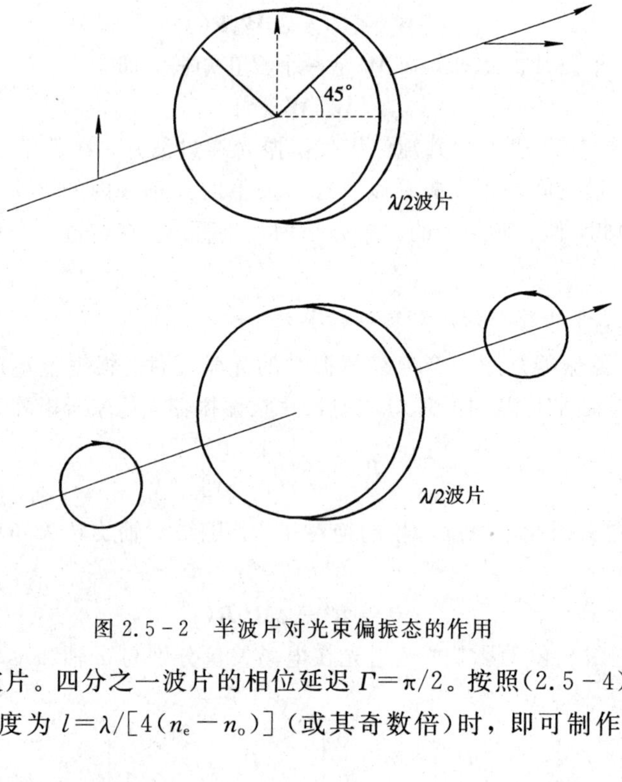

图 2.5－2　半波片对光束偏振态的作用

(3) 四分之一波片。四分之一波片的相位延迟 $\Gamma=\pi/2$。按照(2.5－4)式，x 切割(或 y 切割)单轴晶体的厚度为 $l=\lambda/[4(n_e-n_o)]$ (或其奇数倍)时，即可制作成一个四分之一波片。

现在确定四分之一波片对传输光束偏振态的作用。假定入射光束为垂直线偏振光，入射光束的琼斯矢量仍由(2.5－16)式表示；四分之一波片的方位角为 45°，利用(2.5－9)、(2.5－10)式和(2.5－11)式，其琼斯矩阵为

$$\boldsymbol{W} = \frac{1}{\sqrt{2}}\begin{bmatrix} 1 & -1 \\ 1 & 1 \end{bmatrix}\begin{bmatrix} \mathrm{e}^{\mathrm{i}\pi/4} & 0 \\ 0 & \mathrm{e}^{-\mathrm{i}\pi/4} \end{bmatrix}\frac{1}{\sqrt{2}}\begin{bmatrix} 1 & 1 \\ -1 & 1 \end{bmatrix} = \frac{1}{\sqrt{2}}\begin{bmatrix} 1 & \mathrm{i} \\ \mathrm{i} & 1 \end{bmatrix} \tag{2.5-19}$$

则出射光束的琼斯矢量可由(2.5－19)式和(2.5－16)式相乘得到，其结果为

$$\boldsymbol{V}' = \frac{1}{\sqrt{2}}\begin{bmatrix} \mathrm{i} \\ 1 \end{bmatrix} = \frac{\mathrm{i}}{\sqrt{2}}\begin{bmatrix} 1 \\ -\mathrm{i} \end{bmatrix} \tag{2.5-20}$$

这是左旋圆偏振光(注意：本节所规定的光传播方向 $\boldsymbol{k}$ 与 z 轴方向相反，因此按逆着光波传播方向判断左右旋向得到的琼斯矢量表示式与 1.2.3 节的相反)。所以，45°取向的四分之

一波片的作用是把垂直线偏振光转变成左旋圆偏振光。若入射光束是水平线偏振光，则出射光将是右旋圆偏振光。

这种四分之一波片的作用如图 2.5 - 3 所示。

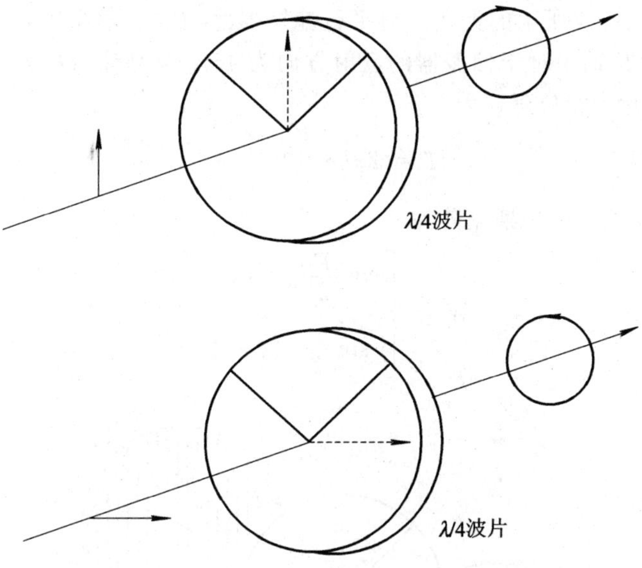

图 2.5 - 3 λ/4 波片对线偏振光偏振态的作用

2. 光强透射性的琼斯计算法

在许多有关光通过光学元件传播的实际应用中，除了涉及光束的偏振态外，还经常需要确定光的透射强度及其光谱特性。例如，经常使用的窄带滤波器只允许在很小的光谱范围内透过光辐射，而滤去其它波长的光辐射；经常利用检偏器，改变透射光束的强度。检偏器与起偏器一样，实际上也是一种偏振器，之所以区分为起偏器和检偏器是因为它们在光学系统中放置的位置不同，起的作用不同。在大多数双折射光学系统中，起偏器放在系统的前面，用以提供偏振光；检偏器则放在系统的输出处，用以分析出射光束的偏振态。因为每个波片的相位延迟与波长有关，所以其出射光的偏振态随着光的波长而变。检偏器的放置将使总透射光强与波长有关。

光束的琼斯矢量表示法除了包含有关偏振态的信息外，还包含光强的信息。对于一束通过起偏器的光，其电场矢量可写成琼斯矢量形式：

$$\boldsymbol{E} = \begin{bmatrix} E_x \\ E_y \end{bmatrix} \tag{2.5-21}$$

强度可按下式计算：

$$I = \boldsymbol{E}^{+} \cdot \boldsymbol{E} = |E_x|^2 + |E_y|^2 \tag{2.5-22}$$

式中字母上角“+”号代表厄密共轭。若将通过检偏器后的出射光琼斯矢量写成

$$\boldsymbol{E}' = \begin{bmatrix} E'_x \\ E'_y \end{bmatrix} \tag{2.5-23}$$

则双折射光学系统的透射率按下式计算：

$$T=\frac{|E_x'|^2+|E_y'|^2}{|E_x|^2+|E_y|^2} \tag{2.5-24}$$

1）夹在平行偏振器之间的双折射片偏光干涉系统的透射率

现在考虑图 2.5-4 所示的夹在一对平行偏振器之间的单轴晶体双折射片。此片的取向是使"慢"轴和"快"轴相对于偏振器的透射方向为 45°。令晶体双折射为 n_e-n_o，片子厚度为 d，则双折射片的相位延迟为

$$\Gamma=2\pi(n_e-n_o)\frac{d}{\lambda} \tag{2.5-25}$$

按照(2.5-11)式，相应的琼斯矩阵为

$$W=\begin{bmatrix}\cos\dfrac{\Gamma}{2} & \mathrm{i}\sin\dfrac{\Gamma}{2}\\ \mathrm{i}\sin\dfrac{\Gamma}{2} & \cos\dfrac{\Gamma}{2}\end{bmatrix} \tag{2.5-26}$$

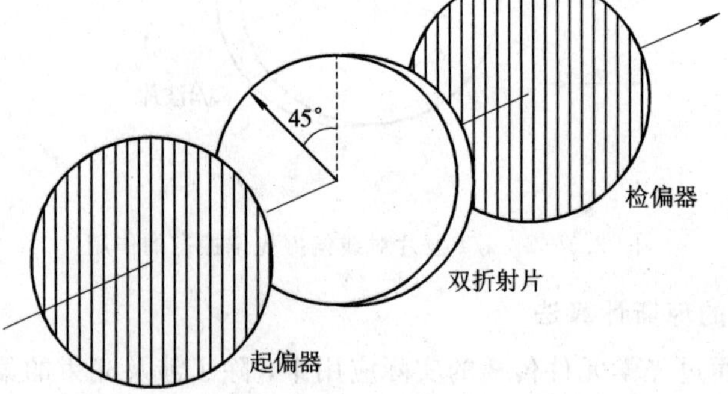

图 2.5-4 夹在一对平行偏振器之间的双折射片

假定入射光束是非偏振光，它通过起偏器后，其电场矢量可由下面的琼斯矢量表示：

$$\frac{1}{\sqrt{2}}\begin{bmatrix}0\\1\end{bmatrix} \tag{2.5-27}$$

这里已经假定，入射光束的强度为 1，因此只有一半的光强通过起偏器。于是，总透射光束电场矢量可由下列琼斯矢量表示：

$$\boldsymbol{E}'=\begin{bmatrix}0 & 0\\0 & 1\end{bmatrix}\begin{bmatrix}\cos\dfrac{\Gamma}{2} & \mathrm{i}\sin\dfrac{\Gamma}{2}\\ \mathrm{i}\sin\dfrac{\Gamma}{2} & \cos\dfrac{\Gamma}{2}\end{bmatrix}\frac{1}{\sqrt{2}}\begin{bmatrix}0\\1\end{bmatrix}$$

$$=\frac{1}{\sqrt{2}}\begin{bmatrix}0\\ \cos\dfrac{\Gamma}{2}\end{bmatrix} \tag{2.5-28}$$

故透射光束是垂直(y 轴向)偏振的，其强度为

$$I=\frac{1}{2}\cos^2\frac{\Gamma}{2}=\frac{1}{2}\cos^2\left[\frac{\pi(n_e-n_o)d}{\lambda}\right] \tag{2.5-29}$$

由(2.5-29)式可见，透射光强是波数的正弦函数，其透射光谱峰值发生在 $\lambda=(n_e-n_o)d$，$(n_e-n_o)d/2$，$(n_e-n_o)d/3$，…处，相应于双折射片为全波片，其波片相位延迟为 2π，4π，6π，…。透射最大值之间的波数间隔随片子厚度的减小而增加。

2) 夹在正交偏振器之间的双折射片偏光干涉系统的透射率

若把图 2.5-4 所示的检偏器旋转 90°，则起偏器和检偏器正交。在这种情况下，透射光束的电场矢量为

$$\boldsymbol{E}'=\begin{pmatrix}1 & 0\\ 0 & 0\end{pmatrix}\begin{pmatrix}\cos\dfrac{\Gamma}{2} & \mathrm{i}\sin\dfrac{\Gamma}{2}\\ \mathrm{i}\sin\dfrac{\Gamma}{2} & \cos\dfrac{\Gamma}{2}\end{pmatrix}\frac{1}{\sqrt{2}}\begin{pmatrix}0\\ 1\end{pmatrix}=\frac{\mathrm{i}}{\sqrt{2}}\begin{pmatrix}\sin\dfrac{\Gamma}{2}\\ 0\end{pmatrix} \tag{2.5-30}$$

透射光束是水平(x 轴向)线偏振光，其强度为

$$I=\frac{1}{2}\sin^2\frac{\Gamma}{2}=\frac{1}{2}\sin^2\left[\frac{\pi(n_e-n_o)d}{\lambda}\right] \tag{2.5-31}$$

因此，透射光强也是波数的正弦函数，其透射光谱由 $\lambda=2(n_e-n_o)d$，$2(n_e-n_o)d/3$，…处一系列最大值组成。这些波长相应于波片相位延迟为 π，3π，…，即相应于波片为半波片或半波片的奇整数倍的情况。

2.5.2 双折射光学系统的琼斯计算法

1. 偏振干涉滤波器

偏振干涉滤波器是基于偏振光干涉效应的滤波器。这种滤波器多用于需要具有大视场或调谐能力的极窄带宽滤波器的光学系统中。例如在太阳物理中，借助 H_α(λ=0.6563 μm)线对日冕照相，可测量氢的分布。考虑到其邻近波长上存在大量的光，若要获得合理的蜕变，就需要极窄的带宽(0.1 nm)滤波器。偏振干涉滤波器是由双折射晶片(波片)和偏振器组成的。当光通过晶片时，平行于晶体快轴和慢轴偏振的光分量之间有一定的相位延迟差，因为该相位延迟差正比于晶体的双折射，所以制作滤波器最好用双折射(n_e-n_o)大的晶体。目前，最常用的材料是石英、方解石和 KDP 等。

下面，利用琼斯计算法讨论一种偏振干涉滤波器——Šolc 滤波器[14]的透射特性。Šolc 滤波器是由许多放在一对偏振器之间的相同双折射片组成的，其中每个双折射片按规定的由起偏器透射轴量度的方位角取向。这种滤波器在许多近代光学器件(如电-光可调谐滤波器[15, 16]和广视场窄带滤波器)中，起着重要作用。Šolc 滤波器有两种类型：折叠式滤波器和扇形滤波器。

1) 折叠式 Šolc 滤波器

(1) 折叠式 Šolc 滤波器的透射率。折叠式 Šolc 滤波器是在正交偏振器之间工作的，各个片子的方位角按表 2.5-1 规定。图 2.5-5 示出了六级折叠式 Šolc 滤波器的几何排列，起偏器的透射轴平行于 x 轴，检偏器的透射轴平行于 y 轴。这样的 N 个片子的总琼斯矩阵为

$$\boldsymbol{M}=[\boldsymbol{R}(\rho)\boldsymbol{W}_0\boldsymbol{R}(-\rho)\boldsymbol{R}(-\rho)\boldsymbol{W}_0\boldsymbol{R}(\rho)]^m \tag{2.5-32}$$

式中，假定片子数是偶数，$N=2m$。把(2.5-9)式和(2.5-10)式关系代入(2.5-32)式，并进行矩阵乘法，得到

$$\boldsymbol{M}=\begin{bmatrix} A & B \\ C & D \end{bmatrix}^m \tag{2.5-33}$$

式中，

$$\left.\begin{aligned} A &= \left(\cos\frac{\Gamma}{2}+\mathrm{i}\cos2\rho\sin\frac{\Gamma}{2}\right)^2+\sin^2 2\rho\sin^2\frac{\Gamma}{2} \\ B &= \sin4\rho\sin^2\frac{\Gamma}{2} \\ C &= -B \\ D &= \left(\cos\frac{\Gamma}{2}-\mathrm{i}\cos2\rho\sin\frac{\Gamma}{2}\right)^2+\sin^2 2\rho\sin^2\frac{\Gamma}{2} \end{aligned}\right\} \tag{2.5-34}$$

其中Γ是每个片子的相位延迟。

表 2.5-1　折叠式 Šolc 滤波器

元　件	方 位 角
前偏振片	0°
片 1	ρ
片 2	$-\rho$
片 3	ρ
⋮	⋮
片 N	$(-1)^{N-1}\rho$
后偏振片	90°

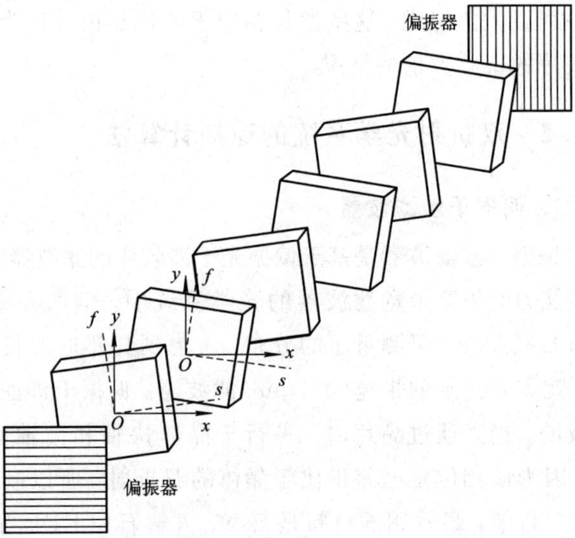

图 2.5-5　六级折叠式 Šolc 滤波器

应当指出，(2.5-33)式矩阵是幺模的(即$AD-BC=1$)，这是因为(2.5-32)式中所有矩阵都是幺模的。利用切比雪夫(Chebyshev)等式[17]可以把(2.5-33)式简化成

$$\begin{bmatrix} A & B \\ C & D \end{bmatrix}^m=\begin{bmatrix} \dfrac{A\sin mK\Lambda-\sin(m-1)K\Lambda}{\sin K\Lambda} & B\dfrac{\sin mK\Lambda}{\sin K\Lambda} \\ C\dfrac{\sin mK\Lambda}{\sin K\Lambda} & \dfrac{D\sin mK\Lambda-\sin(m-1)K\Lambda}{\sin K\Lambda} \end{bmatrix} \tag{2.5-35}$$

其中

$$K\Lambda=\arccos\left[\frac{1}{2}(A+D)\right] \tag{2.5-36}$$

这里使用了符号 $K\Lambda$，是为了把这里得到的结果与以后利用耦合模理论得到的结果(见 3.1.3 节)进行比较。

据此，折叠式 Šolc 滤波器入射光波与出射光波的关系为

$$\begin{bmatrix} E'_x \\ E'_y \end{bmatrix} = P_y \boldsymbol{M} P_x \begin{bmatrix} E_x \\ E_y \end{bmatrix} \tag{2.5-37}$$

出射光束在 y 方向偏振，其场振幅为

$$E'_y = M_{21} E_x \tag{2.5-38}$$

若入射光是 x 方向的线偏振光，则这个滤波器的透射率为

$$T = | M_{21} |^2 \tag{2.5-39}$$

由(2.5-33)式和(2.5-34)式，可得

$$T = \left| \sin 4\rho \sin^2 \frac{\Gamma}{2} \frac{\sin mK\Lambda}{\sin K\Lambda} \right|^2 \tag{2.5-40}$$

其中

$$\cos K\Lambda = 1 - 2\cos^2 2\rho \sin^2 \frac{\Gamma}{2} \tag{2.5-41}$$

通常，透射率 T 用下面定义的新变量 χ 表示：

$$K\Lambda = \pi - 2\chi \tag{2.5-42}$$

利用这个新变量 χ 后，透射率 T 可表示为

$$T = \left| \tan 2\rho \cos \chi \frac{\sin N\chi}{\sin \chi} \right|^2 \tag{2.5-43}$$

其中

$$\cos \chi = \cos 2\rho \sin \frac{\Gamma}{2} \tag{2.5-44}$$

按照(2.5-43)式和(2.5-44)式，当每个片子的相位延迟为 $\Gamma=\pi$，3π，5π，…，即每个片子均为半波片时，透射率变成 $T=\sin^2 2N\rho$。又假若方位角 ρ 为

$$\rho = \frac{\pi}{4N} \tag{2.5-45}$$

则透射率为 100%。如果考察 Šolc 滤波器内每个片子后面光的偏振态，并且考虑到光通过半波片($\Gamma=\pi$，3π，5π，…)时，其偏振矢量和晶体快(或慢)轴之间的方位角变号，就可以很容易地理解这些条件下的透射率。假定经过起偏器后，光是在 x 方向的线偏振光(方位角 $\phi=0$)，则因为第一个片子在方位角 ρ 处，所以通过第一个片子后的出射光是处在 $\phi=2\rho$ 的线偏振光；第二个片子以方位角 $-\rho$ 取向，相对于入射在它上面的光的偏振方向形成 3ρ 的角度，在其输出面的偏振方向将旋转 6ρ，并以方位角 -4ρ 取向(见图 2.5-6)。于是，这些片子依次按 $+\rho$、$-\rho$、$+\rho$、$-\rho$、……取向，其出射处光的偏振方向分别呈现 2ρ、-4ρ、6ρ、-8ρ、……值，因此经过 N 个片子后，最终的方位角为 $2N\rho$。假若最终这个方位角是 90°(即 $2N\rho=\pi/2$)，则光将通过检偏器，且没有任何强度损失。改变入射光波长时，由于这些片子不再是半波片，因此光不经历 90°的偏振旋转，并在检偏器中遭受损失。

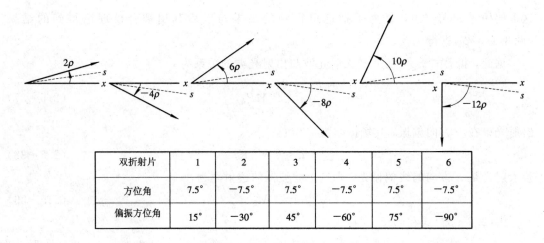

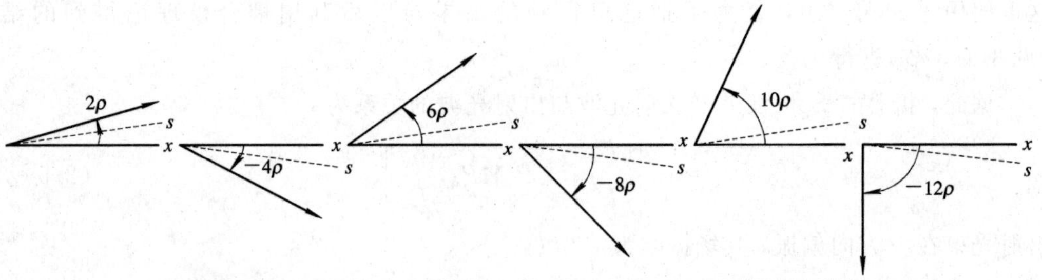

双折射片	1	2	3	4	5	6
方位角	7.5°	−7.5°	7.5°	−7.5°	7.5°	−7.5°
偏振方位角	15°	−30°	45°	−60°	75°	−90°

图 2.5-6　六线折叠式 Šolc 滤波器内的偏振态（虚线代表慢轴方向，箭头代表偏振方向）

就光波的传播而论，Šolc 滤波器也可以看成是一种周期性介质，晶轴的交变方位角对两种本征光波的传播构成了周期性的微扰，使得快、慢本征光波之间产生了耦合。利用耦合模理论讨论这种周期性微扰，可以证明在满足相位匹配条件时，形成电磁能的完全交换。有关 Šolc 滤波器的耦合模理论，将在第三章讨论。

(2) 折叠式 Šolc 滤波器的透射光谱特性。假设每个片子的主折射率为 n_e 和 n_o，厚度为 d，相应于波片相位延迟为 $(2\nu+1)\pi$ 的波长是 λ_ν，而对于一般波长 λ 的波片相位延迟为

$$\Gamma = \frac{2\pi}{\lambda}(n_e - n_o)d \tag{2.5-46}$$

若 $|\lambda-\lambda_\nu| \ll \lambda_\nu$，$\Gamma$ 可近似为

$$\Gamma = (2\nu + 1)\pi + \Delta\Gamma \tag{2.5-47}$$

式中

$$\Delta\Gamma = -\frac{(2\nu+1)\pi}{\lambda_\nu}(\lambda - \lambda_\nu) \tag{2.5-48}$$

进一步假定片子的方位角满足(2.5-45)式的条件要求，N 比 1 大得多，则(2.5-44)式中的三角函数可以展开，得

$$\chi \approx \frac{\pi}{2N}\left[1 + \left(\frac{N\Delta\Gamma}{\pi}\right)^2\right]^{1/2} \tag{2.5-49}$$

将该 χ 代入(2.5-43)式，可得

$$T = \left[\frac{\sin\left(\frac{1}{2}\pi\sqrt{1+(N\Delta\Gamma/\pi)^2}\right)}{\sqrt{1+(N\Delta\Gamma/\pi)^2}}\right]^2 \tag{2.5-50}$$

只要 $N \gg 1$ 和 $|\lambda-\lambda_\nu| \ll \lambda_\nu$，透射率的上述近似关系式就成立。由(2.5-50)式可知，Šolc 滤波器透射主峰的半极大值处全宽度(FWHM)近似由 $\Delta\Gamma_{1/2} = 1.60\pi/N$ 给出，若用波长表示，它为

$$\Delta\lambda_{1/2} \approx 1.60\left[\frac{\lambda_\nu}{(2\nu+1)N}\right] \tag{2.5-51}$$

可见，带宽与片子总数成反比。因此，为了制成一个观察 H_α 线($\lambda_0 = 0.6563\ \mu$m)、带宽为 0.1 nm 的窄带 Šolc 滤波器，需要的半波($\nu=0$)片数约为 10^4，透射光谱在 λ_0 处有一个主

峰，附近有一系列旁瓣。按照(2.5-50)式，这些透射次峰大约出现在

$$\sqrt{1+\left(\frac{N\Delta\Gamma}{\pi}\right)^2}\approx 2l+1 \qquad l=1,2,3,\cdots \tag{2.5-52}$$

其透射率为

$$T\approx\frac{1}{(2l+1)^2} \tag{2.5-53}$$

计算得到的透射光谱如图 2.5-7 所示。

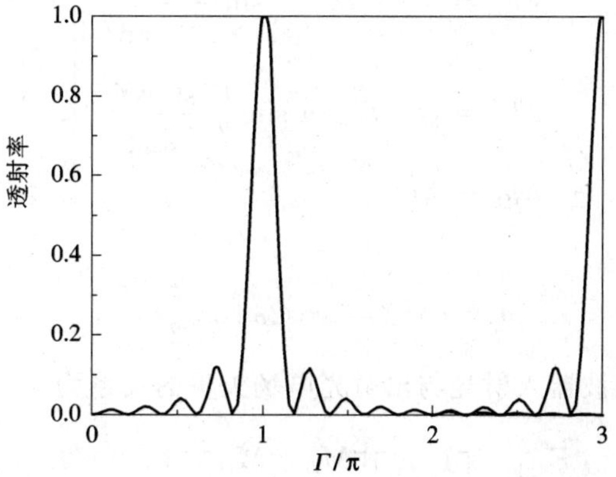

图 2.5-7 折叠式 Šolc 滤波器的计算透射光谱

2）扇形 Šolc 滤波器

扇形 Šolc 滤波器也是由一系列相同的双折射片组成的，每个片子以表 2.5-2 所规定的方位角取向，图 2.5-8 画出了它的几何排列示意图。根据琼斯矩阵法，这些片子的总矩阵为

$$\begin{aligned}\boldsymbol{M}&=\boldsymbol{R}\left(-\frac{\pi}{2}+\rho\right)\boldsymbol{W}_0\boldsymbol{R}\left(\frac{\pi}{2}-\rho\right)\cdots\\&\quad\times\boldsymbol{R}(-5\rho)\boldsymbol{W}_0\boldsymbol{R}(5\rho)\boldsymbol{R}(-3\rho)\boldsymbol{W}_0\boldsymbol{R}(3\rho)\boldsymbol{R}(-\rho)\boldsymbol{W}_0\boldsymbol{R}(\rho)\\&=\boldsymbol{R}\left(-\frac{\pi}{2}+\rho\right)[\boldsymbol{W}_0\boldsymbol{R}(2\rho)]^N\boldsymbol{R}(-\rho)\end{aligned} \tag{2.5-54}$$

表 2.5-2 扇形 Šolc 滤波器

元 件	方 位 角
前偏振片	0°
片 1	ρ
片 2	3ρ
片 3	5ρ
⋮	⋮
片 N	$(2N-1)\rho=\frac{\pi}{2}-\rho$
后偏振片	0°

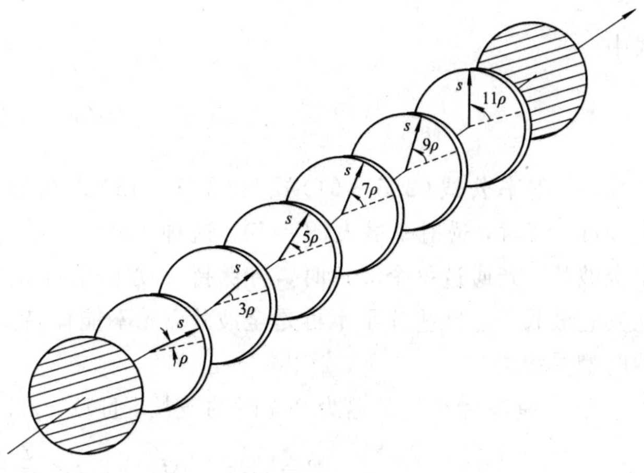

图 2.5-8 六级扇形 Šolc 滤波器

式中对旋转矩阵采用了下面的等式关系：

$$\boldsymbol{R}(\rho_1)\boldsymbol{R}(\rho_2)=\boldsymbol{R}(\rho_1+\rho_2) \tag{2.5-55}$$

注意，在(2.5－54)式乘积中，最后的片子总是首先出现。利用切比雪夫等式(2.5－35)式，并进行(2.5－54)式的矩阵相乘，可得总琼斯矩阵(不包括偏振器)的分量为

$$\left.\begin{aligned} M_{11}&=\sin2\rho\cos\frac{\Gamma}{2}\frac{\sin N\chi}{\sin\chi}\\ M_{12}&=-\cos N\chi+\mathrm{i}\sin\frac{\Gamma}{2}\frac{\sin N\chi}{\sin\chi}\\ M_{21}&=\cos N\chi+\mathrm{i}\sin\frac{\Gamma}{2}\frac{\sin N\chi}{\sin\chi}\\ M_{22}&=M_{11}\end{aligned}\right\} \tag{2.5-56}$$

其中

$$\cos\chi=\cos2\rho\cos\frac{\Gamma}{2} \tag{2.5-57}$$

因此，扇形Šolc滤波器入射光与出射光电场矢量的关系为

$$\begin{bmatrix}E_x'\\E_y'\end{bmatrix}=\begin{bmatrix}1&0\\0&0\end{bmatrix}\begin{bmatrix}M_{11}&M_{12}\\M_{21}&M_{22}\end{bmatrix}\begin{bmatrix}1&0\\0&0\end{bmatrix}\begin{bmatrix}E_x\\E_y\end{bmatrix} \tag{2.5-58}$$

出射光束是水平(x轴向)偏振的，其振幅为

$$E_x'=M_{11}E_x \tag{2.5-59}$$

若入射光是x方向的线偏振光，则其透射率为

$$T=|\,M_{11}\,|^2 \tag{2.5-60}$$

由(2.5－56)式，可得透射率表示式如下：

$$T=\left|\tan2\rho\cos\chi\frac{\sin N\chi}{\sin\chi}\right|^2 \tag{2.5-61}$$

式中

$$\cos\chi=\cos2\rho\cos\frac{\Gamma}{2} \tag{2.5-62}$$

注意，透射率公式(2.5－61)式与(2.5－43)式在形式上相同。当$\Gamma=0$，2π，4π，…和$\rho=\pi/(4N)$时，透射率最大($T=1$)。这种100%的透射是由于在这些波长下，所有片子都是全波片。光通过每个波片时，将保持x方向的线偏振状态，且通过检偏器时没有损失。在其它波长下，这些片子不再是全波片，光不能保持x方向的线偏振状态，且在通过检偏器时遭受损失。

令λ_ν是波片相位延迟为$2\nu\pi$时的波长，且$|\lambda-\lambda_\nu|\ll\lambda_\nu$，则$\Gamma$可近似表示为

$$\Gamma=2\nu\pi+\Delta\Gamma=2\nu\pi-\frac{2\nu\pi}{\lambda_\nu}(\lambda-\lambda_\nu) \tag{2.5-63}$$

式中，$\nu=1$，2，3，…。对于$\nu=0$的情况，只出现在某一特殊波长λ_0下双折射为零的场合。

这种特殊情况在大角度窄带滤波器中有重要的应用，值得特别注意(见习题 2-21)。如果进一步假定 N 比 1 大得多，并仿照(2.5-49)式的办法，可得如下透射率的近似表示式：

$$T = \left(\frac{\sin \frac{1}{2}\pi \sqrt{1+(N\Delta\Gamma/\pi)^2}}{\sqrt{1+(N\Delta\Gamma/\pi)^2}}\right)^2 \tag{2.5-64}$$

该式与(2.5-50)式等同。透射最大值的 FWHM 所对应的 $\Delta\lambda_{1/2}$ 近似为

$$\Delta\lambda_{1/2} \approx 1.60 \frac{\lambda_\nu}{2\nu N} \qquad \nu = 1, 2, 3, \cdots \tag{2.5-65}$$

扇形 Šolc 滤波器的透射光谱，除了曲线移动 $\Gamma=\pi$ 外，与折叠式 Šolc 滤波器的透射光谱等同。其计算透射光谱如图 2.5-9 所示。

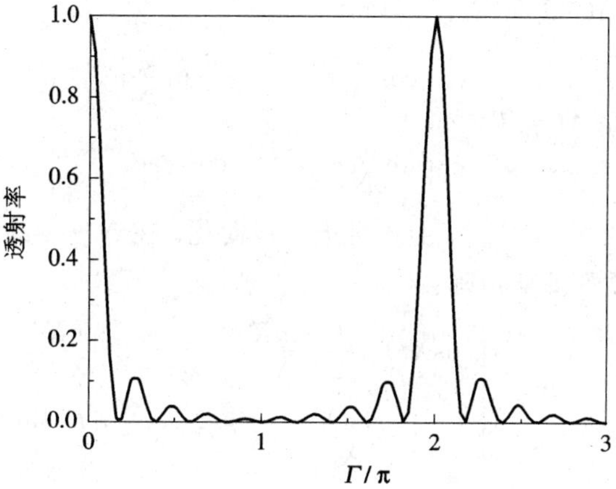

图 2.5-9 扇形 Šolc 滤波器的计算透射光谱

2. 扭曲各向异性介质中光的传播

这一节中，将采用琼斯计算法讨论光通过慢扭曲各向异性介质的传播。这种情况的典型例子是光通过扭曲向列型液晶的传播。这种介质类似于片子数(N)趋于无穷大、片子厚度随 $1/N$ 趋于零的扇形 Šolc 滤波器结构。如果把扭曲各向异性介质细分成 N 片，每片都是具有相位延迟和方位角的波片，则将与这些片子相应的所有矩阵彼此相乘，就可得到总琼斯矩阵。

假定介质的扭曲是线性的，轴的方位角为

$$\phi(z) = \alpha z \tag{2.5-66}$$

其中 z 是传播方向的距离，α 是常数。令 Γ 为片子未被扭曲时的相位延迟，则对于光轴平行于片子表面的向列型液晶，Γ 为

$$\Gamma = \frac{2\pi}{\lambda}(n_e - n_o)l \tag{2.5-67}$$

式中 l 是片子的厚度。总扭曲角为

$$\varphi \equiv \phi(l) = \alpha l \tag{2.5-68}$$

为了推导这种结构的琼斯矩阵，需要把该片分成 N 个同样厚度的片子，每个片子的相

位延迟为Γ/N，以方位角ρ、2ρ、3ρ、……、$(N-1)\rho$、$N\rho$取向，$\rho=\varphi/N$。则这N个片子的总琼斯矩阵为

$$\boldsymbol{M}=\prod_{m=1}^{N}\boldsymbol{R}(m\rho)\boldsymbol{W}_0\boldsymbol{R}(-m\rho) \tag{2.5-69}$$

应当注意，在进行上面矩阵相乘时，$m=1$出现在右边末尾。仿照(2.5-55)式的办法，此矩阵可写成

$$\boldsymbol{M}=\boldsymbol{R}(\varphi)\left[\boldsymbol{W}_0\boldsymbol{R}\left(-\frac{\varphi}{N}\right)\right]^N \tag{2.5-70}$$

其中

$$\boldsymbol{W}_0=\begin{pmatrix} e^{i\Gamma/2N} & 0 \\ 0 & e^{-i\Gamma/2N} \end{pmatrix} \tag{2.5-71}$$

利用(2.5-9)、(2.5-10)式和(2.5-71)式，得到

$$\boldsymbol{M}=\boldsymbol{R}(\varphi)\begin{pmatrix} \cos\frac{\varphi}{N}e^{i\Gamma/2N} & -\sin\frac{\varphi}{N}e^{i\Gamma/2N} \\ \sin\frac{\varphi}{N}e^{-i\Gamma/2N} & \cos\frac{\varphi}{N}e^{-i\Gamma/2N} \end{pmatrix}^N \tag{2.5-72}$$

再利用切比雪夫等式(2.5-35)式，上式可进一步简化。在$N\to\infty$的极限情况下，可以得到线性扭曲各向异性介质的琼斯矩阵：

$$\boldsymbol{M}=\boldsymbol{R}(\varphi)\begin{pmatrix} \cos X+i\frac{\Gamma}{2}\frac{\sin X}{X} & -\varphi\frac{\sin X}{X} \\ \varphi\frac{\sin X}{X} & \cos X-i\frac{\Gamma}{2}\frac{\sin X}{X} \end{pmatrix} \tag{2.5-73}$$

式中

$$X=\sqrt{\varphi^2+\left(\frac{\Gamma}{2}\right)^2} \tag{2.5-74}$$

令$\boldsymbol{V}$为入射光的偏振态，则离开这些片子后出射光的偏振态$\boldsymbol{V}'$可写成

$$\boldsymbol{V}'=\boldsymbol{MV} \tag{2.5-75}$$

3. 非涅耳反射的影响

在上述琼斯计算法中，忽略了光在波片表面上的反射。实际上，这些表面的反射将减少电磁能的透过量。特别是如果波片表面是光学平面，则由于干涉效应，可导致透射率随着光程长度的变化而减少或增加。

精确的电磁理论方法给出了包括反射波产生干涉效应在内的双折射滤波器的精确透射谱。这种方法牵涉到使用4×4矩阵法[18-20]，在数学上光波用入射波和反射波的复振幅组成的列矢量表示，每个波有一个慢分量和一个快分量。图2.5-10示出了这种精确的4×4矩阵法计算出的Šolc滤波器的透射谱，表明了由于干涉效应产生的精细结构。实际上，只要双折射晶片较薄且是光学平面，这种精细结构通过实验就可以观察到。这种精确计算法也预期了超精细结构的存在，它源于大量晶体(而不是各个波片)的法布里-珀罗干涉条纹。这种超精细结构已超出图2.5-10所示标度下标绘器的分辨率极限。

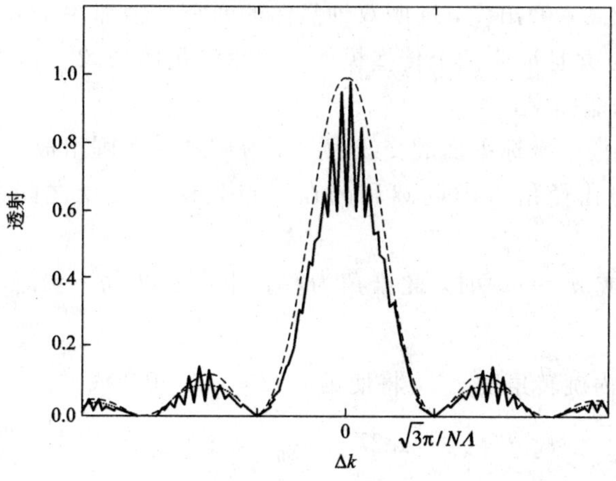

图 2.5-10　Šolc 滤波器的透射谱：耦合模理论(短划曲线)，琼斯计算法(点曲线)和精确的 4×4 矩阵法(实曲线)

习　题　二

2-1　由基本方程(2.2-7)出发，推导出沿任一方向 $\boldsymbol{k}$ 传播的本征电场矢量 $\boldsymbol{E}$ 的偏振方向表达式

$$\begin{pmatrix} \dfrac{k_{0x}}{n^2-\varepsilon_x/\varepsilon_0} \\ \dfrac{k_{0y}}{n^2-\varepsilon_y/\varepsilon_0} \\ \dfrac{k_{0z}}{n^2-\varepsilon_z/\varepsilon_0} \end{pmatrix}$$

利用关系式(2.1-1)，推导出本征电位移矢量 $\boldsymbol{D}$ 的偏振方向表达式。

2-2　令 n_1 和 n_2 为菲涅耳方程(2.2-9)的解，$\boldsymbol{E}_1$，$\boldsymbol{E}_2$，$\boldsymbol{D}_1$，$\boldsymbol{D}_2$ 为相应的本征场矢量。计算 $\boldsymbol{E}_1\cdot\boldsymbol{E}_2$ 和 $\boldsymbol{D}_1\cdot\boldsymbol{D}_2$，并证明 $\boldsymbol{D}_1$ 和 $\boldsymbol{D}_2$ 总是正交的，而 $\boldsymbol{E}_1$ 和 $\boldsymbol{E}_2$ 在单轴晶体或各向同性介质中才正交；证明 $\boldsymbol{E}_1\cdot\boldsymbol{D}_2=0$ 和 $\boldsymbol{E}_2\cdot\boldsymbol{D}_1=0$。

2-3　由麦克斯韦方程(2.2-58)、(2.2-59)出发，证明(2.2-69)式也适用于场的复振幅 $\boldsymbol{E}$ 和 $\boldsymbol{H}$ 的情况。

2-4　由基本方程(2.2-7)出发，推导出单轴晶体中，相应于任意传播方向 $\boldsymbol{k}_0$ 的寻常光和非常光的振动方向、折射率关系式。

2-5　单轴晶体中，

(1) 推导非常光的群速度随传播方向极角 θ 变化的表达式。

(2) 推导非常光的群速度和相速度之间夹角 α 的表达式(2.2-39)。此角也是场矢量 $\boldsymbol{E}$ 和 $\boldsymbol{D}$ 之间的夹角。

(3) 找出 α 达到最大时的角度 θ，并给出 $\alpha_{\max}$ 的表达式。计算石英晶体($n_o=1.544$，$n_e=1.553$)的 $\alpha_{\max}$。

(4) 证明 $n_o\approx n_e$ 时，$\alpha_{\max}$ 出现在 $\theta=45°$，并证明 $\alpha_{\max}$ 与 $|n_o-n_e|$ 成正比。

2-6　由方程(2.2-9)出发，证明双轴晶体的两个光轴都在 xOz 平面内，与 z 轴的夹角满足(2.2-47)式。并且证明两个传播模的折射率满足的(2.2-48)式。

2-7　证明双轴晶体中，

(1) 波法线面与任一坐标平面的交线由一个椭圆和一个圆组成。

(2) 锥形折射的孔径角可由椭圆和圆在交点处法线矢量之间的夹角来估算。推导(2.2-110)式。

(3) 当 $n_x=n_y$(或 $n_y=n_z$)时，此锥角为零。计算云母($n_x=1.552$，$n_y=1.582$，$n_z=1.588$)的这个锥角。

(4) 在 $\xi'\zeta'$ 平面内旋转角度 $\pm\chi$，将使锥(2.2-111)式变成

$$\left(\zeta''\pm\frac{1}{2}\xi''\tan2\chi\right)^2+\eta^2=\left(\frac{1}{2}\xi''\tan2\chi\right)^2$$

证明这个锥与 $\xi''=$常数的平面相交是一个圆。

2-8　设计如题 2-8 图所示的格兰棱镜。若棱镜由方解石晶体($n_o=1.658$，$n_e=1.486$)制成，试确定棱镜顶角 α 的范围。

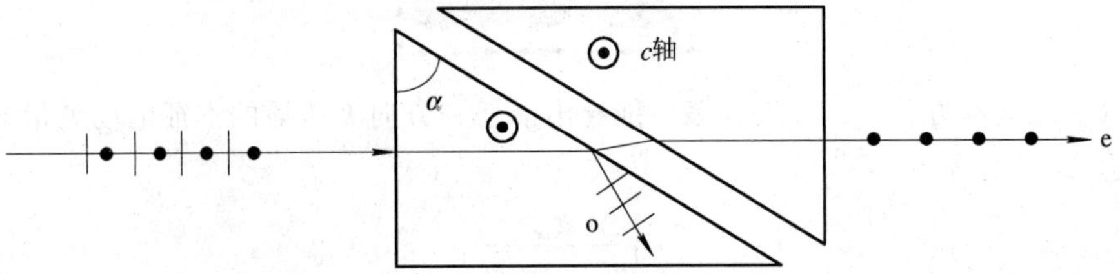

题 2-8 图

2-9　设正入射的线偏振光振动方向与半波片的快、慢轴成45°角，试求输出面上的偏振状态。分别画出在半波片中距离入射表面为：① 0，② $d/4$，③ $d/2$，④ $3d/4$，⑤ d 的各点处，两偏振光叠加后的振动形式。

2-10　设正入射的线偏振光振动方向与 $\lambda/4$ 波片的快、慢轴成45°角，试求输出面上的偏振状态。分别画出 $\lambda/4$ 波片的输出面上，电场矢量在 $t=0$，$\pi/6\omega$，$\pi/3\omega$，$\pi/2\omega$，$2\pi/3\omega$，$5\pi/6\omega$ 时的相对位置。

2-11　二向色起偏器材料的吸收性质与电场的振动方向密切相关，α_1 和 α_2 为两独立偏振光的吸收系数。试推导两个透射分量之比随介质厚度变化的表达式。

2-12　在旋光介质中，由方程(2.3-23)出发，

(1) 推导方程(2.3-26)和(2.3-28)式。

(2) 证明琼斯矢量(2.3-29)满足矢量方程(2.3-26)。

(3) 证明琼斯矢量(2.3-29)是正交的，即 $\boldsymbol{J}_+^*\cdot\boldsymbol{J}_-=0$

(4) 令 $e_\pm$ 为两个本征模的偏振度，证明 $e_+e_-=-1$。

2-13　(1) 证明传播方向的功率通量为

$$\boldsymbol{S}\cdot\boldsymbol{k}_0=\frac{1}{2}\frac{c}{\varepsilon_0}\left[\frac{1}{n_1^3}\mid\boldsymbol{D}_1\mid^2+\frac{1}{n_2^3}\mid\boldsymbol{D}_2\mid^2\right]$$

式中 $\boldsymbol{D}_1$ 和 $\boldsymbol{D}_2$ 为本征模电位移矢量，n_1 和 n_2 为相应的折射率。

(2) 利用方程(2.2-7)证明

$$\boldsymbol{S}\cdot\boldsymbol{k}_0=\frac{1}{2\mu_0 c}[n_1\mid\boldsymbol{A}_1\mid^2+n_2\mid\boldsymbol{A}_2\mid^2]$$

式中 $\boldsymbol{A}_1$ 和 $\boldsymbol{A}_2$ 为电场矢量的横向分量。

(3) 证明耦合方程(2.4-7)与功率通量守恒一致，即

$$\frac{\mathrm{d}}{\mathrm{d}\zeta}[n_1\mid A_1\mid^2+n_2\mid A_2\mid^2]=0$$

(4) 证明(2.4-10)式的模振幅结果与(3)一致。

2-14 假设半波片取向的方位角(即 x 轴与片子慢轴之间的夹角)为 ϕ，

(1) 试确定一 y 方向振动的入射光，其透射光束的偏振态。

(2) 证明半波片将右旋圆偏振光变成左旋圆偏振光(反之亦然)，与片子的方位角无关。

(3) 钽酸锂在 $\lambda=1\ \mu$m 时，主折射率 $n_o=2.1391$，$n_e=2.1432$。求在此波长下的半波片厚度。假定片子表面垂直于 x 轴(即 x-切)。

2-15 假设 $\lambda/4$ 波片取向的方位角为 ϕ，

(1) 确定一 y 方向振动入射光的透射光束偏振态。

(2) 若所得偏振态用复平面上的复数表示，证明这些点随 ϕ 从 0 变到 $\pi/2$ 的轨迹是双曲线的一个分支，并得出双曲线方程。

(3) 石英(α-SiO_2)在 $\lambda=1.1592\ \mu$m 时，$n_o=1.532\,83$，$n_e=1.541\,52$。求出此波长下 x-切的石英 $\lambda/4$ 波片厚度。

2-16 一个波片是由其相位延迟 Γ 和方位角 ϕ 表征的。

(1) 确定一 x 方向振动入射光的透射光束偏振态，并用复数表示。

(2) x 偏振入射光的偏振态由复平面原点处的一点表示。证明：只要 Γ 能从 0 变到 2π，ϕ 能从 0 变到 $\pi/2$，则由波片变换的偏振态可以在复平面上的任何地方，即波片可将线偏振光变成任何偏振态。

(3) 证明波片从 $\phi=0$ 旋转到 $\phi=\pi/2$ 时，所得到复平面内这些点的轨迹是双曲线。推导此双曲线方程。

(4) 证明波片的琼斯矩阵 $\boldsymbol{W}$ 是幺正的，即 $\boldsymbol{W}^+\boldsymbol{W}=1$，式中“+”号代表厄密共轭。

2-17 一理想偏振器可看做是作用于入射偏振态、沿偏振器透射轴画偏振矢量的投影算符。

(1) 若忽略(2.5-13)式中的绝对相位因子，证明

$$\boldsymbol{P}_0^2=\boldsymbol{P}_0 \qquad 和 \qquad \boldsymbol{P}^2=\boldsymbol{P}$$

满足这些条件的算符称为投影算符。

(2) 证明光束通过偏振器后的振幅为 $\boldsymbol{P}(\boldsymbol{P}\cdot\boldsymbol{E}_1)$，其中 $\boldsymbol{P}$ 为沿偏振器透射轴的单位矢量，$\boldsymbol{E}_1$ 为入射光场的相对振幅。

(3) 若入射光是垂直偏振(即 $\boldsymbol{E}_1=\boldsymbol{j}E_0$)，偏振器透射轴为 x 方向(即 $\boldsymbol{P}=\boldsymbol{i}$)，因 $\boldsymbol{i}\cdot\boldsymbol{j}=0$，透射光束的振幅为零。今将相对该偏振器 45°取向的第二个偏振器放在其前，求出透射振幅。

(4) 今有 N 个偏振器，其中第 l 个偏振器以 $\phi_l=l\left(\frac{\pi}{2N}\right)$取向。令入射光为水平偏振光，试证明透射光是具有振幅为$\left[\cos\left(\frac{\pi}{2N}\right)\right]^N$的垂直偏振光。在 $N\to\infty$ 的极限情况下，振幅变

为 1，即一系列象扇形取向的偏振器，可使光的偏振旋转而没有衰减。

2-18　Lyot-Öhman 滤波器是由平行偏振器隔开的一组双折射片构成的，各片子厚度按几何级数变化，即 d，$2d$，$4d$，$8d$，…，所有片子以 45°方位角取向。

(1) 若片子主折射率为 n_o 和 n_e，证明 N 个片子的透射率为

$$T=\frac{1}{2}\cos^2 x\cos^2 2x\cos^2 4x\cdots\cos^2 2^{N-1}x$$

其中

$$x=\frac{\pi d(n_e-n_o)}{\lambda}=\frac{\pi d(n_e-n_o)\nu}{c}$$

(2) 证明透射率可写成

$$T=\frac{1}{2}\left(\frac{\sin 2^N x}{2^N\sin x}\right)^2$$

(3) 证明系统透射带宽(FWHM)取决于最厚片子谱带的透射带宽，即

$$\Delta\nu_{1/2}\sim\frac{c}{2^N d(n_e-n_o)}$$

而自由光谱范围 $\Delta\nu$ 取决于最薄片子谱带的透射带宽，即

$$\Delta\nu\sim\frac{c}{d(n_e-n_o)}$$

系统的精细度 F(定义为 $\Delta\nu/\Delta\nu_{1/2}$)为

$$F\sim 2^N$$

(4) 设计用石英制作的在 H_α 线下、带宽为 0.1 nm 的滤波器。假定在 $\lambda=0.6563\ \mu$m 时，$n_o=1.5416$ 和 $n_e=1.5506$，找出最厚片子的厚度。

(5) 根据(2)，证明带宽为

$$\Delta\nu_{1/2}=0.886\frac{c}{2^N d(n_e-n_o)}$$

2-19　如题 2-19 图所示，一光斜入射光轴平行于表面的单轴晶体波片，该波片对正入射光有 $2\pi(n_o-n_e)d/\lambda$ 的相位延迟。

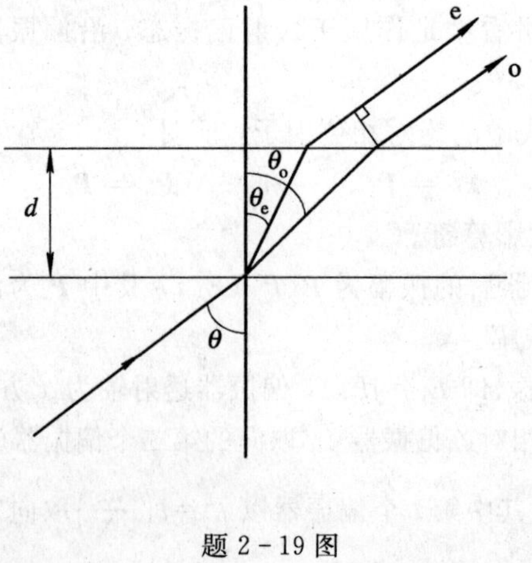

题 2-19 图

(1) 令 θ_o，θ_e 分别为寻常光和非常光的折射角，证明相位延迟为

$$\Gamma = \frac{2\pi}{\lambda}(n_e\cos\theta_e - n_o\cos\theta_o)d$$

(2) 令 θ 为入射角，ψ 为光轴与波矢切向分量之间的夹角，证明相位延迟为

$$\Gamma = \frac{2\pi}{\lambda}d\left[n_e\sqrt{1-\frac{\sin^2\theta\,\sin^2\psi}{n_e^2}-\frac{\sin^2\theta\,\cos^2\psi}{n_o^2}}-n_o\sqrt{1-\frac{\sin^2\theta}{n_o^2}}\right]$$

(3) 证明 $\sin^2\theta$ 比 n_o^2 和 n_e^2 小得多的情况下，相位延迟可表示为

$$\Gamma = \frac{2\pi}{\lambda}(n_e-n_o)d\left[1-\sin^2\theta\left(\frac{\sin^2\psi}{2n_e n_o}-\frac{\cos^2\psi}{2n_o^2}\right)\right]$$

(4) 由上结果，正入射时具有 λ_0 通频带的 Lyot - Öhman 滤波器，对离轴光将有 $\lambda_0\pm\Delta\lambda$的通频带。证明当 $n_{\text{eff}}^2=n_o^2\approx n_e^2$ 时，$\Delta\lambda$ 为

$$\Delta\lambda = \frac{\lambda\,\sin^2\theta}{2n_{\text{eff}}^2}$$

(5) 假定 $n_e-n_o\ll n_o$，证明窄带 Lyot - Öhman 滤波器的有限孔径为

$$\theta\approx\pm\, n_o\left(\frac{2\Delta\lambda_{1/2}}{\lambda}\right)^{1/2}$$

2 - 20 Šole 滤波器在透射峰附近的透射率可写成

$$T = \frac{\sin^2\dfrac{\pi}{2}\sqrt{1+x^2}}{1+x^2}$$

其中

$$x = \frac{N\Delta\Gamma}{\pi}$$

(1) 证明 $x=0.8$ 时，$T=0.5$；推导 FWHM 的表达式(2.5 - 51)。

(2) 找出透射率为零的波长。

(3) 找出旁瓣的峰值透射率。

2 - 21 对于由等折射率晶体(即在一定波长 λ_c 下 $n_e=n_o$ 的晶体)构成的 Lyot - Öhman 滤波器，

(1) 推导带宽(FWHM)作为片子厚度 d 和双折射变化率 α 函数的表达式。

(2) 推导自由光谱范围作为 α 和 d 函数的表达式。

(3) 利用 CdS 设计一个在 524.5 nm 波长上，具有带宽 0.01 nm、自由光谱范围至少 1 nm的等折射率 Lyot - Öhman 滤波器。

2 - 22 利用题 2 - 19 中(3)得到的结果研究 Lyot - Öhman 滤波器的视场：

(1) 证明通频带与入射角无关。

(2) 推导离轴光带宽作为 θ 和 ψ 函数的表达式。

(3) 证明对最极端的入射角，带宽增加或减少一个因子$\left(1\pm\dfrac{1}{2n_o^2}\right)$。

参考文献

[1] 石顺祥，陈国夫，赵卫，等. 非线性光学. 2 版. 西安：西安电子科技大学出版社，2003.

[2] A 亚里夫，P 叶. 晶体中的光波. 于荣金，金锋，译. 北京：科学出版社，1991.

[3] Nilson D F. Electric, Optic, & Acoustic Interactions in Dielectrics. John Wiley & Sons, Inc., 1979: 168.

[4] 石顺祥，张海兴，刘劲松. 物理光学与应用光学. 2 版. 西安：西安电子科技大学出版社，2008.

[5] Liang Quanting. Simple ray tracing formulas for uniaxial optical crystals, Applied Optics, 1990, 29(7): 1008

[6] 张之翔. 晶体转动时非常光的轨迹，物理学报，1980，29(11)：1483

[7] Zhang Weiquan. General ray - tracing formulas for crystal, Applied Optics, 1992, 31(34): 7328

[8] Luo Hailu, Hu Wei, Yi Xunong, et al. Amphoteric refraction at the interfect between isotropic and anisotropic media. Optics Communications, 2005, 254: 353

[9] Chen Hongyi, Xu Shixiang, Li Jingzhen. Negative reflection of waves at planar interfaces associated with a uniaxial medium. Optics Letters, 2009, 34(21): 3283

[10] Shelby R A, Smith D R, Schultz S, Experimental verification of negative index of refraction. Science, 2001, 292: 77.

[11] Condon E U. Theories of optical rotatory power. Rev. Mod. Phys. 1937, 9: 432; Handbook of Physics, E. U. Condon and H. Odishaw, Eds., McGraw - Hill, New York, 1958.

[12] Szivessy G and Munster C. Lattice Optics of active crystal. Ann Phys. (Leipzig), 1934, 20: 703 - 736.

[13] Jones R C. New calculus for the treatment of optical systems. J. Opt. Soc. Am., 1941, 31: 488.

[14] Evans J W. The birefringent filter. J. Opt. Soc. Am. 1949, 39: 229; Šolc birefringent filter, J. Opt. Soc. Am. 1958, 48: 142.

[15] Pinow D A, et al. An Electro - optic tunable filter. Appl. Phys. Lett., 1979, 34: 392.

[16] Tarry H A. Electrically tunable narrowband optical filter. Electronics Lett. 1975, 11: 471.

[17] Yeh P, Yariv A and Hong C S. Electromagnetic propagation in periodic stratified media. Ⅰ. General theory. J. Opt. Soc. Am. 1977, 67: 423.

[18] Yeh P. Electromagnetic propagation in birefringent layerd media. J. Opt. Soc. Am. 1979, 69: 742.

[19] Yeh P. Transmission spectrum of a Šolc filter. Opt. Comm. 1979:29.

[20] Yeh P. Optics of anisotropic laered media: A new 4×4 matrix algebra. Surface Science. 1980, 96: 41 - 53.

第三章　光在非均匀介质中的传播

前面两章讨论了光在均匀介质中的传播规律。这一章将讨论光在非均匀介质中的传播，主要讨论光在周期性介质、周期性层状介质、光子晶体、二元光学器件中的传播。光在周期性介质中传播时，会呈现出许多独特而非常有用的现象，特别是其光谱禁带特性。

3.1　光在周期性介质中的传播

3.1.1　周期性介质

所谓周期性介质，是指介质的光学性质具有周期性。一般周期性介质的光学性质由介质的介电张量和磁导率张量描述，反映介质周期性的这两个张量是空间变量 $\boldsymbol{r}$ 的周期性函数：

$$\left.\begin{aligned}\boldsymbol{\varepsilon}(\boldsymbol{r}) &= \boldsymbol{\varepsilon}(\boldsymbol{r}+\boldsymbol{a})\\ \boldsymbol{\mu}(\boldsymbol{r}) &= \boldsymbol{\mu}(\boldsymbol{r}+\boldsymbol{a})\end{aligned}\right\}\tag{3.1-1}$$

式中 $\boldsymbol{a}$ 为任一空间点阵矢量。该式表示，介质的光学性质在介质通过任一空间矢量 $\boldsymbol{a}$ 的平移后保持不变。

根据介质介电张量空间变化的函数形式，周期性介质可以分为三维周期性介质、二维周期性介质和一维周期性介质。三维周期性介质诸如晶体、三维光子晶体，描述介质周期性的空间点阵矢量 $\boldsymbol{a}$ 可用基矢量 $\boldsymbol{a}_1$、$\boldsymbol{a}_2$ 和 $\boldsymbol{a}_3$ 表示；二维周期性介质诸如二维光子晶体；最简单的周期性介质是一维周期性的层状介质，它是由交替的两种透明材料构成的。

根据光的电磁理论，单色光波在任意介质中的传播特性由麦克斯韦方程描述：

$$\left.\begin{aligned}\nabla\times\boldsymbol{H} &= -\mathrm{i}\omega\boldsymbol{\varepsilon}\cdot\boldsymbol{E}\\ \nabla\times\boldsymbol{E} &= \mathrm{i}\omega\boldsymbol{\mu}\cdot\boldsymbol{H}\end{aligned}\right\}\tag{3.1-2}$$

对于周期性介质，考虑到介质的平移对称性，用 $\boldsymbol{r}+\boldsymbol{a}$ 替代 ∇、$\boldsymbol{\varepsilon}$ 和 $\boldsymbol{\mu}$ 中的 $\boldsymbol{r}$，麦克斯韦方程保持不变。讨论光波在周期性介质中的传播特性，就是求麦克斯韦方程在周期性介质中的解。

在大多数周期性介质中，只能得到麦克斯韦方程的近似解。通常采用的近似方法有两种，一种是简正模理论，另一种是耦合模理论。下面，就一维周期性介质分别利用简正模理论和耦合模理论讨论光波的传播规律。

3.1.2　光在周期性介质中传播的简正模理论

前面几章的讨论已经指出，根据麦克斯韦方程(及相应的波动方程)研究平面光波在介质中传播特性的问题，在数学上是求解传播简正模的本征值和本征矢量的问题。对于周期

性介质，根据佛罗开定理(布洛赫定理)[1]，可以把介质中传播的简正模光场写成

$$\left.\begin{aligned}\boldsymbol{E}_{\boldsymbol{K}} &= \boldsymbol{E}_{\boldsymbol{K}}(\boldsymbol{r})\mathrm{e}^{\mathrm{i}\boldsymbol{K}\cdot\boldsymbol{r}} \\ \boldsymbol{H}_{\boldsymbol{K}} &= \boldsymbol{H}_{\boldsymbol{K}}(\boldsymbol{r})\mathrm{e}^{\mathrm{i}\boldsymbol{K}\cdot\boldsymbol{r}}\end{aligned}\right\} \tag{3.1-3}$$

式中，$\boldsymbol{K}$ 为布洛赫波矢，相应的简正模光波称为布洛赫(Bloch)波；下标 $\boldsymbol{K}$ 表示简正模光场取决于 $\boldsymbol{K}$。因为介质光学性质的周期性，光场复振幅 $\boldsymbol{E}_{\boldsymbol{K}}(\boldsymbol{r})$、$\boldsymbol{H}_{\boldsymbol{K}}(\boldsymbol{r})$都是空间坐标的周期性函数，即

$$\left.\begin{aligned}\boldsymbol{E}_{\boldsymbol{K}}(\boldsymbol{r}) &= \boldsymbol{E}_{\boldsymbol{K}}(\boldsymbol{r}+\boldsymbol{a}) \\ \boldsymbol{H}_{\boldsymbol{K}}(\boldsymbol{r}) &= \boldsymbol{H}_{\boldsymbol{K}}(\boldsymbol{r}+\boldsymbol{a})\end{aligned}\right\} \tag{3.1-4}$$

影响光波在周期性介质中传播规律的重要参量是光波的频率，光波频率 ω 和布洛赫波矢 $\boldsymbol{K}$ 之间存在如下的色散关系：

$$\omega = \omega(\boldsymbol{K}) \tag{3.1-5}$$

如果介质的周期性消失，即光在均匀介质中传播，则 $\boldsymbol{E}_{\boldsymbol{K}}(\boldsymbol{r})$、$\boldsymbol{H}_{\boldsymbol{K}}(\boldsymbol{r})$就退化为常数，简正模就变成布洛赫波矢 $\boldsymbol{K}$ 等于波矢量 $\boldsymbol{k}$ 的平面波，其色散关系变为 $\omega=\omega(\boldsymbol{k})$。在这里，研究光在周期性介质中的传播特性，就是确定(3.1-4)式中的周期性函数 $\boldsymbol{E}_{\boldsymbol{K}}(\boldsymbol{r})$、$\boldsymbol{H}_{\boldsymbol{K}}(\boldsymbol{r})$和色散关系(3.1-5)式。

1. 一维周期性介质中的传播

在现代光学中，经常遇到和处理的是一维周期性介质，即介电张量满足如下关系：

$$\boldsymbol{\varepsilon}(z) = \boldsymbol{\varepsilon}(z + l\Lambda) \tag{3.1-6}$$

式中 Λ 为周期性介质的介电常数周期，l 为一整数。由两种透明材料的交替层构成的典型周期性介质如图 3.1-1 所示。当光波以 θ 角入射到这种介质上时，在介质中每一个界面上都会发生反射和折射，来自周期性界面的反射光相长干涉的条件，即布喇格条件为

$$2\Lambda\cos\theta = m\lambda \tag{3.1-7}$$

布喇格条件对于研究光波在周期性介质中的传播性质非常重要，后面经常用到。在这里，讨论的一维周期性介质是非磁性的介质。

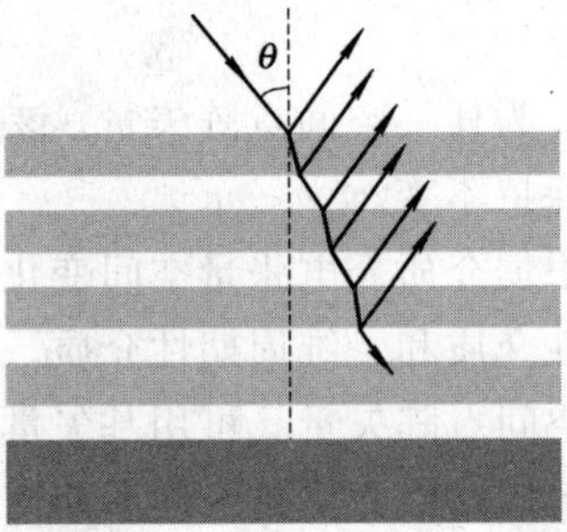

图 3.1-1 典型一维周期性介质示意图

1) 一维周期性介质中的简正模

单色光波在周期性介质中传播时，服从如下波动方程：

$$\nabla \times (\nabla \times \boldsymbol{E}) - \omega^2 \mu \boldsymbol{\varepsilon} \cdot \boldsymbol{E} = 0 \tag{3.1-8}$$

其中，描述介质周期特性的介电张量 $\boldsymbol{\varepsilon}(\boldsymbol{r})$可以展开为傅里叶级数：

$$\boldsymbol{\varepsilon}(\boldsymbol{r}) = \sum_{G} \boldsymbol{\varepsilon}_G \mathrm{e}^{\mathrm{i}\boldsymbol{G}\cdot\boldsymbol{r}} \tag{3.1-9}$$

式中 $\boldsymbol{G}$ 为包含 $\boldsymbol{G}=0$ 的互易点阵矢量。对于沿 z 轴方向的一维周期性介质

$$\left.\begin{aligned}\boldsymbol{G} &= l\boldsymbol{g} = l\,\frac{2\pi}{\Lambda}\boldsymbol{z}_0 \qquad l = 0, \pm 1, \pm 2, \cdots \\ \boldsymbol{\varepsilon}(z) &= \sum_{l} \boldsymbol{\varepsilon}_l \mathrm{e}^{\mathrm{i}l(2\pi/\Lambda)z}\end{aligned}\right\} \tag{3.1-10}$$

式中，$\boldsymbol{g}=(2\pi/\Lambda)\boldsymbol{z}_0$，$\boldsymbol{z}_0$ 为沿 z 轴方向的单位矢量。考虑到介质的周期性，可以把传播光波的光电场矢量表示为平面光波的傅里叶积分(线性组合)：

$$\boldsymbol{E}=\int \boldsymbol{A}(\boldsymbol{k})\mathrm{e}^{\mathrm{i}\boldsymbol{k}\cdot\boldsymbol{r}}\mathrm{d}^3k \tag{3.1-11}$$

然后把(3.1-9)式和(3.1-11)式代入方程(3.1-8)，得

$$\int \boldsymbol{k}\times[\boldsymbol{k}\times\boldsymbol{A}(\boldsymbol{k})]\mathrm{e}^{\mathrm{i}\boldsymbol{k}\cdot\boldsymbol{r}}\mathrm{d}^3k+\omega^2\mu\sum_{\boldsymbol{G}}\int \boldsymbol{\varepsilon}_{\boldsymbol{G}}\cdot\boldsymbol{A}(\boldsymbol{k}-\boldsymbol{G})\mathrm{e}^{\mathrm{i}\boldsymbol{k}\cdot\boldsymbol{r}}\mathrm{d}^3k=0$$

显然，该方程只有当 $\mathrm{e}^{\mathrm{i}\boldsymbol{k}\cdot\boldsymbol{r}}$ 所有的系数为零时才成立，即

$$\boldsymbol{k}\times[\boldsymbol{k}\times\boldsymbol{A}(\boldsymbol{k})]+\omega^2\mu\sum_{\boldsymbol{G}}\boldsymbol{\varepsilon}_{\boldsymbol{G}}\cdot\boldsymbol{A}(\boldsymbol{k}-\boldsymbol{G})=0 \qquad \text{对所有 } \boldsymbol{k} \tag{3.1-12}$$

式中求和是对所有互易点阵矢量进行的。方程 (3.1-12)实际上是关于 $\boldsymbol{E}$ 的傅里叶积分中未知系数 $\boldsymbol{A}(\boldsymbol{k})$ 的一个齐次方程集合，该集合的每一个方程都有一个不同的 $\boldsymbol{k}$ 值。令方程(3.1-12)的系数行列式等于零，即可得到本征方程(久期方程)，求解本征方程，原则上可以求解整个集合。

但是仔细地分析方程(3.1-12)就会发现，该方程中并非所有的未知系数 $\boldsymbol{A}(\boldsymbol{k})$ 都是耦合的，只有其中的 $\boldsymbol{A}(\boldsymbol{k}-\boldsymbol{G})$ 型系数才是耦合的。这样，就可以把整个集合(3.1-12)式分成多个子集，每一个子集用一个波矢 $\boldsymbol{K}$ 标记，并含有包括 $\boldsymbol{A}(\boldsymbol{K})$ 和 $\boldsymbol{A}(\boldsymbol{K}-\boldsymbol{G})$ 的若干个方程，每一个子集都可单独求解。

求解由波矢 $\boldsymbol{K}$ 标记的子集，可得

$$\begin{aligned}\boldsymbol{E}_{\boldsymbol{K}}&=\sum_{\boldsymbol{G}}\boldsymbol{A}(\boldsymbol{K}-\boldsymbol{G})\mathrm{e}^{\mathrm{i}(\boldsymbol{K}-\boldsymbol{G})\cdot\boldsymbol{r}}\\&=\mathrm{e}^{\mathrm{i}\boldsymbol{K}\cdot\boldsymbol{r}}\sum_{\boldsymbol{G}}\boldsymbol{A}(\boldsymbol{K}-\boldsymbol{G})\mathrm{e}^{-\mathrm{i}\boldsymbol{G}\cdot\boldsymbol{r}}=\mathrm{e}^{\mathrm{i}\boldsymbol{K}\cdot\boldsymbol{r}}\boldsymbol{E}_{\boldsymbol{K}}(\boldsymbol{r})\end{aligned} \tag{3.1-13}$$

它就是光波在周期性介质中传播时相应于波矢 $\boldsymbol{K}$ 的简正模，称为布洛赫波，波矢 $\boldsymbol{K}$ 称为布洛赫波矢。光波在周期性介质中传播的一般解(3.1-11)式，现在就变成为这些简正模的线性叠加：$\boldsymbol{E}=\sum\limits_{\boldsymbol{K}}\boldsymbol{E}_{\boldsymbol{K}}$。在一维情况下，$\boldsymbol{G}=l\boldsymbol{g}=l\dfrac{2\pi}{\Lambda}\boldsymbol{z}_0$，(3.1-13)式中的 $\boldsymbol{E}_{\boldsymbol{K}}(\boldsymbol{r})$ 简化为

$$\boldsymbol{E}_{\boldsymbol{K}}(\boldsymbol{r})=\boldsymbol{E}_{\boldsymbol{K}}(z)=\sum_{l}\boldsymbol{A}(\boldsymbol{K}-l\boldsymbol{g})\mathrm{e}^{-\mathrm{i}l(2\pi/\Lambda)z} \tag{3.1-14}$$

对于一维周期性介质，介质在 x 和 y 方向是均匀的，$\boldsymbol{\varepsilon}$ 与 x 和 y 无关，则有 $K_x=k_x$ 和 $K_y=k_y$，根据(3.1-13)式和(3.1-14)式，光电场矢量的布洛赫波简化为

$$\boldsymbol{E}_{\boldsymbol{K}}=\mathrm{e}^{\mathrm{i}(k_x x+k_y y)}\mathrm{e}^{\mathrm{i}K_z z}\boldsymbol{E}_{\boldsymbol{K}}(z) \tag{3.1-15}$$

式中 $\boldsymbol{E}_{\boldsymbol{K}}(z)$ 是 z 的周期函数。于是，给定一个入射光波频率 ω 和一组(k_x，k_y)，即可由方程(3.1-12)求得布洛赫波矢 $\boldsymbol{K}$ 和波数 K_z。

2) 色散特性

为了确定频率 ω 与布洛赫波矢 $\boldsymbol{K}$ 之间的色散关系，进一步假设：光波在介质中沿着 z 方向传播，即 $k_x=k_y=0$，光电场矢量与传播矢量满足 $\boldsymbol{k}\cdot\boldsymbol{E}=0$；介质是各向同性的，即 ε_l 是标量。在这种情况下，(3.1-12)式简化为

$$k^2A(k)-\omega^2\mu\sum_{l}\varepsilon_l A(k-l\mathrm{g})=0 \qquad (\text{对所有 } k) \tag{3.1-16}$$

为得到波数为 K(为简单起见，省略 K_z 的下标)的布洛赫波，需要求解 $k=K$、$k=K\pm g$、$k=K\pm 2g$……的方程组(3.1-16)。因为这个方程组是含有 $A(K)$、$A(K\pm g)$、

$A(K\pm 2g)$ ……的无限个方程组，所以要得到显式结果必须采用近似。为了得到合适的近似，需要考察所有的相关项，并忽略小项。在这里，只写出 $k=K$ 和 $k=K\pm g$ 时方程组(3.1-16)相应方程的前面几项，得到

$$\left.\begin{aligned}&K^2A(K)-\omega^2\mu\varepsilon_0A(K)-\omega^2\mu\varepsilon_1A(K-g)-\omega^2\mu\varepsilon_{-1}A(K+g)-\cdots=0\\&(K-g)^2A(K-g)-\omega^2\mu\varepsilon_0A(K-g)-\omega^2\mu\varepsilon_1A(K-2g)-\omega^2\mu\varepsilon_{-1}A(K)-\cdots=0\\&(K+g)^2A(K+g)-\omega^2\mu\varepsilon_0A(K+g)-\omega^2\mu\varepsilon_1A(K)-\omega^2\mu\varepsilon_{-1}A(K+2g)-\cdots=0\end{aligned}\right\}\tag{3.1-17}$$

并求得 $A(K)$、$A(K-g)$ 和 $A(K+g)$ 的如下表达式：

$$\left.\begin{aligned}&A(K)=\frac{1}{K^2-\omega^2\mu\varepsilon_0}[\omega^2\mu\varepsilon_1A(K-g)+\omega^2\mu\varepsilon_{-1}A(K+g)+\cdots]\\&A(K-g)=\frac{1}{(K-g)^2-\omega^2\mu\varepsilon_0}[\omega^2\mu\varepsilon_1A(K-2g)+\omega^2\mu\varepsilon_{-1}A(K)+\cdots]\\&A(K+g)=\frac{1}{(K+g)^2-\omega^2\mu\varepsilon_0}[\omega^2\mu\varepsilon_1A(K)+\omega^2\mu\varepsilon_{-1}A(K+2g)+\cdots]\end{aligned}\right\}\tag{3.1-18}$$

式中，ε_0 是周期性介质介电张量的傅里叶零级分量，并且只要 ε 是实数，就有 $\varepsilon_{-1}=\varepsilon_1^*$。

仔细考察(3.1-18)式可以发现，若布洛赫波数满足条件

$$\left.\begin{aligned}&|K-g|\approx K\\&K^2\approx\omega^2\mu\varepsilon_0\end{aligned}\right\}\tag{3.1-19}$$

则平面波分量中只有 $A(K)$ 和 $A(K-g)$ 是共振耦合的，$A(K)$ 和 $A(K-g)$ 构成了布洛赫波光电场(3.1-14)式级数的主项，其他所有平面波分量均可以忽略。此时，方程组(3.1-17)简化为如下形式的两个方程：

$$\left.\begin{aligned}&(K^2-\omega^2\mu\varepsilon_0)A(K)-\omega^2\mu\varepsilon_1A(K-g)=0\\&-\omega^2\mu\varepsilon_{-1}A(K)+[(K-g)^2-\omega^2\mu\varepsilon_0]A(K-g)=0\end{aligned}\right\}\tag{3.1-20}$$

这个方程组实际上是 $A(K)$ 和 $A(K-g)$ 的线性耦合方程组，方程有非零解的条件为

$$\begin{vmatrix}K^2-\omega^2\mu\varepsilon_0 & -\omega^2\mu\varepsilon_1\\ -\omega^2\mu\varepsilon_{-1} & (K-g)^2-\omega^2\mu\varepsilon_0\end{vmatrix}=0$$

即

$$(K^2-\omega^2\mu\varepsilon_0)[(K-g)^2-\omega^2\mu\varepsilon_0]-(\omega^2\mu|\varepsilon_1|)^2=0\tag{3.1-21}$$

该式即为本征方程，求解这个方程，即可得到 K 值，进而由方程(3.1-20)得到布洛赫波光电场(3.1-14)式级数中的主项 $A(K)$ 和 $A(K-g)$。(3.1-21)式就是 ω 和 K 之间的色散关系式。

下面，具体讨论周期性介质的色散特性。

(1) 禁带。当 $K=\dfrac{g}{2}=\dfrac{\pi}{\Lambda}$ 时，(3.1-19)式成立。把 $K=\dfrac{g}{2}$ 代入方程(3.1-21)，得到由 K 表示的 ω^2 的两个根：

$$\omega_\pm^2=\frac{K^2}{\mu(\varepsilon_0\pm|\varepsilon_1|)}\tag{3.1-22}$$

这两个频率值是光谱的带边。当光频率 ω 在 ω_+ 和 ω_- 之间时，方程 (3.1-21)的 K 根是复数，其实部等于 π/Λ，相应于这些频率的光波是倏逝波，不能在周期性介质中传播，因此通常将这个光谱区称为“禁带”。当光频率 ω 在禁带之外时，K 的根是实数，相应的光波为传导波。禁带光谱结构是周期性介质色散特性的重要特征。

为了说明周期性介质的光谱禁带特性，可以通过由(3.1-19)式求得的$\omega^2=\frac{(g/2)^2}{\mu\varepsilon_0}$和假设$K=\frac{g}{2}+\delta'\left(|\delta'|\ll\frac{g}{2}\right)$，估算禁带中心处的波数$K$值。将$\omega^2$和$K$的表示式代入(3.1-21)式，忽略$(\delta')^4$项后，得到

$$g^2(\delta')^2+\left(\frac{|\varepsilon_1|}{\varepsilon_0}\right)^2\left(\frac{g^2}{4}\right)^2=0 \tag{3.1-23}$$

其解为

$$\delta'=\pm\mathrm{i}\,\frac{g}{4}\,\frac{|\varepsilon_1|}{\varepsilon_0} \tag{3.1-24}$$

因此，禁带中心处的波数K为复数，

$$K=\frac{g}{2}\left(1\pm\mathrm{i}\,\frac{|\varepsilon_1|}{2\varepsilon_0}\right) \tag{3.1-25}$$

以此相应波矢表征的布洛赫波在周期性介质中是呈指数衰减的，是不能传播的倏逝波，它的衰减规律基本上决定于介电常数的傅里叶展开系数ε_1。

若禁带宽度定义为$\Delta\omega_{\text{gap}}=|\omega_+-\omega_-|$，则根据(3.1-22)式，禁带宽度分别可表示为

$$\begin{aligned}\Delta\omega_{\text{gap}}=|\omega_+-\omega_-|&=\left|\frac{K}{\sqrt{\mu(\varepsilon_0+|\varepsilon_1|)}}-\frac{K}{\sqrt{\mu(\varepsilon_0-|\varepsilon_1|)}}\right|\\&=\left|\frac{\omega\sqrt{\mu\varepsilon_0}}{\sqrt{\mu(\varepsilon_0+|\varepsilon_1|)}}-\frac{\omega\sqrt{\mu\varepsilon_0}}{\sqrt{\mu(\varepsilon_0-|\varepsilon_1|)}}\right|\approx\omega\,\frac{|\varepsilon_1|}{\varepsilon_0}\end{aligned} \tag{3.1-26}$$

可见，禁带宽度$\Delta\omega_{\text{gap}}$与介电常数的傅里叶展开系数值$|\varepsilon_1|$成正比。比较(3.1-25)式和(3.1-26)式可见，禁带中心处波数K的虚部与带隙比$(\Delta\omega_{\text{gap}}/\omega)$成正比：

$$K_{\mathrm{i}}=\frac{g}{4}\,\frac{\Delta\omega_{\text{gap}}}{\omega} \tag{3.1-27}$$

以上讨论是假定布洛赫波沿着介质介电常数周期性变化的方向传播的。对于布洛赫波的一般传播方向，$K_x\neq0$，$K_y\neq0$，色散关系比较复杂，并与波的偏振态有关。

(2) 高阶禁带。在上述推导过程中，我们假定$|K-g|\approx K$和$K^2\approx\omega^2\mu\varepsilon_0$时，$A(K)$和$A(K-g)$之间共振耦合，得到由介电常数的傅里叶展开系数$\varepsilon_1$决定的禁带。在一般情况下，介电常数$\varepsilon$的每个展开系数$\varepsilon_l$都对应一个禁带，通常称由$\varepsilon_1$决定的禁带为基禁带，由$\varepsilon_l(l>1)$决定的禁带为高阶基带。

如果我们假定：

$$\left.\begin{aligned}&|K-lg|\approx K\qquad l=\pm1,\pm2,\cdots\\&K^2\approx\omega^2\mu\varepsilon_0\end{aligned}\right\} \tag{3.1-28}$$

类似于前面的讨论可知，$A(K)$和$A(K-lg)$是共振耦合的，它们构成了布洛赫波光电场(3.1-14)式级数的主项，其它所有平面波分量均可以忽略。在该条件下，方程组(3.1-16)简化为如下形式仅包含$A(K)$和$A(K-lg)$的两个方程：

$$\left.\begin{aligned}&(K^2-\omega^2\mu\varepsilon_0)A(K)-\omega^2\mu\varepsilon_1A(K-lg)=0\\&-\omega^2\mu\varepsilon_{-1}A(K)+[(K-lg)^2-\omega^2\mu\varepsilon_0]A(K-lg)=0\end{aligned}\right\} \tag{3.1-29}$$

由此可解出K值，得到布洛赫波光电场(3.1-14)式级数中的主项$A(K)$和$A(K-lg)$。进一步，可以给出在

$$K = l\frac{g}{2} = l\frac{\pi}{\Lambda} \tag{3.1-30}$$

处的高阶禁带宽度为

$$(\Delta\omega_{\text{gap}})_l = \omega\frac{|\varepsilon_l|}{\varepsilon_0} \tag{3.1-31}$$

这里已应用了 $\varepsilon_{-l}=\varepsilon_l^*$。在大多数情况下，介电常数傅里叶展开系数 ε_l 随 l 的增大而减小，所以，相应的禁带宽度也减小。其色散关系如图 3.1-2 所示。

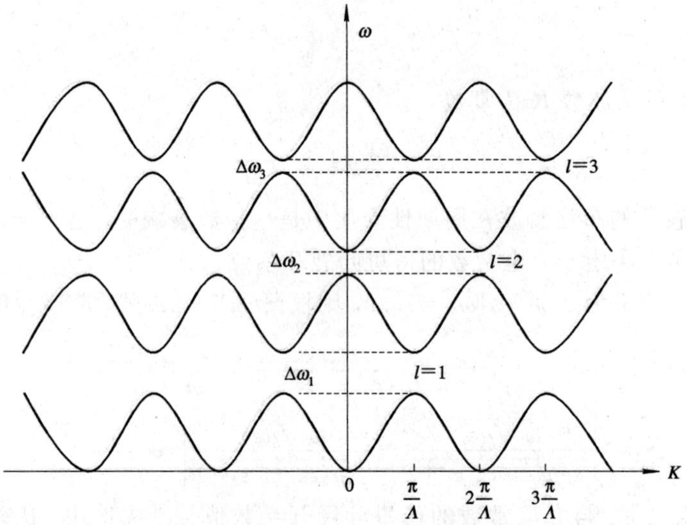

图 3.1-2　基($l=1$)禁带和高阶($l=2, 3$)禁带的一般色散关系 $\omega(K)$

2. 周期性层状介质中的光波传播[2]

最简单的周期性介质是由不同折射率的透明材料的交替层构成的，称为周期性层状介质。而最简单的周期性层状介质是由两种不同的均匀透明材料交替构成的，其折射率分布为

$$n(z) = \begin{cases} n_2 & 0 < z < b \\ n_1 & b < z < \Lambda \end{cases} \tag{3.1-32}$$

式中 Λ 为折射率分布周期，$n(z)=n(z+\Lambda)$，结构形状如图 3.1-3 所示。

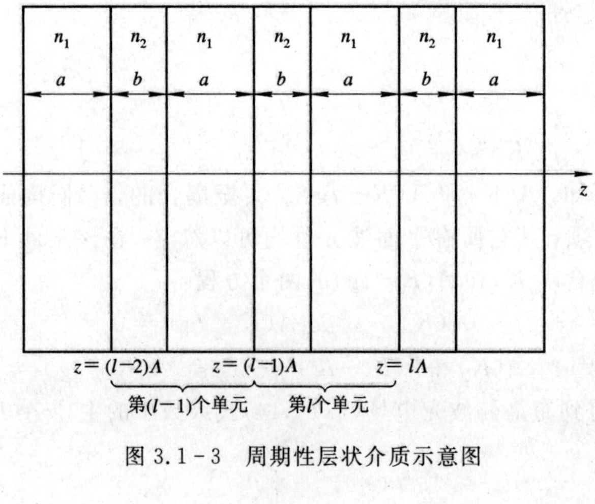

图 3.1-3　周期性层状介质示意图

为讨论问题方便起见，把周期性层状介质按周期分成多个单元，每个单元有两种介质并各占一层。

1) 周期性层状介质中光电场矢量

为了求解周期性层状介质中布洛赫波的光电场矢量，假设材料是非磁性的，光波在 yOz 坐标面(纸面)内传播。波动方程(3.1-8)的通解可表示为如下形式：

$$\boldsymbol{E}(z)\mathrm{e}^{-\mathrm{i}(\omega t-k_y y)} \tag{3.1-33}$$

且每个均匀层内的光波电场均可表示为入射的平面光波和反射的平面光波之和。上式中，k_y 是传播波矢的 y 分量，它在整个介质中保持不变。今若以入射平面光波和反射平面光波的复振幅作为两个分量构成一个列矢量，则第 l 个单元第 α 层内的光电场矢量可表示为

$$\begin{bmatrix} a_l^{(\alpha)} \\ b_l^{(\alpha)} \end{bmatrix} \quad \alpha=1,2 \tag{3.1-34}$$

从而同一层内光电场的空间分布可以表示为

$$E(y,z)=\left[a_l^{(\alpha)}\mathrm{e}^{\mathrm{i}k_{\alpha z}(z-l\Lambda)}+b_l^{(\alpha)}\mathrm{e}^{-\mathrm{i}k_{\alpha z}(z-l\Lambda)}\right]\mathrm{e}^{\mathrm{i}k_y y} \tag{3.1-35}$$

式中

$$k_{\alpha z}=\left[\left(\frac{n_\alpha\omega}{c}\right)^2-k_y^2\right]^{1/2} \quad \alpha=1,2 \tag{3.1-36}$$

相邻单元之间列矢量的关系可由界面处的光场连续性条件得到。

首先，考虑 TE($\boldsymbol{E}$ 垂直于 yOz 面)波的情况。在界面 $z=(l-1)\Lambda$ 和 $z=(l-1)\Lambda+b$ 处，应用 E_x 和 H_y($H_y\propto\partial E_x/\partial z$)的连续性条件，并注意到 $\Lambda=a+b$，可以得到

$$\left.\begin{aligned}
&a_{l-1}^{(1)}+b_{l-1}^{(1)}=\mathrm{e}^{-\mathrm{i}k_{2z}\Lambda}a_l^{(2)}+\mathrm{e}^{\mathrm{i}k_{2z}\Lambda}b_l^{(2)}\\
&\mathrm{i}k_{1z}(a_{l-1}^{(1)}-b_{l-1}^{(1)})=\mathrm{i}k_{2z}(\mathrm{e}^{-\mathrm{i}k_{2z}\Lambda}a_l^{(2)}-\mathrm{e}^{\mathrm{i}k_{2z}\Lambda}b_l^{(2)})\\
&\mathrm{e}^{-\mathrm{i}k_{2z}a}a_l^{(2)}+\mathrm{e}^{\mathrm{i}k_{2z}a}b_l^{(2)}=\mathrm{e}^{-\mathrm{i}k_{1z}a}a_l^{(1)}+\mathrm{e}^{\mathrm{i}k_{1z}a}b_l^{(1)}\\
&\mathrm{i}k_{2z}(\mathrm{e}^{-\mathrm{i}k_{2z}a}a_l^{(2)}-\mathrm{e}^{\mathrm{i}k_{2z}a}b_l^{(2)})=\mathrm{i}k_{1z}(\mathrm{e}^{-\mathrm{i}k_{1z}a}a_l^{(1)}-\mathrm{e}^{\mathrm{i}k_{1z}a}b_l^{(1)})
\end{aligned}\right\} \tag{3.1-37}$$

这四个方程可以改写为下列两个矩阵方程：

$$\begin{bmatrix} 1 & 1 \\ 1 & -1 \end{bmatrix}\begin{bmatrix} a_{l-1}^{(1)} \\ b_{l-1}^{(1)} \end{bmatrix}=\begin{bmatrix} \mathrm{e}^{-\mathrm{i}k_{2z}\Lambda} & \mathrm{e}^{\mathrm{i}k_{2z}\Lambda} \\ \dfrac{k_{2z}}{k_{1z}}\mathrm{e}^{-\mathrm{i}k_{2z}\Lambda} & -\dfrac{k_{2z}}{k_{1z}}\mathrm{e}^{\mathrm{i}k_{2z}\Lambda} \end{bmatrix}\begin{bmatrix} a_l^{(2)} \\ b_l^{(2)} \end{bmatrix} \tag{3.1-38}$$

和

$$\begin{bmatrix} \mathrm{e}^{-\mathrm{i}k_{2z}a} & \mathrm{e}^{\mathrm{i}k_{2z}a} \\ \mathrm{e}^{-\mathrm{i}k_{2z}a} & -\mathrm{e}^{\mathrm{i}k_{2z}a} \end{bmatrix}\begin{bmatrix} a_l^{(2)} \\ b_l^{(2)} \end{bmatrix}=\begin{bmatrix} \mathrm{e}^{-\mathrm{i}k_{1z}a} & \mathrm{e}^{\mathrm{i}k_{1z}a} \\ \dfrac{k_{1z}}{k_{2z}}\mathrm{e}^{-\mathrm{i}k_{1z}a} & -\dfrac{k_{1z}}{k_{2z}}\mathrm{e}^{\mathrm{i}k_{1z}a} \end{bmatrix}\begin{bmatrix} a_l^{(1)} \\ b_l^{(1)} \end{bmatrix} \tag{3.1-39}$$

由方程(3.1-38)和(3.1-39)消去$\begin{bmatrix} a_l^{(2)} \\ b_l^{(2)} \end{bmatrix}$，得到

$$\begin{bmatrix} a_{l-1}^{(1)} \\ b_{l-1}^{(1)} \end{bmatrix}=\begin{bmatrix} A & B \\ C & D \end{bmatrix}\begin{bmatrix} a_l^{(1)} \\ b_l^{(1)} \end{bmatrix} \tag{3.1-40}$$

式中的矩阵$\begin{bmatrix} A & B \\ C & D \end{bmatrix}$为单元平移矩阵，它把一个单元层 1 中平面光波复振幅和相邻单元相同层中的平面光波复振幅联系了起来，且满足 $AD-BC=1$。这个矩阵的各元素分别为

$$\left.\begin{aligned} A &= \left[\cos k_{2z}b - \frac{1}{2}\mathrm{i}\left(\frac{k_{2z}}{k_{1z}}+\frac{k_{1z}}{k_{2z}}\right)\sin k_{2z}b\right]\mathrm{e}^{-\mathrm{i}k_{1z}a} \\ B &= \left[-\frac{1}{2}\mathrm{i}\left(\frac{k_{2z}}{k_{1z}}-\frac{k_{1z}}{k_{2z}}\right)\sin k_{2z}b\right]\mathrm{e}^{\mathrm{i}k_{1z}a} \\ C &= \left[\frac{1}{2}\mathrm{i}\left(\frac{k_{2z}}{k_{1z}}-\frac{k_{1z}}{k_{2z}}\right)\sin k_{2z}b\right]\mathrm{e}^{-\mathrm{i}k_{1z}a} \\ D &= \left[\cos k_{2z}b + \frac{1}{2}\mathrm{i}\left(\frac{k_{2z}}{k_{1z}}+\frac{k_{1z}}{k_{2z}}\right)\sin k_{2z}b\right]\mathrm{e}^{\mathrm{i}k_{1z}a} \end{aligned}\right\} \tag{3.1-41}$$

对于 TM(**H** 垂直于 yOz 面)波的情况，矩阵各元素与 TE 波的情况略有不同，分别为

$$\left.\begin{aligned} A &= \left[\cos k_{2z}b - \frac{1}{2}\mathrm{i}\left(\frac{n_2^2k_{2z}}{n_1^2k_{1z}}+\frac{n_1^2k_{1z}}{n_2^2k_{2z}}\right)\sin k_{2z}b\right]\mathrm{e}^{-\mathrm{i}k_{1z}a} \\ B &= \left[-\frac{1}{2}\mathrm{i}\left(\frac{n_2^2k_{2z}}{n_1^2k_{1z}}-\frac{n_1^2k_{1z}}{n_2^2k_{2z}}\right)\sin k_{2z}b\right]\mathrm{e}^{\mathrm{i}k_{1z}a} \\ C &= \left[\frac{1}{2}\mathrm{i}\left(\frac{n_2^2k_{2z}}{n_1^2k_{1z}}-\frac{n_1^2k_{1z}}{n_2^2k_{2z}}\right)\sin k_{2z}b\right]\mathrm{e}^{-\mathrm{i}k_{1z}a} \\ D &= \left[\cos k_{2z}b + \frac{1}{2}\mathrm{i}\left(\frac{n_2^2k_{2z}}{n_1^2k_{1z}}+\frac{n_1^2k_{1z}}{n_2^2k_{2z}}\right)\sin k_{2z}b\right]\mathrm{e}^{\mathrm{i}k_{1z}a} \end{aligned}\right\} \tag{3.1-42}$$

联系相邻单元层 2 中平面光波复振幅的平移矩阵元虽然与(3.1-41)式和(3.1-42)式不相同，但这些矩阵有相同的迹。

由以上分析可见，不同单元中相同层的列矢量由平移矩阵相联系，因此可以把零单元层 1 中的列矢量选作独立矢量，其余单元相同层的列矢量与零单元层 1 列矢量的关系为

$$\begin{bmatrix} a_0^{(1)} \\ b_0^{(1)} \end{bmatrix} = \begin{bmatrix} A & B \\ C & D \end{bmatrix}^l \begin{bmatrix} a_l^{(1)} \\ b_l^{(1)} \end{bmatrix} \tag{3.1-43}$$

根据(3.1-43)式，可将第 l 单元相同层的列矢量表示为

$$\begin{bmatrix} a_l^{(1)} \\ b_l^{(1)} \end{bmatrix} = \left\{\begin{bmatrix} A & B \\ C & D \end{bmatrix}^{-1}\right\}^l \begin{bmatrix} a_0^{(1)} \\ b_0^{(1)} \end{bmatrix} = \begin{bmatrix} A & B \\ C & D \end{bmatrix}^{-l} \begin{bmatrix} a_0^{(1)} \\ b_0^{(1)} \end{bmatrix} \tag{3.1-44}$$

利用等式

$$\begin{bmatrix} A & B \\ C & D \end{bmatrix}^{-1} = \begin{bmatrix} A & -B \\ -C & D \end{bmatrix}$$

最后可得

$$\begin{bmatrix} a_l^{(1)} \\ b_l^{(1)} \end{bmatrix} = \begin{bmatrix} A & -B \\ -C & D \end{bmatrix}^l \begin{bmatrix} a_0^{(1)} \\ b_0^{(1)} \end{bmatrix} \tag{3.1-45}$$

进一步，应用矩阵方程(3.1-38)和(3.1-39)，也可以得到相同单元层 2 中的列矢量关系。

2) 周期性层状介质中的布洛赫波

根据布洛赫定理和(3.1-33)式，周期性层状介质中布洛赫波的光电场矢量可表示为

$$\boldsymbol{E} = \boldsymbol{E}_K(z)\mathrm{e}^{\mathrm{i}Kz}\mathrm{e}^{-\mathrm{i}(\omega t - k_y y)} \tag{3.1-46}$$

式中 $k_y = K_y$，$K = K_z$(为了简单起见，将下标 z 省略)，$\boldsymbol{E}_K(z)$是周期性函数，周期为 Λ，即

$$\boldsymbol{E}_K(z) = \boldsymbol{E}_K(z+\Lambda) \tag{3.1-47}$$

下标 K 表示函数$\boldsymbol{E}_K(z)$取决于 K，常数 K 称为布洛赫波数。

下面，我们求解 $\boldsymbol{E}_K(z)$，并进一步确定 ω、k_y 和 K 之间的色散关系。

按照周期性层状介质中光电场的列矢量表示和同一层内光电场分布的(3.1-35)式，布洛赫波周期性条件(3.1-47)式可改写为

$$\begin{bmatrix} a_l \\ b_l \end{bmatrix} = \mathrm{e}^{\mathrm{i}K\Lambda}\begin{bmatrix} a_{l-1} \\ b_{l-1} \end{bmatrix} \tag{3.1-48}$$

式中，$a_l \equiv a_l^{(\alpha)}$，$b_l \equiv b_l^{(\alpha)}$。把(3.1-40)式代入(3.1-48)式，经过整理可以得到布洛赫波的列矢量所满足的本征值方程：

$$\begin{bmatrix} A & B \\ C & D \end{bmatrix}\begin{bmatrix} a_l \\ b_l \end{bmatrix} = \mathrm{e}^{-\mathrm{i}K\Lambda}\begin{bmatrix} a_l \\ b_l \end{bmatrix} \tag{3.1-49}$$

可见，相位因子 $\mathrm{e}^{-\mathrm{i}K\Lambda}$ 是平移矩阵的本征值，它满足本征方程

$$\begin{vmatrix} A - \mathrm{e}^{-\mathrm{i}K\Lambda} & B \\ C & D - \mathrm{e}^{-\mathrm{i}K\Lambda} \end{vmatrix} = 0 \tag{3.1-50}$$

其解为

$$\mathrm{e}^{-\mathrm{i}K\Lambda} = \frac{A+D}{2} \pm \left\{\left[\frac{A+D}{2}\right]^2 - 1\right\}^{1/2} \tag{3.1-51}$$

由方程(3.1-49)，即可求出对应于本征值的本征矢量。本征矢量为

$$\begin{bmatrix} a_0 \\ b_0 \end{bmatrix} = \begin{bmatrix} B \\ \mathrm{e}^{-\mathrm{i}K\Lambda} - A \end{bmatrix} \tag{3.1-52a}$$

乘一任意常数。再根据(3.1-48)式，得到第 l 单元的列矢量

$$\begin{bmatrix} a_l \\ b_l \end{bmatrix} = \mathrm{e}^{\mathrm{i}lK\Lambda}\begin{bmatrix} B \\ \mathrm{e}^{-\mathrm{i}K\Lambda} - A \end{bmatrix} \tag{3.1-52b}$$

根据(3.1-35)式和(3.1-52)式，第 l 单元层 1 中的布洛赫波为

$$E_K(z)\mathrm{e}^{\mathrm{i}Kz} = \left[(a_0^{(1)}\mathrm{e}^{\mathrm{i}k_{1z}(z-l\Lambda)} + b_0^{(1)}\mathrm{e}^{-\mathrm{i}k_{1z}(z-l\Lambda)})\mathrm{e}^{-\mathrm{i}K(z-l\Lambda)}\right]\mathrm{e}^{\mathrm{i}Kz} \tag{3.1-53}$$

式中 $a_0^{(1)}$ 和 $b_0^{(1)}$ 由(3.1-52a)式给出。因为上式方括号内的函数与 l 的取值无关，因此 $E_K(z)$ 是周期性函数，周期为 Λ。

3) 周期性层状介质中的色散特性

周期性层状介质中，ω、k_y和 K 之间的色散关系由(3.1-51)式给出：

$$K(k_y, \omega) = \frac{1}{\Lambda}\arccos\left[\frac{1}{2}(A+D)\right] \tag{3.1-54}$$

由该式可见，当 $\left|\frac{A+D}{2}\right|<1$ 时，K 为实数，相应的布洛赫波在介质中是传导波；当 $\left|\frac{A+D}{2}\right|>1$ 时，$K=\frac{m\pi}{\Lambda}+\mathrm{i}K_i$，为复数，相应的布洛赫波在介质中是倏逝波，这相应于周期性层状介质中的禁带，带边频率为 $\left|\frac{A+D}{2}\right|=1$ 处对应的频率。值得注意的是，对于 TM 波，当 $k_y=\frac{\omega}{c}n_2\sin\theta_B$（$\theta_B$ 为布儒斯特角）时，界面的菲涅耳反射为零，入射波和反射波之间无耦合，因此其禁带宽度缩小为零。

对于 $k_y=0$ 正入射的特殊情况，ω 与 K 之间的色散关系大大简化，如图 3.1-4 所示。

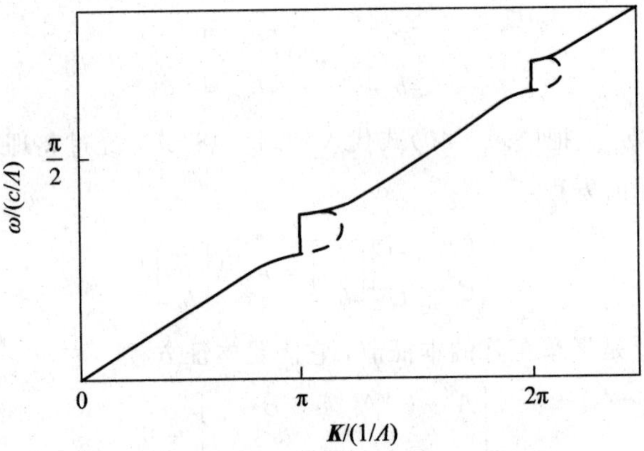

图 3.1-4　ω 与 K 之间的色散关系，虚曲线给出在任意单位下 K 的虚部

相应的色散关系可写成

$$\cos K\Lambda = \cos k_1 a\ \cos k_2 b-\frac{1}{2}\left(\frac{n_2}{n_1}+\frac{n_1}{n_2}\right)\sin k_1 a\ \sin k_2 b \tag{3.1-55}$$

其中，$k_1=n_1\omega/c$，$k_2=n_2\omega/c$。求解上述方程，可以近似求出禁带中的 K。在第一禁带中，若令 K 的复数解为如下形式：

$$K\Lambda = \pi\pm \mathrm{i}\delta \tag{3.1-56}$$

则有 $\mathrm{Re}K=\pi/\Lambda$。若设 ω_0 为禁带中心，使得

$$k_1 a = k_2 b = \frac{\pi}{2} \tag{3.1-57}$$

则在频率 ω_0 时，方程(3.1-55)变为

$$\cos K\Lambda =-\frac{1}{2}\left(\frac{n_2}{n_1}+\frac{n_1}{n_2}\right) \tag{3.1-58}$$

通常称这样的周期性介质为 1/4 波堆。将(3.1-56)式代入(3.1-58)式，得到

$$\delta = \lg\left|\frac{n_2}{n_1}\right|\approx 2\,\frac{n_2-n_1}{n_2+n_1} \tag{3.1-59}$$

式中近似等式的成立条件是 $|n_2-n_1|\ll n_1$，n_2。(3.1-59)式给出的 δ 是禁带中心处 $K\Lambda$ 的虚部，也是虚部的最大值。在禁带内，δ 从边带处的 0，逐渐变到 ω_0（禁带中心）处的这一最大值。进一步，将(3.1-56)式代入方程(3.1-55)，求出禁带内作为频率函数的 $K\Lambda$ 的虚

部的一般表示式，即可得到禁带宽度为

$$\Delta\omega_{\text{gap}} = \omega_0 \frac{4}{\pi} \frac{|n_2 - n_1|}{n_2 + n_1} \approx \omega_0 \frac{2}{\pi} \frac{\Delta n}{n} \tag{3.1-60}$$

而在禁带中心处 $K\Lambda$ 的虚部为

$$(K_i\Lambda)_{\max} = 2\frac{|n_2 - n_1|}{n_2 + n_1} \approx \frac{\Delta n}{n} \tag{3.1-61}$$

式中，$\Delta n = |n_2 - n_1|$，$n = (n_2 + n_1)/2$。可以证明，周期性层状介质介电常数的傅里叶展开系数为

$$\frac{|\varepsilon_1|}{\varepsilon_0} = \frac{4}{\pi} \frac{|n_2 - n_1|}{n_2 + n_1} \tag{3.1-62}$$

因此，上述表示式与前面推得的(3.1-26)式和(3.1-27)式是一致的。

3. 布喇格反射镜

当光波入射到周期性介质的表面时，其反射光波的性质不仅与入射角、光波的偏振性质、入射界面处介质的性质有关，还与周期性介质内部的结构有关。下面，讨论具有 N 个单元周期性层状介质的布喇格反射镜的表面反射特性。

1）布喇格反射镜的反射率

这里所讨论的布喇格反射镜结构如图 3.1-5 所示，定义反射系数为

$$r_N \overset{\text{d}}{=} \left(\frac{b_0}{a_0}\right)_{b_N=0} \tag{3.1-63}$$

该反射系数是假定布喇格反射镜右侧出射面无入射光时，入射界面上的反射光波复振幅与入射光波复振幅之比。

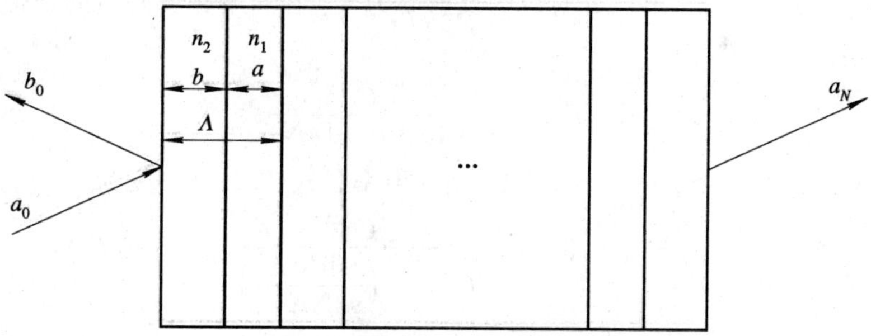

图 3.1-5 典型的 N 个单元布喇格反射镜几何结构

根据(3.1-43)式，我们得到

$$\begin{bmatrix} a_0 \\ b_0 \end{bmatrix} = \begin{bmatrix} A & B \\ C & D \end{bmatrix}^N \begin{bmatrix} a_N \\ b_N \end{bmatrix} \tag{3.1-64}$$

利用等式

$$\begin{bmatrix} A & B \\ C & D \end{bmatrix}^N = \begin{bmatrix} AU_{N-1} - U_{N-2} & BU_{N-1} \\ CU_{N-1} & DU_{N-1} - U_{N-2} \end{bmatrix}$$

把幺模矩阵$\begin{bmatrix} A & B \\ C & D \end{bmatrix}$的 N 次方简化后，很容易得到布喇格反射镜的反射系数为

$$r_N=\frac{CU_{N-1}}{AU_{N-1}-U_{N-2}} \tag{3.1-65}$$

式中

$$U_N=\frac{\sin(N+1)K\Lambda}{\sin K\Lambda} \tag{3.1-66}$$

K 由(3.1-54)式给出。布喇格反射镜的反射率为其反射系数 r_N 的绝对值平方，可得

$$|r_N|^2=\frac{|C|^2}{|C|^2+\left(\dfrac{\sin K\Lambda}{\sin NK\Lambda}\right)^2} \tag{3.1-67}$$

必须注意的是：这个反射率公式只适用于光波从折射率为 n_1 的介质入射。式中 $|C|^2$ 可由只有一个单元的布喇格反射镜决定：令 $N=1$，由 (3.1-67)式得

$$|r_1|^2=\frac{|C|^2}{|C|^2+1}$$

因此，

$$|C|^2=\frac{|r|^2}{1-|r_1|^2} \tag{3.1-68}$$

对于典型的布喇格反射镜，一般有 $|r_1^2|\ll 1$，因此 $|C|^2\approx|r_1^2|$。

2) 布喇格反射镜的光谱特性

对于较大的 N，(3.1-67)式分母中的第二项是 K(或者是 k 和 ω)的快变函数，因此该项决定了反射率的光谱特性。布喇格反射镜的光谱反射率峰值出现在禁带中心，两旁有 $N-2$ 个旁瓣，都在包络线 $\dfrac{|C|^2}{|C|^2+(\sin K\Lambda)^2}$ 下面。在布喇格反射镜的任何两个禁带之间，反射光谱有 $N-1$ 个节点，节点处对应的反射率为零。在布喇格反射镜的禁带边缘，$K\Lambda=m\pi$，反射率为

$$|r_N|^2=\frac{|C|^2}{|C|^2+(1/N)^2} \tag{3.1-69}$$

在禁带内，$K\Lambda$ 为复数：$K\Lambda=m\pi+\mathrm{i}K_i\Lambda$，则反射率公式(3.1-67)变为

$$|r_N|^2=\frac{|C|^2}{|C|^2+\left(\dfrac{\mathrm{sh}K_i\Lambda}{\mathrm{sh}NK_i\Lambda}\right)^2} \tag{3.1-70}$$

当 N 很大时，$\dfrac{\mathrm{sh}(K_i\Lambda)}{\mathrm{sh}(NK_i\Lambda)}$ 按 $\mathrm{e}^{-2(N-1)K_i\Lambda}$ 形式趋近于 0。可见，对单元个数相当大的布喇格反射镜，禁带内的反射率接近于 1。

对于布喇格反射镜的每个禁带中心，当层状介质的周期大约为波长的整数倍时，光波将强烈反射。这是因为邻近界面产生的逐次反射相互间是同相的，导致反射光波相长叠加。

TE 波和 TM 波具有不同的反射谱带结构和不同的反射率。对于 TM 波，当以布儒斯特角入射时，无论布喇格反射镜的单元数 N 为多少，都不存在反射光波，其原因在于在该入射角度下，$|C|^2=0$。

图 3.1-6 示出了典型的布喇格反射镜的反射光谱和 TE 波、TM 波在不同入射角时的反射光谱。

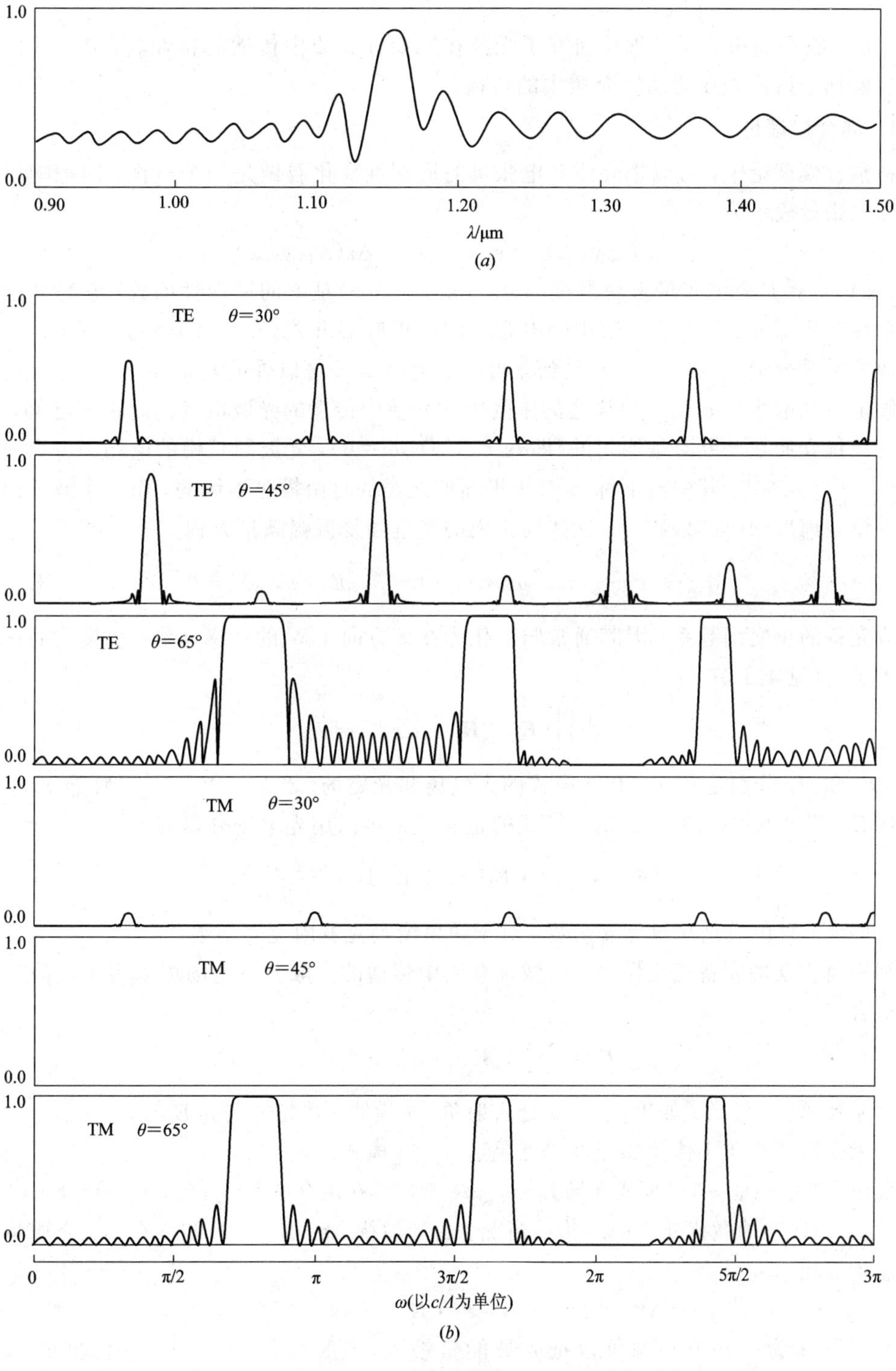

图 3.1-6 布喇格反射镜的反射率

(a) 光从空气入射到 30 层 GaAs 和 AlGaAs 的反射光谱[3]；

(b) 对 TE 波和 TM 波，15 个周期布喇格反射镜在不同入射角的反射光谱

3.1.3 光在周期性介质中传播的耦合模理论

上面，我们利用简正模理论研究了光波在周期性介质中传播的特性。下面，我们将利用耦合模理论讨论光在周期性介质中的传播。

1. 耦合模理论

在耦合模理论中，可以把介质介电张量的周期性变化看做是一个微扰，即把随空间变化的介电张量表示为

$$\boldsymbol{\varepsilon}(x,\ y,\ z) = \boldsymbol{\varepsilon}_0(x,\ y) + \Delta\boldsymbol{\varepsilon}(x,\ y,\ z) \tag{3.1-71}$$

式中，$\boldsymbol{\varepsilon}_0(x,\ y)$是介电张量未受微扰部分；$\Delta\boldsymbol{\varepsilon}(x,\ y,\ z)$是 z 的周期性函数，它是介电张量的周期性变化部分。与 3.1.2 节中介电张量的傅里叶展开式(3.1-9)进行比较，$\boldsymbol{\varepsilon}_0(x,\ y)$是级数的零级分量，$\Delta\boldsymbol{\varepsilon}(x,\ y,\ z)$是傅里叶级数除零级分量以外的其余部分。

假定由介电张量 $\boldsymbol{\varepsilon}_0(x,\ y)$描述的未受微扰介质中传播的光波电场的简正模已知，则由于未受微扰介质在 z 方向是均匀的(即$\partial\boldsymbol{\varepsilon}_0(x,\ y)/\partial z=0$)，光波简正模的电场矢量可表示为 $\boldsymbol{E}_m(x,\ y)\mathrm{e}^{-\mathrm{i}(\omega t-\beta_m z)}$。其中模下标 m 对于平面波之类的自由模是连续的，而对于波导模之类的约束模是离散的(见第四章)。这些简正模的光电场复振幅满足方程

$$\left[\frac{\partial^2}{\partial x^2} + \frac{\partial^2}{\partial y^2} + \omega^2\mu\boldsymbol{\varepsilon}_0(x,\ y) - \beta_m^2\right]\boldsymbol{E}_m(x,\ y) = 0 \tag{3.1-72}$$

并构成完备的正交函数系，因其通常归一化为在 z 方向 1 W 的功率通量，故模式的正交关系可表示为(见 4.1 节)

$$\frac{1}{2}\iint(\boldsymbol{E}_l \times \boldsymbol{H}_k^*)_z\,\mathrm{d}x\mathrm{d}y = \delta_{lk} \tag{3.1-73}$$

式中，$\boldsymbol{E}_l$ 和 $\boldsymbol{H}_k$ 分别是 l 模式和 k 模式的光电场和光磁场。当$\nabla \cdot \boldsymbol{E}=0$，且任意 m 模式的光电场 $\boldsymbol{E}_m$ 满足方程(3.1-72)时，模式的正交关系可以用光电场分量表示为

$$\iint\boldsymbol{E}_k^*(x,\ y) \cdot \boldsymbol{E}_l(x,\ y)\mathrm{d}x\mathrm{d}y = \frac{2\omega\mu}{|\beta_k|}\delta_{kl} \tag{3.1-74}$$

式中，δ_{kl}对于自由模是狄拉克 δ 函数，对于约束模是克罗内克 δ 函数。

利用简正模的完备正交性，未受微扰介质中传播的一般光波电场可以表示成简正模的线性组合：

$$\boldsymbol{E} = \sum_m A_m\boldsymbol{E}_m(x,\ y)\mathrm{e}^{-\mathrm{i}(\omega t-\beta_m z)} \tag{3.1-75}$$

式中的系数 A_m 为常数。如果在 $z=0$ 处入射单一l 模式，其光电场为 $\boldsymbol{E}_l(x,\ y)\mathrm{e}^{-\mathrm{i}(\omega t-\beta_l z)}$，则在整个未受微扰介质中传播的光波仍然是这一个 l 模式。

现在要考虑的是一个 l 模式光场 $\boldsymbol{E}_l(x,\ y)\mathrm{e}^{-\mathrm{i}(\omega t-\beta_l z)}$在由介电张量 $\boldsymbol{\varepsilon}(x,\ y,\ z)=\boldsymbol{\varepsilon}_0(x,\ y)+\Delta\boldsymbol{\varepsilon}(x,\ y,\ z)$描述的微扰介质中的传播情况。由于微扰 $\Delta\boldsymbol{\varepsilon}(x,\ y,\ z)$的存在，电介质将产生一个微扰极化：

$$\Delta\boldsymbol{P} = \Delta\boldsymbol{\varepsilon}(x,\ y,\ z) \cdot \boldsymbol{E}_l(x,\ y)\mathrm{e}^{-\mathrm{i}(\omega t-\beta_l z)} \tag{3.1-76}$$

如果该极化作为一种分布源可以把光波能量馈入(或脱离)到另一个 k 模式($\boldsymbol{E}_k(x,\ y)\mathrm{e}^{-\mathrm{i}(\omega t-\beta_k z)}$)中，则认为电介质微扰 $\Delta\boldsymbol{\varepsilon}(x,\ y,\ z)$使得 l 模式与 k 模式之间发生了耦合(或引起能量交换)。在这种情况下，$\boldsymbol{E}_m(x,\ y)\mathrm{e}^{-\mathrm{i}(\omega t-\beta_m z)}$不再是有微扰介质的简正模，但在这有微扰介质中传播的一般光电场矢量仍可由未受微扰电介质的简正模的组合来表示，只是系数变

成了 z 的函数，可表示为

$$\boldsymbol{E} = \sum_m A_m(z)\boldsymbol{E}_m(x, y)\mathrm{e}^{-\mathrm{i}(\omega t-\beta_m z)} \tag{3.1-77}$$

通常称系数 $A_m(z)$ 为模式耦合引起的第 m 个模的耦合模振幅。如果将(3.1-77)式代入有微扰介质中的波动方程

$$\{\nabla^2 + \omega^2\mu[\boldsymbol{\varepsilon}_0(x, y) + \Delta\boldsymbol{\varepsilon}(x, y, z)]\}\boldsymbol{E} = 0 \tag{3.1-78}$$

并利用方程(3.1-72)，可以得到

$$\begin{aligned}\sum_k\left[\frac{\mathrm{d}^2}{\mathrm{d}z^2}A_k(z) + 2\mathrm{i}\beta_k\frac{\mathrm{d}}{\mathrm{d}z}A_k(z)\right]\boldsymbol{E}_k(x, y)\mathrm{e}^{\mathrm{i}\beta_k z}\\ = \omega^2\mu\sum_l\Delta\boldsymbol{\varepsilon}(x, y, z)\cdot A_l(z)\boldsymbol{E}_l(x, y)\mathrm{e}^{\mathrm{i}\beta_l z}\end{aligned} \tag{3.1-79}$$

进一步，假定介质的微扰很小，耦合模振幅 $A_k(z)$ 随 z 满足“慢变化”条件(或抛物线近似)：

$$\left|\frac{\mathrm{d}^2}{\mathrm{d}z^2}A_k(z)\right| \ll \left|\beta_k\frac{\mathrm{d}}{\mathrm{d}z}A_k(z)\right| \tag{3.1-80}$$

方程(3.1-79)可简化为

$$2\mathrm{i}\sum_k\beta_k\frac{\mathrm{d}A_k(z)}{\mathrm{d}z}\boldsymbol{E}_k(x, y)\mathrm{e}^{\mathrm{i}\beta_k z} = \omega^2\mu\sum_l\Delta\boldsymbol{\varepsilon}(x, y, z)\cdot A_l(z)\boldsymbol{E}_l(x, y)\mathrm{e}^{\mathrm{i}\beta_l z} \tag{3.1-81}$$

取(3.1-81)式与 $\boldsymbol{E}_k^*(x, y)$ 的标量积，并对 x 和 y 积分，利用简正模的正交性，可得

$$\langle k \mid k\rangle\frac{\mathrm{d}A_k(z)}{\mathrm{d}z} = -\frac{\omega^2\mu}{2\mathrm{i}\beta_k}\sum_l\langle k \mid \Delta\boldsymbol{\varepsilon} \mid l\rangle A_l(z)\mathrm{e}^{-\mathrm{i}(\beta_k-\beta_l)z} \tag{3.1-82}$$

式中

$$\left.\begin{aligned}\langle k \mid k\rangle &= \iint\boldsymbol{E}_k^*\cdot\boldsymbol{E}_k\,\mathrm{d}x\,\mathrm{d}y = \frac{2\omega\mu}{\mid\beta_k\mid}\\ \langle k \mid \Delta\boldsymbol{\varepsilon} \mid l\rangle &= \iint\boldsymbol{E}_k^*\cdot\Delta\boldsymbol{\varepsilon}(x, y, z)\cdot\boldsymbol{E}_l\,\mathrm{d}x\,\mathrm{d}y\end{aligned}\right\} \tag{3.1-83}$$

由于介质的微扰在 z 方向是周期性的，可以把 $\Delta\boldsymbol{\varepsilon}(x, y, z)$ 展成傅里叶级数：

$$\Delta\boldsymbol{\varepsilon}(x, y, z) = \sum_{m\neq 0}\boldsymbol{\varepsilon}_m(x, y)\mathrm{e}^{\mathrm{i}m\frac{2\pi}{\Lambda}z} \tag{3.1-84}$$

式中，$m\neq 0$ 起因于介电张量的定义(3.1-71)式。把(3.1-83)式和(3.1-84)式代入(3.1-82)式，得到耦合模振幅 $A_k(z)$ 满足的方程：

$$\frac{\mathrm{d}A_k(z)}{\mathrm{d}z} = \mathrm{i}\frac{\beta_k}{\mid\beta_k\mid}\sum_l\sum_m C_{kl}^{(m)}A_l(z)\mathrm{e}^{-\mathrm{i}\left(\beta_k-\beta_l-m\frac{2\pi}{\Lambda}\right)z} \tag{3.1-85}$$

式中 $C_{kl}^{(m)}$ 为耦合系数，定义为

$$C_{kl}^{(m)} \equiv \frac{\omega}{4}\langle k \mid \boldsymbol{\varepsilon}_m \mid l\rangle = \frac{\omega}{4}\iint\boldsymbol{E}_k^*\cdot\boldsymbol{\varepsilon}_m(x, y)\cdot\boldsymbol{E}_l\,\mathrm{d}x\,\mathrm{d}y \tag{3.1-86}$$

它反映了由介质微扰的第 m 个傅里叶分量产生的第 k 个模和第 l 个模之间耦合的大小。

方程(3.1-85)构成了一组耦合的线性微分方程。原则上，这组方程包含有无数多个耦合模振幅。但实际上，如果对于某个整数 m，使得

$$\beta_k - \beta_l - m\frac{2\pi}{\Lambda} = 0 \tag{3.1-87}$$

条件成立，则出现所谓的共振耦合。这时，只有第 k 个模和第 l 个模之间是强烈耦合的，而

其他模之间的耦合可以忽略。若(3.1-87)式条件不成立，则第 k 个模和第 l 个模之间的模耦合无意义(可忽略)。因此，实际上，特别是在共振耦合条件附近，只有两个模是强烈耦合的。对于两个模耦合的情况，方程组(3.1-85)简化为两个方程。通常，将(3.1-87)式表示的条件称为纵向相位匹配，或称为相位匹配，这个条件在耦合模理论中十分重要。由于这个条件是随时间变化的微扰理论中能量守恒的空间摸拟，因此可称为动量守恒。

进一步考察(3.1-87)式可见，由于它类似于晶体的 X 射线衍射条件，故也称其为布喇格条件。在满足这个条件下，若具有空间传播因子 $\exp(ik_y y+i\beta z)$ 的平面入射光波，与具有空间传播因子 $\exp(ik_y y-i\beta z)$ 的平面反射光波强烈耦合，β 是垂直于相关晶面的波矢分量，则由(3.1-87)式可得晶面的间距 Λ 需要满足：

$$\beta-(-\beta)=2\beta=m\frac{2\pi}{\Lambda} \tag{3.1-88}$$

或者，因为 $\beta=k\sin\theta$(θ 是相对晶面的入射角)，晶面的间距 Λ 需要满足：

$$2\Lambda\sin\theta=m\lambda \tag{3.1-89}$$

式中，$m=1, 2, 3, \cdots$为整数。这就是著名的布喇格条件。

2. 两个模的耦合

现在讨论(3.1-87)式成立时两个模耦合的情形。假定两个耦合模为 1 和 2，忽略它们与其他任何模之间的耦合作用，则由介质微扰的第 m 个傅里叶分量引起的耦合模方程变为

$$\left.\begin{aligned}\frac{\mathrm{d}A_1}{\mathrm{d}z}&=\mathrm{i}\frac{\beta_1}{|\beta_1|}C_{12}^{(m)}A_2\mathrm{e}^{-\mathrm{i}\Delta\beta z}\\ \frac{\mathrm{d}A_2}{\mathrm{d}z}&=\mathrm{i}\frac{\beta_2}{|\beta_2|}C_{21}^{(-m)}A_1\mathrm{e}^{\mathrm{i}\Delta\beta z}\end{aligned}\right\} \tag{3.1-90}$$

式中，$\Delta\beta=\beta_1-\beta_2-m(2\pi/\Lambda)$，耦合系数 $C_{12}^{(m)}$ 和 $C_{21}^{(-m)}$ 由(3.1-86)式、并取 $k=1$，$l=2$ 得到。若介电张量的微扰 $\Delta\boldsymbol{\varepsilon}(x, y, z)$是厄密的，则耦合系数满足：

$$C_{12}^{(m)}=[C_{21}^{(-m)}]^* \tag{3.1-91}$$

进一步，如果考虑一维周期性介质，介电张量仅是 z 的函数，则介质微扰的傅里叶系数 $\boldsymbol{\varepsilon}_m$ 是常数，未受微扰介质的简正模是平面光波。这时，耦合系数变为

$$C_{12}^{(m)}=\frac{\omega^2\mu}{2\sqrt{|\beta_1\beta_2|}}\boldsymbol{e}_1^*\cdot\boldsymbol{\varepsilon}_m\cdot\boldsymbol{e}_2 \tag{3.1-92}$$

式中 $\boldsymbol{e}_1$ 和 $\boldsymbol{e}_2$ 为平面光波电场振动方向的单位矢量。显然，耦合系数取决于耦合模的偏振态和傅里叶展开系数 $\boldsymbol{\varepsilon}_m$ 的张量性质。

在耦合模方程(3.1-90)中，因子$\frac{\beta_1}{|\beta_1|}$和$\frac{\beta_2}{|\beta_2|}$的正负号直接决定了耦合的性质，而这些因子的正负号则是由耦合模的传播方向决定的。通常，把耦合按传播方向分为两类：同向耦合与逆向耦合，下面分别讨论。

1) 同向耦合

当耦合模沿同一方向(如沿$+z$方向)传播时，称为同向耦合。因子$\frac{\beta_1}{|\beta_1|}=\frac{\beta_2}{|\beta_2|}=+1$。耦合模方程变为

$$\left.\begin{aligned}\frac{\mathrm{d}A_1}{\mathrm{d}z}&=\mathrm{i}\kappa A_2\mathrm{e}^{-\mathrm{i}\Delta\beta z}\\\frac{\mathrm{d}A_2}{\mathrm{d}z}&=\mathrm{i}\kappa^* A_1\mathrm{e}^{\mathrm{i}\Delta\beta z}\end{aligned}\right\}\tag{3.1-93}$$

式中，$\kappa=C_{12}^{(m)}$为耦合系数。由于A_1和A_2是模1和2的复振幅，所以$|A_1|^2$和$|A_2|^2$为模1和2的能流，应满足能量守恒定律：

$$\frac{\mathrm{d}}{\mathrm{d}z}(|A_1|^2+|A_2|^2)=0\tag{3.1-94}$$

利用(3.1-94)式，可以得到耦合模方程的解：

$$\left.\begin{aligned}A_1(z)&=\left\{\left[\cos sz+\mathrm{i}\frac{\Delta\beta}{2s}\sin sz\right]A_1(0)+\mathrm{i}\frac{\kappa}{s}\sin szA_2(0)\right\}\mathrm{e}^{-\mathrm{i}(\Delta\beta/2)z}\\A_2(z)&=\left\{\mathrm{i}\frac{\kappa^*}{s}\sin szA_1(0)+\left[\cos sz-\mathrm{i}\frac{\Delta\beta}{2s}\sin sz\right]A_2(0)\right\}\mathrm{e}^{\mathrm{i}(\Delta\beta/2)z}\end{aligned}\right\}\tag{3.1-95}$$

式中，$A_1(0)$和$A_2(0)$是$z=0$处的模振幅；$s^2=\kappa^*\kappa+\left(\frac{\Delta\beta}{2}\right)^2$。由上式可见，经过距离$z$，从模$A_2$耦合到模$A_1$(反之亦然)的能量交换率$T_{12}$为

$$T_{12}=\frac{|\kappa|^2}{|\kappa|^2+(\Delta\beta/2)^2}\sin^2\sqrt{|\kappa|^2+\left(\frac{\Delta\beta}{2}\right)^2}z\tag{3.1-96}$$

其最大值为$\frac{|\kappa^2|}{|\kappa|^2+(\Delta\beta/2)^2}$，随$\Delta\beta$的增大而减小。只有当$\Delta\beta=0$，即满足相位匹配条件时，两个模式之间才能发生完全的能量交换。

作为同向耦合的典型示例，后面将利用耦合模理论讨论光在Šolc滤波器中的透射特性，并在图3.1-8中描述了$\Delta\beta=0$和$\Delta\beta\neq0$情况下，同向耦合模式之间的能量交换关系。

2) 逆向耦合

两个耦合模沿相反方向传播时，称为逆向耦合。取模式1沿$+z$方向传播，有$\beta_1>0$，模式2沿$-z$方向传播，有$\beta_2<0$，则$\frac{\beta_1}{|\beta_1|}=+1$，$\frac{\beta_2}{|\beta_2|}=-1$。在这种情况下，耦合模方程变为

$$\left.\begin{aligned}\frac{\mathrm{d}A_1}{\mathrm{d}z}&=\mathrm{i}\kappa A_2\mathrm{e}^{-\mathrm{i}\Delta\beta z}\\\frac{\mathrm{d}A_2}{\mathrm{d}z}&=-\mathrm{i}\kappa^* A_1\mathrm{e}^{\mathrm{i}\Delta\beta z}\end{aligned}\right\}\tag{3.1-97}$$

此时，沿$+z$方向的净能流为$|A_1|^2-|A_2|^2$，能量守恒要求

$$\frac{\mathrm{d}}{\mathrm{d}z}(|A_1|^2-|A_2|^2)=0\tag{3.1-98}$$

假定逆向耦合时的边界条件为：在$z=0$处，$A_1=A_1(0)$；在$z=L$处，$A_2=A_2(L)$。则方程(3.1-97)的解为

$$\left.\begin{aligned}A_1(z)&=\left\{\frac{s\,\mathrm{ch}[s(L-z)]-\mathrm{i}(\Delta\beta/2)\mathrm{sh}[s(L-z)]}{s\,\mathrm{ch}(sL)-\mathrm{i}(\Delta\beta/2)\mathrm{sh}(sL)}A_1(0)+\frac{\mathrm{i}\kappa\mathrm{e}^{-\mathrm{i}(\Delta\beta/2)L}\mathrm{sh}(sz)}{s\,\mathrm{ch}(sL)-\mathrm{i}(\Delta\beta/2)\mathrm{sh}(sL)}A_2(L)\right\}\mathrm{e}^{-\mathrm{i}(\Delta\beta/2)z}\\A_2(z)&=\left\{\frac{\mathrm{i}\kappa^*\,\mathrm{sh}[s(L-z)]}{s\,\mathrm{ch}(sL)-\mathrm{i}(\Delta\beta/2)\mathrm{sh}(sL)}A_1(0)+\mathrm{e}^{-\mathrm{i}(\Delta\beta/2)L}\frac{s\,\mathrm{ch}(sz)-\mathrm{i}(\Delta\beta/2)\mathrm{sh}(sz)}{s\,\mathrm{ch}(sL)-\mathrm{i}(\Delta\beta/2)\mathrm{sh}(sL)}A_2(L)\right\}\mathrm{e}^{\mathrm{i}(\Delta\beta/2)z}\end{aligned}\right\}\tag{3.1-99}$$

式中，$s^2=\kappa^*\kappa-\left(\frac{\Delta\beta}{2}\right)^2$。在 $0\leqslant z\leqslant L$ 的区间内，模式之间的能量交换率 T_{12} 为

$$T_{12}=\frac{|\kappa|^2\mathrm{sh}^2(sL)}{s^2\mathrm{ch}^2(sL)+(\Delta\beta/2)^2\mathrm{sh}^2(sL)} \tag{3.1-100}$$

显然，T_{12} 仍然随 $\Delta\beta$ 的增大而减小。在 $\Delta\beta=0$，即满足相位匹配条件，且 $L\to\infty$ 时，两个模式之间发生完全能量交换。

作为逆向耦合的典型示例，后面将利用耦合模理论讨论布喇格反射镜的反射特性，并将在图 3.1－11 中描述 $\Delta\beta=0$ 的情况下，逆向耦合模式之间的能量交换关系。与同向耦合不同的是，同向耦合的两个模式之间的能量交换呈空间周期性变化，而逆向耦合能量则是单调地从一个模式转移到另一个模式。

3. Šolc 滤波器的耦合模理论

前面我们曾经利用琼斯矩阵理论分析了 Šolc 滤波器的透射性质。对于图 2.5－5 所示的六级折叠式 Šolc 滤波器，显然可以看成是周期性介质。因此，在这里作为周期性介质中光波传播的一个例子，采用耦合模理论分析折叠式 Šolc 滤波器的透射特性。

1) Šolc 滤波器中介质介电张量的微扰处理

令 n_1、n_2 和 n_3 分别表示 Šolc 滤波器中每个晶片的主折射率，光波传播坐标系的 z 轴平行于晶片的 $z(c)$ 轴，并垂直于每一块晶片，x 轴平行于前起偏器的透射方向，y 轴平行于后检偏器的透射方向。晶片在主轴坐标系中的介电张量为

$$\boldsymbol{\varepsilon}=\varepsilon_0\begin{bmatrix}n_1^2 & 0 & 0\\ 0 & n_2^2 & 0\\ 0 & 0 & n_3^2\end{bmatrix} \tag{3.1-101}$$

式中 ε_0 为真空中的介电常数。令 ψ 为晶轴和 x、y 轴之间的夹角(见图 3.1－7)，在 xyz 坐标系中，晶片的介电张量可以表示为

$$\boldsymbol{\varepsilon}=\varepsilon_0\boldsymbol{R}(\psi)\begin{bmatrix}n_1^2 & 0 & 0\\ 0 & n_2^2 & 0\\ 0 & 0 & n_3^2\end{bmatrix}\boldsymbol{R}^{-1}(\psi) \tag{3.1-102}$$

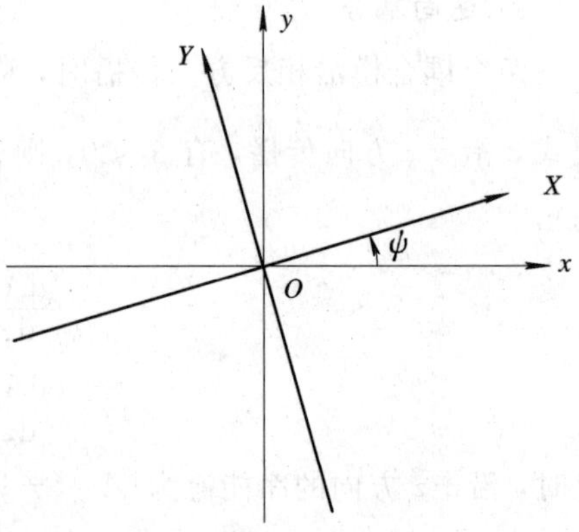

图 3.1－7　方位角 ψ

式中 $\boldsymbol{R}(\psi)$ 为坐标旋转矩阵，

$$\boldsymbol{R}(\psi)=\begin{bmatrix}\cos\psi & -\sin\psi & 0\\ \sin\psi & \cos\psi & 0\\ 0 & 0 & 1\end{bmatrix} \tag{3.1-103}$$

且 $\boldsymbol{R}^{-1}(\psi)=\boldsymbol{R}(-\psi)$。

现将(3.1－102)式所示的介电张量分解为 $\boldsymbol{\varepsilon}=\boldsymbol{\varepsilon}_0+\Delta\boldsymbol{\varepsilon}$，其中

$$\boldsymbol{\varepsilon}_0=\varepsilon_0\begin{bmatrix}n_1^2 & 0 & 0\\ 0 & n_2^2 & 0\\ 0 & 0 & n_3^2\end{bmatrix} \tag{3.1-104}$$

$$\Delta\boldsymbol{\varepsilon}=\varepsilon_0(n_2^2-n_1^2)\begin{bmatrix}\sin^2\psi & -\sin\psi\cos\psi & 0\\ -\sin\psi\cos\psi & -\sin^2\psi & 0\\ 0 & 0 & 0\end{bmatrix}\tag{3.1-105}$$

由于 $n_2^2-n_1^2$ 通常比 n_2^2、n_1^2 小得多，因此可以把 $\Delta\boldsymbol{\varepsilon}$ 按小的介质微扰处理。在 Šolc 滤波器中，晶片的方位角分别等于 ρ 和 $-\rho$。因此，介质的微扰 $\Delta\boldsymbol{\varepsilon}$ 是 z 的周期函数。又因 $\Delta\boldsymbol{\varepsilon}$ 的对角线矩阵元在整个滤波器介质中保持不变，故它在介电张量的周期变化部分可以不出现。若将这些对角线项包含在 $\boldsymbol{\varepsilon}_0$ 中，则与 n_1^2，n_2^2 相比很小，因而可以忽略。于是，我们把(3.1-104)式看做未受微扰的介电张量，并假定周期性微扰为

$$\Delta\boldsymbol{\varepsilon}=\varepsilon_0\begin{bmatrix}0 & -\frac{1}{2}(n_2^2-n_1^2)\sin2\rho & 0\\ -\frac{1}{2}(n_2^2-n_1^2)\sin2\rho & 0 & 0\\ 0 & 0 & 0\end{bmatrix}f(z)\tag{3.1-106}$$

式中，$f(z)$为 z 的周期性方波函数，

$$f(z)=\begin{cases}1 & 0<z<\dfrac{\Lambda}{2}\\ -1 & \dfrac{\Lambda}{2}<z<\Lambda\end{cases}\tag{3.1-107}$$

而周期 Λ 恰好是晶片厚度的 2 倍。

2) Šolc 滤波器的耦合模理论分析

未受微扰介质中的简正模是平面光波。这里只限于讨论光波在 z 方向的传播，因此简正模是 x-偏振的平面光波 e^{ik_1z} 和 y-偏振的平面光波 e^{ik_2z}，相应的波数为

$$k_{1,2}=\frac{\omega}{c}n_{1,2}\tag{3.1-108}$$

一般来说，周期性介质中同向耦合和逆向耦合都存在，这取决于所关心的频谱范围。而对于普通折叠式 Šolc 滤波器，则是基于同向耦合设计的。

把周期性函数 $f(z)$展为傅里叶级数：

$$f(z)=\sum_{m\neq0}-\frac{i(1-\cos m\pi)}{m\pi}e^{im\frac{2\pi}{\Lambda}z}\tag{3.1-109}$$

并将其代入(3.1-106)式，可以得到电介质微扰 $\Delta\boldsymbol{\varepsilon}$ 的傅里叶展开系数：

$$\boldsymbol{\varepsilon}_m=\frac{\varepsilon_0}{2}(n_2^2-n_1^2)\sin2\rho\begin{bmatrix}0 & 1 & 0\\ 1 & 0 & 0\\ 0 & 0 & 0\end{bmatrix}\frac{i(1-\cos m\pi)}{m\pi}\tag{3.1-110}$$

根据(3.1-92)式，又可以得到二耦合模之间的耦合系数 κ 为

$$\kappa=\frac{\omega}{c}\frac{n_2^2-n_1^2}{4\sqrt{n_1n_2}}\sin2\rho\frac{i(1-\cos m\pi)}{m\pi}\tag{3.1-111}$$

为了求得折叠式 Šolc 滤波器的透射特性，应用 $z=0$ 处的初始条件：$A_1(0)=1$，$A_2(0)=0$（A_1 是x-偏振模的耦合模振幅，A_2 是 y-偏振模的耦合模振幅），得到

$$\left.\begin{aligned}A_1(z)&=e^{-i\Delta\beta z/2}\left[\cos sz+i\frac{\Delta\beta}{2s}\sin sz\right]\\ A_2(z)&=e^{i\Delta\beta z/2}(i\kappa^*)\frac{\sin sz}{s}\end{aligned}\right\}\tag{3.1-112}$$

式中 s 由 $s^2=|\kappa|^2+(\Delta\beta/2)^2$ 给出，$\Delta\beta$ 为

$$\Delta\beta = k_1 - k_2 - m\left(\frac{2\pi}{\Lambda}\right) \tag{3.1-113}$$

在后检偏器 $z=L$ 处，得到 y-偏振光的透射率为

$$T = |\kappa|^2 \frac{\sin^2 sL}{s^2} \tag{3.1-114}$$

分析上式可见，模式间 100% 的能量转换出现在 $\Delta\beta=0$ 和 $|\kappa|L=\pi/2$，$3\pi/2$，…处。因此，完全的功率交换沿 z 方向周期性地出现。

如果滤波器的长度满足 $|\kappa|L=\pi/2$，透射率为

$$T = \left[\frac{\sin(\pi x/2)}{x}\right]^2 \tag{3.1-115}$$

式中，$x=\left[1+\left(\frac{\Delta\beta L}{\pi}\right)^2\right]^{1/2}$。这里得到的透射率表达式(3.1-115)与琼斯计算法得到的结果(2.5-50)式等同。进一步，当 $\Delta\beta=0$ 时透射率最大，按照(3.1-113)式，这相当于晶片为半波片。

按照(3.1-112)式，光波在滤波器中沿 z 方向传播时，能量在耦合模之间交换，模式功率随 z 的变化关系如图 3.1-8 所示。

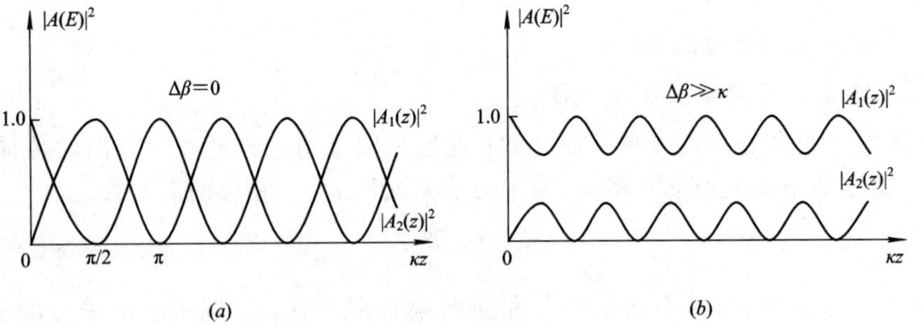

图 3.1-8　Šolc 滤波器中两个耦合模间的功率交换

(*a*) $\Delta\beta=0$；(*b*) $\Delta\beta\neq 0$

当满足布喇格条件 $k_1+k_2-2m\pi/\Lambda=0$ 时，逆向耦合也能出现在 Šolc 滤波器中。在这种情况下光波的反射不同于前面一般周期性介质中的布喇格反射，称之为交换布喇格反射。其差别在于在交换布喇格耦合中，耦合涉及具有不同偏振态及不同相速度的两个简正模之间的功率交换，因此偏振的变化和反射同时出现。

4. 布喇格反射镜的耦合模理论

现在利用耦合模理论来讨论布喇格反射镜的反射特性。

1) 布喇格反射镜介质中的耦合模解

为简单起见，假定图 3.1-5 所示的布喇格反射镜中所有的层厚相同，作为 z 的函数的介电常数为

$$\varepsilon(z) = \begin{cases} \varepsilon_0 n_2^2 & 0 < z < \frac{1}{2}\Lambda \\ \varepsilon_0 n_1^2 & \frac{1}{2}\Lambda < z < \Lambda \end{cases} \tag{3.1-116}$$

且

$$\varepsilon(z) = \varepsilon(z+\Lambda) \tag{3.1-117}$$

按照(3.1-71)式，把介电常数分解为

$$\varepsilon(z) = \frac{1}{2}\varepsilon_0(n_1^2+n_2^2) + \frac{1}{2}\varepsilon_0(n_2^2-n_1^2)f(z) \tag{3.1-118}$$

式中，$f(z)$为如下的周期性方波函数：

$$f(z) = \begin{cases} 1 & 0 < z < \frac{1}{2}\Lambda \\ -1 & \frac{1}{2}\Lambda < z < \Lambda \end{cases} \tag{3.1-119}$$

根据前面的讨论，未受微扰介质中的简正模是平面光波 $e^{ik\cdot r}$，其波矢量的大小为

$$k^2 = \left(\frac{\omega}{c}\right)^2 \frac{n_1^2+n_2^2}{2} = \left(\bar{n}\frac{\omega}{c}\right)^2 \tag{3.1-120}$$

式中，$\bar{n}^2=(n_1^2+n_2^2)/2$ 定义为介质的平均折射率。这些平面光波可根据其偏振态的不同，分为 TE 波和 TM 波。由于微扰的和未受微扰的介电常数都是标量，因而 TE 波和 TM 波之间的模式不发生耦合，只有相同偏振态的模式间才可能发生耦合。又由于同向耦合时不能满足相位匹配条件($\Delta\beta=\beta_1-\beta_2-2m\pi/\Lambda=-2m\pi/\Lambda\neq 0$)，所以相同偏振态模式间的耦合只能发生在逆向耦合。TE 波之间的模式耦合与 TM 波之间的模式耦合相似，惟一的差别是耦合系数 κ 不同。

为了求出耦合系数 κ，将 $f(z)$展为傅里叶级数：

$$f(z) = \sum_{m\neq 0} -\frac{i(1-\cos m\pi)}{m\pi} e^{im\frac{2\pi}{\Lambda}z} \tag{3.1-121}$$

并如图 3.1-9 所示，令 θ 为入射波矢 $\boldsymbol{k}$ 和 z 轴之间的夹角，$\boldsymbol{k}'$为反射波矢。应用(3.1-92)、(3.1-118)式和(3.1-121)式，得到耦合系数

$$\kappa = \begin{cases} -\dfrac{i(1-\cos m\pi)}{2m\lambda\cos\theta}\dfrac{\sqrt{2}(n_2^2-n_1^2)}{\sqrt{n_2^2+n_1^2}} & \text{TE 波} \\ -\dfrac{i(1-\cos m\pi)}{2m\lambda\cos\theta}\dfrac{\sqrt{2}(n_2^2-n_1^2)}{\sqrt{n_2^2+n_1^2}}\cos 2\theta & \text{TM 波} \end{cases} \tag{3.1-122}$$

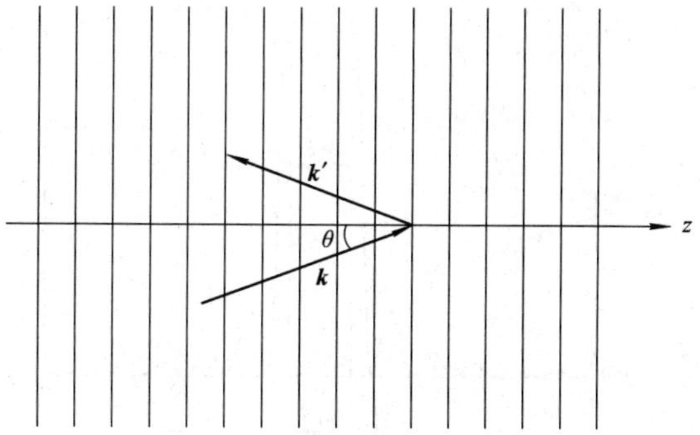

图 3.1-9 离轴光的布喇格反射

分析(3.1-122)式可见，TE 波和 TM 波耦合系数的差别仅是一个方向因子 $\cos 2\theta$。对于 TM 波，当 $\theta=45°$时，耦合系数为零。事实上，对于 $n_1\approx n_2$，布儒斯特角 $\theta_B=$

$\arctan(n_2/n_1)=45°$，因此这相当于 TM 波在布儒斯特角入射时的反射(见图 3.1-6(*b*))。由(3.1-122)式还可以看出，当 $m=2, 4, 6, \cdots$时，耦合系数 $\kappa=0$，因此不存在偶次布喇格反射，这相当于每层介质的厚度约为半波长整数倍的情况，它产生零反射。

相位失配因子 $\Delta\beta$ 为

$$\Delta\beta = 2k\cos\theta - m\frac{2\pi}{\Lambda} = 2\bar{n}\frac{\omega}{c}\cos\theta - m\frac{2\pi}{\Lambda} \tag{3.1-123}$$

式中 Λ 为层状结构的周期，k 为(3.1-120)式给出的波数。

现在，考虑光波在 $z=0$ 处入射布喇格反射镜的情况。假设 $A_1(z)$和 $A_2(z)$分别为布喇格反射镜介质中入射光波和反射光波的振幅，边界条件为

$$\left.\begin{aligned} A_1(0) &= 1 \\ A_2(L) &= 0 \end{aligned}\right\} \tag{3.1-124}$$

应用该边界条件，由(3.1-99)式可得

$$\left.\begin{aligned} A_1(z) &= \frac{s\,\text{ch}[s(L-z)] - \text{i}(\Delta\beta/2)\,\text{sh}[s(L-z)]}{s\text{ch}(sL) - \text{i}(\Delta\beta/2)\,\text{sh}sL}\text{e}^{-\text{i}(\Delta\beta/2)z} \\ A_2(z) &= \frac{\text{i}\kappa^*\,\text{sh}[s(L-z)]}{s\,\text{ch}sL - \text{i}(\Delta\beta/2)\text{sh}sL}\text{e}^{\text{i}(\Delta\beta/2)z} \end{aligned}\right\} \tag{3.1-125}$$

2) 布喇格反射镜的反射率

根据布喇格反射镜反射率的定义

$$R = \left|\frac{A_2(0)}{A_1(0)}\right|^2 \tag{3.1-126}$$

按照(3.1-125)式，得到

$$R = \frac{\kappa\kappa^*\,\text{sh}^2 sL}{s^2\text{ch}^2 sL + (\Delta\beta/2)^2\text{sh}^2 sL} \tag{3.1-127}$$

其最大反射率出现在 $\Delta\beta=0$ 处，且为

$$R_{\max} = \text{th}^2(|\kappa|L) \tag{3.1-128}$$

根据(3.1-127)式绘制出布喇格反射镜反射率 R 随 $\Delta\beta L$ 的变化关系，如图 3.1-10 所示。可以看出，它是 $\Delta\beta$ 的偶函数。

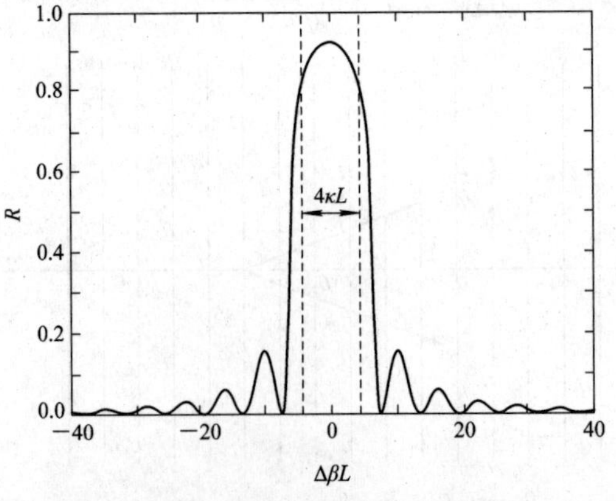

图 3.1-10 布喇格反射率($|\kappa|L=2.0$)

若令 ω_m 为满足布喇格条件(3.1-7)式的频率，则相位失配因子(3.1-123)式可以表示成

$$\Delta\beta = \frac{2\bar{n}}{c}(\omega - \omega_m)\cos\theta \tag{3.1-129}$$

可见，反射频谱由中间主峰和一系列旁瓣组成。主峰的带宽约为

$$\Delta\beta = 4\mid\kappa\mid \tag{3.1-130}$$

因为在 $\Delta\beta = \pm 2|\kappa|$ 处，参量 $s \to 0$，所以反射率下降为

$$R = \frac{|\kappa L|^2}{1 + |\kappa L|^2} \tag{3.1-131}$$

由(3.1-123)式、(3.1-122)式和(3.1-130)式，可以得到主峰对应的带宽为

$$\frac{\Delta\omega}{\omega} = \begin{cases} \dfrac{2}{\pi m\cos^2\theta}\dfrac{|n_2^2 - n_1^2|}{n_2^2 + n_1^2} & \text{TE 波} \\ \dfrac{2}{\pi m\cos^2\theta}\dfrac{|n_2^2 - n_1^2|}{n_2^2 + n_1^2}\cos(2\theta) & \text{TM 波} \end{cases} \quad m = 1,\ 3,\ 5,\ \cdots \tag{3.1-132}$$

对于 $m=1$ 和正入射的情况，反射主峰带宽的表达式(3.1-132)与(3.1-60)式一致。这说明，由(3.1-132)式定义的反射主峰带宽等于周期性介质禁带宽度。因此，频率处在周期性介质禁带内(在这个禁带内会产生倏逝波)的光波，若按上述条件入射到介质，就会发生强烈反射。

除了 $\Delta\beta=0$ 处的主峰之外，反射率谱还在主峰两边出现了一系列旁瓣，这些旁瓣的峰值约在 $sL = \mathrm{i}\left(p+\dfrac{1}{2}\right)\pi$ $(p=1,\ 2,\ 3,\ \cdots)$处，相应于 $\Delta\beta = \pm 2\left[|\kappa|^2 + \left(p+\dfrac{1}{2}\right)^2\pi^2\right]^{1/2}$。这些旁瓣峰值对应的反射率为

$$R = \frac{|\kappa L|^2}{\left(p+\dfrac{1}{2}\right)^2\pi^2 + |\kappa L|^2} \tag{3.1-133}$$

当 $|\kappa L| > \dfrac{\pi}{2}$ 时，旁瓣的反射率就变得较大了。事实上，当 $|\kappa L| = \dfrac{\pi}{2}$ 时，第一个旁瓣的峰值反射率高达 10%，而相应的主峰反射率仅为 84%。所有零值反射率出现在 $sL = \mathrm{i}p\pi$ $(p=1,\ 2,\ 3,\ \cdots)$处，相应于 $\Delta\beta = \pm 2(|\kappa|^2 + p^2\pi^2)^{1/2}$。

在 $\Delta\beta=0$ 的情况下，模式功率 $|A_1(z)|^2$ 和 $|A_2(z)|^2$ 随 z 的变化如图 3.1-11 所示。当双曲余弦和双曲正弦函数的宗量足够大时，入射模式功率在周期性层状介质中指数衰减。当然，这种功率衰减起因于功率反射或逆向耦合传播的模式功率 $|A_2(z)|^2$。

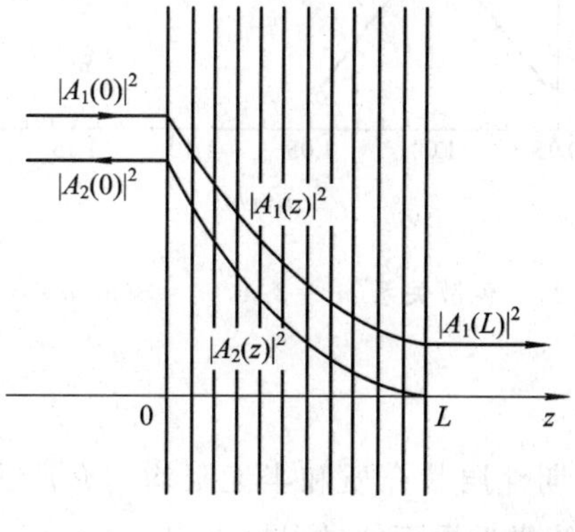

图 3.1-11 周期性层状介质中，$\Delta\beta=0$ 时入射模和反射模的功率变化

3) 色散关系

进一步分析(3.1-125)式可以发现，在周期性层状介质中，传播光波的解与 z 有关的部分是指数函数，其传播常数为

$$K = k\cos\theta \pm \mathrm{i}s = \frac{m\pi}{\Lambda} \pm \mathrm{i}\sqrt{|\kappa|^2 - \left(\frac{\Delta\beta}{2}\right)^2} \tag{3.1-134}$$

可见，对于$|\Delta\beta|<2|\kappa|$的频率范围，K 存在虚部，这就是所谓的禁带区；在该区域内，出现倏逝波。应当指出的是，对于每个 m 值($m=1, 2, 3, \cdots$)都存在这样一个禁带，其中心频率 ω_0 满足 $k\cos\theta = m\pi/\Lambda$($\kappa$ 为零的 m 值除外)。应用(3.1-120)式和(3.1-123)式，得到 K 与 ω 满足如下关系：

$$K = \frac{m\pi}{\Lambda} \pm \mathrm{i}\sqrt{|\kappa|^2 - \left(\frac{\bar{n}}{c}\right)^2(\omega-\omega_0)^2\cos^2\theta} \tag{3.1-135}$$

对于 $m=1$ 和 $\theta=0$，由(3.1-135)式可以得到图 3.1-12 所示的 ω 与 $\mathrm{Re}\{K\}$和 $\mathrm{Im}\{K\}$的关系曲线。相应于这种周期性介质的频率“禁”区的宽度为

$$\Delta\omega_{\mathrm{gap}} = \frac{2c}{\bar{n}}|\kappa| \tag{3.1-136}$$

并且有

$$\mathrm{Im}\{K\}_{\max} = |\kappa| \tag{3.1-137}$$

根据(3.1-123)式，上面式中的$|\kappa|$是 m 的函数。可见，很短的一片周期性介质对 ω_0 附近的频率起着高反射镜的作用。

由上面的讨论可以看出，利用耦合模理论与简正模(布洛赫波)理论得到的色散关系 $\omega(K)$形式一致，图 3.1-12 中的曲线是用耦合模理论的(3.1-135)式或用简正模理论的精确结果(3.1-55)式得到的。

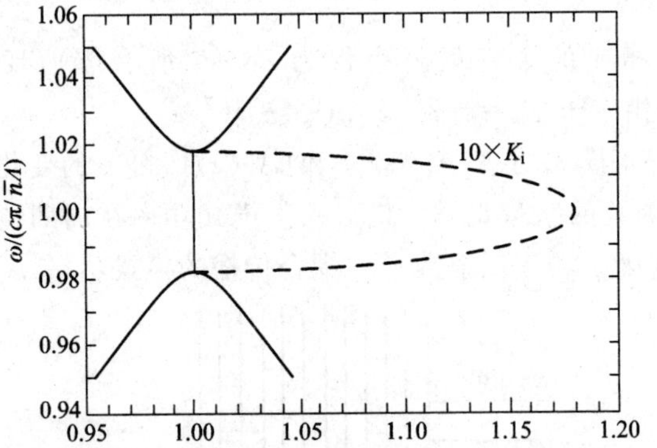

图 3.1-12 色散关系($n_1=3.4$, $n_2=3.6$, $a=b=0.5\Lambda$)

3.1.4 电磁表面波

这一节研究由半无限周期性层状介质和半无限均匀介质边界导引的布洛赫倏逝表面波，即限制在两个半无限系统靠近界面的导引模[4, 5]。

在两个半无限系统靠近的界面处存在导引模可作如下理解：如前面的讨论，在周期性

层状介质中，对于一给定的频率，存在一些 k_y 区，其 K 是复数，且 $K=m\pi/\Lambda+\mathrm{i}K_i$。在无限大的周期性介质内部，不能存在强度指数变化的波，这些区域是"禁戒的"。但若周期性介质是半无限的，界面附近按指数衰减的解就可能是一个合理的解，它可有一个有限的振幅。在周期性介质内的场包络按 $\exp(-K_i z)$ 衰减，其中 z 为从界面进入周期性介质的距离。假如 $ck_y/\omega>n_0$（n_0 是半无限均匀介质的折射率），在半无限均匀介质中它也按指数消失。

为了研究表面导引模的性质，考虑如下折射率分布的介质：

$$n(y,z)=\begin{cases}n_0 & z\leqslant 0\\ n_2 & m\Lambda\leqslant z<m\Lambda+b\\ n_1 & m\Lambda+b\leqslant z<(m+1)\Lambda\end{cases}\qquad m=0,1,2,\cdots$$

(3.1-138)

现在寻求沿 y 正方向传播、沿 x 方向偏振的 TE 表面导引模。TE 模的光电场遵从波动方程

$$\{\nabla^2+\omega^2\mu[\varepsilon_0(x,y)+\Delta\boldsymbol{\varepsilon}(x,y,z)]\}\boldsymbol{E}=0\qquad(3.1-139)$$

其解取如下形式：

$$E(y,z)=\begin{cases}\alpha\mathrm{e}^{q_\alpha z}\mathrm{e}^{\mathrm{i}k_y y} & z\leqslant 0\\ E_K(z)\mathrm{e}^{\mathrm{i}Kz}\mathrm{e}^{\mathrm{i}k_y y} & z>0\end{cases}\qquad(3.1-140)$$

式中，α 是常数；$q_\alpha=(k_y^2-|\omega n_0/c|)^{1/2}$，$E_K(z)\mathrm{e}^{\mathrm{i}Kz}$ 是(3.1-53)式所表示的布洛赫波。

如果(3.1-140)式是存在的表面波，则一是要求光电场随 z 的增大而迅速消失，这只有当周期性介质中的传播条件(即 k_y)相应于禁带时才可能；二是 $E(y,z)$ 及其一阶导数 $\partial E(y,z)/\partial z$ 在界面 $z=0$ 处连续。现利用 $l=0$ 时的布洛赫波显式(3.1-53)式和(3.1-140)式，界面 $z=0$ 处的连续性条件变为

$$\left.\begin{aligned}\alpha&=a_0+b_0\\ q_\alpha\alpha&=\mathrm{i}k_{1z}(a_0+b_0)\end{aligned}\right\}\qquad(3.1-141)$$

式中 a_0 和 b_0 由(3.1-52a)式给出。将(3.1-141)式中的 α 消去，并利用(3.1-52a)式，可以得到表面波的模式条件为

$$q_\alpha=-\mathrm{i}k_{1z}\frac{A+B-\mathrm{e}^{-\mathrm{i}K\Lambda}}{A-B-\mathrm{e}^{-\mathrm{i}K\Lambda}}\qquad(3.1-142)$$

对于 TE 波，式中 A 和 B 由(3.1-41)式给出，$\mathrm{e}^{-\mathrm{i}K\Lambda}$ 由(3.1-51)式给出。显然，选择 K 的符号应使其虚部为正，按照(3.1-140)式，光场振幅随 z 的增加按指数衰减。根据前面相应的关系，对于一给定的 ω，(3.1-142)式两边都是 k_y 的函数。满足(3.1-142)式(此时 K 为复数)的 k_y 值，相当于表面波。

通过计算得出的一些典型表面波的横向光场分布，如图 3.1-13 所示。由该图可见，光波电场能量集中在半无限周期性介质的开始几个周期中。可以证明

$$\frac{\text{半无限周期结构第一周期中的能量}}{\text{整个半无限周期结构中的能量}}=1-\mathrm{e}^{-2K_i\Lambda}\qquad(3.1-143)$$

式中，$K_i=\mathrm{Im}\{K\}>0$，K_i 是 K 的虚部。一般来说，表面波的基模有最大的 K_i，因而有最高的定域度。表面基波可出现在零禁带或第一禁带内，这取决于半无限大均匀介质折射率 n_0 的大小。

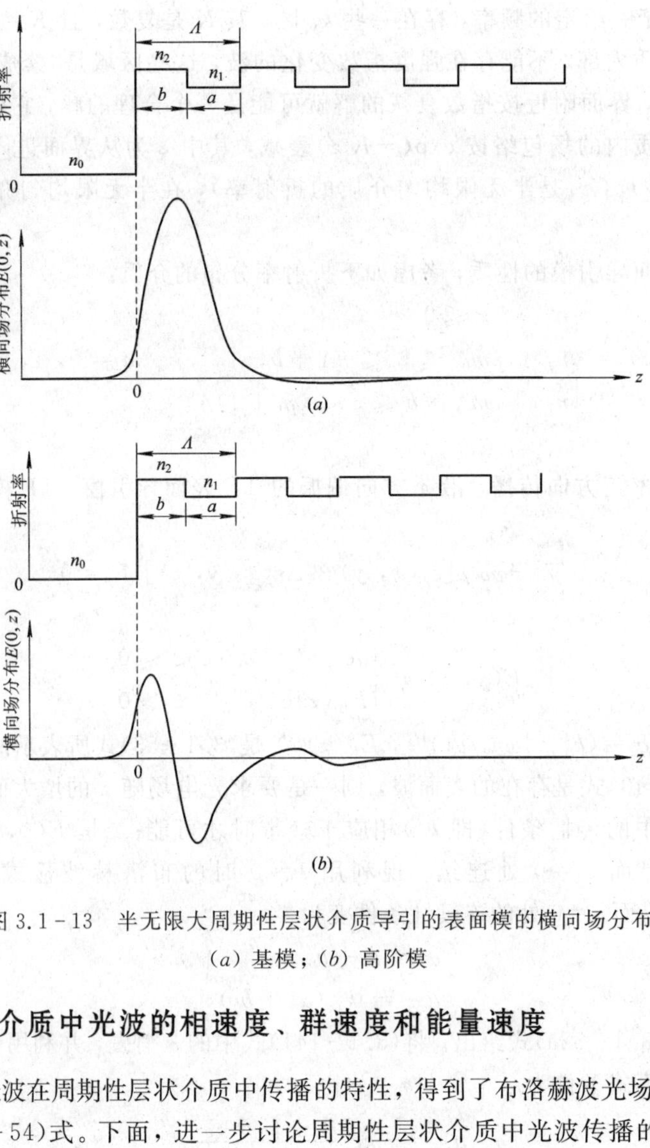

图 3.1-13 半无限大周期性层状介质导引的表面模的横向场分布

(a) 基模；(b) 高阶模

3.1.5 周期性介质中光波的相速度、群速度和能量速度

前面讨论了光波在周期性层状介质中传播的特性，得到了布洛赫波光场表示式(3.1-53)和色散关系(3.1-54)式。下面，进一步讨论周期性层状介质中光波传播的相速度、群速度和能量速度问题。

在周期性层状介质中，相速度、群速度和能量速度的概念较为复杂，需要慎重考虑。虽然(3.1-54)式给出了 K 和 ω 之间的色散关系，但由此式定义的布洛赫波数 K 不是惟一被确定的，因为对 K 加上 $2\pi/\Lambda$ 的任何整数倍，(3.1-54)式仍然成立。

1. 相速度

为了求得相速度，把 $\boldsymbol{E}_K(z)$ 展为傅里叶级数：

$$\boldsymbol{E}_K(z)=\sum_l \boldsymbol{e}_K^{(l)}\,\mathrm{e}^{\mathrm{i}l(2\pi/\Lambda)z} \tag{3.1-144}$$

即将布洛赫波表示为数目无限的空间谐波(局域平面波)的线性组合。由(3.1-53)式和(3.1-144)式，得到布洛赫波光电场表示式

$$\boldsymbol{E}_K(z,\ t)=\sum_l \boldsymbol{e}_K^{(l)}\,\mathrm{e}^{\mathrm{i}[K+l(2\pi/\Lambda)]z}\,\mathrm{e}^{-\mathrm{i}(\omega t-k_y y)} \tag{3.1-145}$$

式中 $\boldsymbol{e}_K^{(l)}$ 为常数矢量。布洛赫波数的多值性体现在布洛赫波是空间谐波的集合之中。如果介质不存在周期性(即 $n_1=n_2$)，则布洛赫波退化为规则的平面波，K 应该等于规则平面波传播矢量的 z 分量 k_z。

为了保证介质周期性消失时，所剩空间谐波为 $\boldsymbol{e}_K^{(0)}$，且 $K=k_z$，K 主值的选取必须遵从下列条件：对所有 l，$|\boldsymbol{e}_K^{(0)}|\geqslant|\boldsymbol{e}_K^{(l)}|$，或者使积分 $\dfrac{1}{\Lambda}\int_0^\Lambda \boldsymbol{E}_K(z)\mathrm{d}z\equiv\langle\boldsymbol{E}_K\rangle$ 有最大值。

在恰当地选取布洛赫波数后，就可以定义布洛赫波的相速度为

$$v_\mathrm{p}\overset{\mathrm{d}}{=}\frac{\omega}{(K^2+k_y^2)^{1/2}} \tag{3.1-146}$$

对于布洛赫波数 K 为复数的情形，上式中只用其实部。

严格地说，上面定义的相速度是布洛赫波的空间基波($l=0$)分量 $\boldsymbol{E}_K(z,t)=\langle\boldsymbol{E}_K\rangle\mathrm{e}^{-\mathrm{i}(\omega t-k_y y-Kz)}$ 的相速度。

在长波长(低频)区，整个介质如同均匀的一样，布洛赫波的主要成分是空间基波分量，所以空间基波分量可以看做为整个布洛赫波一个很好的近似。

2. 群速度和能量速度

对于在 yOz 平面内传播的布洛赫波包，其群速度为

$$\boldsymbol{v}_\mathrm{g}=\left(\frac{\partial\omega}{\partial k_y}\right)_K\boldsymbol{j}+\left(\frac{\partial\omega}{\partial K}\right)_{k_y}\boldsymbol{k} \tag{3.1-147}$$

在均匀介质中，群速度表示准单色波能流的速度，因此它平行于坡印廷矢量。在无损耗的均匀介质中，坡印廷矢量是常矢量。

对于周期性层状介质中的布洛赫波，由(3.1-53)式给出布洛赫波的坡印廷矢量是 z 的周期性函数，而(3.1-147)式给出的相同波的群速度却是常矢量，这种差异起因于周期性介质中的功率流是空间坐标的周期性函数。实际上，周期性层状介质中有意义的定义是能流的平均速度：

$$v_\mathrm{e}\overset{\mathrm{d}}{=}\frac{\dfrac{1}{\Lambda}\displaystyle\int_0^\Lambda(\text{坡印廷矢量})\mathrm{d}z}{\dfrac{1}{\Lambda}\displaystyle\int_0^\Lambda(\text{能量密度})\mathrm{d}z} \tag{3.1-148}$$

它恰好等于(3.1-147)式给出的群速度。这个概念极为有用，因其使得研究层状介质中约束的有限孔径光束的传播成为可能。特别是在长波长区，可以把介质看做是准均匀的和各向异性的，空间平均的坡印廷矢量和能量密度特别有用。下面，证明(3.1-148)式定义的周期性层状介质能量速度与(3.1-147)式群速度的相等性。

如前所述，反映介质平移对称性的介电张量元和磁导率张量元是 $\boldsymbol{r}$ 的周期性函数：

$$\left.\begin{aligned}\varepsilon_{ij}(\boldsymbol{r})&=\varepsilon_{ij}(\boldsymbol{r}+\boldsymbol{a})\\ \mu_{ij}(\boldsymbol{r})&=\mu_{ij}(\boldsymbol{r}+\boldsymbol{a})\end{aligned}\right\} \tag{3.1-149}$$

式中 $\boldsymbol{a}$ 是任意点阵矢量。描述电磁波传播的麦克斯韦方程为

$$\left.\begin{aligned}\nabla\times\boldsymbol{E}&=\mathrm{i}\omega\mu\boldsymbol{H}\\ \nabla\times\boldsymbol{H}&=-\mathrm{i}\omega\boldsymbol{\varepsilon}\cdot\boldsymbol{E}\end{aligned}\right\} \tag{3.1-150}$$

根据介质的平移对称性和布洛赫定理，介质中传播的电磁波呈布洛赫波形式：

$$\left.\begin{aligned} \boldsymbol{E}_{\boldsymbol{K}} &= \boldsymbol{E}_{\boldsymbol{K}}(\boldsymbol{r})\mathrm{e}^{\mathrm{i}\boldsymbol{K}\cdot\boldsymbol{r}} \\ \boldsymbol{H}_{\boldsymbol{K}} &= \boldsymbol{H}_{\boldsymbol{K}}(\boldsymbol{r})\mathrm{e}^{\mathrm{i}\boldsymbol{K}\cdot\boldsymbol{r}} \end{aligned}\right\} \tag{3.1-151}$$

式中，$\boldsymbol{E}_{\boldsymbol{K}}(\boldsymbol{r})=\boldsymbol{E}_{\boldsymbol{K}}(\boldsymbol{r}+\boldsymbol{a})$，$\boldsymbol{H}_{\boldsymbol{K}}(\boldsymbol{r})=\boldsymbol{H}_{\boldsymbol{K}}(\boldsymbol{r}+\boldsymbol{a})$均为周期性函数，$\boldsymbol{K}$为布洛赫波矢。$\boldsymbol{K}$和$\omega$之间存在色散关系：

$$\omega = \omega(\boldsymbol{K}) \tag{3.1-152}$$

电磁场能流的时间平均为

$$\boldsymbol{S} = \frac{1}{2}\mathrm{Re}[\boldsymbol{E}_{\boldsymbol{K}} \times \boldsymbol{H}_{\boldsymbol{K}}^{*}] \tag{3.1-153}$$

能量密度的时间平均为

$$U = \frac{1}{4}[\boldsymbol{E}_{\boldsymbol{K}} \cdot \boldsymbol{\varepsilon} \cdot \boldsymbol{E}_{\boldsymbol{K}}^{*} + \boldsymbol{H}_{\boldsymbol{K}} \cdot \mu \boldsymbol{H}_{\boldsymbol{K}}^{*}] \tag{3.1-154}$$

若介电张量和磁导率张量是实数，则在周期结构中传播布洛赫波的情况下，$\boldsymbol{S}$和U都是空间坐标的周期性函数。

今将能量速度$\boldsymbol{v}_{\mathrm{e}}$定义为

$$\boldsymbol{v}_{\mathrm{e}} \overset{\mathrm{d}}{=} \frac{\dfrac{1}{\Delta V}\iiint_{\Delta V}\boldsymbol{S}\,\mathrm{d}v}{\dfrac{1}{\Delta V}\iiint_{\Delta V}U\,\mathrm{d}v} = \frac{\langle \boldsymbol{S}\rangle}{\langle U\rangle} \tag{3.1-155}$$

式中积分在ΔV上进行，$\langle\cdot\rangle$表示在ΔV上求平均值。将(3.1-151)式代入(3.1-153)式和(3.1-154)式，根据(3.1-155)式，得到

$$\boldsymbol{v}_{\mathrm{e}} = \frac{\left\langle \dfrac{1}{2}\mathrm{Re}[\boldsymbol{E}_{\boldsymbol{K}} \times \boldsymbol{H}_{\boldsymbol{K}}^{*}]\right\rangle}{\left\langle \dfrac{1}{4}(\boldsymbol{E}_{\boldsymbol{K}} \cdot \boldsymbol{\varepsilon} \cdot \boldsymbol{E}_{\boldsymbol{K}}^{*} + \boldsymbol{H}_{\boldsymbol{K}} \cdot \mu \boldsymbol{H}_{\boldsymbol{K}}^{*})\right\rangle} \tag{3.1-156}$$

群速度$\boldsymbol{v}_{\mathrm{g}}$定义为

$$\boldsymbol{v}_{\mathrm{g}} = \nabla_{\boldsymbol{K}}\omega \tag{3.1-157}$$

它是垂直于波法线面的矢量。将布洛赫波(3.1-151)式代入(3.1-150)式，得到

$$\left.\begin{aligned} \nabla \times \boldsymbol{E}_{\boldsymbol{K}} + \mathrm{i}\boldsymbol{K} \times \boldsymbol{E}_{\boldsymbol{K}} &= \mathrm{i}\omega\mu \boldsymbol{H}_{\boldsymbol{K}} \\ \nabla \times \boldsymbol{H}_{\boldsymbol{K}} + \mathrm{i}\boldsymbol{K} \times \boldsymbol{H}_{\boldsymbol{K}} &= -\mathrm{i}\omega\,\boldsymbol{\varepsilon} \cdot \boldsymbol{E}_{\boldsymbol{K}} \end{aligned}\right\} \tag{3.1-158}$$

为了证明$\boldsymbol{v}_{\mathrm{e}}$和$\boldsymbol{v}_{\mathrm{g}}$是相等的，由方程(3.1-158)出发，假定$\boldsymbol{K}$变化一个无穷小量$\delta\boldsymbol{K}$，$\delta\omega$、$\delta\boldsymbol{E}_{\boldsymbol{K}}$和$\delta\boldsymbol{H}_{\boldsymbol{K}}$是$\omega$、$\boldsymbol{E}_{\boldsymbol{K}}$和$\boldsymbol{H}_{\boldsymbol{K}}$的相应变化量，经过一系列数学运算[6]，得到

$$\delta\omega = \boldsymbol{v}_{\mathrm{e}} \cdot \delta\boldsymbol{K} \tag{3.1-159}$$

由群速度的定义也得到

$$\delta\omega = (\nabla_{\boldsymbol{K}}\omega) \cdot \delta\boldsymbol{K} = \boldsymbol{v}_{\mathrm{g}} \cdot \delta\boldsymbol{K} \tag{3.1-160}$$

由于$\delta\boldsymbol{K}$是任意矢量，因此由上二式可得

$$\boldsymbol{v}_{\mathrm{e}} = \boldsymbol{v}_{\mathrm{g}} \tag{3.1-161}$$

即由(3.1-148)式定义的周期性层状介质中的能量速度等于群速度。

特别要说明的是，如果介质是无损耗的，上述相等性在任意介质(包括具有周期性双折射的介质)中都成立。

3.2 光在光子晶体中的传播

众所周知，晶体中的电子由于受到晶格的周期性位势散射，部分波段会因破坏性干涉而形成能隙，导致电子的色散关系呈带状分布，这就是半导体材料中电子的能带结构。1987 年，美国贝尔实验室的 E. Yablonovitch[7] 和普林斯顿大学的 S. Jolm[8] 分别在研究如何抑制自发辐射和无序电介质材料中的光子局域问题时，不约而同地指出，在光子系统中也存在类似的能带结构。在介电常数呈周期性排列的三维介电材料中，光电磁波经介质散射，某些波段的强度会因破坏性干涉而呈指数衰减，无法在介质内传播，这相当于在频谱上形成了能隙，于是色散关系也具有带状结构，构成了光子能带结构，带与带之间出现了类似于半导体禁带的“光子带隙”(Photonic Band Gap)，光子带隙也称为光子禁带，频率落在禁带中的光波在该介质结构中被严禁传播。人们将具有光子带隙的周期性结构介质称为光子晶体。这一节将简单介绍光在光子晶体中的传播。

3.2.1 光子晶体概述

1. 光子晶体概念

一般来说，光子晶体是两种具有不同介电常数的介质在空间中呈周期性分布构成的人造材料，依据介质在三维空间中的排列不同，可分成一维、二维、三维光子晶体。事实上，类似一维光子晶体的结构人们早已进行了研究，例如 3.1 节中讨论的周期性层状介质系统(如光学介质膜)，光波在该系统中的干涉现象早已应用于各种光学系统，已被用作为波段选择器、滤波器、反射镜等，只是在早期的研究中，仅仅停留在一维光学性质上，一直没有从晶格的角度来看待这种周期性的光学系统，这也就使得固体物理中早已发展成熟的能带理论迟迟未能应用于光学系统。直到 1989 年，E. Yblonovitch 和 T. J. Gmitter 在实验上证实了三维光子带隙结构的存在，物理学界才注意到了光子带隙的潜力，其在光波导、激光器、高效率发光二极管、高效微波天线、波分复用器、高反射镜、集成光学以及光开关等领域中获得了广泛的研究。

目前，已有很多一维光子晶体的应用，例如光纤光栅、布喇格光纤等都属于一维光子晶体的范畴，它们分别为轴向和径向的周期性介质折射率分布。对于二维光子晶体，最具有代表性的是光子晶体光纤。三维光子晶体在自然界中有一些天然的例子，如盛产于澳洲的蛋白石就是一种。蛋白石是由二氧化硅纳米球沉积形成的矿物，因为几何结构上的周期性使其具有光子能带的结构，随能带位置的不同，反射光的颜色也发生变化，从而导致其外观色彩斑斓。有科学家预测，光子晶体可以制作全新原理或高性能的光学器件，是下一代光通信器件的首选材料，三维光子晶体的实现将给未来的通信技术带来巨大的革新。但是，由于光子晶体的光子带隙波长范围与其晶格常数相当，因此，光子晶体的工作波长决定了它应具有的尺度范围。如果工作波长在微波波段，则对应的光子晶体因尺度较大相对地容易制备，而对于光通讯和集成光路，其工作波长在近红外波段，就要求光子晶体的晶格常数为微米量级，尽管它是原子晶体晶格常数的 2000 倍，但该尺度仍然是头发的平均直径的 1/100，这对于制备近红外波段的三维光子晶体无疑是一种巨大的挑战。当然，只有这种三维完全带隙光子晶体材料被制作出来，而且可以任意地引入缺陷，人为地控制光子的流向才能够真正地得以实现。为此，近年来人们广泛地开展了三维光子晶体制作的研究工作。

2. 光子晶体结构

光子晶体是一种折射率呈空间周期变化的新型微结构材料。正如半导体材料在晶格结点周期性地出现粒子一样，光子晶体是在高折射率材料的某些位置上周期性地出现低折射率(如人工制造的空气孔穴)的材料。只在一个方向上存在折射率周期性结构的光子晶体，称为一维光子晶体。与此相似的定义，还有二维、三维光子晶体，它们的折射率变化周期在光波长量级，其结构图分别如图 3.2-1 所示。

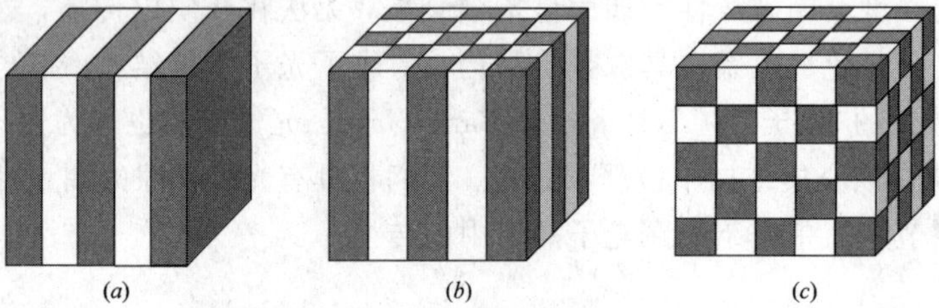

图 3.2-1 光子晶体结构示意图

(a) 一维；(b) 二维；(c) 三维

一维光子晶体是指在一个方向上具有光子频率带隙的材料，它由两种介质交替叠层而成。这种结构在垂直于介质片的方向上介电常数是空间位置的周期性函数，而在平行于介质片平面的方向上介电常数不随空间位置变化。

二维光子晶体是指在二维的空间方向上具有光子频率带隙特性的材料，它是由许多介质杆平行、均匀地排列而成的。这种结构在垂直于介质杆的方向上(两个方向) 介电常数是空间位置的周期性函数，而在平行于介质杆的方向上介电常数不随空间位置变化。由介质杆阵列构成的二维光子晶体的横截面存在许多种结构，比如矩形、三角形和石墨的六边形结构等。横截面形状不同，获得的光子频率带隙宽窄也不一样。矩形的光子频率带隙范围较窄，三角形和石墨结构的光子频率带隙范围较宽。为了获得更宽的光子频率带隙范围，还可以采用同种材料但直径大小不同的两种介质圆柱杆构造二维光子晶体。

三维光子晶体是指在三维空间各方向上均具有光子频率带隙特性的材料。由于三维光子晶体有极大的潜在应用价值，目前研究最为广泛。美国贝尔通讯研究所的 E. Yablonovitch 创造出了世界上第一个具有完全光子频率带隙的三维光子晶体，它是如图 3.2-2(*a*)所示、由许多面心立方体构成的空间周期性结构，也称为金刚石结构。此外，三维光子晶体还有层层叠加结构、蛋白石结构、反蛋白石结构和矩形螺旋结构等。

圆木堆积结构类似于金刚石结构，它利用层层叠加把一维结构层层堆积得到三维结构，每四层互相重复，如图 3.2-2(*b*)所示。这种结构在第三、四能带之间能产生宽而完全的光子带隙。

蛋白石(opal)是自然界存在的一种具有几百纳米空隙、规整排列的无定形二氧化硅结构，具有不完全光子带隙。它类似于面心立方体(FCC) 结构，如图 3.2-2(*c*)所示。已经证实，当两种电介质材料的折射率比值达到 4 以上时，在蛋白石结构的第八、九能带之间能产生比较窄的完全光子带隙。

反蛋白石结构是一种更加可能得到完全光子带隙的结构，它通过以蛋白石结构为模板而达到，要求的两种电介质材料的折射率比为 2.8，如图 3.2-2(d)所示。

矩形螺旋结构是一种新型的结构，它是通过掠射角沉积法制得的，在第四、五能带之间具有宽而完全的光子带隙，如图 3.2-2(e)所示。

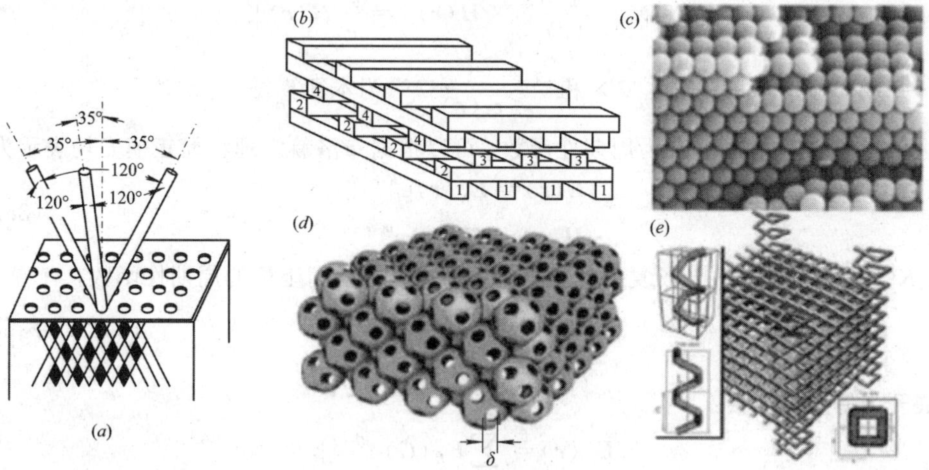

图 3.2-2 三维光子晶体的几种空间结构

3.2.2 光在光子晶体中的传播特性

光在光子晶体中的传播特性，特别是光子晶体的能带结构理论计算，均可采用固体物理中使用的求解薛定谔方程的方法，例如简正模理论(平面波展开法)、时域有限差分法、多重散射法、转移矩阵法等。在这里仅讨论简正模理论和时域有限差分法。

1. 光在光子晶体中传播的简正模理论[9]

3.1 节所讨论的光在周期性介质中传播的简正模理论，运用布洛赫定理，将周期性介质中传播的光电磁波分解成一个平面波和一个周期函数的乘积形式，周期函数的周期就是晶格周期，它又可以展开为倒格矢的平面波叠加，最终将麦克斯韦方程组化简成一个本征值方程，求解出本征值便可得到相应的本征光场矢量及周期性介质的带隙频率特性。

由光子晶体的结构可见，一维光子晶体、二维光子晶体和三维光子晶体实质上分别是一维周期性介质、二维周期性介质和三维周期性介质。因此，类似于 3.1 节的讨论，光子晶体的介电张量和磁导率张量可以表示为

$$\left.\begin{aligned}\boldsymbol{\varepsilon}(\boldsymbol{r}) &= \boldsymbol{\varepsilon}(\boldsymbol{r}+\boldsymbol{a})\\ \boldsymbol{\mu}(\boldsymbol{r}) &= \boldsymbol{\mu}(\boldsymbol{r}+\boldsymbol{a})\end{aligned}\right\} \tag{3.2-1}$$

式中描述光子晶体周期性的空间点阵矢 $\boldsymbol{a}$ 可用基矢 $\boldsymbol{a}_1$、$\boldsymbol{a}_2$ 和 $\boldsymbol{a}_3$ 表示为

$$\boldsymbol{a} = l_1\boldsymbol{a}_1 + l_2\boldsymbol{a}_2 + l_3\boldsymbol{a}_3 \tag{3.2-2}$$

若考虑光子晶体材料为无损耗的各向同性、非磁性材料，$\boldsymbol{\mu}(\boldsymbol{r})=\mu_0$，$\boldsymbol{\varepsilon}(\boldsymbol{r})=\varepsilon(\boldsymbol{r})$为实数，则单色光波在光子晶体中传播所满足的麦克斯韦方程为

$$\left.\begin{aligned}&\nabla\times\boldsymbol{E}(\boldsymbol{r}) = \mathrm{i}\omega\mu_0\boldsymbol{H}(\boldsymbol{r})\\ &\nabla\times\boldsymbol{H}(\boldsymbol{r}) = -\mathrm{i}\omega\boldsymbol{\varepsilon}_0\varepsilon_r(\boldsymbol{r})\boldsymbol{E}(\boldsymbol{r})\\ &\nabla\cdot\varepsilon_0\varepsilon_r(\boldsymbol{r})\boldsymbol{E}(\boldsymbol{r}) = 0\\ &\nabla\cdot\boldsymbol{H}(\boldsymbol{r}) = 0\end{aligned}\right\} \tag{3.2-3}$$

可以得到 $\boldsymbol{E}(\boldsymbol{r})$ 和 $\boldsymbol{H}(\boldsymbol{r})$ 满足的本征值方程

$$\left.\begin{aligned}\frac{1}{\varepsilon_r(\boldsymbol{r})}\nabla\times[\nabla\times\boldsymbol{E}(\boldsymbol{r})]=\frac{\omega^2}{c^2}\boldsymbol{E}(\boldsymbol{r})\\ \nabla\times\left[\frac{1}{\varepsilon_r(\boldsymbol{r})}\nabla\times\boldsymbol{H}(\boldsymbol{r})\right]=\frac{\omega^2}{c^2}\boldsymbol{H}(\boldsymbol{r})\end{aligned}\right\}\tag{3.2-4}$$

式中，$\frac{\omega^2}{c^2}$ 为本征值，$\frac{1}{\varepsilon_r(\boldsymbol{r})}\nabla\times\nabla\times$ 和 $\nabla\times\frac{1}{\varepsilon_r(\boldsymbol{r})}\nabla\times$ 为本征算符。

由于光子晶体中的 $\varepsilon(\boldsymbol{r})$ 为周期性函数，可以根据布洛赫定理将简正模光场表示为

$$\left.\begin{aligned}\boldsymbol{E}(\boldsymbol{r})=\boldsymbol{E}_{\boldsymbol{K}}(\boldsymbol{r})\mathrm{e}^{\mathrm{i}\boldsymbol{K}\cdot\boldsymbol{r}}\\ \boldsymbol{H}(\boldsymbol{r})=\boldsymbol{H}_{\boldsymbol{K}}(\boldsymbol{r})\mathrm{e}^{\mathrm{i}\boldsymbol{K}\cdot\boldsymbol{r}}\end{aligned}\right\}\tag{3.2-5}$$

式中，$\boldsymbol{K}$ 为布洛赫波矢，光场复振幅 $\boldsymbol{E}_{\boldsymbol{K}}(\boldsymbol{r})$ 和 $\boldsymbol{H}_{\boldsymbol{K}}(\boldsymbol{r})$ 是空间坐标的周期性函数，有

$$\left.\begin{aligned}\boldsymbol{E}_{\boldsymbol{K}}(\boldsymbol{r})=\boldsymbol{E}_{\boldsymbol{K}}(\boldsymbol{r}+\boldsymbol{a})\\ \boldsymbol{H}_{\boldsymbol{K}}(\boldsymbol{r})=\boldsymbol{H}_{\boldsymbol{K}}(\boldsymbol{r}+\boldsymbol{a})\end{aligned}\right\}\tag{3.2-6}$$

并可展开为傅里叶级数：

$$\left.\begin{aligned}\boldsymbol{E}_K(\boldsymbol{r})=\sum_{\boldsymbol{G}}\boldsymbol{E}_{\boldsymbol{K}}(\boldsymbol{G})\mathrm{e}^{\mathrm{i}\boldsymbol{G}\cdot\boldsymbol{r}}\\ \boldsymbol{H}_K(\boldsymbol{r})=\sum_{\boldsymbol{G}}\boldsymbol{H}_{\boldsymbol{K}}(\boldsymbol{G})\mathrm{e}^{\mathrm{i}\boldsymbol{G}\cdot\boldsymbol{r}}\end{aligned}\right\}\tag{3.2-7}$$

因此，简正模光场可表示为

$$\left.\begin{aligned}\boldsymbol{E}(\boldsymbol{r})=\sum_{\boldsymbol{G}}\boldsymbol{E}_{\boldsymbol{K}}(\boldsymbol{G})\mathrm{e}^{\mathrm{i}(\boldsymbol{K}+\boldsymbol{G})\cdot\boldsymbol{r}}\\ \boldsymbol{H}(\boldsymbol{r})=\sum_{\boldsymbol{G}}\boldsymbol{H}_{\boldsymbol{K}}(\boldsymbol{G})\mathrm{e}^{\mathrm{i}(\boldsymbol{K}+\boldsymbol{G})\cdot\boldsymbol{r}}\end{aligned}\right\}\tag{3.2-8}$$

以上式中，$\boldsymbol{G}$ 为光子晶体的倒格矢，若光子晶体的倒格基矢分别为 $\boldsymbol{b}_1$、$\boldsymbol{b}_2$ 和 $\boldsymbol{b}_3$，则

$$\boldsymbol{G}=h_1\boldsymbol{b}_1+h_2\boldsymbol{b}_2+h_3\boldsymbol{b}_3\tag{3.2-9}$$

下面，以二维光子晶体为例进行讨论。

首先，为了简化本征值方程的计算，假设光波的波矢量 $\boldsymbol{K}$ 平行于二维平面。若二维光子晶体在 z 方向是均匀的，则沿着二维平面传播的光波在 z 方向也是均匀的，即介电常数 $\varepsilon(\boldsymbol{r})$、光波电场 $\boldsymbol{E}(\boldsymbol{r})$ 和磁场 $\boldsymbol{H}(\boldsymbol{r})$ 都与坐标 z 无关，这样就可以将麦克斯韦方程组按照光波电场与磁场分解为两组独立的方程组：对于磁场 $\boldsymbol{H}(\boldsymbol{r})$ 垂直于 xOy 面，有

$$\left.\begin{aligned}&\frac{\partial}{\partial y}H_z(\boldsymbol{r}_t,t)=\varepsilon_0\varepsilon_r(\boldsymbol{r}_t)\frac{\partial}{\partial t}E_x(\boldsymbol{r}_t,t)\\ &\frac{\partial}{\partial x}H_z(\boldsymbol{r}_t,t)=-\varepsilon_0\varepsilon_r(\boldsymbol{r}_t)\frac{\partial}{\partial t}E_y(\boldsymbol{r}_t,t)\\ &\frac{\partial}{\partial x}E_y(\boldsymbol{r}_t,t)-\frac{\partial}{\partial y}E_x(\boldsymbol{r}_t,t)=-\mu_0\frac{\partial}{\partial t}H_z(\boldsymbol{r}_t,t)\end{aligned}\right\}\tag{3.2-10a}$$

对于电场 $\boldsymbol{E}(\boldsymbol{r})$ 垂直于 xOy 面，有

$$\left.\begin{aligned}&\frac{\partial}{\partial y}E_z(\boldsymbol{r}_t,t)=-\mu_0\frac{\partial}{\partial t}H_x(\boldsymbol{r}_t,t)\\ &\frac{\partial}{\partial x}E_z(\boldsymbol{r}_t,t)=\mu_0\frac{\partial}{\partial t}H_y(\boldsymbol{r}_t,t)\\ &\frac{\partial}{\partial x}H_y(\boldsymbol{r}_t,t)-\frac{\partial}{\partial y}H_x(\boldsymbol{r}_t,t)=\varepsilon_0\varepsilon_r(\boldsymbol{r}_t)\frac{\partial}{\partial t}H_z(\boldsymbol{r}_t,t)\end{aligned}\right\}\tag{3.2-10b}$$

上面式中，$\boldsymbol{r}_t$ 是二维空间(x, y)的位置矢量。由以上两组方程，可以分别推出

$$\left(\frac{\partial}{\partial x}\frac{1}{\varepsilon_r(\boldsymbol{r}_t)}\frac{\partial}{\partial x}+\frac{\partial}{\partial y}\frac{1}{\varepsilon_r(\boldsymbol{r}_t)}\frac{\partial}{\partial y}\right)H_z(\boldsymbol{r}_t, t)=\frac{1}{c^2}\frac{\partial^2}{\partial t^2}H_z(\boldsymbol{r}_t, t) \tag{3.2-11a}$$

$$\frac{1}{\varepsilon_r(\boldsymbol{r}_t)}\left(\frac{\partial^2}{\partial x^2}+\frac{\partial^2}{\partial y^2}\right)E_z(\boldsymbol{r}_t, t)=\frac{1}{c^2}\frac{\partial^2}{\partial t^2}E_z(\boldsymbol{r}_t, t) \tag{3.2-11b}$$

给定一个频率 ω，就有

$$-\left(\frac{\partial}{\partial x}\frac{1}{\varepsilon_r(\boldsymbol{r}_t)}\frac{\partial}{\partial x}+\frac{\partial}{\partial y}\frac{1}{\varepsilon_r(\boldsymbol{r}_t)}\frac{\partial}{\partial y}\right)H_z(\boldsymbol{r}_t)=\frac{\omega^2}{c^2}H_z(\boldsymbol{r}_t) \tag{3.2-12a}$$

$$-\frac{1}{\varepsilon_r(\boldsymbol{r}_t)}\left(\frac{\partial^2}{\partial x^2}+\frac{\partial^2}{\partial y^2}\right)E_z(\boldsymbol{r}_t)=\frac{\omega^2}{c^2}E_z(\boldsymbol{r}_t) \tag{3.2-12b}$$

由于 $\varepsilon_r(\boldsymbol{r}_t)$是周期性变化的，根据布洛赫定理，可以将 $E_z(\boldsymbol{r}_t)$和 $H_z(\boldsymbol{r}_t)$展开为

$$E_z(\boldsymbol{r}_t)=\sum_{\boldsymbol{G}_t}E_{z\boldsymbol{K}_t}(\boldsymbol{G}_t)\mathrm{e}^{\mathrm{i}(\boldsymbol{K}_t+\boldsymbol{G}_t)\cdot\boldsymbol{r}_t} \tag{3.2-13a}$$

$$H_z(\boldsymbol{r}_t)=\sum_{\boldsymbol{G}_t}H_{z\boldsymbol{K}_t}(\boldsymbol{G}_t)\mathrm{e}^{\mathrm{i}(\boldsymbol{K}_t+\boldsymbol{G}_t)\cdot\boldsymbol{r}_t} \tag{3.2-13b}$$

若将(3.2-13)式分别代入(3.2-12)式，就可以得到展开系数的本征值方程组

$$\sum_{\boldsymbol{G}'_t}\boldsymbol{K}(\boldsymbol{G}_t-\boldsymbol{G}'_t)(\boldsymbol{K}_t+\boldsymbol{G}_t)\cdot(\boldsymbol{K}_t+\boldsymbol{G}'_t)H_{z,\boldsymbol{K}_t}(\boldsymbol{G}'_t)=\frac{(\omega^H_{\boldsymbol{K}_t})^2}{c^2}H_{z,\boldsymbol{K}_t}(\boldsymbol{G}_t) \tag{3.2-14a}$$

$$\sum_{\boldsymbol{G}'_t}\boldsymbol{K}(\boldsymbol{G}_t-\boldsymbol{G}'_t)\left|\boldsymbol{K}_t+\boldsymbol{G}'_t\right|^2E_{z,\boldsymbol{K}_t}(\boldsymbol{G}'_t)=\frac{(\omega^E_{\boldsymbol{K}_t})^2}{c^2}E_{z,\boldsymbol{K}_t}(\boldsymbol{G}_t) \tag{3.2-14a}$$

原则上，求解方程组(3.2-14)，就可以得到沿着二维平面传播的光波简正模光场和能带结构。

对于二维光子晶体中光波传播的一般情况，可以将二维光子晶体中光波的传播按偏振方向分成 TE 模(波)和 TM 模(波)进行讨论。

在 TE 模光波中，光磁场 $\boldsymbol{H}$ 平行于 z 方向，即 $\boldsymbol{H}(\boldsymbol{r})=(0, 0, H_z)$，将其代入方程(3.2-4)，可得

$$\frac{\partial}{\partial x}\left(\frac{1}{\varepsilon_r(\boldsymbol{r})}\frac{\partial}{\partial x}H_z(\boldsymbol{r})\right)+\frac{\partial}{\partial y}\left(\frac{1}{\varepsilon_r(\boldsymbol{r})}\frac{\partial}{\partial y}H_z(\boldsymbol{r})\right)=-\frac{\omega^2}{c^2}H_z(\boldsymbol{r}) \tag{3.2-15}$$

由布洛赫定理，可将光磁场分量 $H_z(\boldsymbol{r})$表示成一组平面波的叠加：

$$H_z(\boldsymbol{r})=\sum_{\boldsymbol{G}}H_{z,\boldsymbol{G}}\mathrm{e}^{\mathrm{i}(\boldsymbol{K}+\boldsymbol{G})\cdot\boldsymbol{r}} \tag{3.2-16}$$

式中的 $\boldsymbol{K}$ 代表第一个布里渊区中的波矢量。将(3.2-16)式代入方程(3.2-15)，可得

$$\sum_{\boldsymbol{G}'}(\boldsymbol{K}+\boldsymbol{G})\cdot(\boldsymbol{K}+\boldsymbol{G}')\eta_{\boldsymbol{G}-\boldsymbol{G}'}H_{z,\boldsymbol{G}}=\frac{\omega^2}{c^2}H_{z,\boldsymbol{G}} \tag{3.2-17}$$

这就是二维光子晶体 TE 模的本征值方程，式中的 η 是相对介电常数的倒数。

类似地，在 TM 模光波中，光电场 $\boldsymbol{E}$ 平行于 z 方向，即 $\boldsymbol{E}(\boldsymbol{r})=(0, 0, E_z)$，将其代入方程(3.2-4)，可得

$$\frac{1}{\varepsilon_r(\boldsymbol{r})}\left(\frac{\partial^2}{\partial x^2}+\frac{\partial^2}{\partial y^2}\right)E_z(\boldsymbol{r})=-\frac{\omega^2}{c^2}E_z(\boldsymbol{r}) \tag{3.2-18}$$

由布洛赫定理，可将光电场分量 $E_z(\boldsymbol{r})$表示成一组平面波的叠加：

$$E_z(\boldsymbol{r}) = \sum_{\boldsymbol{G}} E_{z,\boldsymbol{G}} e^{i(\boldsymbol{K}+\boldsymbol{G})\cdot\boldsymbol{r}} \tag{3.2-19}$$

将(3.2-19)式代入方程(3.2-18)，可得

$$\sum_{\boldsymbol{G}'} |\boldsymbol{K}+\boldsymbol{G}|\,|\boldsymbol{K}+\boldsymbol{G}'|\,\eta_{\boldsymbol{G}-\boldsymbol{G}'}\,|\boldsymbol{K}+\boldsymbol{G}|E_{z,\boldsymbol{G}} = \frac{\omega^2}{c^2}|\boldsymbol{K}+\boldsymbol{G}|E_{z,\boldsymbol{G}} \tag{3.2-20}$$

这就是二维光子晶体 TM 模的本征值方程。

原则上，求解本征值方程(3.2-17)和(3.2-20)，对应于每一个布洛赫波矢 $\boldsymbol{K}$，就可以得到方程的本征频率 ω 和本征矢量(光场分布)，ω 与 $\boldsymbol{K}$ 的变化关系给出了二维光子晶体 TE 模和 TM 模的能带结构。求解结果可见，方程(3.2-17)和(3.2-20)只有在特定的频率处才有传播的光场解，而在某些频率范围内无解(相应的光为倏逝波)，由此形成了光子能带结构，频率无解的范围即为光子带隙。与(3.1-16)式相似，方程(3.2-17)和(3.2-20)也是无限方程组，为要得到显式结果，必须进行恰当的近似。

应当指出，简正模理论的优点是思路清晰，对不同的光子晶体结构只是其介电常数倒数的傅里叶变换不同，其它都一样，有利于计算机编程。但是这种方法也有明显的缺点：计算量与布洛赫波的波数有很大的关系，几乎正比于所用布洛赫波的波数的平方，对某些情况，如光子晶体结构复杂或处理有缺陷的体系时，需要大量的布洛赫波，可能因为计算能力的限制而不能计算或者难以准确计算。

2. 时域有限差分法(FDTD)[10]

时域有限差分法直接把含时间变量的麦克斯韦方程在 Yee 氏网格空间中转化为差分方程。在这种差分格式中每个网格点上的电场或磁场分量仅与它相邻的磁场或电场分量以及上一时间段在该点的场值有关。随着时间段的推进，即可直接模拟电磁波的传播及与其它物体的相互作用过程。这种方法的优点是：由于此方法是直接由麦克斯韦方程推出，所以理论上是精确的，并且可以模拟从一维到三维的任意结构的光子晶体，可以得到任意时刻的电磁场分布，通过傅里叶变换还可以得到频域中的情况。它的不足之处是精确度与网格的疏密有关，而且计算时间很长，对计算机要求高。

1) 差分方程组

麦克斯韦方程组系统而完整地描述了电磁场的基本规律，求解电磁场问题的两个旋度方程为

$$\left.\begin{aligned} \nabla\times\boldsymbol{E} &= -\mu\frac{\partial\boldsymbol{H}}{\partial t} - \sigma_{\mathrm{m}}\boldsymbol{H} \\ \nabla\times\boldsymbol{H} &= \varepsilon\frac{\partial\boldsymbol{E}}{\partial t} + \sigma_{\mathrm{e}}\boldsymbol{E} \end{aligned}\right\} \tag{3.2-21}$$

式中，σ_{m} 和 σ_{e} 分别为导磁率和电导率。在非磁性材料中，由于 $\mu=\mu_0$，$\sigma_{\mathrm{m}}=0$，材料的电磁特性由介质介电常数 ε 和电导率 σ_{e} 决定。在光波频段，材料的光学性质常用复折射率 $\tilde{n}$ 描述，且

$$\tilde{n}^2 = \frac{\varepsilon}{\varepsilon_0} + \mathrm{i}\frac{\sigma_{\mathrm{e}}}{\varepsilon_0\omega} \tag{3.2-22}$$

研究光波在二维光子晶体中的传播问题时，光波电磁场分量与某一维(通常选择 z 轴)无关，这时可以将三维电磁场问题简化为两个二维电磁场问题，即将麦克斯韦方程组转化成两组独立的方程组：TE 波(或 H 波)(只包含 E_x，E_y，H_z)和 TM 波(或 E 波)(只包含 H_x，H_y，E_z)。

对 TE 波，有

$$\left.\begin{aligned}&\frac{\partial H_z}{\partial y}=\varepsilon\frac{\partial E_x}{\partial t}+\sigma_e E_x\\&\frac{\partial H_z}{\partial x}=-\varepsilon\frac{\partial E_y}{\partial t}-\sigma_e E_y\\&\frac{\partial E_x}{\partial y}-\frac{\partial E_y}{\partial x}=\mu\frac{\partial H_z}{\partial t}+\sigma_m H_z\end{aligned}\right\}\tag{3.2-23}$$

对 TM 波，有

$$\left.\begin{aligned}&\frac{\partial E_z}{\partial y}=-\mu\frac{\partial H_x}{\partial t}-\sigma_m H_x\\&\frac{\partial E_z}{\partial x}=\mu\frac{\partial H_y}{\partial t}+\sigma_m H_y\\&\frac{\partial H_x}{\partial y}-\frac{\partial H_y}{\partial x}=-\varepsilon\frac{\partial E_z}{\partial t}-\sigma_e E_z\end{aligned}\right\}\tag{3.2-24}$$

在 Yee 氏元胞(见图 3.2-3)空间中，对 (3.2-23)式和 (3.2-24)式的电磁场各个分量进行差分离散化，x、y 和 z 坐标方向的网格空间步长分别用 Δx、Δy 和 Δz 来表示，用 Δt 表示时间步长，令 $f(x, y, z, t)$表示 $\boldsymbol{E}$(或 $\boldsymbol{H}$)在直角坐标系中某一分量，则其在时间和空间域中的离散化可以表示成

$$f(x, y, z, t)=f(i\Delta x, j\Delta y, k\Delta z, n\Delta t)=f^n(i, j, k)\tag{3.2-25}$$

二维 Yee 氏元胞(图 3.2-4)中 TE 波和 TM 波各光场量的节点位置关系如表 3.2-1 所示。

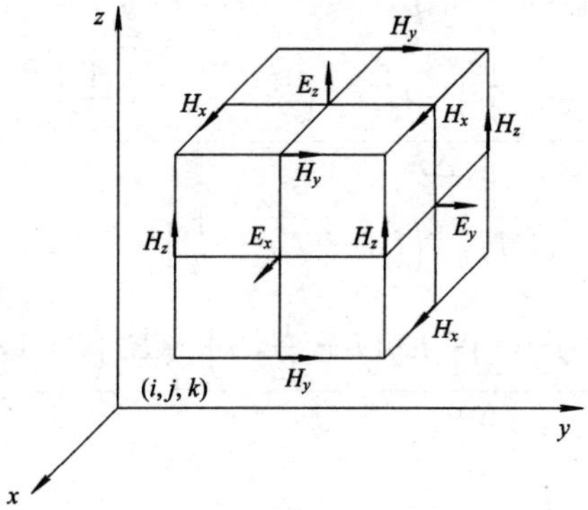

图 3.2-3 FDTD 离散中的 Yee 氏元胞

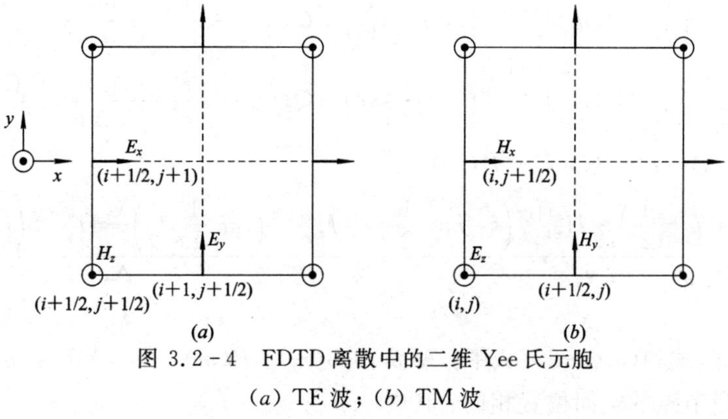

图 3.2-4 FDTD 离散中的二维 Yee 氏元胞

(a) TE 波；(b) TM 波

表 3.2-1 TE 波和 TM 波的 Yee 氏元胞中 E、H 各分量节点位置

电磁场分量		空间轴取样		时间轴 t 取样
		x	y	
TE 波	H_z	$i+1/2$	$j+1/2$	$n+1/2$
	E_x	$i+1/2$	j	n
	E_y	i	$j+1/2$	n
TM 波	E_z	i	j	n
	H_x	i	$j+1/2$	$n+1/2$
	H_y	$i+1/2$	j	$n+1/2$

在图 3.2-3 所示的 Yee 氏元胞中，每个电场(磁场)分量都被四个磁场(电场)分量环绕，在时间轴 t 上，每个电场与磁场的取样相隔半个时间步长。

对于 TE 波中，$H_x=H_y=E_z=0$，其余电磁场分量经离散后的一阶差分公式为

$$\left.\begin{aligned}
&E_x^{n+1}\left(i+\frac{1}{2},\, j\right)=A(m)E_x^n\left(i+\frac{1}{2},\, j\right)\\
&\quad+B(m)\frac{H_z^{n+1/2}\left(i+\frac{1}{2},\, j+\frac{1}{2}\right)-H_z^{n+1/2}\left(i+\frac{1}{2},\, j-\frac{1}{2}\right)}{\Delta y}\\
&E_y^{n+1}\left(i,\, j+\frac{1}{2}\right)=A(m)E_y^n\left(i,\, j+\frac{1}{2}\right)\\
&\quad-B(m)\frac{H_z^{n+1/2}\left(i+\frac{1}{2},\, j+\frac{1}{2}\right)-H_z^{n+1/2}\left(i-\frac{1}{2},\, j+\frac{1}{2}\right)}{\Delta x}\\
&H_z^{n+1/2}\left(i+\frac{1}{2},\, j+\frac{1}{2}\right)=P(m)H_z^{n-1/2}\left(i+\frac{1}{2},\, j+\frac{1}{2}\right)\\
&\quad-Q(m)\left[-\frac{E_x^n\left(i+\frac{1}{2},\, j+1\right)-E_x^n\left(i+\frac{1}{2},\, j\right)}{\Delta y}+\frac{E_y^n\left(i+1,\, j+\frac{1}{2}\right)-E_y^n\left(i,\, j+\frac{1}{2}\right)}{\Delta x}\right]
\end{aligned}\right\}\tag{3.2-26}$$

对于 TM 波中，$E_x=E_y=H_z=0$，其余电磁场分量经离散后的一阶差分公式为

$$\left.\begin{aligned}
&H_x^{n+1/2}\left(i,\, j+\frac{1}{2}\right)=P(m)H_x^{n-1/2}\left(i,\, j+\frac{1}{2}\right)-Q(m)\frac{E_z^n(i,\, j+1)-E_z^n(i,\, j)}{\Delta y}\\
&H_y^{n+1/2}\left(i+\frac{1}{2},\, j\right)=P(m)H_y^{n-1/2}\left(i+\frac{1}{2},\, j\right)+Q(m)\frac{E_z^n(i+1,\, j)-E_z^n(i,\, j)}{\Delta x}\\
&E_z^{n+1}(i,\, j)=A(m)E_z^n(i,\, j)-B(m)\\
&\left[-\frac{H_x^{n+1/2}\left(i,\, j+\frac{1}{2}\right)-H_x^{n+1/2}\left(i,\, j-\frac{1}{2}\right)}{\Delta y}+\frac{H_y^{n+1/2}\left(i+\frac{1}{2},\, j\right)-H_y^{n+1/2}\left(i-\frac{1}{2},\, j\right)}{\Delta x}\right]
\end{aligned}\right\}\tag{3.2-27}$$

在(3.2-26)式和(3.2-27)式中，$A(m)$、$B(m)$、$P(m)$、$Q(m)$序号 m 的取值与各式左端电磁场分量节点的空间位置相同，其中

$$\left.\begin{aligned}A(m)&=\frac{\dfrac{\varepsilon(m)}{\Delta t}-\dfrac{\sigma_{\mathrm{e}}(m)}{2}}{\dfrac{\varepsilon(m)}{\Delta t}+\dfrac{\sigma_{\mathrm{e}}(m)}{2}}=\frac{1-\dfrac{\sigma_{\mathrm{e}}(m)\Delta t}{2\varepsilon(m)}}{1+\dfrac{\sigma_{\mathrm{e}}(m)\Delta t}{2\varepsilon(m)}}\\B(m)&=\frac{1}{\dfrac{\varepsilon(m)}{\Delta t}+\dfrac{\sigma_{\mathrm{e}}(m)}{2}}=\frac{\dfrac{\Delta t}{\varepsilon(m)}}{1+\dfrac{\sigma_{\mathrm{e}}(m)\Delta t}{2\varepsilon(m)}}\end{aligned}\right\}\tag{3.2-28}$$

$$\left.\begin{aligned}P(m)&=\frac{\dfrac{\mu(m)}{\Delta t}-\dfrac{\sigma_{\mathrm{m}}(m)}{2}}{\dfrac{\mu(m)}{\Delta t}+\dfrac{\sigma_{\mathrm{m}}(m)}{2}}=\frac{1-\dfrac{\sigma_{\mathrm{m}}(m)\Delta t}{2\mu(m)}}{1+\dfrac{\sigma_{\mathrm{m}}(m)\Delta t}{2\mu(m)}}\\Q(m)&=\frac{1}{\dfrac{\mu(m)}{\Delta t}+\dfrac{\sigma_{\mathrm{m}}(m)}{2}}=\frac{\dfrac{\Delta t}{\mu(m)}}{1+\dfrac{\sigma_{\mathrm{m}}(m)\Delta t}{2\mu(m)}}\end{aligned}\right\}\tag{3.2-29}$$

由光波电磁场分量的差分方程，可以方便地计算出某个时刻各分量的数值，计算方法是：对于 TE 波，若已知光子晶体空间 $t_1=t_0=n\Delta t$ 时刻各处的 $\boldsymbol{H}$ 分布和 $(n-1/2)\Delta t$ 时刻各处的 $\boldsymbol{E}$ 分布，即可计算 $t_2=t_1+\Delta t/2$ 时刻空间各处的 $\boldsymbol{E}$ 值和 $t_2+\Delta t/2$ 时刻空间各处的 $\boldsymbol{H}$ 值，然后依次循环。同理，对于 TM 波，若已知光子晶体空间 $t_1=t_0=n\Delta t$ 时刻各处的 $\boldsymbol{E}$ 分布和 $(n-1/2)\Delta t$ 时刻各处的 $\boldsymbol{H}$ 分布，即可计算 $t_2=t_1+\Delta t/2$ 时刻空间各处的 $\boldsymbol{H}$ 值和 $t_2+\Delta t/2$ 时刻空间各处的 $\boldsymbol{E}$ 值。

2）*差分方程组的收敛和稳定性*

时域有限差分法用有限差分方程组代替麦克斯韦旋度方程，使用差分方程组的解来代替偏微分方程组的解，只有这些差分方程组的解是收敛和稳定的，得到的结果才有意义。由 Yee 氏网格推导得到的差分方程中，通过时间步推进光波电磁场在光子晶体空间中的变化规律，这种情况下，为了保证数值稳定性，时间变量的步长 Δt 与空间变量的步长 Δx、Δy、Δz 之间需要满足一定的条件。否则，随着时间逐步增加，计算电磁场分量的数值将无限增大。

时域有限差分法中时间与空间离散间隔之间应该满足 Courant 稳定性条件，即

$$c\Delta t\leqslant\frac{1}{\sqrt{\dfrac{1}{(\Delta x)^2}+\dfrac{1}{(\Delta y)^2}+\dfrac{1}{(\Delta z)^2}}}\tag{3.2-30}$$

式中 c 为真空中光速。对于三维空间中的立方体元胞，各个方向的网格长度相等，即 $\Delta x=\Delta y=\Delta z=\Delta s$，这时 Courant 稳定性条件可以简化为

$$c\Delta t\leqslant\frac{\Delta s}{\sqrt{3}}\tag{3.2-31}$$

对应的二维均匀网格的 Courant 稳定性条件为

$$c\Delta t\leqslant\frac{\Delta s}{\sqrt{2}}\tag{3.2-32}$$

值得注意的是，即使构成光子晶体的介质本身没有色散，但对波动方程作差分近似将导致波的色散，这会对时域数值计算带来误差，称之为数值色散。数值色散将影响有限时

域差分法的计算精度。为了减少数值色散，空间网格尺寸不能过大。设 λ 为入射光波在真空中的波长，则当 $\Delta s \leqslant \lambda/12$ 时，差分近似所带来的色散非常小。继续减小网格尺寸，可以获得更高的计算精度，但同时会增加了计算时间与计算机存储资源的占用。在实际计算中应该根据精度要求选择合适的网格尺寸。

3）吸收边界条件与激励源

时域有限差分法求解电磁场问题时假设介质空间是无限大的，但应用时域有限差分法求解光波在光子晶体中传播问题时，并不关心有限大小的光子晶体空间之外的区域，并且计算机存储资源与计算能力是有限的，在数值仿真计算中，不能模拟过大甚至是无限的区域。基于上述原因，需要采用某种方法确定一个合适的计算空间，使得在数值计算中的有限空间与无限空间等效。如果直接在计算空间进行截断以得到大小适宜的计算区域，将在截断处产生反射并造成很大的计算误差。

吸收边界条件是用于计算区域的截断处，以有限的区域模拟无限的空间。吸收边界的效果直接影响到时域有限差分法计算的正确性与精度。目前使用较多并且效果最好的吸收边界是所谓的完全匹配层(PML)吸收边界。

完全匹配层由 J. Berenge 在 1994 年提出，是通过在有限时域差分区域的截断边界处设置一种特殊介质层，其波阻抗与相邻介质波阻抗完全匹配，因而入射光波将无反射地穿过分界面进入 PML 层，并且因为 PML 层是损耗介质，进入 PML 层的透射光波将迅速衰减掉，从而达到理想的吸收效果。当 PML 介质波阻抗与真空波阻抗完全相同时，即 PML 中电导率 σ_e 和导磁率 σ_m 满足阻抗匹配条件时，亦即

$$\left.\begin{aligned} \frac{\sigma_e}{\varepsilon_0} &= \frac{\sigma_m}{\mu_0} \\ \frac{\sigma_{ex}}{\varepsilon_0} &= \frac{\sigma_{mx}}{\mu_0} \\ \frac{\sigma_{ey}}{\varepsilon_0} &= \frac{\sigma_{my}}{\mu_0} \end{aligned}\right\} \tag{3.2-33}$$

则所要计算的光子晶体空间中的散射体或激励源产生的光波将无反射地由介质层进入到 PML 介质中，然后迅速衰减掉。在实际应用中，一般取 PML 介质层的厚度有限，PML 层的外侧则采用理想导体截断。

使用时域有限差分法研究光波在光子晶体中的传播问题时，还必须模拟激励源，也就是选择合适的入射光波形式，并采用适当的方法将入射光波加入到有限时域差分迭代中。一般来说，激励源按时间和空间分成两大类。激励源随时间变化的有：随时间周期变化的时谐场源、对时间呈脉冲函数形式的波源。激励源按空间分布方式有：面源、线源、点源等。

3. 二维光子晶体带隙结构[11]

如上所述，利用简正模理论和时域有限差分法等方法均可模拟光波在不同结构的光子晶体中传播时的场分布、带隙结构等传播特性。实际工作中，多采用数值解法。下面，给出利用 FDTD 计算得到的二维光子晶体带隙结构示例。

1）四方二维光子晶体带隙结构

图 3.2-5(*a*)所示为一种四方结构二维光子晶体的横截面图：圆斑为 $\varepsilon=9$ 的高折射率介

质，直径为 d，周期为 Λ，孔径周期比 $\rho = d/\Lambda = 0.4$。其 TE 波能带结构由（3.2－26）式出发，计算结果如图 3.2－5(*b*)所示。

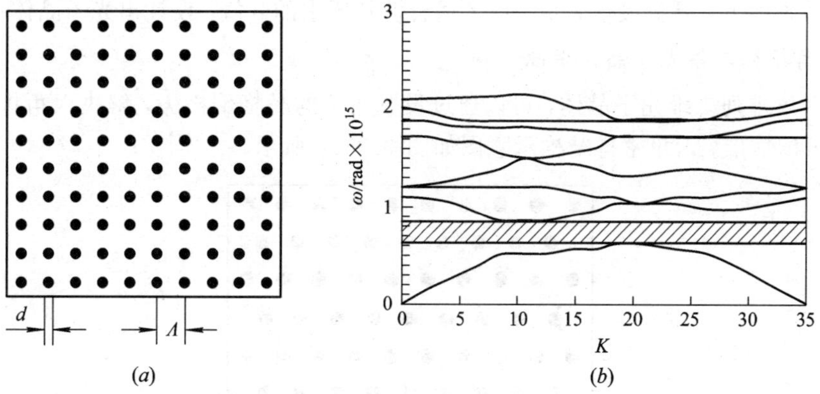

图 3.2－5　晶体结构与能带结构

(*a*) 四方二维光子晶体结构示意图；(*b*) 能带结构，$\varepsilon=9$，$\rho=0.4$

图 3.2－5(*b*)的横坐标是布洛赫波矢的大小 K，纵坐标为圆频率 ω。可以看出，对于四方二维光子晶体，当 $\rho = d/\Lambda = 0.4$ 时，禁带出现在 $\omega=0.60\times10^{15}\sim0.83\times10^{15}$ 的范围内（图中的剖线区域）。

在光子的晶体结构确定之后，影响其能带结构的因素还有孔径周期比 $\rho=d/\Lambda$ 和光子晶体的介电常数 ε。图 3.2－6(*a*)所示为 $\varepsilon=9$ 时，光子晶体禁带和孔径周期比 ρ 之间的关系，其中纵坐标为归一化圆频率 $\omega\Lambda/(2\pi c)$，即 Λ/λ，其含义为周期波长比。由图可知，当 $\rho=0.18$ 时开始出现光子禁带，随着 ρ 的增大，禁带宽度逐渐增大，并且禁带中心值逐渐下移，在 $\rho=0.4$ 附近禁带宽度达到最大值，约为 $0.13\omega\Lambda/(2\pi c)$，禁带中心值约为 $0.38\omega\Lambda/(2\pi c)$。随后禁带宽度逐渐减小，禁带中心值继续下移。值得注意的是，当 $\rho=0.44$ 时，开始出现第二禁带，第二禁带的变化规律与第一禁带相似。当光子晶体的结构确定且 $\rho=0.4$ 时，其能带结构与折射率 ε 有关。图 3.2－6(*b*)所示为四方二维光子晶体禁带随折射率 ε 的变化关系。由图可知，当 $\varepsilon=3.7$ 时开始出现禁带，并且随着 ε 的增大，禁带单调展宽，中心下移。

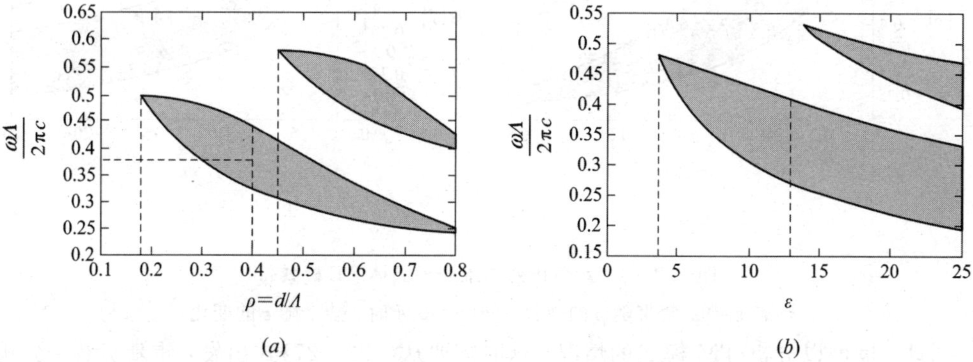

图 3.2－6　四方结构二维光子晶体 TE 模禁带

(*a*) $\varepsilon=9$，禁带随 ρ 的变化；(*b*) $\rho=0.4$ 时，禁带随 ε 的变化

由此，在实际应用中需综合考虑以上两种因素对禁带的影响，可以根据波长需要(工作波长需落在禁带内)选择最好的折射率材料和孔径周期比，也可以在光子晶体结构和折射率一定的条件下，寻找最佳 ρ 值，或者适合波长要求的 ρ 值，设计出光子晶体。

2) 六角排列二维光子晶体带隙结构

对于六角排列二维光子晶体，可以通过设置六角的晶格倒格矢，解决六角排列的二维光子晶体 TE 禁带。六角密排结构示意图如图 3.2-7 所示。

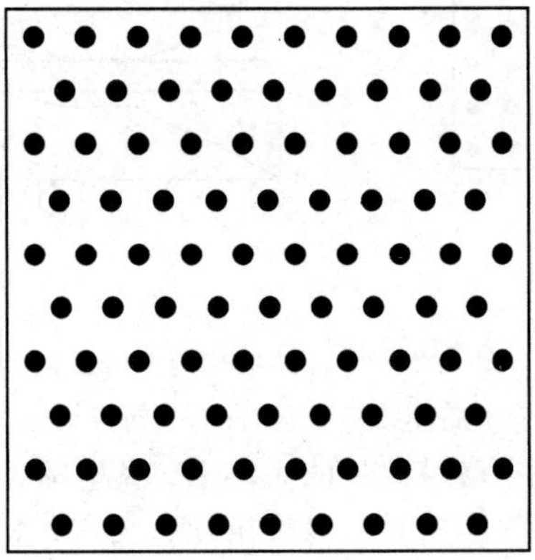

图 3.2-7　六角排列二维光子晶体结构示意图

采用与四角结构光子晶体相同的方法，可以分析六角结构光子晶体的参数对其禁带的影响。图 3.2-8(*a*)所示为六角排列二维光子晶体的 $\varepsilon=9$ 时，光子晶体禁带和孔径周期比 ρ 之间的关系。与四方结构相比，$\rho=0.12$ 就开始产生禁带，且该结构对于每一个给定 ρ 值，禁带宽度均大于相同情况下的四方结构的禁带宽度。图 3.2-8(*b*)所示为六角排列二维光子晶体的 $\rho=0.4$ 时，光子晶体禁带随折射率 ε 的变化关系，可见在 $\varepsilon=2.17$ 时就开始产生禁带，比相同情况下四方结构产生带宽时的 $\varepsilon=3.7$ 要小。综合比较可见，对产生 TE 禁带波来说，六角密排结构比四方结构更好。

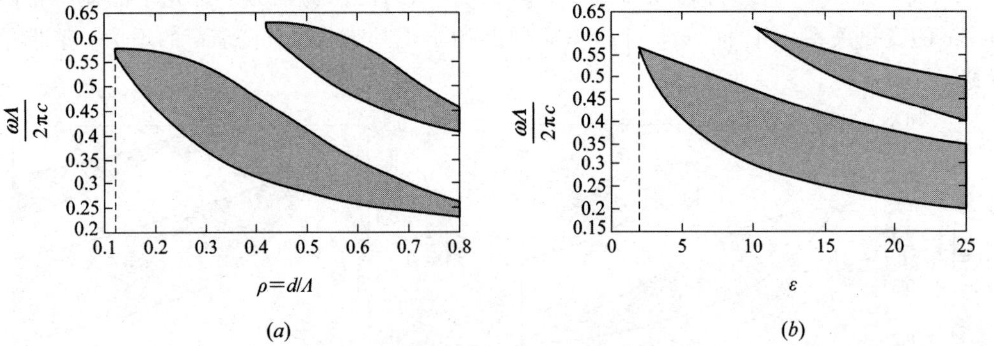

图 3.2-8　六角排列二维光子晶体 TE 模禁带

(*a*) $\varepsilon=9$，禁带随 ρ 的变化；(*b*) $\rho=0.4$ 时，禁带随 ε 的变化

同理，也可以分析 TM 模式的情况，这时需要从(3.2-27)式出发，重新编程，分析过程与 TE 波相似，结论也相同：六角密排结构要优于相同情况下的四方结构。这里不再赘述。

3.3 二元光学器件中的光传播[12]

3.3.1 二元光学概述

20 世纪 80 年代中期，美国 MIT 林肯实验室 Veldkamp 率先提出了“二元光学”的概念：“现在光学有一个分支，它几乎完全不同于传统的制作方式，这就是衍射光学，其光学元件的表面带有浮雕结构；由于使用了本来是制作集成电路的生产方法，所用的掩模是二元的，且掩模用二元编码形式进行分层，故引出了二元光学的概念。”二元光学元器件因其在实现光波变换上具有传统光学元器件难以实现的许多优良功能，可使光学系统实现微型化、阵列化和集成化，为光学领域开辟了新视野。因而二元光学的概念一经提出，就迅速受到国际学者的高度关注，掀起了一股二元光学的研究热潮。

关于二元光学概念的准确定义，光学界至今尚无统一的看法，但普遍被接受的观点为：二元光学是指基于光的衍射理论，借助计算机辅助设计，并采用超大规模集成电路(VLSI)制作工艺，在片基上(或传统光学器件表面)刻蚀产生两个或两个以上台阶的浮雕结构，形成纯相位、同轴再现、具有极高衍射效率的一类衍射光学元件。它是光学与微电子学相互渗透与交叉的前沿学科。

二元光学元器件源于全息光学元器件，特别是计算全息元器件。一般认为相位全息图就是早期的二元光学元器件。但是由于全息元件效率低，且离轴再现；相位全息图虽可同轴再现，但受其工艺限制，实用受限。二元光学技术则同时解决了衍射元件的衍射效率和加工问题，它以多阶相位结构来近似实现相位全息图连续浮雕结构的衍射功能。图 3.3-1 所示为一个传统折射透镜演变成 2π 模的连续浮雕及多阶浮雕结构表面二元光学元件的过程。

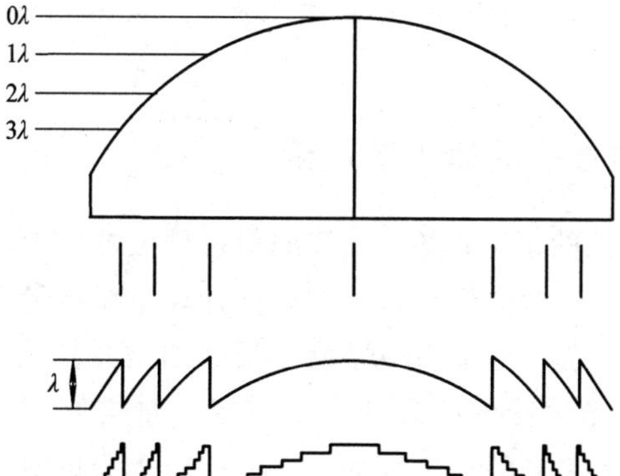

图 3.3-1 折射透镜到二元光学元件浮雕结构的演变

二元光学除由于具有体积小、重量轻、容易复制等显而易见的优点外，还具有如下许多独特的功能和特点。

1) 高衍射效率

二元光学元件是一种纯相位衍射光学元件，没有吸收。此外，为得到高衍射效率，可

做成多相位阶数的浮雕结构。一般使用 N 块模板可得到 $L=2^N$ 个相位阶。相应的衍射效率为：$\eta=|\sin(\pi L)/(\pi L)|^2$。根据此衍射效率公式，当 $L=2$、4、8 和 16 时，相应的衍射效率 η 分别为 40.5%、81%、94.9%和 98.6%。若进一步利用亚波长微结构及连续相位面形，则衍射效率可接近 100%。

2）独特的色散性能

一般情况下，二元光学元器件多在单色光下使用，但因其是衍射元器件，具有不同于常规光学元器件的色散特性，故可在折射光学系统中同时校正球差与色差，构成混合光学系统。例如，以常规折射元件的曲面提供大部分的聚焦功能，再利用表面上的浮雕相位波带结构校正像差。这一方法已用于新的非球面设计和温度补偿等技术中。

3）更大的设计自由度

在传统的折射光学系统或镜头设计中，只能通过改变曲面的曲率或使用不同的光学材料校正像差。而在二元光学元件中，则可通过改变波带片的位置，沟槽宽度、深度及沟槽形状结构来产生任意波面，这样就大大增加了设计变量，从而能设计出传统光学所不具备的全新功能光学元件，对光学设计带来一次新的变革。

4）宽广的材料可选性

二元光学元器件是在基底材料上形成二元浮雕面形，这样的基底材料可以是玻璃、电介质或金属，材料的使用范围广。此外，① 在光电系统材料的选取中，一些红外材料如 ZnSe、Si 等，在传统光学领域由于其不理想的光学特性，经常被限制使用，而二元光学技术则不受此限制，并可在相当宽的波段作到消色差；② 二元光学技术在远紫外应用中，可使有用的光学成像波段展宽 1000 倍。

5）特殊的光学功能

二元光学元件可用来产生传统光学元件所不能实现的光学波面，如非球面、环状面、锥面和镯面等，并可集成得到多功能元件；使用亚波长结构还可得到宽带、大视场、消反射和偏振等特性。

3.3.2 光在二元光学器件中传播的简正模理论

二元光学的理论基础源于光波的衍射理论。光波的衍射理论可分为标量衍射理论和矢量衍射理论，虽然当前大多数二元光学器件和系统的设计计算是在标量衍射理论的框架中进行的，但随着制作工艺的发展，当二元器件浮雕特征尺寸细至波长或亚波长量级、浮雕深度小至几个波长量级时，二元光学器件的设计需要采用矢量衍射理论。从数学物理上说，矢量衍射理论解决的是一个电磁场的边值问题，由于问题本身的难度，至今仍未彻底解决，处于不断探讨之中。在此，以最简单的二元光学器件——一维矩形相位光栅为例，讨论二元光学器件中传播的简正模理论。

1. 光在自由空间传播的简正模理论

若 xOy 面内的光场用标量函数表示为 $u(x, y, 0)$，则空间任一点 P 处的光场 $u(x, y, z)$ 可采用下述方法求得。根据傅里叶变换理论，将 $u(x, y, 0)$ 和 $u(x, y, z)$ 分解为不同方向传播的平面波之和：

$$u(x, y, 0)=\iint_{-\infty}^{\infty} U(\xi, \eta; 0)\mathrm{e}^{\mathrm{i}2\pi(\xi x+\eta y)}\mathrm{d}\xi\,\mathrm{d}\eta \tag{3.3-1}$$

$$u(x, y, z)=\iint_{-\infty}^{\infty} U(\xi, \eta; z)\mathrm{e}^{\mathrm{i}2\pi(\xi x+\eta y)}\mathrm{d}\xi\,\mathrm{d}\eta \tag{3.3-2}$$

式中，$U(\xi, \eta; 0)$和$U(\xi, \eta; z)$分别是$u(x, y, 0)$和$u(x, y, z)$的二维傅里叶变换：

$$U(\xi, \eta; 0)=\iint_{-\infty}^{\infty} u(x, y, 0)\mathrm{e}^{-\mathrm{i}2\pi(\xi x+\eta y)}\mathrm{d}x\,\mathrm{d}y \tag{3.3-3}$$

$$U(\xi, \eta; z)=\iint_{-\infty}^{\infty} u(x, y, z)\mathrm{e}^{-\mathrm{i}2\pi(\xi x+\eta y)}\mathrm{d}x\,\mathrm{d}y \tag{3.3-4}$$

$\xi=\dfrac{k_x}{2\pi}=\dfrac{k\alpha}{2\pi}=\dfrac{\alpha}{\lambda}$，$\eta=\dfrac{k_y}{2\pi}=\dfrac{k\beta}{2\pi}=\dfrac{\beta}{\lambda}$，$\alpha$、$\beta$是波矢$\boldsymbol{k}$的方向余弦。在整个空间的无源点上，$u(x, y, z)$满足亥姆霍兹方程

$$(\nabla^2+k^2)u(x, y, z)=0 \tag{3.3-5}$$

将(3.3-2)式代入方程(3.3-5)，可得

$$\frac{\mathrm{d}^2}{\mathrm{d}z^2}U(\xi, \eta; z)+(2\pi)^2\left(\frac{1}{\lambda^2}-\xi^2-\eta^2\right)U(\xi, \eta; z)=0 \tag{3.3-6}$$

方程(3.3-6)的基本解为

$$U(\xi, \eta; z)=U(\xi, \eta; 0)\mathrm{e}^{\mathrm{i}2\pi\left(\frac{1}{\lambda^2}-\xi^2-\eta^2\right)^{1/2}z} \tag{3.3-7}$$

将(3.3-7)式代入(3.3-2)式即可求得空间任一点P处的光场

$$u(x, y, z)=\iint_{-\infty}^{\infty} U(\xi, \eta; 0)\mathrm{e}^{\mathrm{i}2\pi\left(\frac{1}{\lambda^2}-\xi^2-\eta^2\right)^{1/2}z}\ \mathrm{e}^{\mathrm{i}2\pi(\xi x+\eta y)}\mathrm{d}\xi\,\mathrm{d}\eta \tag{3.3-8}$$

可见，在自由空间中传播的光波均可视为沿任一方向传播的平面波(简正模)的线性叠加。如果已知某一平面上的光场$u(x, y, 0)$，即已知该平面上沿任一方向传播的平面波(简正模)光场，即可方便地求出空间任一点的光场$u(x, y, z)$。

2. 衍射元器件对光传播的影响

若在xOy面上放置一平面衍射元器件，其振幅透过率为

$$t(x, y)=\begin{cases} t(x, y) & (x, y)\text{在器件内} \\ 0 & \text{其他} \end{cases} \tag{3.3-9}$$

假设xOy面处衍射元器件前表面的光场为$u(x, y, 0)$，则根据基尔霍夫边界条件，衍射元器件后表面的光场及其二维傅里叶变换分别为

$$u_t(x, y, 0)=u(x, y, 0)t(x, y) \tag{3.3-10}$$

$$U_t(\xi, \eta; 0)=U(\xi, \eta; 0)*T(\xi, \eta) \tag{3.3-11}$$

而空间任一点P处的光场为

$$\begin{aligned} u(x, y, z)&=\iint_{-\infty}^{\infty} U_t(\xi, \eta; 0)\mathrm{e}^{\mathrm{i}2\pi\left(\frac{1}{\lambda^2}-\xi^2-\eta^2\right)^{1/2}z}\ \mathrm{e}^{\mathrm{i}2\pi(\xi x+\eta y)}\mathrm{d}\xi\,\mathrm{d}\eta \\ &=\iint_{-\infty}^{\infty}[U_t(\xi, \eta; 0)*T(\xi, \eta)]\mathrm{e}^{\mathrm{i}2\pi\left(\frac{1}{\lambda^2}-\xi^2-\eta^2\right)^{1/2}z}\ \mathrm{e}^{\mathrm{i}2\pi(\xi x+\eta y)}\mathrm{d}\xi\,\mathrm{d}\eta \end{aligned} \tag{3.3-12}$$

可见，只要已知衍射元器件的振幅透过率，便可方便地根据简正模理论求出空间任一点的光场分布，此方法适用于解决绝大多数二元光学器件中光波的传播问题。

3. 光在二元光学器件中传播的简正模理论

1) 麦克斯韦方程及波动方程

以 $\boldsymbol{E}(\boldsymbol{r}, t)$、$\boldsymbol{H}(\boldsymbol{r}, t)$、$\boldsymbol{D}(\boldsymbol{r}, t)$、$\boldsymbol{B}(\boldsymbol{r}, t)$分别表示光场随空间($\boldsymbol{r}$)和时间($t$)变化的电场强度、磁场强度、电位移矢量和磁感应强度，当仅涉及处理非磁性、电中性、线性、各向同性介质中的光波场问题时，麦克斯韦方程简化为

$$\left.\begin{aligned}\nabla\times\boldsymbol{E}(\boldsymbol{r}, t) &= -\frac{\partial \boldsymbol{E}(\boldsymbol{r}, t)}{\partial t}\\ \nabla\times\boldsymbol{H}(\boldsymbol{r}, t) &= \frac{\partial \boldsymbol{D}(\boldsymbol{r}, t)}{\partial t}\\ \nabla\cdot\boldsymbol{D}(\boldsymbol{r}, t) &= 0\\ \nabla\cdot\boldsymbol{B}(\boldsymbol{r}, t) &= 0\end{aligned}\right\} \tag{3.3-13}$$

物质方程可表述为

$$\left.\begin{aligned}\boldsymbol{D}(\boldsymbol{r}, t) &= \varepsilon(\boldsymbol{r})\boldsymbol{E}(\boldsymbol{r}, t)\\ \boldsymbol{B}(\boldsymbol{r}, t) &= \mu_0\boldsymbol{H}(\boldsymbol{r}, t)\end{aligned}\right\} \tag{3.3-14}$$

式中，介电常数 $\varepsilon(\boldsymbol{r})$为标量；$\mu_0$ 是真空中的磁导率。

由麦克斯韦方程(3.3-13)和物质方程(3.3-14)可推导出光波电场强度 $\boldsymbol{E}(\boldsymbol{r}, t)$和磁场强度 $\boldsymbol{H}(\boldsymbol{r}, t)$所满足的波动方程分别为

$$\nabla^2\boldsymbol{E}(\boldsymbol{r}, t)-\mu_0\varepsilon(\boldsymbol{r})\frac{\partial^2\boldsymbol{E}(\boldsymbol{r}, t)}{\partial t^2}+\nabla\left[\frac{1}{\varepsilon(\boldsymbol{r})}\boldsymbol{E}(\boldsymbol{r}, t)\cdot\nabla\varepsilon(\boldsymbol{r})\right]=0 \tag{3.3-15}$$

$$\nabla^2\boldsymbol{H}(\boldsymbol{r}, t)-\mu_0\varepsilon(\boldsymbol{r})\frac{\partial^2\boldsymbol{H}(\boldsymbol{r}, t)}{\partial t^2}+\nabla\varepsilon(\boldsymbol{r})\times\left[\frac{1}{\varepsilon(\boldsymbol{r})}\nabla\times\boldsymbol{H}(\boldsymbol{r}, t)\right]=0 \tag{3.3-16}$$

2) 光在一维平面光栅中传播的简正模理论

下面以最简单的二元光学器件——一维平面光栅为例来求解波动方程(3.3-15)和(3.3-16)。如图 3.3-2 所示，xOy 面为光栅平面，光栅栅线平行于 y 轴，光栅平面的法线方向沿 z 轴；假设入射单色平面光波的波矢 $\boldsymbol{k}$ 位于 xOz 平面内，$\boldsymbol{k}$ 与 z 轴构成所谓的入射面。

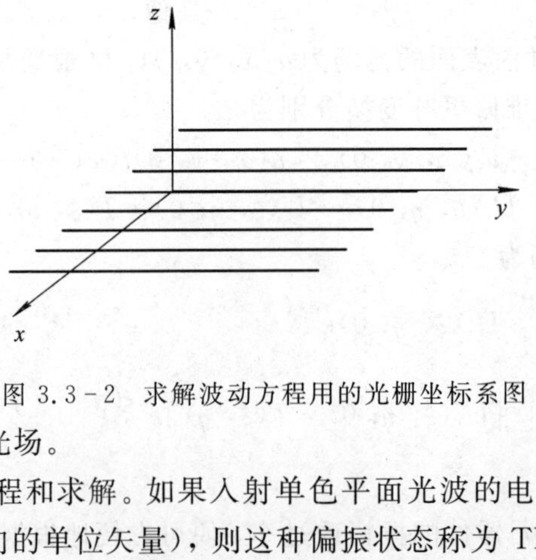

图 3.3-2 求解波动方程用的光栅坐标系图

(1) TE 偏振(H 模)光场。

① TE 偏振的波动方程和求解。如果入射单色平面光波的电场强度 $\boldsymbol{E}$ 垂直于入射面，即 $\boldsymbol{E}=E_y\boldsymbol{e}_y$($\boldsymbol{e}_y$ 是 y 轴方向的单位矢量)，则这种偏振状态称为 TE 偏振，亦称 H 模。对图 3.3-2 所示坐标系，在光栅区内，介电常数仅是 x 的函数，即 $\varepsilon(\boldsymbol{r})=\varepsilon(x)$，则 $\varepsilon(x)$的梯度

$\nabla\varepsilon(x)=\dfrac{\mathrm{d}\varepsilon(x)}{\mathrm{d}x}\boldsymbol{e}_x$。对于 TE 偏振 $\boldsymbol{E}\cdot\nabla\varepsilon=E_y\boldsymbol{e}_y\cdot\dfrac{\mathrm{d}\varepsilon(x)}{\mathrm{d}x}\boldsymbol{e}_x=0$，故波动方程(3.3-15)可简化为

$$\nabla^2E_y(\boldsymbol{r},t)-\mu_0\varepsilon(x)\frac{\partial^2E_y(\boldsymbol{r},t)}{\partial t^2}=0 \tag{3.3-17}$$

若入射单色光波电场强度中时间依赖因子为 $\mathrm{e}^{-\mathrm{i}\omega t}$，可以得到所谓的定态波动方程

$$\nabla^2E_y(x,z)+k^2\varepsilon_r(x)E_y(x,z)=0 \tag{3.3-18}$$

式中，$k=2\pi/\lambda$ 为平面光波波矢的大小，λ 是真空中的波长；$\varepsilon(x)=\varepsilon_0\varepsilon_r(x)$，$\varepsilon_r(x)$是平面光栅的相对介电常数。可见单色平面光波所满足的定态波动方程就是亥姆霍兹方程。

假定亥姆霍兹方程的解可以分离变量，即 $E_y(x,z)=X(x)Z(z)$，将其代入(3.3-18)式，并利用$\nabla^2=\dfrac{\partial^2}{\partial x^2}+\dfrac{\partial^2}{\partial y^2}$，可以得到

$$\frac{1}{X(x)}\frac{\mathrm{d}^2X(x)}{\mathrm{d}x^2}+k^2\varepsilon_r(x)=-\frac{1}{Z(z)}\frac{\mathrm{d}^2Z(z)}{\mathrm{d}z^2} \tag{3.3-19}$$

式(3.3-19)的左端与右端分别只与变量 x 和 z 有关，而等式应对所有 x 和 z 值恒成立，则两端都应恒等于一个与 x 和 z 都无关的常数。设该常数为$-\alpha^2$，则亥姆霍兹方程可以化成两个二阶常微分方程，即

$$\frac{\mathrm{d}^2X(x)}{\mathrm{d}x^2}+[\alpha^2+k^2\varepsilon_r(x)]X(x)=0 \tag{3.3-20}$$

$$\frac{\mathrm{d}^2Z(z)}{\mathrm{d}z^2}=\alpha^2Z(z) \tag{3.3-21}$$

方程(3.3-21)的解为

$$Z(z)=A\mathrm{e}^{\alpha z}+A'\mathrm{e}^{-\alpha z} \tag{3.3-22}$$

式中，A、A'是两个任意常数，可由边界条件确定。方程(3.3-20)的求解较为复杂，这是因为其中的系数 $\varepsilon_r(x)$是 x 的函数。对于一维平面光栅，$\varepsilon_r(x)$是 x 的周期函数，方程(3.3-20)是典型的希耳(Hill)方程。为求解该方程，可将其展开为傅里叶级数：

$$\varepsilon_r(x)=\sum_{l=-\infty}^{\infty}\varepsilon_l\mathrm{e}^{\mathrm{i}lgx} \tag{3.3-23}$$

式中，$l=0,\pm1,\pm2,\cdots$；$\varepsilon_l=\varepsilon_{-l}$。应用(3.3-23)式，方程(3.3-20)可改写为

$$\frac{\mathrm{d}^2X(x)}{\mathrm{d}x^2}+\left[\alpha^2+k^2\sum_{l=-\infty}^{\infty}\varepsilon_l\mathrm{e}^{\mathrm{i}lgx}\right]X(x)=0 \tag{3.3-24}$$

希耳方程的周期解总可以写成

$$X(x)=\mathrm{e}^{\mathrm{i}K_xx}\sum_{m=-\infty}^{\infty}B_m\mathrm{e}^{\mathrm{i}mgx} \tag{3.3-25}$$

式中，K_x称为特征指标。(3.3-25)式的意义是将光波场展开成平面光波的叠加后在 x 方向上的表示。若取 $m=0$，则表示零级衍射光波的 x 方向分量，从物理图像上知道，空间周期性要求 $K_x=\dfrac{2\pi}{\lambda_1}\sin\theta$，其中 θ 是入射平面光波波矢与 z 轴正方向的夹角；λ_1是入射平面光波波长。将(3.3-25)式代入方程(3.3-24)，得

$$-\sum_{m=-\infty}^{\infty}B_m(K_x+mg)^2\mathrm{e}^{\mathrm{i}(K_x+mg)x}+\left(\alpha^2+k^2\sum_{l=-\infty}^{\infty}\varepsilon_l\mathrm{e}^{\mathrm{i}lgx}\right)\sum_{m=-\infty}^{\infty}B_m\mathrm{e}^{\mathrm{i}(K_x+mg)x}=0 \tag{3.3-26}$$

分析可见，(3.3-26)式实质上是正交函数系 e^{ijx}($j=0$，±1，±2，…)的线性组合。由于正交函数系的函数间线性无关，(3.3-26)式成立的条件是每个正交函数的系数为零。由此得到系数 B_m间的联立方程：

$$-[(K_x+mg)^2-\alpha^2]B_m+k^2\sum_{l=-\infty}^{\infty}\varepsilon_l B_{m-l}=0 \tag{3.3-27}$$

该方程是关于 B_m($m=0$，±1，±2，…)的齐次线性线性方程组，写成矩阵形式为

$$\begin{bmatrix} \cdots & \cdots & \cdots & \cdots & \cdots \\ q_{-2}-\Lambda & \varepsilon_1 & \varepsilon_2 & \varepsilon_3 & \varepsilon_4 \\ \varepsilon_1 & q_{-1}-\Lambda & \varepsilon_1 & \varepsilon_2 & \varepsilon_3 \\ \varepsilon_2 & \varepsilon_1 & q_0-\Lambda & \varepsilon_1 & \varepsilon_2 \\ \varepsilon_3 & \varepsilon_2 & \varepsilon_1 & q_1-\Lambda & \varepsilon_1 \\ \varepsilon_4 & \varepsilon_3 & \varepsilon_2 & \varepsilon_1 & q_2-\Lambda \\ \cdots & \cdots & \cdots & \cdots & \cdots \end{bmatrix}\begin{bmatrix} \cdots \\ B_{-2} \\ B_{-1} \\ B_0 \\ B_1 \\ B_2 \\ \cdots \end{bmatrix}=0 \tag{3.3-28}$$

其中，$\Lambda=\varepsilon_0+\alpha^2/k^2$，$q_m=(K_x+mg)^2/k^2$。显然，方程(3.3-28)有非零解的条件是系数矩阵的行列式为零，即 Λ 是本征值。注意到系数矩阵是一实对称矩阵，可利用雅可比(Jacobi)方法求出 Λ，然后由 Λ 求出 α，同时求出每个 α_j 相应的本征矢量 $\boldsymbol{B}_j$(其元素为 $B_{m,j}$)。于是，就求得了亥姆霍兹方程的解：

$$E_y(x.z)=\sum_j\left[(A_j e^{\alpha_j z}+A'_j e^{-\alpha_j z})\sum_m B_{m,j}e^{i(K_x+mg)x}\right] \tag{3.3-29}$$

式中，A_j和 A'_j由边界条件决定。

② 边界条件。对于图 3.3-3 所示的坐标系，光波的边界条件是在光栅的入射处($z=0$)和出射处($z=d$)光场 E_y和 H_x连续。因此，首先根据上述光场 E_y的表示式，以及由麦克斯韦旋度方程 $\nabla\times\boldsymbol{E}=-\dfrac{\partial\boldsymbol{B}}{\partial t}$及物质方程 $\boldsymbol{B}=\mu_0\boldsymbol{H}$ 得到的 E_y和 H_x的关系：

$$H_x=\frac{1}{i\mu_0\omega}\frac{\partial E_y}{\partial z} \tag{3.3-30}$$

确定空间中与边界条件有关的光波场分量 E_y和 H_x。

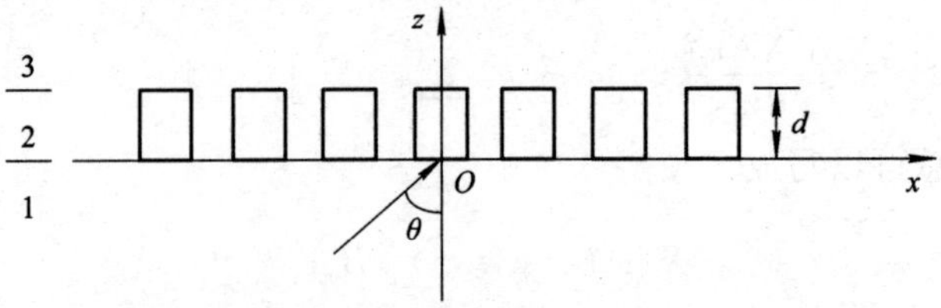

图 3.3-3 矩形光栅

在 $z<0$ 的空间 1 中，光波场 E_y和 H_x可表示为

$$E_{y1}=E_{1,0}^{+}e^{iK_x x}e^{ik_{z1,0}z}+\sum_m E_{1,m}^{-}e^{i(K_x+mg)x}e^{-ik_{z1,m}z} \tag{3.3-31}$$

$$H_{x1}=\frac{1}{\mu_0\omega}\left[k_{z1,0}E_{1,0}^{+}e^{iK_x x}e^{ik_{z1,0}z}-\sum_m k_{z1,m}E_{1,m}^{-}e^{i(K_x+mg)x}e^{-ik_{z1,m}z}\right] \tag{3.3-32}$$

式中，$k_{z1,m}=[k_1^2-(K_x+mg)^2]^{1/2}$，$k_1=2\pi/\lambda_1$是 $z<0$ 空间 1 中的波矢大小。(3.3-31)式和(3.3-32)式中第一项是入射平面波，第二项是散射波。

在 $0<z<d$ 空间 2 中，根据(3.3-29)式和(3.3-30)式，光波场 E_y 和 H_x 分别为

$$E_{y2}=\sum_j\left[(A_j e^{\alpha_j z}+A'_j e^{-\alpha_j z})\sum_m B_{m,j}e^{i(K_x+mg)x}\right] \tag{3.3-33}$$

$$H_{x2}=\frac{1}{i\mu_0\omega}\sum_j\left[(A_j\alpha_j e^{\alpha_j z}-A'_j\alpha_j e^{-\alpha_j z})\sum_m B_{m,j}e^{i(K_x+mg)x}\right] \tag{3.3-34}$$

在 $z>d$ 空间 3 中，光波场 E_y 和 H_x 为

$$E_{y3}=\sum_m E_{3,m}e^{i(K_x+mg)x}e^{ik_{z3,m}z} \tag{3.3-35}$$

$$H_{x3}=\frac{1}{\mu_0\omega}\left[\sum_m k_{z3,m}E_{3,m}e^{i(K_x+mg)x}e^{ik_{z3,m}z}\right] \tag{3.3-36}$$

下面，在 $z=0$ 处应用边界条件：$E_{y1}=E_{y2}$，$H_{x1}=H_{x2}$。根据(3.3-31)式和(3.3-33)式，可得

$$E_{1,0}^{+}+E_{1,0}^{-}=\sum_j(A_j+A'_j)B_{0,j} \tag{3.3-37}$$

$$E_{1,m}^{-}=\sum_j(A_j+A'_j)B_{m,j}\qquad m\neq 0 \tag{3.3-38}$$

根据(3.3-32)式和(3.3-34)式可得

$$k_{z1,0}E_{1,0}^{+}-k_{z1,0}E_{1,0}^{-}=-i\sum_j(A_j\alpha_j-A'_j\alpha_j)B_{0,j} \tag{3.3-39}$$

$$k_{z1,m}E_{1,m}^{-}=i\sum_j(A_j\alpha_j+A'_j\alpha_j)B_{m,j}\qquad m\neq 0 \tag{3.3-40}$$

联立(3.3-37)式和(3.3-39)式，消去 $E_{1,0}^{-}$，得

$$2k_{z1,0}E_{1,0}^{+}=\sum_j[A_j(k_{z1,0}-i\alpha_j)+A'_j(k_{z1,0}+i\alpha_j)]B_{0,j} \tag{3.3-41}$$

联立(3.3-38)式和(3.3-40)式消去 $E_{1,m}^{-}$，得

$$\sum_j[A_j(k_{z1,m}-i\alpha_j)+A'_j(k_{z1,m}+i\alpha_j)]B_{m,j}=0\qquad m\neq 0 \tag{3.3-42}$$

(3.3-41)式和(3.3-42)式可联立写成矩阵形式：

$$(U)\boldsymbol{A}+(U')\boldsymbol{A}'=\boldsymbol{R} \tag{3.3-43}$$

其中

$$\boldsymbol{A}=\begin{bmatrix}\vdots\\A_1\\A_0\\A_{-1}\\\vdots\end{bmatrix},\quad \boldsymbol{A}'=\begin{bmatrix}\vdots\\A'_1\\A'_0\\A'_{-1}\\\vdots\end{bmatrix},\ \boldsymbol{R}=\begin{bmatrix}\vdots\\R_1\\R_0\\R_{-1}\\\vdots\end{bmatrix}$$

(U) 和 (U') 是 m 行 j 列方阵($m=j$)，其元素分别为 $u_{m,j}=(k_{z1,m}-i\alpha_j)B_{m,j}$，$u'_{m,j}=(k_{z1,m}+i\alpha_j)B_{m,j}$。而列矢量 $\boldsymbol{R}$ 除 $R_0=2k_{z1,0}E_{1,0}^{+}$ 外，其余元素皆为零。

进一步，在 $z=d$ 处应用边界条件：$E_{y2}=E_{y3}$，$H_{x2}=H_{x3}$。类似于前述讨论，可得

$$(V)\boldsymbol{A}+(V')\boldsymbol{A}'=0 \tag{3.3-44}$$

式中，方阵 (V)(m 行 j 列，$m=j$)的元素为 $v_{m,j}=(k_{z3,m}e^{\alpha_j d}-i\alpha_j e^{\alpha_j d})B_{m,j}$；方阵 (V')(m 行 j 列，$m=j$)的元素为 $v'_{m,j}=(k_{z3,m}e^{-\alpha_j d}+i\alpha_j e^{-\alpha_j d})B_{m,j}$。

合并(3.3-43)式和(3.3-44)式，可得

$$\begin{bmatrix}(U) & (U') \\ (V) & (V')\end{bmatrix}\begin{bmatrix}\boldsymbol{A} \\ \boldsymbol{A}'\end{bmatrix}=\begin{bmatrix}\boldsymbol{R} \\ 0\end{bmatrix} \tag{3.3-45}$$

方程(3.3-45)是含 $2j$ 个未知数(j 个 A_j 和 j 个 A'_j)的 $2j$ 个线性方程组，可采用高斯消去法在计算机上求解。

③ 合理的截断。采用简正模理论解决光波在实际二元光学器件中的传播问题时，由于(3.3-28)式和(3.3-45)式均是无穷维方程组，故需要截断为有限的方程组。由于任何光栅系统的高级次衍射光场的振幅很小，甚至趋于零，就在物理上保证了截断的合理性。具体计算时，究竟在什么级次上截断，即 $m(j=m)$ 取多大，原则上取决于对计算结果的精度要求。一般原则是不能严重偏离能量守恒定律：$\sum_m |E_{1,m}^-|^2+\sum_m |E_{3,m}|^2=|E_{1,0}^+|^2$，若截断得到结果偏离较大，则需增大 m 进一步计算，直至满足预定的精度要求。

(2) TM 偏振(E 模)光场。

对于 TM 偏振，仍考虑图 3.3-2 的情况，$\boldsymbol{H}=H_y\boldsymbol{e}_y$，$\boldsymbol{E}\cdot\nabla\varepsilon\neq 0$，故必须通过求解关于磁场强度 $\boldsymbol{H}(\boldsymbol{r}, t)$ 的波动方程式(3.3-16)得到光电场 $\boldsymbol{E}(\boldsymbol{r}, t)$。考虑到 $\varepsilon(x)$ 仅是 x 的函数，有

$$\nabla\varepsilon(x)\times\left[\frac{1}{\varepsilon(x)}\nabla\times\boldsymbol{H}\right]=-\frac{1}{\varepsilon(x)}\frac{\mathrm{d}\varepsilon(x)}{\mathrm{d}x}\frac{\partial H_y}{\partial x}\boldsymbol{e}_y$$

方程(3.3-16)可改写为

$$\nabla^2 H_y-\mu_0\varepsilon(x)\frac{\partial^2 H_y}{\partial t^2}-\frac{1}{\varepsilon(x)}\frac{\mathrm{d}\varepsilon(x)}{\mathrm{d}x}\frac{\partial H_y}{\partial x}=0 \tag{3.3-46}$$

对于入射光波为单色光的情形，消去时间因子 $\mathrm{e}^{-\mathrm{i}\omega t}$，仅与空间坐标有关的波动方程为

$$\nabla^2 H_y(x, z)+k^2\varepsilon_r(x)H_y(x, z)-\frac{1}{\varepsilon_r(x)}\frac{\mathrm{d}\varepsilon_r(x)}{\mathrm{d}x}\frac{\partial H_y(x, z)}{\partial x}=0 \tag{3.3-47}$$

与 TE 偏振情形的定态波动方程相比，方程(3.3-47)多出了第三项。

下面，仍然采用分离变量法求解方程(3.3-47)。令 $H_y(x, z)=X(x)Z(z)$，方程(3.3-47)变为

$$\frac{1}{X(x)}\frac{\mathrm{d}^2 X(x)}{\mathrm{d}x^2}-\frac{1}{\varepsilon_r(x)}\frac{\mathrm{d}\varepsilon_r(x)}{\mathrm{d}x}\frac{1}{X(x)}\frac{\mathrm{d}X(x)}{\mathrm{d}x}+k^2\varepsilon_r(x)=-\frac{1}{Z(z)}\frac{\mathrm{d}^2 Z(z)}{\mathrm{d}z^2} \tag{3.3-48}$$

引入常数 $-\alpha^2$，得

$$\frac{\mathrm{d}^2 X(x)}{\mathrm{d}x^2}-\frac{1}{\varepsilon_r(x)}\frac{\mathrm{d}\varepsilon_r(x)}{\mathrm{d}x}\frac{\mathrm{d}X(x)}{\mathrm{d}x}+[\alpha^2+k^2\varepsilon_r(x)]X(x)=0 \tag{3.3-49}$$

$$\frac{\mathrm{d}^2 Z(z)}{\mathrm{d}z^2}=\alpha^2 Z(z) \tag{3.3-50}$$

令 $X(x)=[\varepsilon_r(x)]^{1/2}U(x)$，代入方程(3.3-49)，得

$$\frac{\mathrm{d}^2 U(x)}{\mathrm{d}x^2}+[\alpha^2+f(x)]U(x)=0 \tag{3.3-51}$$

其中

$$f(x)=k^2\varepsilon_r(x)+\frac{1}{4}[\varepsilon_r(x)]^{-2}\left[\frac{\mathrm{d}\varepsilon_r(x)}{\mathrm{d}x}\right]^2+[\varepsilon_r(x)]^{-1/2}\frac{\mathrm{d}^2\varepsilon_r(x)}{\mathrm{d}x^2} \tag{3.3-52}$$

如果 $\varepsilon_r(x)$是以 g 为圆频率的偶周期函数，则可展开为傅里叶余弦级数：

$$\varepsilon_r(x) = \frac{a_0}{2} + \sum_{l=1}^{\infty} b_l \cos(lgx) \tag{3.3-53}$$

且 $\left[\frac{\mathrm{d}\varepsilon_r(x)}{\mathrm{d}x}\right]^2 = \left[\sum_{l=1}^{\infty} lgb_l \sin(lgx)\right]^2$ 和$\frac{\mathrm{d}^2\varepsilon_r(x)}{\mathrm{d}x^2} = (-1)\sum_{l=1}^{\infty}(lg)^2 b_l \cos(lgx)$ 都是以 g 为圆频率的偶周期函数，因此 $f(x)$一定是一个偶周期函数，将其展开为复数形式傅里叶级数：

$$f(x) = \sum_{l=-\infty}^{\infty} f_l \mathrm{e}^{\mathrm{i}lgx} \qquad f_l = f_{-l} \tag{3.3-54}$$

并代入方程(3.3-51)，可得

$$\frac{\mathrm{d}^2 U(x)}{\mathrm{d}x^2} + \left[\alpha^2 + \sum_{l=-\infty}^{\infty} f_l \mathrm{e}^{\mathrm{i}lgx}\right] U(x) = 0 \tag{3.3-55}$$

该方程与 TE 偏振情况的方程(3.3-24)形式完全相同，因此按照 TE 偏振情况处理的相同思路，可得到 TM 偏振问题的全部解。

3.3.3 光在二元光学器件中传播的耦合模理论

上一节简正模理论的讨论，主要是求解 $\varepsilon_r(x)$是 x 周期函数的亥姆霍兹方程。现在介绍该方程的另一种解法，即所谓的耦合模理论。

1. TE 偏振(H 模)光场

1) 亥姆霍兹方程解的变形

在 3.3.2 节中，利用简正模理论求得亥姆霍兹方程(3.3-18)解的形式为

$$E_y = \sum_j \left[(A_j \mathrm{e}^{\alpha_j z} + A'_j \mathrm{e}^{-\alpha_j z}) \sum_m B_{m,j} \mathrm{e}^{\mathrm{i}(K_x + mg)x}\right] \tag{3.3-56}$$

交换上式中的求和顺序可得

$$E_y = \sum_m \mathrm{e}^{\mathrm{i}(K_x + mg)x} \sum_j \left[B_{m,j}(A_j \mathrm{e}^{\alpha_j z} + A'_j \mathrm{e}^{-\alpha_j z})\right] \tag{3.3-57}$$

进一步分析矩阵方程(3.3-28)可见，若系数矩阵为一实对称矩阵，则其本征值 Λ 一定是实数。所以 α_j 要么是纯虚数，要么是纯实数。前者对应于沿 z 方向的传播光波，后者对应于 z 方向的倏逝波。无论何种情况，总可以令

$$\alpha_j = \mathrm{i}k\beta_j \tag{3.3-58}$$

式中，$k=2\pi/\lambda$ 为真空中的波矢大小。在这种表示情况下，$\mathrm{e}^{\alpha_j z}$ 与 $\mathrm{e}^{-\alpha_j z}$ 之间的区别仅仅是前者表示沿 z 正方向传播的光波，后者表示沿 z 负方向传播的光波。如果用 β_j 本身的正负号兼顾这种区别，可将 $\mathrm{e}^{\alpha_j z}$ 和 $\mathrm{e}^{-\alpha_j z}$ 统一表示为 $\mathrm{e}^{\mathrm{i}k\beta_j z}$($\beta_j>0$ 表示沿 z 正方向传播，$\beta_j<0$ 表示沿 z 负方向传播)，于是可将($A_j \mathrm{e}^{\alpha_j z} + A'_j \mathrm{e}^{-\alpha_j z}$)简记为 $D_j \mathrm{e}^{\mathrm{i}k\beta_j z}$，因此，(3.3-57)式中的因子 $\sum_j \left[B_{m,j}(A_j \mathrm{e}^{\alpha_j z} + A'_j \mathrm{e}^{-\alpha_j z})\right]$可表示为 $\sum_j B_{m,j} D_j \mathrm{e}^{\mathrm{i}k\beta_j z}$，它在形式上可以看成是 j 个沿 z 方向以不同相速度(β_j各异)传播的平面波的叠加。若令 $\beta_j=\beta+\Delta\beta_j$，以 $\Delta\beta_j$ 体现 β_j 的不同，则有

$$\sum_j B_{m,j} D_j \mathrm{e}^{\mathrm{i}k\beta_j z} = \mathrm{e}^{\mathrm{i}k\beta z} \sum_j B_{m,j} D_j \mathrm{e}^{\mathrm{i}k\Delta\beta_j z} = A_m(z)\mathrm{e}^{\mathrm{i}k\beta z} \tag{3.3-59}$$

式中，$A_m(z) = \sum_j B_{m,j} D_j \mathrm{e}^{\mathrm{i}k\Delta\beta_j z}$。$A_m(z)\mathrm{e}^{\mathrm{i}k\beta z}$ 可视为一个沿 z 方向传播的振幅变化的谐波。

因此，亥姆霍兹方程(3.3-18)的解可以表示为

$$E_y = \sum_m A_m(z)\mathrm{e}^{\mathrm{i}[(K_x+mg)x+k\beta z]} \tag{3.3-60}$$

现在确定β的具体形式。如上节所述，对于$m=0$的零级衍射谐波来说，波矢大小的平方应该是$k^2\bar{n}^2$($\bar{n}$是介质的折射率)，而$K_x=k\bar{n}\sin\theta'$(θ'是介质中相应于入射角的折射角)，所以

$$\beta = \bar{n}\cos\theta' \tag{3.3-61}$$

2) 亥姆霍兹方程解的求解方法

由以上讨论可见，亥姆霍兹方程求解的关键是确定$A_m(z)$。为了确定$A_m(z)$，需要将$\varepsilon_r(x)$的傅里叶展开式(3.3-23)式和E_y的表示式(3.3-60)式代回亥姆霍兹方程。由于

$$\begin{aligned}\nabla^2 E_y &= \sum_m \mathrm{e}^{\mathrm{i}[(K_x+mg)x+k\beta z]}\left\{\frac{\mathrm{d}^2A_m(z)}{\mathrm{d}z^2}+\mathrm{i}2k\beta\frac{\mathrm{d}A_m(z)}{\mathrm{d}z}-[(K_x+mg)^2+k^2\beta^2]A_m(z)\right\}\\ &\cdot k^2\varepsilon_r(x)E_y\\ &= \sum_m \mathrm{e}^{\mathrm{i}[(K_x+mg)x+k\beta z]}\left\{k^2\sum_{l=-\infty}^{\infty}\varepsilon_l A_{m-l}(z)\right\}\end{aligned}$$

所以有

$$\frac{\mathrm{d}^2A_m(z)}{\mathrm{d}z^2}+\mathrm{i}2k\beta\frac{\mathrm{d}A_m(z)}{\mathrm{d}z}-[(K_x+mg)^2+k^2\beta^2]A_m(z)+k^2\sum_{l=-\infty}^{\infty}\varepsilon_l A_{m-l}(z)=0$$

$$m=0,\pm1,\pm2,\cdots \tag{3.3-62}$$

方程式(3.3-62)是一个二阶常系数齐次微分方程，可以看出第m个谐波振幅的变化($\frac{\mathrm{d}^2A_m(z)}{\mathrm{d}z^2}$和$\frac{\mathrm{d}A_m(z)}{\mathrm{d}z}$)不仅与$A_m(z)$本身有关，而且与其他谐波$A_{m-l}(z)$有关。这就是耦合波(模)的含义。实际上，这一点从(3.3-60)式就可以看出：由于各个谐波皆是z的函数，所以谐波到达的位置不同，谐波的振幅亦不同。根据能量守恒定律，这就表明光波一边在光栅中传播，一边在各个谐波之间相互交换能量(耦合)。因此，方程组(3.3-62)就是一维平面光栅TE偏振光场的耦合模方程组。

引入两个新变量$A_{1,m}$和$A_{2,m}$，定义如下：

$$A_{1,m}\stackrel{\mathrm{d}}{=}A_m(z),\quad A_{2,m}\stackrel{\mathrm{d}}{=}\frac{\mathrm{d}A_m(z)}{\mathrm{d}z}=\dot{A}_{1,m} \tag{3.3-63}$$

则

$$\dot{A}_{2,m}=\frac{\mathrm{d}A_{2,m}(z)}{\mathrm{d}z}=\frac{\mathrm{d}^2A_m(z)}{\mathrm{d}z^2} \tag{3.3-64}$$

再利用$\varepsilon_r(x)$的偶函数性质$\varepsilon_l=\varepsilon_{-l}$，(3.3-62)式的二阶微分方程可化成如下一阶微分方程组

$$\left.\begin{aligned}\dot{A}_{1,m}&=A_{2,m}\\ \dot{A}_{2,m}&=-k^2\sum_{l=1}^{\infty}\varepsilon_l A_{1,m+l}+[(K_x+mg)^2+k^2\beta^2-k^2\varepsilon_0]A_{1,m}-k^2\sum_{l=1}^{\infty}\varepsilon_l A_{1,m-l}-\mathrm{i}2k\beta A_{2,m}\end{aligned}\right\}$$

$$m=0,\pm1,\pm2,\cdots \tag{3.3-65}$$

引入列矢量

$$\boldsymbol{A} = \begin{bmatrix} \vdots \\ A_{1,1} \\ A_{1,0} \\ A_{1,-1} \\ \vdots \\ A_{2,1} \\ A_{2,0} \\ A_{2,-1} \\ \vdots \end{bmatrix}, \quad \dot{\boldsymbol{A}} = \begin{bmatrix} \vdots \\ \dot{A}_{1,1} \\ \dot{A}_{1,0} \\ \dot{A}_{1,-1} \\ \vdots \\ \dot{A}_{2,1} \\ \dot{A}_{2,0} \\ \dot{A}_{2,-1} \\ \vdots \end{bmatrix} \tag{3.3-66}$$

(3.3－65)式可简写成矩阵形式

$$\dot{\boldsymbol{A}} = \boldsymbol{H}\boldsymbol{A} \tag{3.3-67}$$

其中系数矩阵 $\boldsymbol{H}$ 可分块为行、列数目相等的四个子方阵，即

$$\boldsymbol{H} = \begin{bmatrix} \boldsymbol{0} & \boldsymbol{I} \\ \boldsymbol{h} & \mathrm{i}2k\beta\boldsymbol{I} \end{bmatrix} \tag{3.3-68}$$

式中，$\boldsymbol{0}$ 为零矩阵，$\boldsymbol{I}$ 为单位矩阵；$\boldsymbol{h}$ 为一对称矩阵，其具体形式为

$$\boldsymbol{h} = \begin{bmatrix} a_1 & b_1 & b_2 & \cdots & \cdots & 0 & 0 \\ b_1 & a_2 & b_1 & b_2 & \cdots & \cdots & 0 \\ & \ddots & \ddots & \ddots & \ddots & & \\ & & \ddots & \ddots & \ddots & \ddots & \\ & & & \ddots & \ddots & \ddots & b_2 \\ & & & & \ddots & \ddots & b_1 \\ 0 & & & & & b_1 & a_{2|m|+1} \end{bmatrix} \tag{3.3-69}$$

其中，$a_j = [(K_x+(m-j+1)g)^2 + k^2\beta^2 - k^2\varepsilon_0]$，$b_j = -k^2\varepsilon_j(j \leqslant |m|)$。

矩阵形式微分方程式(3.3－67)在线性系统理论中称为状态方程，其解法如下：设系数矩阵 $\boldsymbol{H}$ 有 $4|m|+2$ 个不相同的本征值 λ_j，相应的本征矢量为 $\boldsymbol{\xi}_j$。由于本征值 λ_j 互不简并，所以本征矢量 $\boldsymbol{\xi}_j$ 之间线性无关，故可将状态矢量 $\boldsymbol{A}$ 以 $\boldsymbol{\xi}_j$ 为基展开：

$$\boldsymbol{A}(z) = \sum_{j=1}^{4|m|+2} q_j(z)\boldsymbol{\xi}_j \tag{3.3-70}$$

对 z 求一阶导数，并应用(3.3－67)式和(3.3－70)式，有

$$\dot{\boldsymbol{A}}(z) = \sum_{j=1}^{4|m|+2} \dot{q}_j(z)\boldsymbol{\xi}_j = \boldsymbol{H}\boldsymbol{A}(z) = \sum_{j=1}^{4|m|+2} q_j(z)\boldsymbol{H}\boldsymbol{\xi}_j = \sum_{j=1}^{4|m|+2} q_j(z)\lambda_j\boldsymbol{\xi}_j \tag{3.3-71}$$

由于本征矢量 $\boldsymbol{\xi}_j$ 间线性无关，由(3.3－71)式可得

$$\dot{q}_j(z) = \lambda_j q_j(z) \tag{3.3-72}$$

其解为

$$q_j(z) = C_j \mathrm{e}^{\lambda_j z} \tag{3.3-73}$$

将(3.3－73)式代入(3.3－70)式，得

$$A_m(z) = \sum_j C_j \xi_{j,m} e^{\lambda_j z} \tag{3.3-74}$$

式中，$\xi_{j,m}$是第 j 个本征矢量的第 m 个元素；C_j为未知常数，由边界条件决定。

3）边界条件

与简正模理论的处理方法相同，在边界 $z=0$ 和 $z=d$ 平面上，光波场的电场强度和磁场强度切向分量连续。在边界 $z=0$ 平面上，有

$$\left.\begin{aligned} E_{y1} &= E_{y2} \\ H_{x1} &= H_{x2} \end{aligned}\right\} \tag{3.3-75}$$

应用(3.3-31)式、(3.3-60)式和(3.3-74)式，由(3.3-75)式的第一个等式可得

$$\delta_{m0}E_{1,0}^{+}+E_{1,m}^{-}=\sum_j C_j\xi_{j,m} \tag{3.2-76}$$

式中，δ_{m0}是克罗内克 δ 函数

$$\delta_{m0}=\begin{cases}1 & m=0\\ 0 & m\neq 0\end{cases}$$

由(3.3-30)式、(3.2-60)式和(3.2-74)式，可得

$$H_{x2}=\frac{1}{\mathrm{i}\mu_0\omega}\sum_m\Big[\sum_j(\lambda_j+\mathrm{i}k\beta)C_j\xi_{j,m}\mathrm{e}^{\lambda_j z}\Big]\mathrm{e}^{\mathrm{i}[(K_x+mg)x+k\beta z]} \tag{3.3-77}$$

应用(3.3-32)式、(3.2-77)式，由(3.2-75)式的第二个等式可得

$$k_{z1,m}(\delta_{m0}E_{1,0}^{+}-E_{1,m}^{-})=-\mathrm{i}\sum_j(\lambda_j+\mathrm{i}k\beta)C_j\xi_{j,m} \tag{3.2-78}$$

在边界 $z=d$ 平面，光波场的电场强度和磁场强度满足

$$\left.\begin{aligned} E_{y2} &= E_{y3} \\ H_{x2} &= H_{x3} \end{aligned}\right\} \tag{3.3-79}$$

类似于边界 $z=0$ 平面处的讨论，有

$$E_{3,m}=\sum_j C_j\xi_{j,m}\mathrm{e}^{(\lambda_j+\mathrm{i}k\beta-\mathrm{i}k_{z3,m})d} \tag{3.3-80}$$

及

$$2k_{z3,m}E_{3,m}=-\mathrm{i}\sum_j(\lambda_j+\mathrm{i}k\beta)C_j\xi_{j,m}\mathrm{e}^{(\lambda_j+\mathrm{i}k\beta-\mathrm{i}k_{z3,m})d} \tag{3.3-81}$$

联立(3.3-76)式和(3.3-78)式，消去 $E_{1,m}^{-}$，得

$$2k_{z1,m}\delta_{m0}E_{1,0}^{+}=\sum_j(k_{z1,m}-\mathrm{i}\lambda_j+k\beta)C_j\xi_{j,m} \tag{3.3-82}$$

联立(3.3-80)式和(3.3-81)式，消去 $E_{3,m}$，得

$$\sum_j(k_{z3,m}+\mathrm{i}\lambda_j-k\beta)C_j\xi_{j,m}\mathrm{e}^{(\lambda_j+\mathrm{i}k\beta-\mathrm{i}k_{z3,m})d}=0 \tag{3.3-83}$$

应当指出，(3.3-82)式和(3.3-83)式所表示的总方程数目和未知数 C_j 的数目严格相等，因此，可根据以上两式解出 C_j，再分别利用(3.3-76)式和(3.3-80)式即可求得 $E_{1,m}^{-}$和 $E_{3,m}$。

对于耦合波理论，同样存在维数的截断问题，其处理原则与简正模理论完全相同。

2. TM 偏振(E 模)光场的耦合模方程

上面，利用耦合模理论讨论了平面光栅中的 TE 偏振光场。对于 TM 偏振光场可以求解有关光波磁场强度 H_y的波动方程

$$\nabla^2 H_y+k^2\varepsilon_r(x)H_y-\frac{1}{\varepsilon_r(x)}\frac{\mathrm{d}\varepsilon_r(x)}{\mathrm{d}x}\frac{\partial H_y}{\partial x}=0 \tag{3.3-84}$$

若 $\varepsilon_r(x)$是圆周频率为 g 的偶周期函数，则$\dfrac{1}{\varepsilon_r(x)}\dfrac{\mathrm{d}\varepsilon_r(x)}{\mathrm{d}x}$是相同频率的奇周期函数，并可按傅里叶级数展开为

$$\frac{1}{\varepsilon_r(x)}\frac{\mathrm{d}\varepsilon_r(x)}{\mathrm{d}x}=-\mathrm{i}\sum_n a_n \mathrm{e}^{\mathrm{i}ngx} \tag{3.3-85}$$

式中，$a_{-n}=-a_n$，$a_0=0$。仿照 TE 偏振的处理方法，将 H_y 以空间谐波展开：

$$H_y=\sum_{m=-\infty}^{\infty}B_m(z)\mathrm{e}^{\mathrm{i}[(K_x+mg)x+k\beta z]} \tag{3.3-86}$$

将(3.3－85)式和(3.3－86)式一并代入波动方程(3.3－84)，即可得到相应耦合模方程：

$$\frac{\mathrm{d}^2B_m(z)}{\mathrm{d}z^2}+\mathrm{i}2k\beta\frac{\mathrm{d}B_m(z)}{\mathrm{d}z}-[(K_x+mg)^2+k^2\beta^2]B_m(z)+k^2\sum_{l=-\infty}^{\infty}\varepsilon_l B_{m-l}(z)$$

$$-\sum_{n=-\infty}^{\infty}a_n[K_x+(m-n)g]B_{m-n}(z)=0 \tag{3.3-87}$$

依据处理 TE 偏振的步骤，求解耦合模方程（3.3－87），即可得到 TM 偏振时光场的传播特性。当然，如果考虑共振耦合近似，也可以对上述耦合模方程按 3.1 节方法处理。

3.3.4 二元光学器件的应用

二元光学器件由于其高的衍射效率、独特的色散特性、更多的设计自由度和宽广的材料选择范围等优点，在很多领域都获得了广泛的应用。这里，仅举几个例子说明其区别于传统光学元器件的独特作用。

1. 波面矫正与光束整形

在激光应用中，对激光束的波面、光强分布、模式及光斑的形状与大小等提出了多种特殊的要求。例如，在光计算与光学测量中要求激光光束的振幅及相位均匀分布；在激光加工和热处理中，为实现一次成型的高效率加工，需要使用形状各异(矩形、环状或直线形等)，甚至大小可变的激光光斑；在惯性约束核聚变等强激光光学中，对激光光斑的要求极其苛刻，聚焦微小光斑的不均匀性应小于 5%，衍射效率大于 90%，且光斑呈无旁瓣的“平顶”分布。为此，激光波面矫正与光束整形是激光应用中的关键技术。

图 3.3－4 所示是一种利用两个二元光学器件构成的光学系统，可实现圆对称光束的波面变形，以获得使用所要求的振幅与相位分布。

在图 3.3－4 中，二元光学器件 P_1改变激光振幅(光强)分布，器件 P_2校正相位，以实现光束整形和准直功能。通过设计这两个二元光学器件各自的相位分布，把光束经过二元器件 P_1后的复振幅分布作为输入函数，光束传播到达二元器件 P_2之前的复振幅分布作为输出函数，因二元器件 P_2只改变光波的相位分布，则输出函数振幅分布与设计要求相同。

输入输出函数的变换关系随方案不同而异。图 3.3－4(a)为非涅耳变换，图 3.3－4(b)为傅里叶变换(夫琅和费变换)。由此，二元光学器件的设计转化为已知输入输出函数的振幅分布，求输入输出函数的相位分布问题。

以一种较简单的波面变换为例，如图 3.3－5 所示，将圆形高斯光束变换为圆形平面准直光束。所采用的方案为图 3.3－4(a)，其结构简单，体积小。

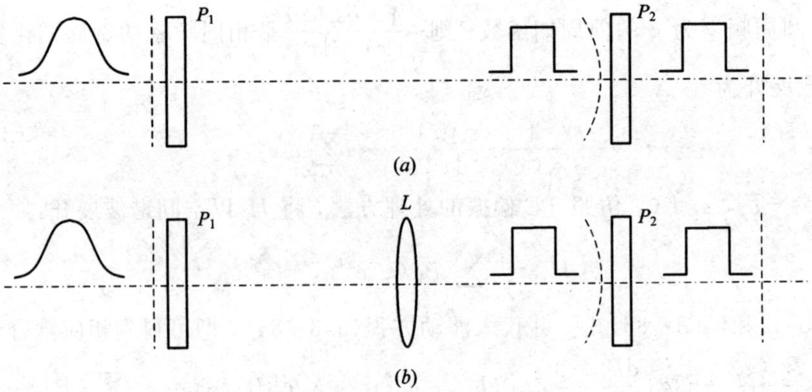

图 3.3-4 实现光波波面变形的两种方案
(a) 菲涅耳变换；(b) 傅里叶变换

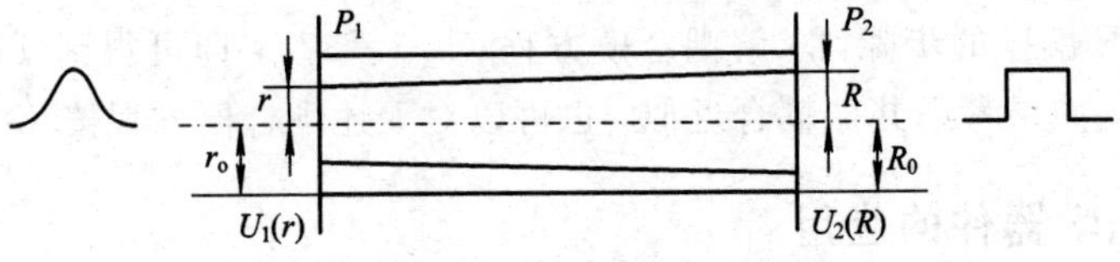

图 3.3-5 光波波面变换

首先用几何光学方法求解器件的相位分布[13]。这是一个轴对称波面变形问题。调整入射激光束，使高斯光束束腰位于 P_1 面，则入射激光光波复振幅分布为

$$U_1(r)=\mathrm{e}^{-\frac{2r^2}{w_0^2}} \tag{3.3-88}$$

式中，r 和 w_0 分别为入射光束在二元器件 P_1 表面的径向坐标和高斯光束束腰半径。设光束在两器件 P_1 和 P_2 间传播无能量损失，由能量守恒定律，同一光束在输入输出面内光通量相等，

$$S(r)=2\pi\int_0^r |U_1(r)|^2 r\,\mathrm{d}r=2\pi\int_{R(0)}^{R(r)}|U_2(R)|^2 R\,\mathrm{d}R=S[R(r)] \tag{3.3-89}$$

式中，$U_2(R)$为输出光波复振幅分布，设计要求输出光振幅均匀及相位均匀，即 $U_2(R)=\sigma$ 为常数。因为 $U_1(r)\geqslant 0$，$U_2(R)\geqslant 0$，(3.3-89)式也可等价为

$$2\pi\int_0^r U_1(r)r\,\mathrm{d}r=2\pi\int_{R(0)}^{R(r)}U_2(R)R\,\mathrm{d}R \tag{3.3-90}$$

$$2\pi\int_0^{w_0} U_1(r)r\,\mathrm{d}r=2\pi\int_{R(0)}^{R(w_0)}U_2(R)R\,\mathrm{d}R \tag{3.3-91}$$

由(3.3-90)式可以求出任意一条光线与输入、输出平面相交点的坐标关系

$$R(r)=\left[\frac{w_0^2}{2\sigma}\left(1-\mathrm{e}^{-\frac{2r^2}{w_0^2}}\right)\right]^{\frac{1}{2}} \tag{3.3-92}$$

或

$$r(R)=\left[\frac{w_0^2}{2}\ln\left(\frac{1}{1-2\sigma R^2/w_0^2}\right)\right]^{\frac{1}{2}} \tag{3.3-93}$$

此外，由几何光学得到任意光线传播方向为光波波面法线方向：

$$\frac{\mathrm{d}\phi_1(r)}{\frac{2\pi}{\lambda}\mathrm{d}r} = \frac{R(r)-r}{z} \tag{3.3-94}$$

$$\frac{\mathrm{d}\phi_2(R)}{\frac{2\pi}{\lambda}\mathrm{d}R} = \frac{R-r(R)}{z} \tag{3.3-95}$$

式中，$\phi_1(r)$和$\phi_2(R)$分别为二元光学器件P_1和P_2的相位分布。由此可得

$$\frac{\mathrm{d}\phi_1(r)}{\mathrm{d}r} = \frac{2\pi}{\lambda}\frac{\sqrt{\frac{w_0^2}{2\sigma}\left[1-\mathrm{e}^{-\frac{2r^2}{w_0^2}}\right]}-r}{z} \tag{3.3-96}$$

$$\frac{\mathrm{d}\phi_2(R)}{\mathrm{d}R} = \frac{2\pi}{\lambda}\frac{R-\sqrt{\frac{w_0^2}{2}\ln\left(\frac{1}{1-2\sigma R^2/w_0^2}\right)}}{z} \tag{3.3-97}$$

积分(3.3-96)式和(3.3-97)式，即可得到二元光学器件P_1和P_2的相位分布。一般积分时取

$$\phi_1(0)=0 \tag{3.3-98}$$

$$\phi_2(0)=0 \tag{3.3-99}$$

根据所求得的器件相位分布，即可设计、制作二元光学器件，构建光学系统，实现光束的波面矫正和光束整形。

2. 激光光束的叠加

在有些应用中，如激光泵浦、激光核聚变等，单个激光器的输出功率远不能满足要求，而其功率的提高又受到增益饱和、光学损伤及散热等因素的限制。利用多个激光器进行光束叠加，既能有效地增大功率，又能提高系统的鲁棒性(单个激光器的损坏对输出光束的影响甚微)。而利用二元光学器件是实现光束叠加的有效方法。

欲将激光器阵列(如半导体激光线阵或面阵)输出合成为一高强度光束，必须满足三个条件：阵列光束互相干，即相位与频率锁定；各光束相位关系调至沿光轴有最大输出；输出波前在出射孔径有准均匀照明。利用二元光学器件并结合光束叠加或孔径填充技术均可实现上述要求。

一阵列激光器发出的多个光束相交于一点并相干产生的干涉图样的分布$|E(x,y)|\mathrm{e}^{\mathrm{i}\varphi(x,y)}$取决于光束间夹角和相位关系。设计一特殊二元相位光栅放置在干涉面上，可将干涉场转化为孔径受限的平面波。相位光栅的透过率为

$$t(x,y) = \frac{1}{|E(x,y)|}\mathrm{e}^{-\mathrm{i}\varphi(x,y)} \tag{3.3-100}$$

通常取振幅透过率为1。激光通过此共轭相位光栅后，耦合为零级光束，其光振幅等于合成场的平均值

$$A_0 = \int_{-\infty}^{\infty}\int_{-\infty}^{\infty} |E(x,y)|\,\mathrm{d}x\,\mathrm{d}y \tag{3.3-101}$$

选择阵列激光束的相位使(3.3-101)式中的振幅$|E(x,y)|$有最大值，从而获得最大的光栅耦合效率。

图3.3-6所示的共腔结构用来建立各激光束间的相干性和适当的相位关系，并通过

公共的输出反射镜获得各激光器的反馈光，其中的二元相位光栅经优化设计后应同时具有良好的分束与合束功能。

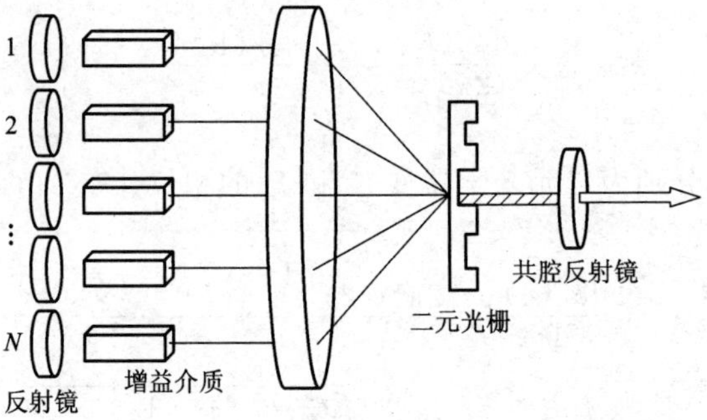

图 3.3-6　应用二元相位光栅实现光束叠加的共腔结构

美国林肯实验室设计了一耦合六个 AlGaAs 半导体激光器阵列的二元相位光栅[14]。半导体激光器阵列准确地放置在光栅的±1、±2、±3 衍射级次上，最后得到了一稳定的正弦输出图形。这表明各激光器正好相干且相位为π、π、0、0、π、π，各光栅旁瓣的光强分布中以同轴级次输出为最大，占总光强的 68.4%。

3. 二元光学透镜用于成像系统

在激光应用中，例如用于外科手术的 CO_2"激光刀"，经常需要调整使得激光束聚焦在某一工作点上。由于 CO_2 激光(λ=10.6 μm)不可见，通常采用 He-Ne 激光(λ=0.6328 μm)导引。但是，由于 CO_2 和 He-Ne 激光束的波长不同，若采用单片透镜，将使得两束光的焦点不重合。为此，可以将平凸透镜和基底为平面的二元光学衍射透镜组合制成混合透镜，利用二元光学透镜(BOL)进行色差补偿，使二光束聚焦于同一点。其原理如图 3.3-7 所示：由于光折射通过光学玻璃制作的透镜，红光比红外光的偏射角大(此即是透镜的色差)，而衍射光栅的衍射角与波长成正比，红外光比红光的衍射效应强，因此，若将折射透镜与 BOL 密接，利用 BOL 的色散特性与材料的无关性和负向性，就可以补偿透镜的色差。

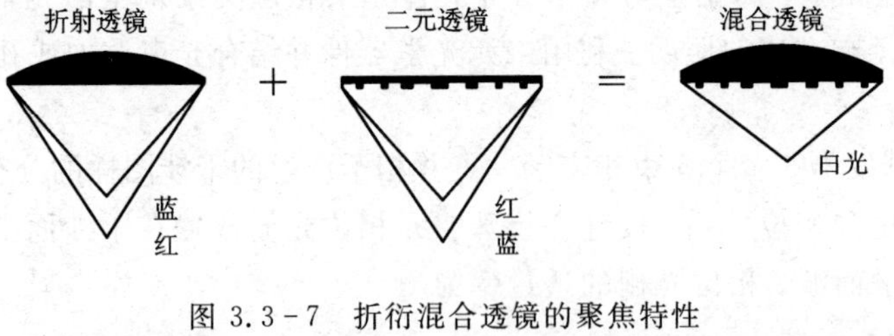

图 3.3-7　折衍混合透镜的聚焦特性

利用上述折衍混合透镜消色差的方法，较之传统光学折射系统设计有许多优点。下面，以折衍混合目镜设计为例进行说明。

由于目镜在光学系统的重要性，通常要求其有较大的眼点距和优良的像质，综合指标较高。对于传统光学设计而言，进一步完善目镜的性能已非常困难。其主要原因是传统光学折射系统的固有局限性：首先，由于消色差负透镜的加入使得正光焦度显著增大，因而整个系统结构复杂、庞大、笨重；其次，折射系统消色差会使得大部分折射表面弯曲严重，加大了单色像差，且其校正非常复杂。而由 BOL 与折射透镜组成的消色差混合目镜，因 BOL 具有与折射元件相反的等效色散，均由正透镜组成，这样可大大降低折射透镜的表面曲率，使单色像差易于校正；此外，BOL 本身不产生匹兹万场曲，又因无负透镜介入而使折射面曲率变小，因而场曲必然下降；再者，BOL 还可用于校正大视场的畸变，可减少组成器件数目和所需材料的种类，减小组成器件的体积、重量，从而大大简化系统结构，提高系统性能，降使成本。

图 3.3-8(*a*)为传统的埃尔弗(Erfle)目镜结构示意图，图(*b*)为三片型混合目镜设计，这两种结构的性能参数(焦距、*F* 数和视场)完全相同。由图可见，埃尔弗目镜由五片透镜组成，正负光焦度都较大；而混合目镜的折射器件曲率大大减小，重量仅为埃尔弗目镜的1/3，且其畸变、色差有明显改善，综合性能有较大提高。

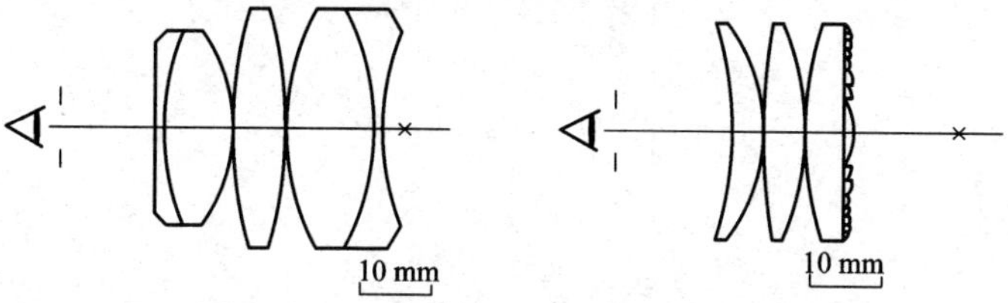

(*a*) (*b*)

图 3.3-8 传统及折衍混合目镜结构示意图

(*a*) Efle 目镜；(*b*)折衍混合目镜

习 题 三

3-1 当光波在介电常数为 $\varepsilon(z)=\varepsilon(z+\Lambda)$ 的一维周期性介质中传播时，存在光谱禁带。在禁带中，波数为复数 $K=\dfrac{g}{2}+\mathrm{i}K_{\mathrm{i}}$($K_{\mathrm{i}}$ 为禁带中波数的虚部)。证明：

(1) 禁带中心频率满足 $\omega_0^2=\dfrac{g^2}{4\mu\varepsilon_0}$，其中 $g=\dfrac{2\pi}{\Lambda}$；

(2) 波数的虚部 K_{i} 和频率 ω 之间满足关系为 $\left(\dfrac{K_{\mathrm{i}}}{g/2}\right)^2+\left(\dfrac{\omega-\omega_0}{\omega_0}\right)^2=\left|\dfrac{\varepsilon_1}{2\varepsilon_0}\right|^2$；

(3) 禁带宽度为 $\Delta\omega_{\mathrm{gap}}=\left|\dfrac{\varepsilon_1}{\varepsilon_0}\right|\omega_0$，$K_{\mathrm{i}}$ 的最大值为 $(K_{\mathrm{i}})_{\max}=\dfrac{1}{4}g\left|\dfrac{\varepsilon_1}{\varepsilon_0}\right|$。

3-2 厚度相等的层状周期性介质称为方波形介质。这种介质的折射率分布为

$$n(z)=\begin{cases} n_2 & 0<z<\dfrac{\Lambda}{2} \\ n_1 & \dfrac{\Lambda}{2}<z<\Lambda \end{cases}$$

其中 $n(z)=n(z+\Lambda)$。若定义周期性方波函数为

$$f(z)=\begin{cases} 1 & 0<z<\dfrac{\Lambda}{2} \\ -1 & \dfrac{\Lambda}{2}<z<\Lambda \end{cases}$$

其中 $f(z)=f(z+\Lambda)$。证明：

(1) $n^2(z)=\dfrac{1}{2}(n_2^2+n_1^2)+\dfrac{1}{2}(n_2^2-n_1^2)f(z)$；

(2) 该介质的第一禁带宽度为

$$\frac{\Delta\omega_{\text{gap}}}{\omega}=\frac{2\Delta n}{\pi n}$$

3-3 证明周期性层状介质中的布洛赫波的列矢量满足下列本征值方程：

$$\begin{bmatrix} A & B \\ C & D \end{bmatrix}\begin{bmatrix} a_l \\ b_l \end{bmatrix}=\mathrm{e}^{-\mathrm{i}K\Lambda}\begin{bmatrix} a_l \\ b_l \end{bmatrix}$$

并求布洛赫波的本征矢量。

3-4 分别证明同向耦合方程

$$\begin{cases} \dfrac{\mathrm{d}A_1}{\mathrm{d}z}=\mathrm{i}\kappa A_2\mathrm{e}^{-\mathrm{i}\Delta\beta z} \\ \dfrac{\mathrm{d}A_2}{\mathrm{d}z}=\mathrm{i}\kappa^* A_1\mathrm{e}^{\mathrm{i}\Delta\beta z} \end{cases}$$

和逆向耦合方程

$$\begin{cases} \dfrac{\mathrm{d}A_1}{\mathrm{d}z}=\mathrm{i}\kappa A_2\mathrm{e}^{-\mathrm{i}\Delta\beta z} \\ \dfrac{\mathrm{d}A_2}{\mathrm{d}z}=-\mathrm{i}\kappa^* A_1\mathrm{e}^{\mathrm{i}\Delta\beta z} \end{cases}$$

满足能量守恒定律。

3-5 对于布喇格反射镜中的耦合模，证明 TE 波的耦合系数为

$$\kappa=-\frac{\mathrm{i}[1-\cos(m\pi)]}{2m\lambda\ \cos\theta}\frac{\sqrt{2}(n_2^2-n_1^2)}{\sqrt{n_2^2+n_1^2}}$$

TM 波的耦合系数为

$$\kappa=-\frac{\mathrm{i}[1-\cos(m\pi)]}{2m\lambda\ \cos\theta}\frac{\sqrt{2}(n_2^2-n_1^2)}{\sqrt{n_2^2+n_1^2}}\cos2\theta$$

3-6 如果定义布喇格反射镜的透射系数为 $t_N=\left(\dfrac{a_N}{a_0}\right)_{b_N=0}$，透射率为 $T=|t_N|^2$，证明：

(1) 透射系数可表示为

$$t_N=\frac{1}{AU_{N-1}-U_{N-2}}$$

(2) 透射率为

$$T=|t_N|^2=\frac{1}{1+|C|^2\dfrac{\sin^2 NK\Lambda}{\sin^2 K\Lambda}}$$

注意：$A^*=D$，$|C|^2=|A|^2-1$。

(3) 利用 $R=1-T$ 推导反射率公式(3.1-67)。

3-7 试比较二维光子晶体能带结构与周期性层状介质(一维光子晶体)能带结构的异同。

3-8 根据二维光子晶体和三维光子晶体的空间结构特性，说明二维和三维光子晶体在应用上的优点。

3-9 就简单的一维平面光栅，分别采用简正模理论和耦合波理论求解平面单色光波

斜入射时，光栅后表面的光波场分布。

参考文献

[1] 方俊鑫，陆栋. 固体物理学. 上海：上海科学技术出版社，1980.

[2] Yariv A, Yeh P. Optical Waves in Crystals: Propagation and Control of Laser Radiation. John Wiley & Sons. Inc., 1984.

[3] Ziel J P and Illegems M. Multilayer GaAs-$Al_{0.3}Ga_{0.7}As$ dielectric quarter wave stacks grown by molecular beams epitaxy. Appl. Opt., 1975, 14:2627.

[4] Kossel D. Analogies between thin-film optics and electron-band theory of solids. J. Opt. Sec. Am., 1966, 56:1434.

[5] Yeh P, Yariv A and Cho A Y. Optical surface waves in periodic layered media. Appl. Phys. Lett., 1978, 32:104.

[6] Yeh P. Electromagnetic propagation in Birefringence Layered media. J. Opt. Sec. Am., 1979, 69:742.

[7] Yablonovitch E. Inhibited Spontaneous Emission in Solid - State Physics and Electronics. Phys. Rev. Lett., 1987, 58: 2059.

[8] Jolm S. Strong localization of photons in certain disordered dielectric superlattices. Phys. Rev. Lett., 1987, 58: 2486.

[9] Johnson S G, Joannopoulos J D. Introduction to Photonic Crystals :Bloeh's Theorem, Band Diagrams and Gaps: MIT, 2003.

[10] 葛德彪，闫玉波. 电磁波时域有限差分方法. 3 版. 西安：西安电子科技大学出版社，2011

[11] Wang Junquan, Kong Fanmin, Li Kang, et al. Photonic band gap and transmission properties research in 2D holographic photonic crystals using FDTD. Proc. of SPIE, 2006, 6352.

[12] 金国藩. 二元光学. 北京：国防工业出版社，1998.

[13] Sharma A, Mishra P K, Ghatak A K. Single - mode optical wave - guides and directional couplers with rectangular cross section: a simple and accurate method of analysis. J. Lightwave Techn., 1988, 6:1119

[14] Leger J R, Swanson G J, Veldkamp W B. Coherent beam addiation of GaAlAs lasers by binary phasc gratings. Appl. Phys. Lett., 1986, 48: 888.

第四章　光在有限空间中的传输

前面几章讨论了光在无限大空间中的传播特性。在许多实际应用中，光总是在有限空间中传输。光在有限空间中的传输特性可以利用射线光学理论近似描述，而更精确的描述则必须利用有限空间的波动光学理论。经常采用的是简正模方法，即通过求解满足一定边界条件下的波动方程，得到简正模光场分布进行讨论；对于光在有扰动的有限空间中的传输，则常采用耦合模理论处理。光传输的有限空间形式多种多样，这里仅讨论光在平板介质光波导和光纤中的传输。

4.1　光在理想平板介质光波导中的传输

平板介质光波导简称平板波导，其结构如图 4.1-1 所示，一般由三层介质构成：折射率为 n_1 的中间层介质构成波导芯层，其厚度一般为 1～10 μm；折射率为 n_2 的底层介质构成衬底；折射率为 n_3 的上层介质构成覆盖层，三层介质的折射率满足关系：$n_1>n_2$，$n_1>n_3$。按照覆盖层和衬底的折射率是否相同可将平板波导分为对称波导和非对称波导；按照芯层折射率分布的不同可将平板波导分为阶跃波导(折射率分区均匀分布)和渐变波导(n_1 是横向坐标 x 的函数)。本节主要讨论阶跃波导。

由于平板波导的芯层厚度非常小，相比较而言，其宽度可以近似地看成无限大，因此波导内电磁场分布沿宽度方向的变化与沿厚度方向的变化相比非常缓慢。按照图 4.1-1 所示的坐标系，可以认为

$$\frac{\partial}{\partial y}=0,\ k_y=0 \tag{4.1-1}$$

这样就可将三维空间波导问题简化成二维结构问题。

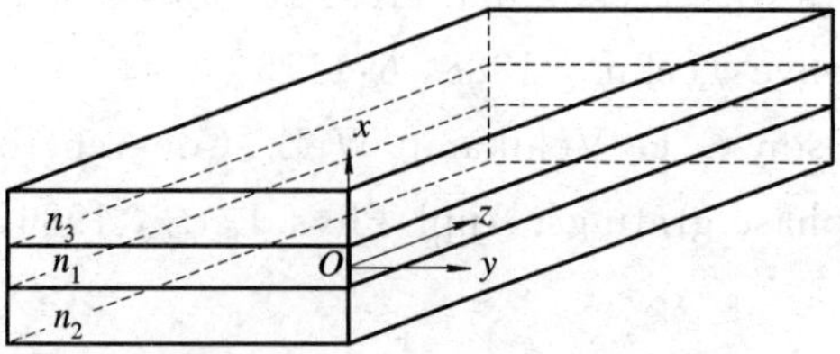

图 4.1-1　平板波导结构示意图

下面，分别利用射线光学理论和波动光学理论讨论光在理想平板介质波导中的传输特性。

4.1.1 平板波导的射线光学理论

射线光学理论是一种描述光波传播的近似理论，它可以给出光波在平板波导中传输的条件，它的基本思想是将光波视为波长 $\lambda \to 0$ 的特殊平面波，并将其在介质中的传播抽象为光线，光线的方向为其能流(坡印廷矢量 $\boldsymbol{S}$)方向，光线的几何波前是由电场强度 $\boldsymbol{E}$ 和磁场强度 $\boldsymbol{H}$ 构成的面，它总是与光线正交。

1. 均匀平面光波在平板波导中的传输

在均匀介质中传播的不同形式的光波总可以分解成许多均匀平面光波，这些均匀平面光波就是构成各不同光波的元波。在非均匀介质中，元波可以视为本地平面波，本地平面波是波前局限在很小范围内的平面波。下面，讨论均匀平面光波在平板波导中的传输特性。

1) 平板波导中的导模和辐射模

假设均匀平面光波的电场强度 $\boldsymbol{E}$ 和磁场强度 $\boldsymbol{H}$ 分别为

$$\left.\begin{aligned}\boldsymbol{E}(\boldsymbol{r}) &= \boldsymbol{E}_0 \mathrm{e}^{-\mathrm{i}(\omega t-\boldsymbol{k}\cdot\boldsymbol{r})}\\ \boldsymbol{H}(\boldsymbol{r}) &= \boldsymbol{H}_0 \mathrm{e}^{-\mathrm{i}(\omega t-\boldsymbol{k}\cdot\boldsymbol{r})}\end{aligned}\right\} \tag{4.1-2}$$

式中，$\boldsymbol{E}_0$ 和 $\boldsymbol{H}_0$ 是常矢量，$\boldsymbol{k}$ 是波矢，其大小 k 为相移常数，或称为传播常数。如果所讨论的阶跃波导各层介质均为各向同性、均匀和无损耗，且折射率满足 $n_1>n_2>n_3$，则均匀平面光波在芯层中传播遇到两种介质的界面时，将产生反射和折射，光波在芯层内将如图 4.1-2 所示，呈“锯齿形”轨迹向 z 方向传播。

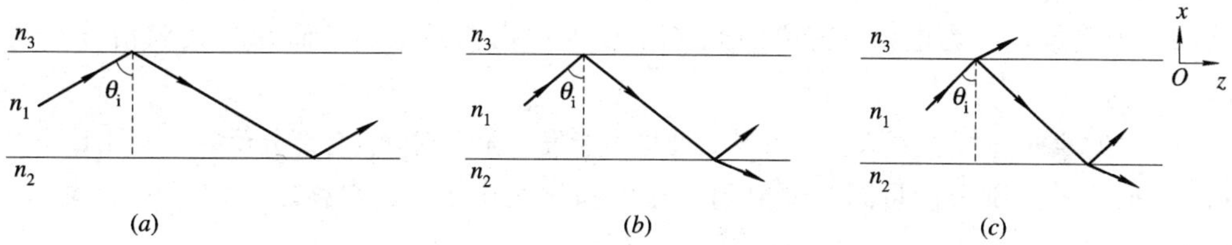

图 4.1-2 平板波导中的模式

(a) $\theta_{c13}<\theta_{c12}<\theta_i$；(b) $\theta_{c13}<\theta_i<\theta_{c12}$；(c) $\theta_i<\theta_{c13}<\theta_{c12}$

由于芯层的折射率最大，因此光线在波导的芯层-衬底界面(即下界面)和芯层-包层界面(即上界面)处有可能发生全反射。其上、下界面的全反射临界角分别为

$$\theta_{c12} = \arcsin\frac{n_2}{n_1}, \quad \theta_{c13} = \arcsin\frac{n_3}{n_1} \tag{4.1-3}$$

光线在上、下界面的入射角 θ_i 不同，对应波导中不同的传输模式。

(1) 当 $\theta_{c12}<\theta_i<\frac{\pi}{2}$ 时，必有 $\theta_{c13}<\theta_i$，因此平面光波在上、下两界面处都将发生全反射，如图 4.1-2(a)所示。此时光波被限制在波导芯层内，好像被引导着向 z 方向传输，故通常称这种传输的光为“导模”或“导波”。由(4.1-2)式可以得到平板波导中的电场强度表示式为(式中略去了时间因子 $\mathrm{e}^{-\mathrm{i}\omega t}$)：

$$\boldsymbol{E}_l = \boldsymbol{E}_{l0}\mathrm{e}^{\mathrm{i}(k_{lx}x+k_{lz}z)} \qquad l=1,2,3 \tag{4.1-4}$$

其中，下标 $l=1, 2, 3$ 分别代表芯层、衬底和覆盖层；k_{lx} 和 k_{lz} 分别代表各层的横向传播常数和 z 向传播常数。根据光电磁波在界面处的连续性，z 向传播常数在三层介质中其值相同，可表示为

$$\beta = k_{1z} = n_1 k_0 \sin\theta_i \tag{4.1-5}$$

式中 k_0 是平面光波在真空中的波数。由于 $\theta_{c13} < \theta_{c12} < \theta_i < \pi/2$，因而有

$$n_3 k_0 < n_2 k_0 < \beta < n_1 k_0 \tag{4.1-6}$$

导模的 z 向传播常数比衬底、覆盖层里的传播常数大，相应的传播速度比衬底、覆盖层里自由传播的光速慢，是慢波；三层介质中的横向传播常数满足如下关系：

$$\left.\begin{aligned} k_{1x}^2 &= n_1^2 k_0^2 - \beta^2 > 0 \\ k_{2x}^2 &= n_2^2 k_0^2 - \beta^2 < 0 \\ k_{3x}^2 &= n_3^2 k_0^2 - \beta^2 < 0 \end{aligned}\right\} \tag{4.1-7}$$

其中，k_{1x} 为实数，代表光场在芯层内沿横向为驻波分布；k_{2x} 和 k_{3x} 为虚数，代表光场在衬底和覆盖层内沿横向向外作指数衰减。这说明导模光能量被限制在芯层及其表面附近，并沿 z 轴方向传播，因而导模是表面波。

(2) 当 $\theta_{c13} < \theta_i < \theta_{c12}$ 时，光线在上界面发生全反射，而在下界面只有部分反射，如图 4.1-2(b)所示。这时光在波导中必有部分能量辐射到衬底中去，因此称其为衬底辐射模。在这种情况下，传播常数满足

$$n_3 k_0 < \beta < n_2 k_0 \tag{4.1-8}$$

$$\left.\begin{aligned} k_{2x}^2 &= n_2^2 k_0^2 - \beta^2 > 0 \\ k_{3x}^2 &= n_3^2 k_0^2 - \beta^2 < 0 \end{aligned}\right\} \tag{4.1-9}$$

因此，k_{2x} 为实数，k_{3x} 为虚数，这说明光场在覆盖层内指数衰减，而在衬底内沿 x 轴方向传播。

当 $\theta_i < \theta_{c13} < \theta_{c12}$ 时，光线在上、下界面处均不能发生全反射，只有部分反射，如图 4.1-2(c)所示。这时必然有部分能量同时辐射到覆盖层和衬底中去，通常称之为波导辐射模。传播常数满足

$$\beta < n_3 k_0 < n_2 k_0 \tag{4.1-10}$$

$$\left.\begin{aligned} k_{2x}^2 &= n_2^2 k_0^2 - \beta^2 > 0 \\ k_{3x}^2 &= n_3^2 k_0^2 - \beta^2 > 0 \end{aligned}\right\} \tag{4.1-11}$$

此时，k_{2x} 和 k_{3x} 均为实数，这表明光场在覆盖层和衬底内均沿 x 方向有传播相移。

(3) 当 $\theta_i = \pi/2$ 时，光线将沿 z 轴传播，$\beta = n_1 k_0$ 是可能的最大传播常数。因而 $\beta > n_1 k_0$ 的区域是禁区，代表在该区域内不存在传输模式。

2) 导模的传输条件

上面讨论的导模从满足光电磁场无限远处边界条件的意义上来讲，属于正常波型，现在从光波被限制在光波导内的意义上讨论其传输条件。首先应当明确，上述均匀平面光波在波导芯层的两个界面上全内反射产生导模的条件只是一个必要条件，换句话说，满足全内反射的光线并不是都能形成导模。

从射线光学理论看，一个导模在平板波导中的传输可视为无数根光线在波导芯层的上、下表面来回全反射叠加而成，其重要特征是在横截面内必须形成驻波。因此组成导模

的光线除了满足入射角条件 $\theta_i > \theta_{c12} > \theta_{c13}$ 外，还必须满足一定的相位条件。

图 4.1-3 画出了波导中一个导模的两条光线的传播。根据射线光学理论，由波阵面 AB 出发的光线经直线传播和全反射后传播形成另一波阵面 CD，如果能保证在横截面内形成驻波，就要求所有光线从 AB 面到达 CD 面后，相位差必须是 2π 的整数倍。

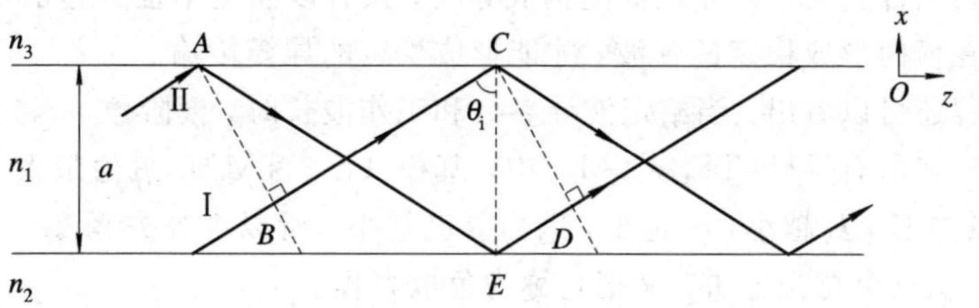

图 4.1-3 平板波导中代表导模的光线

实际上，波导中光线的相位变化来自两个因素，一个是传播路径上的相位延迟，另一个是界面全反射时引入的相移。光线Ⅰ的相位变化为 $k_1 s_1$，光线Ⅱ的相位变化为 $k_1 s_2 - 2\phi_{12} - 2\phi_{13}$，其中 s_1 和 s_2 分别为 BC 和 AED 的几何长度，$2\phi_{12}$ 和 $2\phi_{13}$ 分别为上、下界面全反射引入的相移。因此，上述相位条件的要求可表示成

$$n_1 k_0 s_2 - 2\phi_{12} - 2\phi_{13} - n_1 k_0 s_1 = 2m\pi \tag{4.1-12}$$

其中，m 为从零开始的正整数。利用图中的几何关系，可将(4.1-12)式简化为

$$2n_1 k_0 a\cos\theta_i - 2\phi_{12} - 2\phi_{13} = 2m\pi$$

因为 $k_{1x} = n_1 k_0 \cos\theta_i$，所以上式可改写成

$$2k_{1x}a - 2\phi_{12} - 2\phi_{13} = 2m\pi \tag{4.1-13}$$

式中，全反射相移 $2\phi_{12}$ 和 $2\phi_{13}$ 的大小与入射角 θ_i 有关，也与入射光波的偏振方向有关。该式实际上就是导模在平板波导中横截面内形成稳定驻波的条件。由菲涅耳反射率公式可求得[1]

$$\left.\begin{aligned} \phi_{12}^{\mathrm{TE}} &= \arctan\frac{p}{k_{1x}} \\ \phi_{12}^{\mathrm{TM}} &= \arctan\frac{n_1^2 p}{n_2^2 k_{1x}} \end{aligned}\right\} \tag{4.1-14}$$

$$\left.\begin{aligned} \phi_{13}^{\mathrm{TE}} &= \arctan\frac{q}{k_{1x}} \\ \phi_{13}^{\mathrm{TM}} &= \arctan\frac{n_1^2 q}{n_3^2 k_{1x}} \end{aligned}\right\} \tag{4.1-15}$$

式中，上标 TE 和 TM 表示的是平板波导中存在的两种基本形式的平面光波(模式)，由后述平板波导的波动光学理论可知，TE 模的电场强度矢量和 TM 模的磁场强度矢量均平行于平板波导横截面；p 和 q 分别定义为衬底和覆盖层的横向衰减系数：

$$\left.\begin{aligned} p^2 &= -k_{2x}^2 = \beta^2 - n_2^2 k_0^2 \\ q^2 &= -k_{3x}^2 = \beta^2 - n_3^2 k_0^2 \end{aligned}\right\} \tag{4.1-16}$$

方程(4.1-13)表征了组成导模的光线在平板波导中的传输条件，通常称为平板波导导模的本征方程。当给定波导参数(n_1，n_2，n_3 和 a)以及工作波长(λ 或 k_0)时，对于不同的

m 值，由本征方程可以求得不同的横向传播常数 k_{1x}，再利用波矢量的投影关系，进一步可以得到相应的 β、p、q 和 θ_i 的值。这一组参数反映了一种导模在芯层、衬底及包层中的传输特性。m 取整数说明本征方程只能有若干个离散解，每一个解对应一种导模模式，对应一种确定的光场分布，对应一个传播常数，m 叫做模阶数。入射角 θ_i 只能取离散值，说明并非满足全反射条件 $\theta_i > \theta_c$ 的光线都能构成导模，只有以满足本征方程的那些特定角度入射的光线才能在横向形成稳定的驻波，才能形成稳定的导模传输。

由本征方程还可以看出，当给定波导参数和工作波长时，模阶数 m 越大，则 k_{1x} 越大，θ_i 越小，β 越小。在所有导模（TE_m，TM_m）中，基模 TE_0、TM_0 的 β 值最大。对于给定的模式，工作波长 λ 越长，k_0 越小，θ_i 越小，因而 β 也越小。所以本征方程实际上给出了 β 与 λ（或 ω）的关系，从这个意义上讲，又把它称为色散方程。

3）导模的截止

如果入射角 $\theta_i = \theta_{c12}$，则下界面的反射处于全反射的临界状态，此时导模截止，且有 $\cos\theta_i = \cos\theta_{c12} = \frac{\sqrt{n_1^2 - n_2^2}}{n_1}$，界面反射相位角为

$$\left.\begin{aligned} \phi_{12}^{TE} &= \phi_{12}^{TM} = 0 \\ \phi_{13}^{TE} &= \arctan\sqrt{\frac{n_2^2 - n_3^2}{n_1^2 - n_2^2}} = \arctan\sqrt{\alpha_{TE}} \\ \phi_{13}^{TM} &= \arctan\left[\frac{n_1^2}{n_3^2}\sqrt{\frac{n_2^2 - n_3^2}{n_1^2 - n_2^2}}\right] = \arctan\sqrt{\alpha_{TM}} \end{aligned}\right\} \tag{4.1-17}$$

式中，α_{TE} 和 α_{TM} 为波导的非对称参数，且 $\alpha_{TE} < \alpha_{TM}$。因此，导模截止时的色散方程为

$$\left.\begin{aligned} \frac{2\pi}{\lambda}a\sqrt{n_1^2 - n_2^2} &= m\pi + \arctan\sqrt{\alpha_{TE}} \qquad (\text{TE 模}) \\ \frac{2\pi}{\lambda}a\sqrt{n_1^2 - n_2^2} &= m\pi + \arctan\sqrt{\alpha_{TM}} \qquad (\text{TM 模}) \end{aligned}\right\} \tag{4.1-18}$$

由此可见，某一导模的截止是由两方面因素决定的，一是传输光波的波长（或频率），二是波导参数（n_1，n_2，n_3 和 a）。

由(4.1-18)式可以求出 TE_m、TM_m 模的截止波长为

$$(\lambda_c)_{TE_m, TM_m} = \frac{2\pi a\sqrt{n_1^2 - n_2^2}}{m\pi + \arctan\sqrt{\alpha_{TE, TM}}} \tag{4.1-19}$$

当 $\lambda > (\lambda_c)_{TE_m, TM_m}$ 时，TE_m、TM_m 模截止。并且可以看出，不同模式有不同的截止波长，模阶数越高，截止波长越短；模阶数相同时，TE 模的截止波长比 TM 模长。TE_0 模的截止波长在所有导模中是最长的，故称 TE_0 模为基模。

对于 TE_m 模，平板波导的截止厚度为

$$(a_c)^{TE_m} = \frac{\lambda[m\pi + \arctan\sqrt{\alpha_{TE}}]}{2\pi\sqrt{n_1^2 - n_2^2}} \tag{4.1-20}$$

当芯层厚度 a 小于 $(a_c)^{TE_m}$ 时，TE_m 模将截止。而 TE_0 模的截止厚度为

$$(a_c)^{TE_0} = \frac{\lambda\arctan\sqrt{\alpha_{TE}}}{2\pi\sqrt{n_1^2 - n_2^2}} \tag{4.1-21}$$

这表明非对称波导的基模有低频截止，芯层厚度小于$(a_c)^{TE_0}$时将不会有任何导模传输。

给定光波波长和波导参数，由(4.1-18)式可以求出波导中能够传输的TE模、TM模的数目为

$$m=\left\{\frac{2a}{\lambda}\sqrt{n_1^2-n_2^2}-\frac{1}{\pi}\arctan\sqrt{\alpha_{TE,\ TM}}\right\}_{Int} \tag{4.1-22}$$

式中脚标“Int”表示取整数部分。该式表示波导中能够传输m个TE模(或TM模)：TE_0，TE_1，…，TE_{m-1}，而TE_m模截止。如果波导中同时存在TE模(m个)和TM模(n个)，则能够传输的模式总数为$m+n$。可以看出，a越大，λ越短，相对折射率的差越大，波导中传输的模式数就越多。

在实际应用中，往往希望波导中只传输单个模式，这就要求合理地设计波导尺寸并选择合适的波长，以保证波导只传输基模TE_0，而使其它的模式截止。单模传输的条件是$(\lambda_c)^{TM_0}<\lambda<(\lambda_c)^{TE_0}$或$(a_c)^{TE_0}<a<(a_c)^{TM_0}$。由于平板波导的非对称参数$\alpha_{TE}$和$\alpha_{TM}$差别很小，所以$(\lambda_c)^{TE_0}$与$(\lambda_c)^{TM_0}$、$(a_c)^{TE_0}$与$(a_c)^{TM_0}$的差别也很小，因而常把$TE_0$模和$TM_0$模同时存在的情况仍然称为单模传输。这时，单模传输条件可用$(\lambda_c)^{TE_1}<\lambda<(\lambda_c)^{TE_0}$或$(a_c)^{TE_0}<a<(a_c)^{TE_1}$来表达。

对于对称波导($n_2=n_3$)，在截止条件下有$\phi_{12}=\phi_{13}=0$，(4.1-22)式简化为

$$m=\left\{\frac{2a}{\lambda}\sqrt{n_1^2-n_2^2}\right\}_{Int} \tag{4.1-23}$$

该式说明，对称波导的TE模和TM模的模数相同，即TE模和TM模简并，因此对称波导中能够传输的模式总数为$2m$。由该式还可以得到，对称波导中基模(TE_0模和TM_0模)的截止波长$\lambda_c=\infty$，截止厚度$a_c=0$，即对称波导中的基模在任何波长下都可以传输。

2. 非均匀平面光波在波导中的传输[2]

上面利用均匀平面光波在平板波导中的传输得到了导模和辐射模。但不能够得到平板波导中的泄漏模。泄漏模的特点是光场振幅沿波导芯层表面外法线方向呈指数递增，在射线光学理论中，可由入射到平板波导中的非均匀平面光波得出。下面，首先介绍非均匀平面波的概念。

1) 非均匀平面波

如果用矢量$\boldsymbol{A}$代表光波的电场或磁场，平面波可表示为

$$\boldsymbol{A}(r)=\boldsymbol{A}_0 e^{i\boldsymbol{k}\cdot\boldsymbol{r}} \tag{4.1-24}$$

由于在平板波导中可近似认为$\partial/\partial y=0$，$k_y=0$，因此有

$$k^2=k_x^2+k_z^2 \tag{4.1-25}$$

如果k_x和k_z是复数，而k是实数，则介质无损耗。若令

$$\left.\begin{aligned}k_x&=b+ia\\k_z&=\beta+i\alpha\end{aligned}\right\} \tag{4.1-26}$$

则光波场可表示为

$$\boldsymbol{A}(r)=\boldsymbol{A}_0 e^{-ax-\alpha z}e^{i(bx+\beta z)} \tag{4.1-27}$$

式中第一个指数项表示振幅因子，第二个指数项表示相位因子，二者都与坐标x、z有关。

等振幅面和等相位面的空间位置分别由下面两个方程确定：

$$\left.\begin{aligned} ax + \alpha z &= c_1 \\ bx + \beta z &= c_2 \end{aligned}\right\} \tag{4.1-28}$$

式中 c_1、c_2 为常数。将(4.1-26)式代入(4.1-25)式，可得 $(b+\mathrm{i}a)^2+(\beta+\mathrm{i}\alpha)^2=k^2$，因为 k 是实数，所以有

$$ab + \alpha\beta = 0 \tag{4.1-29}$$

利用(4.1-28)、(4.1-29)式，可以画出图 4.1-4 所示的平面波的等振幅面（实线）和等相位面（虚线）。

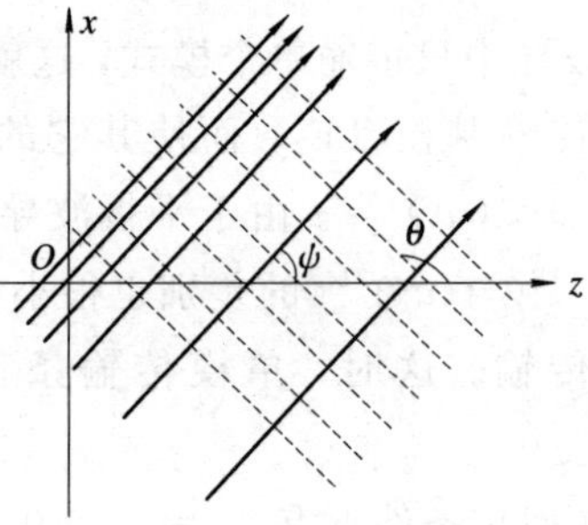

图 4.1-4　非均匀平面波（$\theta=\arctan(\beta/b)$，$\psi=\arctan(-\alpha/a)$）

由(4.1-28)式可见，等振幅面和等位相面的法向矢量分别为 $\boldsymbol{n}_1=(a,\ 0,\ \alpha)$ 和 $\boldsymbol{n}_2=(b,\ 0,\ \beta)$，且有 $\boldsymbol{n}_1\cdot\boldsymbol{n}_2=ab+\alpha\beta=0$，这意味着(4.1-27)式表示的平面光波的等振幅面和等相位面不在同一平面内，且相互正交。因为其等相位面上各点的振幅值不相等，亦即波前上的振幅不均匀，所以称为非均匀平面波。

2）泄漏模

非均匀平面波入射到两介质交界面处，也将产生反射和透射，它们仍满足菲涅耳公式。以 TE 模为例，在平板波导芯层-衬底界面，反射系数为

$$R_{\mathrm{TE}} = \frac{n_1 k_0 \cos\theta_1 - n_2 k_0 \cos\theta_2}{n_1 k_0 \cos\theta_1 + n_2 k_0 \cos\theta_2} = \frac{k_{1x} - k_{2x}}{k_{1x} + k_{2x}} \tag{4.1-30}$$

根据光的电磁场理论，在两介质界面上 k_z 必须相等，即 $k_{1z}=k_{2z}=k_z$，所以应有下列关系：

$$\left.\begin{aligned} k_{1x}^2 + k_z^2 &= k_1^2 \\ k_{2x}^2 + k_z^2 &= k_2^2 \end{aligned}\right\} \tag{4.1-31}$$

现令 $k_{1x}=b_1+\mathrm{i}a_1$，$k_{2x}=b_2+\mathrm{i}a_2$，并将其代入(4.1-30)式，得到

$$R_{\mathrm{TE}} = \frac{(b_1 - b_2) + \mathrm{i}(a_1 - a_2)}{(b_1 + b_2) + \mathrm{i}(a_1 + a_2)} \tag{4.1-32}$$

由此式可见，无论在什么条件下，$|R_{\mathrm{TE}}|$ 都不会等于 1，即使入射角满足 $\theta_{\mathrm{i}}>\theta_{\mathrm{c}}$ 时，$|R_{\mathrm{TE}}|$ 也总小于 1，不发生全反射。这就是说，非均匀平面波入射到两介质界面时总要产生部分反射和部分透射，总要产生泄漏，因此称之为泄漏模。对于芯层-覆盖层界面，情况相同，不再重复。如果入射平面波的不均匀程度很小，即(4.1-26)式中的 $\beta\gg\alpha>0$，则 k_{1x} 接近实数，k_{2x} 接近虚数，这样就可以得到 $|R_{\mathrm{TE}}|\approx 1$，即泄漏很弱、反射很强，结果光波在波导中能够传输较长距离。

参照图 4.1－5，泄漏模具有如下特点：

(1) 由于 $k_{1z}=k_{2z}=\beta+\mathrm{i}\alpha$，而 k_2 为实数，所以将 k_{2z}、k_{2x} 代入(4.1－31)式可得 $a_2b_2=-\alpha\beta$。现在 α、β 是正实数、b_2 是负实数，则 a_2 必然是正实数。这表明在衬底中场振幅沿 $-x$ 方向呈指数递增(同理，可以说明在覆盖层中场振幅沿 x 方向递增)，即泄漏模以一定的角度向芯层外侧泄漏能量。

(2) 由于场振幅沿芯层表面外法线方向指数递增，不能满足无限远处的边界条件，因此泄漏模不是正常波型。

(3) 后面利用波动光学理论进行的讨论中将会看到，泄漏模可以满足导模的由边界条件得出的本征方程，即它们具有离散谱。

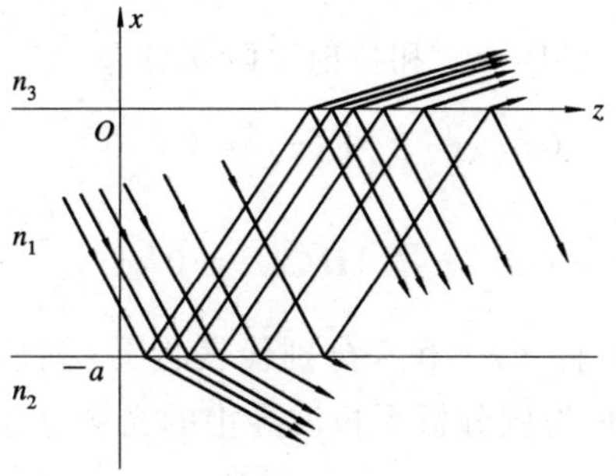

图 4.1－5 非均匀平面波的反射与传输

3) 消失模

若非均匀平面波的 k_z 为一纯虚数：$k_z=\mathrm{i}\alpha$，则 $k_x=(k^2-k_z^2)^{1/2}=(k^2+\alpha^2)^{1/2}$ 总是实数，即 $k_x=b$。此时，非均匀平面波的表达式变为

$$\boldsymbol{A}(r)=\boldsymbol{A}_0\mathrm{e}^{-\alpha z}\mathrm{e}^{\mathrm{i}bx} \tag{4.1-33}$$

与(4.1－27)式相比较可见，此波的等振幅面垂直于 z 轴，而等相位面垂直于 x 轴。这个振幅沿 z 方向指数衰减的非均匀平面波垂直入射两介质界面，并发生反射和透射，称为消失模。在平板波导中，非均匀平面波垂直地从衬底入射芯层，在上下两个界面发生反射和透射，形成平板波导消失模在三个区域中的波场。可见消失模不能沿 z 轴方向传输，只能储能。

4.1.2 平板波导的波动光学理论

如上所述，射线光学理论给出了光在平板波导中传输的条件，利用射线光学理论可以获得平板波导中传输光场的某些特征，并能够通过本征方程求出 k_{1x}、p、q 和 β，但是射线光学理论却给不出传输光波的场分布和模式正交性等方面的信息。另外，在多层或非均匀的复杂光波导结构中，射线光学理论也难以应用。为了获得光在波导中传输特性的所有信息，必须采用波动光学理论。通常，都利用本征模方法，求解平板波导边界条件下的波动方程，确定平板波导中模式光场的空间分布和传播常数，得到光波场的传输特性。

下面以阶跃平板波导为例，通过求解满足平板波导边界条件的波动方程，讨论平板波导中导模、辐射模、泄漏模和消失模的特性，其坐标系的选取、折射率分布及芯层厚度与图 4.1－3 相同。

1. 平板波导中的模式光场分布

假定平板波导中的简谐光波被引导着向 z 方向传输，传播常数为 β，光波电磁场的表示式为

$$\left.\begin{aligned}\boldsymbol{E}(x, y, z, t) &= \boldsymbol{E}(x, y)\mathrm{e}^{-\mathrm{i}(\omega t-\beta z)}\\ \boldsymbol{H}(x, y, z, t) &= \boldsymbol{H}(x, y)\mathrm{e}^{-\mathrm{i}(\omega t-\beta z)}\end{aligned}\right\}\qquad(4.1-34)$$

则电场和磁场复振幅矢量分别满足如下波动方程：

$$\left.\begin{aligned}\left\{\nabla_{\mathrm{t}}^2+\left[\frac{\omega^2}{c^2}n^2(x, y)-\beta^2\right]\right\}\boldsymbol{E}(x, y) &= 0\\ \left\{\nabla_{\mathrm{t}}^2+\left[\frac{\omega^2}{c^2}n^2(x, y)-\beta^2\right]\right\}\boldsymbol{H}(x, y) &= 0\end{aligned}\right\}\qquad(4.1-35)$$

考虑到平板波导的结构特点($\partial/\partial y=0$)和折射率阶跃分布，上式可简化为

$$\left.\begin{aligned}\frac{\partial^2\boldsymbol{E}(x)}{\partial x^2}+(n_l^2k_0^2-\beta^2)\boldsymbol{E}(x) &= 0\\ \frac{\partial^2\boldsymbol{H}(x)}{\partial x^2}+(n_l^2k_0^2-\beta^2)\boldsymbol{H}(x) &= 0\end{aligned}\right\}\quad l=1, 2, 3\qquad(4.1-36)$$

其中，k_0 为真空中的波数，下标 1、2 和 3 分别代表芯层、衬底和覆盖层。

首先，以电场强度矢量 $\boldsymbol{E}$ 为例分析平板波导中的光场分布。

当 $n_1k_0<\beta$ 时，由方程(4.1-36)可见，$\dfrac{1}{\boldsymbol{E}}\dfrac{\partial^2\boldsymbol{E}}{\partial x^2}>0$ 在波导各处均成立，即在平板波导的三层介质中电场沿 x 方向都呈指数形式变化，并且由于在两个界面上场分量及其导数必须匹配，所得到的场分布应如图 4.1-6(a)所示。该图表明，光场在离开波导时将无限制地增大，因此该解在物理上不能实现，并不对应实际的光波。

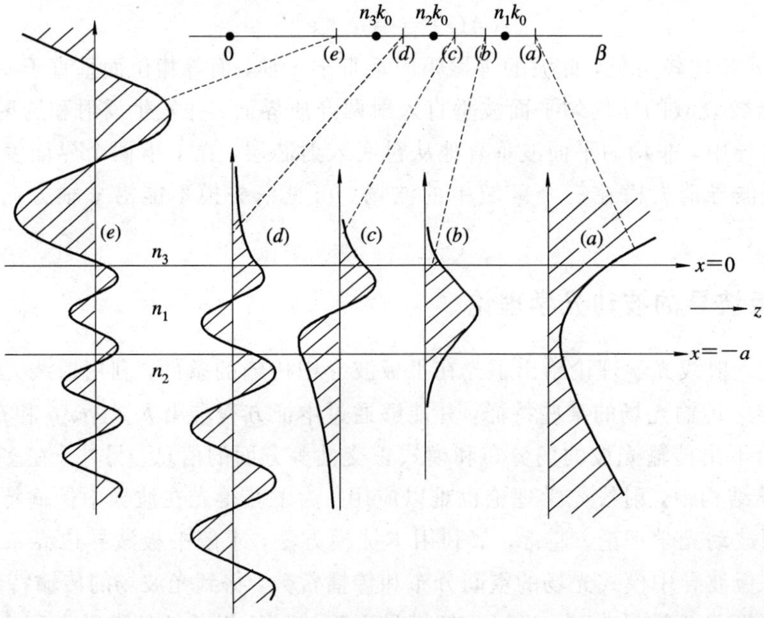

图 4.1-6　不同的传播常数对应不同的模式

当 $n_3k_0<n_2k_0<\beta<n_1k_0$ 时，在平板波导的芯层中有$\dfrac{1}{\boldsymbol{E}}\dfrac{\partial^2\boldsymbol{E}}{\partial x^2}<0$，因此方程(4.1-36)的解应为正弦形式；而在覆盖层和衬底内的解为指数衰减形式，如图 4.1-6(b)和(c)所示。这些模式所携带的能量被限制在波导芯层及其表面附近，它们即是平板波导中的导模。

对于 $n_3k_0<\beta<n_2k_0$，由方程(4.1-36)可知，其解在芯层和衬底内为正弦形式，而在覆盖层内为指数衰减形式，如图 4.1-6(d)所示，它们是平板波导中的衬底辐射模。对于 $0<\beta<n_3k_0$，光场的解在所有三个区域内都是正弦形式，如图 4.1-6(e)所示，它们是平板波导中的波导辐射模。

1）导模

在图 4.1-1 所示的平板波导中存在着两种基本形式的平面波(模式)：TE 模和 TM 模。TE 模的电场强度矢量平行于介质波导横截面，TM 模的磁场强度矢量平行于介质波导横截面，平板波导中传输的任意光波均可视为这两种模式的线性叠加。下面，分别讨论这两种导模。

(1) TE 导模。TE 导模的光场分量是 E_y、H_x 和 H_z，其它分量 $E_x=E_z=H_y=0$。根据电磁场理论，光场分量 H_x 和 H_z 可由 E_y 求得，因此可以只讨论光场分量 E_y。由(4.1-34)式和$\partial/\partial y=0$，E_y 可表示为

$$E_y(x,\ y,\ z,\ t)=E_y(x)\mathrm{e}^{-\mathrm{i}(\omega t-\beta z)} \tag{4.1-37}$$

式中 β 为导模的传播常数。考虑到导模在波导芯层内沿 x 方向呈驻波分布，在覆盖层和衬底内呈指数衰减，方程(4.1-36)的解可表示为如下形式：

$$E_y(x)=\begin{cases}A\mathrm{e}^{-qx} & 0\leqslant x<\infty\\ A_1\cos(k_{1x}x+\varphi) & -a\leqslant x\leqslant 0\\ A_2\mathrm{e}^{p(x+a)} & -\infty<x\leqslant -a\end{cases} \tag{4.1-38}$$

将其代入方程(4.1-36)，可得

$$\left.\begin{aligned}k_{1x}^2&=n_1^2k_0^2-\beta^2>0\\ k_{2x}^2&=n_2^2k_0^2-\beta^2=-p^2<0\\ k_{3x}^2&=n_3^2k_0^2-\beta^2=-q^2<0\end{aligned}\right\} \tag{4.1-39}$$

其中，k_{1x}、k_{2x}和 k_{3x}分别为芯层、衬底和覆盖层的横向传播常数，p 和 q 分别为衬底和覆盖层的横向衰减系数，它们的定义与射线光学相同。

对于图 4.1-3 中的坐标，光场解必须满足 $x=0$ 和 $x=-a$ 处的边界条件：电场切向分量 E_y 连续，可得

$$A_1=\frac{A}{\cos\varphi},\quad A_2=\frac{A\cos(k_{1x}a-\varphi)}{\cos\varphi} \tag{4.1-40}$$

因而场分量 E_y 可表示为

$$E_y(x)=\begin{cases}A\mathrm{e}^{-qx} & 0\leqslant x<\infty\\ \dfrac{A}{\cos\varphi}\cos(k_{1x}x+\varphi) & -a\leqslant x\leqslant 0\\ \dfrac{A\cos(k_{1x}a-\varphi)}{\cos\varphi}\mathrm{e}^{p(x+a)} & -\infty<x\leqslant -a\end{cases} \tag{4.1-41}$$

由边界上磁场切向分量 H_z(即$\partial E_y/\partial x$)连续，可得

$$\tan\varphi = \frac{q}{k_{1x}}, \quad \tan(k_{1x}a - \varphi) = \frac{p}{k_{1x}} \tag{4.1-42}$$

将该二式消去 φ，可得本征方程

$$k_{1x}a = m\pi + \arctan\frac{p}{k_{1x}} + \arctan\frac{q}{k_{1x}} \qquad m = 0, 1, 2, \cdots \tag{4.1-43}$$

方程(4.1-43)与射线光学理论得到的方程(4.1-13)完全相同。给定 n_1、n_2、n_3、a 和 k_0，求解本征方程可以得到有限个离散解，即有限个离散本征值 k_{1x}、p、q 和 β，相应地可以得到有限个离散的简正模式的传输特性。

由简正模光场表达式可知，在覆盖层和衬底中光场沿 x 方向均为指数衰减，衰减系数分别为 p 和 q。对于同一个导模，由于 $n_2 > n_3$，因而有 $p < q$，说明同一导模在衬底中比在覆盖层中衰减的慢。在衬底中 $x = -(a+1/p)$ 处和覆盖层中 $x = 1/q$ 处，光场分别衰减到界面处光场的 1/e，所以 $1/p$ 和 $1/q$ 分别代表了导模光场在衬底和覆盖层中的穿透深度。为表征平板波导导模光场的穿透深度，通常定义参量有效厚度 a_{eff}，且

$$a_{\text{eff}} \stackrel{\text{d}}{=} a + \frac{1}{p} + \frac{1}{q} \tag{4.1-44}$$

由上述导模光场的分布特性表明，导模光场被限制在波导芯层及其附近，沿 z 方向传输，故导模是表面波。由本征方程可以推出，模阶数越高，β 值越小，相应 $1/p$ 和 $1/q$ 越大，说明高阶模的穿透深度大于低阶模。图 4.1-7 示出了几个低阶模式的光场分布，其中曲线对于 TE 模代表 E_y，对于 TM 模代表 H_y。

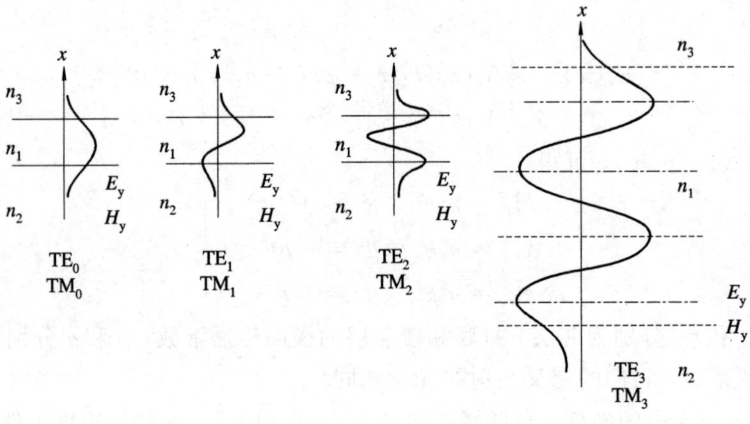

图 4.1-7　$m=0, 1, 2, 3$ 模的场分布

对于给定的导模，其时间平均功率流为

$$P = \frac{1}{2}\text{Re}\{\iint_S (\boldsymbol{E} \times \boldsymbol{H}^*)_z \text{d}s\} \tag{4.1-45}$$

式中，Re 表示取实部，上标"*"表示取复共轭，下标 z 表示矢量沿 z 方向的分量，积分遍及波导的无限大横截面。利用电磁场基本关系式 $H_x = -\frac{\beta}{\omega\mu}E_y$，平板波导 TE 导模在 y 方向单位宽度内沿 z 方向传输的功率为

$$P = \frac{\beta}{2\omega\mu}\int_{-\infty}^{\infty} [E_y(x)]^2 \text{d}x \tag{4.1-46}$$

若对某一确定的 m 阶模式归一化：

$$\frac{\beta_m}{2\omega\mu}\int_{-\infty}^{\infty}[E_y^{(m)}(x)]^2\,\mathrm{d}x = 1$$

即可得到光场表达式中的归一化系数 A_m 为

$$A_m = 2k_{1x}\left[\frac{\omega\mu}{\beta_m a_{\mathrm{eff}}(k_{1x}^2+q_m^2)}\right]^{1/2} \tag{4.1-47}$$

(2) TM 导模。TM 导模有三个光场分量 H_y、E_x 和 E_z，其它光场分量 $H_x=H_z=E_y=0$。采用与 TE 模相似的方法可求得 TM 模的光场分量 H_y：

$$H_y(x,\ y,\ z,\ t) = H_y(x)\mathrm{e}^{-\mathrm{i}(\omega t-\beta z)} \tag{4.1-48}$$

$$H_y(x) = \begin{cases} B\mathrm{e}^{-qx} & 0\leqslant x<\infty \\ \dfrac{B}{\cos\varphi}\cos(k_{1x}x+\varphi) & -a\leqslant x\leqslant 0 \\ B\,\dfrac{\cos(k_{1x}a-\varphi)}{\cos\varphi}\mathrm{e}^{p(x+a)} & -\infty<x\leqslant -a \end{cases} \tag{4.1-49}$$

相应的光场分量 E_x和 E_z可由 H_y 求出。由 H_y和 E_z 在两个界面上的连续性可以得到

$$\tan\varphi = \frac{n_1^2 q}{n_3^2 k_{1x}},\qquad \tan(k_{1x}a-\varphi) = \frac{n_1^2 p}{n_2^2 k_{1x}} \tag{4.1-50}$$

本征方程(色散方程)为

$$k_{1x}a = m\pi + \arctan\frac{n_1^2}{n_2^2}\frac{p}{k_{1x}} + \arctan\frac{n_1^2}{n_3^2}\frac{q}{k_{1x}} \qquad m=0,\ 1,\ 2,\ \cdots \tag{4.1-51}$$

利用电磁场基本关系式 $E_x=\dfrac{\beta}{\omega\varepsilon}H_y$，平板波导 TM 导模在 y 方向单位宽度内沿 z 方向传输的功率为

$$P = \frac{\beta}{2\omega\varepsilon_0}\int_{-\infty}^{\infty}\frac{1}{n^2}[H_y(x)]^2\,\mathrm{d}x \tag{4.1-52}$$

对某一确定的 m 阶模式归一化：

$$\frac{\beta_m}{2\omega\varepsilon_0}\int_{-\infty}^{\infty}\frac{1}{n^2}[H_y^{(m)}(x)]^2\,\mathrm{d}x = 1$$

可以得到归一化系数为

$$B_m = 2k_{1x}\left[\frac{n_1^2 n_3^4\omega\varepsilon_0}{\beta_m a_{\mathrm{eff}}(n_3^4 k_{1x}^2+n_1^4 q_m^2)}\right]^{1/2} \tag{4.1-53}$$

式中有效厚度 a_{eff}由下式给出：

$$a_{\mathrm{eff}} = a + \frac{n_1^2 n_2^2}{p_m}\frac{k_{1x}^2+p_m^2}{n_2^4 k_{1x}^2+n_1^4 p_m^2} + \frac{n_1^2 n_3^2}{q_m}\frac{k_{1x}^2+q_m^2}{n_3^4 k_{1x}^2+n_1^4 q_m^2} \tag{4.1-54}$$

利用与射线光学理论同样的方法，可以讨论导模的截止特性。在上述讨论中，如果光场分布中的 p 值变为虚数，则光场在衬底中沿 x 方向不再衰减，即出现了衬底辐射模。因此，$p^2\leqslant 0$ 表示导模截止。$p=0$ 时，可以得到截止时的 ϕ_{12}、ϕ_{13}、q、k_{1x}和 β 的值，将它们代入导模本征方程即可得相应的截止波长、传输模式数及单模工作条件等，其结论与利用射线光学理论得到的结论完全相同。图 4.1-8 所示的导模色散曲线给出了传播常数与 a/λ 的关系，可以看出 TE 模与 TM 模的差别很小，几乎是简并的。

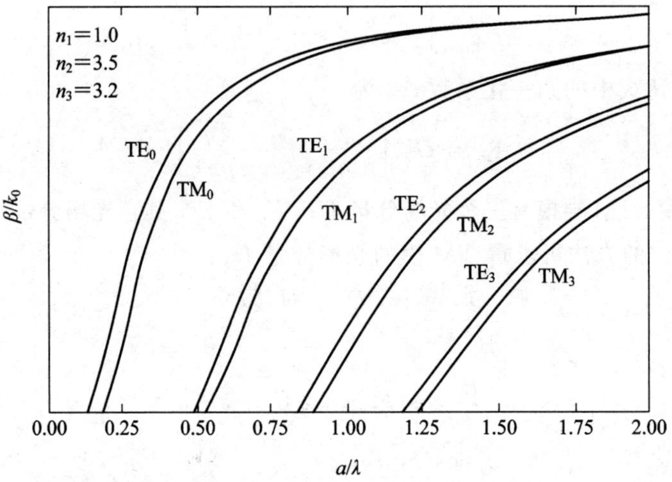

图 4.1-8　导模的色散曲线(衬底：AlGaAs；薄膜芯层：GaAs；覆盖层：空气)

2) 辐射模

(1) TE 辐射模。当 $p^2 \leqslant 0$(即 $\theta_i < \theta_{c12}$)时，导模截止，出现衬底辐射模。对于 TE 衬底辐射模，光场在芯层和衬底沿横向均为驻波形式，在覆盖层为指数衰减，光场分量 E_y 表示式为

$$E_y(x) = \begin{cases} C_3 \exp(-qx) & 0 \leqslant x < \infty \\ C_1 \cos(k_{1x}x + \varphi_1) & -a \leqslant x \leqslant 0 \\ C_2 \cos(k_{2x}x + \varphi_2) & -\infty < x \leqslant -a \end{cases} \tag{4.1-55}$$

与导模相比，这里多了一个待定常数 φ_2。利用 $x=0$ 和 $x=-a$ 边界处光场分量 E_y 和 $\partial E_y/\partial x$ 连续的条件，可得

$$\begin{aligned} C_3 &= C_1 \cos\varphi_1 \\ qC_3 &= k_{1x}C_1 \sin\varphi_1 \\ C_1 \cos(k_{1x}a - \varphi_1) &= C_2 \cos(k_{2x}a - \varphi_2) \\ C_1 k_{1x} \sin(k_{1x}a - \varphi_1) &= C_2 k_{2x} \sin(k_{2x}a - \varphi_2) \end{aligned}$$

经过简化运算得到辐射模的本征方程(色散方程)为

$$\left.\begin{aligned} \tan\varphi_1 &= \frac{q}{k_{1x}} \\ k_{1x} \tan(k_{1x}a - \varphi_1) &= k_{2x} \tan(k_{2x}a - \varphi_2) \end{aligned}\right\} \tag{4.1-56}$$

与导模不同的是，如果连续变化 k_{1x}，则由该色散方程可以得到连续变化的 k_{2x}、q、φ_1、φ_2 和 β，因此辐射模是连续谱。

当 $\theta_i < \theta_{c13}$，$0 < \beta < n_3 k_0$ 时，将得到波导辐射模，此时光场在波导芯层、衬底及覆盖层内均为驻波形式。同样可以得到波导辐射模 E_y 的表达式，利用边界条件确定参数关系，可以得出波导辐射模也是连续谱。

(2) TM 辐射模。对于 TM 辐射模的讨论方法与 TE 辐射模相同，可直接得出结果。

TM 衬底辐射模的光场分量 H_y 的表示式为

$$H_y(x)=\begin{cases}D_3\exp(-qx) & 0\leqslant x<\infty\\ D_1\cos(k_{1x}x+\varphi_1) & -a\leqslant x\leqslant 0\\ D_2\cos(k_{2x}x+\varphi_2) & -\infty<x\leqslant -a\end{cases}\tag{4.1-57}$$

本征方程(色散方程)为

$$\left.\begin{aligned}&\tan\varphi_1=\frac{n_1^2}{n_3^2}\frac{q}{k_{1x}}\\ &\frac{k_{1x}}{n_1^2}\tan(-k_{1x}a+\varphi_1)=\frac{k_{2x}}{n_2^2}\tan(-k_{2x}a+\varphi_2)\end{aligned}\right\}\tag{4.1-58}$$

3) 泄漏模与消失模

(1) 泄漏模。首先应当指出，泄漏模同样满足波动方程(4.1-36)。由前面射线光学理论的讨论已知，泄漏模光场在芯层内沿 z 方向传输并衰减(β 为复数)，沿 x 方向仍具有部分驻波性质；在衬底和覆盖层内沿 z 方向也传输和衰减，因此可以沿用导模光场的表示式。对于 TE 泄漏模有

$$E_y(x)=\begin{cases}A\mathrm{e}^{-qx} & 0\leqslant x<\infty\\ \dfrac{A}{\cos\varphi}\cos(k_{1x}x+\varphi) & -a\leqslant x\leqslant 0\\ \dfrac{A\cos(k_{1x}a-\varphi)}{\cos\varphi}\mathrm{e}^{p(x+a)} & -\infty<x\leqslant -a\end{cases}\tag{4.1-59}$$

以及

$$\left.\begin{aligned}n_1^2k_0^2-k_z^2&=k_{1x}^2\\ n_2^2k_0^2-k_z^2&=k_{2x}^2\\ n_3^2k_0^2-k_z^2&=k_{3x}^2\end{aligned}\right\}\tag{4.1-60}$$

与导模解的区别仅在于式中的 k_{1x}、k_{2x}、k_{3x}和 k_z 都是复数。由于泄漏模光场振幅沿芯层表面外法线方向指数递增，不满足无限远处的边界条件(辐射条件)，因此泄漏模不是正常波型，不属于正常的本征值谱。在对任意波导光场进行简正模导模和辐射模的线性叠加表示式中，可以略去泄漏模。应当指出是，尽管泄漏模是非正常波型，但在光束耦合等问题中，仍会出现这种波型，在微波技术中也可以用它部分地代表基本源的辐射。

泄漏模满足的边界条件仍是 E_z 和$\partial E_y/\partial x$ 在 $x=0$ 及 $x=-a$ 处连续，所得到的结果与(4.1-42)式相同

$$\tan\varphi=\frac{q}{k_{1x}},\quad \tan(k_{1x}a-\varphi)=\frac{p}{k_{1x}}\tag{4.1-61}$$

该式的解是分立的，因此泄漏模是分立谱。

(2) 消失模。对于消失模，波动方程(4.1-36)仍然适用。由射线光学理论的讨论已知，消失模的入射角为零，光场在芯层的上、下界面处均有反射和透射。这一特征与辐射模相似，因此采用辐射模的光场表达式较方便，相应的本征方程在形式上保持不变。以 TE 消失模为例，与辐射模的不同点在于 k_z 为纯虚数，由横向、z 向传播常数之间的关系可得 k_{1x}为实数，而 p、q 为虚数。因此 $\tan\varphi_1=q/k_{1x}$是虚数，φ_1 是虚数。在(4.1-55)式和(4.1-56)式中，φ_2 总是存在的，对于连续的 k_{1x}值，必然存在连续的 φ_2，因此消失模与辐射模相似，

具有连续谱。

2. 简正模式的正交性与完备性

1) 正交性

(1) 导模的正交性。任意介质波导传输简正模都有一个重要而有用的正交性特性。假设($\boldsymbol{E}_1$, $\boldsymbol{H}_1$)及($\boldsymbol{E}_2$, $\boldsymbol{H}_2$)是麦克斯韦方程组

$$\left.\begin{aligned}\nabla\times\boldsymbol{H}&=-\mathrm{i}\omega\boldsymbol{\varepsilon}\boldsymbol{E}\\\nabla\times\boldsymbol{E}&=\mathrm{i}\omega\mu_0\boldsymbol{H}\end{aligned}\right\}\tag{4.1-62}$$

的两个线性独立解的简谐波光场，因为介质波导结构中无源，因此有如下关系式：

$$\nabla\cdot(\boldsymbol{E}_1\times\boldsymbol{H}_2-\boldsymbol{E}_2\times\boldsymbol{H}_1)=0\tag{4.1-63}$$

该式称为洛伦兹互易定理。只要 $\boldsymbol{\varepsilon}$ 是对称张量，上式就能成立。

如果将梯度算符分成横向和纵向两部分，即 $\nabla=\nabla_{\mathrm{t}}+\boldsymbol{k}\partial/\partial z$，并假定两个光场的表示式取为(4.1-34)式形式，其传播常数分别为 β_1 和 β_2，则(4.1-63)式可简化为

$$\nabla_{\mathrm{t}}\cdot(\boldsymbol{E}_1\times\boldsymbol{H}_2-\boldsymbol{E}_2\times\boldsymbol{H}_1)+\mathrm{i}(\beta_1+\beta_2)(\boldsymbol{E}_1\times\boldsymbol{H}_2-\boldsymbol{E}_2\times\boldsymbol{H}_1)_z=0\tag{4.1-64}$$

式中下标 z 表示矢量在 z 方向上的投影。利用二维形式的散度定理，可得

$$\begin{aligned}\iint_S\nabla_{\mathrm{t}}\cdot(\boldsymbol{E}_1\times\boldsymbol{H}_2-\boldsymbol{E}_2\times\boldsymbol{H}_1)\,\mathrm{d}s&=\oint_C(\boldsymbol{E}_1\times\boldsymbol{H}_2-\boldsymbol{E}_2\times\boldsymbol{H}_1)\cdot\boldsymbol{n}\mathrm{d}l\\&=-\mathrm{i}(\beta_1+\beta_2)\iint_S(\boldsymbol{E}_1\times\boldsymbol{H}_2-\boldsymbol{E}_2\times\boldsymbol{H}_1)_z\,\mathrm{d}s\end{aligned}\tag{4.1-65}$$

式中，S 代表 xOy 平面中的任意波导表面，C 表示波导表面 S 的界线，$\boldsymbol{n}$ 为垂直于曲线 C 和 z 轴的单位矢量。如果将 S 取为整个 xOy 平面，则由于光场在无限远处为零，因此(4.1-65)式中的环路积分为零，上式可化简为

$$(\beta_1+\beta_2)\iint_S(\boldsymbol{E}_1\times\boldsymbol{H}_2-\boldsymbol{E}_2\times\boldsymbol{H}_1)_z\mathrm{d}s=0\tag{4.1-66}$$

将光场表示式(4.1-34)代入(4.1-66)式，消去共用的指数项，得

$$(\beta_1+\beta_2)\iint_S[\boldsymbol{E}_1(x,y)\times\boldsymbol{H}_2(x,y)-\boldsymbol{E}_2(x,y)\times\boldsymbol{H}_1(x,y)]_z\,\mathrm{d}s=0\tag{4.1-67}$$

为了证明(4.1-67)式中的每项分别为零，我们考虑两个解：$\boldsymbol{E}_1$，$\boldsymbol{H}_1$ 及 $\boldsymbol{E}_2'$，$\boldsymbol{H}_2'$，其中 $\boldsymbol{E}_2'$，$\boldsymbol{H}_2'$ 是模式 $\boldsymbol{E}_2$，$\boldsymbol{H}_2$ 对 $z=0$ 平面的镜面变换。由于结构的对称性，变换后的模式还是麦克斯韦方程组(4.1-62)的解。这种镜面变换相当于传输方向的反向，纵向电场和横向磁场的方向也要反向，即

$$\left.\begin{aligned}\boldsymbol{E}_{2\mathrm{t}}'&=\boldsymbol{E}_{2\mathrm{t}}(x,y)\mathrm{e}^{-\mathrm{i}(\omega t+\beta z)}\\\boldsymbol{E}_{2z}'&=-\boldsymbol{E}_{2z}(x,y)\mathrm{e}^{-\mathrm{i}(\omega t+\beta z)}\\\boldsymbol{H}_{2\mathrm{t}}'&=-\boldsymbol{H}_{2\mathrm{t}}(x,y)\mathrm{e}^{-\mathrm{i}(\omega t+\beta z)}\\\boldsymbol{H}_{2z}'&=\boldsymbol{H}_{2z}(x,y)\mathrm{e}^{-\mathrm{i}(\omega t+\beta z)}\end{aligned}\right\}\tag{4.1-68}$$

式中下标 t 和 z 分别表示横向和纵向场分量。因为只是横向场分量对积分(4.1-66)和式(4.1-67)式有贡献，所以与(4.1-67)式相应的方程是

$$(\beta_1-\beta_2)\iint_S[-\boldsymbol{E}_1(x,y)\times\boldsymbol{H}_2(x,y)-\boldsymbol{E}_2(x,y)\times\boldsymbol{H}_1(x,y)]_z\,\mathrm{d}s=0\tag{4.1-69}$$

将(4.1-67)式与(4.1-69)式分别相加和相减，可得

$$\iint [\boldsymbol{E}_1(x,\ y)\times \boldsymbol{H}_2(x,\ y)]_z \mathrm{d}s = \iint [\boldsymbol{E}_2(x,\ y)\times \boldsymbol{H}_1(x,\ y)]_z\ \mathrm{d}s = 0 \qquad (4.1-70)$$

如果介质没有损耗(即 ε 和 μ 为实数量)，经过类似的推导，可以得到

$$\iint [\boldsymbol{E}_1(x,\ y)\times \boldsymbol{H}_2^*(x,\ y)]_z \mathrm{d}s = \iint [\boldsymbol{E}_2^*(x,\ y)\times \boldsymbol{H}_1(x,\ y)]_z\ \mathrm{d}s = 0 \qquad (4.1-71)$$

将时间和 z 的依赖关系包含进去，上式可写成

$$\iint (\boldsymbol{E}_1 \times \boldsymbol{H}_2^*)_z\ \mathrm{d}s = 0 \qquad (4.1-72)$$

式中 $\boldsymbol{H}_2^*$ 为 $\boldsymbol{H}_2$ 的复数共轭。进一步，考虑到每个导模的时间平均功率流的表示式(4.1-45)，(4.1-72)式表明无损耗介质波导中每个模式都独立地传输功率，不同模式之间不发生能量交换，或者说它们之间是正交的，波导中传输的总功率是每一个模式独立携带的功率之和。因此，(4.1-72)式称为模式的正交关系式。如果把每个模式的功率归一化为1 W，则模式的正交归一性可写成

$$\frac{1}{2}\iint (\boldsymbol{E}_l \times \boldsymbol{H}_m^*)_z\ \mathrm{d}s = \delta_{lm} \qquad (4.1-73)$$

式中，l 和 m 为波导模式的下标，δ_{ml} 对导模是克罗内克 δ 函数。对于 TE 模或 TM 模，(4.1-73)式可简化为(见题 4-12 和题 4-13)

$$\left.\begin{aligned} &\frac{\beta_m}{2\omega\mu}\iint (\boldsymbol{E}_l \cdot \boldsymbol{E}_m^*)_z \mathrm{d}s = \delta_{lm} \qquad (\mathrm{TE}) \\ &\frac{\beta_m}{2\omega}\iint \left(\boldsymbol{H}_l \cdot \frac{1}{\varepsilon}\boldsymbol{H}_m^*\right)_z \mathrm{d}s = \delta_{lm} \qquad (\mathrm{TM}) \end{aligned}\right\} \qquad (4.1-74)$$

(2) 导模的能量传播速度。在无损耗介质中，每个模式携带着功率，在其它模式存在的情况下沿着波导独立地传输。能量输运可由复数坡印廷矢量在整个 xOy 平面上的积分的实部给出。对于给定的传输模式，时间平均的功率流为

$$P = \frac{1}{2}\mathrm{Re}\left\{\iint (\boldsymbol{E}\times \boldsymbol{H}^*)_z \mathrm{d}s\right\} \qquad (4.1-75)$$

模式在单位长度上波导的光场能量为

$$U = \frac{1}{4}\iint (\boldsymbol{E}\cdot \varepsilon \boldsymbol{E}^* + \boldsymbol{H}\cdot \mu \boldsymbol{H}^*)\mathrm{d}s \qquad (4.1-76)$$

式中，我们假定 ε 和 μ 为实数，因而被积函数也是实数。由于麦克斯韦方程是线性的，因而功率流 P 与能量密度 U 成正比，其比例系数具有速度的量纲，并称之为能量传播速度：

$$v_\mathrm{e} = \frac{P}{U} \qquad (4.1-77)$$

下面将证明，这个能量传播速度等于群速度。群速度定义为

$$v_\mathrm{g} \overset{\mathrm{d}}{=} \frac{\partial \omega}{\partial \beta} \qquad (4.1-78)$$

在介质波导中，每个模式的传播常数 β 是 ω 的函数。当频率有一定扩展 $\delta\omega$ 的光脉冲在波导中传输时，可能每个光谱成分的功率只由一个模式携带。如果 $\delta\beta$ 是模式传播常数的相应扩展，则光脉冲速度可由(4.1-78)式给出。

为了证明能量传播速度 v_e 等于群速度 v_g，我们从麦克斯韦方程出发，将 $\nabla = \nabla_\mathrm{t} + \partial/\partial z$ 代入(4.1-62)式，得到

$$\begin{aligned}\nabla_{t}\times\boldsymbol{H}+\boldsymbol{z}_{0}\times\frac{\partial}{\partial z}\boldsymbol{H}&=-\mathrm{i}\omega\varepsilon\boldsymbol{E}\\\nabla_{t}\times\boldsymbol{E}+\boldsymbol{z}_{0}\times\frac{\partial}{\partial z}\boldsymbol{E}&=\mathrm{i}\omega\mu_{0}\boldsymbol{H}\end{aligned}\tag{4.1-79}$$

式中 $\boldsymbol{z}_0$ 为沿波导 z 方向的单位矢量。由于模式对 z 的依赖关系取(4.1-34)式的形式，因而(4.1-79)式可写成

$$\left.\begin{aligned}\nabla_{t}\times\boldsymbol{H}+\mathrm{i}\beta\boldsymbol{z}_{0}\times\boldsymbol{H}&=-\mathrm{i}\omega\varepsilon\boldsymbol{E}\\\nabla_{t}\times\boldsymbol{E}+\mathrm{i}\beta\boldsymbol{z}_{0}\times\boldsymbol{E}&=\mathrm{i}\omega\mu_{0}\boldsymbol{H}\end{aligned}\right\}\tag{4.1-80}$$

现在假定 β 有一个无限小量的改变 $\delta\beta$。如果 $\delta\omega$、$\delta\boldsymbol{E}$ 和 $\delta\boldsymbol{H}$ 分别为 ω、$\boldsymbol{E}$ 和 $\boldsymbol{H}$ 的相应改变，则我们可以按照 3.1.5 节中的推导，得到下面方程：

$$\nabla_{t}\boldsymbol{F}-4\mathrm{i}\delta\beta\,\mathrm{Re}[(\boldsymbol{E}\times\boldsymbol{H}^{*})_{z}]=-2\mathrm{i}\delta\omega[\boldsymbol{E}\cdot\varepsilon\boldsymbol{E}^{*}+\boldsymbol{H}\cdot\mu_{0}\boldsymbol{H}^{*}]\tag{4.1-81}$$

式中 $\boldsymbol{F}$ 为

$$\boldsymbol{F}=\delta\boldsymbol{E}\times\boldsymbol{H}^{*}+\delta\boldsymbol{H}^{*}\times\boldsymbol{E}+\boldsymbol{H}\times\delta\boldsymbol{E}^{*}+\boldsymbol{E}^{*}\times\delta\boldsymbol{H}\tag{4.1-82}$$

如果我们在整个 xOy 平面上对(4.1-81)式积分，并利用二维散度定理

$$\int_{S}\nabla_{t}\cdot\boldsymbol{F}\,\mathrm{d}s=\oint_{C}\boldsymbol{F}\cdot\boldsymbol{n}\,\mathrm{d}l$$

则得到

$$\oint_{C}\boldsymbol{F}\cdot\boldsymbol{n}\,\mathrm{d}l-8\mathrm{i}\delta\beta P=-8\mathrm{i}\delta\omega U\tag{4.1-83}$$

式中，C 为无限远处的环路，P 和 U 分别由(4.1-75)式和(4.1-76)式给出。因为导模的光场振幅在无限远处为零，所以(4.1-83)式中的环路积分为零。这就导致

$$\delta\beta P=\delta\omega U\tag{4.1-84}$$

利用群速度和能量传播速度的定义，(4.1-84)式可写成

$$v_{\mathrm{e}}\delta\beta=\delta\omega=\left(\frac{\partial\omega}{\partial\beta}\right)\delta\beta=v_{\mathrm{g}}\delta\beta\tag{4.1-85}$$

因为 $\delta\beta$ 是任意的无限小量，所以对于介质波导中的导模可得出：

$$v_{\mathrm{e}}=v_{\mathrm{g}}\tag{4.1-86}$$

(3) 辐射模的正交性。辐射模为连续谱，因此其正交关系表示为

$$\frac{1}{2}\iint[\boldsymbol{E}(\rho)\times\boldsymbol{H}^{*}(\rho')]_{z}\,\mathrm{d}s=\delta(\rho-\rho')\tag{4.1-87}$$

此式可简化为

$$\left.\begin{aligned}&\frac{\beta_{m}}{2\omega\mu}\iint[\boldsymbol{E}(\rho)\cdot\boldsymbol{E}^{*}(\rho')]_{z}\,\mathrm{d}s=\delta(\rho-\rho')\qquad(\mathrm{TE})\\&\frac{\beta_{m}}{2\omega}\iint\left[\boldsymbol{H}(\rho)\cdot\frac{1}{\varepsilon}\boldsymbol{H}^{*}(\rho')\right]_{z}\mathrm{d}s=\delta(\rho-\rho')\qquad(\mathrm{TM})\end{aligned}\right\}\tag{4.1-88}$$

式中 $\delta(\rho-\rho')$ 对辐射模是狄拉克 δ 函数。

2) 完备性

由前面的讨论已知，导模、辐射模、泄漏模、消失模都是平板波导中波动方程中的解，都满足平板波导的边界条件，但泄漏模不满足无限远处的边界条件，消失模不能沿 z 轴方向传输，只能储能，因此泄漏模和消失模不属简正模。平板波导中，导模和辐射模构成了一个正交、完备的简正模系，平板波导中的任意光场分布都可用这组波导正交模的线性组

合来表示，换句话说，在平板波导中传输的任何电磁场问题，都可以看做是这些简正模式以一定的振幅、相位分布叠加而成。例如，波导中任意的 TE 波光电场分量 E_y 可表示为[3]

$$E_y = \sum_{\nu} C_{\nu} E_{\nu y} + \sum \int_0^{\infty} q(\rho) E_y(\rho) \, \mathrm{d}\rho \tag{4.1-89}$$

式中，第一项是对所有的 TE 导模求和，第二项是针对所有的 TE 辐射模求积分和求和。对于 TE 波的其它光场分量(H_x，H_z)也可以同样展开。展开式中的系数可以利用正交关系得到。例如在(4.1-89)式中，利用(4.1-74)式正交关系得到

$$C_{\nu} = \frac{\beta_{\nu}}{2\omega\mu_0 P} \int_{-\infty}^{\infty} E_y E_{\nu y}^{*} \, \mathrm{d}x \tag{4.1-90}$$

利用(4.1-88)式正交关系得到

$$q(\rho) = \frac{\beta}{2\omega\mu_0 P} \int_{-\infty}^{\infty} E_y E_y^{*}(\rho) \, \mathrm{d}x \tag{4.1-91}$$

一般来说，展开式系数 C_{ν}、$q(\rho)$是 z 的函数。

对于 TM 波也可以类似地进行。例如，H_y 分量可按 TM 波的导模和辐射模写成如下的表达式：

$$H_y = \sum_{\nu} d_{\nu} H_{\nu y} + \sum \int_0^{\infty} p(\rho) H_y(\rho) \, \mathrm{d}\rho \tag{4.1-92}$$

其中

$$d_{\nu} = \frac{\beta_{\nu}}{2\omega\varepsilon_0 P} \int_{-\infty}^{\infty} \frac{1}{n^2} H_y H_{\nu y}^{*} \, \mathrm{d}x \tag{4.1-93}$$

$$p(\rho) = \frac{\beta}{2\omega\varepsilon_0 P} \int_{-\infty}^{\infty} \frac{1}{n^2} H_y H_y^{*}(\rho) \, \mathrm{d}x \tag{4.1-94}$$

以上所述即是平板波导模式的完备性。这里所讨论的是光场的展开式，对于光场所携带的功率也可根据模式的正交性展开。例如对于 TE 波，假设所有模式的功率相同，均为 P，则 y 方向光场携带的功率为

$$P_y = P\left\{ \sum_{\nu} |C_{\nu}|^2 + \sum \int_0^{\infty} |q(\rho)|^2 \mathrm{d}\rho \right\} \tag{4.1-95}$$

4.2 光在有扰动的平板介质光波导中的传输

上一节中，利用波动光学的简正模理论讨论了光在理想、无耗平板波导中的传输特性。这种理论从数学上来讲是一种求解波动方程的本征值问题，认为波导中存在有无限多的简正模，这些简正模中有离散谱的导模和连续谱的辐射模，它们在波导中以不同的速度(本征值)独立传输，其大小保持不变，而波导中传输的任意光波，都可以看做是这些简正模式的线性叠加。

如果平板波导中存在有缺陷或某种扰动，则利用波动光学的耦合模理论讨论比较方便。根据耦合模理论，相应于未扰动波导中不同的简正模式(导模与导模，导模与辐射模)之间可能发生能量转换(耦合)，各个耦合模式在传输过程中将发生变化；如果若干个有缺陷的波导彼此之间的距离很近，则一个波导中的部分光能量有可能传到另一个波导中，导致不同波导之间的模式耦合。模式耦合将引起波导中光传输功率的衰减和传输信号的畸变，但对于波导中光传输的变换与控制却有着非常重要的意义。因此，本节将利用耦合模

理论研究模式的耦合，讨论光在几种实际平板波导中的传输特性。

4.2.1 耦合模理论

在理想平板波导中，介质的介电常数 $\varepsilon_0(x, y)=\varepsilon_0 n^2(x, y)$（$\varepsilon_0$ 是真空中的介电常数）与 z 无关。当波导存在弯曲、表面皱纹等不完善性时，介电常数将随 z 变化。在这种情况下，可利用耦合模理论讨论光在平板波导中的传输特性。耦合模理论的基本思想就是把介电常数的这种变化，看成是对理想波导的扰动，并可表示成

$$\varepsilon(x, y, z) = \varepsilon_0(x, y) + \Delta\varepsilon(x, y, z) \tag{4.2-1}$$

从而导致理想平板波导中简正模的传播发生变化。

假设未受微扰波导中传输的简正模已知，表示式为

$$\boldsymbol{E}_m = \boldsymbol{E}_m(x, y)\mathrm{e}^{-\mathrm{i}(\omega t-\beta_m z)} \tag{4.2-2}$$

其中，下标 m 为模式的阶数，可取离散值和连续值，分别对应于导模和辐射模。这些简正模均满足波动方程

$$\left[\frac{\partial^2}{\partial x^2}+\frac{\partial^2}{\partial y^2}+\omega^2\mu\varepsilon_0(x, y)-\beta_m^2\right]\boldsymbol{E}_m(x, y) = 0 \tag{4.2-3}$$

和如下的正交归一性：

$$\int \boldsymbol{E}_m^*(x, y)\cdot\boldsymbol{E}_k(x, y)\mathrm{d}x\,\mathrm{d}y = \frac{2\omega\mu}{|\beta_m|}\delta_{mk} \tag{4.2-4}$$

若频率为 ω 的任一光场在 $z=0$ 处被激发，则此光场在未受微扰波导中的传输总可以用简正模的线性组合表示：

$$\boldsymbol{E} = \sum_m A_m\boldsymbol{E}_m(x, y)\mathrm{e}^{-\mathrm{i}(\omega t-\beta_m z)} \tag{4.2-5}$$

式中展开系数 A_m 为常数，对于导模，组合是离散项之和，对于辐射模，组合变成求积分。

当波导存在微扰时，光波的电场矢量仍可以表示成未受微扰波导简正模的叠加：

$$\boldsymbol{E} = \sum_m A_m(z)\boldsymbol{E}_m(x, y)\mathrm{e}^{-\mathrm{i}(\omega t-\beta_m z)} \tag{4.2-6}$$

但与未受微扰的情况不同，此时的展开系数(振幅) $A_m(z)$ 随 z 变化，特别是对于 $\Delta\varepsilon\neq 0$ 的微扰光波导，$\boldsymbol{E}_m(x, y)\mathrm{e}^{-\mathrm{i}(\omega t-\beta_m z)}$ 已不再是其简正模。将方程(4.2-6)代入波动方程

$$\{\nabla^2+\omega^2\mu[\varepsilon_0(x, y)+\Delta\varepsilon(x, y, z)]\}\boldsymbol{E} = 0 \tag{4.2-7}$$

并利用方程(4.2-3)，可得

$$\sum_k\left[\frac{\mathrm{d}^2A_k}{\mathrm{d}z^2}+2\mathrm{i}\beta_k\frac{\mathrm{d}A_k}{\mathrm{d}z}\right]\boldsymbol{E}_k(x, y)\mathrm{e}^{\mathrm{i}\beta_k z} = -\omega^2\mu\sum_m\Delta\varepsilon(x, y, z)A_m\boldsymbol{E}_m(x, y)\mathrm{e}^{\mathrm{i}\beta_m z} \tag{4.2-8}$$

假定波导微扰很弱，因此模式振幅的变化缓慢，满足

$$\left|\frac{\mathrm{d}^2A_k}{\mathrm{d}z^2}\right| \ll \left|\beta_k\frac{\mathrm{d}A_k}{\mathrm{d}z}\right| \tag{4.2-9}$$

则方程(4.2-8)可以简化为

$$2\mathrm{i}\sum_k\beta_k\frac{\mathrm{d}A_k}{\mathrm{d}z}\boldsymbol{E}_k(x, y)\mathrm{e}^{\mathrm{i}\beta_k z} = -\omega^2\mu\sum_m\Delta\varepsilon(x, y, z)A_m\boldsymbol{E}_m(x, y)\mathrm{e}^{\mathrm{i}\beta_m z} \tag{4.2-10}$$

用 $\boldsymbol{E}_k^*(x, y)$ 标量乘上式，并对所有 x 和 y 积分，利用简正模的正交性关系(4.2-4)式，得到

$$\frac{dA_k(z)}{dz}=\frac{i\omega}{4}\frac{\beta_k}{|\beta_k|}\sum_m\int \boldsymbol{E}_k^*(x,y)\cdot\Delta\varepsilon(x,y,z)\boldsymbol{E}_m(x,y)\,dx\,dyA_m(z)e^{-i(\beta_k-\beta_m)z}$$

(4.2-11)

该式是耦合模理论的基本方程，它描述了光波沿平板波导传输时各个模式振幅 $A_k(z)$ 的演变。由该方程可见，平板波导中任意第 k 个模式振幅 $A_k(z)$ 的演变起因于介质微扰 $\Delta\varepsilon(x, y, z)$，由于介质微扰的存在使得第 k 个模式与第 m 个模式相关，因此导致沿平板波导传输的模式间产生耦合。只要能给出耦合问题中微扰的具体表达式，就可以由方程(4.2-11)求出平板波导中传输模式的振幅 $A_k(z)$，进而求出波导光场的具体解。

下面，利用耦合模理论讨论几种不同介质扰动情况的波导中光的传输问题[4]。

4.2.2 均匀电介质微扰平板波导

均匀电介质微扰是指介电常数扰动只是 x 和 y 的函数(即$\partial\varepsilon/\partial z=0$)，$\Delta\varepsilon=\Delta\varepsilon(x, y)$，这是最简单扰动的平板介质波导。

假设未受微扰平板波导传输模式的光电场取(4.2-2)式的形式，其横向模函数 $\boldsymbol{E}_m(x, y)$ 满足未受微扰的波动方程(4.2-3)。这些模式构成一个完全正交系，遵从正交归一关系式(4.2-4)。

对于均匀电介质微扰的平板波导，假定与 $\varepsilon(x, y)$ 相比，介质微扰 $\Delta\varepsilon(x, y)$ 的作用较小，可认为只引起模函数和传播常数小的变化。设 $\delta\boldsymbol{E}_m$ 和 $\delta\beta_m^2$ 分别为模函数和传播常数平方的改变，则考虑介质扰动后的波动方程可取如下形式：

$$[\nabla_t^2+\omega^2\mu\varepsilon+\omega^2\mu\Delta\varepsilon](\boldsymbol{E}_m+\delta\boldsymbol{E}_m)=(\beta_m^2+\delta\beta_m^2)(\boldsymbol{E}_m+\delta\boldsymbol{E}_m)\qquad(4.2-12)$$

如果我们忽略二次项 $\Delta\varepsilon\delta\boldsymbol{E}_m$ 和 $\delta\beta_m^2\delta\boldsymbol{E}_m$，并利用方程(4.2-3)，方程(4.2-12)可简化为

$$[\nabla_t^2+\omega^2\mu\varepsilon]\delta\boldsymbol{E}_m+\omega^2\mu\Delta\varepsilon\boldsymbol{E}_m=\beta_m^2\delta\boldsymbol{E}_m+\delta\beta_m^2\boldsymbol{E}_m\qquad(4.2-13)$$

为了求解此方程，可将 $\delta\boldsymbol{E}_m$ 按未受微扰的模函数展开：

$$\delta\boldsymbol{E}_m(x,y)=\sum_l a_{ml}\boldsymbol{E}_l(x,y)\qquad(4.2-14)$$

式中 a_{ml} 为常系数。将有关 $\delta\boldsymbol{E}_m$ 的关系式(4.2-14)代入方程(4.2-13)，并利用方程(4.2-3)，可得

$$\sum_l a_{ml}(\beta_l^2-\beta_m^2)\boldsymbol{E}_l=(\delta\beta_m^2-\omega^2\mu\Delta\varepsilon)\boldsymbol{E}_m\qquad(4.2-15)$$

如果将上式标量乘 $\boldsymbol{E}_m^*$ 并对整个 xOy 平面积分，可以看到其表达式左边因正交性而变成零，于是得到

$$\int\boldsymbol{E}_m^*\cdot(\delta\beta_m^2-\omega^2\mu\Delta\varepsilon)\boldsymbol{E}_m\,dx\,dy=0\qquad(4.2-16)$$

因为 $\delta\beta_m^2$ 是常数，由上式可写成

$$\delta\beta_m^2=\frac{\int\boldsymbol{E}_m^*\cdot\omega^2\mu\Delta\varepsilon(x,y)\boldsymbol{E}_m\,dx\,dy}{\int\boldsymbol{E}_m^*\cdot\boldsymbol{E}_m dxdy}\qquad(4.2-17)$$

这就是传播常数平方 β_m^2 的一级修正。利用(4.2-4)式和 $\delta\beta_m^2=2\beta_m\delta\beta_m$，(4.2-17)式可以写成

$$\delta\beta_m = \frac{\omega}{4}\int \boldsymbol{E}_m^* \cdot \Delta\varepsilon(x, y)\boldsymbol{E}_m \, dx \, dy \tag{4.2-18}$$

为了得到模函数的修正 $\delta\boldsymbol{E}_m$，我们用 $\boldsymbol{E}_l^*$ $(l\neq m)$标量乘(4.2-15)式的两边，并对 x 和 y 积分，得到

$$a_{ml}(\beta_l^2-\beta_m^2)\frac{2\omega\mu}{\beta_l} = -\int \boldsymbol{E}_l^* \cdot \omega^2\mu\Delta\varepsilon(x, y)\boldsymbol{E}_m \, dx \, dy \tag{4.2-19}$$

式中已利用了未受微扰模式的正交性关系式(4.2-4)。于是，$\delta\boldsymbol{E}_m$ 用一组 $\boldsymbol{E}_l$ 表示的展开式(4.2-14)中的系数为

$$a_{ml} = \frac{\omega\beta_l}{2(\beta_m^2-\beta_l^2)}\int \boldsymbol{E}_l^* \cdot \Delta\varepsilon(x, y)\boldsymbol{E}_m \, dx \, dy \qquad l\neq m \tag{4.2-20}$$

对于 a_{mm} 的选取，应使合成的模函数按照(4.2-4)式归一化，则 a_{mm} 由下式给出：

$$a_{mm} = -\frac{1}{4}\frac{\delta\beta_m^2}{\beta_m^2} = -\frac{1}{2}\frac{\delta\beta_m}{\beta_m} \tag{4.2-21}$$

利用有关 $\delta\beta_m$ 的(4.2-18)式，a_{mm} 可以表示为

$$a_{mm} = -\frac{\omega}{8\beta_m}\int \boldsymbol{E}_m^* \cdot \Delta\varepsilon(x, y)\boldsymbol{E}_m \, dx \, dy \tag{4.2-22}$$

在实际应用中，采用下面形式的耦合系数参量是很方便的：

$$\kappa_{lm} = \frac{\omega}{4}\int \boldsymbol{E}_l^* \cdot \Delta\varepsilon(x, y)\boldsymbol{E}_m \, dx \, dy \tag{4.2-23}$$

由此耦合系数，根据(4.2-20)式和(4.2-14)式，模函数一级修正的表示式可写成

$$\delta\boldsymbol{E}_m = \sum_{l\neq m}\frac{2\beta_l}{\beta_m^2-\beta_l^2}\kappa_{lm}\boldsymbol{E}_l - \frac{\kappa_{mm}}{2\beta_m}\boldsymbol{E}_m \tag{4.2-24}$$

而表示传播常数修正 $\delta\beta_m$ 的(4.2-18)式，则可写成

$$\delta\beta_m = \kappa_{mm} \tag{4.2-25}$$

在 4.2.7 节讨论金属包覆波导时，为求其模式的衰减系数，就利用了上述结果。

4.2.3 周期性平板波导

这里讨论的周期性平板波导，其周期性是由一个界面的皱纹造成的。周期性平板波导可用于光学滤波器[5]、分布反馈激光器[6]，也是许多集成光学元件的构成基础。

为了讨论简单起见，考虑周期性平板波导为图 4.2-1 所示的“方形波”皱纹。此时，电介质微扰可写成

$$\Delta\varepsilon(x, z) = \begin{cases} \Delta\varepsilon(x) & 0 < z < \dfrac{\Lambda}{2} \\ 0 & \dfrac{\Lambda}{2} < z < \Lambda \end{cases} \tag{4.2-26a}$$

或

$$\Delta\varepsilon(x, z) = \Delta\varepsilon(x)\frac{f(z)+1}{2} \tag{4.2-26b}$$

式中

$$\Delta\varepsilon(x) = \begin{cases} \varepsilon_0(n_3^2-n_1^2) & -d\leqslant x\leqslant 0 \\ 0 & \text{其它} \end{cases} \tag{4.2-27}$$

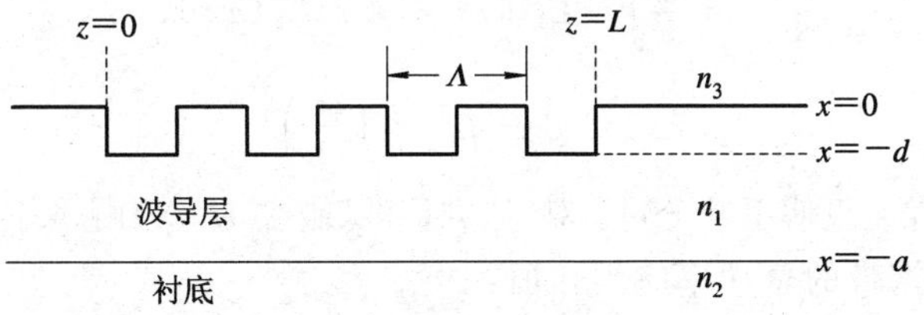

图 4.2-1 周期性波导

$f(z)$由(3.1-107)式定义。将 $\Delta\varepsilon(x, z)$按傅里叶级数展开：

$$\Delta\varepsilon(x, z) = \Delta\varepsilon(x)\left\{\frac{1}{2} - \sum_{l\neq 0}\frac{\mathrm{i}(1-\cos l\pi)}{2l\pi}\mathrm{e}^{\mathrm{i}l\left(\frac{2\pi}{\Lambda}\right)z}\right\} = \sum_{l}\varepsilon_l(x)\mathrm{e}^{\mathrm{i}l\left(\frac{2\pi}{\Lambda}\right)z} \tag{4.2-28}$$

其中 $\varepsilon_l(x)$为 $\Delta\varepsilon(x, z)$第 l 级傅里叶分量：

$$\varepsilon_l(x) = \begin{cases} -\mathrm{i}\dfrac{\Delta\varepsilon(x)}{l\pi} & l=\pm 1, \pm 3, \pm 5, \cdots \\ \dfrac{\Delta\varepsilon(x)}{2} & l=0 \\ 0 & l=\pm 2, \pm 4, \cdots \end{cases} \tag{4.2-29}$$

由前面耦合模理论的讨论，耦合模基本方程(4.2-11)右边可视为驱动第 k 阶模的光源项，它起因于模式间的耦合。由该方程可知，对于皱纹形的同期性平板波导，因为 $\Delta\varepsilon(x, y, z)$是标量，所以皱纹只能使 TE 模与 TE 模耦合或 TM 模与 TM 模耦合，而不能使 TE 模与 TM 模耦合。为了使第 k 阶模振幅 A_k 不断地(耦合)增大，方程右边必须有一项在$z\gg\Lambda$ 距离内没有明显的变化，使得积分的平均值不为零。这就要求，某一 m 阶模式的传播常数 β_m 与第 k 阶模式的传播常数 β_k 满足下面的条件：

$$\beta_k - \beta_m = l\left(\frac{2\pi}{\Lambda}\right) \tag{4.2-30}$$

式中的 l 是某一个整数。通常称这个条件为 m 阶模与 k 阶模发生共振耦合的相位匹配条件。满足该条件时，第 m 阶模将与第 k 阶模经周期扰动的第 l 级傅里叶分量发生共振耦合；不满足该条件时，第 m 阶模与第 k 阶模不发生耦合。在这种情况下，方程(4.2-11)中对第 k 阶耦合模振幅有贡献的仅仅是能发生共振耦合的第 m 阶模，其它模的贡献皆可忽略不计，多模耦合即简化为两个模式间的耦合。

1. 周期性平板波导中的同向耦合

在多模波导中，对于沿相同方向传播的某两个模式 β_1 和 β_2 及某一个整数 l，如果表面皱纹的周期 Λ 足够大，可以使 $\beta_1-\beta_2\approx l\left(\frac{2\pi}{\Lambda}\right)$，则只要耦合常数不为零，这两个模式将发生强烈耦合。设 $A_1(z)$和 $A_2(z)$是这两个耦合模的振幅，根据方程(4.2-11)，它们的变化规律遵从

$$\left.\begin{aligned} \frac{\mathrm{d}A_1}{\mathrm{d}z} &= \mathrm{i}\kappa_{12}A_2\mathrm{e}^{-\mathrm{i}\Delta\beta z} \\ \frac{\mathrm{d}A_2}{\mathrm{d}z} &= \mathrm{i}\kappa_{12}^{*}A_1\mathrm{e}^{\mathrm{i}\Delta\beta z} \end{aligned}\right\} \tag{4.2-31}$$

式中

$$\kappa_{12} = \frac{\omega}{4}\int_{-\infty}^{\infty} \boldsymbol{E}_1^*(x)\cdot \varepsilon_l(x)\boldsymbol{E}_2(x)\mathrm{d}x \tag{4.2-32}$$

$$\Delta\beta = \beta_1 - \beta_2 - l\left(\frac{2\pi}{\Lambda}\right) \tag{4.2-33}$$

$\varepsilon_l(x)$为电介质微扰的第 l 级傅里叶分量。对于“方形波”皱纹，$\varepsilon_l(x)$由(4.2-27)式和(4.2-29)式给出。两个模式所携带的总功率应当守恒：

$$\frac{\mathrm{d}}{\mathrm{d}z}[|A_1|^2 + |A_2|^2] = 0 \tag{4.2-34}$$

设 $A_1(0)$和 $A_2(0)$是在 $z=0$ 处的模式振幅，方程(4.2-31)的通解为

$$\left.\begin{aligned} A_1(z) &= \mathrm{e}^{-\mathrm{i}(\Delta\beta/2)z}\left[\left(\cos sz + \mathrm{i}\frac{\Delta\beta}{2s}\sin sz\right)A_1(0) + \mathrm{i}\frac{\kappa_{12}}{s}\sin sz A_2(0)\right] \\ A_2(z) &= \mathrm{e}^{\mathrm{i}(\Delta\beta/2)z}\left[\mathrm{i}\frac{\kappa_{12}^*}{s}\sin sz A_1(0) + \left(\cos sz - \mathrm{i}\frac{\Delta\beta}{2s}\sin sz\right)A_2(0)\right] \end{aligned}\right\} \tag{4.2-35}$$

式中

$$s^2 = |\kappa_{12}|^2 + \left(\frac{\Delta\beta}{2}\right)^2 \tag{4.2-36}$$

$|\kappa_{12}|$为耦合系数的大小。考察(4.2-35)式可以得到，在距离 z 以内从模式 2 耦合到模式 1 (反之亦然)的功率分数是

$$\frac{|\kappa_{12}|^2}{|\kappa_{12}|^2 + \left(\dfrac{\Delta\beta}{2}\right)^2}\sin^2 sz \tag{4.2-37}$$

它是 z 的周期性函数。如果相互作用长度足够大，则功率在模式之间来回交换，所交换的最大功率分数是$\dfrac{|\kappa_{12}|^2}{|\kappa_{12}|^2+(\Delta\beta/2)^2}$。当 $\Delta\beta=0$ 时，二模式之间可以发生完全的功率交换，这种情况称为相位匹配。此时有

$$\left.\begin{aligned} A_1(z) &= A_1(0)\cos|\kappa_{12}|z + \mathrm{i}\frac{\kappa_{12}}{|\kappa_{12}|}A_2(0)\sin|\kappa_{12}|z \\ A_2(z) &= A_2(0)\cos|\kappa_{12}|z + \mathrm{i}\frac{\kappa_{12}^*}{|\kappa_{12}|}A_1(0)\sin|\kappa_{12}|z \end{aligned}\right\} \tag{4.2-38}$$

同向模式耦合的功率交换与第三章图 3.1-8 所示 Šolc 滤波器耦合模的功率交换相似。

同向模式耦合还与频率有关，设 n_1、n_2 是与耦合模有关的模折射率(即 $\beta_l = n_l\omega/c$，$l=1, 2$)，ω_0 是 $\Delta\beta=0$ 时的频率。则 $\Delta\beta$ 可写成

$$\Delta\beta = \frac{(n_1 - n_2)(\omega - \omega_0)}{c} \tag{4.2-39}$$

由(4.2-37)式可知，强耦合只有在与$|\Delta\beta| < 2|\kappa_{12}|$相应的频率范围内才能发生，因此，同向模式耦合的频带宽度为

$$\Delta\omega = \frac{4|\kappa_{12}|c}{|n_1 - n_2|} \tag{4.2-40}$$

式中 c 为光速，$n_1 - n_2$ 为模折射率之差。

2. 周期性平板波导中的逆向耦合

对于图 4.2-1 所示的皱纹形波导，当满足相位匹配条件(4.2-30)式时，第 k 阶模和第 m 阶模将通过周期性微扰的第 l 级傅里叶分量发生共振耦合。现假定皱纹微扰的周期 Λ

使得 s 阶模式的传播常数 β_s 和某一整数 l 有 $l\,\dfrac{\pi}{\Lambda}\approx\beta_s$ 的关系，则 s 阶模式(β_s)与其反射模($-\beta_s$)满足相位匹配条件(4.2-30)式，即：$\beta_s-(-\beta_s)=2\beta_s\approx l\,\dfrac{2\pi}{\Lambda}$，它们之间将产生强烈耦合。设 $A_s(z)$ 和 $B_s(z)$ 是正向模(β_s)和反射模($-\beta_s$)耦合时的耦合模振幅，则由方程(4.2-11)可以得到如下逆向耦合模方程：

$$\left.\begin{aligned}\frac{dA_s}{dz}&=i\kappa B_s e^{-i\Delta\beta z}\\ \frac{dB_s}{dz}&=-i\kappa^* A_s e^{i\Delta\beta z}\end{aligned}\right\}\tag{4.2-41}$$

式中

$$\Delta\beta=\beta_s-(-\beta_s)-l\left(\frac{2\pi}{\Lambda}\right)\tag{4.2-42}$$

$$\kappa=\frac{\omega}{4}\int_{-\infty}^{\infty}\varepsilon_l(x)\mid \boldsymbol{E}_s(x)\mid^2 dx\tag{4.2-43}$$

在微扰区，入射模与反射模所携带的总功率守恒，即

$$\frac{d}{dz}[\mid A_s\mid^2-\mid B_s\mid^2]=0\tag{4.2-44}$$

若取逆向耦合的边界条件为：$z=0$ 处，$A_s=A_s(0)$；$z=L$ 处，$B_s=B_s(L)$，则方程(4.2-41)的通解为

$$\left.\begin{aligned}A_s(z)&=e^{-i\Delta\beta z/2}\left[A_s(0)\frac{s\,\mathrm{ch}s(L-z)-i\dfrac{\Delta\beta}{2}\mathrm{sh}s(L-z)}{s\,\mathrm{ch}sL-i\dfrac{\Delta\beta}{2}\mathrm{sh}sL}+B_s(L)\frac{i\kappa e^{-i\Delta\beta L/2}\,\mathrm{sh}sz}{s\,\mathrm{ch}sL-i\dfrac{\Delta\beta}{2}\mathrm{sh}sL}\right]\\ B_s(z)&=e^{i\Delta\beta z/2}\left[A_s(0)\frac{i\kappa^*\,\mathrm{sh}s(L-z)}{s\,\mathrm{ch}sL-i\dfrac{\Delta\beta}{2}\mathrm{sh}sL}+B_s(L)e^{-i\Delta\beta L/2}\frac{s\,\mathrm{ch}sz-i\dfrac{\Delta\beta}{2}\mathrm{sh}s(L-z)}{s\,\mathrm{ch}sL-i\dfrac{\Delta\beta}{2}\mathrm{sh}sL}\right]\end{aligned}\right\}\tag{4.2-45}$$

利用(4.2-27)式和(4.2-29)式，对于奇数 l 的耦合系数可写成

$$\kappa=-\frac{i\omega\varepsilon_0(n_3^2-n_1^2)}{4l\pi}\int_{-d}^{0}\mid \boldsymbol{E}_s(x)\mid^2 dx\qquad l=\pm1,\pm3,\pm5,\cdots\tag{4.2-46}$$

实际上为实现相位匹配总是选择周期 Λ，使得对某一特定的 l 有 $\Delta\beta\approx0$。当 $\Delta\beta=0$ 时，有

$$\Lambda=l\frac{\lambda_0^{(s)}}{2}\tag{4.2-47}$$

$\lambda_0^{(s)}=\dfrac{2\pi}{\beta_s}$ 为 s 阶模的波导波长。

利用平板波导 TE 模光场 $E_s(x)$ 的表达式(4.1-41)式，可以得到 TE—TE 模逆向耦合的耦合系数为

$$\kappa=-\frac{i\omega\varepsilon_0(n_3^2-n_1^2)}{4l\pi}\int_{-d}^{0}A_s^2\left[\cos k_{s1x}x-\frac{q_s}{k_{s1x}}\sin k_{s1x}x\right]^2 dx\tag{4.2-48}$$

如果我们考虑足以超过传输截止区工作的情形，即 $\dfrac{a(n_1-n_3)}{s\lambda}\gg1$，就可以得到简单的结果，

这时由(4.1-39)式和(4.1-43)式得到

$$\left.\begin{aligned}&\beta_s \approx n_1 k_0\\&k_{s1x} \rightarrow \frac{\pi s}{a} \qquad s=1, 2, \cdots \text{是横向模阶数}\\&\frac{q_s}{k_{s1x}} \approx \sqrt{n_1^2-n_3^2}\,\frac{2a}{s\lambda}\end{aligned}\right\} \tag{4.2-49}$$

此外，因为 $q_s \gg k_{s1x}$，所以在光波被限制得很好的状态下，由(4.1-47)式可得

$$A_s^2 = \frac{4k_{s1x}^2\omega\mu}{\beta_s a q_s^2} \tag{4.2-50}$$

并且，对于皱纹深度很小($k_{s1x}d \ll 1$)的情况，(4.2-46)式中的积分变成

$$\int_{-d}^{0}[E_s(x)]^2\,\mathrm{d}x = \frac{4\pi^2 s^2\omega\mu}{3n_1 k_0}\left(\frac{d}{a}\right)^3\left(1+\frac{3}{q_s d}+\frac{3}{q_s^2 d^2}\right)$$

耦合系数可写成

$$\kappa \approx \mathrm{i}\,\frac{2\pi^2 s^2}{3l\lambda}\,\frac{n_1^2-n_3^2}{n_1}\left(\frac{d}{a}\right)^3\left[1+\frac{3}{2\pi}\,\frac{\lambda/d}{(n_1^2-n_3^2)^{1/2}}+\frac{3}{4\pi^2}\,\frac{(\lambda/d)^2}{(n_1^2-n_3^2)}\right] \tag{4.2-51}$$

由该式可以看出，模阶数 s 越高，皱纹深度 d 越大，波导厚度 a 越小，耦合系数 κ 就越大。于是，周期性波导中的逆向耦合问题就简化为求解耦合系数为(4.2-51)式的耦合微分方程(4.2-41)的问题。

现在考虑图 4.2-2 所示的平板波导，皱纹区长度为 L，一个振幅为 $A(0)$ 的光波从左边入射到皱纹区，在 $z=0$ 处，$A(z)=A(0)$；$z=L$ 处，$B(z)=0$，由(4.2-45)式得到入射模和反射模振幅的表示式为

$$\left.\begin{aligned}&A(z) = A(0)\mathrm{e}^{-\mathrm{i}\Delta\beta z/2}\,\frac{s\,\mathrm{ch}s(L-z)-\mathrm{i}(\Delta\beta/2)\,\mathrm{sh}s(L-z)}{s\,\mathrm{ch}sL-\mathrm{i}(\Delta\beta/2)\,\mathrm{sh}sL}\\&B(z) = A(0)\mathrm{e}^{\mathrm{i}\Delta\beta z/2}\,\frac{\mathrm{i}\kappa^*\,\mathrm{sh}s(L-z)}{s\,\mathrm{ch}sL-\mathrm{i}(\Delta\beta/2)\,\mathrm{sh}sL}\end{aligned}\right\} \tag{4.2-52}$$

式中

$$s^2 = \kappa^*\kappa-\left(\frac{\Delta\beta}{2}\right)^2 \tag{4.2-53}$$

$$\Delta\beta = \beta_s-(-\beta_s)-l\left(\frac{2\pi}{\Lambda}\right) \tag{4.2-54}$$

除耦合系数外，这些表示式在形式上与第三章得到的周期性层状介质反射波的表示式相同。耦合到逆向传播模式($-\beta_s$)的功率分数称为模式反射率，定义为

$$R \stackrel{\mathrm{d}}{=} \left|\frac{B(0)}{A(0)}\right|^2 \tag{4.2-55}$$

根据(4.2-52)式，R 由下式给出，

$$R = \frac{\kappa\kappa^*\,\mathrm{sh}^2 sL}{s^2\,\mathrm{ch}^2 sL+(\Delta\beta/2)^2\,\mathrm{sh}^2 sL} \tag{4.2-56}$$

逆向耦合的功率交换关系如图 4.2-2 所示。可见在微扰区域内，入射模的功率沿 z 方向指数衰减，而反射模的功率则指数上升，这种反射也称为布喇格反射，R 称为布喇格反射率。

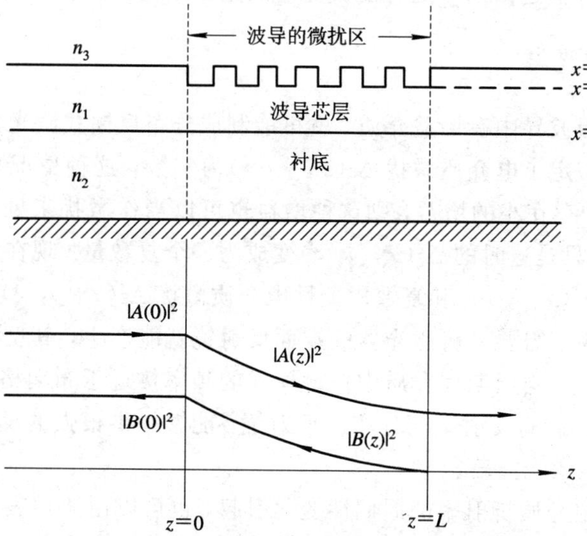

图 4.2-2 周期性波导中入射模与反射模之间的功率转换

在相位匹配条件($\Delta\beta=0$)下，反射率达到最大值：

$$R_{\max} = \operatorname{th}^2 |\kappa L| \tag{4.2-57}$$

该相位匹配条件也称为布喇格条件。在满足这个条件的情况下，模式振幅为

$$\left.\begin{aligned} A(z) &= A(0)\frac{\operatorname{ch}|\kappa|(L-z)}{\operatorname{ch}|\kappa L|} \\ B(z) &= A(0)\frac{\mathrm{i}\kappa^* \operatorname{sh}|\kappa|(L-z)}{\operatorname{ch}|\kappa L|} \end{aligned}\right\} \tag{4.2-58}$$

完全功率交换只有在满足相位匹配条件和 L 为无限大时才出现，这一点不同于同向耦合。

布喇格反射与频率有关。假设 ω_0 是满足相位匹配条件 $\Delta\beta=0$ 时的频率(布喇格频率)，则 $\Delta\beta$ 可写成

$$\Delta\beta = \frac{2n}{c}(\omega-\omega_0) \tag{4.2-59}$$

式中 n 为导模的模折射率(即 $\beta_s = n\omega/c$)。根据(4.2-56)式，可以计算出反射率与偏离布喇格条件各种波长的关系，绘成曲线如图 4.2-3中的虚线所示。可见，以皱纹波导中导模的布喇格反射为基础，可以制成一个带阻滤波器，其带宽由 $\Delta\beta=4|\kappa|$ 给出，或根据(4.2-59)式等价地写成

$$\Delta\omega = \frac{2c}{n}|\kappa| \tag{4.2-60}$$

与同向耦合的带宽(4.2-40)式相比，因为 $|n_3-n_1|$ 通常比 n 小得多，所以皱纹波导中以导模的布喇格反射为基础的滤波器带

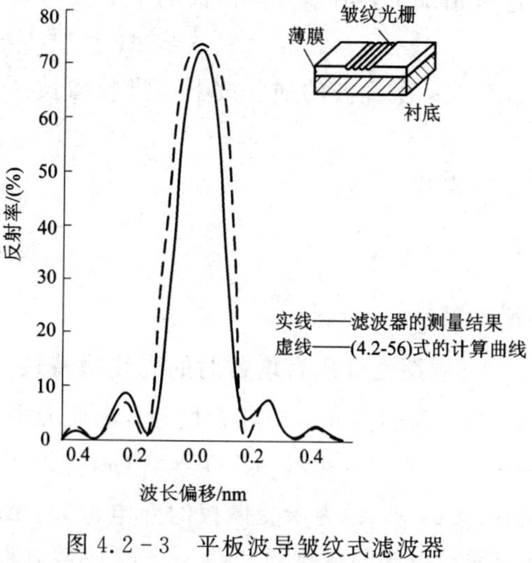

图 4.2-3 平板波导皱纹式滤波器

宽很窄。在图 4.2-3 中，还给出了这种滤波器的测量结果(实线)。

4.2.4 分布反馈激光器

如果在周期性平板波导中有增益介质，就可能制成分布反馈式激光器。

在前面的讨论中假定了电介质微扰 $\Delta\varepsilon(x, y, z)$为实数，这种情况可用来描述大多数无源微扰。如果介质中存在小的增益，则这种增益也可以当作微扰来处理，并且可以包括在 $\Delta\varepsilon(x, y, z)$之内，只是这时的 $\Delta\varepsilon(x, y, z)$变成为一个复数量。现在考虑的周期性平板波导由实数介电常数 $\varepsilon_0(x, y, z)$和复数周期性电介质微扰 $\Delta\varepsilon(x, y, z)$描述。在这种情况下可以证明，激光振荡不需要一般激光器的端面反射镜就能产生，其反馈由周期性微扰的连续相干逆向散射提供，当周期性介质中传输模式的频率接近于布喇格频率时，周期性介质自身就相当于一个具有高反射率的分布式反射镜，能够提供很强的反馈，足以使有源区的增益克服损耗，产生激光振荡。

周期性微扰可以由介质折射率的周期性变化引起，也可以由波导表面的周期性起伏引起，其耦合模方程形式相同。下面进行的一般性讨论，不涉及微扰的性质，其讨论结果既适用于体周期性介质(例如层状介质)，也适用于周期性波导。

1. 光在体增益介质中的传播

根据光的电磁理论，增益介质的介电常数为复数：$\varepsilon=\varepsilon_r-i\varepsilon_i$，其中虚部描述了增益特性，且为负数。因此，介质中传播的平面波传播常数 k'为

$$(k')^2=\omega^2\mu(\varepsilon_r-i\varepsilon_i)=k^2\left(1-i\frac{\varepsilon_i}{\varepsilon_r}\right) \tag{4.2-61}$$

式中 k 为没有增益时波的传播常数，

$$k^2=\omega^2\mu\varepsilon_r \tag{4.2-62}$$

如果 $\varepsilon_i/\varepsilon_r \ll 1$，则(4.2-61)式可以写成

$$k'=k\left(1-i\frac{\varepsilon_i}{2\varepsilon_r}\right) \tag{4.2-63}$$

在这种情况下，沿 z 方向传播的平面波可表示为

$$\psi=Ae^{-i(\omega t-k'z)}=Ae^{(k\varepsilon_i/2\varepsilon_r)z}e^{-i(\omega t-kz)} \tag{4.2-64}$$

由此可见，平面波的强度按下式指数增长：

$$I(z)=I_0e^{gz} \tag{4.2-65}$$

式中的常数

$$g=\frac{k\varepsilon_i}{\varepsilon_r} \tag{4.2-66}$$

为增益系数。

2. 周期性介质有增益时的光传播特性

由于周期性介质中存在增益，因此介电常数(4.2-1)式可以写成

$$\varepsilon(x, y, z)=\varepsilon_0(x, y, z)+\Delta\varepsilon(x, y, z)-i\gamma(x, y, z) \tag{4.2-67}$$

式中 $\varepsilon_0(x, y, z)$为未受微扰的介电常数，$\Delta\varepsilon(x, y, z)$为电介质微扰(实数)，$\gamma(x, y, z)$为由于增益引起的微扰项。用 $\Delta\varepsilon-i\gamma$ 代替方程(4.2-11)中的 $\Delta\varepsilon$，耦合模方程变成

$$\frac{\mathrm{d}A_k(z)}{\mathrm{d}z}=\frac{\mathrm{i}\omega}{4}\frac{\beta_k}{|\beta_k|}\sum_m\int \boldsymbol{E}_k^*(x,y)\cdot\Delta\varepsilon(x,y,z)\boldsymbol{E}_m(x,y)\,\mathrm{d}x\,\mathrm{d}yA_m(z)\mathrm{e}^{-\mathrm{i}(\beta_k-\beta_m)z}$$
$$+\frac{\omega}{4}\frac{\beta_k}{|\beta_k|}\sum_l\int \boldsymbol{E}_k^*(x,y)\cdot\gamma(x,y,z)\boldsymbol{E}_l(x,y)\,\mathrm{d}x\,\mathrm{d}yA_l(z)\mathrm{e}^{-\mathrm{i}(\beta_k-\beta_l)z} \tag{4.2-68}$$

为了简单起见，考虑沿 z 方向介质的增益均匀，即 $\gamma(x, y, z)=\gamma(x, y)$，则利用(4.2-28)式可将上式改写成

$$\frac{\mathrm{d}A_k(z)}{\mathrm{d}z}=\frac{\mathrm{i}\omega}{4}\frac{\beta_k}{|\beta_k|}\sum_m\int \boldsymbol{E}_k^*(x,y)\cdot\varepsilon_l(x,y)\boldsymbol{E}_m(x,y)\mathrm{e}^{-\mathrm{i}\Delta\beta z}\,\mathrm{d}x\,\mathrm{d}y+\frac{1}{2}g_kA_k(z) \tag{4.2-69}$$

式中，若仅计算 k 阶模与某一 m 阶模发生共振耦合，则其它模式对 $A_k(z)$ 的贡献可忽略，多模耦合简化为两个模式耦合，其相位失配 $\Delta\beta$ 的形式与(4.2-33)式类似，为

$$\Delta\beta=\beta_k-\beta_m-l\left(\frac{2\pi}{\Lambda}\right) \tag{4.2-70}$$

g_k 为第 k 阶模的增益系数，由下式给出：

$$g_k=\frac{\omega}{2}\frac{\beta_k}{|\beta_k|}\int \boldsymbol{E}_k^*(x,y)\cdot\gamma(x,y)\boldsymbol{E}_k(x,y)\,\mathrm{d}x\,\mathrm{d}y \tag{4.2-71}$$

由于具有 $\mathrm{e}^{-\mathrm{i}(\beta_l-\beta_k)z}$ 关系的增益项是 z 的快速变化函数，对模式振幅 $A_k(z)$ 无净贡献，因此推导中可将其忽略。

现在考虑 $\beta_s\approx l(\pi/\Lambda)$ 的 s 阶模特殊情形。此时，该模(β_s)将与其逆向传播模式($-\beta_s$)发生强烈耦合。在方程(4.2-69)中只保留缓变项，并将 g_k 写为 g，可得如下形式的耦合方程：

$$\left.\begin{aligned}\frac{\mathrm{d}A}{\mathrm{d}z}&=\mathrm{i}\kappa B\mathrm{e}^{-\mathrm{i}\Delta\beta z}+\frac{1}{2}gA\\ \frac{\mathrm{d}B}{\mathrm{d}z}&=-\mathrm{i}\kappa^*A\mathrm{e}^{\mathrm{i}\Delta\beta z}-\frac{1}{2}gB\end{aligned}\right\} \tag{4.2-72}$$

式中 A 和 B 分别为 s 阶模(β_s)和逆向模($-\beta_s$)的振幅，κ 和 $\Delta\beta$ 分别由(4.2-43)式和(4.2-42)式给出。如果耦合常数 κ 为零，模式振幅变成

$$\left.\begin{aligned}A(z)&=A(0)\mathrm{e}^{gz/2}\\ B(z)&=B(0)\mathrm{e}^{-gz/2}\end{aligned}\right\} \tag{4.2-73}$$

则沿 $\pm z$ 方向传播的平面波强度均按(4.2-65)式形式增加。当 κ 不为零且其大小有限时，定义 $A'(z)$ 和 $B'(z)$ 为

$$\left.\begin{aligned}A(z)&\stackrel{\mathrm{d}}{=}A'(z)\mathrm{e}^{gz/2}\\ B(z)&\stackrel{\mathrm{d}}{=}B'(z)\mathrm{e}^{-gz/2}\end{aligned}\right\} \tag{4.2-74}$$

可将方程(4.2-72)变化成

$$\left.\begin{aligned}\frac{\mathrm{d}A'}{\mathrm{d}z}&=\mathrm{i}\kappa B'\mathrm{e}^{-\mathrm{i}(\Delta\beta-\mathrm{i}g)z}\\ \frac{\mathrm{d}B'}{\mathrm{d}z}&=-\mathrm{i}\kappa^*A'\mathrm{e}^{\mathrm{i}(\Delta\beta-\mathrm{i}g)z}\end{aligned}\right\} \tag{4.2-75}$$

此时，只需要将方程(4.2-41)作如下代换：

$$\Delta\beta \to \Delta\beta - \mathrm{i}g \tag{4.2-76}$$

方程(4.2-75)就与方程(4.2-41)的形式相同。如果微扰区的长度为 L，振幅为 $A(0)$ 的单个模式在 $z=0$ 处入射到皱纹段，就可以利用(4.2-52)式直接写出入射模振幅 $A(z)=A'(z)\mathrm{e}^{gz/2}$ 和反射模振幅 $B(z)=B'(z)\mathrm{e}^{-gz/2}$ 的解：

$$\left.\begin{aligned} A(z) &= A_0 \mathrm{e}^{-\mathrm{i}\Delta\beta z/2} \frac{s\,\mathrm{ch}s(L-z) - \mathrm{i}\frac{1}{2}(\Delta\beta - \mathrm{i}g)\mathrm{sh}s(L-z)}{s\,\mathrm{ch}sL - \mathrm{i}\frac{1}{2}(\Delta\beta - \mathrm{i}g)\mathrm{sh}sL} \\ B(z) &= A_0 \mathrm{e}^{\mathrm{i}\Delta\beta z/2} \frac{\mathrm{i}\kappa^*\,\mathrm{sh}s(L-z)}{s\,\mathrm{ch}sL - \mathrm{i}\frac{1}{2}(\Delta\beta - \mathrm{i}g)\mathrm{sh}sL} \end{aligned}\right\} \tag{4.2-77}$$

式中 s 和 $\Delta\beta$ 分别为

$$s = \sqrt{\kappa\kappa^* - \left[\frac{\Delta\beta - \mathrm{i}g}{2}\right]^2} \tag{4.2-78}$$

$$\Delta\beta = \beta_s - (-\beta_s) - l\,\frac{2\pi}{\Lambda} \tag{4.2-79}$$

由于现在 s 是一个复数，使得有增益周期平板波导内传输模式的特性(4.2-77)式与无源周期平板波导内传输模式的特性(4.2-52)式有了本质的差别。为了说明这种差别，我们首先考虑满足如下条件时的情形：

$$s\mathrm{ch}sL - \mathrm{i}\,\frac{1}{2}(\Delta\beta - \mathrm{i}g)\mathrm{sh}sL = 0 \tag{4.2-80}$$

由(4.2-77)式可见，当有增益平板波导满足(4.2-80)式条件时，反射系数 $\dfrac{B(0)}{A(0)}$ 和透射系数 $\dfrac{A(L)}{A(0)}$ 都变成无限大，这时器件起到了一个振荡器的作用，即使没有输入($A(0)=0$)，仍会给出非零的输出场 $B(0)$ 和 $A(L)$。所以(4.2-80)式即是分布反馈激光器的振荡条件[6]。而对于无源周期平板波导($g=0$)，由(4.2-52)式或(4.2-56)式可知，$\left|\dfrac{B(0)}{A(0)}\right|<1$ 和 $\left|\dfrac{A(L)}{A(0)}\right|<1$，属于没有整体增益的无源器件情形。

当模式频率接近布喇格频率，且增益系数 g 足够高，以致使得(4.2-80)式几乎得到满足时，周期平板波导起到一个高增益放大器的作用。放大的输出可以是反射系数为

$$r = \frac{B(0)}{A(0)} = \frac{\mathrm{i}\kappa^*\,\mathrm{sh}sL}{s\mathrm{ch}sL - \mathrm{i}\,\frac{1}{2}(\Delta\beta - \mathrm{i}g)\mathrm{sh}sL} \tag{4.2-81}$$

的反射波，或者是透射系数为

$$t = \frac{A(L)}{A(0)} = \frac{s\mathrm{e}^{-\mathrm{i}\Delta\beta L/2}}{s\,\mathrm{ch}sL - \mathrm{i}\,\frac{1}{2}(\Delta\beta - \mathrm{i}g)\mathrm{sh}sL} \tag{4.2-82}$$

的透射波。此时，入射模振幅和反射模振幅的行为如图 4.2-4 所示，入射模和反射模的振幅都随着传播距离的增加而增加，其情形与图 4.2-2 所示的无源器件有本质的差别。

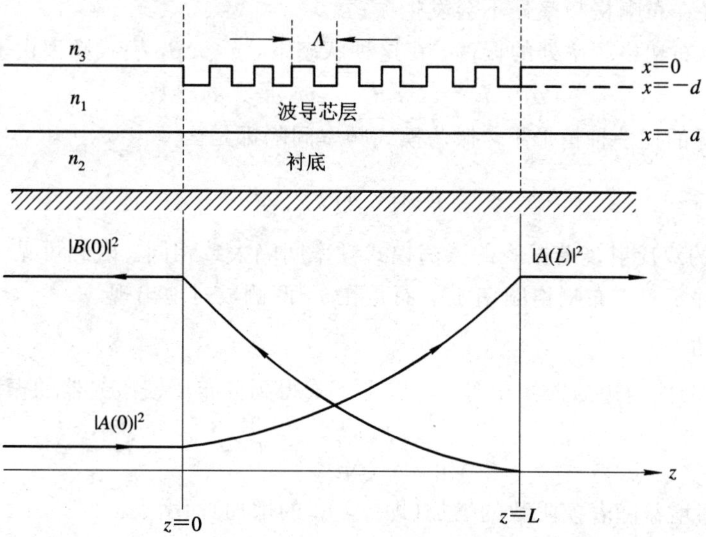

图 4.2-4　有放大的周期波导内部入射模振幅与反射模振幅

3. 分布反馈激光器的振荡特性

1) 振荡频率

分布反馈激光器的振荡条件(4.2-80)式可以改写成如下形式：

$$s-\frac{g+\mathrm{i}\Delta\beta}{2}\,\mathrm{th}sL=0 \tag{4.2-83}$$

该式是复数变量 $\Delta\beta-\mathrm{i}g$ 的超越方程，在高增益 $g\gg\kappa$ 的极限情形下，可以获得近似解。我们从定义式 $s^2\overset{\mathrm{d}}{=}\kappa\kappa^*-(\Delta\beta-\mathrm{i}g)^2/4$ 可以得到

$$s\approx\frac{g+\mathrm{i}\Delta\beta}{2}+\frac{\kappa^*\kappa}{g+\mathrm{i}\Delta\beta} \tag{4.2-84}$$

利用这个近似，可将(4.2-83)式写成

$$1-\mathrm{th}sL=-\frac{2\kappa\kappa^*}{(g+\mathrm{i}\Delta\beta)^2} \tag{4.2-85}$$

由于 $g\gg\kappa$，$\mathrm{th}sL$ 接近于 1，因而可近似给出 $\mathrm{th}sL\approx1-\mathrm{e}^{-2sL}$，于是振荡条件变成

$$\frac{(g+\mathrm{i}\Delta\beta)^2}{\kappa\kappa^*}\mathrm{e}^{-2sL}=-1 \tag{4.2-86}$$

令(4.2-86)式两边的相位相等，可得

$$2\arctan\left(\frac{\Delta\beta}{g}\right)+\Delta\beta L-\frac{2\kappa^*\kappa\Delta\beta L}{g^2+(\Delta\beta)^2}=(2m+1)\pi\qquad m=0,\pm1,\pm2,\cdots \tag{4.2-87}$$

由该式可以确定出振荡模式的频率：

(1) 对于接近布喇格频率 ω_0(即 $\Delta\beta=0$ 的频率)的振荡。在 $\Delta\beta\ll g$ 的极限情形下，由(4.2-87)式得

$$(\Delta\beta)_m L\approx(2m+1)\pi \tag{4.2-88}$$

利用(4.2-59)式有

$$\omega_m=\omega_0+\left(m+\frac{1}{2}\right)\frac{\pi c}{nL} \tag{4.2-89}$$

可以看到，恰好在布喇格频率处不会发生振荡。

(2) 在远离布喇格频率处的振荡。在这种状态下，$g \ll \Delta\beta$，模式频率由下式给出：

$$(\Delta\beta)_m L = 2m'\pi \qquad m' \text{ 是大的整数} \tag{4.2-90}$$

在上述两种情况的任一种情形下，振荡模式频率间隔都是

$$\omega_{m+1} - \omega_m = \frac{\pi c}{nL} \tag{4.2-91}$$

它与长度为 L 的双反射镜谐振腔的振荡模式频率间隔大致相同。由此可见，分布反馈激光器的振荡频率并不等于布喇格频率 ω_0，而是在 ω_0 两侧成对地出现。

2) 振荡阈值

令(4.2-86)式两边的振幅相等，可以由下式得到分布反馈激光器的振荡阈值增益：

$$\frac{\kappa\kappa^* \mathrm{e}^{g_m L}}{g_m^2 + (\Delta\beta)_m^2} = 1 \tag{4.2-92}$$

该式表明，阈值增益随着模阶数的增加(即$(\Delta\beta)_m^2$ 的增加)而增大。

4.2.5 介质平板波导电光调制

电光调制器(详细讨论见第六章)是光电子技术应用中非常重要的器件，它也是许多光电子技术的基础。由于光波场在介质平板波导中被限制在尺寸与波长可比拟的范围内传输，因而利用相当小的外加电压就能获得调制所需要的电场强度，这就使得调制功率非常小；又由于介质平板波导中的导波光束中没有衍射效应，就可能使调制光程很长，因此介质平板波导电光调制器是广泛采用的电光调制器。

介质平板波导电光调制的基本原理是，介质平板波导在外加调制电压的作用下，通过电光效应将输入的 TE(或 TM)模的全部或部分功率转换(耦合)为输出的 TM(或 TE)模。因此，作为介质平板波导光传输特性的一种应用，现在讨论介质平板波导电光调制器中的模式耦合特性。

为了具体起见，我们考虑介质平板波导电光调制器中 TM 模光场 $\boldsymbol{E}_1 \to$ TE 模光场 $\boldsymbol{E}_2$ 的模式转换，这种功率转换(耦合)是由外加电场通过电光效应引起介电常数的微扰 $\Delta\boldsymbol{\varepsilon}$ 产生的。

根据(2.2-77)式逆相对介电张量 $\boldsymbol{\eta} = \varepsilon_0 \boldsymbol{\varepsilon}^{-1}$ 的基本定义，逆相对介电张量的改变与介电张量相应改变(微扰)的关系为

$$\Delta\boldsymbol{\varepsilon} = -\frac{\boldsymbol{\varepsilon} \cdot \Delta\boldsymbol{\eta} \cdot \boldsymbol{\varepsilon}}{\varepsilon_0} \tag{4.2-93}$$

利用后面第六章(6.1-4)式线性电光效应的基本关系式 $\Delta\boldsymbol{\eta} = \boldsymbol{\gamma} \cdot \boldsymbol{E}^0$，可将由外加直流电场 $\boldsymbol{E}^0$(可以是位置的函数)引起的电介质微扰 $\Delta\boldsymbol{\varepsilon}$ 表示成

$$\Delta\boldsymbol{\varepsilon} = -\frac{\boldsymbol{\varepsilon} \cdot (\boldsymbol{\gamma} \cdot \boldsymbol{E}^0) \cdot \boldsymbol{\varepsilon}}{\varepsilon_0} \tag{4.2-94}$$

式中 $\boldsymbol{\gamma}$ 是表征电光效应的线性电光系数张量。对于由各向同性材料制成的平板波导，介电常数张量 $\boldsymbol{\varepsilon}$ 变为标量 $\varepsilon_0 n^2(x)$，由外加直流电场引起的电介质微扰 $\Delta\boldsymbol{\varepsilon}$ 可写成

$$\Delta\varepsilon = -\varepsilon_0 n^4(x)(\gamma E^0) \tag{4.2-95}$$

现在考虑 TE_m 模和 TM_n 模之间的模式耦合。假定在介质平板波导电光调制器中只有

TE_m 模和 TM_n 模被激励，并且没有与其它模式的耦合，则光电场可以表示为

$$\boldsymbol{E}(\boldsymbol{r},\ t)=[A_m\boldsymbol{E}_m^{TE}(x)e^{i\beta_m^{TE}z}+B_n\boldsymbol{E}_n^{TM}(x)e^{i\beta_n^{TM}z}]e^{-i\omega t} \tag{4.2-96}$$

式中 $\boldsymbol{E}_m^{TE}$ 和 $\boldsymbol{E}_n^{TM}$ 均为平板波导的简正模，其传播常数分别为 β_m^{TE} 和 β_n^{TM}。A_m 和 B_n 为由模式耦合导致的模式振幅，它们是 z 的函数。由前面同向耦合模式的讨论可得

$$\left.\begin{aligned}\frac{dA_m}{dz}&=i\kappa_{mn}B_n e^{-i\Delta\beta z}\\ \frac{dB_n}{dz}&=i\kappa_{mn}^{*}A_m e^{i\Delta\beta z}\end{aligned}\right\} \tag{4.2-97}$$

式中

$$\Delta\beta=\beta_m^{TE}-\beta_n^{TM}-l\left(\frac{2\pi}{\Lambda}\right) \tag{4.2-98}$$

$$\kappa_{mn}=\frac{\omega}{4}\int_{-\infty}^{\infty}(\boldsymbol{E}_m^{TE})^{*}\cdot\varepsilon_l(x)\boldsymbol{E}_n^{TM}(x)dx \tag{4.2-99}$$

$\varepsilon_l(x)$为电介质微扰 $\Delta\varepsilon$ 的第 l 级傅里叶展开系数：

$$\Delta\varepsilon=\sum_l\varepsilon_l(x)e^{il\left(\frac{2\pi}{\Lambda}\right)z} \tag{4.2-100}$$

应当指出，(4.2-95)式是适用于各种情形电介质微扰的普适关系式，其中 E^0 和 $\boldsymbol{\gamma}$ 与 x 的关系应考虑波导芯层或包层中由电光材料引起的模式耦合特性，而与 z 的关系应考虑 E^0 或 $\boldsymbol{\gamma}$ 与纵向位置有关的实际情形。如果我们考虑的介质平板波导电光调制器结构中的波导芯层($-a<x<0$)是均匀的电光层，在该区域中 E^0 是均匀的，则(4.2-99)式中的积分限是从 $-a$ 到 0。在这种情形下，当 TE_m 和 TM_n 受到很好限制并具有相同的模阶数($m=n$)时，(4.2-99)式中的重叠积分最大。此外，只有当 $m=n$ 时，才有 $\beta_m^{TE}\approx\beta_n^{TM}$。当模式受到很好的限制时，$p$，$q\gg k_{1x}$，模折射率$\beta/(2\pi/\lambda)$接近于 n_1(即 $\beta_m^{TE}\approx\beta_n^{TM}\rightarrow\beta\approx n_1 2\pi/\lambda$)。在这些条件下，TE 模和 TM 模具有大致相同的光场分布，但其光电场矢量方向不同。根据前面关于平板波导中导模光场的讨论，波导芯层中 TE 模和 TM 模光电场 $E(x)$的表达式为

$$\left.\begin{aligned}\boldsymbol{E}_m^{TE}(x)&\approx\boldsymbol{j}\left(\frac{4\omega\mu}{a\beta_m^{TE}}\right)^{1/2}\sin\frac{m\pi x}{a}\\ \boldsymbol{E}_m^{TM}(x)&\approx\boldsymbol{i}\left(\frac{4\omega\mu}{a\beta_m^{TM}}\right)^{1/2}\sin\frac{m\pi x}{a}\end{aligned}\right\} \tag{4.2-101}$$

式中，TM 模光电场的 z 分量比 x 分量小得多($k_{1x}\ll\beta$)，已被忽略。在此情形下，耦合系数(4.2-99)式变成

$$\kappa=-\frac{1}{2}n_1^3k_0(\gamma E^0)_{xy} \tag{4.2-102}$$

式中已使用了 $\beta_m^{TE}=\beta_m^{TM}=n_1k_0=n_1 2\pi/\lambda$。于是耦合方程(4.2-97)变为

$$\left.\begin{aligned}\frac{dA_m}{dz}&=i\kappa B_m e^{-i(\beta_m^{TE}-\beta_m^{TM})z}\\ \frac{dB_m}{dz}&=i\kappa A_m e^{i(\beta_m^{TE}-\beta_m^{TM})z}\end{aligned}\right\} \tag{4.2-103}$$

由该方程可以得到总功率守恒关系，即

$$\frac{\mathrm{d}}{\mathrm{d}z}(|A_m|^2+|B_m|^2)=0 \tag{4.2-104}$$

方程(4.2-103)描述了两个模式 TE_m 和 TM_m 之间的同向耦合，其通解由(4.2-35)式给出。当满足相位匹配条件 $\beta_m^{TE}=\beta_m^{TM}$ 时，根据(4.2-35)式，在单个模式输入：$A_m(0)=A_0$、$B_m(0)=0$ 的情形下，方程(4.2-103)的解是

$$\left.\begin{aligned}A_m&=A_0\cos\kappa z\\B_m&=\mathrm{i}A_0\sin\kappa z\end{aligned}\right\} \tag{4.2-105}$$

利用(4.2-102)式可以证明，为了在距离 L 内实现完全的 TM↔TE 模功率转换，必须满足 $\kappa L=\pi/2$，相应的电场-长度乘积 E^0L 与图 6.1-5 所示的体调制器从“开”到“关”所需的值(半波电压)相同。应当注意，这里给出的结果只适用于模式被限制很好的极限情形。在一般情况下，耦合系数 κ 小于由(4.2-102)式给出的值，因此为实现完全的功率转换所需的 E^0L 值应较大。

当相位失配，即 $\beta_m^{TE}\neq\beta_m^{TM}$ 时，方程(4.2-103)满足边界条件 $A_m(0)=A_0$ 和 $B_m(0)=0$ 的解是

$$\left.\begin{aligned}A_m(z)&=A_0\mathrm{e}^{-\mathrm{i}\delta z}\left\{\cos[(\kappa^2+\delta^2)^{1/2}z]+\mathrm{i}\frac{\delta}{(\kappa^2+\delta^2)^{1/2}}\sin[(\kappa^2+\delta^2)^{1/2}z]\right\}\\B_m(z)&=\mathrm{i}A_0\mathrm{e}^{\mathrm{i}\delta z}\frac{\delta}{(\kappa^2+\delta^2)^{1/2}}\sin[(\kappa^2+\delta^2)^{1/2}z]\end{aligned}\right\} \tag{4.2-106}$$

式中

$$2\delta=\beta_m^{TE}-\beta_m^{TM} \tag{4.2-107}$$

在这种情况下，功率从输入 TE_m 模耦合到 TM_m 模的最大分数为 $\kappa^2/(\kappa^2+\delta^2)$，只要 $\delta\gg\kappa$，这个分数就变得可以忽略不计。相位匹配($\delta=0$)和相位失配($\delta\neq0$)情形的模式功率曲线，如图 4.2-5 所示。

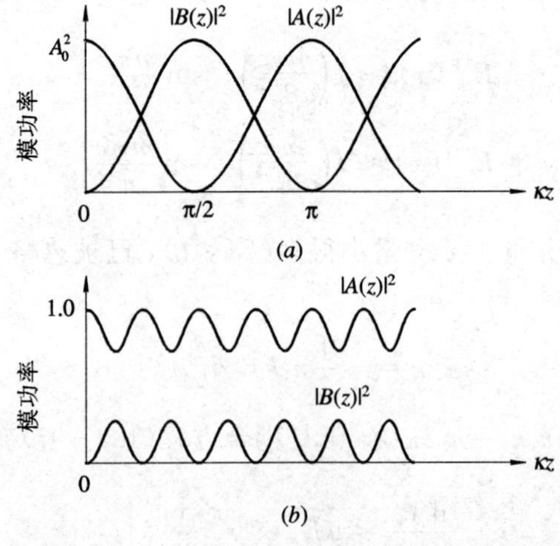

图 4.2-5　两个耦合模之间的功率交换

(a) 相位匹配 $\beta_m^{TM}=\beta_m^{TE}$，$\delta=0$；($b$) 相位失配 $\beta_m^{TM}\neq\beta_m^{TE}$，$\delta\gg\kappa$，

4.2.6 波导间的模式耦合

作为光在平板波导中传输特性的研究，平板波导间的模式耦合是一个很重要的问题。许多诸如波导定向耦合器、波导衰减器等实用无源器件，都是基于不同波导之间的模式耦合工作的。

由平板波导的模式理论已知，导模在波导芯层内沿横向为驻波分布，在包层内为指数衰减。当两个波导相距很远时，其中的模式各自独立地传输，不发生相互影响。当两个波导相距很近并且相互平行时，由于包层中光场尾部的交叠会产生两个波导间的能量交换。这种相邻波导中导模之间发生的功率交换作用，称之为波导定向耦合。对波导定向耦合的分析仍可采用耦合模理论处理。

当两个波导 a 和 b 离得很远或单独存在时，其传输模式光场分别为

$$\boldsymbol{E}_a(x, y)\mathrm{e}^{-\mathrm{i}(\omega t-\beta_a z)}, \boldsymbol{E}_b(x, y)\mathrm{e}^{-\mathrm{i}(\omega t-\beta_b z)} \tag{4.2-108}$$

并分别满足波动方程

$$\left\{\frac{\partial^2}{\partial x^2}+\frac{\partial^2}{\partial y^2}+\frac{\omega^2}{c^2}[n_l^2(x, y)-\beta_l^2]\right\}\boldsymbol{E}_l(x, y)=0 \qquad l=a, b \tag{4.2-109}$$

它们在各自波导内以确定的传播常数传输，其大小不变。

如果两个波导相互靠得不是太近，则波导中的总光电场可近似表示为

$$\boldsymbol{E}(x, y, z, t)=A(z)\boldsymbol{E}_a(x, y)\mathrm{e}^{-\mathrm{i}(\omega t-\beta_a z)}+B(z)\boldsymbol{E}_b(x, y)\mathrm{e}^{-\mathrm{i}(\omega t-\beta_b z)} \tag{4.2-110}$$

为了研究波导间的模式耦合，设 $n^2(x, y)$是组合波导结构的折射率分布，并如图 4.2-6 所示，将其分解成三个部分：

$$n^2(x, y)=n_s^2(x, y)+\Delta n_a^2(x, y)+\Delta n_b^2(x, y) \tag{4.2-111}$$

式中，$n_s^2(x, y)$代表支撑介质(包层)的折射率分布；$\Delta n_a^2(x, y)$代表波导 a 的存在，$\Delta n_a^2(x, y)=n_1^2-n_2^2$，$-2a-s<x<-a-s$；$\Delta n_b^2(x, y)$代表波导 b 的存在，$\Delta n_b^2(x, y)=n_1^2-n_2^2$，$-a<x<0$。于是，单个波导中的传输模式光电场满足下面方程：

$$\left\{\frac{\partial^2}{\partial x^2}+\frac{\partial^2}{\partial y^2}+\frac{\omega^2}{c^2}[n_s^2(x, y)+\Delta n_l^2(x, y)-\beta_l^2]\right\}\boldsymbol{E}_l(x, y)=0 \qquad l=a, b \tag{4.2-112}$$

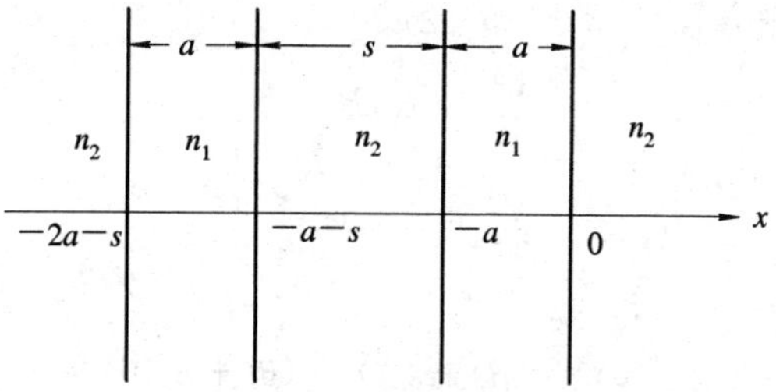

$\Delta n_b^2(x)=(\Delta n_1^2-\Delta n_2^2)$，$-a<x<0$；

$\Delta n_a^2(x)=(\Delta n_1^2-\Delta n_2^2)$，$-2a-s<x<-a-s$

图 4.2-6 间距为 s 的两个相同的平板波导

而相邻波导例如波导 b 的存在，将电介质微扰 $\varepsilon_0\Delta n_b^2(x, y)$强加在模式 $\boldsymbol{E}_a(x, y)\mathrm{e}^{-\mathrm{i}(\omega t-\beta_a z)}$ 的传输上。因此，耦合波导中的总光电场必须满足波动方程：

$$\left\{\frac{\partial^2}{\partial x^2}+\frac{\partial^2}{\partial y^2}+\frac{\partial^2}{\partial z^2}+\frac{\omega^2}{c^2}[n_s^2(x,y)+\Delta n_a^2(x,y)+\Delta n_b^2(x,y)]\right\}\boldsymbol{E}=0 \tag{4.2-113}$$

将(4.2-110)式代入方程(4.2-113)，并利用方程(4.2-112)和模式振幅随 z 缓变的假设(4.2-9)式，可得

$$2\mathrm{i}\beta_a\frac{\mathrm{d}A}{\mathrm{d}z}\boldsymbol{E}_a\mathrm{e}^{-\mathrm{i}(\omega t-\beta_a z)}+2\mathrm{i}\beta_b\frac{\mathrm{d}B}{\mathrm{d}z}\boldsymbol{E}_b\mathrm{e}^{-\mathrm{i}(\omega t-\beta_b z)}$$

$$=-\frac{\omega^2}{c^2}\Delta n_b^2(x,y)A\boldsymbol{E}_a\mathrm{e}^{-\mathrm{i}(\omega t-\beta_a z)}-\frac{\omega^2}{c^2}\Delta n_a^2(x,y)B\boldsymbol{E}_b\mathrm{e}^{-\mathrm{i}(\omega t-\beta_b z)} \tag{4.2-114}$$

用 $\boldsymbol{E}_a^*(x,y)$ 和 $\boldsymbol{E}_b^*(x,y)$ 分别对方程(4.2-114)两边作标量积，并对所有 x 和 y 积分，利用归一化条件(4.2-4)式，得

$$\left.\begin{aligned}\frac{\mathrm{d}A}{\mathrm{d}z}&=\mathrm{i}\kappa_{ab}B\mathrm{e}^{-\mathrm{i}(\beta_a-\beta_b)z}+\mathrm{i}\kappa_{aa}A\\\frac{\mathrm{d}B}{\mathrm{d}z}&=\mathrm{i}\kappa_{ba}A\mathrm{e}^{\mathrm{i}(\beta_a-\beta_b)z}+\mathrm{i}\kappa_{bb}B\end{aligned}\right\} \tag{4.2-115}$$

式中

$$\left.\begin{aligned}\kappa_{ab}&=\frac{1}{4}\omega\varepsilon_0\int\boldsymbol{E}_a^*\cdot\Delta n_a^2(x,y)\boldsymbol{E}_b\,\mathrm{d}x\,\mathrm{d}y\\\kappa_{ba}&=\frac{1}{4}\omega\varepsilon_0\int\boldsymbol{E}_b^*\cdot\Delta n_b^2(x,y)\boldsymbol{E}_a\,\mathrm{d}x\,\mathrm{d}y\end{aligned}\right\} \tag{4.2-116}$$

$$\left.\begin{aligned}\kappa_{aa}&=\frac{1}{4}\omega\varepsilon_0\int\boldsymbol{E}_a^*\cdot\Delta n_b^2(x,y)\boldsymbol{E}_a\,\mathrm{d}x\,\mathrm{d}y\\\kappa_{bb}&=\frac{1}{4}\omega\varepsilon_0\int\boldsymbol{E}_b^*\cdot\Delta n_a^2(x,y)\boldsymbol{E}_b\,\mathrm{d}x\,\mathrm{d}y\end{aligned}\right\} \tag{4.2-117}$$

在推导过程中，假设波导靠得不是太近，以致模函数的重叠积分很小，即

$$\int\boldsymbol{E}_a^*\cdot\boldsymbol{E}_b\,\mathrm{d}x\,\mathrm{d}y\ll\int\boldsymbol{E}_a^*\cdot\boldsymbol{E}_a\,\mathrm{d}x\,\mathrm{d}y \tag{4.2-118}$$

κ_{aa} 和 κ_{bb} 项是由一个波导因另一个波导的存在而产生的介质微扰所引起的耦合，分别代表传播常数 β_a 和 β_b 只有一个小的修正(见(4.2-18)式和(4.2-25)式)；κ_{ab} 和 κ_{ba} 代表两个波导之间的功率交换耦合。如果我们将总光电场取为

$$\boldsymbol{E}=A(z)\boldsymbol{E}_a\mathrm{e}^{-\mathrm{i}[\omega t-(\beta_a+\kappa_{aa})z]}+B(z)\boldsymbol{E}_b\mathrm{e}^{-\mathrm{i}[\omega t-(\beta_b+\kappa_{bb})z]} \tag{4.2-119}$$

以代替(4.2-110)式，则方程(4.2-115)变成

$$\left.\begin{aligned}\frac{\mathrm{d}A}{\mathrm{d}z}&=\mathrm{i}\kappa_{ab}B\mathrm{e}^{-\mathrm{i}2\delta z}\\\frac{\mathrm{d}B}{\mathrm{d}z}&=\mathrm{i}\kappa_{ba}A\mathrm{e}^{\mathrm{i}2\delta z}\end{aligned}\right\} \tag{4.2-120}$$

式中

$$2\delta=(\beta_a+\kappa_{aa})-(\beta_b+\kappa_{bb}) \tag{4.2-121}$$

在波导 a 处单一输入条件下，即 $A(0)=A_0$，$B(0)=0$，且 $\kappa_{ab}=\kappa_{ba}=\kappa$ 时，方程(4.2-120)的解为

$$\left.\begin{aligned}A_m(z)&=A_0\mathrm{e}^{-\mathrm{i}\delta z}\left[\cos(\sqrt{\kappa^2+\delta^2}z)+\mathrm{i}\frac{\delta}{\sqrt{\kappa^2+\delta^2}}\sin(\sqrt{\kappa^2+\delta^2}z)\right]\\B_m(z)&=\mathrm{i}A_0\mathrm{e}^{\mathrm{i}\delta z}\frac{\kappa}{\sqrt{\kappa^2+\delta^2}}\sin(\sqrt{\kappa^2+\delta^2}z)\end{aligned}\right\} \tag{4.2-122}$$

利用两个波导中的功率表示式 $P_a=A^*A$ 和 $P_b=B^*B$，其解变成

$$\left.\begin{aligned}P_a(z)&=P_0-P_b(z)\\P_b(z)&=P_0\frac{\kappa^2}{\kappa^2+\delta^2}\sin^2(\sqrt{\kappa^2+\delta^2}z)\end{aligned}\right\}\tag{4.2-123}$$

式中 $P_0=|A(0)|^2$ 为波导 a 的输入功率。如果 $\delta=0$(即两个模式的相速度相等)，则在距离 $L=\pi/(2\kappa)$处将发生完全的功率转换。当 $\delta\neq0$ 时，可转换的最大功率分数由(4.2-123)式给出：

$$\frac{\kappa^2}{\kappa^2+\delta^2}\tag{4.2-124}$$

耦合常数 $\kappa=\kappa_{ab}=\kappa_{ba}$ 由(4.2-116)式给出。

对于两个平行平板介质波导情形，κ 可以利用光场的表达式(4.1-41)式和(4.1-49)式直接求出。在两个平板波导相同的特殊情况下，相同的 TE 模的耦合常数为

$$\kappa=\frac{2k_{1x}^2p\,\mathrm{e}^{-ps}}{\beta(a+2/p)(k_{1x}^2+p^2)}\tag{4.2-125}$$

式中，a 为波导宽度，s 为间距，$p=q$，k_{1x}的定义与 4.1 节中的相同。在光场被限制得很好的情况下，$a\gg2/p$，(4.2-125)式简化成

$$\kappa=\frac{2k_{1x}^2p\,\mathrm{e}^{-ps}}{\beta a(k_{1x}^2+p^2)}\tag{4.2-126}$$

例如，当 $\lambda=1\ \mu$m 时，利用 a，$s\approx3\ \mu$m 和 $\Delta n\approx5\times10^{-3}$，得到典型的 κ 值为 $\kappa\approx5\ \mathrm{cm}^{-1}$，所以耦合距离的数量级约为 $\kappa^{-1}\approx2$ mm。

4.2.7 其它平板波导

前面讨论平板波导中光的传输特性时，总是假定波导芯层的介质折射率比两个束缚介质的折射率大，这个条件是为了在界面上实现全内反射以造成光场约束传输所要求的。实际上有些波导并没有这种约束条件，例如下面讨论的金属包覆波导和布喇格反射波导。

1. 金属包覆波导[7]

金属包覆波导与通常的平板介质波导结构类似，只不过衬底为金属。

根据光的电磁场理论，金属的折射率是复数，例如铜在 $\lambda=632.8$ nm 时的折射率为 $n_2=0.16-\mathrm{i}3.37$。由于金属折射率的虚部大、实部小，因此金属表面的反射率非常高(几乎是 100%)，特别是在掠入射时更高。如果折射率是一个纯虚数，则光在这样理想金属表面的反射率总是 100%，与入射角和偏振态无关。所以，理想金属可以提供导模传输所需要的全反射。对于利用铜、金或银作衬底的金属包覆波导，其模式特性可通过忽略折射率 n_2 的实部(或 n_2^2 的虚部)近似推导，即假设金属衬底是具有负介电常数的纯"电介质"。在此近似下，平板介质波导中 TE 模和 TM 模的光场分量表达式和本征方程可用于这些金属包覆波导。根据波矢量的投影关系(4.1-39)式，金属衬底中光场的衰减常数 p 很大，这说明模功率在金属中的部分非常小，因此模式受到很好的限制。

因为金属衬底具有负介电常数，所以在波导芯层和金属衬底之间的界面总是发生全内反射，与芯层折射率 n_1 无关，因此只要 $n_1>n_3$，芯层的折射率可以任意地低，模式的传播常数可取 n_1k_0 和 n_3k_0 之间的任意值，即 $n_1k_0>\beta>n_3k_0$。这个范围比一般介质波导宽得多，

所以金属包覆波导一般可容纳大量的导模。

金属包覆波导中导模的光场分布和传播常数可由求解 TE 模和 TM 模的色散方程来获得。由于折射率 n_2^2 是复数，因而传播常数通常也是复数，模式沿波导传输时将会衰减。复数传播常数可由微扰方法求得，即先求解 n_2^2 为实数的模式，然后将 n_2^2 的小的虚部当作微扰，计算传播常数 β 的小的修正。设传播常数为

$$\beta_m = \beta_m^{(0)} - \mathrm{i}\,\frac{1}{2}\alpha_m \tag{4.2-127}$$

式中，$\beta_m^{(0)}$ 为 m 阶模具有实数 n_2^2 的传播常数，$-\mathrm{i}\alpha_m/2$ 为 n_2^2 的虚部引起的修正项。沿着具有传播常数(4.2-127)式的波导传输的功率为

$$P_m(z) = P_m(0)\mathrm{e}^{-\alpha_m z} \tag{4.2-128}$$

式中 $P_m(0)$是 m 阶模在 $z=0$ 处的功率。设 Δn_2^2 是 n_2^2 的虚部引起的小的电介质微扰。根据(4.2-18)式，由微扰法可求得对传播常数的修正($\delta\beta_m=-\mathrm{i}\alpha_m/2$)为

$$\delta\beta_m = -\mathrm{i}\,\frac{1}{2}\alpha_m = \frac{1}{4}\omega\varepsilon_0\int_{-\infty}^{-a}\boldsymbol{E}_m^* \cdot \Delta n_2^2\boldsymbol{E}_m\,\mathrm{d}x \tag{4.2-129}$$

式中 $\boldsymbol{E}_m$ 为由(4.1-41)式和(4.1-49)式给出的具有传播常数为 $\beta_m^{(0)}$ 的 m 阶模的光电场。利用(4.2-17)式，β_m^2 的修正项可写成

$$\delta\beta_m^2 = 2\beta_m\delta\beta_m = \left(\frac{\omega}{c}\right)^2\Delta n_2^2\Gamma_2 \tag{4.2-130}$$

式中，Γ_2 是流入金属衬底的模式功率的分数，定义为

$$\Gamma_2 \overset{\mathrm{d}}{=} \frac{\int_{-\infty}^{-a} |\boldsymbol{E}_m|^2\mathrm{d}x}{\int_{-\infty}^{\infty} |\boldsymbol{E}_m|^2\mathrm{d}x} \tag{4.2-131}$$

由光场表示式可得

$$\Gamma_2^{\mathrm{TE}} = \left[\frac{k_{1x}^2}{k_{1x}^2+p^2}\right]\left[\frac{1/p}{a+1/q+1/p}\right] \tag{4.2-132}$$

于是修正项 $\delta\beta_m$ 可写成

$$\delta\beta_m = -\mathrm{i}\,\frac{1}{2}\alpha_m = -\mathrm{i}\,\frac{n\kappa}{\beta_m}\left(\frac{\omega}{c}\right)^2\Gamma_2 \tag{4.2-133}$$

衰减系数 α_m 为

$$\alpha_m = \frac{2n\kappa}{\beta_m}\left(\frac{\omega}{c}\right)^2\Gamma_2 \tag{4.2-134}$$

Γ_2 也与模阶数 m 以及偏振态有关，一般 TM 模具有较小的 β 及大的 Γ_2，因此 TM 模的损耗比 TE 模的大。高阶模具有较小的 β_m 及大的 Γ_2，因此高阶模的损耗比低阶模的大。

衰减系数 α_m 还可以由欧姆损耗的耗能速率直接计算。根据(4.2-128)式，衰减系数可定义为

$$\alpha_m = -\frac{1}{P_m}\frac{\mathrm{d}P_m}{\mathrm{d}z} \tag{4.2-135}$$

式中 P_m 为 m 阶模在 y 方向上每单位长度的功率流，$-\mathrm{d}P_m/\mathrm{d}z$ 为沿 z 方向波导的每单位长度和在 y 方向每单位长度内由欧姆损耗所耗散的功率。根据欧姆定律，金属中存在的电流密度为 $\boldsymbol{J}=\boldsymbol{\sigma}\cdot\boldsymbol{E}$，单位体积内欧姆损耗的耗能时间平均速率是 $\boldsymbol{J}\cdot\boldsymbol{E}^*/2=\sigma|\boldsymbol{E}|^2/2$，

所以

$$-\frac{\mathrm{d}P_m}{\mathrm{d}z}=\frac{1}{2}\int_{-\infty}^{-a}\sigma\mid \boldsymbol{E}_m\mid^2\mathrm{d}x \tag{4.2-136}$$

式中 $\boldsymbol{E}_m$ 为波导的模函数。如果 $\boldsymbol{E}_m$ 归一化为模式功率 $P=1$ W/m，则根据(4.2-135)式和(4.2-136)式，衰减系数 α_m 可表示成

$$\alpha_m=\frac{1}{2}\int_{-\infty}^{-a}\sigma\mid \boldsymbol{E}_m\mid^2\mathrm{d}x \tag{4.2-137}$$

由于 $\Delta n_2^2=-\mathrm{i}\sigma/\varepsilon_0\omega$，因此这个结果与(4.2-129)式相同。

由于它们对 TM 模和高阶模的鉴别能力，金属包覆波导可以用作滤模器或模式偏振器，这些器件只透过低阶 TE 模。

2. 布喇格反射波导[8]

布喇格反射波导结构如图 4.2-7 所示，由覆盖层(n_a)、芯层(n_g)和周期性层状介质衬底构成，其中衬底的层状介质由折射率为 n_1 和 n_2 的薄层组成，且折射率满足 $n_a<n_g<n_{1,2}$。在该布喇格反射波导中，导模的传输在形式上可以看做平面波在芯层内依锯齿形传播，在芯层-覆盖层界面处发生全反射，而在芯层-周期性介质的界面处发生布喇格反射。为获得高的布喇格反射率，入射角必须满足布喇格条件，或者更确切地说，光在层状介质内部的传播条件应属于层状介质的一个“禁带”宽度内。

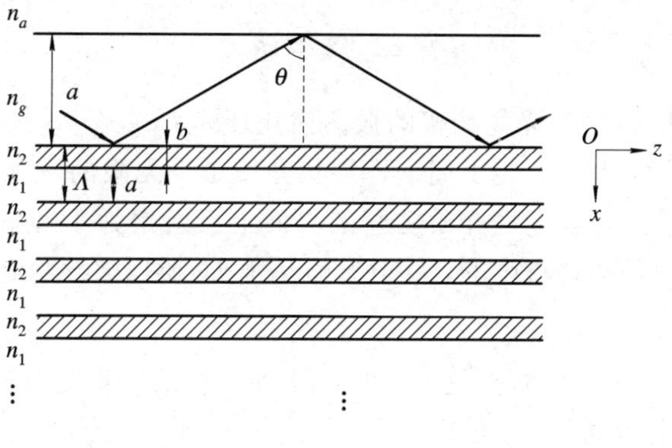

图 4.2-7 布喇格反射介质波导($\partial/\partial y=0$)

为了推导模式特性，可以假定周期性层状介质是半无限的。从 $x=0$ 延伸到 $x=+\infty$，在 TE 模情形下，只有光场分量 E_y，H_x 和 H_z 不为零 。$\boldsymbol{E}_y(x, z, t)$取式(4.1-37)的形式，横向模函数 $\boldsymbol{E}_y(x)$可写成

$$\boldsymbol{E}_y(x)=\begin{cases}c_1\boldsymbol{E}_K(x)\mathrm{e}^{\mathrm{i}Kx} & 0\leqslant x\\ c_2\cos[k_g(x+a)]+\dfrac{q_n}{k_g}\sin[k_g(x+a)] & -a\leqslant x\leqslant 0\\ c_2\mathrm{e}^{q_a(x+a)} & x\leqslant -a\end{cases} \tag{4.2-138}$$

式中 c_1、c_2 为常数，$\boldsymbol{E}_K(x)\mathrm{e}^{\mathrm{i}Kx}$ 为层状介质中光场的布洛赫波函数(见 3.1 节)，并且

$$\left.\begin{aligned}q_a&=(\beta^2-n_a^2k_0^2)^{1/2}\\ k_g&=(n_g^2k_0^2-\beta^2)^{1/2}\end{aligned}\right\} \tag{4.2-139}$$

因此，布喇格反射波导中的光场分布在 $x=0$ 和 $x=-a$ 之间的区域内，与平板波导的模函

数(4.1-41)式相同；在半无限周期介质($x\geqslant 0$)的区域内，是布洛赫波。在折射率 n_1 的区域中布洛赫波的表达式由(3.1-53)式给出(注意，这里用 x 代替 z)。

由于 $\boldsymbol{E}_y(x)$ 和 $\boldsymbol{H}_z(x)=\dfrac{\mathrm{i}}{\omega\mu}\dfrac{\partial \boldsymbol{E}_y(x)}{\partial x}$ 的允许解在 $x=0$ 和 $x=-a$ 边界处都是连续的，因此通过特殊选择(4.2-138)式中的系数，使 $\boldsymbol{E}_y(x)$ 和($\partial\boldsymbol{E}_y/\partial x$)在 $x=-a$ 处满足连续条件，再利用 $x=0$ 处的连续条件，由(3.1-53)式和(4.2-138)式，可得

$$\left.\begin{aligned} c_1(a_0+b_0) &= c_2\left[\cos k_g a+\frac{q_a}{k_g}\sin k_g a\right] \\ -\mathrm{i}k_{1x}c_1(a_0-b_0) &= c_2[-k_g\sin k_g a+q_a\sin k_g a] \end{aligned}\right\} \tag{4.2-140}$$

式中，a_0 和 b_0 由(3.1-52a)式给出，并且

$$k_{1x}=(n_1^2k_0^2-\beta^2)^{1/2} \tag{4.2-141}$$

在(4.2-140)式中消去 c_1 和 c_2，并利用(3.1-52)式，可得 TE 模的模式条件为

$$k_g\left(\frac{q_a\cos k_g a-k_g\sin k_g a}{q_a\cos k_g a+k_g\sin k_g a}\right)=\mathrm{i}k_{1x}\left(\frac{\mathrm{e}^{\mathrm{i}K\Lambda}-A-B}{\mathrm{e}^{\mathrm{i}K\Lambda}-A+B}\right) \tag{4.2-142}$$

式中，A 和 B 由(3.1-41)式给出，Λ 为层状介质的周期，K 为布洛赫波数。常数 c_1 和 c_2 由(4.2-140)式和归一化条件(4.1-73)式或(4.1-74)式确定。

当实数参量 β、q_a 和 k_g 满足条件(4.2-142)时，并且当传播常数 β 使光波属于一个禁带宽度时，约束的导模便会发生。后一个条件保证布洛赫波数为复数：

$$K=\frac{m\pi}{\Lambda}+\mathrm{i}K_{\mathrm{i}} \tag{4.2-143}$$

这就导致在层状介质内($x\geqslant 0$)光场振幅的振荡损耗衰减。

为了推导模式特性，上面假定了周期性层状介质是半无限的。为了使模式被导引且无损耗地传输，要求在芯层与周期性介质之间的界面上反射率为 1，这只有在无限结构中才有可能。实际上周期数目总是有限的，反射率略小于 1，所以波导将有轻微的泄漏。

3. 变周期光栅

在前面讨论波导中的电介质微扰时，假定这种微扰的周期是常数 Λ。在实际应用中，经常遇到变周期微扰的问题。

对于如图 4.2-8(a)所示的电介质波导，它有周期为 Λ 的皱纹区域，波长为 λ 的导波光束以角度 α 入射到皱纹区。根据第三章的讨论，只要满足布喇格条件

$$\lambda=2n\Lambda\cos\alpha \tag{4.2-144}$$

光束将以 2α 角度偏转，其中 n 为导波的模折射率。

如果皱纹区由周期 $\Lambda(z)$ 可变的光栅组成，如图 4.2-8(b)所示，则皱纹波导的不同位置将偏转不同波长的光。特定波长 λ_1 的光将在变周期光栅中周期为 Λ_1 的部位被反射，Λ_1 满足条件 $\Lambda_1=\dfrac{\lambda_1}{2n\cos\alpha}$；而波长 λ_2 的光将在变周期光栅中周期为 Λ_2 的部位被反射，Λ_2 满足条件 $\Lambda_2=\dfrac{\lambda_2}{2n\cos\alpha}$。所以，同一光束中的两波长受到多路解调，即在空间上分开。波长 λ_1 的光受到反射的分数与 λ_1 属于传播“禁带”宽度的波导段的长度有关，所以它是周期变化速率和耦合常数的函数，而在给定波导中耦合常数与皱纹的高度和分布有关。基于这种概念的波长多路解调器已经实现[9]。

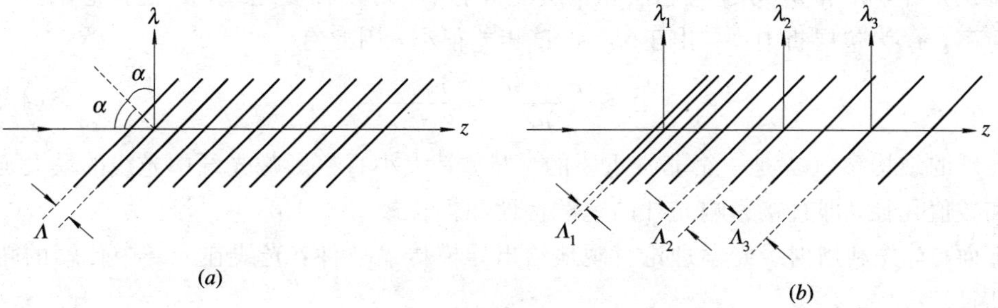

图 4.2-8　电介质波导中的光束分离

(*a*) 光栅周期 Λ 为常数的介质波导中的光束分离；

(*b*) 光栅周期 $\Lambda(z)$ 可变的介质波导中的光束分离和多路解调

4.3　光在光纤中的传输

光纤是指能够传导光波的圆柱形介质光波导，主要由折射率较高的芯层和折射率较低的包层构成，除此之外还会有涂覆层、缓冲层、套塑层等起保护作用的多层结构，其横截面半径为几十微米～几百微米，长度从几十厘米到上千公里不等。按芯层折射率分布的不同可将光纤分为阶跃型光纤和梯度型光纤，如图 4.3-1 所示。

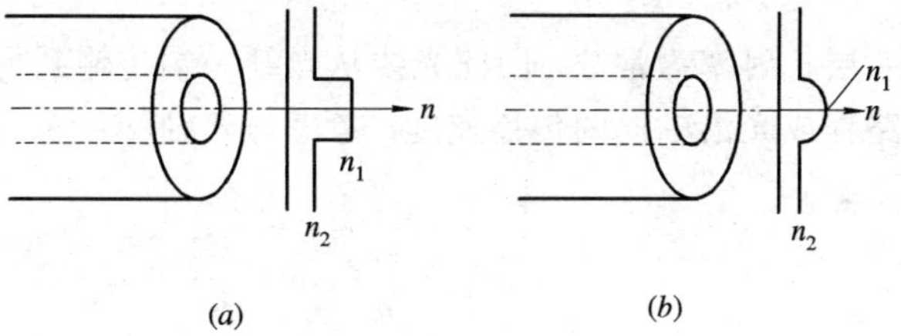

图 4.3-1　光纤的折射率分布

(*a*) 阶跃光纤；(*b*) 梯度光纤

阶跃型光纤又称为包层光纤，其折射率分层均匀分布，在芯层与包层边界处出现阶跃，可表示成

$$n(r)=\begin{cases}n_1 & r\leqslant a\\ n_2 & r>a\end{cases}\tag{4.3-1}$$

梯度型光纤又称为渐变光纤，其芯层折射率沿径向为渐变形式，可表示成

$$n(r)=\begin{cases}n_1\left[1-2f\left(\dfrac{r}{a}\right)\Delta\right]^{1/2} & r\leqslant a\\ n_1(1-2\Delta)^{1/2}=n_2 & r\geqslant a\end{cases}\tag{4.3-2}$$

其中，f 为折射率分布函数，当 $r<a$ 时，其值在 0～1 之间连续单调变化，且有 $f(0)=0$，$f(1)=1$。Δ 为相对折射率差，又称为光纤的结构参数，它定义为

$$\Delta\overset{\mathrm{d}}{=}\frac{n_1^2-n_2^2}{2n_1^2}\tag{4.3-3}$$

对于阶跃光纤，n_1 和 n_2 分别为芯层和包层的折射率；对于梯度光纤，n_1 是指芯轴($r=0$)处的折射率，n_2 为包层折射率。由于 n_1 和 n_2 相差很小，因此有

$$\Delta \approx \frac{n_1 - n_2}{n_1} \approx \frac{n_1 - n_2}{n_2} \tag{4.3-4}$$

光纤的结构参数 Δ 是一个非常重要的参量，其大小直接影响光纤中光线的最大延迟时间差和数值孔径，即直接影响光纤的色散特性和耦合效率。

下面，首先利用射线光学理论直观地给出导模传输条件：光线在光纤中传输的轨迹和数值孔径。

4.3.1 光纤的射线光学理论

1. 阶跃光纤

1) 光线轨迹和延迟时间

光线在阶跃光纤芯层内沿直线传播，到达芯层与包层的交界面处发生全内反射，光线将沿着折线轨迹向光纤的另一端传播，这就是通常讲的光纤的导模。如果光线到达芯层与包层界面处的入射角小于临界角，则光线会透射进入包层，这时的光线传输相应为光纤的辐射模。

代表导模的光线能够在光纤内稳定地传输，这些光线可分为两类：子午光线和斜光线。子午光线是指在子午面内传播的锯齿形折线；斜光线是指与芯轴既不相交也不平行的空间折线。

由于阶跃光纤的芯层折射率为常数，因此光线从光纤一端传输到另一端的延迟时间完全取决于光所走过的路程或光沿轴向的传播速度。考虑与芯轴 z 成 θ_z 角度的光线，它沿轴向的传播速度为

$$v_z = v\cos\theta_z = \frac{c}{n_1}\cos\theta_z \tag{4.3-5}$$

全反射条件要求：$0\leqslant\theta_z\leqslant\pi/2-\theta_c$，$\theta_c$ 为临界入射角，或者 $cn_2/n_1^2\leqslant v_z\leqslant c/n_1$。设光线在长度为 l 的光纤内传输，相应于导模光线延迟时间 $\tau=l/v_z$ 的范围为

$$\frac{n_1 l}{c}\leqslant\tau\leqslant\frac{l}{c}\frac{n_1^2}{n_2}$$

因此，单位长度内相应于导模光线的最大延迟时间差(延迟率)为

$$\Delta\tau = \frac{\tau_{\max}-\tau_{\min}}{l} = \frac{n_1}{c}\left(\frac{n_1-n_2}{n_2}\right)\approx\frac{n_1}{c}\Delta \tag{4.3-6}$$

推导中已利用了(4.3-4)式。上式表明，阶跃光纤的延迟率取决于结构参数。

2) 导模传输条件

(1) 导模光线轨迹。根据射线光学理论，光线可视为 $\lambda\to 0$ 的本地平面波，在各向同性介质里，光线的方向就是波矢量的方向。现在从本地平面波的传播出发，讨论光纤中导模的传输。

假设在光纤中某一点 $\boldsymbol{r}$ 处有一个本地平面波，如图 4.3-2 所示。这个本地平面波的波矢量 $\boldsymbol{k}_l=n_l\boldsymbol{k}_0$($l=1, 2$)，沿 z 方向分量为 β；沿 r 方向分量为 k_r；沿 φ 方向分量为 ν/r(ν 为方位角模数)。沿圆周(以 r 为半径)的相角系数 ν/r 乘以弧长 $r\varphi$，即得 $\nu\varphi$，为沿圆周的总相移。

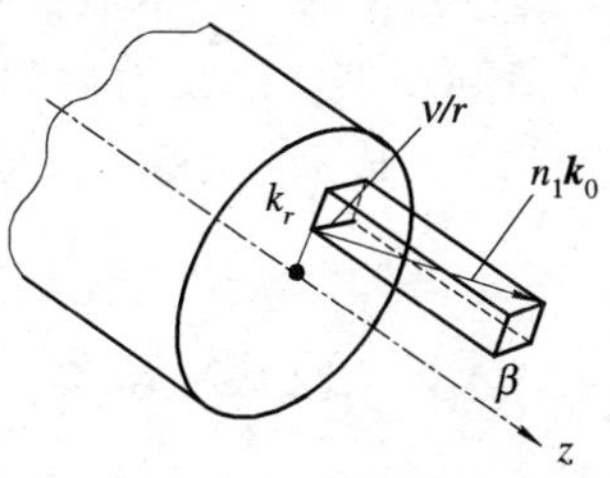

图 4.3-2 本地平面波

在光纤芯层中，波矢量各个分量之间的关系为

$$k_r^2+\frac{\nu^2}{r^2}+\beta^2=n_1^2k_0^2$$

即

$$k_r^2=(n_1^2k_0^2-\beta^2)-\frac{\nu^2}{r^2} \tag{4.3-7}$$

在包层中，各个分量之间的关系为

$$k_r^2=(n_2^2k_0^2-\beta^2)-\frac{\nu^2}{r^2} \tag{4.3-8}$$

如果 $n_2^2k_0^2-\beta^2<0$，则 k_r 为虚数，表明在光纤包层内，光波场沿 r 方向迅速衰减，这与平板介质波导情况相同。如果$(n_1^2k_0^2-\beta^2)>\nu^2/r^2$，则 k_r 为实数，表明在光纤芯层区域内，光波场沿 r 方向为驻波分布；如果 $0<(n_1^2k_0^2-\beta^2)<\nu^2/r^2$，则 k_r 为虚数，表明在光纤芯层区域内的光波场沿 r 方向为衰减形式；相应于$(n_1^2k_0^2-\beta^2)=\nu^2/r^2$ 的区域为临界面，称为焦散面，其半径为

$$r=\frac{\nu}{\sqrt{n_1^2k_0^2-\beta^2}}=a_0 \tag{4.3-9}$$

在焦散面与芯层-包层界面之间，k_r 是正值，光电磁场呈周期性分布是驻波；在焦散面以内和光纤包层中，光电磁场呈迅速衰减。

如果 $\nu=0$，光电磁场不随方位角变化，焦散面半径为零，即焦散面收缩到圆心。此时，光线轨迹为子午面内的折线，即子午光线，这种情况与平板波导中的光线轨迹完全相同。如果 $\nu\neq0$，电磁场随方位角变化，光线在焦散面和芯层-包层界面之间振荡，在芯层-包层界面上发生全内反射，在焦散面处与焦散面相切，光线轨迹为空间折线，即斜光线。

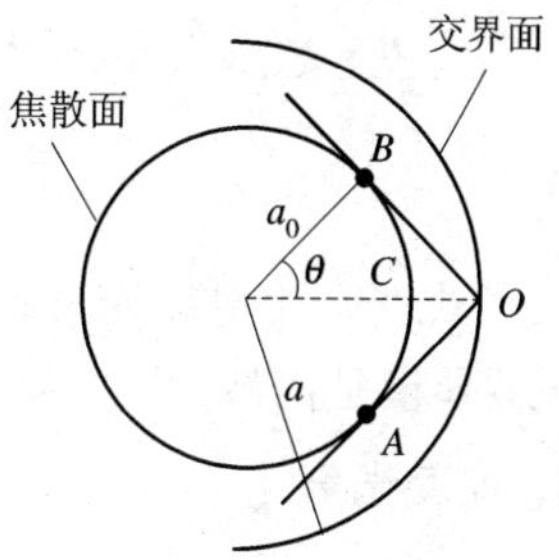

图 4.3-3 位于一个平面内的斜光线

(2) 导模的传输条件。假设斜光线在一个平面内传输，没有轴向(z)分量($\beta=0$)，则如图 4.3-3 所示，它们在芯层-包层交界面和焦散面之间振荡，与焦散面相切，焦散面半径为

$$a_0=\frac{\nu}{n_1k_0} \tag{4.3-10}$$

与光在平板波导中传输情况相同，导模传输的特征是横截面上形成驻波。为了形象地

说明这种现象，在图 4.3-3 中，设想导模的一个本地平面波直接从 A 点沿圆弧到达 B 点，而另有一个本地平面波从 A 点入射到 O 点，经反射后到达 B 点，则只有它们之间的相移差为 2π 的整数倍时，才能彼此加强，形成稳定的驻波。由图中几何关系可知：

$$\overline{AO} = \sqrt{a^2 - a_0^2}$$

$$\widehat{AB} = 2a_0 \arccos \frac{a_0}{a}$$

光线在 O 点处的相移可如下近似求取：假设光场在光纤芯层与包层界面处为零，则入射波与反射波的相位相反，因此 O 点处的相移是 π(这种假设在远离截止时是比较正确的)。而光线在 A、B 点(与焦散面相切)的相移为 $\frac{\pi}{2}$[2]。因此，光线从 A 点经 O 点间接到达 B 点产生的相位变化为

$$2n_1 k_0 \sqrt{a^2 - a_0^2} - \pi - \frac{\pi}{2}$$

光线从 A 点直接到达 B 点产生的相位变化为

$$2n_1 k_0 a_0 \arccos \frac{a_0}{a}$$

为保证导模在横截面上形成驻波，两光线间的相位差应为 2π 的整数倍：

$$2n_1 k_0 \sqrt{a^2 - a_0^2} - \frac{3\pi}{2} - 2n_1 k_0 a_0 \arccos \frac{a_0}{a} = 2m\pi \qquad m = 1, 2, 3, \cdots$$

化简后得

$$n_1 k_0 \left(\sqrt{a^2 - a_0^2} - a_0 \arccos \frac{a_0}{a} \right) = \left(m + \frac{3}{4} \right) \pi \tag{4.3-11}$$

应当记住，这是在假设光线在一个平面上传输得出的方程。

考虑到斜光线是空间折线，其波矢在 z 方向上有分量($\beta \neq 0$)，(4.3-10)式应变换为下式：

$$a_0 \sqrt{n_1^2 k_0^2 - \beta^2} = \nu \tag{4.3-12}$$

则(4.3-11)式修正为

$$\frac{n_1 k_0}{\sqrt{n_1^2 k_0^2 - \beta^2}} \left(\sqrt{(n_1^2 k_0^2 - \beta^2) a^2 - \nu^2} - \nu \arccos \frac{\nu}{a \sqrt{n_1^2 k_0^2 - \beta^2}} \right) = \left(m + \frac{3}{4} \right) \pi \tag{4.3-13}$$

这个关系式就是用射线光学理论得到的光纤中导模的传输条件，即色散方程。由该传输条件可见，导模是离散谱。如果 m、ν 已知，由上式可以求出相应导模的传播常数 β。

2. 梯度光纤

1) 光线轨迹

由于梯度光纤的芯层折射率沿径向是渐变的，因此光线的传输轨迹是曲线，而且由于光线在空间各点折射的积累，并不一定到达界面就可能开始反向偏折。梯度光纤中的光线也可以分为两类：子午光线和斜光线。子午光线的轨迹类似正弦或余弦曲线，在光纤端面的投影为直线；斜光线的轨迹是不断旋转前进的空间曲线，在光纤端面的投影为闭合或非闭合的曲线。无论是哪一种光线，其轨迹都位于内外焦散面之间，如图 4.3-4 所示。

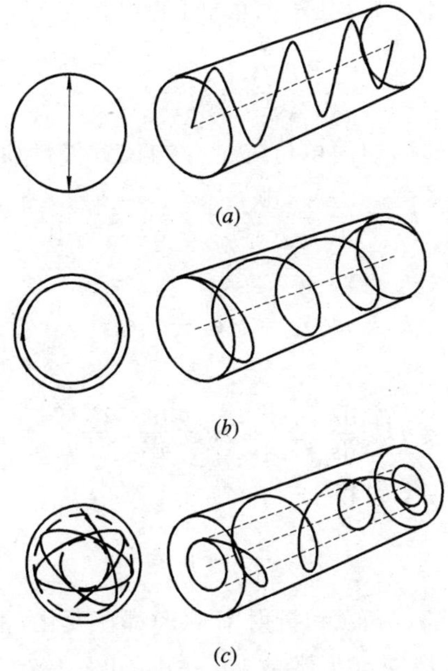

图 4.3-4　梯度光纤中的光线轨迹

(a) 子午光线；(b) 螺旋光线；(c) 一般斜光线

梯度光纤中光线的轨迹可以利用光线方程求得，求解思路是：将矢量光线方程化为圆柱坐标系中的标量方程，并将位矢对曲线坐标 s 的微分转换成对圆柱坐标各分量的微分，消去曲线坐标 s，即可得光线轨迹的曲线方程。

已知光线方程的一般形式为[2]

$$\frac{\mathrm{d}}{\mathrm{d}s}\left[n(\boldsymbol{r})\frac{\mathrm{d}\boldsymbol{r}}{\mathrm{d}s}\right]=\nabla n(\boldsymbol{r}) \tag{4.3-14}$$

在圆柱坐标系中，光线上任一点的位置矢量为

$$\boldsymbol{r}=r\boldsymbol{e}_r+z\boldsymbol{e}_z \tag{4.3-15}$$

式中 $\boldsymbol{r}$ 为位置矢量，而 r 为径向坐标。利用(4.3-15)式和圆柱坐标单位矢量的性质：

$$\frac{\mathrm{d}\boldsymbol{e}_r}{\mathrm{d}s}=\frac{\mathrm{d}\varphi}{\mathrm{d}s}\boldsymbol{e}_\varphi,\ \frac{\mathrm{d}\boldsymbol{e}_\varphi}{\mathrm{d}s}=-\frac{\mathrm{d}\varphi}{\mathrm{d}s}\boldsymbol{e}_r,\ \frac{\mathrm{d}\boldsymbol{e}_z}{\mathrm{d}s}=\boldsymbol{0}$$

可得

$$\frac{\mathrm{d}\boldsymbol{r}}{\mathrm{d}s}=\frac{\mathrm{d}(r\boldsymbol{e}_r+z\boldsymbol{e}_z)}{\mathrm{d}s}=\frac{\mathrm{d}r}{\mathrm{d}s}\boldsymbol{e}_r+r\frac{\mathrm{d}\varphi}{\mathrm{d}s}\boldsymbol{e}_\varphi+\frac{\mathrm{d}z}{\mathrm{d}s}\boldsymbol{e}_z \tag{4.3-16}$$

将(4.3-16)式代入(4.3-14)式，并考虑到芯层折射率只与径向坐标有关，即 $\nabla n=\frac{\mathrm{d}n}{\mathrm{d}r}\boldsymbol{e}_r$，光线方程可化简为

$$\left[\frac{\mathrm{d}r}{\mathrm{d}s}\left(n\frac{\mathrm{d}r}{\mathrm{d}s}\right)-rn\left(\frac{\mathrm{d}\varphi}{\mathrm{d}s}\right)^2\right]\boldsymbol{e}_r+\left[n\frac{\mathrm{d}r}{\mathrm{d}s}\frac{\mathrm{d}\varphi}{\mathrm{d}s}+\frac{\mathrm{d}}{\mathrm{d}s}\left(rn\frac{\mathrm{d}\varphi}{\mathrm{d}s}\right)\right]\boldsymbol{e}_\varphi+\frac{\mathrm{d}}{\mathrm{d}s}\left(n\frac{\mathrm{d}z}{\mathrm{d}s}\right)\boldsymbol{e}_z=\frac{\mathrm{d}n}{\mathrm{d}r}\boldsymbol{e}_r$$

该矢量方程可以表示成如下三个分量方程：

$$\frac{\mathrm{d}}{\mathrm{d}s}\left(n\frac{\mathrm{d}r}{\mathrm{d}s}\right)-rn\left(\frac{\mathrm{d}\varphi}{\mathrm{d}s}\right)^2=\frac{\mathrm{d}n}{\mathrm{d}r} \tag{4.3-17a}$$

$$\frac{\mathrm{d}}{\mathrm{d}s}\left(r^2 n\frac{\mathrm{d}\varphi}{\mathrm{d}s}\right)=0 \tag{4.3-17b}$$

$$\frac{\mathrm{d}}{\mathrm{d}s}\left(n\frac{\mathrm{d}z}{\mathrm{d}s}\right)=0 \tag{4.3-17c}$$

根据本地平面波的概念，光线的切向单位矢量 $\boldsymbol{i}_s$ 与位置矢量和波矢量的关系分别为

$$\boldsymbol{i}_s=\frac{\mathrm{d}\boldsymbol{r}}{\mathrm{d}s}=\frac{\mathrm{d}r}{\mathrm{d}s}\boldsymbol{e}_r+r\frac{\mathrm{d}\varphi}{\mathrm{d}s}\boldsymbol{e}_\varphi+\frac{\mathrm{d}z}{\mathrm{d}s}\boldsymbol{e}_z \tag{4.3-18}$$

和

$$\boldsymbol{k}=nk_0\boldsymbol{i}_s=k_r\boldsymbol{e}_r+k_\varphi\boldsymbol{e}_\varphi+k_z\boldsymbol{e}_z \tag{4.3-19}$$

比较以上两式可得

$$k_r=nk_0\frac{\mathrm{d}r}{\mathrm{d}s},\ k_\varphi=nk_0r\frac{\mathrm{d}\varphi}{\mathrm{d}s},\ k_z=nk_0\frac{\mathrm{d}z}{\mathrm{d}s} \tag{4.3-20}$$

对(4.3－17c)式直接积分，可得

$$nk_0\frac{\mathrm{d}z}{\mathrm{d}s}=\beta=k_z \tag{4.3-21}$$

由此可见，虽然光线与 z 轴的夹角 θ 和折射率 $n(r)$ 都在变化，但波矢量的 z 分量保持不变，因此同一光线沿 z 方向的传播速度为常数：$v_z=\mathrm{d}\omega/\mathrm{d}\beta=(c/n)\cos\theta$，这一点与阶跃光纤中的光线相同。

将(4.3－20)式代入(4.3－17b)式，并进行积分得

$$rk_\varphi=nk_0r^2\frac{\mathrm{d}\varphi}{\mathrm{d}s}=\text{常数}=\nu \tag{4.3-22}$$

ν 为方位角模数，$\nu=0$ 代表子午光线，$\nu\neq0$ 代表斜光线。利用(4.3－21)式消去上式中的 s 得

$$r^2\beta\frac{\mathrm{d}\varphi}{\mathrm{d}z}=\nu$$

对上式进行积分，可得

$$\varphi-\varphi_0=\frac{\nu}{\beta}\int_{z_0}^{z}\frac{\mathrm{d}z}{r^2} \tag{4.3-23}$$

将(4.3－22)式代入(4.3－17a)式得

$$\frac{\mathrm{d}}{\mathrm{d}s}\left(n\frac{\mathrm{d}r}{\mathrm{d}s}\right)-\frac{\nu^2}{nr^3k_0^2}=\frac{\mathrm{d}n}{\mathrm{d}r}$$

同样利用(4.3－21)式消去 s，并进行积分可得

$$\beta^2\left(\frac{\mathrm{d}r}{\mathrm{d}z}\right)^2+\frac{\nu^2}{r^2}-n^2k_0^2=-E^2 \tag{4.3-24}$$

该方程右边的 $-E^2$ 为积分常数。在光线的转折点处，$\mathrm{d}r/\mathrm{d}s=0$，$k_r=0$，可得 $E=\beta$。

求解方程(4.3－24)可得

$$\frac{\mathrm{d}r}{\mathrm{d}z}=\pm\frac{1}{\beta}\left[n^2(r)k_0^2-\beta^2-\frac{\nu^2}{r^2}\right]^{1/2} \tag{4.3-25}$$

进而可求出

$$z-z_0=\pm\beta\int_{r_0}^{r}\frac{\mathrm{d}r}{\left[n^2(r)k_0^2-\beta^2-\dfrac{\nu^2}{r^2}\right]^{1/2}} \tag{4.3-26}$$

利用(4.3-25)式可将(4.3-23)式化为

$$\varphi-\varphi_0=\pm\nu\int_{r_0}^{r}\frac{\mathrm{d}r}{r^2\left[n^2(r)k_0^2-\beta^2-\dfrac{\nu^2}{r^2}\right]^{1/2}} \tag{4.3-27}$$

上面两式中的(r_0，φ_0，z_0)为出发点的坐标。

(4.3-26)式和(4.3-27)式就是最后求得的结果，它们是两个空间曲面方程，这两个曲面的交线就是光线的轨迹。需要说明的是：正负号的选取与积分限相关，当r由r_0增加时，取正号；当r由r_0减小时，取负号。这样，光线的r值在内外焦散面之间变化，而总的积分结果是z和φ不断地增大。另外，传播常数β可由射线光学理论求出，但是求解过程太复杂，此处不予讨论。后面我们利用波动光学理论进行分析时，可以较容易地求出β。

2）梯度光纤中光线的延迟时间

在梯度光纤中，光沿坐标s传输的延迟时间为

$$\tau=\frac{1}{c}\int_0^s n\mathrm{d}s \tag{4.3-28}$$

式中c为光速。利用(4.3-25)式和曲线坐标s与坐标z之间的关系式(4.3-21)，可将上式改写为

$$\tau=\frac{k_0}{c\beta}\int_{z_0}^{z}n^2(r)\mathrm{d}z=\pm\frac{k_0}{c}\int_{r_0}^{r}\frac{n^2(r)\mathrm{d}r}{\left[n^2(r)k_0^2-\beta^2-\dfrac{\nu^2}{r^2}\right]^{1/2}} \tag{4.3-29}$$

对于典型的平方律光纤而言，其芯层的折射率分布为

$$n^2(r)=n_1^2\left[1-2\left(\frac{r}{a}\right)^2\Delta\right]\qquad r<a \tag{4.3-30}$$

将(4.3-30)式分别代入(4.3-26)式和(4.3-27)式，经过积分和化简得

$$r(z)=(a_1^2\sin^2\Omega z+a_0^2\cos^2\Omega z)^{1/2} \tag{4.3-31a}$$

$$\varphi(z)=\arctan\left[\frac{a_1}{a_0}\tan(\Omega z)\right] \tag{4.3-31b}$$

式中，a_0、a_1为内、外焦散面的半径；$\Omega=\dfrac{k_0}{a\beta}\sqrt{n_1^2-n_2^2}$为光线沿$z$方向的空间角频率。由此可以明显地看出，光线在内、外焦散面之间振荡。利用(4.3-31)式，可求出平方律光纤中任意光线沿z轴传输单位长度的延迟时间为

$$\tau=\frac{n_1^2k_0^2+\beta^2}{2ck_0\beta} \tag{4.3-32}$$

值得注意的是，延迟时间与方位模指数ν无关，仅仅依赖于传播常数β。而β的取值范围为$n_2k_0<\beta<n_1k_0$，因此延迟率为

$$\Delta\tau=\tau_{\max}-\tau_{\min}\approx\frac{n_1}{2c}\Delta^2 \tag{4.3-33}$$

与阶跃光纤的延迟率(4.3-6)式相比较，平方律光纤的色散小很多。

3. 数值孔径

光纤的数值孔径(NA)定义为激励导模的光线在光纤端面入射角正弦的最大值。数值孔径是一个非常重要的参量，它反映了在光纤内能够稳定传输的光线必须满足的入射角条件，它决定了耦合效率的大小。由于不同的斜光线其数值孔径的大小一般不同，因此数值

孔径是以子午光线来定义的。

1）阶跃光纤的数值孔径

如图 4.3－5(a)所示，光线从空气入射到阶跃光纤芯层的端面，其折射方向满足斯涅耳(Snell)定律：

$$\sin\theta_0 = n_1 \sin\left(\frac{\pi}{2}-\theta\right)= n_1 \cos\theta \tag{4.3-34}$$

如果光线在光纤的芯层-包层界面发生全反射，必须满足条件：$\theta>\theta_c$，因此可得

$$\mathrm{NA} = (\sin\theta_0)_{\max} = \sqrt{n_1^2 - n_2^2} \tag{4.3-35}$$

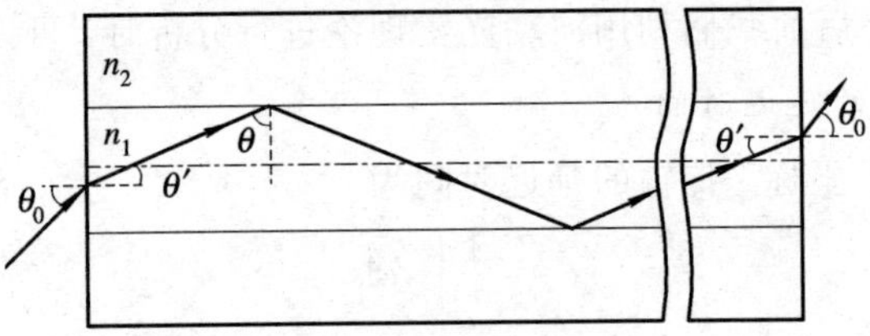

(a)

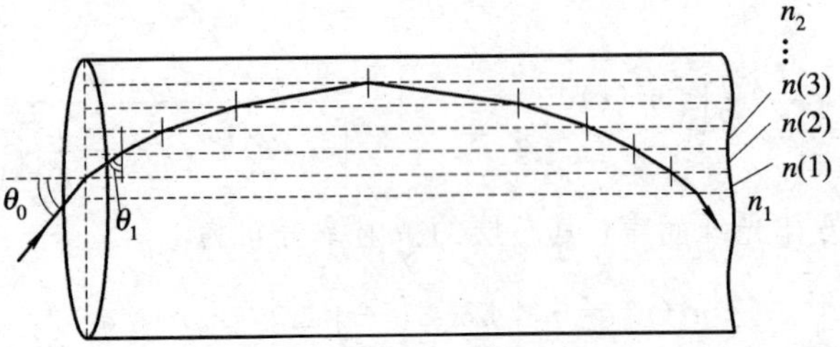

(b)

图 4.3－5　求光纤数值孔径示意图

(a) 阶跃光纤的子午光线；(b) 梯度光纤的子午光线

2）梯度光纤的数值孔径

梯度光纤的数值孔径可以通过求解光线轨迹得到，但求解过程太复杂，在这里仅采用近似方法推导。如图 4.3－5(b)所示，将光纤芯层分成许多薄层，在每一层内，折射率均可近似视为常数，而且折射率沿径向向外逐层递减，即 $n_1>n(1)>n(2)>n(3)>\cdots>n_2$。逐层运用斯涅耳定律，可得

$$\begin{gathered} n_0 \sin\theta_0 = n(r_0) \cos\theta_1 \\ n(1) \sin\theta_1 = n(2) \sin\theta_2 = \cdots = n(a_1) \end{gathered} \tag{4.3-36}$$

式中，r_0 为光线在光纤端面入射时径向坐标的大小；a_1 为光线转折点的半径(即外焦散面的半径)。由于导模的传输特性要求光线的转折点必须在芯层内：$a_1\leqslant a$，因此 $n(a_1)\geqslant n_2$，由此可得

$$\mathrm{NA} = (\sin\theta_0)_{\max} = \sqrt{n(r_0)^2 - n_2^2} \tag{4.3-37}$$

即梯度光纤的数值孔径与光线在光纤端面的入射点位置有关。在实际应用中，通常都选取 $r_0=0$ 的数值孔径 $\mathrm{NA}=\sqrt{n_1^2-n_2^2}$，并称为“标称 NA”。

4.3.2 光纤的波动光学理论

如前所述，射线光学理论是一种近似理论，虽然可以直观地给出导模传输条件、光线在光纤中传输的轨迹及数值孔径等参量，但给不出光在光纤中的场分布、色散等重要的传输特性。为获取光在光纤中传输的场分布、色散特性等全部信息，必须采用波动光学理论。下面，利用波动光学简正模理论讨论理想光纤中的导模传输特性，利用波动光学的耦合模理论讨论光纤光栅的传输特性。

1. 理想光纤的简正模理论

1）导模及色散方程

由于光纤是圆柱形波导，因此采用圆柱坐标系讨论较为方便。我们取光纤的中心轴线为 z 轴，并设光波沿 z 方向传输，各个简正模光场分量与时间 t 和坐标 z 的关系均为 $e^{-i(\omega t-\beta z)}$。光纤中简正模光场纵向分量 E_z、H_z 满足标量亥姆霍兹(波动)方程：

$$\left.\begin{aligned}\frac{\partial^2 E_z}{\partial r^2}+\frac{1}{r}\frac{\partial E_z}{\partial r}+\frac{1}{r^2}\frac{\partial^2 E_z}{\partial \varphi^2}+K^2E_z=0\\ \frac{\partial^2 H_z}{\partial r^2}+\frac{1}{r}\frac{\partial H_z}{\partial r}+\frac{1}{r^2}\frac{\partial^2 H_z}{\partial \varphi^2}+K^2H_z=0\end{aligned}\right\}\tag{4.3-38}$$

式中 K 为横向传播常数，它与 z 向传播常数 β 满足如下关系：

$$K^2=n^2k_0^2-\beta^2\tag{4.3-39}$$

由于 E_z、H_z 所满足的波动方程形式相同，因此这里只给出利用分离变量法求解 E_z 的过程，对于 H_z 分量则直接给出结果。

数学上，求解光在光纤中传输所满足的波动方程(4.3-38)，实际上是一个本征值问题。取简正模的试探解形式为

$$E_z=AF(r)G(\varphi)e^{i\beta z}\tag{4.3-40}$$

将(4.3-40)式代入方程(4.3-38)，可以得到两个常微分方程：

$$\frac{1}{G(\varphi)}\frac{d^2G(\varphi)}{d\varphi^2}=-\nu^2\tag{4.3-41}$$

$$\frac{d^2F(r)}{dr^2}+\frac{1}{r}\frac{dF(r)}{dr}+\left(K^2-\frac{\nu^2}{r^2}\right)F(r)=0\tag{4.3-42}$$

方程(4.3-41)的解有4种形式：$\sin\nu\varphi$、$\cos\nu\varphi$、$e^{i\nu\varphi}$、$e^{-i\nu\varphi}$，为了方便地讨论模式的物理意义，而且要保证光场为角向坐标 φ 的周期函数，我们选取 $e^{i\nu\varphi}$ 的形式。方程(4.3-42)式是贝塞尔方程，当 K 为实数时，其解为第一类贝塞尔函数 $J_\nu(Kr)$ 和第二类贝塞尔函数 $N_\nu(Kr)$；当 K 为虚数($K=i\gamma$)时，方程的解为第一类汉克尔函数 $H_\nu^{(1)}(i\gamma r)$ 和第二类汉克尔函数 $H_\nu^{(2)}(i\gamma r)$。由导模光场的分布特点已知，在光纤的芯层，光场沿 r 方向应为振荡型驻波，且在 $r=0$ 处有界；在光纤的包层，光场沿 r 方向应是衰减的，且当 $r\to\infty$ 时，光场衰减为0。因此，芯层的解应取第一类贝塞尔函数，包层的解应取第一类汉克尔函数。有关贝塞尔函数和汉克尔函数的定义、递推关系及近似表达式详见本章末附录Ⅰ。

需要说明的是，有的作者将包层中的光场取为第一类变型贝塞尔函数。由于第一类变型贝塞尔函数与第一类汉克尔函数之间满足附录中(Ⅰ-13)式的递推关系，所以得到的结论实际上是一致的。

根据上述讨论，可将 E_z 和 H_z 分别表示为

$$E_z=\begin{cases}AJ_\nu(Kr)e^{i\nu\varphi} & r<a\\ CH_\nu^{(1)}(i\gamma r)e^{i\nu\varphi} & r>a\end{cases}\tag{4.3-43a}$$

$$H_z=\begin{cases}BJ_\nu(Kr)e^{i\nu\varphi} & r<a\\ DH_\nu^{(1)}(i\gamma r)e^{i\nu\varphi} & r>a\end{cases}\tag{4.3-43b}$$

其中，本征值 K、γ 和 β 满足波矢量投影关系：

$$K^2=n_1^2k_0^2-\beta^2\tag{4.3-44}$$

$$\gamma^2=\beta^2-n_2^2k_0^2\tag{4.3-45}$$

由于简正模与时间 t 的关系取为 $e^{-i\omega t}$ 形式，因此麦克斯韦方程的形式如下：

$$\left.\begin{aligned}\nabla\times\boldsymbol{E}&=i\omega\mu_0\boldsymbol{H}\\ \nabla\times\boldsymbol{H}&=-i\omega\varepsilon\boldsymbol{E}\end{aligned}\right\}\tag{4.3-46}$$

在圆柱坐标系中将算符 ∇ 写成

$$\nabla=\boldsymbol{e}_r\frac{\partial}{\partial r}+\boldsymbol{e}_\varphi\frac{1}{r}\frac{\partial}{\partial\varphi}+\boldsymbol{e}_z\frac{\partial}{\partial z}$$

则光波的横向光场分量 E_r、E_φ、H_r、H_φ 可以根据(4.3-46)式由纵向光场分量 E_z 和 H_z 求出(见题 4-7)。

进一步，考虑到在边界 $r=a$ 处，光场的切向分量应当连续，即

$$E_{\varphi1}=E_{\varphi2},\ E_{z1}=E_{z2},\ H_{\varphi1}=H_{\varphi2},\ H_{z1}=H_{z2}$$

将相应的光场分量依次代入上述关系式，分别得到

$$\frac{\beta}{K^2}\frac{\nu}{a}AJ_\nu(Ka)+i\frac{\omega\mu_0}{K}BJ_\nu'(Ka)+\frac{\beta}{\gamma^2}\frac{\nu}{a}CH_\nu^{(1)}(i\gamma a)-\frac{\omega\mu_0}{\gamma}DH_\nu^{(1)\prime}(i\gamma a)=0\tag{4.3-47a}$$

$$AJ_\nu(Ka)-CH_\nu^{(1)}(i\gamma a)=0\tag{4.3-47b}$$

$$-i\frac{\omega\varepsilon_1}{K}AJ_\nu'(Ka)+\frac{\beta}{K^2}\frac{\nu}{a}BJ_\nu(Ka)+\frac{\omega\varepsilon_2}{\gamma}CH_\nu^{(1)\prime}(i\gamma a)+\frac{\beta}{\gamma^2}\frac{\nu}{a}DH_\nu^{(1)}(i\gamma a)=0\tag{4.3-47c}$$

$$BJ_\nu(Ka)-DH_\nu^{(1)}(i\gamma a)=0\tag{4.3-47d}$$

由这四式可得

$$C=\frac{J_\nu(Ka)}{H_\nu^{(1)}(i\gamma a)}A\tag{4.3-48a}$$

$$D=\frac{J_\nu(Ka)}{H_\nu^{(1)}(i\gamma a)}B\tag{4.3-48b}$$

$$B=\frac{i}{\nu}\frac{aK\gamma[\varepsilon_1\gamma J_\nu'(Ka)H_\nu^{(1)}(i\gamma a)+i\varepsilon_2KJ_\nu(Ka)H_\nu^{(1)\prime}(i\gamma a)]}{\omega(\varepsilon_1-\varepsilon_2)\mu_0\beta J_\nu(Ka)H_\nu^{(1)}(i\gamma a)}A\tag{4.3-48c}$$

剩下的振幅常数 A 可由传输功率确定。

本征值 K、β、ν、γ 除满足波矢量投影关系(4.3-44)式和(4.3-45)式外，还应当满足本征方程。方程(4.3-47)式是关于 A、B、C、D 的齐次方程组，只有当 A、B、C、D 的系数行列式等于零时，该方程组才有非零解，因此有

$$\begin{vmatrix} \frac{\beta}{K^2}\frac{\nu}{a}\mathrm{J}_\nu(Ka) & \mathrm{i}\frac{\omega\mu_0}{K}\mathrm{J}_\nu'(Ka) & \frac{\beta}{\gamma^2}\frac{\nu}{a}\mathrm{H}_\nu^{(1)}(\mathrm{i}\gamma a) & -\frac{\omega\mu_0}{\gamma}\mathrm{H}_\nu^{(1)'}(\mathrm{i}\gamma a) \\ \mathrm{J}_\nu(Ka) & 0 & -\mathrm{H}_\nu^{(1)}(\mathrm{i}\gamma a) & 0 \\ -\mathrm{i}\frac{\omega\varepsilon_1}{K}\mathrm{J}_\nu'(Ka) & \frac{\beta}{K^2}\frac{\nu}{a}\mathrm{J}_\nu(Ka) & \frac{\omega\varepsilon_2}{\gamma}\mathrm{H}_\nu^{(1)'}(\mathrm{i}\gamma a) & \frac{\beta}{\gamma^2}\frac{\nu}{a}\mathrm{H}_\nu^{(1)}(\mathrm{i}\gamma a) \\ 0 & \mathrm{J}_\nu(Ka) & 0 & -\mathrm{H}_\nu^{(1)}(\mathrm{i}\gamma a) \end{vmatrix} = 0 \qquad (4.3-49)$$

而且 K 和 γ 之间有关系

$$K^2+\gamma^2 = n_1^2k_0^2 - n_2^2k_0^2 = \omega^2(\varepsilon_1-\varepsilon_2)\mu_0 \qquad (4.3-50)$$

展开(4.3-49)式并利用(4.3-50)式，可得本征方程为

$$\left[\frac{\varepsilon_1}{\varepsilon_2}\frac{a\gamma^2}{K}\frac{\mathrm{J}_\nu'(Ka)}{\mathrm{J}_\nu(Ka)}+\mathrm{i}\gamma a\frac{\mathrm{H}_\nu^{(1)'}(\mathrm{i}\gamma a)}{\mathrm{H}_\nu^{(1)}(\mathrm{i}\gamma a)}\right]\left[\frac{a\gamma^2}{K}\frac{\mathrm{J}_\nu'(Ka)}{\mathrm{J}_\nu(Ka)}+\mathrm{i}\gamma a\frac{\mathrm{H}_\nu^{(1)'}(\mathrm{i}\gamma a)}{\mathrm{H}_\nu^{(1)}(\mathrm{i}\gamma a)}\right]=\left[\nu\left(\frac{\varepsilon_1}{\varepsilon_2}-1\right)\frac{\beta n_2k_{10}}{K^2}\right]^2 \qquad (4.3-51)$$

该方程就是光纤中导模传输所满足的条件，也即导模的色散方程。

对于光纤折射率轴对称分布的情况，即 $n=n(r)$，光电磁场应满足如下关系：

$$\boldsymbol{E}(r,\varphi,z)=\boldsymbol{E}(r,\varphi+2N\pi,z) \qquad (4.3-52a)$$

$$\boldsymbol{H}(r,\varphi,z)=\boldsymbol{H}(r,\varphi+2N\pi,z) \qquad (4.3-52b)$$

因为场分量与坐标 φ 的关系为 $e^{i\nu\varphi}$，由上面两式可知，$\nu=0, 1, 2, \cdots$，整数。因此给定一个 ν 值，便可由(4.3-51)式确定出 K 和 γ 的关系。把 ν 当作参变数，求解方程(4.3-52)，可得出若干解，每一个解对应一个特定的光场结构，即对应一个模式。

为了直观方便地了解模式光场结构的分布规律，对于每个导模都采用两个模式标号 ν 和 μ 表征，它们反映了光场结构的横向分布规律：ν 是贝塞尔函数的阶，反映光场沿 φ 方向的变化；μ 是贝塞尔函数根的序号，反映光场沿 r 方向的变化。

$\nu=0$ 时，模式称为横模，并将模式分为横电模(E_φ，H_r，H_z)和横磁模(H_φ，E_r，E_z)，分别记为 $\mathrm{TE}_{0\mu}$ 和 $\mathrm{TM}_{0\mu}$ ($\mu=1, 2, 3, \cdots$)。利用贝塞尔函数和汉克尔函数的微分关系(Ⅰ-18)式(见本章末附录，下同)，可将色散方程(4.3-51)分解成两个方程，分别对应 $\mathrm{TM}_{0\mu}$ 模和 $\mathrm{TE}_{0\mu}$ 模：

$$\frac{\varepsilon_1}{\varepsilon_2}\frac{\gamma}{K}\frac{\mathrm{J}_1(Ka)}{\mathrm{J}_0(Ka)}+\frac{\mathrm{i}\mathrm{H}_1^{(1)}(\mathrm{i}\gamma a)}{\mathrm{H}_0^{(1)}(\mathrm{i}\gamma a)}=0 \qquad (4.3-53)$$

$$\frac{\gamma}{K}\frac{\mathrm{J}_1(Ka)}{\mathrm{J}_0(Ka)}+\frac{\mathrm{i}\mathrm{H}_1^{(1)}(\mathrm{i}\gamma a)}{\mathrm{H}_0^{(1)}(\mathrm{i}\gamma a)}=0 \qquad (4.3-54)$$

对于 $\nu\neq0$ 的一般情况，光纤模式有全部六个光场分量，称为混合模[10]。按照参量 $Q=E_z/H_z$ 的取值不同，可分为电磁模($Q=1$)和磁电模($Q=-1$)，并分别记为 $\mathrm{EH}_{\nu\mu}$ 模和 $\mathrm{HE}_{\nu\mu}$ (ν, $\mu=1, 2, 3, \cdots$)模。对色散方程(4.3-51)两端同时乘以 $1/(a^4\gamma^4)$，并利用波矢量 $\boldsymbol{k}$ 的投影关系，得

$$\left[\frac{\varepsilon_1}{\varepsilon_2}\frac{\mathrm{J}_\nu'(Ka)}{Ka\mathrm{J}_\nu(Ka)}+\frac{\mathrm{i}\mathrm{H}_\nu^{(1)'}(\mathrm{i}\gamma a)}{\gamma a\mathrm{H}_\nu^{(1)}(\mathrm{i}\gamma a)}\right]\left[\frac{\mathrm{J}_\nu'(Ka)}{Ka\mathrm{J}_\nu(Ka)}+\frac{\mathrm{i}\mathrm{H}_\nu^{(1)'}(\mathrm{i}\gamma a)}{\gamma a\mathrm{H}_\nu^{(1)}(\mathrm{i}\gamma a)}\right]$$

$$=\nu^2\left[\frac{\varepsilon_1}{\varepsilon_2}\frac{1}{(Ka)^2}+\frac{1}{(\gamma a)^2}\right]\left[\frac{1}{(Ka)^2}+\frac{1}{(\gamma a)^2}\right] \qquad (4.3-55)$$

为简单起见，我们只讨论 $n_1\approx n_2$ 的情况。此时，上式化为

$$\left[\frac{J_\nu'(Ka)}{Ka J_\nu(Ka)}+\frac{iH_\nu^{(1)'}(i\gamma a)}{\gamma a H_\nu^{(1)}(i\gamma a)}\right]=\pm\nu\left[\frac{1}{(Ka)^2}+\frac{1}{(\gamma a)^2}\right] \tag{4.3-56}$$

取“+”号，对应为 $EH_{\nu\mu}$ 模的色散方程；取“−”号，对应为 $HE_{\nu\mu}$ 模的色散方程。进一步利用贝塞尔函数和汉克尔函数的微分关系(Ⅰ-18)式，可将色散方程简化为

$$HE_{\nu\mu}\text{ 模：}\frac{J_{\nu-1}(Ka)}{Ka J_\nu(Ka)}=-\frac{iH_{\nu-1}^{(1)}(i\gamma a)}{\gamma a H_\nu^{(1)}(i\gamma a)} \tag{4.3-57}$$

$$EH_{\nu\mu}\text{ 模：}\frac{J_{\nu+1}(Ka)}{Ka J_\nu(Ka)}=-\frac{iH_{\nu+1}^{(1)}(i\gamma a)}{\gamma a H_\nu^{(1)}(i\gamma a)} \tag{4.3-58}$$

2) 导模的截止条件

如上所述，当光波满足光纤中的传输条件时，就可以以导模的形式在光纤中传输。当光波不满足传输条件，即从射线光导理论来说，光纤在波导芯层不能全内反射时，光场在包层中沿横向也会有传输，因此光能量不能有效地在光纤中沿 z 向传输，导模截止。对于导模，包层内光场随着半径 r 的衰减率由常数 γ 决定。考虑到汉克尔函数的大宗量近似(Ⅰ-29)式(见本章末附录，下同)：

$$H_\nu^{(1)}(i\gamma r)=\sqrt{\frac{2}{\pi i\gamma r}}e^{-i\left(\frac{\pi\nu}{2}+\frac{\pi}{4}\right)}e^{-\gamma r}\qquad \gamma r\gg 1$$

可以看出，γ 值大时，光场集中在纤芯附近；γ 值减小，光场将远离纤芯中心，向芯区外延展；当 $\gamma=0$ 时，光场在包层中不再衰减。因此，$\gamma=0$ 时的色散方程对应于截止条件，通常将此时的 Ka 值记作 $K_c a$。

(1) $TE_{0\mu}$ 模和 $TM_{0\mu}$ 模($\nu=0$)的截止条件。当 $\gamma\to 0$ 时，$H_0^{(1)}(i\gamma a)$ 和 $H_1^{(1)}(i\gamma a)$ 具有(Ⅰ-24)式的小宗量近似，将其分别代入(4.3-53)式和(4.3-54)式，均得到

$$\frac{K}{\varepsilon\gamma}\frac{J_0(Ka)}{J_1(Ka)}=-\gamma a\ \ln\frac{2}{i\gamma a}$$

形式。由于当 $\gamma\to 0$ 时，γa 趋于零的速度远快于对数趋于无穷大的速度，因此 $TE_{0\mu}$ 模和 $TM_{0\mu}$ 模的截止条件均为

$$J_0(K_c a)=0 \tag{4.3-59}$$

即 TE 模和 TM 模同时截止。相应的 $K_c a$ 即为零阶贝塞尔函数的第 μ 个根，具体的数值为 2.405，5.520，8.654，…。

(2) $HE_{\nu\mu}$ 模的截止条件。对于 $HE_{1\mu}$ 模：$\nu=1$，(4.3-57)式变为

$$\frac{J_0(Ka)}{Ka J_1(Ka)}=-\frac{iH_0^{(1)}(i\gamma a)}{\gamma a H_1^{(1)}(i\gamma a)}$$

当 $\gamma\to 0$ 时，利用汉克尔函数的小宗量近似，可得截止条件为

$$J_1(K_c a)=0 \tag{4.3-60}$$

一阶贝塞尔函数的第 μ 个根为：0，3.832，7.016，10.173，…。“0”根对应于 HE_{11} 模的 $K_c a$，其它的根对应于 HE_{12}、HE_{13}、HE_{14} 等模式的 $K_c a$。

同理，对于 $HE_{\nu\mu}(\nu>1)$ 模，由(4.3-57)式并利用汉克尔函数的小宗量近似，可得

$$\frac{J_{\nu-1}(Ka)}{J_\nu(Ka)}=\frac{Ka}{2(\nu-1)}\qquad \nu>1$$

再次利用贝塞尔函数的递推关系(Ⅰ-15)式，将 $J_{\nu-1}(Ka)$ 用 $J_\nu(Ka)$ 和 $J_{\nu-2}(Ka)$ 表示，

$$1=\frac{2(\nu-1)J_{\nu-1}(Ka)}{KaJ_{\nu}(Ka)}=\frac{J_{\nu}(Ka)+J_{\nu-2}(Ka)}{J_{\nu}(Ka)}$$

该式只能在 $J_{\nu-2}(K_ca)=0$ 时成立，这意味着 $HE_{\nu\mu}(\nu>1)$模的截止条件是

$$J_{\nu-2}(K_ca)=0 \tag{4.3-61}$$

即 $HE_{\nu\mu}(\nu>1)$模的 K_ca 是$(\nu-2)$阶贝塞尔函数的第 μ 个非零根。注意，该方程不能取零根，这是因为若允许零根，则由贝塞尔函数的小宗量近似(Ⅰ-22)式可得

$$\lim_{Ka\to 0}\frac{J_{\nu-1}(Ka)}{KaJ_{\nu}(Ka)}=\frac{2\nu}{(Ka)^2}$$

截止时的色散特性将变为

$$\frac{1}{2(\nu-1)}+\frac{2\nu}{(Ka)^2}=0$$

这是不可能的，故零根应当排除。

(3) $EH_{\nu\mu}(\nu>0)$模的截止条件。由(4.3-58)式并利用汉克尔函数的小宗量近似，可得 $EH_{\nu\mu}(\nu>0)$模的截止条件为

$$J_{\nu}(K_ca)=0 \tag{4.3-62}$$

其 K_ca 为 ν 阶贝塞尔函数的第 μ 个非零根。与 $\nu>1$ 时的 $HE_{\nu\mu}$ 模类似，该方程也不能取零根。这是因为若允许零根，在截止时的色散方程将变为

$$\frac{1}{2(\nu+1)}+\frac{2\nu}{(\gamma a)^2}=0$$

这也是不可能的。所以第一个根是 3.832。

应当强调的是：$EH_{1\mu}$模与 $HE_{1\mu}$模的截止条件都是 $J_1(K_ca)=0$ 的根，但前者不包括零根，因此 μ 相同时，二者的 K_ca 并不相同。不同色散特性的模式可能有相同的 K_ca，例如 $\nu=0$ 时的 TE 模与 TM 模及 $\nu=1$ 时的 $EH_{1\mu}$ 模与 $HE_{1,\mu+1}$ 模。但是，由于它们的色散方程不同，传播常数不同，因此并不发生简并。

利用导模的截止条件可以确定某一导模在光纤中的截止频率。导模的截止频率 f_c 可由(4.3-44)与(4.3-45)式相加，并令 $\gamma=0$ 得到：

$$f_c=\frac{K_c}{2\pi\sqrt{(\varepsilon_1-\varepsilon_2)\mu_0}} \tag{4.3-63}$$

上面研究导模的截止特性时，得到最重要的结论是 HE_{11} 模的截止条件为：$K_ca=0$，这意味着其截止频率为零，因此它也被称为最低阶模式或基模。理论上，HE_{11} 模可以工作在任何光频率上和任意直径的光纤中，而对于其它模式，当光频率低于它们的截止频率时就截止。因此，光纤单模工作的频率范围由

$$0<f<\frac{2.405}{2\pi a\sqrt{(\varepsilon_1-\varepsilon_2)\mu_0}} \quad 或 \quad 0<V<2.405 \tag{4.3-64}$$

决定，其中 V 称为光纤的波导参数或归一化频率，它的定义与平板波导相似：

$$V\overset{d}{=}\sqrt{k_1^2-k_2^2}\,a=\sqrt{n_1^2-n_2^2}\,k_0a \tag{4.3-65}$$

图 4.3-6 示出了不同导模归一化传播常数 β/k_0 与归一化频率 V 的关系曲线，由该曲线关系可以得到各种导模的截止条件。

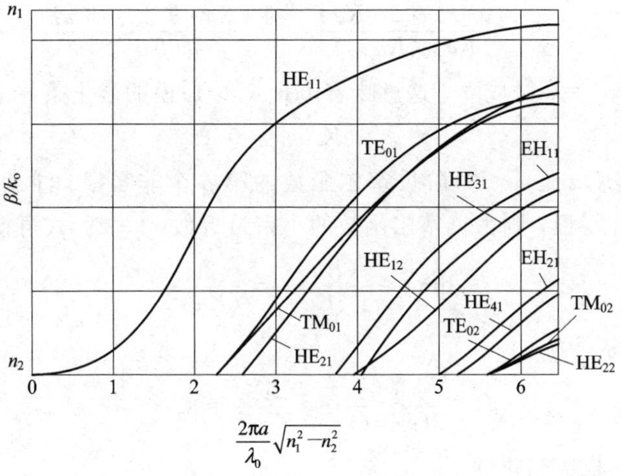

图 4.3-6　不同导模的色散曲线和截止频率

3）导模的场型图[11]

根据导模光场的横向分布规律，将几种低阶导模的场型图画于图 4.3-7 中。注意在这里 $r=a$ 处的光场近似为 0，即芯层以外无场。实际上光频率较低时，光场将明显地延伸至包层区。

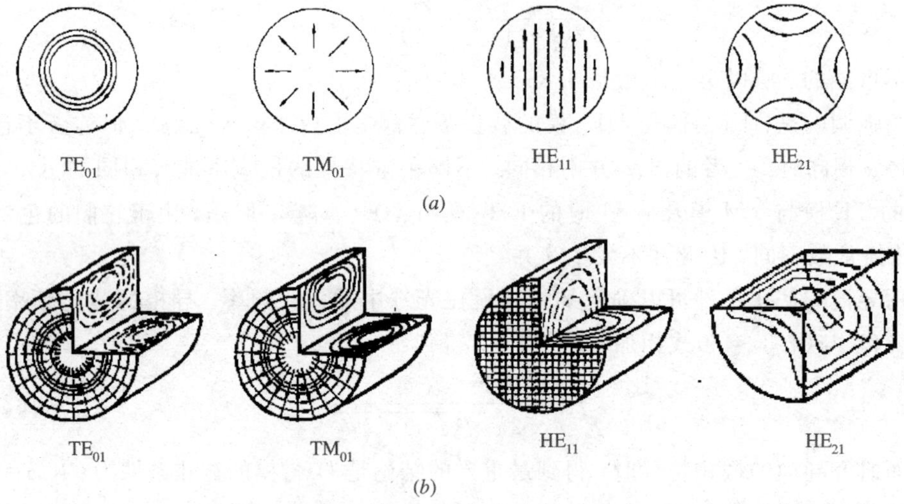

图 4.3-7　低阶导模的场分布

(*a*) 电力线在横截面内的分布；(*b*) 场线的三维分布（实线—电力线，虚线—磁力线）

需要指出的是，在上面的讨论中也可用 $e^{-i\nu\varphi}$ 来代替(4.3-43)式中的 $e^{i\nu\varphi}$。此时，除了贝塞尔函数的阶数外，所有方程中的 ν 都变为 $-\nu$，而(4.3-42)式和本征方程(4.3-51)式中出现的是 ν^2 的形式，因此这一变化不会影响到传播常数 β。将原来的模与 ν 变号后新得到的模相加，就可得到以 $\cos(\nu\varphi)$ 和 $\sin(\nu\varphi)$ 代替指数函数的光场表示式；如果做相减运算，则可得到 $\sin(\nu\varphi)$ 和 $\cos(\nu\varphi)$ 对换后的另一个模集。用 $(\nu\varphi)$ 的三角函数代替指数函数表示模式场也是人们常用的方法。

2. 光纤光栅——耦合模理论

上面，我们利用简正模理论讨论了光波在理想均匀光纤中的传输特性。在实际应用中经常会遇到非均匀分布的光纤。这一节以光纤光栅为例，利用耦合模理论讨论光波在非均匀光纤中的传输特性。

光纤光栅是指光纤芯层的折射率沿轴向周期变化的光纤结构，如图 4.3-8 所示，其中 $n_1(z)$表示光纤光栅的芯层折射率沿纵向 z 变化，$\Delta n_{\max}$表示折射率调制深度，Λ 表示栅格周期。光纤光栅的制作通常是基于光纤在强紫外光照射下其折射率会发生永久性的变化，折射率变化的大小通常在 10^{-5}～10^{-3}之间。

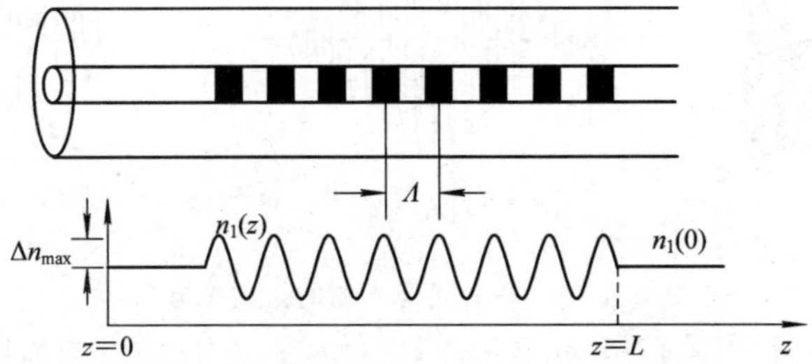

图 4.3-8　光纤光栅示意图(黑白条纹表示折射率的周期变化)

相应于平板波导耦合器件，光纤光栅是最重要的一种圆波导耦合器件。自从 1978 年 K. O. Hill 等人制成第一只光纤光栅[12]以来，由于它具有许多独特的优点，在光纤通信、光纤传感等领域都有广阔的应用前景。由光纤光栅制作的多种器件[13]：如光纤滤波器、光纤激光器、色散补偿器以及光纤传感器等，在近十几年中发展得非常迅速。

1) 光纤光栅的分类

根据光纤光栅空间周期分布及折射率调制深度分布是否均匀，可将其分为均匀光纤光栅和非均匀光纤光栅两大基本类型。

(1) 均匀光纤光栅。均匀光纤光栅是指栅格周期沿纤芯轴向均匀且折射率调制深度为常数的一类光纤光栅。根据光栅周期的长短及光栅波矢方向的差异，这类光纤光栅的典型代表有布喇格光纤光栅(也称为短周期光纤光栅)、长周期光纤光栅和闪耀光纤光栅等。

布喇格光纤光栅和长周期光纤光栅都具有图 4.3-9(a)所示的折射率分布，可表示为

$$n(z) = n_1 + \Delta n_{\max}\cos\left(\frac{2\pi}{\Lambda}z\right) \tag{4.3-66}$$

其相同点是：折射率调制深度 $\Delta n_{\max}$为常数，光栅波矢方向与光纤轴线方向一致。两者的不同之处在于：布喇格光纤光栅的栅格周期一般为几百纳米，具有较窄的反射带宽(～10^{-1} nm)和较高的反射率(～100%)。而长周期光纤光栅的栅格周期远大于布喇格光纤光栅的栅格周期，一般为几十到几百微米，是一种透射型光纤光栅。

闪耀光纤光栅的折射率分布如图 4.3-9(b)所示，可表示为

$$n(z) = n_1 + \Delta n_{\max}\left[1 + \cos\left(\frac{2\pi}{\Lambda_0}z\cos\theta\right)\right] \tag{4.3-67}$$

与前面两种光纤光栅不同的是，闪耀光纤光栅的波矢方向与光纤轴线方向有一定的交角。闪耀光纤光栅不仅能引起反向导模的耦合，而且还能将基模耦合到包层模中辐射掉。这种宽带损耗特性可应用于光纤放大器的增益平坦。

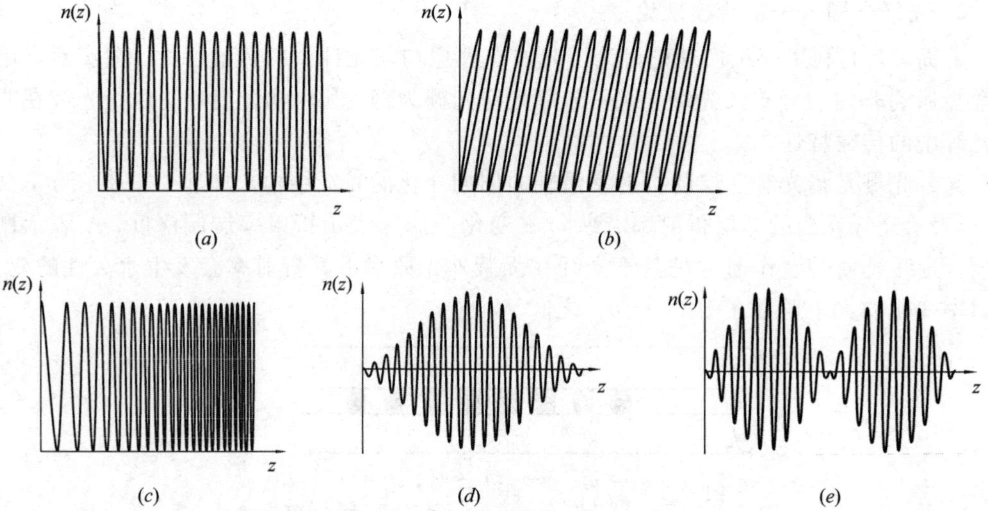

图 4.3-9 各种光纤光栅的折射率分布

(a) 光纤布喇格光栅；(b) 闪耀光纤光栅；(c) 啁啾光纤光栅；(d) 切趾光纤光栅；(e) 莫尔光纤光栅

(2) 非均匀光纤光栅。非均匀光纤光栅是指栅格周期沿纤芯轴向不均匀或者折射率调制深度变化的光纤光栅。这类光纤光栅的典型代表有啁啾光纤光栅以及非均匀特种光纤光栅等。

啁啾光纤光栅的折射率分布如图 4.3-9(c)所示，其栅格周期沿纤芯轴向单调、连续变化，折射率调制深度为常数，可表示为

$$n(z) = n_1 \pm \Delta n_{\max}\left\{1 + \cos\left[\left(\frac{2\pi}{\Lambda} + \varphi(z)\right)z\right]\right\} \tag{4.3-68}$$

根据栅格周期沿纤芯轴向是否周期变化可将啁啾光纤光栅细分为线性啁啾光纤光栅和分段啁啾光纤光栅。啁啾光纤光栅的反射带宽远大于均匀光纤光栅，可达几十个纳米，主要用于色散补偿和光纤放大器的增益平坦。

采用特定的函数形式对光纤光栅的栅格周期或折射率调制深度进行调制，将得到具有特殊性能的特种光纤光栅，例如，相移光纤光栅、超结构光纤光栅、取样光纤光栅、切趾光纤光栅、莫尔(Moiré)光纤光栅等。

切趾光纤光栅的栅格周期沿纤芯轴向均匀、而折射率调制深度沿轴向呈钟型包络变化，其折射率分布如图 4.3-9(d)所示。典型的包络函数有高斯分布函数、超高斯函数分布、升余弦函数、帽型函数、柯西函数等，如升余弦函数调制的折射率分布可表示为

$$n(z) = n_1 + \Delta n_{\max}\cos^2\frac{2\pi}{l}z\cos\frac{2\pi}{\Lambda}z \qquad -\frac{l}{2} \leqslant z \leqslant \frac{l}{2} \tag{4.3-69}$$

由于切趾光纤光栅的折射率调制消除了折射率突变，使其反射谱不存在旁瓣，从而大大改善了光纤光栅反射谱的质量。

莫尔光纤光栅折射率分布如图 4.3-9(e)所示。其栅格周期沿纤芯轴向均匀，折射率调制深度呈正弦或余弦函数变化。考察长度为 l 的折射率调制区，其具体函数形式如下：

$$n(z) = n_1 + \Delta n_{\max}\sin\frac{2\pi}{l}z\cos\frac{2\pi}{\Lambda}z \qquad -\frac{l}{2} \leqslant z \leqslant \frac{l}{2} \tag{4.3-70}$$

莫尔光纤光栅的折射率分布是一种具有慢变包络的快变结构，使其反射谱具有带通性。

2）光纤光栅的传输特性

这里以均匀周期正弦型光纤光栅和线性啁啾光栅为例，简单地讨论光纤光栅的传输特性[14, 15]。

(1) 均匀周期正弦型光纤光栅。在光栅未“写入”光纤之前，光纤芯层半径为 a，芯层折射率为 n_1，包层折射率为 n_2；写入长度为 L、周期为 Λ 的光栅后，在光纤芯层中引起了折射率的周期性微扰：

$$\Delta n = \Delta n_{\max} \cos \frac{2\pi}{\Lambda} z \tag{4.3-71}$$

在通常情况下，光栅周期约为 0.2～0.5 μm，光栅长度约为 1～2 mm，$\Delta n_{\max}$ 约为 10^{-5}～10^{-3} 量级。

为了简化数学运算，我们不考虑包层的影响，均匀光纤光栅中折射率的分布可写为

$$n(z) = \begin{cases} n_1 + \Delta n & 0 < z < L \\ n_1 & z < 0,\ z > L \end{cases} \tag{4.3-72}$$

根据 4.2 节周期波导中模式耦合理论的讨论已知，这种情况下的模式耦合主要发生在入射模与反射模之间，完全可以忽略其它模式之间的耦合。因此，可以直接运用 4.2 节的结论，入射模(β_s)与反射模($-\beta_s$)之间通过光纤光栅耦合时，耦合方程、耦合系数以及相位失配因子分别为

$$\left.\begin{aligned} \frac{\mathrm{d}A_s}{\mathrm{d}z} &= \mathrm{i}\kappa B_s \mathrm{e}^{-\mathrm{i}\Delta\beta z} \\ \frac{\mathrm{d}B_s}{\mathrm{d}z} &= -\mathrm{i}\kappa^* A_s \mathrm{e}^{\mathrm{i}\Delta\beta z} \end{aligned}\right\} \tag{4.3-73}$$

$$\kappa = \frac{\omega}{4}\int_{-\infty}^{\infty} \frac{\Delta\varepsilon_{\max}}{2} |\boldsymbol{E}_s(x)|^2 \mathrm{d}x \tag{4.3-74}$$

$$\Delta\beta = \beta_s - (-\beta_s) - \frac{2\pi}{\Lambda} \tag{4.3-75}$$

式中，在 $\Delta n \ll n_1$ 时，$\Delta\varepsilon_{\max} \approx 2\varepsilon_0 n_1 \Delta n_{\max}$。在微扰区，入射模与反射模所携带的总功率守恒，有

$$\frac{\mathrm{d}}{\mathrm{d}z}[|A_s|^2 - |B_s|^2] = 0 \tag{4.3-76}$$

根据光纤光栅区域(即微扰区)的边界条件求解耦合方程，其解的形式与(4.2-52)式相同。进一步可以求得光栅的反射率 R 与透射率 T 分别为

$$R = \left|\frac{B(0)}{A(0)}\right|^2 = \frac{|\kappa|^2 \mathrm{sh}^2 sL}{s^2 \mathrm{ch}^2 sL + \left(\frac{\Delta\beta}{2}\right)^2 \mathrm{sh}^2 sL} \tag{4.2-77}$$

$$T = \left|\frac{A(L)}{A(0)}\right|^2 = \frac{s^2}{s^2 \mathrm{ch}^2 sL + \left(\frac{\Delta\beta}{2}\right)^2 \mathrm{sh}^2 sL} \tag{4.3-78}$$

在满足完全相位匹配的条件下，$\Delta\beta=0$，故 $s^2=|\kappa|^2$，得

$$R = \mathrm{th}^2 sL = \mathrm{th}^2 |\kappa| L \tag{4.3-79}$$

$$T = \mathrm{sech}^2 sL = \mathrm{sech}^2 |\kappa| L \tag{4.3-80}$$

这时的反射率 R 最大，其对应的峰值波长为

$$\lambda_{max} = (1 + \frac{\Delta n_{max}}{n_{eff}})\lambda_B \tag{4.3-81}$$

式中，λ_B是周期为 Λ 的无穷小($\Delta n_{max}\to 0$)弱光栅的布喇格波长：$\lambda_B = 2n_{eff}\Lambda$；$n_{eff}$是光纤中所感兴趣的 s 导模的有效折射率，略小于纤芯折射率，但通常可用纤芯折射率代替。

图 4.3-10 示出了光纤光栅在不同参量下，计算得到的反射谱曲线和透射谱曲线。可以看出，光纤光栅的反射率 R 与折射率调制深度 Δn_{max} 和光栅长度 L 有关：Δn_{max} 越大，L 越长，反射率越高；反之，反射率越低。光纤光栅的反射谱宽也与 Δn_{max}、L 有关，随着 Δn_{max}的增大而增大，随着 L 的增大而减小。因此，光纤光栅相当于一段带阻滤波器。应当指出的是，最大反射率对应的峰值波长(即中心波长)随折射率调制深度的增加而向长波方向移动，这与光纤光栅写入实验中观察到的现象一致。但是由于波长偏移量很小，所以在通常的光纤光栅应用中常被忽略。

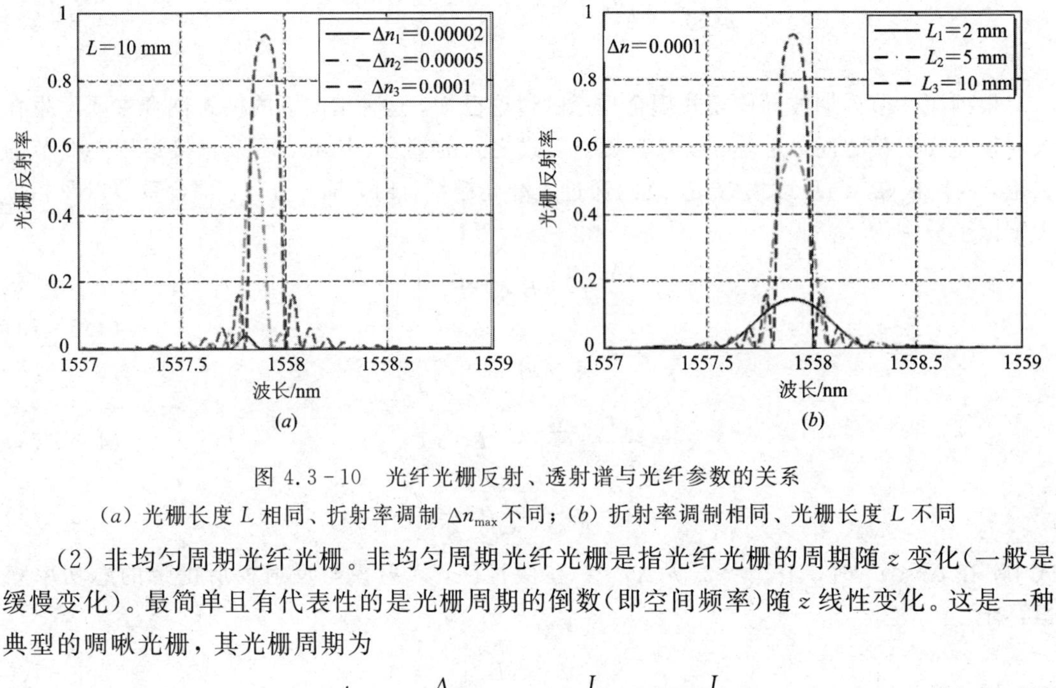

图 4.3-10 光纤光栅反射、透射谱与光纤参数的关系

(a) 光栅长度 L 相同、折射率调制 Δn_{max}不同；(b) 折射率调制相同、光栅长度 L 不同

(2) 非均匀周期光纤光栅。非均匀周期光纤光栅是指光纤光栅的周期随 z 变化(一般是缓慢变化)。最简单且有代表性的是光栅周期的倒数(即空间频率)随 z 线性变化。这是一种典型的啁啾光栅，其光栅周期为

$$\Lambda' = \frac{\Lambda}{1 + F\dfrac{z}{L}} \qquad -\frac{L}{2} \leqslant z \leqslant \frac{L}{2} \tag{4.3-82}$$

式中，Λ 为光栅中心处的周期；F 是表征变频程度的常数，称为啁啾参数；L 为光栅长度。对于折射率为正弦型变化的情况，其折射率微扰为

$$\Delta n = \Delta n_{max}\cos\left[\left(\frac{2\pi}{\Lambda} + \frac{2\pi}{\Lambda}F\,\frac{z}{L}\right)z\right] \tag{4.3-83}$$

相应的相位失配因子变为

$$\Delta\beta = 2\left[\beta_s - \frac{l\pi}{\Lambda}\left(1 + F\,\frac{z}{L}\right)\right] \tag{4.3-84}$$

在这种情况下，耦合模方程不再是常系数线性微分方程，难以求得解析解。图 4.3-11 给出了在一定参数下用数值解法计算的线性啁啾光栅的反射谱。由图可见，啁啾光纤光栅的

反射率 R 与啁啾参量 F 和光栅长度 L 有关：光栅长度 L 主要影响反射率，啁啾参量 F 不仅影响反射率，还影响反射谱带宽。随着啁啾参量 F 的增大，反射谱带宽加大，同时反射率峰值下降，因此啁啾光纤光栅是以降低反射率为代价而增加反射带宽的。

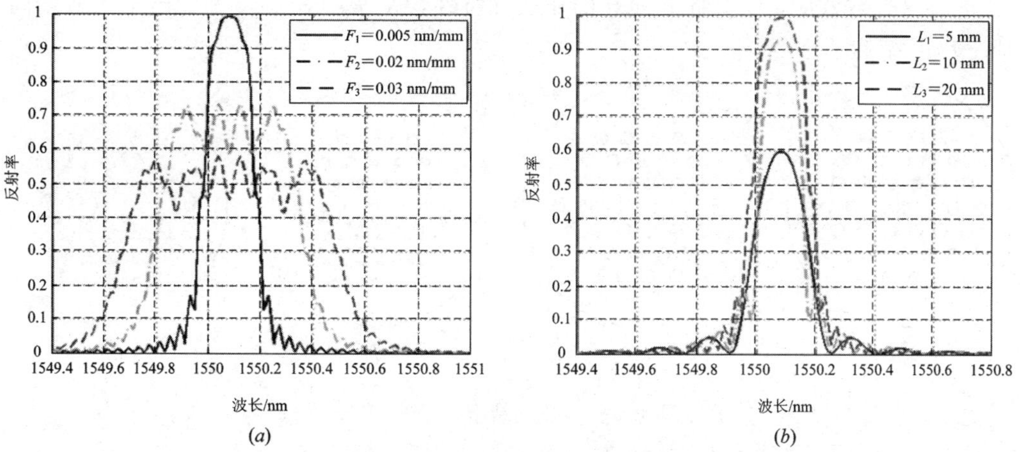

图 4.3-11 啁啾光纤光栅反射谱

(*a*) 光栅长度 L 相同、啁啾量 F 不同；(*b*) 啁啾量 F 相同、光栅长度 L 不同

4.4 光子晶体光纤

4.4.1 光子晶体光纤概述

光子晶体光纤(Photonic Crystal Fiber，PCF)的概念是 Russell 等人提出，并于 1996 年制作成功[16]。光子晶体光纤是一种带有线缺陷的二维光子晶体，是由石英棒或石英毛细管排列拉制后在中心形成缺陷孔或实心的结构。通常光纤的包层由规则分布的空气孔排列成六角形的微结构组成，纤芯由石英或空气孔构成线缺陷，利用其局域光的能力，将光限制在纤芯中传输。

1. 光子晶体光纤的结构及导光机制

目前，人们所研究的光子晶体光纤结构大体有如下几种：

1) 改进的全内反射光子晶体光纤(TIR-PCF)

TIR-PCF 的导光机理类似于传统光纤的全内反射，但因包层含有空气孔，而被称为改进的全内反射。图 4.4-1 是 TIR-PCF 的扫描电子显微照片，空气孔呈六边形排列的外围周期性结构为包层，中间空气孔缺失形成实心纤芯。包层的有效折射率为空气孔和介质(石英)折射率的加权平均。由于纤芯折射率大于包层的有效折射率，而将光波局域在纤芯中。理论上，其他类型的气孔排列也可以达到同样的功能。这种结构对气孔排列的精度要求较低，不要求大直径的气孔。

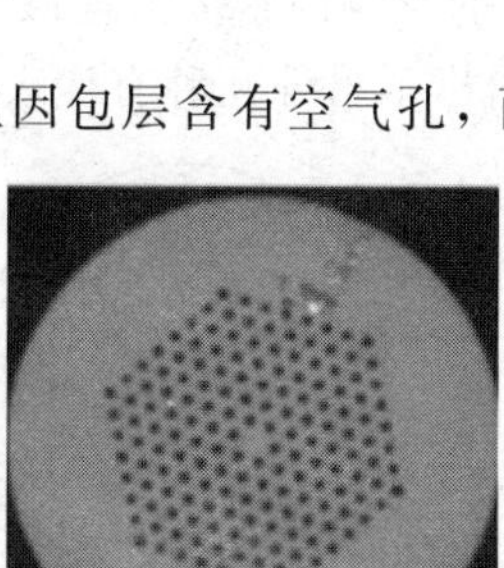

图 4.4-1 TIF-PCF 扫描电子显微照片

TIR－PCF 的性质依赖于其包层结构：改变气孔的尺寸和间距就可以方便地改变光纤的导波性质，获得大的模场面积；通过增大包层与纤芯的相对折射率差，可以得到高的数值孔径；采用双芯结构或使纤芯周围的气孔具有不同的尺寸，打破光纤结构的对称性，可以获得高双折射效应，以及提高光纤的非线性特性，等等。图 4.4－2 给出了一些不同的 TIR－PCF 结构。

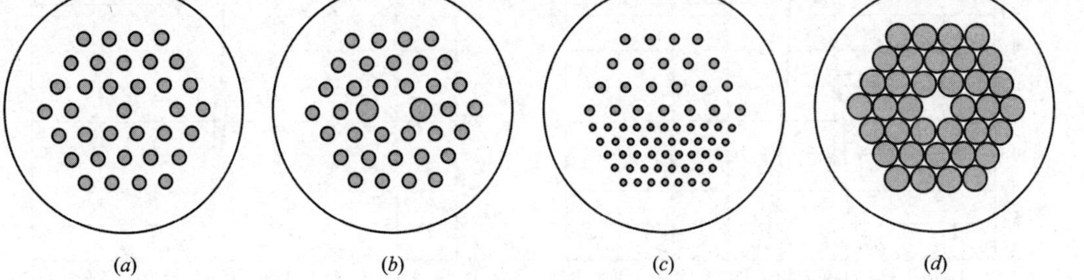

图 4.4－2 不同结构的 TIF－PCF

(*a*) 双芯结构；(*b*) 高双折射结构 1；(*c*) 高双折射结构 2；(*d*) 大气孔结构

2）光子带隙导光的光子晶体光纤(PBG－PCF)

PBG－PCF 的纤芯为空气孔缺陷，其折射率小于周围包层折射率。这种光纤的导光机制不同于传统光纤的全内反射，是通过包层光子晶体的布拉格衍射来限制光波在纤芯中的传输的。当光波入射到纤芯-包层界面时，会受到包层周期性结构的强烈散射，对于某一特定波长和入射角，这种多重散射产生的干涉将导致光波不能通过包层微结构，而返回到芯层中。即在满足布拉格条件时出现光子带隙，对应波长的光波不能在包层中传播，而只能限制在纤芯中传输。图 4.4－3 为 PBG－PCF 的扫描电子显微照片，外部蜂窝状网格分布的空气孔构成包层微结构；正中心作为缺陷的空气孔为传光通道，光波被局限在空气孔芯区附近传输。这种传光机制要求有较大的空气孔，同时还要求空气孔有精确的排列[17, 18]。

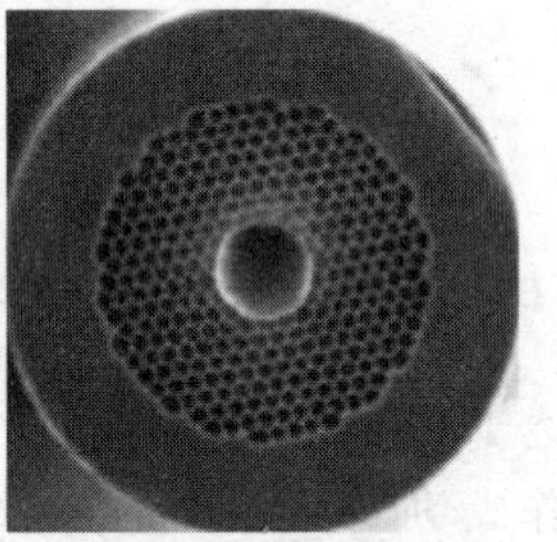

图 4.4－3 PBG－PCF 电子显微照片

PBG－PCF 与 TIR－PCF 的区别在于光波被限制在空气中传播，很多在传统光纤中与材料相关的影响因素大大地减小了，因而具有低损耗、低色散、低非线性效应等特点。图 4.4－4 给出了另外几种有代表性的 PBG－PCF 结构示意图。

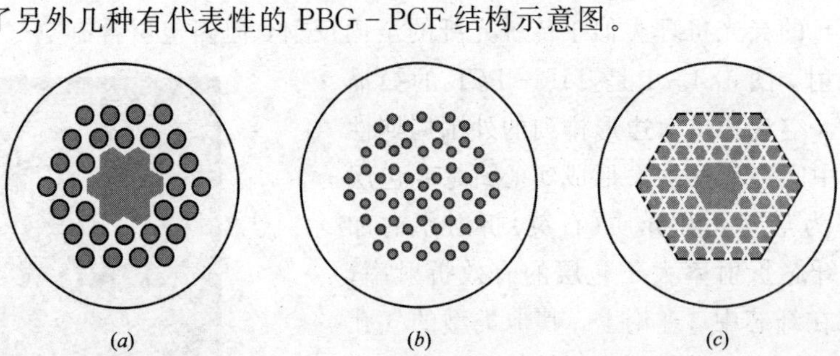

图 4.4－4 不同结构的 PBG－PCF

3）布喇格光纤

图 4.4－5 所示光子晶体光纤的结构与 TIR－PCF 和 PBG－PCF 的差异较大，其芯层为空气(或实心介质[19])，包层为径向折射率高低周期性分布的介质结构，通常称其为布喇格光纤。光波通过数层折射率不同的同心圆形介质的多次反射，被限制在芯区中，因此严格地说，布喇格光纤是一种具有一维光子晶体包层的光子带隙导引光纤。

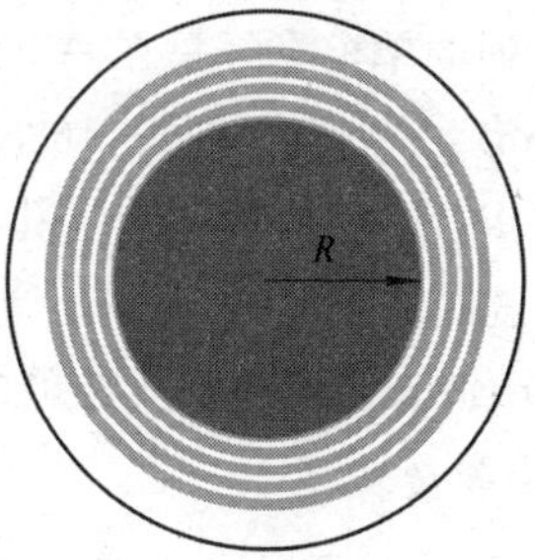

图 4.4－5 布喇格光纤结构

早在 1978 年 Yeh 和 Yariv 就提出了布喇格光纤的概念[20]。但是要想使光波得到理想的限制效果，包层相邻两层介质必须有大的折射率差. 且材料的熔点和流动性应一致，这就给制造工艺带来了很大的困难，直到 1999 年，Fink 小组才采用逐层涂覆法制作出第一根具有一维全向反射带隙的布喇格光纤[21]。

由于布喇格光纤的全向反射带隙可以通过晶格常数 Λ 自由调节，各个波段的光都可以限制在芯区内传输。若芯区为空心，则传输损耗不会受到材料的限制。例如 Fink 小组制备的半导体-聚合物基空心布喇格光纤，可以低损耗传输高功率红外激光[22]。

图 4.4－6 是 2003 年 G. Vienne 等人制作的空气-硅布喇格光纤。G. Vienne 等人采用硅线支撑结构起到类似桥梁的作用，将空气孔洞排列成环形，形成等效的布喇格光纤结构[23]。实际测试表明，当包层只有三层时，TE_{01} 模的传输损耗就可以达到 10 dB/km，与金属波导相似。

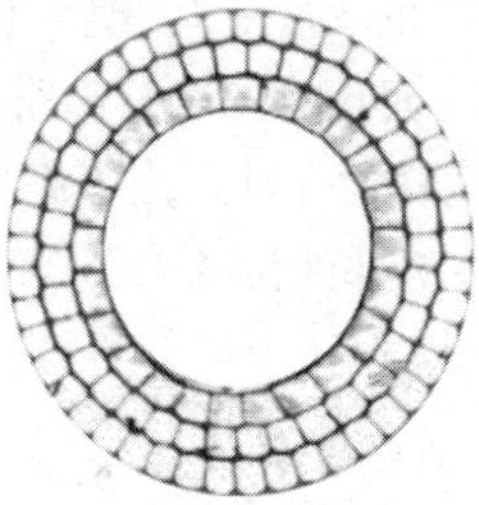

图 4.4－6 空气-硅布喇格光纤结构

除了上述三种主要的光子晶体光纤外，为了满足不同的应用需要(最低损耗、大数值孔径、特别的色散、高双折射、可控的非线性效应，等等)，人们设计出了许多不同结构的光子晶体光纤，图 4.4－7 给出了两种双包层光子晶体光纤的端面显微照片。

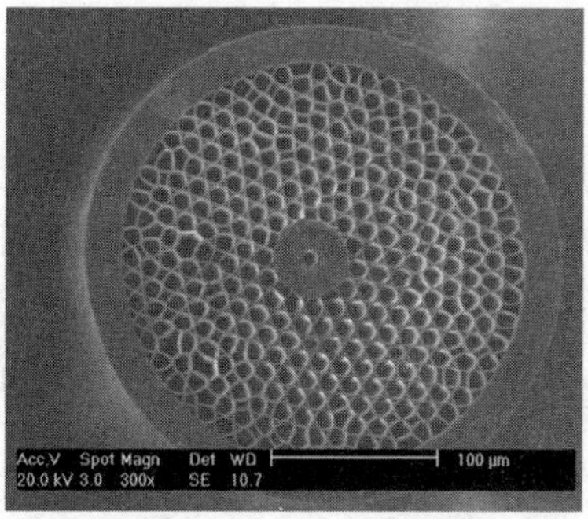

(a)

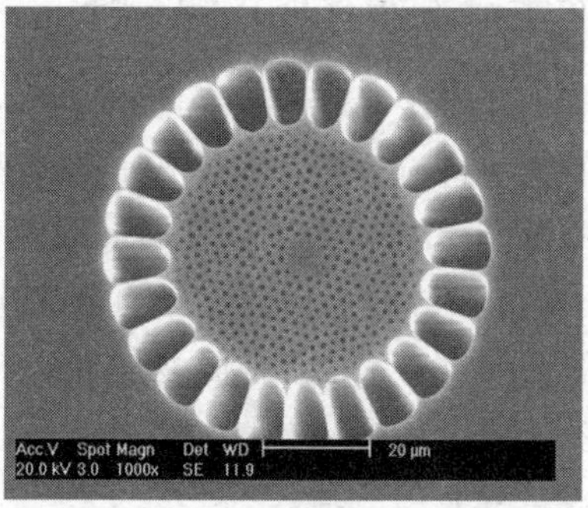

(b)

图 4.4－7 两种双包层光纤光子晶体光纤结构

(a) 双包层带隙型；(b) 双包层大模面积

2. 光子晶体光纤的特性

1）无休止单模传输特性

普通的单模光纤只在一定的频率范围内支持单模传输，例如目前使用的C波段(1530～1565 nm)、L波段(1565～1625 nm)和S波段(1460～1530 nm)光纤，总带宽只有约160 nm。而对于PCF，只要调节空气孔直径和孔距之比不大于0.2，即可在整个光频率范围支持单模传输，这就是所谓的“无休止单模传输”特性。结构合理设计的PCF具备在337 nm至超过1550 nm波长范围内都支持单模的特性，这为波分复用增加信道数提供了充足的资源。

2）色散特性

PCF具有可以灵活控制的色散特性。PCF可以用单一材料制成，因此纤芯和包层可以做到完全的力学和热学匹配，从而可以在非常宽的波长范围内获得较大或者稳定的色散。通过合理调节空气孔的尺寸和间距，可以有效地控制波导色散。合理设计的PCF可获得超过-2000ps/(nm·km)的色散值，能够很好地补偿在传统光纤中由于材料色散引起的正色散。PCF能够在波长低于1300nm时获得反常色散，同时保持单模，这是传统阶跃光纤无法做到的，这种反常色散特性为短波长光孤子传输提供了可能。

3）可控的非线性特性

PCF的无休止单模特性并不依赖于光纤的绝对尺寸，这表明可以根据特定需要来设计光纤模场面积。当需要传输高功率光时，可以设计大的模场面积，而无须担心出现非线性效应。这样的光纤可用于高功率激光器。当需要强的非线性效应时，可以减小光纤的模场面积。具有强非线性的PCF可用于超宽连续光谱的产生、波长转换、全光开关、光放大器等方面。此外，在孔中可以装载气体或低折射率液体，从而使PCF的非线性特性更具可控性。

4）高双折射特性

在PCF中，只要破坏光子晶体的圆对称性即可轻易地实现高双折射，这是传统保偏光纤所不及的。常用的方法有采用双芯或多芯结构，改变纤芯或空气孔的形状，改变空气孔的分布等。

4.4.2 光子晶体光纤的传输特性

与普通光纤相比，光子晶体光纤的结构复杂，不适用普通的射线光学理论，必须采用波动光学的方法进行分析。由于光子晶体光纤的孔洞分布并不具有圆对称性，因此求解波动方程和分析模式场分布时一般都采用数值计算方法。目前研究光子晶体光纤的方法很多，包括分析光波导时通用的时域有限差分法、有限元法、光束传播法等，以及针对光子晶体光纤的有效折射率法、平面波展开法、多极法等。在这里，我们只对几种光子晶体光纤简要介绍其理论分析的思路和结果。

1. TIR-PCF

由于TIR-PCF纤芯的折射率高于包层平均折射率，因此最初研究人员都采用等效折射率法进行分析。该方法由英国Bath大学的T. A. Birks等人[24]于1997年提出，其核心思想是将TIR-PCF等效为传统阶跃折射率光纤，而不计PCF截面的复杂折射率分布。其后，Peyrilloux[25]采用将光子晶体光纤结构近似为圆对称结构的折射率分布方法，获得了更好的效果。

在光子晶体中，如果没有缺陷(即将包层周期结构看作无限大)，将存在一个传播常数最大的模式，称为空间填充基模(Fundamental Space - filling Mode，FSM)，其传播常数记为 β_{FSM}。但是由于 TIR - PCF 中心缺陷的引入，其模式都束缚在缺陷形成的纤芯内部，空间填充模式不存在。如果模式只能在纤芯内传播而不能在包层内传播，其传播常数必然满足

$$k_0 n_{Si} > \beta > \beta_{FSM}$$

类比于阶跃光纤中的条件

$$k_0 n_{Si} > \beta > k_0 n_{cl}$$

其中 n_{Si} 是纤芯(Si)的折射率，n_{cl} 是阶跃光纤的包层折射率。由此可以看出，β_{FSM} 决定了纤芯模式 β 的下限，类似于阶跃光纤的包层折射率对模式 β 的决定作用。所以可认为

$$n_{cl} = n_{eff} = \frac{\beta_{FSM}}{k_0} \tag{4.4-1}$$

这是等效折射率方法的最初思路，将最大包层模式的有效折射率作为包层的均匀折射率。求解 β_{FSM} 是等效折射率法的关键。

对于图 4.4-8 (*a*)所示的空气孔分布结构，当空气孔不是很大时，可以用面积相等的圆形单元胞来代替原来规则分布的六角形单元胞，如图 4.4-8 (*b*)所示。其中 Λ 和 $r\ (=d/2)$ 分别表示孔间距和孔半径，R 为圆形单元胞的半径。由面积相等关系可得圆形单元胞半径为

$$R = \left(\frac{\sqrt{3}}{2\pi}\right)^{1/2}\Lambda \approx 0.525\Lambda \tag{4.4-2}$$

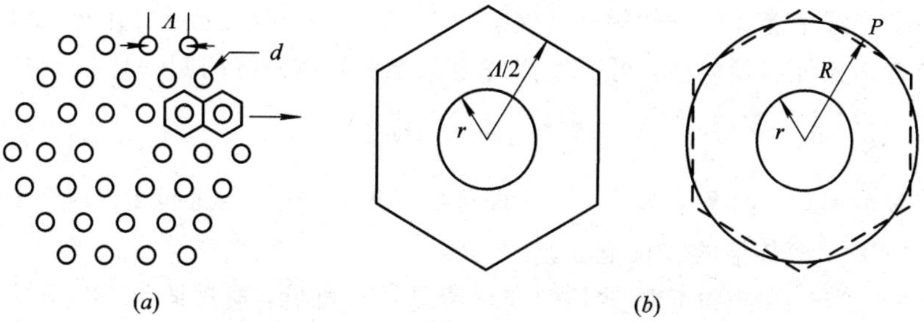

图 4.4-8 TIR - PCF 空气孔分布及其单元胞结构

(*a*) 空气孔分布；(*b*) 六角形单元胞和等效圆形单元胞

采用标量近似，在圆柱坐标系中的模式场分布函数 ψ 满足如下标量波动方程：

$$\frac{d^2\psi}{d\rho^2} + \frac{1}{\rho}\frac{d\psi}{d\rho} + \left(n_i^2 k_0^2 - \beta^2 - \frac{m^2}{\rho^2}\right)\psi = 0 \tag{4.4-3}$$

考虑基模 $m = 0$，方程(4.4-3)可写成

$$\frac{d^2\psi}{d\rho^2} + \frac{1}{\rho}\frac{d\psi}{d\rho} - (\beta^2 - n_0^2 k_0^2)\psi = 0 \qquad \rho \leqslant r \tag{4.4-4}$$

$$\frac{d^2\psi}{d\rho^2} + \frac{1}{\rho}\frac{d\psi}{d\rho} + (n_{Si}^2 k_0^2 - \beta^2)\psi = 0 \qquad r \leqslant \rho \leqslant R \tag{4.4-5}$$

其中 n_0 为空气折射率，n_{Si} 为石英的折射率。令

$$U^2 = r^2 (n_{Si}^2 k_0^2 - \beta^2)^2 \tag{4.4-6}$$

$$W^2 = r^2(\beta^2 - n_0^2 k_0^2)^2 \tag{4.4-7}$$

可以得到标量场形式为

$$\psi = \begin{cases} AI_0(\frac{W}{r}\rho) & \rho \leqslant r \\ B[J_0(\frac{U}{r}\rho) + CN_0(\frac{U}{r}\rho)] & r < \rho \leqslant R \end{cases} \tag{4.4-8}$$

利用整数阶贝塞尔函数及其奇异形式和相应的递推公式，并根据单元周期性边界条件，要求 $\rho = R$ 时，$d\psi/d\rho = 0$；$\rho = r$ 时，即在石英-空气界面处，ψ 和 $d\psi/d\rho$ 应该连续。可以得到

$$WI_1(W)[J_1(\frac{UR}{r})N_0(U) - J_0(U)N_1(\frac{UR}{r})] = UI_0(W)[J_1(U)N_1(\frac{UR}{r}) - J_1(\frac{UR}{r})N_1(U)] \tag{4.4-9}$$

这个本征方程的第一个根对应于空间填充基模的传输常数 β_{FSM}，进而可以得到包层的等效折射率 n_{eff}，再将等效折射率写成 $n_{eff} = \lambda\beta/(2\pi)$ 的形式，即得到 n_{eff} 随 λ 的变化关系。这样，就可以使用传统阶跃光纤的方法来分析光子晶体光纤的导模[26]。

在这里，假设光子晶体光纤等效折射率模型的纤芯是由中心去掉一个空气孔的实芯形成，则光子晶体光纤的纤芯半径为

$$r_{core} = \Lambda - r \tag{4.4-10}$$

在普通光纤中，归一化频率 V 定义为

$$V \stackrel{d}{=} \frac{2\pi a}{\lambda}\sqrt{n_1^2 - n_2^2} \tag{4.4-11}$$

式中 a 为光纤芯层半径，n_1 为纤芯的折射率，n_2 为包层的折射率，λ 为光波长。归一化频率的大小决定了光纤中能够传输的模式数量。当 $V < 2.405$ 时，光纤为单模光纤。由于光子晶体光纤与普通光纤的相似性，可以类似地定义光子晶体光纤的归一化频率 V 值：

$$V \stackrel{d}{=} \frac{2\pi}{\lambda}(\Lambda - r)\sqrt{n_{core}^2 - n_{eff}^2} \tag{4.4-12}$$

按照阶跃光纤的原理，如果 $V < 2.405$，即可保证单模传输，从而可以根据(4.4-12)式计算出 TIR-PCF 单模传播的波长范围。

图 4.4-9 给出了 n_{eff} 和 V 随波长的变化情况[27]。可见，通过调整空气孔大小、空气孔间距和空气孔填充比，可以灵活地改变有效折射率和归一化频率。

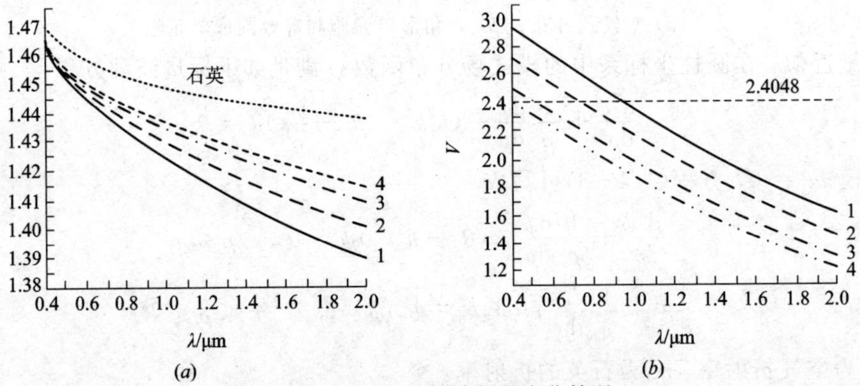

图 4.4-9 n_{eff} 和 V 随波长的变化情况

($\Lambda = 1.8\ \mu m$，r 分别为 0.4、0.35、0.3、0.27 μm，空气填充比分别为 17.9%、13.7%、10.1%、8.2%)

由 4.3 节的讨论已知，对于普通阶跃光纤，通过调节波导色散可以实现零色散位移光纤。但是波导色散只能实现零色散点向长波方向位移，而不能在小于 1.27 μm 的短波区实现零色散。对于光子晶体光纤，由归一化频率的定义式(4.4-12)可知，在短波长区 V 有极值存在，包层有效折射率随波长的减小而增加。计算表明：在短波长区包层的色散为正，$D>0$，为反常色散，而芯区的材料色散在 $\lambda<1.27$ μm 时刚好相反，二者相抵，使零色散点向短波长方向位移。图 4.4-10 是 Knight 小组实测的 TIR-PCF 的群速度色散曲线[26]，其中，两条实线分别是两个不同偏振模式的色散曲线。从图中可以看出，TIR-PCF 的零色散点在 565 nm 附近，较之常规光纤的零色散点大大移向短波长方向。

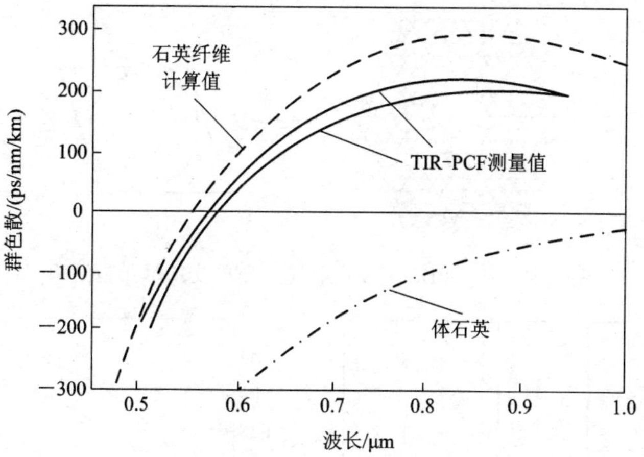

图 4.4-10 Knight 小组实测的 TIR-PCF 的群速度色散曲线

2. PBG-PCF

PBG-PCF 的纤芯(一般为空心)折射率低于包层平均折射率，其导光机理为多重散射效应，而非全内反射，因此等效折射率法不再适用。由于 PBG-TIF 是介电常数在(x, y)平面内周期分布的二维光子晶体，因此可以采用分析二维光子晶体的平面波展开法(简正模理论)，该理论在 3.2 节已有阐述，这里直接利用其结果计算 PBG-TIF 的带隙。

将光子晶体光纤中的不同波矢量 $\boldsymbol{K}$ 带入本征值方程，可以获得不同频率 ω 的色散关系。光子晶体光纤的色散关系呈带状，带与带之间的间隔构成了光子带隙。

在计算光子带隙特性时，倒格空间所有方向波矢的带隙性质都可以通过第一布里渊区边界上的波矢体现，也就是说通过对第一布里渊区边界上的波矢 $\boldsymbol{K}$ 的计算即可以得到整个周期空间的带隙结构。

当光波在二维光子晶体的二维平面内入射时，$\boldsymbol{K}$ 和 $\boldsymbol{G}$ 都在 xy 平面内，所以 $\boldsymbol{K}+\boldsymbol{G}$ 也在 xy 平面内。此时 TE 模和 TM 模之间不存在耦合，因此本征值方程(3.2-4)可以简化为两个等式，分别计算 TE 模和 TM 模的带隙结构。然而对于光子晶体光纤而言，光波不是由二维平面外入射，此时 TE 模和 TM 模不能分开，因此本征值方程不能简化，需要直接求解本征值方程(3.2-4)得到带隙关系。求解时，须将波矢 $\boldsymbol{K}$ 分解为纵向分量 k_z 和横向分量 K_t，保持纵向分量为一个恒定的非零值，取横向分量 K_t 为 xy 平面内的第一布里渊区边界上的不同波矢，求解本征方程即可得到对应于该纵向分量 k_z 的光波面外入射的带隙关系。

运用简正模理论求解光子晶体光纤带隙的步骤为：确定包层区域的最小元胞，使用该最小元胞计算包层的带隙结构，并用带缺陷的完整结构在特定的带隙中计算缺陷模式。

对于 PBG - PCF 结构，单元胞的选取如图 4.4 - 11 所示，使用该最小元胞计算包层的带隙结构，可以得到如图 4.4 - 12 所示的带隙分布[28, 29]。其中图 4.4 - 12(*a*)是 k_z 取固定值(12Λ)时包层的能带结构，可以明显看出，与 k_0a 在 8.46～8.57 和 8.805～8.825 之间相应的频率光波不能在光子晶体光纤中传输。对 k_z 进行扫描，并将带隙随归一化传播常数的变化关系连接起来，可以得到如图 4.4 - 12 (*b*)所示的带隙分布图，当归一化传播常数较大时，出现带隙。即在给定的传播常数与频率范围内，光不能在这种周期结构中传输。

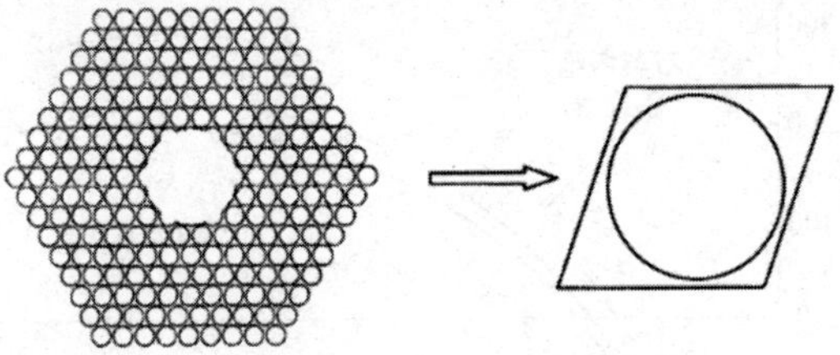

图 4.4 - 11　PBG - PCF 空气孔分布及其单元胞结构

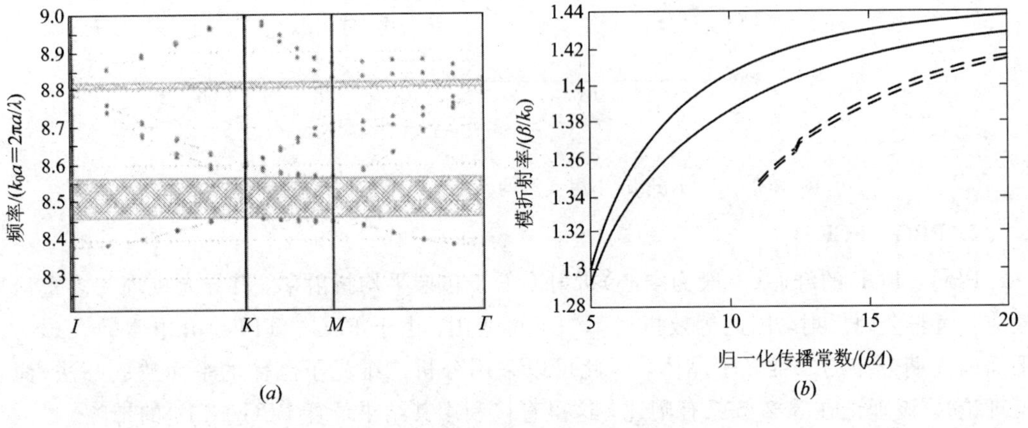

(*a*)　　(*b*)

图 4.4 - 12　光子带隙分布

(结构参数设置：相邻空气孔间距为 Λ，包层空气孔直径 $d_{cl}=0.4\Lambda$，芯区空气孔直径 $d_{c0}=0.4\Lambda$)

(*a*) k_z 取 12Λ 值时的能带；(*b*) 光子带隙分布

3. 布喇格光纤

布喇格光纤的包层是径向折射率高低周期性分布的介质结构，如果光纤芯层为空气，则导光机制为光子带隙效应；如果光纤芯层为实心的高折射率介质，则同时存在全内反射和光子带隙效应[30]。布喇格光纤是介电常数沿径向周期分布的一维光子晶体，仍然可以采用平面波展开法来分析，以下简要给出分析步骤。

假设光纤沿传播方向均匀，其模式光电场可以写成

$$\boldsymbol{E}_j(x, y, z) = [\boldsymbol{E}_{jt}(x, y) + \boldsymbol{E}_{jz}(x, y)]e^{-i(\omega t-\beta_j z)} \tag{4.4 - 13}$$

其中，β_j 为第 j 阶模式的传播常数；$\boldsymbol{E}_{jt}(x, y)=E_x\boldsymbol{i}+E_y\boldsymbol{j}$，$\boldsymbol{E}_{jz}(x, y)$ 分别是光电场的横向分量和纵向分量。应用超格子法表示光纤的横向折射率分布，选取 Hermite - Gaussian 函数将模式光电场展开，并将模式光电场的表达式代入矢量波动方程，可以得到横向模式光

电场的本征值方程为

$$\begin{bmatrix} I_{abcd}^{(1)}+k^2 I_{abcd}^{(2)}+I_{abcd}^{(3)x} & I_{abcd}^{(4)x} \\ I_{abcd}^{(4)y} & I_{abcd}^{(1)}+k^2 I_{abcd}^{(2)}+I_{abcd}^{(3)y} \end{bmatrix}\begin{bmatrix} E_x \\ E_y \end{bmatrix}=\beta_j^2\begin{bmatrix} E_x \\ E_y \end{bmatrix} \tag{4.4-14}$$

交叠积分 $I^{(1)}$、$I^{(2)}$、$I^{(3)}$ 和 $I^{(4)}$ 可以写出解析的表达式，这极大地提高了计算精度和速度。由于表达式非常复杂，这里不再写出，可以参考文献[31, 32]。通过在给定的波长求解本征值方程(4.4-14)，就可以得到对应 j 阶模式的本征值及相应的本征矢量，即求得相应的传播常数与模场分布。

应用平面波法计算得到布喇格光纤的能带结构如图 4.4-13 所示[30]，图中的阴影部分为光子导带，空白区为光子禁带。该图表明处在光子禁带区内的光波不能沿包层横向传播，因此在光子禁带区域就有可能存在布喇格光纤的导模。图中还示出了不同模式在光子禁带中的位置。

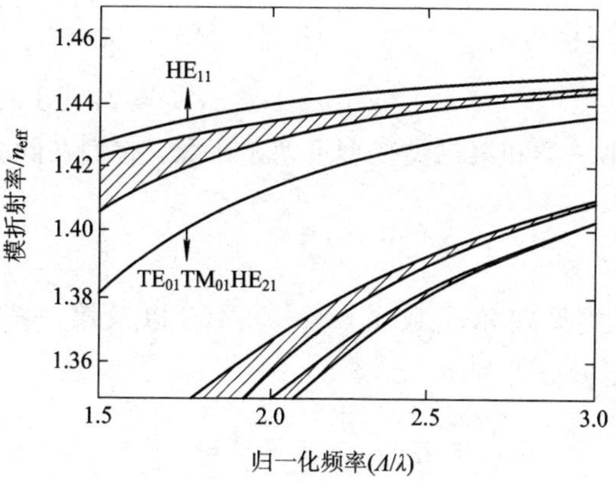

图 4.4-13 布喇格光纤的能带结构

附录Ⅰ 贝塞尔函数

1. 定义式

1) 第一类贝塞尔函数

$$\mathrm{J}_\nu(x)=\sum_{k=0}^{\infty}\frac{(-1)^k}{k!\,\Gamma(\nu+k+1)}\left(\frac{x}{2}\right)^{\nu+2k} \qquad |\arg x|<\pi \tag{Ⅰ-1}$$

称为第一类 ν 阶贝塞尔函数，它在除去半实轴$(-\infty,0)$的 x 平面内单值解析(当 ν 为整数时，$\mathrm{J}_\nu(x)$在全平面上解析)。

2) 第二类贝塞尔函数(诺伊曼函数)

$$\mathrm{N}_\nu(x)=\frac{\mathrm{J}_\nu(x)\cos(\nu\pi)-\mathrm{J}_{-\nu}(x)}{\sin(\nu\pi)} \qquad |x|<\infty,\ |\arg x|<\pi \tag{Ⅰ-2}$$

称为第二类 ν 阶贝塞尔函数(有的书中也记作 $\mathrm{Y}_\nu(x)$)，又称为诺伊曼函数。

$$\mathrm{N}_{-\nu}(x)=\mathrm{J}_\nu(x)\sin(\nu\pi)+\mathrm{N}_\nu(x)\cos(\nu\pi) \tag{Ⅰ-3}$$

$\mathrm{N}_\nu(x)$、$\mathrm{N}_{-\nu}(x)$在除去半实轴$(-\infty,\ 0)$的 x 平面内单值解析。

3）第三类贝塞尔函数（汉克尔函数）

$$H_\nu^{(1)}(x)=J_\nu(x)+iN_\nu(x)=\frac{J_{-\nu}(x)-J_\nu(x)e^{-i\nu\pi}}{i\sin(\nu\pi)}\qquad |x|<\infty,\ |\arg x|<\pi \tag{Ⅰ-4}$$

$$H_\nu^{(2)}(x)=J_\nu(x)-iN_\nu(x)=\frac{J_\nu(x)e^{-i\nu\pi}-J_{-\nu}(x)}{i\sin(\nu\pi)}\qquad |x|<\infty,\ |\arg x|<\pi \tag{Ⅰ-5}$$

称为第三类 ν 阶贝塞尔函数，$H_\nu^{(1)}(x)$、$H_\nu^{(2)}(x)$ 又分别称为第一类和第二类汉克尔函数。它们在除去半实轴 $(-\infty, 0)$ 的 x 平面内单值解析。

4）变型贝塞尔函数

$$I_\nu(x)=\sum_{k=0}^{\infty}\frac{1}{k!\Gamma(\nu+k+1)}\left(\frac{x}{2}\right)^{\nu+2k}\qquad |x|<\infty,\ |\arg x|<\pi \tag{Ⅰ-6}$$

$$K_\nu(x)=\frac{\pi}{2}i^{1+\nu}H_\nu^{(1)}(ix)=-\frac{\pi}{2}i^{1-\nu}H_\nu^{(2)}(-ix)=\frac{\pi}{2}\frac{I_{-\nu}(x)-I_\nu(x)}{\sin(\nu\pi)}$$

$$|\arg x|<\pi,\ \nu\neq 0, \pm 1, \pm 2, \cdots \tag{Ⅰ-7}$$

$I_\nu(x)$、$K_\nu(x)$ 分别称为第一类和第二类变型贝塞尔函数，它们在除去半实轴 $(-\infty, 0)$ 的 x 平面内单值解析。

2. 微分方程

(1) 第一类和第二类贝塞尔函数 $J_\nu(x)$、$N_\nu(x)$ 以及第一类和第二类汉克尔函数 $H_\nu^{(1)}(x)$、$H_\nu^{(2)}(x)$ 均满足微分方程

$$x^2\frac{d^2F}{dx^2}+x\frac{dF}{dx}+(x^2-\nu^2)F=0 \tag{Ⅰ-8}$$

(2) 第一类和第二类变型贝塞尔函数 $I_\nu(x)$、$K_\nu(x)$ 均满足微分方程

$$x^2\frac{d^2G}{dx^2}+x\frac{dG}{dx}-(x^2+\nu^2)G=0 \tag{Ⅰ-9}$$

3. 贝塞尔函数、汉克尔函数以及变型贝塞尔函数之间的关系

$$H_\nu^{(1)}(x)=J_\nu(x)+iN_\nu(x),\ H_\nu^{(2)}(x)=J_\nu(x)-iN_\nu(x) \tag{Ⅰ-10}$$

$$J_\nu(ix)=i^\nu I_\nu(x),\ J_0(ix)=I_0(x),\ J_1(ix)=iI_1(x) \tag{Ⅰ-11}$$

$$J_{-\nu}(x)=(-1)^\nu J_\nu(x) \tag{Ⅰ-12}$$

$$K_\nu(-ix)=\left(\frac{\pi}{2}\right)i^{\nu+1}H_\nu^{(1)}(x) \tag{Ⅰ-13}$$

$$K_{-\nu}(x)=K_\nu(x) \tag{Ⅰ-14}$$

4. 递推关系及微分关系

有关的 $J_\nu(x)$ 公式同样适用于 $N_\nu(x)$、$H_\nu^{(1)}(x)$、$H_\nu^{(2)}(x)$。

$$J_{\nu\mp1}(x)=\frac{2\nu}{x}J_\nu(x)-J_{\nu\pm1}(x) \tag{Ⅰ-15}$$

$$I_{\nu\mp1}(x)=\pm\frac{2\nu}{x}I_\nu(x)+I_{\nu\pm1}(x) \tag{Ⅰ-16}$$

$$K_{\nu\mp1}(x)=\mp\frac{2\nu}{x}K_\nu(x)+K_{\nu\pm1}(x) \tag{Ⅰ-17}$$

$$\frac{dJ_\nu(x)}{dx}=\mp\frac{\nu}{x}J_\nu(x)\pm J_{\nu\mp1}(x)=\frac{1}{2}[J_{\nu-1}(x)-J_{\nu+1}(x)] \quad (\text{I}-18)$$

$$\frac{dI_\nu(x)}{dx}=\mp\frac{\nu}{x}I_\nu(x)+I_{\nu\mp1}(x)=\frac{1}{2}[I_{\nu-1}(x)+I_{\nu+1}(x)] \quad (\text{I}-19)$$

$$\frac{dK_\nu(x)}{dx}=\mp\frac{\nu}{x}K_\nu(x)-K_{\nu\mp1}(x)=-\frac{1}{2}[K_{\nu-1}(x)+K_{\nu+1}(x)] \quad (\text{I}-20)$$

$$\frac{dJ_0(x)}{dx}=-J_1(x),\ \frac{dI_0(x)}{dx}=I_1(x),\ \frac{dK_0(x)}{dx}=-K_1(x) \quad (\text{I}-21)$$

5. 近似表达式

1）$x\to0$ 时

$$J_\nu(x)\approx\frac{1}{\nu!}\left(\frac{x}{2}\right)^\nu,\ J_0(x)\approx1-\frac{x^2}{4},\ J_1(x)\approx\frac{x}{2}-\frac{x^3}{16} \quad (\text{I}-22)$$

$$N_\nu(x)\approx\frac{(\nu-1)!}{\pi}\left(\frac{2}{x}\right)^\nu\quad \nu\neq0,\ N_0(x)\approx\frac{2}{\pi}\ln x \quad (\text{I}-23)$$

$$H_\nu^{(1)}(x)\approx-\frac{i(\nu-1)!}{\pi}\left(\frac{2}{x}\right)^\nu\quad \nu\neq0,\ H_0^{(1)}(x)\approx-\frac{2i}{\pi}\ln\frac{2}{x} \quad (\text{I}-24)$$

$$H_\nu^{(2)}(x)\approx\frac{i(\nu-1)!}{\pi}\left(\frac{2}{x}\right)^\nu\quad \nu\neq0,\ H_0^{(2)}(x)\approx\frac{2i}{\pi}\ln\frac{2}{x} \quad (\text{I}-25)$$

$$I_\nu(x)\approx\frac{1}{\nu!}\left(\frac{x}{2}\right)^\nu,\ I_0(x)\approx1+\frac{x^2}{4},\ I_1(x)\approx\frac{x}{2}+\frac{x^3}{16} \quad (\text{I}-26)$$

$$K_\nu(x)\approx\frac{(\nu-1)!}{\pi}\left(\frac{2}{x}\right)^\nu\quad \nu\neq0,\ K_0(x)\approx\ln\frac{2}{x} \quad (\text{I}-27)$$

2）$x\gg1$ 时

$$J_\nu(x)\approx\sqrt{\frac{2}{\pi x}}\cos\left(x-\frac{\nu\pi}{2}-\frac{\pi}{4}\right) \quad (\text{I}-28)$$

$$H_\nu^{(1)}(x)\approx\sqrt{\frac{2}{\pi x}}\exp\left[i\left(x-\frac{\nu\pi}{2}-\frac{\pi}{4}\right)\right] \quad (\text{I}-29)$$

$$H_\nu^{(2)}(x)\approx\sqrt{\frac{2}{\pi x}}\exp\left[-i\left(x-\frac{\nu\pi}{2}-\frac{\pi}{4}\right)\right] \quad (\text{I}-30)$$

$$I_\nu(x)\approx\frac{e^x}{\sqrt{2\pi x}}\left(1-\frac{4\nu^2-1}{8x}\right) \quad (\text{I}-31)$$

$$K_\nu(x)\approx\sqrt{\frac{\pi}{2x}}e^{-x}\left(1+\frac{4\nu^2-1}{8x}\right) \quad (\text{I}-32)$$

$$\frac{K_{\nu\pm1}(x)}{K_\nu(x)}\approx1+\frac{1\pm2\nu}{2x} \quad (\text{I}-33)$$

习　题　四

4-1　波导中的“光线”与“模式”有何联系？

4-2　设计一平板波导，要求单模工作。已知 $\lambda=1\ \mu m$，玻璃衬底折射率 $n_2=1.52$，溅射层折射率 $n_1=1.62$，覆盖层为空气：$n_3=1$。计算溅射层的厚度。

4-3　已知平板波导的结构：$a=1\ \mu m$，$n_1=1.625$，$n_2=1.525$，$n_3=1$，工作波长：$\lambda_0=0.6328\ \mu m$，试求波导的传导模数。

4-4　某平板波导，芯层厚度 $a=3\ \mu m$，折射率 $n_1=2.22$，衬底折射率 $n_2=2.20$，覆盖层为空气。试求此波导单模传输的光波长范围。

4-5　推导阶跃平板波导 TM 导模的本征方程。

4-6　推导阶跃平板波导辐射模的场表达式和本征方程。

4-7　由阶跃光纤中导模的纵向场表达式(4.3-43)式推导其横向场分量 E_r、E_φ、H_r、H_φ。

4-8　证明当 $\nu\neq0$ 时在阶跃光纤中不能存在 TM 模。

4-9　已知平板波导厚度 $d=3\ \mu m$，折射率 $n_1=3.6$，$n_2=n_3=3.4$，试考虑波长 $\lambda=1.3\ \mu m$ 的基模反射滤波器周期结构的周期长度。

4-10　设($\boldsymbol{E}_1$，$\boldsymbol{H}_1$)和($\boldsymbol{E}_2$，$\boldsymbol{H}_2$)是麦克斯韦方程组(4.1-62)的两个独立解，若 $\boldsymbol{\varepsilon}$ 和 $\boldsymbol{\mu}$ 为厄密张量(即介质无耗)，证明洛伦兹互易定理 $\nabla\cdot(\boldsymbol{E}_1\times\boldsymbol{H}_2-\boldsymbol{E}_2\times\boldsymbol{H}_1)=0$ 成立。

4-11　若折射率分布为 $n^2(x, y)$的介质波导结构相对于 $z=0$ 平面具有镜面对称性，

(1) 设 $\boldsymbol{E}_2$，$\boldsymbol{H}_2$ 是导模的场矢量，证明镜面变换后的场 $\boldsymbol{E}_2'$，$\boldsymbol{H}_2'$ 由(4.1-68)式给出；

(2) 证明

$$\frac{1}{2}\mathrm{Re}[\boldsymbol{E}_2'\times\boldsymbol{H}_2'^*]_z=-\frac{1}{2}\mathrm{Re}[\boldsymbol{E}_2\times\boldsymbol{H}_2^*]_z$$

4-12　设($\boldsymbol{E}_l$，$\boldsymbol{H}_l$)及($\boldsymbol{E}_m$，$\boldsymbol{H}_m$)是形式为(4.1-34)式的两个任意模式，并令：

$$I_{lm}=\frac{1}{2}\iint(\boldsymbol{E}_l\times\boldsymbol{H}_m^*)_z\mathrm{d}s=\delta_{lm}$$

(1) 利用麦克斯韦方程组(4.1-62)式及 $\nabla=\nabla_t+\boldsymbol{k}\partial/\partial z$，证明

$$I_{lm}=\frac{\beta_m}{2\omega\mu}\iint\boldsymbol{E}_l\cdot\boldsymbol{E}_m^*\mathrm{d}s+\frac{\mathrm{i}}{2\omega\mu}\iint(\boldsymbol{E}_l\cdot\nabla)\boldsymbol{E}_{mz}^*\mathrm{d}s$$

因此就证明，对于 TE 模($E_z=0$)，正交归一关系式(4.1-73)简化成(4.1-74)式。

(2) 由(1)和分部积分法，证明

$$2\delta_{lm}=I_{lm}+I_{ml}^*=\frac{\beta_l+\beta_m}{2\omega\mu}\iint\boldsymbol{E}_l\cdot\boldsymbol{E}_m^*\mathrm{d}s-\frac{\mathrm{i}}{2\omega\mu}\iint(\boldsymbol{E}_{lz}\nabla\cdot\boldsymbol{E}_m^*-\boldsymbol{E}_{mz}^*\cdot\nabla\boldsymbol{E}_l)\mathrm{d}s$$

因此 $\nabla\cdot\boldsymbol{E}=0$ 或 $\boldsymbol{k}\cdot\boldsymbol{E}=0$ 足以使正交归一关系式(4.1-73)简化成(4.1-74)式。

(3) 如果 $\nabla\cdot\boldsymbol{E}=0$，波动方程(4.1-35)成立，试由(4.1-69)式直接推导(4.1-74)式。

4-13　对于 TM 模，按照题 4-12 的方法，并使用 I_{lm} 的相同定义，

(1) 证明

$$I_{lm}=\frac{\beta_m}{2\omega}\iint\boldsymbol{H}_l\cdot\frac{1}{\varepsilon}\boldsymbol{H}_m^*\mathrm{d}s+\frac{\mathrm{i}}{2\omega\varepsilon}\iint(\boldsymbol{H}_l\cdot\nabla)\boldsymbol{H}_{mz}^*\mathrm{d}s$$

因此对于 TM 模($H_z=0$)，正交归一关系式(4.1-73)简化成(4.1-74)式。

(2) 试推导类似题 4-12(2)的关系式。证明 $\boldsymbol{H}\cdot\nabla\varepsilon=0$ 或 $\boldsymbol{k}\cdot\boldsymbol{H}=0$ 足以满足正交归一关系式 (4.1-74)。

4-14　设平板波导的电介质微扰是

$$\Delta n^2(z)=\begin{cases}\Delta n_3^2 & 0\leqslant x\\ \Delta n_1^2 & -a\leqslant x\leqslant 0\\ \Delta n_2^2 & x\leqslant -a\end{cases}$$

式中 Δn_1^2、Δn_2^2 和 Δn_3^2 为常数(可以是含有增益或损耗的复数)。

(1) 证明对传播常数的修正是

$$\delta\beta_m^2=\left(\frac{\omega}{c}\right)^2(\Gamma_1\Delta n_1^2+\Gamma_2\Delta n_2^2+\Gamma_3\Delta n_3^2)$$

其中

$$\Gamma_l=\frac{\int_l \boldsymbol{E}_m^*\cdot\boldsymbol{E}_m\,\mathrm{d}x}{\int \boldsymbol{E}_m^*\cdot\boldsymbol{E}_m\,\mathrm{d}x}\qquad l=1,\ 2,\ 3$$

积分 $\int_l$ 是在介质 l 内进行，这些 Γ 代表在相应介质中流动的功率分数。

(2) 对于固定厚度的平板波导，传播常数 β_m^2 可以看做 n_1^2、n_2^2 和 n_3^2 的函数，其关系隐含在本征方程(4.1-43)和(4.1-51)式中。所以 $\delta\beta_m^2$ 可写成

$$\delta\beta_m^2=\frac{\partial\beta_m^2}{\partial n_1^2}\Delta n_1^2+\frac{\partial\beta_m^2}{\partial n_2^2}\Delta n_2^2+\frac{\partial\beta_m^2}{\partial n_3^2}\Delta n_3^2$$

试由方程(4.1-43)直接证明

$$\frac{\partial\beta_m^2}{\partial n_l^2}=\left(\frac{\omega}{c}\right)^2\Gamma_l\qquad l=1,\ 2,\ 3$$

4-15 假设新的传输模写成 $\boldsymbol{E}_m'=\boldsymbol{E}_m+a_{mm}\boldsymbol{E}_m+\delta\boldsymbol{E}_m$ 形式，其中 $a_{mm}\boldsymbol{E}_m$ 是从 $\delta\boldsymbol{E}_m$ 展开式中取出的，因此 $\delta\boldsymbol{E}_m$ 与 $\boldsymbol{E}_m$ 正交。如果 $\boldsymbol{E}_m'$ 归一化为

$$\int\boldsymbol{E}_m'^*\cdot\boldsymbol{E}_m'\,\mathrm{d}x\mathrm{d}y=\frac{2\omega\mu}{\beta_m'}$$

其中 $\beta_m'^2=\beta_m^2+\delta\beta_m^2$。试证明

$$a_{mm}=-\frac{1}{4}\frac{\delta\beta_m^2}{\beta_m^2}=-\frac{1}{2}\frac{\delta\beta_m}{\beta_m}$$

4-16 经过周期性电光相互作用的 TE↔TM 转换器的透射率由(3.1-115)式给出。

(1) 证明半最大透射率出现在 $\Delta\beta L=0.8\pi$ 处，其中 $\Delta\beta$ 由(4.2-98)式给出。

(2) 假设没有模式色散，证明波长的 FWHM 是

$$\frac{\Delta\lambda_{1/2}}{\lambda_0}=\frac{0.8}{N}$$

(3) 假定含有模式色散，证明分数带宽变成

$$\frac{\Delta\lambda_{1/2}}{\lambda_0}=\frac{0.80}{N}\left|1-\frac{\lambda}{\Delta n}\frac{\partial\Delta n}{\partial\lambda}\right|^{-1}$$

其中 $\Delta n=n^{\mathrm{TE}}-n^{\mathrm{TM}}$。

4-17 若石英的折射率为 1.47，对于波长 1550 nm 的光，利用计算机编程模拟光栅长度和调制深度对均匀光纤光栅反射谱的影响。

4-18 普通单模阶跃光纤的群速度色散可以用波导色散和石英的材料色散相加来得

到，光子晶体光纤的群速度色散是否也可以用同样的方法得到？为什么？

参考文献

[1] 秦秉坤. 介质光波导及其应用. 北京：北京理工大学出版社，1991.

[2] 叶培大，吴彝尊. 光波导技术理论基础. 北京：人民邮电出版社，1981.

[3] 马库塞. 传输光学. 程希望，译. 北京：人民邮电出版社，1987.

[4] A 亚里夫，P 叶. 晶体中的光波. 于荣金，金锋，译. 北京：科学出版社，1991.

[5] Flanders D C, Kogelnik H, et al. Grating filter for thin film optical waveguides. Appl. Phys. Lett., 1974, 24:194.

[6] Kogelnik H and Shank C V. Coupled wave thory of distributed feedback laser. Appl. Phys., 1972, 43:2328.

[7] Tien P K, et al. Novel metal-clad optical components and method of forming high-index substrate for forming integrated optical circuits. Appl. Phys. Lett., 1975, 27:251.

[8] Cho A Y, Yariv A, and Ylh P. Observation of confined propagation in Bragg waveguides. Appl. Phys. Lett., 1977, 30:471.

[9] Livanos A C, et al. Chirped-grating demultiplexers in dielectric waveguides. Appl. Phys. Lett., 1977, 30:519.

[10] 石顺祥，刘继芳. 光电子技术及其应用. 北京：科学出版社，2010

[11] 范崇澄，彭吉虎. 导波光学. 北京：北京理工大学出版社，1988.

[12] Hill K O, et al. Photosensitivity in optical fiber waveguides: Application to reflection filter fabrication. Appl. Phys. Lett., 1978, 32(15):647.

[13] Friebele P, et al. Fibre Bragg grating strain sensors: present and future applications in smart structures. Optics and Photonics News., 1998, 9:33.

[14] 李川，张以谟，赵永贵，等. 光纤光栅：原理、技术与传感应用. 北京：科学出版社，2005.

[15] Erdogan T. Fiber Grating Spectra. Journal of Lightwave Technology, 1997, 15(8):1277 - 1294.

[16] Knight J C, Birks T A, Russell P S J, et al., All - silica single - mode optical fiber with photonic crystal cladding. Optics Letters, 1996, 21(19):1547 - 1549.

[17] Birks T A, Roberts P J, Russell P S J, et al. Full 2 - D photonic bandgaps in silica/air structures. Electronics Letters, 1995, 31:1941 - 1943.

[18] Cregan R F, Mangan B J, Knight J C, et al. Single - mode photonic band gap guidance of light in air. Science, 1999, 285:1537 - 1539.

[19] Monsorin J A. High - index - core bragg fibers: dispersion properties. Optics Express, 2003, 11(12):1401 - 1405.

[20] Yeh P, Yariv A, Marom E. Theory of bragg fiber. J. Opt. Soc. Am., 1978, 68:1196 - 1201.

[21] Fink Y, et al. Guiding optical light in air using an all-dielectric structure. Journal of Lightwave Technology, 1999, 17(11): 2039

[22] Devaiah A, et al. Surgical utility of a new carbon dioxide laser fiber: Functional and histological study. The Laryngoscope, 2005, 115(8).

[23] Vienne G, Xu Y, Jakobsen C, et al. First demonstration of air-silica bragg fiber. Optical Fiber Communications Conference (OFC'04), Post deadline paper PDP25, 2004.

[24] Birks T A, Knight J C and Russell P S J. Endlessly single-mode photonic crystal fiber. Opt. Lett, 1997, 22(13): 961-963.

[25] Peyrilloux A, Fevrier S, Marcou J, et al. Comparison between the finite element method, the localized function method and a novel equivalent averaged index method for modelling photonic crystal fibres. J. Opt. A: Pure Appl. Opt., 2002, 4:257-262.

[26] Knight J C, Arriaga J, Birks T A, et al. Anomalous dispersion in photonic crystal fiber. IEEE Photonics Technology Letters, 2000, 12(7):807-809.

[27] Song Peng, Zhang Lu, Hu Qianggao, et al. Birefringence characteristics of squeezed lattice photonic crystal fibers. Journal of Lightwave Technology, 2007, 25(7).

[28] Fang H, Lou S, Guo T, et al. Highly birefringent honeycomb photonic bandgap fibre. Chinese Physics Letters, 2007, 24:1294-1297.

[29] Fang H, Lou S, Guo T, et al. A simple model for approximate bandgap structure calculation of all-solid photonic bandgap fibre based on an array of rings. Chinese Physics B, 2008, 17:232-237.

[30] 任国斌，王智，娄书琴，等. 高折射率芯 Bragg 光纤的模式特征. 光电子·激光，2004，15(5):565-568

[31] Zhi W, Guobin R, Shuqin L, et al. Novel supercell lattice method for the photonic crystal fibers. Opt. Express, 2003, 11: 980-991.

[32] Guobin R, Zhi W, Shuqin L, et al. Mode classification and degeneracy in photonic crystal fibers. Opt. Express, 2003, 11: 1310-1321.

第五章 光在非线性介质中的传播

首先需要指出，前面几章所讨论的光在介质中传播的现象和光的电磁理论，都属于线性光学范畴。1960 年后，伴随着激光的产生和发展，在光学领域内又诞生了一门新的学科——非线性光学。非线性光学的诞生和发展，使得古老的光学焕发了青春。这一章和下一章所讨论的光在介质中传播和控制的现象，都属于非线性光学范畴的现象。

这一章着重讨论非线性光学的基本概念，光在非线性介质中传播的基本电磁理论，光在非线性介质中传播时所发生的几种常见的非线性光学现象。

5.1 光在非线性介质中传播的电磁理论

5.1.1 非线性光学概述

在线性光学范畴内，光在介质中传播以及光与介质相互作用时，介质对光场的响应呈线性关系，按照极化理论，可以用下面的线性极化强度矢量描述：

$$\boldsymbol{P} = \varepsilon_0 \boldsymbol{\chi} \cdot \boldsymbol{E} \tag{5.1-1}$$

式中 $\boldsymbol{\chi}$ 是线性电极化率张量。此时，所产生的各种光学现象，如折射、散射、吸收等均与光电场呈线性关系，表征介质光学性质的特征参量，如电极化率、折射率、吸收系数、散射截面等均与光电场无关，描述光波在介质中传播及光与介质相互作用的宏观麦克斯韦方程是一组线性微分方程组。在线性光学效应中，光在介质中传播时不产生新的频率，不同光波之间没有耦合，光在介质中的传播满足独立传播原理和线性叠加原理。

自 1960 年激光诞生以后，强激光束通过介质时，表现出一系列新的非线性光学效应，介质对光电场的响应呈现出非线性特性，表征介质光学性质的特征参量(如电极化率)与光电场有关，介质中的感应极化强度 $\boldsymbol{P}$ 与光电场 $\boldsymbol{E}$ 之间为非线性关系，可表示成如下幂级数形式：

$$\begin{aligned}\boldsymbol{P} &= \varepsilon_0 \boldsymbol{\chi}(\boldsymbol{E}) \cdot \boldsymbol{E} \\ &= \varepsilon_0 \boldsymbol{\chi}^{(1)} \cdot \boldsymbol{E} + \varepsilon_0 \boldsymbol{\chi}^{(2)} \cdot \boldsymbol{E}\boldsymbol{E} + \varepsilon_0 \boldsymbol{\chi}^{(3)} \cdot \boldsymbol{E}\boldsymbol{E}\boldsymbol{E} + \cdots \\ &= \boldsymbol{P}^{(1)} + \boldsymbol{P}^{(2)} + \boldsymbol{P}^{(3)} + \cdots \\ &= \boldsymbol{P}_{\rm L} + \boldsymbol{P}_{\rm NL}\end{aligned} \tag{5.1-2}$$

式中，$\boldsymbol{\chi}^{(1)}$ 是一阶电极化率张量或线性电极化率张量，$\boldsymbol{\chi}^{(2)}$ 是二阶非线性电极化率张量，$\boldsymbol{\chi}^{(3)}$ 是三阶非线性电极化率张量，……；$\boldsymbol{P}^{(1)}$ 是一阶(线性)极化强度，$\boldsymbol{P}^{(2)}$ 是二阶非线性极化强度，$\boldsymbol{P}^{(3)}$ 是三阶非线性极化强度，……；$\boldsymbol{P}_{\rm L}$ 是线性极化强度，$\boldsymbol{P}_{\rm NL}$ 是非线性极化强度，且

$\boldsymbol{P}_{NL}=\boldsymbol{P}^{(2)}+\boldsymbol{P}^{(3)}+\cdots$。在这种非线性光学效应中，光在介质中传播时将产生新的频率，不同光波之间将产生耦合，光的独立传播原理和光的线性叠加原理不再成立。

1961年，弗朗肯(Franken)等人[1]将波长为0.6943 μm的红宝石激光脉冲聚焦到石英晶体中，观察到了新波长为0.3471 μm的红宝石激光的二次谐波产生，并由此诞生了一门新型的非线性光学学科。此后，伴随着激光技术的发展，非线性光学飞速地发展，人们发现了许多具有重大实用价值和科学意义的新的光学现象和新的光学效应，如光倍频、光混频(和频、差频)、光参量振荡、受激散射、多光子吸收、自聚焦、光学相位共轭、光学双稳态等。由于非线性光学拓宽了相干光波段，提供了研究物质微观结构新的手段，扩大了激光的应用范围，形成了许多新的科学技术，因此非线性光学从诞生伊始，就受到人们的重视，经过50多年的研究，已成为一门成熟的独立光学学科分支，并逐渐从实验室阶段走向实用化阶段。

5.1.2 非线性介质响应特性的描述

根据光的电磁理论，光辐射是光频电磁波，其运动状态由麦克斯韦方程组描述。假设非线性介质是均匀、不导电、非磁性介质，若没有自由电荷存在，麦克斯韦方程和物质方程为

$$\nabla\times\boldsymbol{H}=\frac{\partial\boldsymbol{D}}{\partial t}\tag{5.1-3}$$

$$\nabla\times\boldsymbol{E}=-\frac{\partial\boldsymbol{B}}{\partial t}\tag{5.1-4}$$

$$\boldsymbol{D}=\varepsilon_0\boldsymbol{E}+\boldsymbol{P}\tag{5.1-5}$$

$$\boldsymbol{B}=\mu_0\boldsymbol{H}\tag{5.1-6}$$

经过简单的运算可得

$$\nabla\times\nabla\times\boldsymbol{E}=-\mu_0\varepsilon_0\frac{\partial^2\boldsymbol{E}}{\partial t^2}-\mu_0\frac{\partial^2\boldsymbol{P}}{\partial t^2}\tag{5.1-7}$$

在激光辐射场的作用下，介质的感应极化强度 $\boldsymbol{P}$ 包括线性项和非线性项两部分，则由(5.1-2)式，方程(5.1-7)可改写为

$$\nabla\times\nabla\times\boldsymbol{E}=-\mu_0\boldsymbol{\varepsilon}(\boldsymbol{E})\cdot\frac{\partial^2\boldsymbol{E}}{\partial t^2}\tag{5.1-8}$$

或

$$\nabla\times\nabla\times\boldsymbol{E}=-\mu_0\boldsymbol{\varepsilon}\cdot\frac{\partial^2\boldsymbol{E}}{\partial t^2}-\mu_0\frac{\partial^2\boldsymbol{P}_{NL}}{\partial t^2}\tag{5.1-9}$$

式中，$\boldsymbol{\varepsilon}(\boldsymbol{E})$ 为非线性介质的介电常数张量(或介电张量)，

$$\boldsymbol{\varepsilon}=\varepsilon_0(1+\boldsymbol{\chi}^{(1)})\tag{5.1-10}$$

为线性介电常数张量。显然，只要知道非线性极化强度 $\boldsymbol{P}_{NL}$，就可以在一定的边界条件下，由麦克斯韦方程组求解得到非线性辐射场。而要知道非线性极化强度 $\boldsymbol{P}_{NL}$，必须首先知道介质的非线性电极化率，它是非线性光学中最基本的物理量。

下面，利用经典振子模型导出非线性电极化率的表示式，并简单介绍其基本性质。在这里，仅讨论二次非线性光学效应。

1. 非线性电极化率[2]

1) 非线性电极化率表示式

考虑光在介质中的非线性效应，振子在光电场 $E(t)$ 作用下的运动方程为

$$\ddot{r} + 2\gamma\dot{r} + \omega_0^2 r - Ar^2 = -\frac{e}{m}E(t) \tag{5.1-11}$$

式中，r 是振子在光电场作用下的位移，γ 是阻尼系数，ω_0 是谐振子的固有频率，e 是电子的电荷，m 是电子质量，A 是振子恢复力中非简谐力的二次非简谐效应参数。给定光电场 $E(t)$ 后，可由这个运动方程解出 r，进而可由感应极化强度 $P=-Ner$ 及 P 和 E 的幂级数关系式，求出感应极化强度 P 和电极化率 χ。

方程(5.1-11)是非线性方程，求解起来十分困难。考虑到在一般情况下，式中的非简谐项 Ar^2 很小，可以采用微扰法进行近似求解。假设振子位移可以写成如下幂级数形式：

$$r = r_1 + r_2 + \cdots + r_k + \cdots \tag{5.1-12}$$

式中

$$r_k \propto E^k \qquad k = 1, 2, \cdots \tag{5.1-13}$$

将(5.1-12)式代入方程(5.1-11)中，并使等式两边同次幂项的系数相等，可得幂级数的前两项满足如下两个方程：

$$\ddot{r}_1 + 2\gamma\dot{r}_1 + \omega_0^2 r_1 = -\frac{e}{m}E(t) \tag{5.1-14}$$

$$\ddot{r}_2 + 2\gamma\dot{r}_2 + \omega_0^2 r_2 = Ar_1^2 \tag{5.1-15}$$

其中，(5.1-14)式实际上是线性谐振子在光电场作用下的线性运动方程，利用它可以很容易解得线性位移项 r_1。如果将所求得的 r_1 代入(5.1-15)式，则因所得到的(二次)非线性位移项 r_2 的方程式也是线性微分方程，所以也很容易求解。

假设非线性介质中有两个单色光波，其光电场为

$$E(t) = E_1(\omega_1)e^{-i\omega_1 t} + E_2(\omega_2)e^{-i\omega_2 t} + \text{c.c.} \tag{5.1-16}$$

式中，c.c.表示前面项的复数共轭项。根据感应极化强度的幂级数表示式，其线性极化强度和二阶非线性极化强度分别为

$$P^{(1)}(t) = -Ner_1(t) \tag{5.1-17}$$

$$P^{(2)}(t) = -Ner_2(t) \tag{5.1-18}$$

式中 N 是电子密度。对上面二式进行傅里叶变换，并且利用(5.1-2)式定义的频域内的线性电极化率和二阶非线性电极化率的关系：

$$P^{(1)}(\omega_l) = \varepsilon_0 \chi^{(1)}(-\omega_l, \omega_l)E(\omega_l) \qquad l = 1, 2 \tag{5.1-19}$$

$$P^{(2)}(\omega_1+\omega_2) = \varepsilon_0 \chi^{(2)}(-(\omega_1+\omega_2), \omega_1, \omega_2)E(\omega_1)E(\omega_2) \tag{5.1-20}$$

可通过求解方程(5.1-14)和(5.1-15)，进一步解得

$$\chi^{(1)}(-\omega_l, \omega_l) = \frac{Ne^2}{\varepsilon_0 m}F(\omega_l) \qquad l = 1, 2 \tag{5.1-21}$$

$$\chi^{(2)}(-(\omega_1+\omega_2), \omega_1, \omega_2) = -\frac{ANe^3}{\varepsilon_0 m^2}F(\omega_1+\omega_2)F(\omega_1)F(\omega_2) \tag{5.1-22}$$

式中

$$F(\omega) = \frac{1}{(\omega_0^2 - \omega^2) - i2\gamma\omega} \tag{5.1-23}$$

上面电极化率宗量中的$-\omega$，表示由于非线性光学效应产生了一个新的频率ω，前面的负号表示产生的意思。例如，$\chi^{(1)}(-\omega_l, \omega_l)$表示光电场$E(\omega_l)$通过介质的线性作用，产生频率为$\omega_l$的线性极化强度；$\chi^{(2)}(-(\omega_1+\omega_2), \omega_1, \omega_2)$表示光电场$E(\omega_1)$和$E(\omega_2)$通过介质的二次非线性作用，产生频率为$\omega=\omega_1+\omega_2$的二阶非线性极化强度。一般情况下，其宗量表示可以简化，产生频率$-\omega$可以不写。

当$\omega_1=\omega_2=\omega$时，有

$$P^{(2)}(2\omega) = \varepsilon_0 \chi^{(2)}(-2\omega, \omega, \omega)E^2(\omega) \tag{5.1-24}$$

$$\chi^{(2)}(-2\omega, \omega, \omega) = -\frac{ANe^3}{\varepsilon_0 m^2}F(2\omega)F^2(\omega) \tag{5.1-25}$$

由上面的求解过程可以看出，在考虑到二次非线性光学效应的情况下，频率为ω_1和ω_2的光电场在介质中感应的极化强度，不仅有ω_1和ω_2的线性分量，还有$2\omega_1$、$2\omega_2$、$\omega_1\pm\omega_2$等新频率分量。这些感应极化强度分量作为次波辐射源，将辐射频率为ω_1和ω_2，以及$2\omega_1$、$2\omega_2$、$\omega_1\pm\omega_2$等新频率光波，这就是光在介质中传播的线性光学过程和二次谐波产生、和频、差频等非线性光学过程。

同理，如果考虑更高阶的非线性光学效应，则可以解出更高阶的非线性电极化率，介质中的光电场通过这些更高阶的非线性电极化率，将产生更高阶非线性极化强度，辐射出更高阶次的谐波光场。

2）非线性电极化率的性质

在非线性光学中，特别是对于稳态工作过程，各向异性介质的感应极化强度$\boldsymbol{P}$与电场强度$\boldsymbol{E}$的关系通常不用时域关系表示，而是采用下面频域中的复数振幅分量形式表示：

$$\begin{aligned}P_i(\omega) = {} & \varepsilon_0 \chi_{ij}^{(1)}(-\omega, \omega)E_j(\omega) + \varepsilon_0 \chi_{ijk}^{(2)}(-\omega, \omega_1, \omega_2)E_j(\omega_1)E_k(\omega_2) \\ & + \varepsilon_0 \chi_{ijkl}^{(3)}(-\omega, \omega_1', \omega_2', \omega_3')E_j(\omega_1')E_k(\omega_2')E_l(\omega_3') + \cdots\end{aligned} \tag{5.1-26}$$

式中已利用了爱因斯坦求和规则，即式中相邻量间有相同的下标，表示对该下标求和。例如，右边第二项的实际形式应为$\varepsilon_0 \sum\limits_{j,k=x,y,z} \chi_{ijk}^{(2)}(-\omega,\omega_1,\omega_2)E_j(\omega_1)E_k(\omega_2)$，表示光电场$E_j(\omega_1)$和$E_k(\omega_2)$通过介质的二次非线性作用，产生频率为$\omega=\omega_1+\omega_2$的二阶非线性极化强度的$i$分量。二阶非线性电极化率$\chi_{ijk}^{(2)}(-\omega, \omega_1, \omega_2)$是一个三阶张量。

由非线性光学理论可以证明，非线性电极化率主要有如下性质：

(1) 非线性电极化率的色散特性。严格来说，二阶非线性电极化率$\chi_{ijk}^{(2)}(-\omega, \omega_1, \omega_2)$是一个色散量，因频率不同而异。但在透明介质中，它的色散可以忽略不计(相关频率在可见光和近红外波段中，$\chi_{ijk}^{(2)}(-\omega, \omega_1, \omega_2)$的色散不超过10%)，所以描述非线性光学效应(二次谐波产生、和频和差频过程等)的二阶非线性电极化率$\chi_{ijk}^{(2)}(-2\omega, \omega, \omega)$、$\chi_{ijk}^{(2)}(-(\omega=\omega_1+\omega_2), \omega_1, \omega_2)$和$\chi_{ijk}^{(2)}(-(\omega=\omega_1-\omega_2), \omega_1, -\omega_2)$等相同。

(2) 非线性电极化率的本征对易对称性。在考虑到色散的情况下，对于(5.1-20)式定义的二阶非线性电极化率具有本征对易对称性：$\chi_{ijk}^{(2)}(-\omega, \omega_1, \omega_2)=\chi_{ikj}^{(2)}(-\omega, \omega_2, \omega_1)$，即将频率坐标对$(\omega_1, j)$与$(\omega_2, k)$交换(共2！种方式)，相应的二阶非线性电极化率保持不变。

(3) 非线性电极化率的完全对易对称性。如果非线性介质为无耗介质(即参与非线性过程的所有光电场的频率都低于电子吸收带)，则二阶非线性电极化率具有完全对易对称

性：$\chi_{ijk}^{(2)}(-\omega, \omega_1, \omega_2)=\chi_{ikj}^{(2)}(-\omega, \omega_2, \omega_1)=\chi_{jik}^{(2)}(\omega_1, -\omega, \omega_2)=\cdots$，即将频率坐标对$(-\omega, i)$、$(\omega_1, j)$与$(\omega_2, k)$任意交换(共 3！种方式)，相应的二阶非线性电极化率保持不变，也即在三个频率$(\omega, \omega_1, \omega_2)$光电场的非线性相互作用中，其和频$(\omega=\omega_1+\omega_2)$、差频$(\omega_1=\omega-\omega_2)$等过程的电极化率相同。

(4) 非线性电极化率的空间对称性。由于非线性介质结构的空间对称性，导致了电极化率张量有空间对称性。可以证明，自然界中存在的 11 种具有中心对称结构的晶体，其二阶非线性电极化率 $\chi_{ijk}^{(2)}(-\omega, \omega_1, \omega_2)$等于零；其它 21 种不具有中心对称的晶体，二阶非线性电极化率 $\chi_{ijk}^{(2)}(-\omega, \omega_1, \omega_2)$非零，且是对称张量，其 27 个张量元素中有 18 个独立元素，并且因各种晶体结构的对称性限制，其中许多张量元素相等或为零。

2. 非线性光学系数

除了上述非线性光学理论研究中采用二阶非线性电极化率$\chi_{ijk}^{(2)}(\omega_1, \omega_2)$描述二次非线性光学效应外，基于实验测量，习惯上更多采用非线性光学系数 $d_{ijk}(\omega_1, \omega_2)$描述二次非线性光学效应，且 $d_{ijk}(\omega_1, \omega_2)=\chi_{ijk}^{(2)}(\omega_1, \omega_2)$。对于二次谐波产生过程，由(5.1-24)式和(5.1-25)式，人们定义[3]

$$d_{ijk}(2\omega) \stackrel{\mathrm{d}}{=} \frac{1}{2}\chi_{ijk}^{(2)}(2\omega) \tag{5.1-27}$$

为相应的非线性光学系数。由于非线性光学系数的本征对易对称性，$d_{ijk}(2\omega)$的后两个下标交换位置保持不变，因此可以使用简化下标，表示成 $d_{il}(2\omega)$，相应的约化关系为

$$\begin{array}{lllllll} jk(kj)= & xx & yy & zz & yz(zy) & zx(xz) & xy(yx) \\ l= & 1 & 2 & 3 & 4 & 5 & 6 \end{array}$$

在这种简化情况下，二次谐波产生效应的非线性光学系数矩阵表示形式为

$$\begin{bmatrix} d_{11} & d_{12} & d_{13} & d_{14} & d_{15} & d_{16} \\ d_{21} & d_{22} & d_{23} & d_{24} & d_{25} & d_{26} \\ d_{31} & d_{32} & d_{33} & d_{34} & d_{35} & d_{36} \end{bmatrix}$$

共有 18 个矩阵元素 d_{il}，其中下标 $i=1, 2, 3$；$l=1, 2, 3, 4, 5, 6$。进一步，由于晶体的空间对称性，d_{il}的独立元素数目还会大大地减少。表 5.1-1 列举出了一些晶类的 $d_{il}(2\omega)$独立分量数目，其中，A 是只考虑本征对易对称性和空间对称性时不为零的独立分量数目；B 是具有完全对易对称性时不为零的独立分量数目。

表 5.1-1　一些晶类的 $d_{il}(2\omega)$独立分量数目

晶类和晶系	A	B
正交晶系 222	(3) d_{14}, d_{25}, d_{36}	(1) $d_{14}=d_{25}=d_{36}$
$mn2$	(5) $d_{15}, d_{24}, d_{31}, d_{32}, d_{33}$	(3) $d_{15}=d_{31}, d_{24}=d_{32}$
三角晶系 $3m$	(4) $d_{15}=d_{24}, d_{33}$ $d_{22}=-d_{21}=-d_{15}, d_{31}=d_{32}$	(3) $d_{31}=d_{15}$

续表

晶类和晶系	A	B
六角晶系 6	(4) $d_{14}=-d_{25}$，$d_{15}=d_{24}$ $d_{31}=d_{32}$，d_{33}	(2) $d_{14}=0$ $d_{24}=d_{32}$
四角晶系 $\bar{4}2m$ $(2\perp z)$	(2) $d_{14}=d_{25}$，d_{36}	(1) $d_{14}=d_{36}$
立方晶系 $\bar{4}3m$	(1) $d_{14}=d_{25}=d_{36}$	(1) $d_{14}=d_{25}=d_{36}$

现以属于$\bar{4}2m$ 晶类的 KDP 晶体为例，写出二次谐波极化强度的表示式。考虑到(5.1-27)式，对于如下式所示的光电场：

$$\boldsymbol{E}(t)=\frac{1}{2}\boldsymbol{E}_0(\omega)\mathrm{e}^{-\mathrm{i}\omega t}+\mathrm{c.\,c.} \tag{5.1-28}$$

由(5.1-26)式可写成

$$P_{0i}(2\omega)=\varepsilon_0\sum_{jk}d_{il}(2\omega)E_{0j}(\omega)E_{0k}(\omega) \tag{5.1-29}$$

其矩阵形式为

$$\begin{bmatrix}P_{0x}\\P_{0y}\\P_{0z}\end{bmatrix}=\varepsilon_0\begin{bmatrix}d_{11}&d_{12}&d_{13}&d_{14}&d_{15}&d_{16}\\d_{21}&d_{22}&d_{23}&d_{24}&d_{25}&d_{26}\\d_{31}&d_{32}&d_{33}&d_{34}&d_{35}&d_{36}\end{bmatrix}\begin{bmatrix}E_{0x}^2\\E_{0y}^2\\E_{0z}^2\\2E_{0y}E_{0z}\\2E_{0z}E_{0x}\\2E_{0x}E_{0y}\end{bmatrix} \tag{5.1-30}$$

查表 5.1-1，可以得到 KDP 晶体的二次谐波极化强度 $\boldsymbol{P}_o(2\omega)$的矩阵形式为

$$\begin{bmatrix}P_{0x}\\P_{0y}\\P_{0z}\end{bmatrix}=\varepsilon_0\begin{bmatrix}0&0&0&d_{14}&0&0\\0&0&0&0&d_{14}&0\\0&0&0&0&0&d_{36}\end{bmatrix}\begin{bmatrix}E_{0x}^2\\E_{0y}^2\\E_{0z}^2\\2E_{0y}E_{0z}\\2E_{0z}E_{0x}\\2E_{0x}E_{0y}\end{bmatrix} \tag{5.1-31}$$

一般分量形式为

$$\left.\begin{aligned}P_{0x}(2\omega)&=2\varepsilon_0 d_{14}E_{0y}(\omega)E_{0z}(\omega)\\P_{0y}(2\omega)&=2\varepsilon_0 d_{14}E_{0z}(\omega)E_{0x}(\omega)\\P_{0z}(2\omega)&=2\varepsilon_0 d_{36}E_{0x}(\omega)E_{0y}(\omega)\end{aligned}\right\} \tag{5.1-32}$$

5.1.3 非线性光学相互作用的电磁理论[2,4]

在线性光学范畴内，根据 1.1 节关于光电场的时空域频谱表示，在离散分量情况下，

均匀介质 $\boldsymbol{\varepsilon}_0$ 中沿 z 方向传播的光电场可表示为

$$\boldsymbol{E}(t)=\sum_l A_l \boldsymbol{E}(\omega_l)\mathrm{e}^{-\mathrm{i}(\omega_l t-k_l z)} \tag{5.1-33}$$

式中系数 A_l 为常数。上式中的每一个谱分量均可视为介质中传播的简正波(模)，其物理意义表示它们在介质中独立传播，相互之间没有耦合，不产生新频率光波。因此，可以通过讨论每个简正波的传播特性研究介质中光波的传播。

在非线性光学情况下，介质的光学特性在光电场作用下发生变化，介电常数变为

$$\boldsymbol{\varepsilon}(\boldsymbol{E})=\boldsymbol{\varepsilon}+\Delta\boldsymbol{\varepsilon}_{\mathrm{NL}}(\boldsymbol{E}) \tag{5.1-34}$$

其中，非线性介电常数扰动 $\Delta\boldsymbol{\varepsilon}_{\mathrm{NL}}(\boldsymbol{E})$ 将产生非线性极化强度，导致不同频率光波间的耦合，使其幅度随光波的传播变化，或产生新频率光波。对于在这种非线性介质中光波的传播特性，通常都采用非线性耦合波理论进行讨论。

下面，首先导出非线性光学相互作用的耦合波方程。

1. 非线性光学相互作用的耦合波方程

由麦克斯韦方程(1.1-1)、(1.1-2)出发，可写出显含极化强度 $\boldsymbol{P}$ 的形式：

$$\nabla\times\boldsymbol{E}=-\frac{\partial}{\partial t}(\mu_0\boldsymbol{H}) \tag{5.1-35}$$

$$\nabla\times\boldsymbol{H}=\boldsymbol{J}+\frac{\partial}{\partial t}(\varepsilon_0\boldsymbol{E}+\boldsymbol{P}) \tag{5.1-36}$$

考虑到非线性光学作用，极化强度包含线性和非线性项：

$$\boldsymbol{P}=\varepsilon_0\,\boldsymbol{\chi}_{\mathrm{L}}\cdot\boldsymbol{E}+\boldsymbol{P}_{\mathrm{NL}} \tag{5.1-37}$$

方程(5.1-36)可写成

$$\nabla\times\boldsymbol{H}=\sigma\boldsymbol{E}+\frac{\partial}{\partial t}(\boldsymbol{\varepsilon}\cdot\boldsymbol{E}+\boldsymbol{P}_{\mathrm{NL}}) \tag{5.1-38}$$

式中，σ 是介质的电导率，$\boldsymbol{\varepsilon}=\varepsilon_0(1+\boldsymbol{\chi}_{\mathrm{L}})$。对方程(5.1-35)两边求旋度，用方程(5.1-38)取代其中的 $\nabla\times\boldsymbol{H}$，并利用矢量微分恒等式 $\nabla\times\nabla\times\boldsymbol{E}=\nabla\nabla\cdot\boldsymbol{E}-\nabla^2\boldsymbol{E}$，可以得到

$$\nabla^2\boldsymbol{E}=\mu_0\sigma\frac{\partial\boldsymbol{E}}{\partial t}+\mu_0\boldsymbol{\varepsilon}\cdot\frac{\partial^2\boldsymbol{E}}{\partial t^2}+\mu_0\frac{\partial^2\boldsymbol{P}_{\mathrm{NL}}}{\partial t^2} \tag{5.1-39}$$

在这里，我们假定光波沿着 z 方向传播，光电场满足 $\frac{\partial}{\partial x}=\frac{\partial}{\partial y}=0$，因而可将问题简化为一维形式。并且，假定介质中只有频率为 ω_1、ω_2 和 $\omega_3(=\omega_1+\omega_2)$ 的三个光波传播，它们的光电场表示式分别为

$$\begin{aligned}
E_{1i}(z,t)&=\frac{1}{2}E_{10i}(z)\mathrm{e}^{-\mathrm{i}(\omega_1 t-k_1 z)}+\mathrm{c.c.}\\
E_{2j}(z,t)&=\frac{1}{2}E_{20j}(z)\mathrm{e}^{-\mathrm{i}(\omega_2 t-k_2 z)}+\mathrm{c.c.}\\
E_{3k}(z,t)&=\frac{1}{2}E_{30k}(z)\mathrm{e}^{-\mathrm{i}(\omega_3 t-k_3 z)}+\mathrm{c.c.}
\end{aligned} \tag{5.1-40}$$

式中，i，j，k 代表笛卡尔坐标。在线性光学情况下，$\boldsymbol{P}_{\mathrm{NL}}=0$，方程(5.1-39)的解由(5.1-40)式给出，其中的复振幅 $E_{10i}(z)$、$E_{20j}(z)$ 和 $E_{30k}(z)$ 均是与 t 无关的量，复振幅随 z 的变化，仅取决于介质的损耗 σ。

当考虑二次非线性效应时，相应于频率为 $\omega_1=\omega_3-\omega_2$ 的非线性极化强度的 i 分量

$[P_{NL}(z,t)]_{1i}$为

$$[P_{NL}(z,t)]_{1i} = \varepsilon_0 d_{ijk} E_{20j}^*(z) E_{30k}(z) \mathrm{e}^{-\mathrm{i}[(\omega_3-\omega_2)t-(k_3-k_2)z]} + \mathrm{c.c.} \tag{5.1-41}$$

或者，非线性极化强度复振幅的 i 分量为

$$P_{0i}(\omega_1) = 2\varepsilon_0 d_{ijk} E_{20j}^*(\omega_2) E_{30k}(\omega_3) \tag{5.1-42}$$

与二次谐波产生的非线性极化强度表示式(5.1-29)相比，上式中多了一个因子2，这是由于在该差频过程中，考虑到非线性光学系数的本征对易对称性，频率为 ω_3 和 ω_2 的光电场对频率为 ω_1 非线性极化强度的贡献加倍所致。因为$\dfrac{\partial}{\partial x}=\dfrac{\partial}{\partial y}=0$，所以方程(5.1-39)等号左边的项为

$$\nabla^2 E_{1i}(z,t) = \frac{\partial^2}{\partial z^2} E_{1i}(z,t) = \frac{1}{2}\frac{\partial^2}{\partial z^2}[E_{10i}(z)\mathrm{e}^{-\mathrm{i}(\omega_1 t-k_1 z)} + \mathrm{c.c.}]$$

在进行微分运算时，假定满足慢变化振幅近似：

$$\frac{\mathrm{d}E_{10i}}{\mathrm{d}z}k_1 \gg \frac{\mathrm{d}^2 E_{10i}}{\mathrm{d}z^2}$$

可得

$$\nabla^2 E_{1i}(z,t) = -\frac{1}{2}\left[k_1^2 E_{10i}(z) - 2\mathrm{i}k_1 \frac{\mathrm{d}E_{10i}(z)}{\mathrm{d}z}\right]\mathrm{e}^{-\mathrm{i}(\omega_1 t-k_1 z)} + \mathrm{c.c.}$$

由此，$E_{1i}(z,t)$满足的波动方程为

$$\frac{1}{2}\left[k_1^2 E_{10i}(z) - 2\mathrm{i}k_1 \frac{\mathrm{d}E_{10i}(z)}{\mathrm{d}z}\right]\mathrm{e}^{-\mathrm{i}(\omega_1 t-k_1 z)} + \mathrm{c.c.}$$

$$= \frac{1}{2}[(\mathrm{i}\omega_1\mu_0\sigma + \omega_1^2\mu_0\varepsilon_1)E_{10i}(z)\mathrm{e}^{-\mathrm{i}(\omega_1 t-k_1 z)} + \mathrm{c.c.}] - \mu_0\frac{\partial^2}{\partial z^2}[P_{NL}(z,t)]_{1i}$$

式中已利用了$\partial/\partial t=-\mathrm{i}\omega_1$。若用(5.1-41)式替代上式中的$[P_{NL}(z,t)]_{1i}$，并且考虑到 σ 是频率的函数，$\omega_1^2\mu_0\varepsilon_1=k_1^2$，可以得到

$$\frac{\mathrm{d}E_{10i}}{\mathrm{d}z} = -\frac{\sigma_1}{2}\sqrt{\frac{\mu_0}{\varepsilon_1}}E_{10i} + \mathrm{i}\omega_1\sqrt{\frac{\mu_0}{\varepsilon_1}}\varepsilon_0 d_{ijk}E_{20j}^* E_{30k}\mathrm{e}^{\mathrm{i}\Delta kz} \tag{5.1-43}$$

类似地推导，也可以得到频率为 ω_2 和 ω_3 的光电场满足如下方程：

$$\frac{\mathrm{d}E_{20j}}{\mathrm{d}z} = -\frac{\sigma_2}{2}\sqrt{\frac{\mu_0}{\varepsilon_2}}E_{20j} + \mathrm{i}\omega_2\sqrt{\frac{\mu_0}{\varepsilon_2}}\varepsilon_0 d_{jik}E_{10i}^* E_{30k}\mathrm{e}^{\mathrm{i}\Delta kz} \tag{5.1-44}$$

$$\frac{\mathrm{d}E_{30k}}{\mathrm{d}z} = -\frac{\sigma_3}{2}\sqrt{\frac{\mu_0}{\varepsilon_3}}E_{30k} + \mathrm{i}\omega_3\sqrt{\frac{\mu_0}{\varepsilon_3}}\varepsilon_0 d_{kij}E_{10i} E_{20j}\mathrm{e}^{-\mathrm{i}\Delta kz} \tag{5.1-45}$$

式中

$$\Delta k = k_3 - k_1 - k_2 \tag{5.1-46}$$

上面导出的三个方程(5.1-43)、(5.1-44)和(5.1-45)，它们就是稳态情况下的三波耦合方程。该三波耦合方程指出，在非线性介质中传播的三个光波电场复振幅的变化，不仅取决于介质的损耗，还取决于介质的非线性光学耦合效应。

若光电场表示式为

$$\boldsymbol{E}_l(t) = \frac{1}{2}\boldsymbol{e}_l E_{l0}(\omega_z)\mathrm{e}^{-\mathrm{i}\omega_l t} + \mathrm{c.c.} \qquad l=1,2,3 \tag{5.1-47}$$

式中 $\boldsymbol{e}_l$ 是光电场振动方向的单位矢量，并且假设对于传播的三个光波，介质都是透明的，

不计介质的损耗，则可以利用非线性电极化率的完全对易对称性，将上面的三波耦合方程化简为

$$\frac{\mathrm{d}E_{10}}{\mathrm{d}z}=\frac{\mathrm{i}\omega_1^2}{k_1c^2}d_{\mathrm{eff}}E_{20}^*E_{30}\mathrm{e}^{\mathrm{i}\Delta kz} \tag{5.1-48}$$

$$\frac{\mathrm{d}E_{20}}{\mathrm{d}z}=\frac{\mathrm{i}\omega_2^2}{k_2c^2}d_{\mathrm{eff}}E_{10}^*E_{30}\mathrm{e}^{\mathrm{i}\Delta kz} \tag{5.1-49}$$

$$\frac{\mathrm{d}E_{30}}{\mathrm{d}z}=\frac{\mathrm{i}\omega_3^2}{k_3c^2}d_{\mathrm{eff}}E_{10}E_{20}\mathrm{e}^{-\mathrm{i}\Delta kz} \tag{5.1-50}$$

式中，E_{10}、E_{20}和E_{30}是三个光电场复振幅的大小，c是光在真空中传播的速度，d_{eff}是有效非线性光学系数，定义为

$$\begin{aligned}d_{\mathrm{eff}}&\overset{\mathrm{d}}{=}\boldsymbol{e}_1\cdot\mathbf{d}(-\omega_1,-\omega_2,\omega_3)\cdot\boldsymbol{e}_2\boldsymbol{e}_3\\&\overset{\mathrm{d}}{=}\boldsymbol{e}_2\cdot\mathbf{d}(-\omega_2,-\omega_1,\omega_3)\cdot\boldsymbol{e}_1\boldsymbol{e}_3\\&\overset{\mathrm{d}}{=}\boldsymbol{e}_3\cdot\mathbf{d}(-\omega_3,\omega_1,\omega_2)\cdot\boldsymbol{e}_1\boldsymbol{e}_2\end{aligned} \tag{5.1-51}$$

上述三波耦合方程组表明，在非线性介质内三波相互作用的过程中，某一个频率光波电场复振幅随着传播距离的变化率，是另外两个频率光波电场的函数，即不同频率的光波在非线性介质中，可以发生能量的相互转移，这种能量的相互转移是通过非线性介质的有效非线性光学系数实现的。

2. 非线性相互作用过程的能量守恒

由于非线性耦合作用引起了光波之间的能量转移，因而可以从能量守恒的角度来分析耦合波方程的物理意义。

将稳态耦合波方程(5.1-48)、(5.1-49)和(5.1-50)分别乘以E_{10}^*、E_{20}^*和E_{30}^*，并将所得三式相加，可得到如下关系式：

$$\frac{k_1}{\omega_1}E_{10}^*\frac{\mathrm{d}E_{10}}{\mathrm{d}z}+\frac{k_2}{\omega_2}E_{20}^*\frac{\mathrm{d}E_{20}}{\mathrm{d}z}+\frac{k_3}{\omega_3}E_{30}\frac{\mathrm{d}E_{30}^*}{\mathrm{d}z}=0$$

再取上式的复数共轭并与上式相加，得

$$\frac{k_1}{\omega_1}\frac{\mathrm{d}}{\mathrm{d}z}|E_{10}|^2+\frac{k_2}{\omega_2}\frac{\mathrm{d}}{\mathrm{d}z}|E_{20}|^2+\frac{k_3}{\omega_3}\frac{\mathrm{d}}{\mathrm{d}z}|E_{30}|^2=0$$

对该式积分得

$$\frac{k_1}{\omega_1}|E_{10}|^2+\frac{k_2}{\omega_2}|E_{20}|^2+\frac{k_3}{\omega_3}|E_{30}|^2=\text{常数} \tag{5.1-52}$$

因光波在介质中传播的能流密度S_ω(或光强I_ω)为

$$S_\omega=\frac{1}{2}\varepsilon|E_0(\omega)|^2v=\frac{1}{2\mu_0}\frac{k}{\omega}|E_0(\omega)|^2 \tag{5.1-53}$$

所以由(5.1-52)式可得

$$S_{\omega_1}+S_{\omega_2}+S_{\omega_3}=\text{常数} \tag{5.1-54}$$

该式即为三波非线性相互作用过程的能量守恒关系式，表明三个耦合光波所携带的总能量通量在介质内处处相等。因此，在透明介质中，发生非线性相互作用的光场与介质之间没有能量交换。

此外，由(5.1-48)式和(5.1-49)式可以得到

$$\frac{k_1}{\omega_1^2}E_{10}^*\frac{\mathrm{d}E_{10}}{\mathrm{d}z}-\frac{k_2}{\omega_2^2}E_{20}^*\frac{\mathrm{d}E_{20}}{\mathrm{d}z}=0 \tag{5.1-55}$$

类似上面的推导过程，上式可变换为

$$\frac{S_{\omega_1}}{\omega_1}-\frac{S_{\omega_2}}{\omega_2}=\text{常数} \tag{5.1-56}$$

同样，还可以得到另外两个关系式：

$$\frac{S_{\omega_1}}{\omega_1}+\frac{S_{\omega_3}}{\omega_3}=\text{常数} \tag{5.1-57}$$

$$\frac{S_{\omega_2}}{\omega_2}+\frac{S_{\omega_3}}{\omega_3}=\text{常数} \tag{5.1-58}$$

由(5.1-56)、(5.1-57)和(5.1-58)式中的任何两式，都可以确定出第三个式子。同时，由上面三个关系式一起便可得到能量守恒关系(5.1-54)式。

由(5.1-56)～(5.1-58)式所组成的关系称为曼利-罗(Maly-Rowe)关系。这一关系还可以利用光子通量形式表示。因为 $S_\omega/(\hbar\omega)$ 代表光波中频率为 ω 的光子平均通量 N_ω，所以(5.1-56)～(5.1-58)式可表示为

$$N_{\omega_1}-N_{\omega_2}=\text{常数} \tag{5.1-59}$$

$$N_{\omega_1}+N_{\omega_3}=\text{常数} \tag{5.1-60}$$

$$N_{\omega_2}+N_{\omega_3}=\text{常数} \tag{5.1-61}$$

同样，能量守恒关系式(5.1-54)可表示为

$$\omega_1 N_{\omega_1}+\omega_2 N_{\omega_2}+\omega_3 N_{\omega_3}=\text{常数} \tag{5.1-62}$$

上述关系式表明，因为光场与介质之间没有任何能量交换，所以频率为 ω_1 和 ω_2 的光子只能一同产生或一同湮灭，而与此同时，就有一个频率为 ω_3 的光子湮灭或产生。

5.2 光的二次谐波产生

二次谐波产生是非线性光学中最典型、最基本也是应用最广泛的一种技术。早在1961年，夫朗肯等人就用石英晶体对红宝石激光(波长为0.6943 μm)进行了二次谐波产生的实验，获得了波长为0.3471 μm的紫外光，不过当时的转换效率很低，仅为 10^{-8} 量级。1962年人们采用了相位匹配技术，大大提高了二次谐波产生及光混频过程的转换效率，并伴随着超短脉冲激光技术的发展，获得了接近于1的转换效率。可以说，二次谐波产生和光混频技术已成为激光技术中频率转换的重要手段。例如，由钕离子激光器产生的波长为1.06 μm的激光，通过两次二次谐波产生过程分别得到了波长为0.53 μm的绿光和波长为0.265 μm的紫外光；基波分别与二次谐波和四次谐波混频又可以获得三次谐波光(波长为0.353 μm)及五次谐波光(波长为0.212 μm)；如果利用这些新产生的相干辐射去激励可调谐染料激光器、光参量振荡器或受激喇曼散射频移器，就可以获得更新的可调谐波段。而光混频不仅使相干辐射向紫外波段扩展，也可以使其向红外乃至远红外波段扩展。显然，这对于开拓激光的应用有重要意义。

5.2.1 均匀平面光的二次谐波产生

1. 二次谐波产生的小信号解

为了使讨论更加清晰，首先讨论光混频产生的小信号解理论。

1) 光混频产生的小信号解

现考虑由频率为 ω_1 和 ω_2 的光波通过光混频过程产生频率为 $\omega_3=\omega_1+\omega_2$ 小信号光波的情况。根据小信号理论处理方法，可以认为在光混频过程中，频率为 ω_1 和 ω_2 的光波场强的改变量非常小，以致于它们在三波耦合过程中可认为不变，则三波耦合方程组中只剩下小信号光波电场满足的(5.1-50)式一个方程：

$$\frac{\mathrm{d}E_{30}}{\mathrm{d}z}=\frac{\mathrm{i}\omega_3^2}{k_3c^2}d_{\mathrm{eff}}E_{10}(0)E_{20}(0)\mathrm{e}^{-\mathrm{i}\Delta kz} \tag{5.2-1}$$

设非线性介质长度为 L，并认为入射端($z=0$)处 $E_{30}(0)=0$，则可以解得

$$E_{30}(L)=\frac{\mathrm{i}\omega_3^2}{k_3c^2}d_{\mathrm{eff}}LE_{10}(0)E_{20}(0)\mathrm{e}^{-\mathrm{i}\frac{\Delta kL}{2}}\frac{\sin(\Delta kL/2)}{\Delta kL/2} \tag{5.2-2}$$

利用光强度关系 $I=\frac{1}{2}\varepsilon|E_0|^2v$，可将(5.2-2)式关系用光强度形式表示为

$$I_3(L)=\frac{8\pi^2L^2d_{\mathrm{eff}}^2}{n_1n_2n_3\lambda_3^2c\,\varepsilon_0}I_1(0)I_2(0)\left[\frac{\sin(\Delta kL/2)}{\Delta kL/2}\right]^2 \tag{5.2-3}$$

上式是对和频过程 $\omega_3=\omega_1+\omega_2$ 而言的。对于差频过程 $\omega_3=\omega_1-\omega_2$，只要以 $-\omega_2$ 代替 ω_2，以 E_2^* 代替 E_2，就可以得到完全类似的结果。

2) 二次谐波产生的小信号解

对于二次谐波产生过程，有 $\omega_1=\omega_2=\omega$，$\omega_3=2\omega$。通常称频率为 ω 的光波为基波，光电场复振幅表示为 E_1；称频率为 2ω 的光波为二次谐波或倍频波，光电场复振幅表示为 E_2。在这种情况下，二次谐波的耦合方程为

$$\frac{\mathrm{d}E_2}{\mathrm{d}z}=\frac{\mathrm{i}\omega}{n_2c}d_{\mathrm{eff}}E_1E_1\mathrm{e}^{-\mathrm{i}\Delta kz} \tag{5.2-4}$$

相对于方程(5.2-1)，该方程右边少了一个因子2，这起因于(5.1-29)式与(5.1-42)式的差别。求解该方程可得输出光电场为

$$E_2(L)=\frac{\mathrm{i}\omega}{n_2c}d_{\mathrm{eff}}LE_1(0)E_1(0)\mathrm{e}^{-\mathrm{i}\frac{\Delta kL}{2}}\frac{\sin(\Delta kL/2)}{\Delta kL/2} \tag{5.2-5}$$

输出的二次谐波强度为

$$I_{2\omega}(L)=\frac{8\pi^2L^2d_{\mathrm{eff}}^2}{n_1^2n_2\lambda_1^2c\,\varepsilon_0}I_\omega^2(0)\left[\frac{\sin(\Delta kL/2)}{\Delta kL/2}\right]^2 \tag{5.2-6}$$

为表征二次谐波产生过程的效率，定义输出二次谐波强度与输入基波强度之比为二次谐波产生效率 η_{SHG}，有

$$\eta_{\mathrm{SHG}}=\frac{I_{2\omega}(L)}{I_\omega(0)}=\frac{8\pi^2L^2d_{\mathrm{eff}}^2}{n_1^2n_2\lambda_1^2c\,\varepsilon_0}I_\omega(0)\left[\frac{\sin(\Delta kL/2)}{\Delta kL/2}\right]^2 \tag{5.2-7}$$

由(5.2-3)、(5.2-6)式可见，光混频、二次谐波产生过程所产生的新频率光波的光强度与两输入光波强度的乘积(或基波强度的平方)成正比；与有效非线性光学系数(d_{eff})

的平方成正比；与函数$\left[\frac{\sin(\Delta kL/2)}{\Delta kL/2}\right]^2$成正比。特别要指出的是，由图 5.2-1 所示的函数$\left[\frac{\sin(\Delta kL/2)}{\Delta kL/2}\right]^2$（或$[\mathrm{sinc}(\Delta kL/2)]^2$）与$\frac{\Delta kL}{2}$之间的关系可以看出，当 $\Delta k=0$ 时，函数等于 1，称为相位匹配；当 $\Delta k\neq 0$ 时，函数小于 1，并随着 Δk 很快地下降，称为相位失配。显然，只有在相位匹配的情况下，光混频、二次谐波产生过程才能获得最高的转换效率。

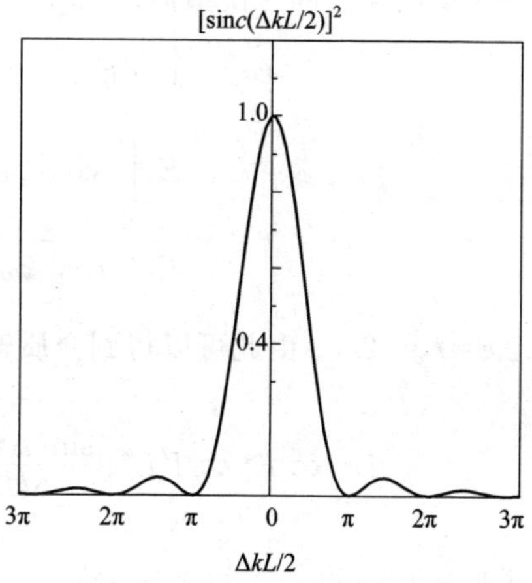

图 5.2-1 $[\mathrm{sinc}(\Delta kL/2)]^2$ 函数图

实际上，相位匹配不仅影响着光混频过程、二次谐波产生过程的转换效率，对于整个非线性光学来说，也是一个非常重要的概念。它是直接决定某个非线性光学过程效率大小的条件，也可以说是使所需要的非线性光学过程在众多可能发生的非线性光学过程中占优势的条件，如同前几章讨论的耦合模理论中的共振耦合条件。因此，下面将较详细地讨论相位匹配的概念，并简介近年来发展起来的准相位匹配技术。

2. 相位匹配

1）相位匹配概念

我们首先以辐射相干叠加的观点说明二次谐波产生过程的相位匹配概念。

假定频率为 ω 的基波射入非线性介质，由于二次非线性效应，将产生频率为 2ω 的二阶非线性极化强度，该极化强度作为一个激励源将产生频率为 2ω 的二次谐波辐射，并由介质输出，这就是二次谐波产生过程，或倍频过程。设介质对基波和二次谐波辐射的折射率为 n_1 和 n_2，又设基波光电场表示式为

$$E_\omega = E_1\cos(\omega t - k_1 z) = \frac{1}{2}E_1 \mathrm{e}^{-\mathrm{i}(\omega t - k_1 z)} + \mathrm{c.c.} \tag{5.2-8}$$

式中

$$k_1 = \frac{2\pi}{\lambda_1} = \frac{n_1\omega}{c} \tag{5.2-9}$$

则由二次非线性效应产生的频率为 2ω 的极化强度 $P_{2\omega}(t)$ 表示式为

$$\begin{aligned} P_{2\omega}(t) &= \frac{1}{2}\varepsilon_0 d_{\mathrm{eff}} E_1 E_1 \mathrm{e}^{-\mathrm{i}(2\omega t - 2k_1 z)} + \mathrm{c.c.} \\ &= \varepsilon_0 d_{\mathrm{eff}} E_1^2 \cos(2\omega t - 2k_1 z) \end{aligned} \tag{5.2-10}$$

由(5.2-10)式可见，二阶非线性极化强度的空间变化是由二倍的基波传播常数 $2k_1$ 决定的，而不是由二次谐波的传播常数 $k_2 = n_2 2\omega/c$ 决定，它将发射频率为 2ω 的辐射。如图 5.2-2 所示，距入射端 z 处、厚度为 $\mathrm{d}z$ 的一薄层介质，在输出端所产生的二次谐波光电场为

$$\mathrm{d}E_{2\omega} \propto E_1^2 \cos[2\omega(t - t') - 2k_1 z]\mathrm{d}z$$

式中，t' 是频率为 2ω 的辐射传播距离 $(L-z)$ 所需要的时间，且有

$$t' = \frac{L-z}{v_2} = \frac{(L-z)k_2}{2\omega}$$

则在介质输出端总的二次谐波场为

$$E_{2\omega}=\int_0^L \mathrm{d}E_{2\omega}\propto E_1^2\int_0^L \cos[2\omega(t-t')-2k_1 z]\mathrm{d}z$$

$$=E_1^2\int_0^L \cos[2\omega t-(2k_1-k_2)z-k_2 L]\mathrm{d}z$$

$$=E_1^2 L\cos\left[2\omega t-\frac{(2k_1+k_2)L}{2}\right]\frac{\sin(\Delta kL/2)}{\Delta kL/2} \tag{5.2-11}$$

式中 $\Delta k=k_2-2k_1$。由此可以得到介质输出端总的二次谐波的辐射强度为

$$L_{2\omega}\propto E_2^2\propto I_\omega^2 L^2\left[\frac{\sin(\Delta kL/2)}{\Delta kL/2}\right]^2=I_\omega^2 L^2\left[\frac{\sin\frac{\omega}{c}(n_2-n_1)L}{\frac{\omega}{c}(n_2-n_1)L}\right]^2 \tag{5.2-12}$$

此结果形式与(5.2-6)式完全一致。

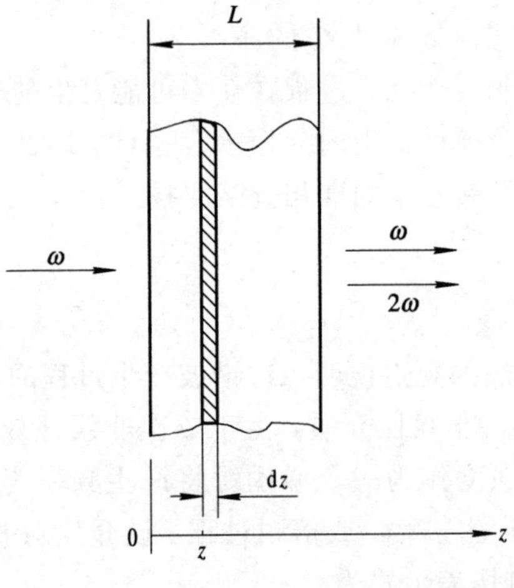

图 5.2-2　二次谐波产生过程示意图

由于介质的色散效应，一般来讲，$n_1\neq n_2$，即 $\Delta k\neq 0$，因此 $\mathrm{d}E_{2\omega}$ 的相位因子是 z 的函数，这意味着所有 $\mathrm{d}z$ 薄层贡献的二次谐波辐射不能同相位叠加，有时甚至相互抵消，使得总的二次谐波强度输出很小。只有当 $\Delta k=0$(相位匹配状态)时，此相位因子才与 z 无关，这时，不同坐标 z 处的薄层发射的二次谐波辐射在输出端能同相位叠加，并使得总的二次谐波输出强度达到最大值。

当 $\Delta k\neq 0$(相位失配状态)时，$\Delta kL/2=(k_2-2k_1)L/2=\omega(n_2-n_1)L/c\neq 0$，表明在介质内传播的距离上，后一时刻和前一时刻所产生的二次谐波辐射之间存在相位差。对于相邻 Δz 的两个小区域，当 $|k_2-2k_1|\Delta z\ll\pi$ 时，它们辐射的二次谐波是相加加强的；当 $|k_2-2k_1|\Delta z=\pi$ 时，因其反相，相互抵消。对于一定的 Δk，当介质长度 $L=\pi/|k_2-2k_1|$ 时，其内各点辐射的二次谐波多少总会有些相加加强，可以得到最大的辐射。故定义 $|\Delta k|L/2=\omega|n_2-n_1|L/c=\pi/2$ 时的介质长度为相干长度 L_C，且

$$L_C=\frac{\pi}{|k_2-2k_1|}=\frac{\lambda_1}{4|n_2-n_1|} \tag{5.2-13}$$

在正常色散的情况下，L_C 约为几十微米至 100 μm。

下面，我们再从能量转换的角度理解相位匹配的概念。

在二次谐波产生过程中，基波的能量通过介质的非线性极化不断地转换(耦合)到二次谐波，即基波在介质内产生了非线性极化强度 $P_{2\omega}^{(2)}$，非线性极化强度 $P_{2\omega}^{(2)}$ 作为一个激励源不断地发射二次谐波辐射。在介质输入端，$P_{2\omega}^{(2)}$ 与发射的二次谐波之间有一个合适的相位关系。显然，只有在整个作用距离内始终保持这个相位关系，$P_{2\omega}^{(2)}$ 才能不断地发射二次谐波，二次谐波能量才会不断地增长。这就要求二次谐波辐射的波数 k_2 与 $P_{2\omega}^{(2)}$ 的空间变化 $2k_1$ 必须相等，即 $\Delta k=k_2-2k_1=0$。如果 $\Delta k\neq0$，则经过一段距离后，两者的相对相位发生变化，不能保持初始时合适的相位关系，$P_{2\omega}^{(2)}$ 的发射受阻碍。当它们之间相位发生 180°的变化时，$P_{2\omega}^{(2)}$ 不再发射能量，而是吸收二次谐波能量，并通过非线性极化强度 $P_{\omega}^{(2)}$ 发射基波电磁场，将二次谐波能量通过非线性极化反转换到基波中去。显然，相应于 $\Delta k=0$ 的相位匹配状态，是二次谐波产生过程效率最高的状态，而相应于 $\Delta k\neq0$ 的相位失配状态，二次谐波产生过程的效率大大降低。

在相位匹配情况下，$\Delta k=0$，因此有

$$2k_1 = k_2 \tag{5.2-14}$$

或

$$n_1 = n_2 \tag{5.2-15}$$

$$v_1 = v_2 \tag{5.2-16}$$

通常将(5.2-14)、(5.2-15)、(5.2-16)式所给出的条件称为二次谐波产生过程的相位匹配条件。

实际上，从辐射的量子观点可以很容易地理解上述相位匹配条件。如果我们认为基波和二次谐波都是由光子组成的，沿传播方向的光子动量分别为 $\hbar\boldsymbol{k}_1$ 和 $\hbar\boldsymbol{k}_2$，则根据量子观点，二次谐波产生过程就是由于介质的非线性效应，由两个基波光子组合一起产生一个二次谐波光子的过程。这种过程必须同时遵守能量守恒条件：

$$\hbar\omega + \hbar\omega = \hbar 2\omega \tag{5.2-17}$$

和动量守恒条件：

$$\hbar\boldsymbol{k}_1 + \hbar\boldsymbol{k}_1 = \hbar\boldsymbol{k}_2 \tag{5.2-18}$$

显然，只有满足相位匹配条件 $2\boldsymbol{k}_1=\boldsymbol{k}_2$ 时，二次谐波产生过程才能发生。

根据以上关于二次谐波产生过程的相位匹配概念的讨论，我们可以将相位匹配条件推广到多波混频的非线性光学过程中。例如，对于 $\omega_1+\omega_2=\omega_3$ 的三波混频过程，相位匹配条件为

$$\boldsymbol{k}_1 + \boldsymbol{k}_2 = \boldsymbol{k}_3 \tag{5.2-19}$$

式中，$\boldsymbol{k}_1$、$\boldsymbol{k}_2$ 和 $\boldsymbol{k}_3$ 是频率为 ω_1、ω_2 和 ω_3 的三束光波在非线性介质中的波矢。该式已考虑了所有三束光波不一定共线，所以它是适合于一般三波混频过程的相位匹配条件的表示式。与这个过程相联系的相干长度为

$$L_C = \frac{\pi}{|\boldsymbol{k}_1 + \boldsymbol{k}_2 - \boldsymbol{k}_3|} \tag{5.2-20}$$

如果三束光波的波矢都在同一直线上，相应的相位匹配叫共线相位匹配；三束光波的波矢不在同一直线上的相位匹配叫非共线相位匹配。

2) 实现相位匹配的方法

由上所述，在二次谐波产生过程中，相位匹配条件是指基波和二次谐波在介质中的传播速度相等，或其折射率相等。实际上，对于一般光学介质而言，由于色散效应，不同频率

光的折射率是不同的，例如在正常色散区，频率高的光波折射率较高，即有 $n_2>n_1$。因此，要想实现相位匹配必须采取某种措施。下面介绍晶体中实现相位匹配的方法。

(1) 角度相位匹配——临界相位匹配。

① 角度相位匹配的概念。图 5.2-3 是负单轴晶体 KDP 中寻常光(o 光)和非常光(e 光)的色散曲线。可以看出，随着光波长的增长，折射率将减小。在二次谐波产生过程中，如果取基波(0.6943 μm)为寻常光偏振，二次谐波(0.3471 μm)为非常光偏振，则基波折射率 n_o^ω 介于二次谐波的两个主折射率 $n_o^{2\omega}$ 和 $n_e^{2\omega}$ 之间。于是，只要选择合适的光传播方向($\theta_m=50.4°$)，就可以实现相位匹配条件 $n_o^\omega=n_e^{2\omega}(\theta=50.4°)$。这种使基波与二次谐波有不同的偏振态，通过选择特定光传播方向实现相位匹配的方法称为角度相位匹配。这个能保证相位匹配的光传播方向的空间角度叫做相位匹配角。

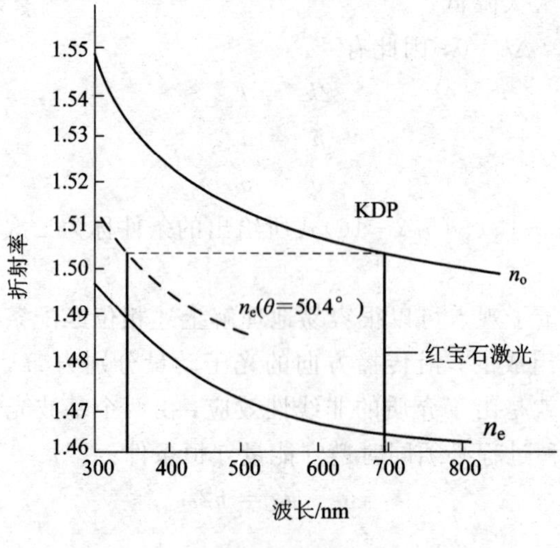

图 5.2-3　KDP 晶体的色散曲线

角度相位匹配方法可以通过 KDP 晶体的折射率曲面清楚地看出，它实际上是利用晶体的双折射特性补偿晶体的色散特性来实现相位匹配的。图 5.2-4 示出了 KDP 晶体相应于基波频率和二次谐波频率的折射率曲面。由图可见，基波的寻常光折射率曲面与二次谐

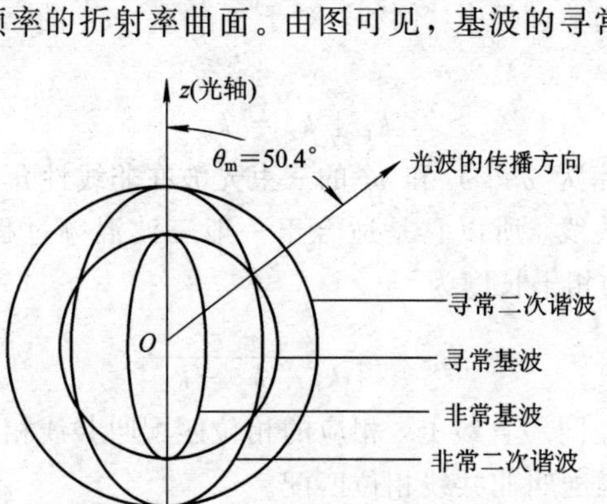

图 5.2-4　KDP 晶体折射率曲面通过光轴的截面

波的非常光折射率曲面有两个圆交线(在图中看到四个交点)，若交点对应的方向与光轴 Oz 方向的夹角为 θ_m，恰好是入射到晶体中的基波法线方向与光轴方向的夹角，就有 $n_o^{\omega}=n_e^{2\omega}(\theta_m)$，该 θ_m 就是相位匹配角。

应当指出的是，并不是任意晶体对任意波长都能实现相位匹配。例如，若非线性光学材料是正单轴石英晶体，基波选为非常光，二次谐波选为寻常光，则如图 5.2-5 所示，因 $n_e^{\omega}(\theta)$ 均小于 $n_o^{2\omega}$，即石英晶体缺乏足够的双折射补偿频率色散效应，因此不能实现相位匹配。

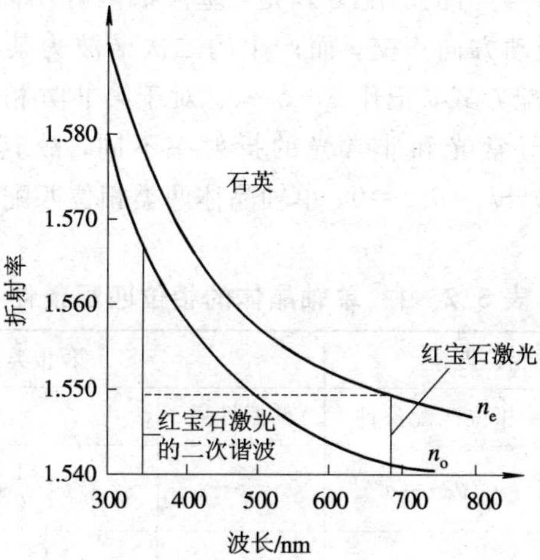

图 5.2-5 石英晶体的色散曲线

由图 5.2-6 所示的石英晶体的折射率曲面同样可以看出，因基波频率的两个折射率曲面完全位于二次谐波频率的两个折射率曲面之内，故没有任何光传播方向能实现相位匹配。

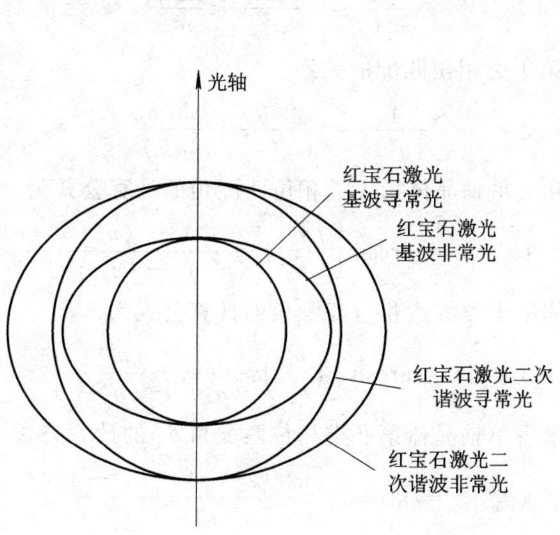

图 5.2-6 石英晶体折射率曲面通过光轴的截面

② 相位匹配角的计算。

i 共线相位匹配。首先讨论单轴晶体的相位匹配角的计算。按照入射基波的不同偏振方式，可将角度相位匹配分为两类：一类是入射的基波取单一的线偏振光(如寻常光)，即入射二基波的振动方向平行，而产生的二次谐波取另外一种状态的线偏振光(如非常光)，这种方式通常称为第Ⅰ类相位匹配方式。例如，对于上面讨论的负单轴晶体，两束频率为 ω 的基波是寻常光，其波矢方向均与光轴成 θ_m 角，通过非线性作用，将产生波矢仍沿 θ_m 角方向、频率为 2ω 的非常光，其相位匹配条件为 $n_o^{\omega}=n_e^{2\omega}(\theta_m)$，这种二次谐波产生过程可以用符号 o+o→e 表示；另一类相位匹配方式是，基波取两种不同的偏振状态(寻常光和非常光)，即入射二基波的振动方向正交，而产生的二次谐波为某一偏振态(如非常光)，这种方式称为第Ⅱ类相位匹配方式，记作 e+o→e。对于第Ⅱ类相位匹配方式，在非线性极化过程中，由于基波中的寻常光和非常光的折射率不同，故其 k_1 也不同，这时相位匹配条件为 $\Delta k=k_{1o}+k_{1e}(\theta_m)-k_{2e}(\theta_m)=0$。单轴晶体两类相位匹配方式的相位匹配条件列于表 5.2-1。

表 5.2-1 单轴晶体的相位匹配条件

晶体种类	第Ⅰ类相位匹配		第Ⅱ类相位匹配	
	偏振性质	相位匹配条件	偏振性质	相位匹配条件
正单轴晶体	e+e→o	$n_e^{\omega}(\theta_m)=n_o^{2\omega}$	o+e→o	$\frac{1}{2}[n_o^{\omega}+n_e^{\omega}(\theta_m)]=n_o^{2\omega}$
负单轴晶体	o+o→e	$n_o^{\omega}=n_e^{2\omega}(\theta_m)$	e+o→e	$\frac{1}{2}[n_e^{\omega}(\theta_m)+n_o^{\omega}]=n_e^{2\omega}(\theta_m)$

相应于两类角度相位匹配方式的相位匹配角 θ_m，可以通过理论计算。由非常光折射率 $n_e(\theta)$ 与方向 θ 的关系

$$\frac{1}{n_e^2(\theta)}=\frac{\cos^2\theta}{n_o^2}+\frac{\sin^2\theta}{n_e^2} \tag{5.2-21}$$

可得负单轴晶体满足第Ⅰ类相位匹配的关系：

$$\frac{1}{(n_o^{\omega})^2}=\frac{\cos^2\theta_m}{(n_o^{2\omega})^2}+\frac{\sin^2\theta_m}{(n_e^{2\omega})^2} \tag{5.2-22}$$

求解该方程，就可得到负单轴晶体第Ⅰ类相位匹配角的计算公式为

$$(\theta_m^{\mathrm{I}})^{负}=\arcsin\left[\left(\frac{n_e^{2\omega}}{n_o^{\omega}}\right)^2\frac{(n_o^{2\omega})^2-(n_o^{\omega})^2}{(n_o^{2\omega})^2-(n_e^{2\omega})^2}\right]^{1/2} \tag{5.2-23}$$

同理可得，正单轴晶体第Ⅰ类方式相位匹配角的计算公式为

$$(\theta_m^{\mathrm{I}})^{正}=\arcsin\left[\left(\frac{n_e^{\omega}}{n_o^{2\omega}}\right)^2\frac{(n_o^{\omega})^2-(n_o^{2\omega})^2}{(n_o^{\omega})^2-(n_e^{\omega})^2}\right]^{1/2} \tag{5.2-24}$$

采用同样方法，可以求得单轴晶体第Ⅱ类相位匹配角 θ_m 的计算公式：

$$(\theta_m^{\mathrm{II}})^{正}=\arcsin\left\{\frac{[n_o^{\omega}/(2n_o^{2\omega}-n_o^{\omega})]^2-1}{(n_o^{\omega}/n_e^{\omega})^2-1}\right\}^{1/2} \tag{5.2-25}$$

$$\left[\frac{\cos^2(\theta_m^{\mathrm{II}})^{负}}{(n_o^{2\omega})^2}+\frac{\sin^2(\theta_m^{\mathrm{II}})^{负}}{(n_e^{2\omega})^2}\right]^{-1/2}=\frac{1}{2}\left\{n_o^{\omega}+\left[\frac{\cos^2(\theta_m^{\mathrm{II}})^{负}}{(n_o^{\omega})^2}+\frac{\sin^2(\theta_m^{\mathrm{II}})^{负}}{(n_e^{\omega})^2}\right]^{-1/2}\right\} \tag{5.2-26}$$

对于负单轴晶体的第Ⅱ类相位匹配角$(\theta_m^{\text{II}})^{负}$，不能由(5.2-26)式得到显解。

对于双轴晶体产生二次谐波的相位匹配来说，寻找匹配方向的方法和单轴晶体一样，也是根据基波和二次谐波的折射率曲面的交点来确定。文献[5]中讨论了光学性能很好的双轴晶体的相位匹配情况。所谓光学性能很好，是指晶体折射率椭球的主轴方向不随频率变化，有小的正常色散，并且在基频和二次谐波频率之间的色散近似相等。在双轴晶体中，其折射率需用方程[6]

$$\frac{\sin^2\theta\cos^2\varphi}{n^{-2}-n_x^{-2}}+\frac{\sin^2\theta\sin^2\varphi}{n^{-2}-n_y^{-2}}+\frac{\cos^2\theta}{n^{-2}-n_z^{-2}}=0 \tag{5.2-27}$$

并借助计算机进行计算，得出相位匹配的轨迹。式中，n_x、n_y、n_z是晶体的三个主折射率，并规定$n_x<n_y<n_z$。对给定相位匹配类型的相位匹配方向，不仅与θ有关，而且也与方位角φ有关。图5.2-7示出了由文献[5]给出的$n_{2z}>n_{1z}$、$n_{2y}>n_{1y}$、$n_{2x}>n_{1x}$以及$n_{2x}>\frac{n_{1x}+n_{1y}}{2}$、$n_{2y}<\frac{n_{1y}+n_{1z}}{2}$的双轴晶体，第Ⅰ类相位匹配和第Ⅱ类相位匹配的方向。第Ⅰ类相位匹配方向在围绕光轴的锥面内；第Ⅱ类相位匹配方向在围绕光轴和z轴的锥面内。图中右上角示出的是相位匹配方向在xOz平面内的轨迹。

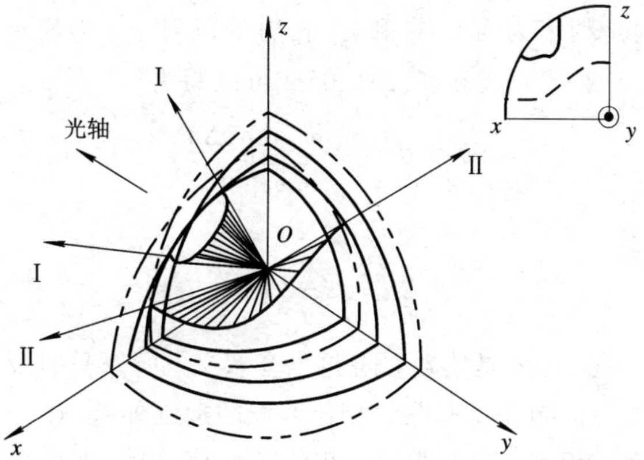

图 5.2-7 双轴晶体相位匹配方向示意图

ii 非共线相位匹配。利用晶体的双折射特性实现共线相位匹配已非常普遍地应用于可见光和近红外区域的二次谐波产生及和频、差频等过程，只有比较少的双折射晶体适合于远红外差频的产生。但有一些立方晶系的非线性半导体如InSb、GaAs、CdTe等，可以利用CO_2激光产生远红外差频。不过因为这些晶体是立方晶体，缺乏双折射，因此必须采用其它的相位匹配方式，例如非共线相位匹配就是一种。

对于非共线相位匹配来说，入射在介质上的两束光的传播方向有一夹角，如图5.2-8所示。设两束入射光的频率分别为ω_3和ω_1，相应的波矢为$\boldsymbol{k}_3$和$\boldsymbol{k}_1$，所产生的远红外差频ω_2辐射的波矢为$\boldsymbol{k}_2$，则根据相位匹配条件或动量守恒要求，有

$$\Delta\boldsymbol{k}=\boldsymbol{k}_2-\boldsymbol{k}_3+\boldsymbol{k}_1=0 \tag{5.2-28}$$

可以证明，如果非线性晶体具有反常色散，即远红外差频ω_2辐射的折射率大于二输入光束的折射率，则此二光束的非线性混合可以获得相位匹配的远红外差频的产生。

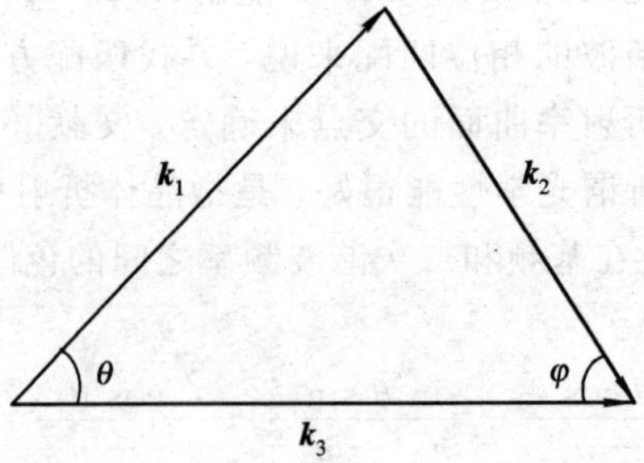

图 5.2-8　非共线相位匹配波矢方向图

根据图 5.2-8，有

$$\sin\frac{\theta}{2}=\left[\frac{(n_2\omega_2)^2-(n_3\omega_3-n_1\omega_1)^2}{4n_3n_1\omega_3\omega_1}\right]^{1/2} \tag{5.2-29}$$

和

$$\cos\varphi=\left[1+2\left(\frac{\omega_1}{\omega_2}\right)\sin^2\frac{\theta}{2}\right]\left[1+4\frac{\omega_3\omega_1}{\omega_2^2}\sin^2\frac{\theta}{2}\right]^{-1/2} \tag{5.2-30}$$

式中 n_1、n_2 和 n_3 分别是频率为 ω_1、ω_2 和 ω_3 辐射的折射率。为简单起见，假定 $n_3=n_1=n_{13}$，$n_2=n_{13}+\Delta n$，则(5.2-29)式和(5.2-30)式可以写为

$$\sin\theta\approx\theta=\frac{\omega_2}{\sqrt{\omega_3\omega_1}}\left(\frac{2\Delta n}{n_{13}}\right)^{1/2} \tag{5.2-31}$$

和

$$\varphi=\left(\frac{2\Delta n}{n}\right)^{1/2} \tag{5.2-32}$$

可见，只有当 $\Delta n\geqslant 0$ 时，$\sin\theta$ 才是实数，问题才有意义。所以只有反常色散的非线性介质才能通过两束光的非线性混频获得非共线相位匹配的远红外差频。

对于二次谐波产生过程来说，在非共线相位匹配时，相位匹配条件的一般表示式为

$$\boldsymbol{k}_1+\boldsymbol{k}_1'=\boldsymbol{k}_2 \tag{5.2-33}$$

在具体分析时，必须明确采用什么样的晶体，以及是第Ⅰ类还是第Ⅱ类相位匹配。如果 $\boldsymbol{k}_1$、$\boldsymbol{k}_1'$ 和 $\boldsymbol{k}_2$ 与光轴之间的夹角分别为 θ_1、θ_1' 和 θ，则有

$$\left.\begin{aligned}|\boldsymbol{k}_1|\cos\theta_1+|\boldsymbol{k}_1'|\cos\theta_1'=|\boldsymbol{k}_2|\cos\theta_2\\|\boldsymbol{k}_1|\sin\theta_1+|\boldsymbol{k}_1'|\sin\theta_1'=|\boldsymbol{k}_2|\sin\theta_2\end{aligned}\right\} \tag{5.2-34}$$

现假定所使用的晶体是负单轴晶体，并利用第Ⅰ类相位匹配方式，则波矢 $\boldsymbol{k}_1$ 和 $\boldsymbol{k}_1'$ 都相应于寻常光，因而 $|\boldsymbol{k}_1|=|\boldsymbol{k}_1'|=n_1\omega_1/c=n_1'\omega_1/c$。由简单的几何关系可得

$$\theta_2=\frac{1}{2}(\theta_1'+\theta_1) \tag{5.2-35}$$

并由(5.2-34)式给出

$$\frac{n_1\omega_1}{c}(\cos\theta_1+\cos\theta_1')=\frac{n_2(\theta_2)2\omega_1}{c}\cos\theta_2$$

或

$$n_2(\theta_2) = n_1 \cos\frac{1}{2}(\theta_1 - \theta_1') \tag{5.2-36}$$

因为二次谐波相应于非常光，有

$$n_2(\theta_2) = \left(\frac{\cos^2\theta_2}{n_{2o}^2} + \frac{\sin^2\theta_2}{n_{2e}^2}\right)^{-1/2}$$

所以(5.2-36)式可表示为

$$\left(\frac{\cos^2\theta_2}{n_{2o}^2} + \frac{\sin^2\theta_2}{n_{2e}^2}\right)^{-1/2} = n_{1o}\cos\frac{1}{2}(\theta_1 - \theta_1') \tag{5.2-37}$$

给定 θ_1、θ_1' 和 θ_2 中任何一个值，便可由(5.2-35)式和(5.2-37)式求解出另外两个 θ 值。对于负单轴晶体的第Ⅱ类相位匹配，以及正单轴晶体的第Ⅰ类和第Ⅱ类相位匹配，都可以类似地进行分析。

(2) 温度相位匹配——非临界相位匹配。角度相位匹配是一种简单可行的相位匹配方法，在二次谐波产生及其它光混频过程中被广泛地采用。但是，在应用角度相位匹配方法时，存在着下述问题：

① 走离效应。通过调整光传播方向的角度实现相位匹配时，因为参与非线性作用的光束取不同的偏振态，就使得有限孔径内的传播光束之间发生分离。例如，在二次谐波产生过程中，当晶体内光传播方向与光轴夹角 $\theta=\theta_m$ 时，寻常光的波法线方向与光线方向一致，而对于非常光，其波法线方向与光线方向不一致，在整个晶体长度中，使得不同偏振态的基波与二次谐波的光线方向逐渐分离，从而使转换效率下降，这就是走离效应。

以负单轴晶体第Ⅰ类相位匹配为例。图 5.2-9 表示了 $n_{2e}(\theta)$ 和 n_{1o} 折射率曲面在 xOz 面内的截线，两截线相交于 A。基波(o 光)进入晶体后，沿 OA(即 z 轴)方向传播。二次谐波(e 光)的波矢方向亦是 OA 方向，但其光线方向却沿着 $n_{2e}(\theta)$ 曲线在 A 点处的法线方向——α 角方向传播。α 角称为走离角，由下面关系确定：

$$\tan\alpha = \frac{1}{2}(n_o^{\omega})^2\left[(n_e^{2\omega})^{-2} - (n_o^{2\omega})^{-2}\right]\sin(2\theta_m) \tag{5.2-38}$$

大多数晶体的走离角 α 在 1°～5°之间。

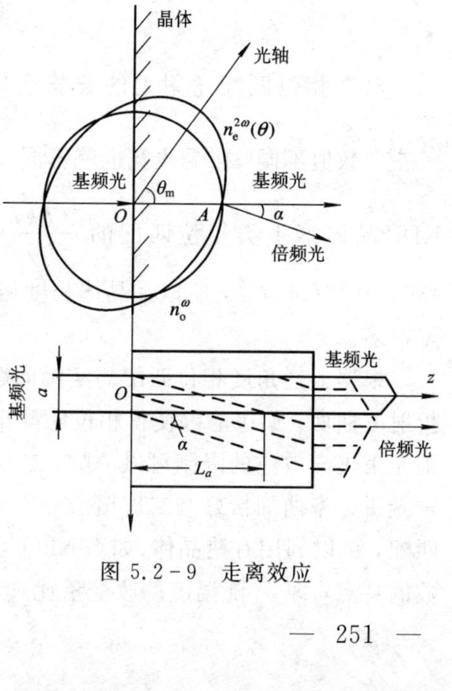

图 5.2-9　走离效应

走离效应使得基波在晶体内感应的极化强度始终偏离基波 α 角辐射二次谐波，所以从晶体出射的二次谐波光斑被“拉长”了(如图 5.2-9 下方图所示)。如果基波强度为高斯分布，则二次谐波的光强度只能是准高斯分布，即走离效应使得二次谐波的功率密度降低。这种功率密度的降低是由于走离效应使得晶体各部分产生的二次谐波相干叠加的长度缩短造成的。设基波光束直径为 a，则基波和二次谐波光的水平重叠长度为

$$L_a = \frac{a}{\tan\alpha} \approx \frac{a}{\alpha} \tag{5.2-39}$$

显然，a 越小，L_a 愈短，所以把 L_a 叫做孔径长度，走离效应也因此叫孔径效应。实际上，因 α 角很小，

一般晶体的 L_a 是比较大的。例如，利用 $LiIO_3$ 晶体对波长为 1.06 μm 的激光进行二次谐波产生，当 a 为 1 mm 和 70 μm 时，对应的孔径长度分别为 14 mm 和 0.95 mm。

对于第Ⅱ类相位匹配，基波分别为 o 光和 e 光，当它们在空间上完全分离时，就不能产生二次谐波。

② 输入光发散引起相位失配。实际上，光束都不是理想的均匀平面波，而总具有一定的发散角。根据傅里叶光学，任一非理想的平面光波都可视为由不同波矢方向的均匀平面光波的叠加，而具有不同波矢方向的平面光波不可能在同一相位匹配角 θ_m 方向上达到相位匹配。所以，为了使发散不致影响二次谐波产生器件的高转换效率，可以定义一个偏离相位匹配角 θ_m 的极限角，称为二次谐波接受角 $\delta\theta$。根据相位匹配原理，相位失配是以 $\Delta kL/2$ 表示的，因此规定在 $\pm\delta\theta$ 范围内，最大失配量为 $\Delta kL/2=\pi/2$，即

$$\Delta k=\frac{\pi}{L} \tag{5.2-40}$$

这相应于在小信号近似下转换效率下降到最大值(相位匹配时)的 0.405。对于单轴晶体第Ⅰ类相位匹配方式，$\Delta k=[n_e^{2\omega}(\theta)-n_o^{\omega}]\omega/c$，把 $n_e^{2\omega}(\theta)$ 在 θ_m 处展成台劳级数，可求得 Δk 与偏离角 $\Delta\theta(=\theta-\theta_m)$ 的关系式：

$$\Delta k=\frac{\omega}{c}\sin(2\theta_m)(n_o^{\omega})^3[(n_o^{2\omega})^{-2}-(n_e^{2\omega})^{-2}]\Delta\theta \tag{5.2-41}$$

由(5.2-40)式和(5.2-41)式即可求出偏离角 $\Delta\theta$ 的限制量 $\delta\theta$。

进一步，由(5.2-41)式可以看出，相位失配 Δk 与偏离角 $\Delta\theta$ 成线性关系变化，所以角度相位匹配对于角度相对 θ_m 的变化很敏感，故称角度相位匹配为临界相位匹配。

③ 输入光束的谱线宽度引起相位失配。由上面的讨论可知，光混频或二次谐波产生过程的相位匹配角随着波长的不同而不同。由于任何实际光束都是具有一定谱线宽度的非理想单色波，所以不可能在单一匹配角下达到相位匹配。因此，可以根据(5.2-40)式定义一个二次谐波接受线宽 $\delta\lambda$：

$$\Delta k=\frac{\partial(\Delta k)}{\partial\lambda}\delta\lambda \tag{5.2-42}$$

已知相位匹配角附近的波长变化率 $\frac{\partial(\Delta k)}{\partial\lambda}$，就可以求出接受线宽 $\delta\lambda$。不同晶体的 $\frac{\partial(\Delta k)}{\partial\lambda}$ 数值不同，接受线宽也就不同。例如，对波长为 1.06 μm 激光的二次谐波产生过程，KDP 晶体第Ⅰ类相位匹配的 $\frac{\partial(\Delta k)}{\partial\lambda}\approx 2.5\times10^{-8}\ (\mathrm{nm})^{-2}$，而 $LiNbO_3$ 晶体的 $\frac{\partial(\Delta k)}{\partial\lambda}\approx 130\times10^{-8}(\mathrm{nm})^{-2}$，所以在晶体长度相同的条件下，KDP 晶体接受线宽要比 $LiNbO_3$ 晶体宽得多。

根据上述角度相位匹配的实际问题讨论，我们来看图 5.2-10 所示的 $LiNbO_3$ 晶体的折射率曲面。如果能够使得相位匹配角 $\theta_m=90°$，即在垂直于光轴的方向上实现相位匹配，则光束走离效应的限制可以消除，二次谐波接收角 $\delta\theta$ 的限制也可以放宽。此时，基波的寻常光折射率曲面恰好与二次谐波非常光折射率曲面相切。为了实现这种 90°匹配角的相位匹配，可以利用有些晶体(如 $LiNbO_3$，KDP 等)折射率的双折射量与色散是其温度敏感函数的特点，即 n_e 随温度的改变量比 n_o 随温度的改变量大得多，因此通过适当调节晶体的

温度，可实现 $\theta_m=90°$ 的相位匹配(图 5.2-11)。由于这种匹配方式是通过调节温度实现的，因而称为温度相位匹配。又由于温度相位匹配对角度的偏离不甚敏感，因而又叫做非临界相位匹配。

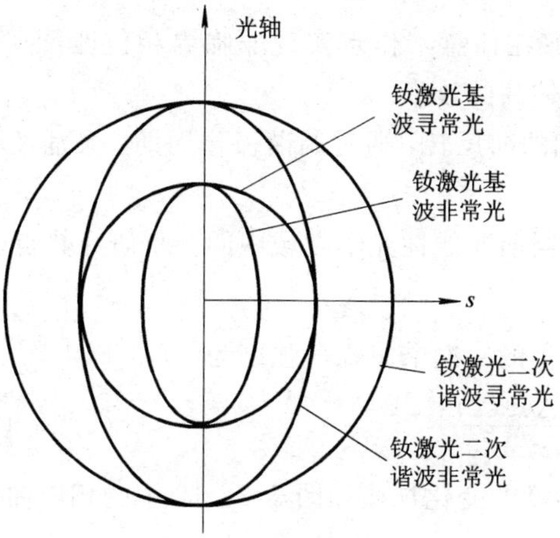

图 5.2-10 90°相位匹配的折射率曲面

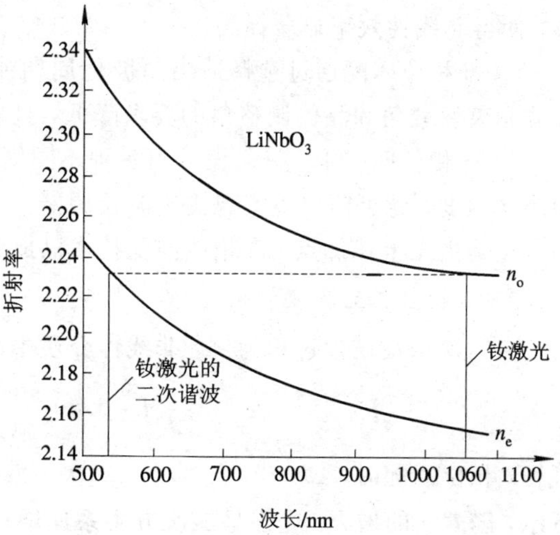

图 5.2-11 $LiNbO_3$ 晶体在匹配温度下的色散曲线

3. 准相位匹配(QPM)

1) 准相位匹配概述

如上所述，为了有效地利用非线性材料进行倍频、和频和差频等频率转换，必须满足相位匹配条件。目前广泛采用的角度相位匹配方法，是利用晶体的双折射特性补偿其色散效应。由于这种方法受到光波波矢方向和偏振方向要求的限制，只能在特定的晶体上实现固定波长的相位匹配。近年来，随着光电子制造技术的发展，人们又发展起了另外一种可以获得高效非线性频率转换的准相位匹配技术。

实际上，早在 1962 年诺贝尔物理奖得主 N. Bloembergen 等人[7]就已提出，利用非线性极化率的周期跃变可以实现非线性光学频率转换效率的增强，这就是准相位匹配的概念。但是，由于当时加工制作工艺的落后，无法制造出准相位匹配所需的晶体，致使在相当的一段时间内，准相位匹配仅仅停留在理论阶段，没有得到实用。20 世纪 90 年代以来，随着周期极化晶体(例如，PPLN、PPLT、PPKTP 晶体等)制作工艺的成熟，特别是外加电场极化法的成熟，使得准相位匹配技术进入了各种应用领域。例如已用于获得绿光、蓝光和紫光输出，可将半导体激光器的红光变为蓝光，可实现红光输出的光参量振荡器。

与双折射角度相位匹配相比，准相位匹配是利用非线性介质光学性质的周期性分布，即通过人为周期性改变晶体的自发极化方向引入的倒格矢补偿相位失配，这种准相位匹配方式对于非线性介质中的耦合光波没有波矢方向和偏振方向的限制，只需要选择介质合适的周期性结构。具体来说，其优点如下：

① 准相位匹配是通过周期极化结构来获得有效能量转换的，与材料的内在特性无关，晶体可以没有或有很小的双折射效应，对透光区内任意波长的光波都不存在匹配的限制，

理论上能够利用晶体的整个透光范围。

② 准相位匹配中，三个光波的偏振方向可以任意选择，它们沿着同一晶轴方向传播，不存在走离效应，降低了对入射角的要求，可以使用较长的晶体，获得较大的转换效率。

③ 准相位匹配不要求正交偏振的光束，可充分利用非线性介质的最大非线性光学系数，使得非线性效率显著提高。

④ 准相位匹配通过选择适当的极化周期能够在任意工作点实现非临界相位匹配，对基波光束发散角和晶体调整角的要求降低，且有较高的效率。

⑤ 准相位匹配中，只需设计出各种不同周期的畴反转，通过调谐极化周期、泵浦波长和晶体温度，就可简单地实观输出波长调谐。

正是由于上述优点，准相位匹配技术已成为当前非线性光学领域中的一个研究热点。

2）准相位匹配原理

以二次谐波产生过程为例，非线性介质中产生的二次谐波辐射强度为

$$I_{2\omega} \propto z^2 \frac{\sin^2(\Delta kz/2)}{(\Delta kz/2)^2} \tag{5.2-43}$$

可见，相位匹配时，$\Delta k=0$，$I_{2\omega}\propto z^2$，二次谐波强度的变化规律如图 5.2-12 中的相应曲线所示，随着 z 的增大，光强呈二次方关系递增；相位失配时，$\Delta k\neq 0$，$I_{2\omega}\propto \sin^2(\Delta kz/2)$：在相干长度 L_c 内，由于基波能量向二次谐波的耦合转换，二次谐波强度呈增强趋势，而在 $L_c<z<2L_c$ 范围内，二次谐波强度呈下降趋势，此时，实际上是所产生的二次谐波能量向基波耦合，并依次周而复始。相位失配时，二次谐波转换效率非常低。

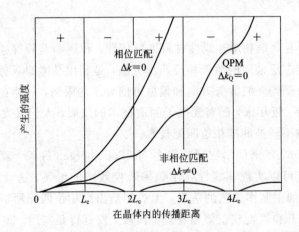

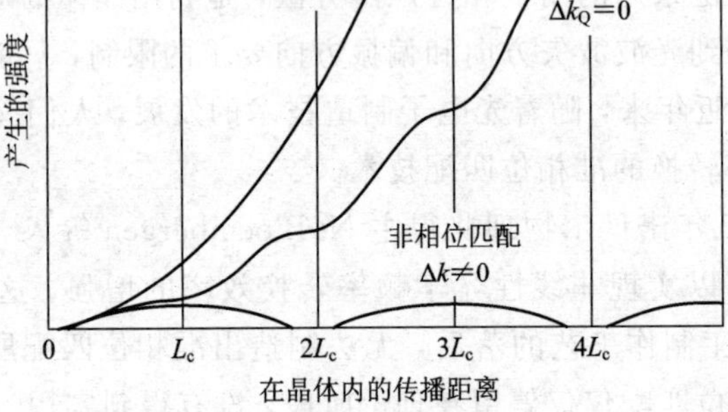

图 5.2-12　相位匹配、相位失配和准相位匹配原理示意图

根据上面的讨论可以设想，如果将非线性介质制作成如图 5.2-13 所示的以 $2L_c$（或其奇数倍）为周期、周期性地改变晶体铁电畴自发极化方向的结构，就可以在每个相干长度内，均保证能流从基波耦合到二次谐波，补偿了相位失配。这种对晶体铁电畴自发极化方向进行的周期性调制，相邻两薄片铁电畴自发极化方向的反向，等效于其 xyz 坐标系的 x 轴旋转 180°，因而与奇数阶张量相联系的铁电畴的物理性质，如由二次非线性极化率引起的倍频效应、线性电光效应等都是同值。这类周期极化的晶体，其物理性质不再是常数，而是周期性函数。

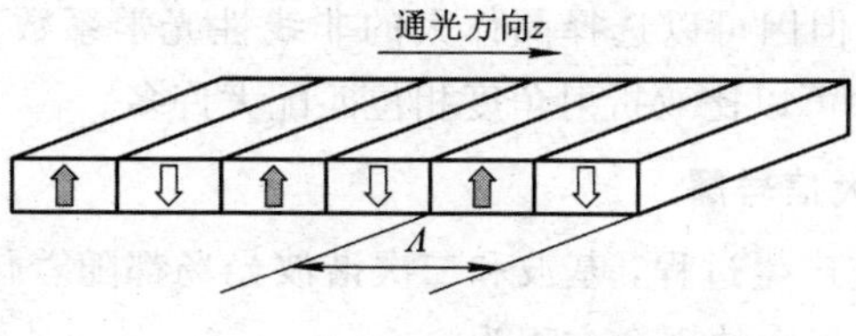

图 5.2-13 周期极化晶体结构

对于上述周期极化晶体中的非线性耦合波方程，可类似于 5.1 节的方法导出，只是其有效非线性光学系数包含一个周期性的空间调制函数，可用傅里叶级数表示为

$$d_{\text{eff}}(z) = d_{\text{eff}} \sum_{m=-\infty}^{\infty} G_m e^{iK_m z} \tag{5.2-44}$$

其中，$m=1, 3, 5, \cdots$为准相位匹配阶数；K_m为介电晶体的倒格矢，或称为周期波矢，满足

$$K_m = m \frac{2\pi}{\Lambda} \tag{5.2-45}$$

Λ为极化周期；对于周期方波信号的傅里叶变换，

$$G_m = \frac{2}{m\pi} \sin(m\pi D) \tag{5.2-46}$$

D为反转畴的占空比系数，一般情况下$D=0.5$。如果只考虑某一阶准相位匹配，则有效非线性光学系数为

$$d_{\text{eff}}(z) = d_{\text{eff}} \frac{2}{m\pi} e^{iK_m z} \tag{5.2-47}$$

相应的非线性耦合波方程为

$$\frac{dE_{10}}{dz} = \frac{i\omega_1^2}{k_1 c^2} d_Q E_{20}^* E_{30} e^{i\Delta k_Q z} \tag{5.2-48}$$

$$\frac{dE_{20}}{dz} = \frac{i\omega_2^2}{k_2 c^2} d_Q E_{10}^* E_{30} e^{i\Delta k_Q z} \tag{5.2-49}$$

$$\frac{dE_{30}}{dz} = \frac{i\omega_3^2}{k_3 c^2} d_Q E_{10} E_{20} e^{-i\Delta k_Q z} \tag{5.2-50}$$

式中，$d_Q = \frac{2}{m\pi} d_{\text{eff}}$，是准相位匹配有效非线性光学系数；$\Delta k_Q$是准相位匹配相位失配量，且

$$\Delta k_Q = k_3 - k_1 - k_2 + K_m \tag{5.2-51}$$

因此，在准相位匹配情况下，在光波的传播方向上，允许其光波波矢有一定的失配，但是这个失配可以通过周期调制的介电晶体的倒格矢(或周期波矢)进行补偿，只要相位失配量$\Delta k_Q = 0$，即可实现准相位匹配。实际上，准相位匹配条件可视为周期性介质中耦合模理论的共振耦合条件。在准相位匹配时，晶体的极化周期满足

$$\Lambda = \frac{m 2\pi}{k_1 + k_2 - k_3} \quad m \text{ 为奇数} \tag{5.2-52}$$

利用三波混频过程相干长度的表示式(5.2-20)，可得

$$\Lambda = 2mL_c \quad m \text{ 为奇数} \tag{5.2-53}$$

所以，利用图 5.2-13 所示周期极化晶体可以实现准相位匹配。

图 5.2-12 给出了准相位匹配二次谐波产生光强度随传播距离的变化示意曲线。尽管

晶体有一定的相位失配，但因可以选择晶体大的非线性光学系数、晶体的长度可以较长，所以实际的频率转换效率可以比双折射角度相位匹配大许多。

4. 二次谐波产生的大信号解

对于一般的二次谐波产生过程，基波和二次谐波光场都随着传播的距离变化。在这种情况下，二次谐波产生过程中的耦合方程为

$$\frac{\mathrm{d}E_2}{\mathrm{d}z} = \frac{\mathrm{i}\omega}{n_2 c} d_{\text{eff}} E_1^2 \mathrm{e}^{-\mathrm{i}\Delta kz} \tag{5.2-54}$$

$$\frac{\mathrm{d}E_1}{\mathrm{d}z} = \frac{\mathrm{i}\omega}{n_1 c} d_{\text{eff}} E_2 E_1^* \mathrm{e}^{\mathrm{i}\Delta kz} \tag{5.2-55}$$

式中

$$\Delta k = k_2 - 2k_1 \tag{5.2-56}$$

k_1、k_2 和 n_1、n_2 分别是基波和二次谐波的波数和折射率。应当指出，方程(5.2-54)相对于方程(5.2-55)，若将分子中的频率表示成 2ω，则有一个 1/2 因子，它起因于方程(5.2-54)中不计非线性光学系数本征对易对称性的贡献。利用上一节的分析方法，可以得到

$$\frac{1}{2}k_2 \mid E_2 \mid^2 + k_1 \mid E_1 \mid^2 = \text{常数} \tag{5.2-57}$$

或用能流密度表示，可以得到如下关系：

$$S_{2\omega} + S_{\omega} = \text{常数} \tag{5.2-58}$$

假设二次谐波产生过程的初始条件为

$$\left.\begin{aligned} E_1(z)\mid_{z=0} &= E_1(0) \\ E_2(z)\mid_{z=0} &= 0 \end{aligned}\right\} \tag{5.2-59}$$

则在满足相位匹配条件下，利用(5.2-57)式关系，有

$$E_{10}^2(z) = E_{10}^2(0) - E_{20}^2(z) \tag{5.2-60}$$

式中，E_{10}、E_{20} 是电场振幅的大小，方程(5.2-54)变为

$$\frac{\mathrm{d}E_{20}(z)}{\mathrm{d}z} = \frac{\omega}{n_2 c} d_{\text{eff}} [E_{10}^2(0) - E_{20}^2(z)] \tag{5.2-61}$$

求解该方程时，利用积分公式

$$\int \frac{\mathrm{d}x}{a^2 - x^2} = \frac{1}{a} \operatorname{arcth} \frac{x}{a}$$

可得

$$E_{20}(z) = E_{10}(0) \operatorname{th}\left[\frac{\omega}{n_2 c} d_{\text{eff}} E_{10}(0) z\right] \tag{5.2-62}$$

若令

$$l_{\text{SH}} = \left[\frac{\omega}{n_2 c} d_{\text{eff}} E_{10}(0)\right]^{-1} \tag{5.2-63}$$

为表征二次谐波产生过程速率的特征长度，则(5.2-62)式简化为

$$E_{20}(z) = E_{10}(0) \operatorname{th} \frac{z}{l_{\text{SH}}} \tag{5.2-64}$$

再将(5.2-64)式代入(5.2-60)式，便得到

$$E_{10}(z) = E_{10}(0)\operatorname{sech}\frac{z}{l_{SH}} \tag{5.2-65}$$

(5.2－64)式和(5.2－65)式的图解关系如图 5.2－14 所示。由图可见，在完全满足相位匹配条件下，二次谐波场的振幅从零开始，最后基波功率全部转变为二次谐波的功率。或者说，全部的输入基频光子转换成其一半数量的输出倍频光子，转换数量不可能更多。当 $z=l_{SH}$ 时，大约有一半的基波功率已转变为二次谐波的功率。转换效率为

$$\eta_{SHG} = \frac{I_{2\omega}(z)}{I_{\omega}(0)} = \operatorname{th}^2\left(\frac{z}{l_{SH}}\right) \tag{5.2-66}$$

当 z 很小时，因为 $\operatorname{th}\left(\frac{z}{l_{SH}}\right)\approx\frac{z}{l_{SH}}$，所以(5.2－64)式可表示为

$$E_{20}(z) = E_{10}(0)\frac{z}{l_{SH}} \tag{5.2-67}$$

这说明在 z 很小的情况下，所产生的二次谐波振幅 $E_{2\omega}(z)$ 线性地随 z 的增大而增大，增大的速率由 l_{SH} 表征。

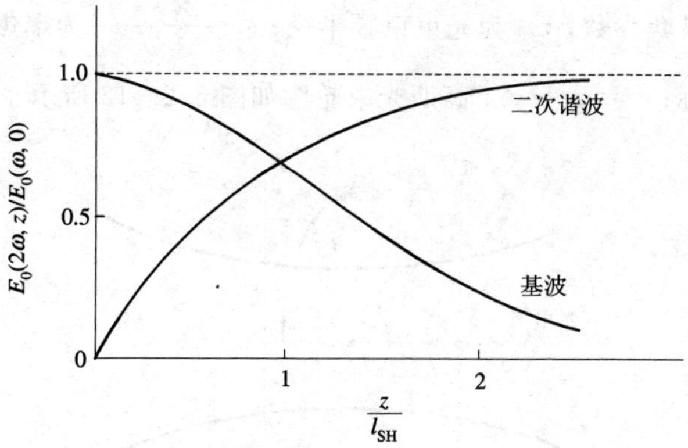

图 5.2－14 相位匹配条件下二次谐波产生规律

如果没有完全达到相位匹配条件，即 $\Delta k\neq0$，并且假定在小信号近似的条件下工作，则方程(5.2－54)可表示为

$$\frac{dE_2(z)}{dz} = \frac{i\omega}{n_2c}d_{eff}E_1^2(0)e^{-i\Delta kz} \tag{5.2-68}$$

对该方程积分后得

$$E_2(z) = \frac{\omega}{n_2c}d_{eff}E_1^2(0)e^{-i\frac{\Delta kz}{2}}\frac{\sin\frac{\Delta kz}{2}}{\frac{\Delta k}{2}}$$

$$E_{20}(z) = E_{10}(0)\frac{\sin\frac{\Delta kz}{2}}{\frac{\Delta kl_{SH}}{2}} \tag{5.2-69}$$

由此可见，在相位失配条件下，当基波和二次谐波通过非线性介质时，二次谐波的光电场振幅在零与最大值[$2E_{10}(0)/(\Delta kl_{SH})$]之间振荡，振荡周期为($4\pi/\Delta k$)。根据二次谐波相干长度 L_c 的定义($L_c=\pi/\Delta k$)可以看出，二次谐波光电场振幅的振荡周期四倍于相干长

度，从功率角度来讲，二次谐波功率的振荡周期为相干长度的2倍。当相位失配程度增大时，即当 Δk 增大时，二次谐波的最大振幅减少。

5.2.2 高斯光束的二次谐波产生

前面讨论了有关理想均匀平面光波的二次谐波产生理论。由于作为基波输入的光束通常是由激光器产生的，而且往往是 TEM_{00} 基模高斯光束，所以下面将讨论基模高斯光束的二次谐波产生问题。

假设基波 TEM_{00} 模高斯光束的电场由下式表示：

$$E_\omega(\boldsymbol{r},t) = \frac{1}{2}[E_{\omega 0}(\boldsymbol{r})e^{-i\omega t} + \text{c. c.}] \tag{5.2-70}$$

式中

$$E_{\omega 0}(\boldsymbol{r}) = \frac{E_{10}}{1+i\xi_1}e^{ik_1 z}e^{-\frac{k_1 r^2}{b_1(1+i\xi_1)}} = \frac{E_{10}}{\sqrt{1+\xi_1^2}}e^{i(k_1 z-\arctan\xi_1)}e^{-\frac{k_1 r^2}{b_1(1+i\xi_1)}} \tag{5.2-71}$$

其中，$b_1 = k_1 w_{10}^2$ 为共焦参数，w_{10} 为光束束腰半径；$\xi_1 = \dfrac{2(z-f)}{b_1}$ 为聚焦参量，是视 $z=f$ 为焦点的归一化 z 坐标；$r^2 = x^2 + y^2$。高斯光束轮廓如图5.2-15所示。

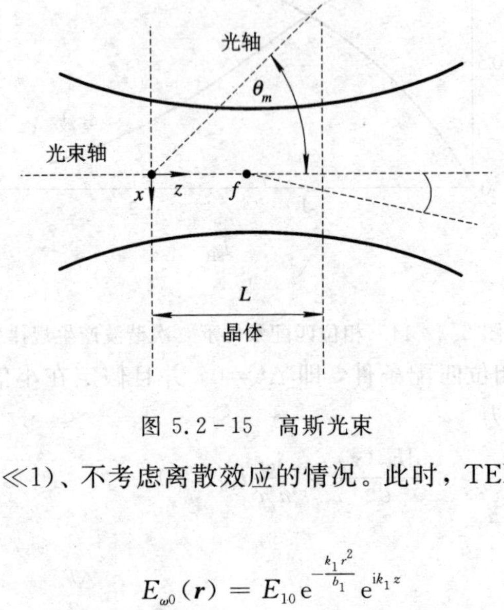

图 5.2-15 高斯光束

这里仅讨论近场($\xi_1 \ll 1$)、不考虑离散效应的情况。此时，TEM_{00} 模高斯光束电场表达式可简化为

$$E_{\omega 0}(\boldsymbol{r}) = E_{10}e^{-\frac{k_1 r^2}{b_1}}e^{ik_1 z} \tag{5.2-72}$$

该式表明，近场区高斯光束的波阵面为平面，因此可以利用平面波情况下的耦合波方程(5.2-54)进行讨论。此时，耦合波方程为

$$\frac{dE_{2\omega 0}}{dz} = i\frac{\omega}{n_2 c}d_{\text{eff}}E_{10}^2 e^{-\frac{2k_1 r^2}{b_1}}e^{i\Delta k z} \tag{5.2-73}$$

在小信号近似下可得

$$E_{2\omega 0}(L) = i\frac{2\pi L d_{\text{eff}}}{n_2\lambda_1}E_{10}^2 e^{-\frac{2k_1 r^2}{b_1}}e^{-i\frac{\Delta k L}{2}}\frac{\sin\dfrac{\Delta k L}{2}}{\dfrac{\Delta k L}{2}} \tag{5.2-74}$$

基波高斯光束功率 P_ω 为

$$P_\omega = \frac{n_1 c \varepsilon_0}{2}\int_0^{2\pi}\int_0^{\infty} |E_{\omega 0}(r)|^2 r\,\mathrm{d}r\,\mathrm{d}\varphi = \frac{n_1 c \varepsilon_0}{2}|E_{10}|^2 \frac{\pi w_{10}^2}{2} = I_{10}\frac{\pi w_{10}^2}{2} \tag{5.2-75}$$

式中，$w_{10}=(k_1/b_1)^{-1/2}$ 为基波光束束腰半径；$I_{10}=\dfrac{n_1 c\varepsilon_0}{2}|E_{10}|^2$ 为光束的中心光强。二次谐波功率 $P_{2\omega}$ 为

$$P_{2\omega} = \frac{n_2 c \varepsilon_0}{2}\int_0^{2\pi}\int_0^{\infty} |E_{2\omega 0}|^2 r\,\mathrm{d}r\,\mathrm{d}\varphi = \frac{8\pi^2 L^2 d_{\mathrm{eff}}^2}{n_1^2 n_2 \lambda_1^2 c\,\varepsilon_0}\frac{P_1^2}{\pi w_{10}^2}\frac{\sin^2\dfrac{\Delta kL}{2}}{\left(\dfrac{\Delta kL}{2}\right)^2} \tag{5.2-76}$$

因此，二次谐波产生效率 η_{SHG} 为

$$\eta_{\mathrm{SHG}} = \frac{P_{2\omega}}{P_\omega} = \frac{8\pi^2 L^2 d_{\mathrm{eff}}^2}{n_1^2 n_2 \lambda_1^2 c\,\varepsilon_0}\frac{P_\omega}{\pi w_{10}^2}\frac{\sin^2\dfrac{\Delta kL}{2}}{\left(\dfrac{\Delta kL}{2}\right)^2} \tag{5.2-77}$$

由(5.2-74)式可以看出，二次谐波也是高斯光束，它的束腰半径 w_{20} 为

$$w_{20} = \sqrt{\frac{b_1}{2k_1}} = \frac{w_{10}}{\sqrt{2}} \tag{5.2-78}$$

将(5.2-77)式与(5.2-7)式比较可见，除了考虑高斯光束的面积为 πw_{10}^2 外，二式相同。在转换效率表示式中，虽然与 L^2 有关，但并非晶体越长越好。根据图 5.2-16，由于高斯光束的发散性，随着晶体的增长，光束截面将增加，从而导致转换效率降低。精确分析指出[8]，最佳转换效率发生在 $L=5.68z_0$ 时，这里的 $2z_0$ 是高斯光束的共焦参数。

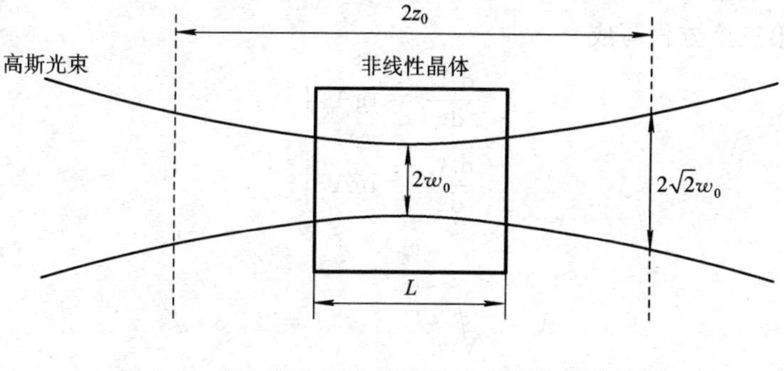

图 5.2-16　聚焦于非线性晶体内部的高斯光束

5.3　光参量上转换

前面，我们在讨论光混频过程时指出，透明非线性介质在混频过程中并不参与能量的净交换。通常沿用电子学中同类问题的习惯名称，将非线性光学过程中介质本身不参与能量的净交换，但不同频率光波之间可以发生能量转换的作用称为参量转换作用。

光参量转换过程分为光参量上转换和光参量下转换，例如：对应于和频产生过程来

说，是由频率较低的 ω_1 信号辐射转换为频率较高的 ω_3 的辐射，叫光参量上转换；对应于差频产生过程来说，是由频率较高的 ω_3 信号辐射转换为频率较低的 ω_2 的辐射，叫光参量下转换。

光参量上转换实验装置的示意图如图 5.3-1 所示。频率为 ω_1 的信号光与频率为 ω_2 的泵浦光经过部分透射的反射镜(或棱镜)混合，几乎平行地一起穿过长度为 l 的非线性光学晶体，产生了和频 $\omega_3=\omega_1+\omega_2$ 的信号光，因此光参量上转换也称为频率上转换。

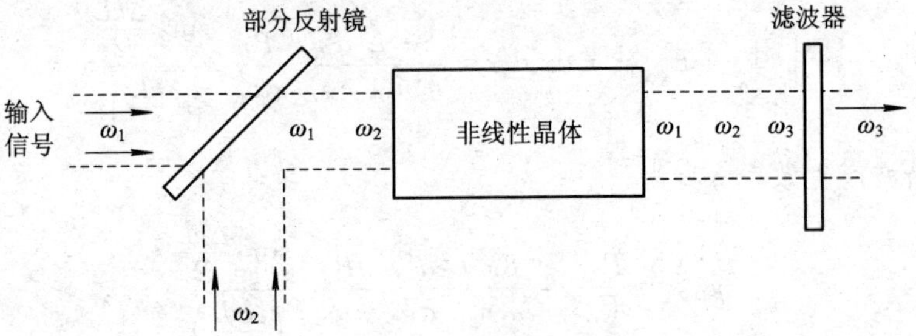

图 5.3-1　光参量上转换实验示意图

研究光参量上转换的实际意义在于，可以利用这种频率上转换过程实现红外信号及红外图像的探测。将红外波段很弱的信号或很弱的图像上转换到可见光范围，虽然上转换效率很低，但因在可见光区域有比较灵敏的探测器和拾像器件，可以通过可见光区域的高探测能力，补偿上转换效率低的不足。显然，光参量上转换技术对于红外弱信号探测是一个改进。可以说，上转换系统对于红外成像系统、红外光谱学、天文学、远距离监测等领域应用向前迈出重要的一步，起了促进作用。

对于光参量上转换的理论分析，可以从方程(5.1-43)～(5.1-45)出发。假定泵浦光的抽空效应可以忽略($E_{20}(z)=E_{20}(0)$)，该参量过程满足相位匹配条件($\Delta k=0$)，可将其中第一个方程和第三个方程写成

$$\left.\begin{aligned}\frac{\mathrm{d}A_1}{\mathrm{d}z}&=\mathrm{i}gA_3\\\frac{\mathrm{d}A_3}{\mathrm{d}z}&=\mathrm{i}gA_1\end{aligned}\right\}\tag{5.3-1}$$

式中

$$A_l=\sqrt{\frac{n_l}{\omega_l}}E_{l0}\qquad l=1,3\tag{5.3-2}$$

$$g=\sqrt{\frac{\omega_1\omega_3}{n_1n_3}}\sqrt{\mu_0\varepsilon_0}\,d_{\mathrm{eff}}E_{20}(0)\tag{5.3-3}$$

$E_{20}(0)$为泵浦激光的电场振幅，若选择泵浦光相位为零，不失其普遍性，有 $A_2(0)=A_2^*(0)$。现取输入光波(复数)振幅为 $A_1(0)$和 $A_3(0)$，则(5.3-1)式的通解为

$$\left.\begin{aligned}A_1(z)&=A_1(0)\cos gz+\mathrm{i}A_3(0)\sin gz\\A_3(z)&=A_3(0)\cos gz+\mathrm{i}A_1(0)\sin gz\end{aligned}\right\}\tag{5.3-4}$$

若仅输入低频 ω_1 信号，即 $A_3(0)=0$，则有

$$\left.\begin{aligned}|A_1(z)|^2&=|A_1(0)|^2\cos^2gz\\|A_3(z)|^2&=|A_1(0)|^2\sin^2gz\end{aligned}\right\}\tag{5.3-5}$$

因此，

$$|A_1(z)|^2 + |A_3(z)|^2 = |A_1(0)|^2 \tag{5.3-6}$$

根据平面光波在介质中传播的能流密度 S_ω(或光强 I_ω)表示式

$$S_\omega = \frac{1}{2}\varepsilon_0 n^2 v |E_0(\omega)|^2 = \frac{1}{2}\sqrt{\frac{\varepsilon_0}{\mu_0}}\omega |A(z)|^2 \tag{5.3-7}$$

可得光子通量(每秒每平方米通过的光子数)表示式为

$$N_\omega = \frac{S_\omega}{\hbar\omega} = \frac{1}{2}\sqrt{\frac{\varepsilon_0}{\mu_0}}\frac{|A(z)|^2}{\hbar} \tag{5.3-8}$$

因而 $|A_l(z)|^2$ 与频率为 ω_l 的光子通量成正比，(5.3-5)式可用功率形式表示，得

$$\left.\begin{aligned} P_1(z) &= P_1(0)\cos^2 gz \\ P_3(z) &= \frac{\omega_3}{\omega_1}P_1(0)\sin^2 gz \end{aligned}\right\} \tag{5.3-9}$$

于是在长度为 l 的晶体中，光参量上转换效率为

$$\eta = \frac{P_3(l)}{P_1(0)} = \frac{\omega_3}{\omega_1}\sin^2 gl \tag{5.3-10}$$

其最大值为 ω_3/ω_1，相当于所有输入(ω_1)光子都转换成 ω_3 光子的情形。图 5.3-2 画出了 ω_1、ω_2 和 ω_3 三束光在完全相位匹配的参量上转换(和频)过程中，强度变化的关系。在 $gz=\frac{\pi}{2}$ 时，$\eta>1$。这是因为此处的 $N_3(z)$光能量除了来自全部 $N_1(0)$外，还有一部分能量来源于泵浦光，但与 ω_1 和 ω_3 光相比，泵浦光 ω_2 的强度变化要小得多。

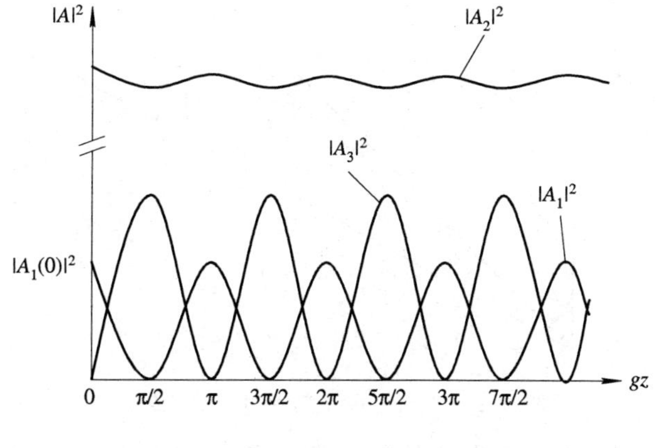

图 5.3-2 参量上转换过程中光子流的变化

在大多数情况下，光参量上转换的转换效率是很小的，因此可近似表示为

$$\eta = \frac{\omega_3}{\omega_1}(g^2 l^2) \approx \frac{2\omega_3^2\varepsilon_0^2 d_{\text{eff}}^2 l^2}{n_1 n_2 n_3}\left(\frac{\mu_0}{\varepsilon_0}\right)^{3/2}\frac{P_2(0)}{A} \tag{5.3-11}$$

式中 A 为相互作用区域的截面积。

例如，利用 CO_2 激光器的 10.6 μm 的信号光与 Nd^{+3}：YAG 激光器的 1.06 μm 的泵浦光混频，上转换为 0.96 μm 辐射的过程，所选用的非线性晶体必须在 1.06 μm、10.6 μm 以及 0.96 μm 处均低损耗，并且它的双折射必须能够满足相位匹配。如果选用淡红银矿

(Ag_3AsS_3)晶体，采用下列数据：

$$\frac{P_{1.06\ \mu m}}{A} = 10^8\ W/m^2$$

$$l = 1\ cm$$

$$n_1 \approx n_2 \approx n_3 = 2.6$$

$$d_{eff} = 1.1 \times 10^{-22}\ SI$$

可以得到 $\eta = P_{0.96\ \mu m}/P_{10.6\ \mu m} = 3\times10^{-3}$ 的转换效率。作为探测一个频率上转换的红外信号，这种转换效率能够实际使用。如果利用 $LiIO_3$ 晶体进行和频过程，选用红宝石(波长为 0.6943 μm)的激光作为泵浦，对 3.39 μm 的红外信号可以得到频率上转换的光子转换效率接近 100%。米德温特(Midwinter)在 1968 年首次利用频率上转换方法将红外图像转换为可见光图像[9]。他使用高度准直的红宝石多模激光在 $LiNbO_3$ 晶体中与波长为 1.6 μm 的红外辐射和频，得到了在 60 mrad 场中分辨率为 50 条线的可见图像。应当指出的是，像的上转换之所以可能，是由于相位匹配条件及上转换强度与信号强度之间呈线性关系共同的结果。相位匹配条件

$$\boldsymbol{k}_{IR} + \boldsymbol{k}_L = \boldsymbol{k}_V \tag{5.3-12}$$

确定了泵浦光波、红外波和可见光波的特定传播方向，即如图 5.3-3 所示，确定了 θ_{IR} 和 θ_V 之间惟一的关系。这里 θ_{IR} 是红外光波方向与泵浦光波方向之间的夹角，θ_V 是可见光波方向与泵浦光波方向之间的夹角。而上转换强度与信号强度之间呈线性关系，保证了在光参量上转换过程中红外图像信息不失真地转变成了可见光图像。

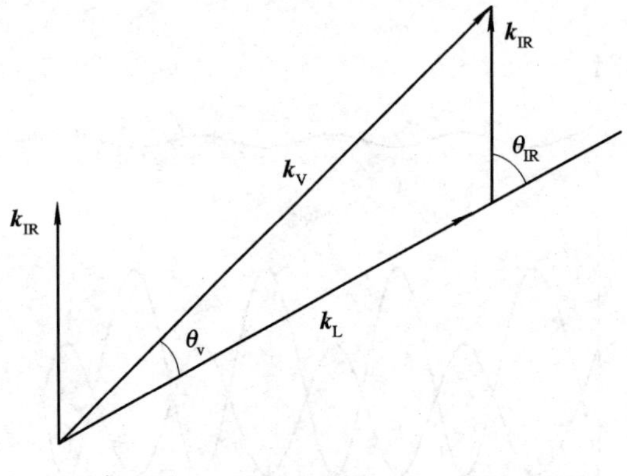

图 5.3-3 光参量上转换过程的波矢

此外，和频过程也是一种产生新的相干辐射的有效手段，例如把 $LiIO_3$ 晶体用于 Nd^{+3}：YAG 激光器双波长的和频，直接获得了波长为 413.7 nm 的紫外相干辐射[10]。

5.4 光参量放大与光参量振荡

1961 年，夫朗肯等人首先观察到了二次谐波产生，此后不久，在 1962 年金斯顿(Kingston)[11]、克罗尔(Kroll)[12]等人就分别提出了光学参量振荡器(OPO)的建议，1965 年王氏(Wang)和雷斯特尔(Racetle)[13]首先观察到了三波非线性作用的参量放大，同年乔特迈和米勒(Miller)[14]制成了第一台光学参量振荡器。由于光学参量振荡器可以提供从可

见光一直到红外光的可调谐相干辐射，因此它在光谱研究中有着广阔的应用前景。现在，光学参量振荡器已应用于大气污染的遥测，光化学及同位素分离等研究中。

5.4.1 光参量放大

首先应当指出，在激光放大器和激光振荡器中，增益是由原子或分子能级之间的粒子数反转，通过受激辐射形成的，而在参量放大器和参量振荡器中，增益则是由介质中光波之间的非线性相互作用产生的。

光学参量放大过程实质上是一个差频产生的三波混频过程。根据曼利-曼关系可知，在差频过程中，每湮灭一个最高频率的光子，同时要产生两个低频光子，在此过程中这两个低频波获得了增益，因此可作为它们的放大器。例如将一个强的高频光(泵浦光)和一个弱的低频光(信号光)同时射入非线性晶体，就可以产生差频波(称为空闲波、闲置波)，而弱的信号光被放大了。

1. 差频过程和可调谐红外输出

当频率为 ω_3 和 ω_1 的两束光在非线性介质中相互作用时，会产生频率为 $\omega_2=\omega_3-\omega_1$ 的差频光。人们在技术上，往往利用两束可见激光的差频，得到红外波段的相干可调谐辐射。因为这种过程可提供很高平均功率密度或很高峰值功率密度的红外相干辐射，所以在红外技术领域里得到了许多应用。

假设不计泵浦光的抽空效应，$\dfrac{dE_3(z)}{dz}\approx 0$，则类似上节讨论的光参量上转换和频过程，可得到如下耦合波方程：

$$\left.\begin{aligned}\frac{dA_1}{dz}&=igA_2^*\,e^{i\Delta kz}\\ \frac{dA_2}{dz}&=igA_1^*\,e^{i\Delta kz}\end{aligned}\right\}\tag{5.4-1}$$

式中

$$g=\sqrt{\frac{\omega_1\omega_2}{n_1n_2}}\;\sqrt{\mu_0\varepsilon_0}\,d_{\mathrm{eff}}E_3(0)\tag{5.4-2}$$

$$\Delta k=k_3-k_1-k_2\tag{5.4-3}$$

因此，A_1 和 A_2^* 满足如下微分方程：

$$\left.\begin{aligned}\frac{d^2A_1}{dz^2}-i\Delta k\,\frac{dA_1}{dz}-g^2A_1&=0\\ \frac{d^2A_2^*}{dz^2}+i\Delta k\,\frac{dA_2^*}{dz}-g^2A_2^*&=0\end{aligned}\right\}\tag{5.4-4}$$

边界条件为

$$\left.\begin{aligned}A_1(z)\,|_{z=0}&=A_1(0)\\ A_2^*(z)\,|_{z=0}&=A_2^*(0)\\ \left.\frac{dA_1}{dz}\right|_{z=0}&=igA_2^*(0)\end{aligned}\right\}\tag{5.4-5}$$

求解方程(5.4-4)，可得

$$A_1 e^{-i\frac{\Delta kz}{2}} = A_1(0)\left(\mathrm{ch}\Gamma z - \frac{i\Delta k}{2\Gamma}\mathrm{sh}\Gamma z\right) + \frac{ig}{\Gamma}A_2^*(0)\mathrm{sh}\Gamma z \tag{5.4-6}$$

$$A_2^* e^{i\frac{\Delta kz}{2}} = A_2^*(0)\left(\mathrm{ch}\Gamma z + \frac{i\Delta k}{2\Gamma}\mathrm{sh}\Gamma z\right) - \frac{ig}{\Gamma}A_1(0)\mathrm{sh}\Gamma z \tag{5.4-7}$$

式中

$$\Gamma = \sqrt{g^2 - \left(\frac{\Delta k}{2}\right)^2} \tag{5.4-8}$$

是增益系数，g 是 $\Delta k=0$ 时的增益系数。(5.4-6)式和(5.4-7)式表示了在一般情况下，信号光和空闲波随其通过非线性晶体距离 z 的变化规律，也即是频率为 ω_3 的泵浦光同时放大频率为 ω_1 和 ω_2 的信号光和空闲光的一般规律。

当只有一个输入信号 $A_1(0)$($A_2(0)=0$)时，并且为了简单起见，只考虑相位匹配的情形($\Delta k=0$)，则由(5.4-6)、(5.4-7)和(5.4-8)式得到

$$\left.\begin{aligned} A_1(z) &= A_1(0)\mathrm{ch}gz \\ A_2^*(z) &= -iA_1(0)\mathrm{sh}gz \end{aligned}\right\} \tag{5.4-9}$$

如果差频晶体的长度为 l，则差频的转换效率 η 为

$$\eta = \frac{\omega_2}{\omega_1}\mathrm{th}^2 gl \tag{5.4-10}$$

与和频产生转换效率的振荡特性不同，差频产生场 ω_2 与信号场 ω_1 在非线性相互作用中同时单调地增大，如图5.4-1所示(图示坐标取任意单位)。

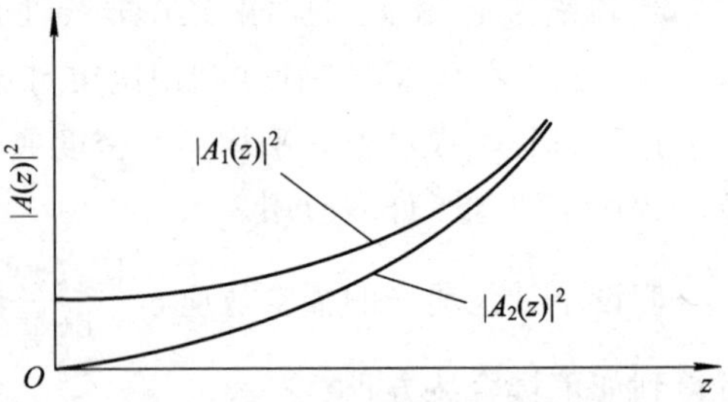

图 5.4-1 小信号近似下的差频产生

利用差频过程可用于产生强的高分辨率可调谐红外辐射。例如，若丹明 B 染料激光(波长为 575～650 nm)与 YAG 激光(波长为 1.06 μm)在染料激光器腔内的 $LiIO_3$ 晶体中，可以产生差频波长为 1.25～1.60 μm 的可调谐红外辐射。当染料激光与 YAG 的倍频光(波长为 532 nm)差频时，可产生波长为 3.40～5.65 μm 的可调谐红外辐射[15]。用 Ar^+ 激光与染料激光可在 $LiNdO_3$ 晶体中差频，产生波长为 2.2 ～4.2 μm 的高分辨率红外辐射光，用于研究水蒸气、氨气等光谱。

2. 光参量放大

上述三个光波的相互作用过程，能量是从高频场流向两个低频场。对于光场的产生来说，它们的相互作用过程是一个差频产生过程。但对于信号光场来说，则是被放大，并且因与微波参量放大类似，称其为光参量放大。

当 $A_2(0)=0$ 时，由(5.4-8)式可以得到频率为 ω_1 的信号光的功率增益 $G(z)$ 为

$$G(z) = \left|\frac{A_1(z)}{A_1(0)}\right|^2 = 1 + \frac{g^2}{\Gamma^2}\mathrm{sh}^2\Gamma z \tag{5.4-11}$$

若满足相位匹配条件，则频率为 ω_1 的信号光通过晶体后的功率增益 $G(l)$ 为

$$G(l) = \left|\frac{A_1(l)}{A_1(0)}\right|^2 = \mathrm{ch}^2 gl \tag{5.4-12}$$

当 $gl \gg 1$ 时，$\mathrm{ch}gl \approx \frac{1}{2}e^{gl}$，有 $G(l) = \frac{1}{4}e^{2gl}$。

例如，已知 $\lambda_1=\lambda_2=1\ \mu m$，$\lambda_3=0.5\ \mu m$，非线性晶体为 $LiNbO_3$，其 $d=0.5\times10^{-22}$ (SI)，取 $n_1=n_2=n_3=2.2$，$I_3=P_3/A=5\times10^6\ W/cm^2$，可计算得到 $g=0.7\ cm^{-1}$。由此可见，对于光参量放大，在相当高的光泵浦下，增益系数 g 并不大，即一次通过非线性介质的参量放大倍数较小。实际上，一次的光参量放大过程并不作为光放大的手段，真正有意义的是基于这种参量放大的光参量振荡器。

5.4.2 光参量振荡器

若将非线性晶体置于谐振腔中，并用强的泵浦光 ω_3 照射，当参量增益超过腔内的损耗时，在腔内可以从噪声中建立起相当强的信号光及空闲波，这就是光参量振荡器工作的物理基础。光参量振荡器的谐振腔可以同时对信号光频率和空闲波频率共振，也可以对其中一个频率共振。前者称为双共振光参量振荡器(DRO)，后者称为单共振光参量振荡器(SRO)。

图 5.4-2 示出了一种对信号光和空闲波双共振的光参量振荡器的原理结构。图中频率为 ω_3 的激光作为光参量振荡器的泵浦光，总的增益将使 ω_1 和 ω_2 光波在含有非线性晶体的光学谐振腔内产生振荡。

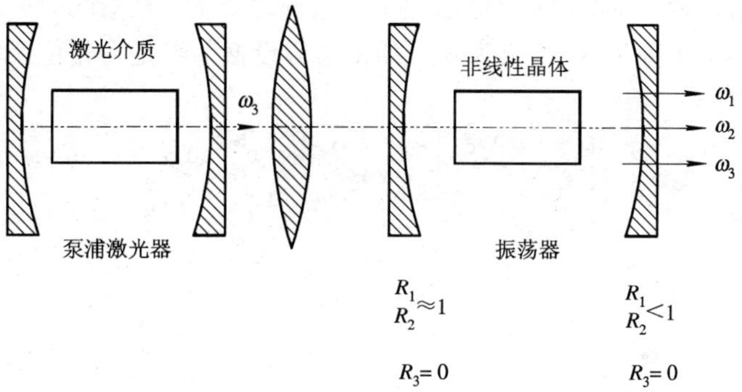

图 5.4-2 双共振光参量振荡器示意图

下面，我们从(5.4-6)式、(5.4-7)式和(5.4-8)式出发，求出参量振荡的条件。

1. 光参量振荡的自洽条件

分析光参量振荡的基本模型如图 5.4-3 所示。为简单起见，假定非线性晶体本身作为一个光学谐振腔，其两端对信号光和空闲波的反射率为 $R_{1,2}=|r_{1,2}|^2$，r 为反射系数。腔镜对泵浦光是透明的。在腔中任一平面 z 处的信号光可以用下面的列“矢量”描述：

$$\widetilde{\boldsymbol{A}}(z)=\begin{bmatrix}A_1(z)e^{ik_1 z}\\ A_2^*(z)e^{-ik_2 z}\end{bmatrix} \tag{5.4-13}$$

式中，$k_i=\omega_i n_i/c$，符号上面的“～”表示此矢量是人为假定的。按(5.4-6)式、(5.4-7)式和(5.4-13)式，通过非线性晶体腔长 l 的 $\widetilde{\boldsymbol{A}}(l)$ 为

$$\widetilde{\boldsymbol{A}}(l)=\begin{bmatrix}A_1(l)e^{ik_1 l}\\ A_2^*(l)e^{-ik_2 l}\end{bmatrix}=\begin{bmatrix}e^{i\left(k_1+\frac{\Delta k}{2}\right)l}\left(\mathrm{ch}\Gamma l-\frac{i\Delta k}{2\Gamma}\mathrm{sh}\Gamma l\right) & ie^{i\left(k_1+\frac{\Delta k}{2}\right)l}\frac{g}{\Gamma}\mathrm{sh}\Gamma l\\ -ie^{-i\left(k_2+\frac{\Delta k}{2}\right)l}\frac{g}{\Gamma}\mathrm{sh}\Gamma l & e^{-i\left(k_2+\frac{\Delta k}{2}\right)l}\left(\mathrm{ch}\Gamma l+\frac{i\Delta k}{2\Gamma}\mathrm{sh}\Gamma l\right)\end{bmatrix}\begin{bmatrix}A_1(0)\\ A_2^*(0)\end{bmatrix}$$

(5.4-14)

如果$\widetilde{\boldsymbol{A}}(z)$在谐振腔内往返一周保持不变，则表示信号光和空闲波处于稳定的振荡状态。下面，推导光参量振荡器的振荡条件。

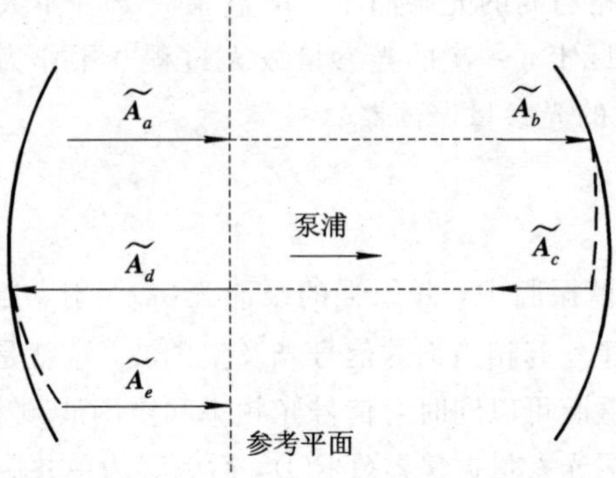

图 5.4-3 推导光参量振荡条件的模型

假设在图 5.4-3 中左端腔镜处的场矢量为$\widetilde{\boldsymbol{A}}_a$，在谐振腔内往返一周经过如下四个矩阵变换：从左向右传播；在右边镜子上反射；从右向左传播(在这个过程中没有参量增益)；在左边镜子上反射，由矢量$\widetilde{\boldsymbol{A}}_a$变换为$\widetilde{\boldsymbol{A}}_e$。如果再假设振荡器是在相位匹配条件($\Delta k=0$)下运行的，就有

$$\widetilde{\boldsymbol{A}}_e=\begin{bmatrix} r_1 & 0 \\ 0 & r_2^* \end{bmatrix}\begin{bmatrix} e^{ik_1 l} & 0 \\ 0 & e^{-ik_2 l} \end{bmatrix}\begin{bmatrix} r_1 & 0 \\ 0 & r_2^* \end{bmatrix}\begin{bmatrix} e^{ik_1 l}\operatorname{ch}gl & ie^{ik_1 l}\operatorname{sh}gl \\ -ie^{-ik_2 l}\operatorname{sh}gl & e^{-ik_2 l}\operatorname{ch}gl \end{bmatrix}\widetilde{\boldsymbol{A}}_a \tag{5.4-15}$$

或者简写为

$$\widetilde{\boldsymbol{A}}_e=\boldsymbol{M}\widetilde{\boldsymbol{A}}_a \tag{5.4-16}$$

这里

$$\boldsymbol{M}=\begin{bmatrix} r_1^2\operatorname{ch}gl\,e^{i2k_1 l} & ir_1^2\operatorname{sh}gl\,e^{i2k_1 l} \\ -i(r_2^*)^2\operatorname{sh}gl\,e^{-i2k_2 l} & (r_2^*)^2\operatorname{ch}gl\,e^{-i2k_2 l} \end{bmatrix} \tag{5.4-17}$$

自洽条件要求

$$\widetilde{\boldsymbol{A}}_e=\widetilde{\boldsymbol{A}}_a \tag{5.4-18}$$

或

$$\widetilde{\boldsymbol{A}}_a=\boldsymbol{M}\widetilde{\boldsymbol{A}}_a \tag{5.4-19}$$

即要求

$$(\boldsymbol{M}-\boldsymbol{I})\widetilde{\boldsymbol{A}}_a=0 \tag{5.4-20}$$

上式具有非零解的条件是

$$\det(\boldsymbol{M}-\boldsymbol{I})=0$$

因而有

$$[r_1^2\operatorname{ch}gl\,e^{i2k_1 l}-1][(r_2^*)^2\operatorname{ch}gl\,e^{-i2k_2 l}-1]=r_1^2(r_2^*)^2\operatorname{sh}^2 gl\,e^{-i2(k_2-k_1)l} \tag{5.4-21}$$

该式就是我们要求的光参量振荡器的振荡条件。

考虑到光波在镜面上反射时有相位变化，可令

$$\left.\begin{aligned} r_1^2&=R_1 e^{i\varphi_1} \\ (r_2^*)^2&=R_2 e^{-i\varphi_2} \end{aligned}\right\} \tag{5.4-22}$$

因为对振荡器而言，增益系数 Γ_0 不能为负值，因此，如果 $R_1=1$、$R_2=1$，则最小增益阈值 $(\Gamma_0)_{\text{th}}=0$，代入(5.4-21)式后有

$$[e^{i(2k_1l+\varphi_1)}-1][e^{-i(2k_2l+\varphi_2)}-1]=0$$

由此便得到如下关系：

$$\left.\begin{aligned}2k_1l+\varphi_1&=2m\pi\\2k_2l+\varphi_2&=2n\pi\end{aligned}\right\}\tag{5.4-23}$$

式中 m 和 n 是两个整数。由此可见，信号光和空闲波的振荡频率 ω_1 和 ω_2 必须与光学谐振腔的两个纵模相对应。

下面，我们利用光参量振荡条件(5.4-21)式，导出两类重要的光参量振荡器的阈值条件。

2. 光参量振荡器的阈值条件

1) 双共振光参量振荡器的阈值条件

所谓双共振光参量振荡器，就是对频率为 ω_1 的信号光和频率为 ω_2 的空闲波都是有高 Q 值的振荡器。将(5.4-23)式和(5.4-22)式代入(5.4-21)式后，便得到双共振情况下的光参量振荡条件为

$$(R_1\,\text{ch}gl-1)(R_2\,\text{ch}gl-1)=R_1R_2\,\text{sh}^2gl$$

即

$$(R_1+R_2)\text{ch}gl-R_1R_2=1\tag{5.4-24}$$

如果腔镜的反射率 R_1、$R_2\approx1$，且 $\text{ch}gl\approx1+\frac{1}{2}g^2l^2$，将其代入(5.4-24)式后得

$$(g)_{\text{th}}l=\sqrt{(1-R_1)(1-R_2)}\tag{5.4-25}$$

再利用泵浦强度表示式

$$I_3=\frac{1}{2}\sqrt{\frac{\varepsilon_0}{\mu_0}}n_3\mid E_0(\omega_3)\mid^2\tag{5.4-26}$$

及 g 的定义(5.4-2)式，可以得到双共振光参量振荡器的阈值泵浦强度为

$$(I_3)_{\text{th}}=\frac{1}{2}\left(\frac{\varepsilon_0}{\mu_0}\right)^{3/2}\frac{n_1n_2n_3}{\omega_1\omega_2l^2(\varepsilon_0d_{\text{eff}})^2}(1-R_1)(1-R_2)\tag{5.4-27}$$

应当指出的是，对于双共振光参量振荡器来说，必须要同时满足条件

$$\omega_3=\omega_1+\omega_2\tag{5.4-28}$$

和(5.4-23)式所要求的

$$\left.\begin{aligned}k_1l&=\frac{\omega_1n_1l}{c}=m\pi-\frac{\varphi_1}{2}\\k_2l&=\frac{\omega_2n_2l}{c}=n\pi-\frac{\varphi_2}{2}\end{aligned}\right\}\tag{5.4-29}$$

关系，这就对光学谐振腔的稳定性提出了一个十分苛刻的要求。因为，如果已满足了 $\omega_3=\omega_1+\omega_2$ 的要求，则当存在某种原因，如温度的漂移或外界振动引起腔长 l 发生微小变化 $\text{d}l$ 时，为了能满足(5.4-29)式的要求，ω_1 和 ω_2 应按规律

$$\frac{\text{d}\omega_1}{\omega_1}=\frac{\text{d}\omega_2}{\omega_2}=-\frac{\text{d}l}{l}\tag{5.4-30}$$

变化。可是这样一来，条件 $\omega_3=\omega_1+\omega_2$ 就不能再满足。所以，要同时满足(5.4-28)式和(5.4-29)式是十分困难的事。

2) 单共振光参量振荡器的阈值条件

所谓单共振光参量振荡器，是指只有一个频率的光波(如频率为 ω_1 的信号光)能在腔镜处被反射形成振荡，而另一个频率的光波(空闲波 ω_2)不能反射形成振荡的振荡器。它的典型原理装置如图 5.4-4 所示。图示装置是一种非共线相位匹配的单共振光参量振荡器，腔内三个光波的方向各不相同，可以将信号光与空闲波分开来。这样的非共线相位匹配条件要求

$$\boldsymbol{k}_3=\boldsymbol{k}_1+\boldsymbol{k}_2 \tag{5.4-31}$$

式中，$\boldsymbol{k}_3$、$\boldsymbol{k}_1$ 和 $\boldsymbol{k}_2$ 分别是泵浦光、信号光和空闲波的波矢。在图 5.4-4 中，$\boldsymbol{k}_1$ 的方向被固定在腔轴方向上。

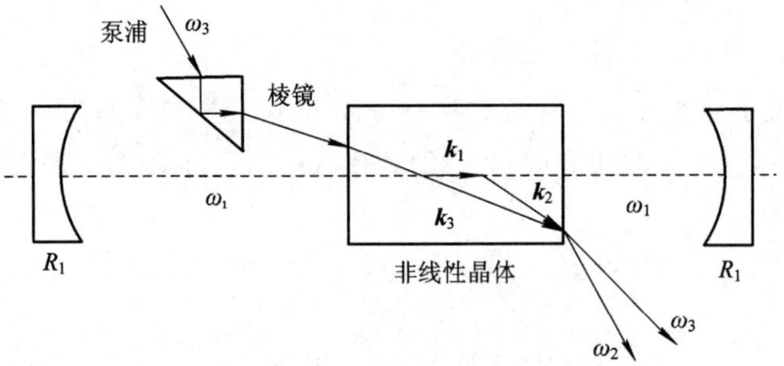

图 5.4-4 单共振参量振荡器结构

根据光参量振荡器的振荡条件 (5.4-21)式，令 $r_2=0$，有

$$r_1^2\,\mathrm{ch}gl\,\mathrm{e}^{\mathrm{i}2k_1l}=1 \tag{5.4-32}$$

这就是单共振光参量振荡器的阈值条件。考虑到(5.4-22)式，我们可以把(5.4-32)式分解为相位条件：

$$2k_1l+\varphi_1=2m\pi \tag{5.4-33}$$

和振幅条件：

$$R_1\,\mathrm{ch}gl=1 \tag{5.4-34}$$

由此可见，单共振光参量振荡器信号光的相位条件(5.4-33)式与双共振光参量振荡器的相位条件(5.4-23)式是相同的，只是对空闲波的相位 φ_2 没有限制。对于 $R_1\approx1$ 的情况，阈值条件(5.4-34)式又可写成

$$(g)_{\mathrm{th}}l=\sqrt{2(1-R_1)} \tag{5.4-35}$$

可见，单共振光参量振荡器的阈值泵浦相对于双共振光参量振荡器增大了，且有

$$\frac{((g)_{\mathrm{th}}l)_{单}}{((g)_{\mathrm{th}}l)_{双}}=\sqrt{\frac{2}{1-R_2}} \tag{5.4-36}$$

假设两种情况的 R_1 相同，当 $R_2\approx1$ 时，这种增加是很大的。要指出的是，如果有足够的泵浦功率可被利用且显著地超过阈值时，这种增加是无害的，它可以使 ω_1 的相干输出增加。

另外，对于单共振光参量振荡器来说，由于只需要信号光(或空闲波)满足(5.4-33)式的相位条件，所以频率稳定性比双共振光参量振荡器要好。

3. 光参量振荡器的频率调谐

光参量振荡器的最大特点是其输出频率可以在一定范围内连续改变，对于不同的非线性介质和不同的泵浦源，可以得到不同的调谐范围。当泵浦光频率 ω_3 固定时，光参量振荡器的振荡频率应同时满足频率和相位匹配条件：

$$\omega_3 = \omega_1 + \omega_2 \tag{5.4-37}$$

$$\boldsymbol{k}_3 = \boldsymbol{k}_1 + \boldsymbol{k}_2 \tag{5.4-38}$$

若三光波波矢共线，则有

$$n_3\omega_3 = n_1\omega_1 + n_2\omega_2 \tag{5.4-39}$$

将(5.4-37)式代入，得

$$n_3(\omega_1 + \omega_2) = n_1\omega_1 + n_2\omega_2$$

因而有

$$\frac{\omega_1}{\omega_2} = \frac{n_2 - n_3}{n_3 - n_1} \tag{5.4-40}$$

由该式可见，信号光和空闲波的频率依赖于泵浦光的折射率，因此可以通过改变泵浦光的折射率使 ω_1 和 ω_2 频率作相应的变化，以满足相位匹配条件。为改变 n_3，可以通过改变泵浦光与非线性晶体之间的夹角(角度调谐)，或改变晶体的温度(温度调谐)等方法实现。

1) 角度调谐

在共线相位匹配的情况下，假定频率为 ω_3 的泵浦光是非常光，ω_1 和 ω_2 光波是寻常光，又假定晶体光轴与谐振腔轴之间的夹角为某一角度 θ_0 时，在 ω_{10} 和 ω_{20} 处发生振荡，其折射率分别为 n_{1o} 和 n_{2o}，则按(5.4-39)式应有

$$\omega_3 n_{3e}(\theta_0) = \omega_{10} n_{1o} + \omega_{20} n_{2o} \tag{5.4-41}$$

现转动晶体使其相对原来的方向转过 $\Delta\theta$ 角度，就引起折射率变化为 $n_{3e}(\theta)$。为满足相位匹配条件(5.4-39)式，ω_1 和 ω_2 必须稍有改变，这又将导致折射率 n_{1o} 和 n_{2o} 的改变。于是，相对于 θ_0 时的振荡，新旧振荡之间有如下的改变：

$$\begin{aligned}
&\omega_3 \rightarrow \omega_3 \\
&n_{3e}(\theta_0) \rightarrow n_{3e}(\theta_0) + \Delta n_3 \\
&n_{1o} \rightarrow n_{1o} + \Delta n_1 \\
&n_{2o} \rightarrow n_{2o} + \Delta n_2 \\
&\omega_{10} \rightarrow \omega_{10} + \Delta\omega_1 \\
&\omega_{20} \rightarrow \omega_{20} + \Delta\omega_2
\end{aligned}$$

并且，根据能量守恒条件(5.4-37)式，有

$$-\Delta\omega_2 = \Delta\omega_1$$

因为现在要求新的一组频率满足(5.4-39)式，应有

$$\omega_3(n_{3e}(\theta_0) + \Delta n_3) = (\omega_{20} + \Delta\omega_2)(n_{2o} + \Delta n_2) + (\omega_{10} + \Delta\omega_1)(n_{1o} + \Delta n_1)$$

略去 $\Delta n\Delta\omega$ 的二阶小量，并利用(5.4-37)式，可得

$$\Delta\omega_1 = \frac{\omega_3\Delta n_3 - \omega_{10}\Delta n_1 - \omega_{20}\Delta n_2}{n_{1o} - n_{2o}} \tag{5.4-42}$$

按照假定，泵浦光是非常光，且 ω_3 不变，所以折射率 $n_{3e}(\theta)$ 只是 θ 的函数，而 ω_1 和 ω_2 是寻

常光，折射率 n_1 和 n_2 与 θ 无关，只是频率的函数。因而有如下的关系：

$$\left.\begin{aligned}\Delta n_1 &= \left.\frac{\partial n_{1o}}{\partial\omega}\right|_{\omega_{10}}\Delta\omega_1\\ \Delta n_2 &= \left.\frac{\partial n_{2o}}{\partial\omega}\right|_{\omega_{20}}\Delta\omega_2\\ \Delta n_3 &= \left.\frac{\partial n_{3e}(\theta)}{\partial\theta}\right|_{\theta=\theta_0}\Delta\theta\end{aligned}\right\}\tag{5.4-43}$$

利用(5.4-43)式，连同 $\Delta\omega_2=-\Delta\omega_1$，代入(5.4-42)式后，可以得到振荡频率相对于晶体取向的变化率为

$$\frac{\partial\omega_1}{\partial\theta}=\frac{\omega_3\left(\dfrac{\partial n_{3e}(\theta)}{\partial\theta}\right)}{(n_{1o}-n_{2o})+\left[\omega_{10}\left(\dfrac{\partial n_{1o}}{\partial\omega}\right)-\omega_{20}\left(\dfrac{\partial n_{2o}}{\partial\omega}\right)\right]}\tag{5.4-44}$$

再利用(2.2-88)式和微分关系 $\mathrm{d}(1/x^2)=-2\mathrm{d}x/x^3$，可得

$$\frac{\partial n_{3e}(\theta)}{\partial\theta}=-\frac{n_{3e}^2(\theta)}{2}\sin2\theta\left[\frac{1}{n_{3e}^2}-\frac{1}{n_{3o}^2}\right]\tag{5.4-45}$$

式中，n_{3e} 和 n_{3o} 分别表示频率为 ω_3 的光波主折射率。现将(5.4-45)式代入(5.4-44)式，最后得到

$$\frac{\partial\omega_1}{\partial\theta}=-\frac{\dfrac{1}{2}\omega_3 n_{3e}^3(\theta_0)\left[\left(\dfrac{1}{n_{3e}}\right)^2+\left(\dfrac{1}{n_{3o}}\right)^2\right]\sin2\theta_0}{(n_{1o}-n_{2o})+\left[\omega_{10}\left(\dfrac{\partial n_{1o}}{\partial\omega}\right)-\omega_{20}\left(\dfrac{\partial n_{2o}}{\partial\omega}\right)\right]}\tag{5.4-46}$$

图 5.4-5 给出了非线性晶体为 ADP 时，信号频率 ω_1 随 θ 变化的实验曲线，θ 是 ADP 晶体光轴与泵浦光传播方向之间的夹角。图中的角度是在 $\omega_1=\omega_3/2$ 的情况下测得的，图中同时也给出了理论计算曲线。

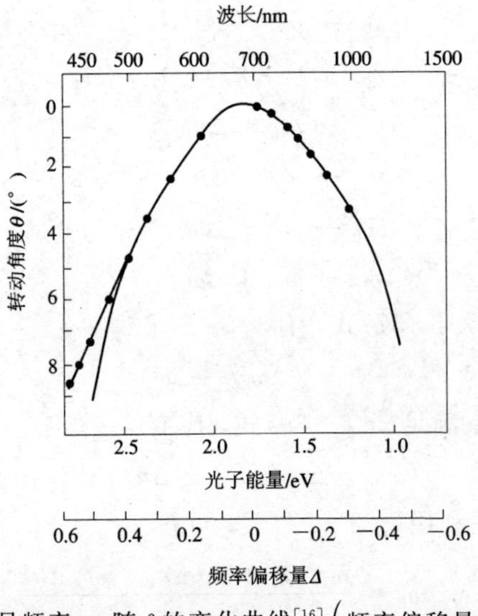

图 5.4-5 信号频率 ω_1 随 θ 的变化曲线[16] $\left(\text{频率偏移量 }\Delta=\dfrac{\omega_1-\omega_3/2}{\omega_3/2}\right)$

2）温度调谐

在非临界相位匹配($\theta_m=90°$)的情况下，可以通过改变温度来改变光的折射率，从而使振荡频率发生变化。

在这种情况下，(5.4-42)式仍然适用，只不过折射率的改变 Δn_1、Δn_2 和 Δn_3 是由温度变化 ΔT 引起的，且有

$$\left.\begin{aligned}\Delta n_1 &= \frac{\partial n_{1o}}{\partial T}\Delta T\\ \Delta n_2 &= \frac{\partial n_{2o}}{\partial T}\Delta T\\ \Delta n_3 &= \left[\left(\frac{\partial n_{3e}(\theta)}{\partial n_{3o}}\right)\left(\frac{\partial n_{3o}}{\partial T}\right)+\left(\frac{\partial n_{3e}(\theta)}{\partial n_{3e}}\right)\left(\frac{\partial n_{3e}}{\partial T}\right)\right]\Delta T\end{aligned}\right\}\tag{5.4-47}$$

将其代入(5.4-42)式，可以得到频移量 $\Delta\omega_1$ 与温度改变量 ΔT 的关系：

$$\frac{\Delta\omega_1}{\Delta T}=\frac{\omega_3\left[\cos^2\theta\left(\frac{n_{3e}(\theta)}{n_{3o}}\right)^3\frac{\partial n_{3o}}{\partial T}+\sin^2\theta\left(\frac{n_{3e}(\theta)}{n_{3e}}\right)^3\frac{\partial n_{3e}}{\partial T}\right]-\omega_{10}\frac{\partial n_{1o}}{\partial T}-\omega_{20}\frac{\partial n_{2o}}{\partial T}}{n_{1o}-n_{2o}}\tag{5.4-48}$$

图 5.4-6 给出了以 $LiNbO_3$ 作为参量振荡器中的非线性晶体，在共线非临界相位匹配($\theta_m=90°$)情况下的温度调谐实验曲线。实验中，泵浦光波长为 0.529 μm，传播方向为 $\theta=90°$。

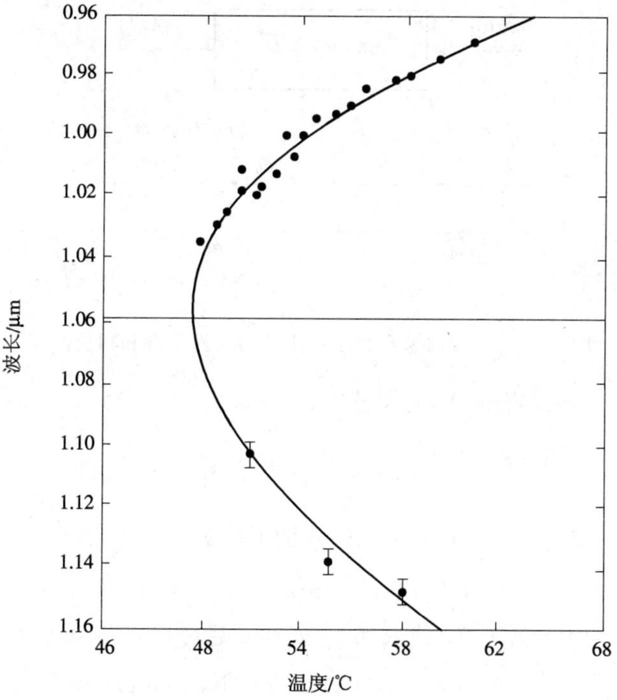

图 5.4-6 参量振荡器中信号光与空闲波的温度调谐曲线[14]

5.4.3 背向光参量放大与振荡

前面讨论的光参量过程都是前向散射的光参量放大与振荡，通常的可调谐光参量振荡器都是采用前向散射的原理工作的。现在讨论信号光与空闲波在相反方向运行时的参量相互作用。

令信号光在 $-z$ 方向上运行，空闲波沿 $+z$ 方向传播，有

$$\left.\begin{aligned} A_1(z,t) &= A_1(z)e^{-i(\omega_1 t+k_1 z)} \\ A_2(z,t) &= A_2(z)e^{-i(\omega_2 t-k_2 z)} \end{aligned}\right\} \tag{5.4-49}$$

类似于(5.4-1)式，这里应有

$$\left.\begin{aligned} \frac{dA_1}{dz} &= -igA_2^* e^{i\Delta kz} \\ \frac{dA_2^*}{dz} &= -igA_1 e^{-i\Delta kz} \end{aligned}\right\} \tag{5.4-50}$$

式中

$$\left.\begin{aligned} \omega_3 &= \omega_1 + \omega_2 \\ \Delta k &= k_3 - k_2 + k_1 \end{aligned}\right\} \tag{5.4-51}$$

注意，(5.4-50)式中第一式的符号与(5.4-1)式不同，两式中 Δk 的关系也不同。此外，还有一个关键性的差别是，两种情况所应用的边界条件不同，如图 5.4-7 所示。

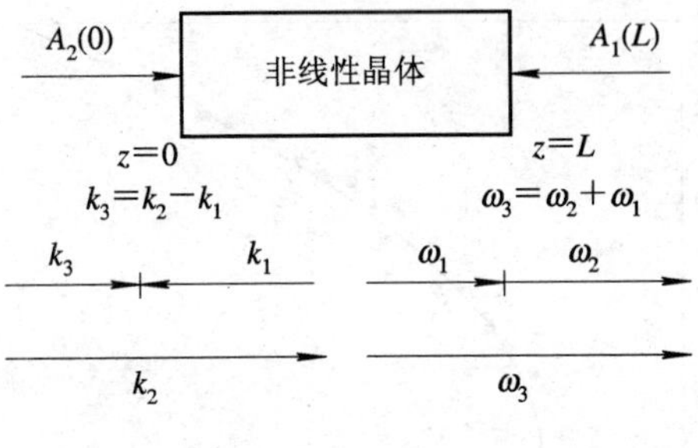

图 5.4-7 背向参量相互作用下的边界条件和相位匹配

由(5.4-50)式很容易得到 A_1 的微分方程为

$$\frac{d^2A_1}{dz^2} + i\Delta k\frac{dA_1}{dz} + g^2A_1 = 0 \tag{5.4-52}$$

在相位匹配条件下，$\Delta k=0$，可得(5.4-52)式的通解为

$$A_1(z) = C_1 \cos gz + C_2 \sin gz \tag{5.4-53}$$

根据边界条件 $A_1(z=0)=A_1(0)$，代入(5.4-53)式后可得 $C_1=A_1(0)$，因而

$$A_1(L) = A_1(0)\cos gL + C_2 \sin gL \tag{5.4-54}$$

又根据方程组(5.4-50)中的第一式有

$$\left(\frac{dA_1}{dz}\right)_{z=0} = -igA_2^*(0)$$

将(5.4-53)式代入，便给出 $C_2=-iA_2^*(0)$。由此可得

$$\begin{aligned}A_1(z) &= A_1(0)\cos gz - iA_2^*(0)\sin gz \\ &= \frac{A_1(l)}{\cos gl}\cos gz + \frac{iA_2^*(0)}{\cos gl}\sin[g(L-z)]\end{aligned} \tag{5.4-55}$$

同理可得

$$\frac{d^2A_2^*(z)}{dz^2} = -g^2A_2^*(z)$$

利用边界条件

$$A_2^*(z)\big|_{z=0} = A_2^*(0)$$

$$\left(\frac{dA_2^*(z)}{dz}\right)_{z=0} = -igA_1(0)$$

可解得

$$A_2^*(z) = -\frac{iA_1(L)}{\cos gL}\sin gz + \frac{A_2^*(0)}{\cos gL}\cos[g(L-z)] \tag{5.4-56}$$

这样，信号光和空闲波反向运行时，在 $z=0$ 和 $z=L$ 处的输出场为

$$\left.\begin{aligned}A_1(0) &= \frac{A_1(L)}{\cos gL} + iA_2^*(0)\tan gL \\ A_2^*(L) &= -iA_1(L)\tan gL + \frac{A_2^*(0)}{\cos gL}\end{aligned}\right\} \tag{5.4-57}$$

在这里，特别有意义的情况是 $gL=\pi/2$ 时的情形。在这种情况下，每一端为有限的输入时，$A_1(0)$和 $A_2^*(L)$都变成无穷大。换句话说，即使没有输入，$A_1(L)=0$、$A_2^*(0)=0$，仍然可以得到有限的输出。

在 $gL\to\pi/2$ 的极限情况下，(5.4-55)式和(5.4-56)式可以写为

$$\begin{aligned}A_1(z) &= \frac{A_1(L)}{\cos gL}\sin[g(L-z)] + \frac{iA_2^*(0)\sin[g(L-z)]}{\cos gL} \\ &= \frac{A_1(L)+iA_2^*(0)}{\cos gL}\sin[g(L-z)] = A\sin[g(L-z)]\end{aligned} \tag{5.4-58}$$

和

$$\begin{aligned}A_2^*(z) &= -\frac{iA_1(L)}{\cos gL}\cos[g(L-z)] + \frac{A_2^*(0)}{\cos(gL)}\cos[g(L-z)] \\ &= \frac{-iA_1(L)+A_2^*(0)}{\cos gL}\cos[g(L-z)] = -iA\cos[g(L-z)]\end{aligned} \tag{5.4-59}$$

式中

$$A = \frac{A_1(L)+iA_2^*(0)}{\cos gL} \tag{5.4-60}$$

当 $A_1(L)=0$、$A_2^*(0)=0$ 时，$A_1(z)$和 $A_2^*(z)$在非线性介质中的变化规律如图 5.4-8 所示。

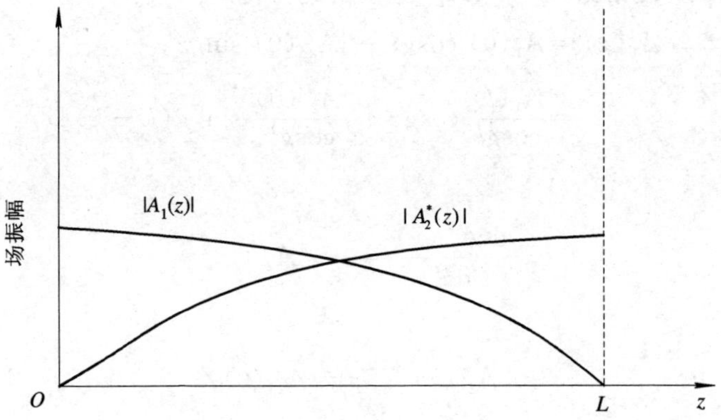

图 5.4-8　背向参量振荡器中的信号光 $A_1(z)$ 和空闲波 $A_2^*(z)$

如果 $A_2^*(0)=0$，$A_1(L)\neq 0$，则由(5.4-57)式可以得到信号光 A_1 经过非线性介质后的增益为

$$G=\left|\frac{A_1(0)}{A_1(L)}\right|^2=\frac{1}{|\cos gL|^2} \tag{5.4-61}$$

当满足 $gL=\pi/2$ 时，$G\to\infty$。

如果 $A_1(L)=0$，$A_2^*(0)\neq 0$，按(5.4-57)式又可得到空闲波通过非线性介质后的增益为

$$G=\left|\frac{A_2(L)}{A_2(0)}\right|^2=\frac{1}{|\cos gl|^2} \tag{5.4-62}$$

当 $gL=\pi/2$ 时，增益 G 也趋于无穷大。

在此，我们要指出，增益趋于无穷大的物理意义是，即使没有信号输入，信号光和空闲波也可以产生振荡，并有输出，而 $gL=\pi/2$ 就是振荡阈值。将这种振荡与前面讨论的前向参量振荡进行比较可以看到，在前向参量振荡中，为了产生振荡，需要在非线性介质外面加谐振腔，以提供反馈。而在背向参量振荡中，背向散射除了能对 ω_1 或 ω_2 的入射信号进行放大外，由于本身有反馈，在一定的泵浦条件下，并不需要外加谐振腔也可以产生振荡。这种背向行波振荡器的工作原理与分布反馈激光器的工作原理类似。不过要制作出本节所讨论的光参量振荡器还是有困难的，其原因是缺乏有足够双折射的非线性光学材料，使之满足相位匹配条件 $n_3\omega_3+n_1\omega_1=n_2\omega_2$。由图 5.4-7 可见，要满足相位匹配矢量图的关系，就必须有 $\omega_3 n_3<n_2\omega_2$，然而因 $\omega_3>\omega_2$，所以这种器件可能只限于 $\omega_1\ll\omega_2$，ω_3 的情况下运用。

5.5　受激布里渊散射

众所周知，光波通过非均匀介质时会产生非线性的自发散射：喇曼散射和布里渊散射。喇曼散射是在入射光的作用下，介质分子内部的转动-振动状态变化，吸收或放出光学支声子，而布里渊散射则是在入射光作用下引起介质密度起伏，吸收或放出声学支声子。这两种散射光均相对于入射光产生了频移，是一种非相干光。

当利用强激光束照射散射介质，光强超过一定数值(阈值)时，自发喇曼散射和布里渊散射现象会变成受激喇曼散射(SRS)和受激布里渊散射(SBS)，散射光强大大提高，且散

射光变为相干光。这种非线性散射效应可以利用电磁场的耦合波理论描述，这里仅讨论SBS的电磁场耦合波理论[2]。

1. SBS效应的耦合波方程

SBS效应是指入射到散射介质中频率为ω_i的强激光束，在介质内产生频率为ω_a的相干声波，同时产生频率为ω_s的散射光波的光散射现象。这里的讨论假设二光波和声波的表示式为

$$\left.\begin{aligned} E_i(z,t) &= E_i(z)e^{-i(\omega_i t - k_i z)} + \text{c. c.} \\ E_s(z,t) &= E_s(z)e^{-i(\omega_s t - k_s z)} + \text{c. c.} \\ u(z,t) &= u(z)e^{-i(\omega_a t - k_a z)} + \text{c. c.} \end{aligned}\right\} \tag{5.5-1}$$

并且满足

$$\omega_i - \omega_s = \omega_a \tag{5.5-2}$$

和相位匹配条件

$$\boldsymbol{k}_i - \boldsymbol{k}_s = \boldsymbol{k}_a \tag{5.5-3}$$

1）*声波的波动方程*

为了分析方便起见，假定散射介质是均匀的各向同性介质，由于电致伸缩，光波电场$\boldsymbol{E}$的不均匀分布产生的压力(电致伸缩力)为

$$\boldsymbol{F} = \frac{1}{2}\gamma \nabla \boldsymbol{E}^2 \tag{5.5-4}$$

式中γ为电致伸缩系数。在一维情况下，电致伸缩力为

$$F = \frac{1}{2}\gamma \frac{\partial E^2}{\partial z} \tag{5.5-5}$$

由于电致伸缩压力的作用，在介质中产生了一种超声波。这种声波主要表现在介质密度的变化上，也就是所谓的疏密波。一维声波的波动方程为

$$\frac{1}{\alpha}\frac{\partial^2 u}{\partial z^2} - \eta \frac{\partial u}{\partial t} + \frac{\gamma}{2}\frac{\partial E^2}{\partial z} = \rho_m \frac{\partial^2 u}{\partial t^2} \tag{5.5-6}$$

式中，$u(z,t)$是介质内z处的质点偏离平衡位置的位移，α是弹性系数，η是对声波唯象引入的耗散常数，ρ_m是介质密度。由此可见，在介质中，电磁场和弹性波通过电致伸缩力产生了耦合。

2）*电磁波方程*

在SBS中，入射光波E_i和散射光波E_s均满足波动方程：

$$\nabla^2 E_l(\boldsymbol{r},t) = \mu_0 \varepsilon \frac{\partial^2 E_l(\boldsymbol{r},t)}{\partial t^2} + \mu_0 \frac{\partial^2 (P_{NL})_l}{\partial t^2} \qquad l = i,\ s \tag{5.5-7}$$

式中的非线性极化强度P_{NL}起因于介质中的声波。由于声波是一种疏密波，它将引起介质介电常数的改变$d\varepsilon$，从而引起附加的非线性极化强度：

$$P_{NL} = (d\varepsilon)E \tag{5.5-8}$$

对于一维运动的情况，有

$$d\varepsilon = -\gamma \frac{\partial u}{\partial z} \tag{5.5-9}$$

因此，由声波产生的附加非线性极化强度为

$$P_{NL}=-\gamma E(z,t)\frac{\partial u(z,t)}{\partial z} \tag{5.5-10}$$

代入波动方程(5.5-7)，可得散射光电场满足的波动方程为

$$\frac{\partial^2 E_s}{\partial z^2}=\mu_0\varepsilon\frac{\partial^2 E_s}{\partial t^2}+\mu_0\frac{\partial^2(-\gamma E_i\partial u/\partial z)}{\partial t^2} \tag{5.5-11}$$

利用慢变化振幅近似和相位匹配条件，介质中的声波波动方程(5.5-6)和散射光波波动方程(5.5-11)可简化为

$$\frac{du}{dz}=-\frac{\eta}{2\rho_m v_a}u-\frac{\gamma}{4\rho_m v_a^2}E_i E_s^* \tag{5.5-12}$$

$$\frac{dE_s^*}{dz}=-\frac{\beta E_s^*}{2}-\frac{\gamma k_s k_a}{2\varepsilon_s}E_i^* u \tag{5.5-13}$$

式中，v_a 是声波在介质中的速度，$v_a^2=1/(\alpha\rho_m)$，β 是光波耗散系数，ε_s 是散射光波的介电常数。

类似地，可得入射光波电场满足如下方程：

$$\frac{dE_i}{dz}=-\frac{\beta E_i}{2}-\frac{\gamma k_i k_a}{2\varepsilon_i}E_s u \tag{5.5-14}$$

式中 ε_i 是入射光波的介电常数。

方程(5.5-12)、(5.5-13)和(5.5-14)就是描述包括声波振幅 $u(z)$ 和光波电场振幅 $E_i(z)$ 与 $E_s(z)$ 的 SBS 过程的耦合波方程。

2. SBS 的特性

上述分析表明，一束频率为 ω_i 的强激光束作用于介质时，会产生频率为 ω_s 的散射光和频率为 $\omega_a=\omega_i-\omega_s$ 的声波。假定泵浦光(ω_i)比散射光(ω_s)和声波(ω_a)强得多，则可近似认为 $E_i(z)=E_i(0)$。这时，只需求解两个方程(5.5-12)和(5.5-13)即可。

方程(5.5-12)和(5.5-13)描述了声振动位移 u 和散射光电场 E_s 的增长或衰减规律。如果它们是指数增长的，则可取如下形式：

$$\left.\begin{aligned} u(z)&=u(0)e^{gz}\\ E_s^*(z)&=E_s^*(0)e^{gz}\end{aligned}\right\} \tag{5.5-15}$$

式中 g 是增益常数。将(5.5-15)式代入方程(5.5-12)和(5.5-13)，求解可得增益常数为

$$g=-\frac{1}{4}(\beta_a+\beta)+\frac{1}{4}\left[(\beta_a+\beta)^2-4\left(\beta\beta_a-\frac{\gamma^2 k_s k_a|E_i|^2}{2\rho_m v_a^2\varepsilon_s}\right)\right]^{1/2} \tag{5.5-16}$$

式中，$\beta_a=\eta/(\rho_m v_a)$。如果 $g\geqslant 0$，表示声波和散射光波同时被放大，这时要求

$$|E_i|^2\geqslant\frac{2\rho_m\beta\beta_a\varepsilon_s v_a^2}{\gamma^2 k_s k_a}=\frac{2\beta\beta_a\varepsilon_s}{\alpha\gamma^2 k_s k_a} \tag{5.5-17}$$

在该条件下，就认为介质中发生了受激布里渊散射。

如果采用泵浦强度 $I_{i\,th}$ 表示发生 SBS 的阈值泵浦强度，因为 $I=2\varepsilon v|E|^2$，所以有

$$I_{i\,th}=\frac{4\beta\beta_a\varepsilon_i\varepsilon_s v_i}{\alpha\gamma^2 k_s k_a} \tag{5.5-18}$$

可见，对于散射光和声波衰减作用较小(即 β 和 β_s 较小)，同时又具有较大的电致伸缩系数 γ 的介质来说，阈值泵浦强度 $I_{i\,th}$ 较小，也就是说容易产生受激布里渊散射效应。

下面以石英为例估计产生受激布里渊散射的阈值。固体的典型 α 值为 5×10^{10} N/m^3，

电致伸缩系数的典型值为 $\gamma\approx\varepsilon_0\approx10^{-11}$(SI)，如果取 $\lambda_i\approx\lambda_s\approx1\ \mu$m，衰减系数 β 和 β_a 分别取 0.02 cm^{-1} 和 20 cm^{-1}（这是根据石英的典型数据值估算得到的）。根据声速 $v_a=3\times10^3$ m/s 和 $\lambda_i\approx1\ \mu$m，可给出 $\omega_a\approx2\omega_i v_a n_i/c\approx2\pi(6\times10^9)$。利用以上数据，根据(5.5-17)式给出[17]

$$\left(\frac{\text{功率}}{\text{面积}}\right)_{\text{阈值}}\approx10^7\ \text{W/cm}^3$$

这样的功率电平可以由巨脉冲激光器得到。

最后要指出，因为 $\omega_a\ll\omega_i$，所以 $\omega_i\approx\omega_s$，于是，在各向同性介质中，有 $k_i\approx k_s$，由波矢矢量关系式(5.5-3)，可以给出图 5.5-1 所示的象布喇格衍射那样的关系，即有

$$k_a=2k_i\sin\theta \tag{5.5-19}$$

当 $\theta=\pi/2$ 时，即对应于背向散射的情况，声波的波矢 $\boldsymbol{k}_a=\boldsymbol{k}_i-\boldsymbol{k}_s$ 最大。由(5.5-16)式可以得到其增益最大，并得到前向声波的频率为

$$(\omega_a)_{\max}=v_a k_a\approx2v_a k_i=2v_a\frac{n_i\omega_i}{c} \tag{5.5-20}$$

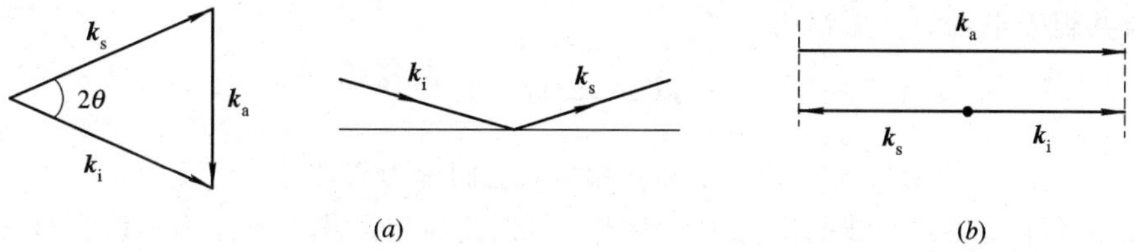

图 5.5-1 在各向同性介质中($k_i\approx k_s$)，SBS 的矢量关系：$\boldsymbol{k}_i-\boldsymbol{k}_s=\boldsymbol{k}_a$

(a) 任意角；(b) 背向散射

5.6 非线性光学相位共轭技术[2]

这一节将介绍一种非线性光学相位共轭技术，并结合这种技术讨论一种常用的三阶非线性光学效应——四波混频过程。

5.6.1 非线性光学相位共轭技术概述

当激光束在大气或光学元器件中传播时，由于大气或光学元器件的不均匀性，将引起激光束波前的畸变。这种畸变对于激光束所携带的信息来说，是一种噪声，必须将其消除。为此，人们类似于微波自适应技术，提出了光学自适应技术。这种光学自适应技术需要采用电光器件、声光器件以及可变形反射镜等自适应的补偿系统，结构复杂，工程上难以实现。20 世纪 70 年代，人们发现利用某些非线性光学过程，可以无需其他设备，实时地产生畸变光波的相位共轭波。当这些相位共轭波再次通过引起畸变的非均匀介质时，即可消除光波中的畸变。由此逐渐发展起来了一种新型的非线性光学相位共轭技术。这一技术在光计算、光通信、光学谐振腔、无透镜成像、激光核聚变、图像处理、时间信息处理、低噪声探测以及非线性激光光谱学中有着诱人的应用前景。

1. 相位共轭波的定义

相位共轭波是在振幅、相位(即波阵面)及偏振态三个方面互为时间反演的光波。在数学上相当于使光电场的复振幅转变为它的复共轭，并因此而得名。一频率为 ω_s 的单色光波沿 z 轴方向传播，其光电场表示式为

$$\boldsymbol{E}_s(\boldsymbol{r},t)=\boldsymbol{E}_s(\boldsymbol{r})\mathrm{e}^{-\mathrm{i}(\omega_s t-k_s z)}+\mathrm{c.c.} \tag{5.6-1}$$

则该光波的相位共轭波光电场定义为

$$\boldsymbol{E}_p(\boldsymbol{r},t)=\boldsymbol{E}_s^*(\boldsymbol{r})\mathrm{e}^{-\mathrm{i}(\omega_s t\pm k_s z)}+\mathrm{c.c.} \tag{5.6-2}$$

式中，“±”分别相应于 $\boldsymbol{E}_s(\boldsymbol{r},t)$ 的背向相位共轭波和前向相位共轭波。背向相位共轭波的传播方向与 $\boldsymbol{E}_s(\boldsymbol{r},t)$ 相反，复振幅为 $\boldsymbol{E}_s(\boldsymbol{r})$ 的复共轭(相位的空间分布与 $\boldsymbol{E}_s(\boldsymbol{r})$ 相同)；前向相位共轭波的传播方向与 $\boldsymbol{E}_s(\boldsymbol{r})$ 相同，复振幅分布也为 $\boldsymbol{E}_s(\boldsymbol{r})$ 的复共轭(相位的空间分布与 $\boldsymbol{E}_s(\boldsymbol{r})$ 呈镜像对称)。

若把上述光电场的复振幅表示为

$$\boldsymbol{E}_s(\boldsymbol{r})=\frac{1}{2}A(\boldsymbol{r})\mathrm{e}^{\mathrm{i}\varphi(\boldsymbol{r})} \tag{5.6-3}$$

则其相位共轭光电场的复振幅为

$$\boldsymbol{E}_p(\boldsymbol{r})=\frac{1}{2}A(\boldsymbol{r})\mathrm{e}^{-\mathrm{i}\varphi(\boldsymbol{r})} \tag{5.6-4}$$

式中的 $A(\boldsymbol{r})$、$\varphi(\boldsymbol{r})$ 分别为光电场的振幅和相位，它们皆为实数。

由以上关于相位共轭波的定义可以看出，某光波的相位共轭波并不是该光电场表达式的复共轭，而仅仅是其复振幅的复共轭，完全不涉及光电场表达式中的时间相位因子。

实际上，某光波的相位共轭波可以看作是其时间反演波。为了阐明相位共轭波的时间反演性质，可以把光电场表示为

$$\boldsymbol{E}_s(\boldsymbol{r},t)=\boldsymbol{E}_s(\boldsymbol{r})\mathrm{e}^{-\mathrm{i}(\omega_s t-k_s z)}+\boldsymbol{E}_s^*(\boldsymbol{r})\mathrm{e}^{\mathrm{i}(\omega_s t-k_s z)} \tag{5.6-5}$$

其相应的背向相位共轭光电场为

$$\boldsymbol{E}_p(\boldsymbol{r},t)=\boldsymbol{E}_s^*\mathrm{e}^{-\mathrm{i}(\omega_s t+k_s z)}+\boldsymbol{E}_s\mathrm{e}^{\mathrm{i}(\omega_s t+k_s z)}=\boldsymbol{E}_s\mathrm{e}^{-\mathrm{i}(-\omega_s t-k_s z)}+\boldsymbol{E}_s^*\mathrm{e}^{\mathrm{i}(-\omega_s t-k_s z)} \tag{5.6-6}$$

比较以上两式可以看出，$\boldsymbol{E}_p(\boldsymbol{r},t)=\boldsymbol{E}_s(\boldsymbol{r},-t)$。因此，相位共轭波 $\boldsymbol{E}_p(\boldsymbol{r},t)$ 也称为 $\boldsymbol{E}_s(\boldsymbol{r},t)$ 的时间反演波。

2. 相位共轭波修正波前畸变的物理过程

若(5.6-1)式所描述的光波为线偏振光，它在介电常数为 $\varepsilon(\boldsymbol{r})$ 的非均匀介质中传播时满足标量形式的波动方程：

$$\nabla^2 E_s(\boldsymbol{r},t)+\omega_s^2\mu_0\varepsilon(\boldsymbol{r})E_s(\boldsymbol{r},t)=0 \tag{5.6-7}$$

将光电场表示式(5.6-1)代入，得

$$\nabla^2 E_s(\boldsymbol{r})+[\omega_s^2\mu_0\varepsilon(\boldsymbol{r})-k_s^2)E_s(\boldsymbol{r})+2\mathrm{i}k_s\frac{\partial E_s(\boldsymbol{r})}{\partial z}]=0 \tag{5.6-8}$$

对该式取复共轭，有

$$\nabla^2 E_s^*(\boldsymbol{r})+[\omega_s^2\mu_0\varepsilon(\boldsymbol{r})-k_s^2]E_s^*(\boldsymbol{r})-2\mathrm{i}k_s\frac{\partial E_s^*(\boldsymbol{r})}{\partial z}=0 \tag{5.6-9}$$

显然，(5.6-9)式正是光电场 $\boldsymbol{E}_p(\boldsymbol{r},t)=\boldsymbol{E}_s^*(\boldsymbol{r})\mathrm{e}^{-\mathrm{i}(\omega_p t+k_s z)}+\mathrm{c.c.}$ 所满足的标量形式波动方程。该光波与 $\boldsymbol{E}_s(\boldsymbol{r},t)$ 的传播方向相反，光电场在空间每一点的复振幅为 $\boldsymbol{E}_s(\boldsymbol{r})$ 的复共轭，

因此它就是$\boldsymbol{E}_s(\boldsymbol{r}, t)$的背向相位共轭波。进一步分析可见，$\boldsymbol{E}_p(\boldsymbol{r}, t)$和$\boldsymbol{E}_s(\boldsymbol{r}, t)$除了传播方向相反外，其场的空间分布完全相同，也就是说，如果入射波$\boldsymbol{E}_s(\boldsymbol{r}, t)$是畸变波，则$\boldsymbol{E}_p(\boldsymbol{r}, t)$也是畸变波；如果入射波是非畸变波，则$\boldsymbol{E}_p(\boldsymbol{r}, t)$也是非畸变波。这种一一对应性表明，在入射到非均匀性介质以前，因为入射波是非畸变波，所以$\boldsymbol{E}_p(\boldsymbol{r}, t)$也是非畸变波。因此，如果我们能够设法产生经非均匀介质后畸变了的光波$\boldsymbol{E}_s(\boldsymbol{r}, t)$的相位共轭波，就可以使该相位共轭波再次通过该非均匀介质后，将介质非均匀性引起的波前畸变消除掉。

通常，我们将能够产生相位共轭波的装置形象地称为相位共轭反射镜(PCM)和相位共轭透镜(PCTM)。为了说明相位共轭波修正波前畸变的物理过程，下面我们对普通反射镜和相位共轭反射镜对入射光波的反射特性加以比较。

图 5.6-1 分别示出了一平面光波通过非均匀介质(空气中有一玻璃棒)入射到普通反射镜、相位共轭反射镜和相位共轭透镜上的情形。平面波前 1 经过玻璃棒后变成畸变的波前 2，经普通反射镜反射后成为畸变的波前 3，再次通过玻璃棒后变成有二倍畸变的波前 4(图 5.6-1(*a*))；经过玻璃棒后的畸变波前 2，经 PCM 反射，产生背向相位共轭波 3，它通过玻璃棒后，重现为均匀平面波前 4(图 5.6-1(*b*))；畸变的波前 2 入射到 PCTM 上后，产生前向相位共轭波 3，该前向相位共轭波 3 通过与玻璃棒 Ⅰ 完全相同的玻璃棒 Ⅱ 后，也重现为均匀平面波前 4(图 5.6-1(*c*))。

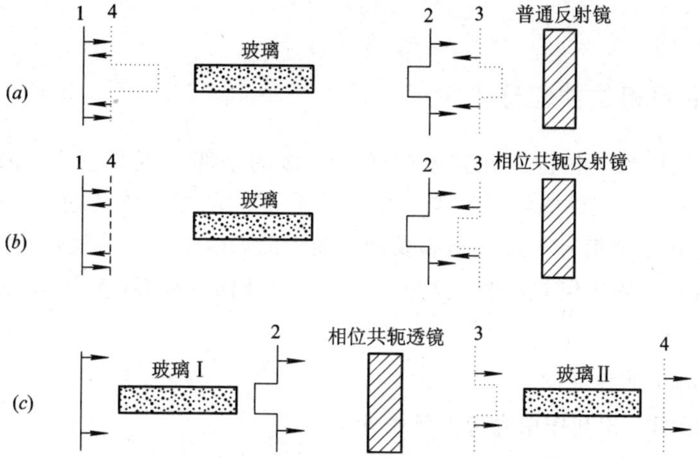

图 5.6-1　相位共轭波修正波前畸变的物理过程

图 5.6-2 为一高斯光束通过大气后，入射到 PCM 上的情形。入射光电场为

$$E_1(\boldsymbol{r}, t) = E_1 e^{-\frac{r_t^2}{w^2}} e^{-i\left(\omega t - kz - \frac{kr_t^2}{2R}\right)} \tag{5.6-10}$$

式中，$r_t^2 = x^2 + y^2$，w、R 分别为高斯光束的光斑尺寸和曲率半径。该光波通过大气后，由于大气的不均匀性使之变为具有复杂波前的畸变波 2，其光电场分布为

$$E_2(\boldsymbol{r}, t) = E_2(\boldsymbol{r}) e^{-\frac{r_t^2}{w^2}} e^{-i\left(\omega t - kz - \frac{kr_t^2}{2R}\right)} \tag{5.6-11}$$

该畸变光波入射到 PCM 上后，将产生背向相位共轭波 3，

$$E_3(\boldsymbol{r}, t) \propto E_2^*(\boldsymbol{r}) e^{-\frac{r_t^2}{w^2}} e^{-i\left(\omega t + kz + \frac{kr_t^2}{2R}\right)} \tag{5.6-12}$$

假如在我们所考虑的时间内，大气的光学性质可认为不变，则相位共轭波 3 再次通过大气后变为 4，

$$E_4(\boldsymbol{r},\ t) \propto E_4 e^{-\frac{r_t^2}{w^2}} e^{-i\left(\omega t+kz+\frac{kr_t^2}{2R}\right)} \tag{5.6-13}$$

它是一个完全消除了大气影响的会聚高斯光束。

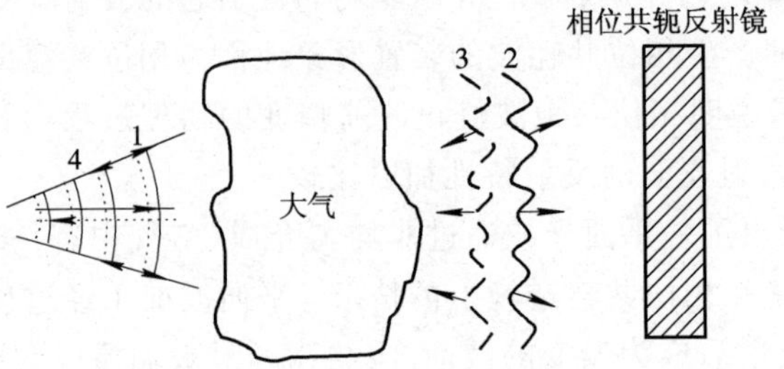

图 5.6-2　修正大气不均匀性产生的波前畸变的物理过程

由以上讨论可以看出，相位共轭技术可以用来修正波前畸变，并且应具备如下两个条件：① 必须产生具有畸变波前光波的相位共轭波；② 该相位共轭波通过的非均匀介质的性质必须与入射波通过的非均匀介质的性质完全相同。这些要求对一般应用来说，基本上可以满足。

5.6.2　四波混频相位共轭理论

目前，在非线性光学相位共轭技术中研究最多的是四波混频过程。四波混频过程是指，介质中通过三阶非线性光学效应产生的四个光波间的相互作用过程。在四波混频中，当有两个泵浦光和一个信号光入射到非线性介质上时，由于三阶非线性作用，可以产生第四个光波——信号光的相位共轭波。这里，只讨论简并四波混频(DFWM)相位共轭的小信号理论。

1. DFWM 的小信号理论

DFWM 是指四个相互作用光波的频率相等，即

$$\omega_1 = \omega_2 = \omega_3 = \omega_4 = \omega$$

假设所讨论的 DFWM 结构如图 5.6-3 所示，非线性介质是透明、无色散介质，其三阶非线性极化率为 $\chi^{(3)}$，并且为简单起见，假设四个光波为同向线偏振光。今若入射到非线性介质的泵浦光 E_1、E_2 为彼此反向传播的平面波，在不考虑泵浦抽空效应的条件下，光电场表示式为

$$E_{1,2}(\boldsymbol{r},\ t) = E_{1,2} e^{-i(\omega t-\boldsymbol{k}_{1,2}\cdot\boldsymbol{r})} + \text{c. c.} \tag{5.6-14}$$

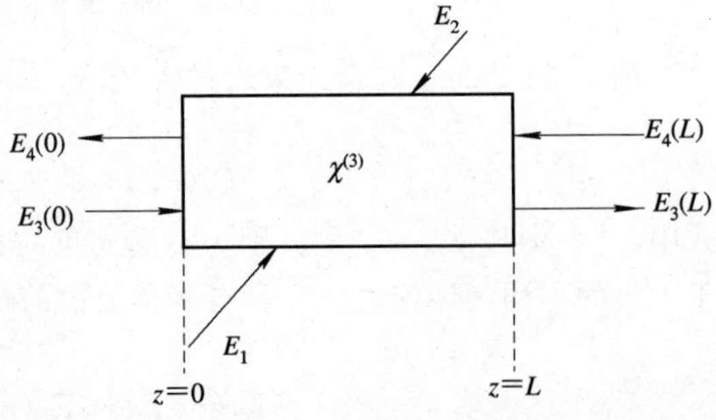

图 5.6-3　四波混频结构示意图

其波矢满足

$$\boldsymbol{k}_1+\boldsymbol{k}_2=0 \tag{5.6-15}$$

根据三阶非线性极化强度的定义(5.1-26)式，类似二阶非线性相互作用耦合波方程的推导过程，可以得到信号光波 E_3 及其相位共轭光波 E_4 满足的耦合波方程：

$$\left.\begin{aligned}\frac{\mathrm{d}E_3^*(z)}{\mathrm{d}z}&=\mathrm{i}gE_4(z)\\\frac{\mathrm{d}E_4(z)}{\mathrm{d}z}&=\mathrm{i}g^*E_3^*(z)\end{aligned}\right\} \tag{5.6-16}$$

式中

$$g^*=-\frac{1}{2k}\mu_0\varepsilon_0\omega^2\chi^{(3)}E_1E_2 \tag{5.6-17}$$

在这里已考虑到 $k_3=k_4=k$，但未计 $\chi^{(3)}$ 的本征对易对称性。假设边界条件为

$$\left.\begin{aligned}E_3(z=0)&=E_{30}\\E_4(z=L)&=0\end{aligned}\right\} \tag{5.6-18}$$

可以解得

$$\left.\begin{aligned}E_3(z)&=\frac{\cos[|g|(z-L)]}{\cos(|g|L)}E_{30}\\E_4(z)&=\mathrm{i}\frac{g^*}{|g|}\frac{\sin[|g|(z-L)]}{\cos(|g|L)}E_{30}^*\end{aligned}\right\} \tag{5.6-19}$$

在两个端面上的输出光电场为

$$\left.\begin{aligned}E_3(L)&=\frac{1}{\cos(|g|L)}E_{30}\\E_4(0)&=-\mathrm{i}\frac{g^*}{|g|}\tan(|g|L)E_{30}^*\end{aligned}\right\} \tag{5.6-20}$$

由此可以得到如下结论：

(1) 在输入面($z=0$)上，通过非线性作用产生的反射光场 $E_4(0)$ 正比于入射光场 E_{30}^*。因此，反射光 $E_4(z<0)$ 是入射光 $E_3(z<0)$ 的背向相位共轭光。

(2) 若定义相位共轭(功率)反射率为

$$R=\frac{|E_4(z=0)|^2}{|E_3(z=0)|^2} \tag{5.6-21}$$

则由(5.6-20)式可得

$$R=\tan^2(|g|L) \tag{5.6-22}$$

在 $|g|L$ 较小的情况下，随着 $|g|L$ 增大，R 也增大。如果介质长度一定，则 $|g|$ 愈大，R 也愈大。g 的大小反映了泵浦光对散射光耦合的强弱。

(3) 由(5.6-22)式可见，当 $|g|L=\pi/2$ 时，$R\to\infty$，这相应于振荡的情况。因此，对于DFWM过程，理论上存在无镜振荡的可能性。在这种情况下，E_3 和 E_4 在介质中的功率分布如图5.6-4所示。当 $(3\pi/4)>|g|L>(\pi/4)$ 时，$R>1$。此时，可以产生放大的反射光，在介质中 E_3 和 E_4 的功率分布如图5.6-5所示。

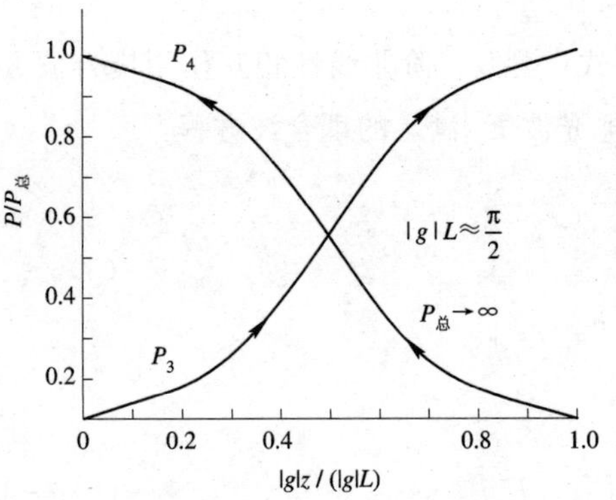

图 5.6-4 振荡时，介质中 E_3 和 E_4 的功率分布

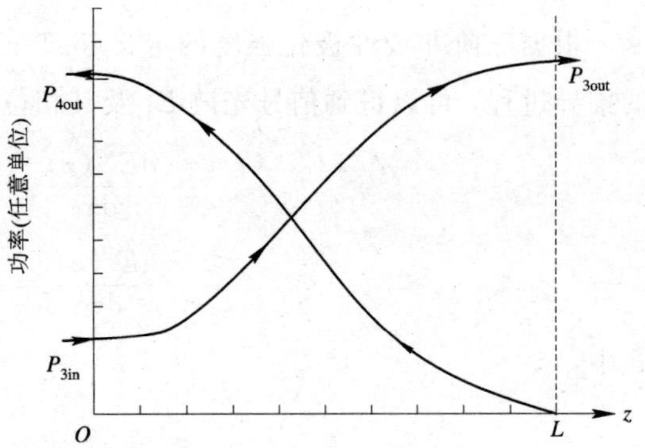

图 5.6-5 DFWM 的放大特性

2. 信号光波前有任意分布的 DFWM 相位共轭

假设入射到介质上的信号光是沿 z 方向传播、有任意波前分布的近轴光波($\boldsymbol{k}_3\approx\boldsymbol{k}_{3z}$)，其光电场表示式为

$$\boldsymbol{E}_3(\boldsymbol{r},\ t)=\boldsymbol{E}_3(\boldsymbol{r})\mathrm{e}^{-\mathrm{i}(\omega t-k_3 z)}+\mathrm{c.\,c.} \tag{5.6-23}$$

为了分析简单起见，设介质中相互作用的四个光波同向线偏振，则不计$\chi^{(3)}$的本征对易对称性时，由以上三个入射光波产生的非线性极化强度为

$$P_4(\boldsymbol{r},\ t)=\varepsilon_0\chi^{(3)}E_1E_2E_3^*(\boldsymbol{r})\mathrm{e}^{-\mathrm{i}(\omega t-k_4 z)}+\mathrm{c.\,c.} \tag{5.6-24}$$

式中

$$\boldsymbol{k}_4=-\boldsymbol{k}_3 \tag{5.6-25}$$

将介质中的光电场和非线性极化强度表示式代入波动方程

$$\nabla^2E-\mu_0\varepsilon\frac{\partial^2E}{\partial t^2}=\mu_0\frac{\partial^2P^{(3)}}{\partial t^2} \tag{5.6-26}$$

并应用慢变化振幅近似，即可得到通过 DFWM 过程产生的背向散射光复振幅满足的方程

$$\left(\nabla_{\mathrm{t}}^2-2\mathrm{i}k_4\frac{\partial}{\partial z}\right)E_4(\boldsymbol{r})=-\mu_0\varepsilon_0\omega^2\chi^{(3)}E_1E_2E_3^*(\boldsymbol{r}) \tag{5.6-27}$$

式中，$\nabla_{\mathrm{t}}=\partial^2/\partial x^2+\partial^2/\partial y^2$。对 $E_4(\boldsymbol{r})$进行傅里叶变换：

$$E_4(\boldsymbol{k}_{\mathrm{t}},\ z)=\frac{1}{(2\pi)^2}\iint_{-\infty}^{\infty}E_4(\boldsymbol{r})\mathrm{e}^{\mathrm{i}\boldsymbol{k}_{\mathrm{t}}\cdot\boldsymbol{r}_{\mathrm{t}}}d^2\boldsymbol{r}_{\mathrm{t}} \tag{5.6-28}$$

式中，$\boldsymbol{k}_{\mathrm{t}}$、$\boldsymbol{r}_{\mathrm{t}}$ 为 $\boldsymbol{k}$、$\boldsymbol{r}$ 的横向分量。其逆变换为

$$E_4(\boldsymbol{r})=\iint_{-\infty}^{\infty}E_4(\boldsymbol{k}_{\mathrm{t}},\ z)\mathrm{e}^{-\mathrm{i}\boldsymbol{k}_{\mathrm{t}}\cdot\boldsymbol{r}_{\mathrm{t}}}\mathrm{d}^2\boldsymbol{k}_{\mathrm{t}}=\iint_{-\infty}^{\infty}E_4(-\boldsymbol{k}_{\mathrm{t}},\ z)\mathrm{e}^{\mathrm{i}\boldsymbol{k}_{\mathrm{t}}\cdot\boldsymbol{r}_{\mathrm{t}}}\mathrm{d}^2\boldsymbol{k}_{\mathrm{t}} \tag{5.6-29}$$

相应的 $E_4^*(\boldsymbol{r})$为

$$E_4^*(\boldsymbol{r})=\iint_{-\infty}^{\infty}E_4^*(-\boldsymbol{k}_{\mathrm{t}},\ z)\mathrm{e}^{-\mathrm{i}\boldsymbol{k}_{\mathrm{t}}\cdot\boldsymbol{r}_{\mathrm{t}}}\mathrm{d}^2\boldsymbol{k}_{\mathrm{t}} \tag{5.6-30}$$

将(5.6-29)式代入(5.6-27)式，得

$$\iint_{-\infty}^{\infty}\left(\nabla_{\mathrm{t}}^2-2\mathrm{i}k_4\frac{\partial}{\partial z}\right)E_4(\boldsymbol{k}_{\mathrm{t}},\ z)\mathrm{e}^{-\mathrm{i}\boldsymbol{k}_{\mathrm{t}}\cdot\boldsymbol{r}_{\mathrm{t}}}\mathrm{d}^2\boldsymbol{k}_{\mathrm{t}}=-\mu_0\varepsilon_0\omega^2\chi^{(3)}E_1E_2E_3^*(\boldsymbol{r})$$

上式两边同时乘以 $\mathrm{e}^{\mathrm{i}\boldsymbol{k}_{\mathrm{t}}\cdot\boldsymbol{r}_{\mathrm{t}}}$，并对 $\boldsymbol{r}_{\mathrm{t}}$ 进行积分，利用傅里叶变换的性质即可得到

$$\frac{\partial E_4(\boldsymbol{k}_t, z)}{\partial z} - \frac{\mathrm{i}}{2k_4}k_t^2 E_4(\boldsymbol{k}_t, z) = -\frac{\mathrm{i}}{2k_4}\mu_0\varepsilon_0 \chi^{(3)} E_1 E_2 E_3^*(-\boldsymbol{k}_t, z) \tag{5.6-31}$$

若令

$$g = -\frac{1}{2k_4}\mu_0\varepsilon_0 \chi^{(3)} E_1^* E_2^* \tag{5.6-32}$$

平面波分量 $E_4(\boldsymbol{k}_t, z)$ 所满足的耦合方程可改写为

$$\frac{\partial E_4(\boldsymbol{k}_t, z)}{\partial z} - \frac{\mathrm{i}}{2k_4}k_t^2 E_4(\boldsymbol{k}_t, z) = \mathrm{i}g^* E_3^*(-\boldsymbol{k}_t, z) \tag{5.6-33}$$

用同样的推导方法，并设 $k_3 = k_4 = k$，可以得到平面波分量 $E_3^*(-\boldsymbol{k}_t, z)$ 满足的耦合方程为

$$\frac{\partial E_3^*(-\boldsymbol{k}_t, z)}{\partial z} - \frac{\mathrm{i}}{2k}k_t^2 E_3^*(-\boldsymbol{k}_t, z) = \mathrm{i}g E_4(\boldsymbol{k}_t, z) \tag{5.6-34}$$

将(5.6-33)式对 z 求导，并应用(5.6-34)式可以得到

$$\frac{\partial^2 E_4(\boldsymbol{k}_t, z)}{\partial z^2} - \frac{\mathrm{i}}{k}k_t^2 \frac{\partial E_4(\boldsymbol{k}_t, z)}{\partial z} - \left(\frac{k_t^4}{4k^2} - gg^*\right)E_4(\boldsymbol{k}_t, z) = 0 \tag{5.6-35}$$

其通解为

$$E_4(\boldsymbol{k}_t, z) = [C\sin(|g|z) + D\cos(|g|z)]\mathrm{e}^{\mathrm{i}\frac{k_t^2}{2k}z} \tag{5.6-36}$$

若设边界条件为

$$\left.\begin{aligned} E_3^*(\boldsymbol{r}_t, 0) &= E_{30}^* \\ E_4(\boldsymbol{r}_t, L) &= 0 \end{aligned}\right\} \tag{5.6-37}$$

相应的单一平面波分量满足的边界条件为

$$\left.\begin{aligned} E_3^*(-\boldsymbol{k}_t, z=0) &= E_3^*(-\boldsymbol{k}_t, 0) \\ E_4(\boldsymbol{k}_t, z=L) &= 0 \end{aligned}\right\} \tag{5.6-38}$$

则可以求得背向散射光的平面波分量为

$$E_4(\boldsymbol{k}_t, z) = \mathrm{i}\frac{g^*}{|g|}\frac{\sin[|g|(z-L)]}{\cos(|g|L)}E_3^*(-\boldsymbol{k}_t, 0)\mathrm{e}^{\mathrm{i}\frac{k_t^2}{2k}z} \tag{5.6-39}$$

在信号光的入射面 $z=0$ 处，

$$E_4(\boldsymbol{k}_t, 0) = -\mathrm{i}\frac{g^*}{|g|}\tan(|g|L)E_3^*(-\boldsymbol{k}_t, 0) \tag{5.6-40}$$

可见，在入射平面上，背向散射光的每一个平面波分量 $E_4(\boldsymbol{k}_t, z)$ 均为相应入射信号光平面波分量的复共轭。由傅里叶逆变换，可以求得入射面上的散射光场为

$$\begin{aligned} E_4(\boldsymbol{r}_t, 0) &= \iint_{-\infty}^{\infty}\left[-\mathrm{i}\frac{g^*}{|g|}\tan(|g|L)E_3^*(-\boldsymbol{k}_t, 0)\right]\mathrm{e}^{-\mathrm{i}\boldsymbol{k}_t\cdot\boldsymbol{r}_t}\,\mathrm{d}^2\boldsymbol{k}_t \\ &= -\mathrm{i}\frac{g^*}{|g|}\tan(|g|L)E_3^*(-\boldsymbol{r}_t, 0) \end{aligned} \tag{5.6-41}$$

在 $z<0$ 的空间有

$$E_4(\boldsymbol{r}_t, z<0) = -\mathrm{i}\frac{g^*}{|g|}\tan(|g|L)E_3^*(-\boldsymbol{r}_t, z<0) \tag{5.6-42}$$

由以上分析可见，具有任意复杂波前的入射信号光，在二泵浦光为反向传播的平面波的条件下，皆可通过 DFWM 的非线性作用产生其背向相位共轭反射光，与其入射方向无

关。正因为如此，人们把这种相位共轭装置称为相位共轭反射镜。当然，如果泵浦光不是平面波，则背向散射光不再是入射信号光的理想相位共轭光。

5.6.3 非线性光学相位共轭技术的应用

下面，简单介绍几种非线性光学相位共轭技术的应用。

1. 自适应光学

由于相位共轭波通过畸变介质后能够恢复到原来的波前状态，所以可将相位共轭技术应用到自适应光学。在这里，以图 5.6-6 所示的激光核聚变引爆过程来说明其基本原理。

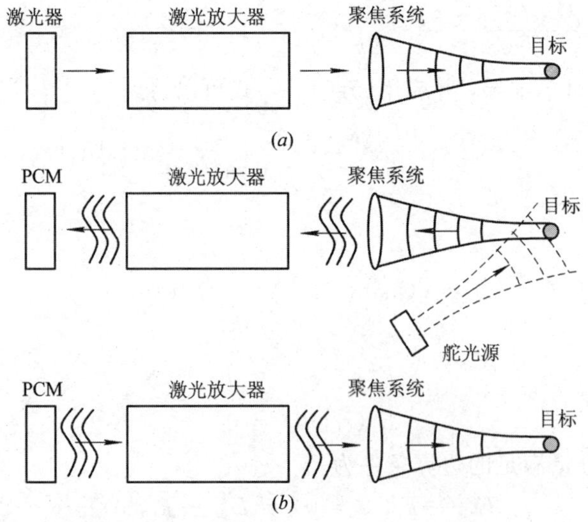

图 5.6-6 光学相位共轭技术在激光核聚变中的应用

由激光器产生的高质量光束，经过多级放大，达到引爆能量后，再经过一光学系统聚焦到靶子上，进行引爆，如图 5.6-6(*a*)所示。显然，任何光学元件的不均匀性以及调整的不准确性都将影响聚焦效果，从而影响引爆性能。所以，激光核聚变系统对激光放大器和准直聚焦元器件的均匀性、加工精度、调整精度等都有非常苛刻的要求。如果采用相位共轭技术就可以解决系统中的上述问题。如图 5.6-6(*b*)所示，引入一个舵光源，由该舵光源产生的舵信号光照射到靶子上，靶子产生的漫反射舵信号光的一部分进入准直聚焦元器件及放大器，这部分光在被放大的同时，也在传播过程中带上了这些元件的不均匀性造成的畸变信息。这个畸变了的舵信号光照射在 PCM 上，产生其相位共轭光，它将严格地沿着舵信号的光路反向传播，通过放大器和准直聚焦元件后，一方面被放大到引爆所需要的能量，另一方面也消除了这些元器件不均匀性和调整不精确性带来的畸变，准确地聚焦在靶子上，其波前状态与目标漫反射的舵信号光完全相同。由此可见，一旦引入舵信号光和 PCM，对系统元器件的不均匀性及调整不精确性带来的波前畸变修正过程自动完成，这与有复杂装置的经典自适应光学系统完全不同。显然，由于光学相位共轭技术的引入，大大降低了对组成系统的光学元器件均匀性、加工精度、调整精度的要求。

图 5.6-7 示出了应用光学相位共轭技术的激光大气通信。现在，如果要将地面 *A* 站的信息通过人造地球卫星传送到地面 *B* 站，可以首先由卫星向装有 PCM 的 *A* 站发射舵信

号，该光传播到 A 站时，携带了大气的畸变信息。A 站的 PCM 产生该舵信号的背向相位共轭光，经过信息调制后，沿着舵信号光路反向传播到卫星上。这样既消除了卫星和 A 站之间大气不均匀性的影响，又传递了信息。在人造地球卫星上，将欲传递的信息解调出来。然后，来自 B 站的舵信号光入射到人造地球卫星的 PCM 上，卫星上的 PCM 实时地产生其背向相位共轭光，该背向相位共轭光经被传递的信息调制后，沿舵信号光路反向传播到 B 站，这样既消除了卫星和 B 站之间大气不均匀性的影响，又将信息传递到了 B 站。

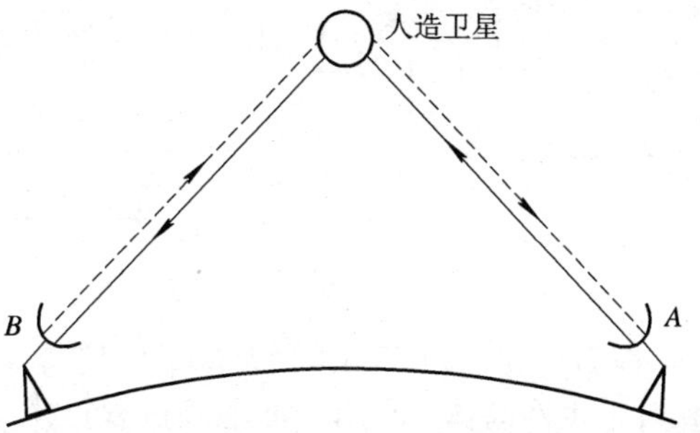

图 5.6-7　光学相位共轭技术用于激光大气通信

同样，也可以把相位共轭技术用于高激光能量传递。目前，为了解决能源问题，许多科学家设想在空间轨道站上收集太阳能，然后将其转变为激光能量送到地面上来。这不但要解决激光束发散角问题，也要消除大气不均匀性引起的畸变，而且要能够同时向不同(静止或运动)的地面接收站传递能量。如果在轨道站上采用 PCM，就可以解决这些问题，把激光能量准确地传送到各地面站。

2. 图像传递

将非线性光学相位共轭技术应用在图像传递中的一个典型例子是多模光纤中的图像传递。

设多模光纤中的复正交本征模为 $E_{m,n}(x,y)\mathrm{e}^{\mathrm{i}\beta_{m,n}z}$，其中 m、n 表示第(m, n)个本征模式，$\beta_{m,n}$为传播常数。被传递图像信息调制的光波在 $z=0$ 处入射到光纤中，光电场表示式为 $f_0(x,y,t)$，按完全正交本征模展开为

$$f_0(x,y,t)=\sum_{m,n}A_{m,n}E_{m,n}(x,y)\mathrm{e}^{-\mathrm{i}\omega_1 t} \tag{5.6-43}$$

该光在光纤内传过长度 L 后，在输出面上的光场为

$$f_1(x,y,t)=\sum_{m,n}A_{m,n}E_{m,n}(x,y)\mathrm{e}^{-\mathrm{i}\beta_{m,n}L}\mathrm{e}^{-\mathrm{i}\omega_1 t} \tag{5.6-44}$$

其中的每一个本征模都有一个相移 $\beta_{m,n}L$。由于光纤的模式色散，不同模式产生不同的相移。因此，$f_1(x,y,t)$ 相对 $f_0(x,y,t)$发生了图像失真。为了消除这种模式色散引起的图像失真，可以采用如图 5.6-8 所示的三波混频相位共轭方法。

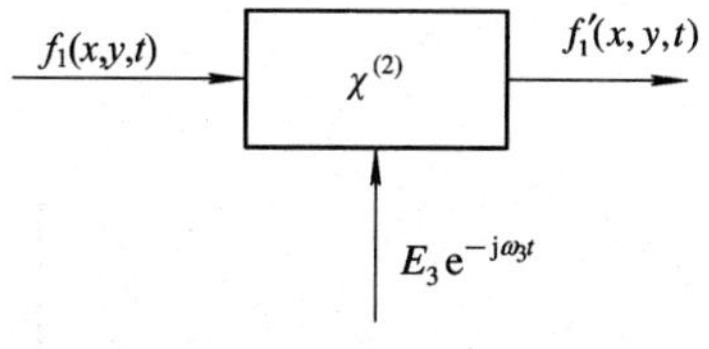

图 5.6-8　三波混频相位共轭结构

将光纤 $z=L$ 面上的光波入射到非线性晶体上，同时还入射频率为 ω_3 的均匀平面泵浦波，由于二阶非

线性极化作用，将产生一个频率为 ω_2 的散射光，它可以展开为光线本征模的函数组合，其中每个分量皆为入射光相应本征模的相位共轭，即

$$f_1'(x,y,t)=\sum_{m,n}A_{m,n}^{*}E_{m,n}^{*}(x,y)\mathrm{e}^{-\mathrm{i}(\omega_2 t+\beta_{m,n}L)} \tag{5.6-45}$$

其频率关系满足 $\omega_3=\omega_1+\omega_2$。

如图 5.6-9 所示，若使(5.6-45)式光电场再传播通过长度为 L 的相同多模光纤，则由于相位共轭特性，即可消除模式色散的影响，输出光电场为

$$f_2'(x,\ y,\ t)=\sum_{m,n}A_{m,n}^{*}E_{m,n}^{*}(x,\ y)\mathrm{e}^{-\mathrm{i}\omega_2 t} \tag{5.6-46}$$

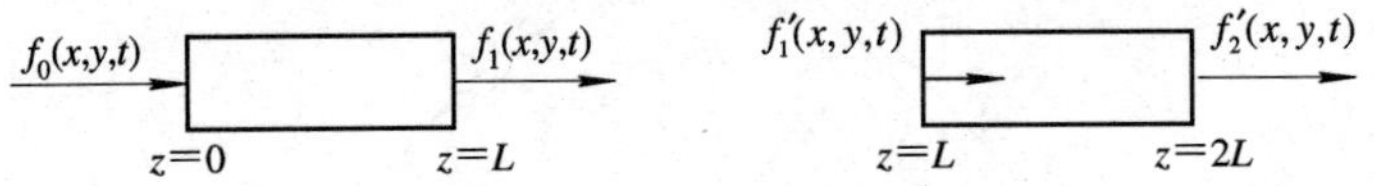

图 5.6-9　修正多模光纤图像传递的失真

最后，再将该光电场入射到非线性晶体，利用三波混频过程产生 $f_2'(x,\ y,\ t)$的相位共轭光 $f_2(x,\ y,\ t)$，即

$$f_2(x,\ y,\ t)=\sum_{m,n}A_{m,n}E_{m,n}(x,\ y)\mathrm{e}^{-\mathrm{i}\omega_1 t} \tag{5.6-47}$$

它的频率、空间分布与入射光场完全相同。因此，采用了相位共轭技术以后，光在多模光纤中传播 $2L$ 距离，就可以完全再现入射光电场分布，即

$$f_2(x,\ y,\ t)\propto f_0(x,\ y,\ t) \tag{5.6-48}$$

当然，利用相位共轭技术实现光纤中图像无失真地传输仍有许多具体问题要解决，例如，寻找两根完全相同的光纤就有困难。

3. 无透镜成像

在微电子技术的照相制版中，为了将复杂的电路图精确地投影到光刻胶上成像，对光学元件的均匀性、调整精度要求很严格，实际上要满足这种要求十分困难。如果采用相位共轭技术，利用无透镜成像系统，就可以解决这一问题。图 5.6-10 是一种无透镜成像系统的原理图。照明光束透过掩模板，由分束器耦合到放大器中，经光放大后入射到 PCM，由非线性光学作用产生的相位共轭反射光经放大器放大，再由分束器直接入射到晶片的光刻胶上成像。由于相位共轭光的特性，这种系统不需要昂贵的光学元件即可实现光的衍射极限成像，由于掩模和光刻胶不接触，成像质量很高。这种无透镜成像系统的分辨率仅由照明波长决定，使用紫外光照明，可获得优于 1000 mm^{-1}的分辨率。

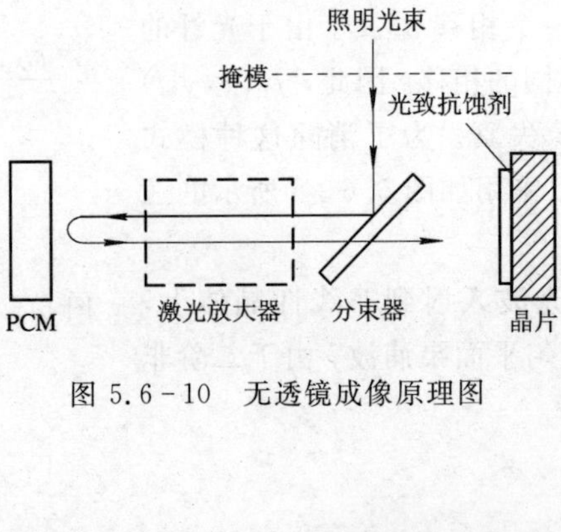

图 5.6-10　无透镜成像原理图

4. 实时空间相关和卷积

光学相位共轭技术在空间信息处理中应用的一个实例是实时空间相关和卷积，其原理如图 5.6-11 所示。

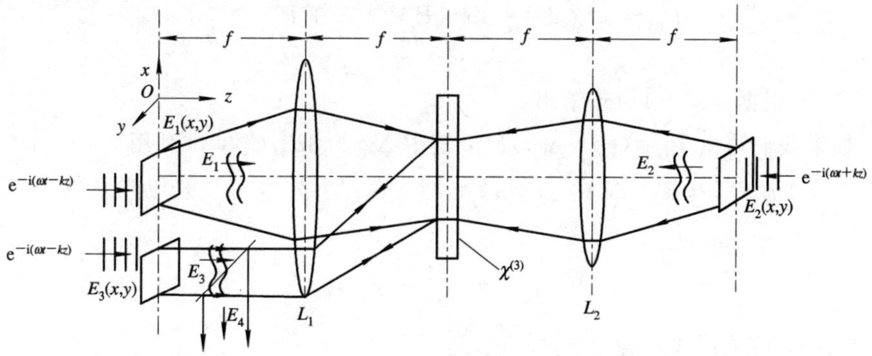

图 5.6-11 实时空间相关和卷积原理图

在透镜 L_1 和 L_2 的公共焦平面上放置非线性介质，在透镜 L_1 和 L_2 的另外两个焦平面上放置三个空间(振幅或相位)编码的透明片，它们将三个同频率的平面波调制为具有不同振幅和相位信息的输入光波 $E_1(x, y)$、$E_2(x, y)$和 $E_3(x, y)$。它们通过透镜进行傅里叶变换，入射到非线性介质，介质中的光电场分别为入射光电场的傅里叶变换 $\widetilde{E}_1$、$\widetilde{E}_2$ 和 $\widetilde{E}_3$。由 DFWM 作用产生的非线性极化强度为

$$P_4 \propto \chi^{(3)} \widetilde{E}_1 \widetilde{E}_2 \widetilde{E}_3^* \tag{5.6-49}$$

其输出场 E_4 即为入射光场的相关和卷积，它基本上沿 E_3 的反向传播，在透镜 L_1 的输出面上有

$$E_4 \propto \widetilde{\chi}^{(3)} * E_1 * E_2 \otimes E_3 \tag{5.6-50}$$

式中$\otimes$、$*$ 分别为相关和卷积运算符号，$\widetilde{\chi}^{(3)}$ 为三阶非线性极化率 $\chi^{(3)}$ 的空间傅里叶变换。光学相位共轭技术的这种应用已得到实验证实。

光学相位共轭技术除了用于空间信息处理外，还可用于频率滤波、时域信息处理、光学开关、时间延迟控制、双光子相干态低噪声量子限探测等。

综上所述，非线性光学相位共轭技术是相干光学中的一个新领域，它的出现大大拓宽了光电子技术的应用范围。特别应当指出的是，非线性光学相位共轭的概念不仅适用于光学波段，也适用于其他所有电磁波段，它具有普遍的意义。

习 题 五

5-1 推导出(5.1-17)式和(5.1-18)式。

5-2 设总光电场为

$$E_j = E_j^{dc} + \left(\frac{1}{2}E_j^{\omega}e^{-i\omega t} + c.c.\right)$$

其中 E_j^{dc} 是直流电场，感应极化强度用泰勒级数展开表示成

$$P_i = \varepsilon_0 \chi_{ij} E_j + 2d_{ijk} E_j E_k + 4 \chi_{ijkl} E_j E_k E_l + \cdots$$

(1) 试证明有

$$P_i^{\omega} = \varepsilon_0 \chi_{ij} E_j^{\omega} + 4d_{ijk} E_j^{\omega} E_k^{dc}$$

该关系式还可从下式推出:

$$P_i^{\omega} = \varepsilon_0 \chi_{ij} E_j^{\omega} + \lim_{\substack{\omega_1 \to \omega \\ \omega_2 \to 0}} \{ P_i^{\omega_3 = \omega_1 + \omega_2} + P_i^{\omega_3 = \omega_1 - \omega_2} \}$$

式中 $P_i^{\omega_3 = \omega_1 \pm \omega_2}$ 根据(5.1-42)式给出。

(2) 如果我们写出 $P_i^{\omega} = (\varepsilon_{ij} + \Delta\varepsilon_{ij}) E_j^{\omega}$,其中 $\Delta\varepsilon_{ij}$ 为 $4d_{ijk}E_k^{dc}$,试利用

$$\Delta\eta_{ij} = [\varepsilon_0 (\varepsilon + \Delta\varepsilon)^{-1}]_{ij} - [\varepsilon_0 \varepsilon^{-1}]_{ij} = \gamma_{ijk} E_k^{dc} \qquad \gamma_{ijk} \text{ 是电光系数}$$

证明

$$d_{ijk} = -\frac{1}{4\varepsilon_0} \varepsilon_{i\alpha} \gamma_{\alpha\beta k} \varepsilon_{\beta j}$$

在主坐标系中,该关系式变为

$$d_{ijk} = -\frac{\varepsilon_{ii}\varepsilon_{jj}}{4\varepsilon_0} \gamma_{ijk}$$

5-3 由题 5-2 的总电场和感应极化强度表示式,

(1) 证明

$$P_i^{\omega} = (\varepsilon_0 \chi_{ij} + 4d_{ijk} E_k^{dc} + 12 \chi_{ijkl} E_k^{dc} E_l^{dc}) E_j^{\omega}$$

(2) 利用

$$\Delta\eta_{ij} = [\varepsilon_0 (\varepsilon + \Delta\varepsilon)^{-1}]_{ij} - [\varepsilon_0 \varepsilon^{-1}]_{ij} = \gamma_{ijk} E_k^{dc} + h_{ijkl} E_k^{dc} E_l^{dc}$$

(h_{ijkl}是二次电光系数),证明

$$\chi_{ijkl} = -\frac{1}{12\varepsilon_0} \varepsilon_{i\alpha} h_{\alpha\beta kl} \varepsilon_{\beta j}$$

在主坐标系中,该关系式变为

$$\chi_{ijkl} = -\frac{\varepsilon_{ii}\varepsilon_{jj}}{12\varepsilon_0} h_{ijkl}$$

(3) 证明在各向同性介质中

$$\chi_{xyxy} = \chi_{yxxy} = \frac{\varepsilon_0}{12} nK\lambda$$

其中,n 为折射率;K 为克尔常数(定义为 $n_e - n_o = K\lambda E^2$);λ 为真空波长。

5-4 由题 5-2 给出的感应极化强度表示式定义的非线性极化率可写成

$$2d_{ijk} = \frac{1}{2!}\left(\frac{\partial^2 P_i}{\partial E_j \partial E_k}\right), \quad 4\chi_{ijkl} = \frac{1}{3!}\left(\frac{\partial^3 P_i}{\partial E_j \partial E_k \partial E_l}\right)$$

(1) 证明:下标 jkl 是可以交换的,即

$$d_{ijk} = d_{ikj}$$

$$\chi_{ijkl} = \chi_{ikjl} = \chi_{iklj} = \chi_{ijlk} = \chi_{ilkj} = \chi_{iljk}$$

(2) 证明:如果定义 $D_i = \varepsilon_{ij} E_j$,则有

$$\varepsilon_{ij} = \varepsilon_0 (\delta_{ij} + \chi_{ij}) + 2d_{ijk} E_k + 4\chi_{ijkl} E_k E_l$$

(3) 由于 $\varepsilon_{ij} = \varepsilon_{ji}$,证明 d_{ijk} 和 χ_{ijkl} 相对于它们下标的任何交换均是对称的。

5-5 试求$\bar{4}2m$ 晶体在 o+e→e 相位匹配方式下的有效非线性光学系数 d_{eff}。

5-6 试求石英晶体(32类)在 e+e→o 相位匹配方式下的有效非线性光学系数 d_{eff}。

5-7 试推导周期极化晶体中的三波混频过程的耦合波方程(5.2-48)～(5.2-50)，以及满足准相位匹配的晶体极化周期 Λ。

5-8 若相互作用的三个平面光波有确定的偏振方向(分别为 x、y、z 方向)，试写出该三个光波的耦合波方程。如果其中只有两个光波 ω_1 和 ω_2 有确定的偏振方向(分别为 x 和 y 方向)，其三个光波的耦合波方程形式如何？

5-9 今利用 KDP 晶体进行参量放大，若其中有两个光波是非常光，第三个光波是正常光，试推导其相位匹配角公式。这三个光波(信号、空闲和泵浦)中哪一个选为正常光？利用 $\omega_3=10\,000\ \mathrm{cm}^{-1}$、$\omega_1=\omega_2=5000\ \mathrm{cm}^{-1}$ 能否实现这种形式的相位匹配？如果能的话，相位匹配角 θ_{m} 为多大？

5-10 试证明，如果二次谐波产生过程的基频光 ω 是寻常光，倍频光 2ω 是非常光，θ_{m} 是其相位匹配角，则有

$$\Delta k(\theta)L\mid_{\theta=\theta_{\mathrm{m}}}=\frac{2\omega L}{c}\sin(2\theta_{\mathrm{m}})\frac{(n_{\mathrm{e}}^{2\omega})^{-2}-(n_{\mathrm{o}}^{2\omega})^{-2}}{2(n_{\mathrm{o}}^{\omega})^{-3}}(\theta-\theta_{\mathrm{m}})$$

5-11 某介质的介电常数与场强的关系是

$$\varepsilon(r)=\varepsilon_0(r)+\varepsilon_2(r)\mid E\mid^2$$

式中 E 为 r 点处单色光场的总复数振幅。试证明，如果 $f(r)=\phi^*(r)$，$|a|=1$，则

$$E=[\phi(r)\mathrm{e}^{\mathrm{i}kz}+af(r)\mathrm{e}^{-\mathrm{i}kz}]\mathrm{e}^{-\mathrm{i}\omega t}+\mathrm{c.\,c.}$$

满足波动方程

$$\nabla^2E-\frac{M}{c^2}[\varepsilon_0(r)+\varepsilon_2(r)\mid E\mid^2]\frac{\partial^2E}{\partial t^2}=0$$

只要 ε 是实数，这对任何无损耗介质都是正确的。在证明中忽略了具有 $\mathrm{e}^{\pm\mathrm{i}3kz}$ 关系的非同步项。进一步可以证明，背向相位共轭波不仅可补偿静折射率的不均匀性$[\varepsilon_0(r)]$，而且可以补偿与强度有关的畸变$[\varepsilon_2(r)|E|^2]$。

5-12 如图所示实验装置，证明垂直于镜面方向上振荡的阈值条件是

$$\mid g\mid L=\arctan\frac{1}{r}$$

其中 $R=|r|^2$ 为镜面反射率。

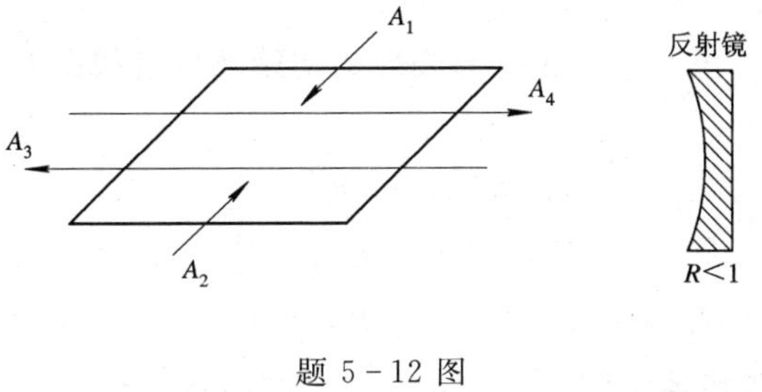

题 5-12 图

5-13 若用于图 5.6-3 实验的非线性介质有损耗，其强度吸收系数为 α，试导出耦合波方程，并求出满足边界条件 $E_3(L)=0$、$E_4(0)$为已知的解，证明反射系数是

$$r=\frac{E_3(0)}{E_4^*(0)}=\frac{-2\mathrm{i}g^*\mathrm{e}^{-\alpha L/2}\tan(g_{\mathrm{eff}}L)}{\alpha\tan(g_{\mathrm{eff}}L)+2g_{\mathrm{eff}}}$$

其中

$$g_{\mathrm{eff}}=\sqrt{|g|^{2}\mathrm{e}^{-\alpha L}-\left(\frac{\alpha}{2}\right)^{2}}$$

5-14 若弱输入波 E_4 的频率与泵浦波的频率不相同(即 $\omega_1=\omega_2$，$\omega_4\neq\omega_1$)，试求耦合波方程(5.6-16)的解。画出频率响应

$$|r|=\left|\frac{E_3(\omega+\delta)}{E_4^*(\omega-\delta)}\right|$$

与频率偏移 δ 的关系曲线。其中 ω 为泵浦频率，$\omega-\delta$ 为输入频率。

5-15 证明当用一个相位共轭镜取代激光谐振器的一个反射镜时，其共振频率与反射镜之间的距离无关。

5-16 某单色光电场矢量为 $\boldsymbol{E}_1(\boldsymbol{r},t)=\boldsymbol{E}(\boldsymbol{r})\mathrm{e}^{-\mathrm{i}\omega t}$，其中振幅函数 $\boldsymbol{E}(\boldsymbol{r})$满足方程

$$\nabla\times(\nabla\times\boldsymbol{E})-\omega^2\mu\varepsilon\boldsymbol{E}=0$$

(1) 证明只要 $\mu\varepsilon$ 是实数(即无耗介质)，相位共轭波

$$\boldsymbol{E}_2(\boldsymbol{r},t)=\boldsymbol{E}^*(\boldsymbol{r})\mathrm{e}^{-\mathrm{i}\omega t}$$

也满足相同的方程。

(2) 设 $\boldsymbol{E}(\boldsymbol{r})=\boldsymbol{A}(\boldsymbol{r})\mathrm{e}^{-\mathrm{i}\varphi(\boldsymbol{r})}$，其中 $\boldsymbol{A}$ 和 φ 为 $\boldsymbol{r}$ 的实函数，证明波 $\boldsymbol{E}_1$ 和 $\boldsymbol{E}_2$ 的波阵面(等相位面)是

$$\varphi(\boldsymbol{r})+\omega t=C_1$$

$$-\varphi(\boldsymbol{r})+\omega t=C_2$$

其中 C_1 和 C_2 是任意常数，则在任何时刻 t 其波阵面可简单地表示为

$$\varphi(\boldsymbol{r})=\text{常数}$$

换言之，$\boldsymbol{E}_1(\boldsymbol{r},t)$和 $\boldsymbol{E}_2(\boldsymbol{r},t)$在整个空间内正好有相同的波阵面。

(3) 证明光波 $\boldsymbol{E}_1$ 和 $\boldsymbol{E}_2$ 的波阵面在时间间隔$(t,t+\mathrm{d}t)$期间的位移分别为

$$\mathrm{d}\boldsymbol{r}_1\cdot\nabla\varphi(\boldsymbol{r})+\omega\mathrm{d}t=0$$

$$-\mathrm{d}\boldsymbol{r}_2\cdot\nabla\varphi(\boldsymbol{r})+\omega\mathrm{d}t=0$$

这表明相位共轭波的波阵面沿着与初始波相反的方向运动。

(4) 令

$$\boldsymbol{E}(\boldsymbol{r})=\int\boldsymbol{B}(\boldsymbol{k})\mathrm{e}^{-\mathrm{i}\boldsymbol{k}\cdot\boldsymbol{r}}\mathrm{d}^3k$$

证明相位共轭波的每个傅里叶分量正好与相应的初始波分量相反方向传播。

5-17 设

$$\boldsymbol{E}_1(z,t)=\boldsymbol{E}\mathrm{e}^{-\mathrm{i}(\omega t-kz)}$$

$$\boldsymbol{E}_2(z,t)=\boldsymbol{E}^*\mathrm{e}^{-\mathrm{i}(\omega t+kz)}$$

$$\boldsymbol{E}_3(z,t)=\boldsymbol{E}\mathrm{e}^{-\mathrm{i}(\omega t+kz)}$$

其中 $\boldsymbol{E}$ 为复数常数，k 为传播常数。

(1) 证明：如果 $\boldsymbol{E}_1$ 是线偏振光，则 $\boldsymbol{E}_2$ 和 $\boldsymbol{E}_3$ 也是线偏振光。

(2) 证明：如果 $\boldsymbol{E}_1$ 是右旋圆偏振光，则它的相位共轭波 $\boldsymbol{E}_2$ 也是右旋圆偏振光，而 $\boldsymbol{E}_3$ 是左旋圆偏振光。其物理含义是，光子自旋因相位共轭镜反射而反转，而螺旋性(沿传播方向的自旋分量)保持不变。

5-18 考虑在高强度光克尔效应的情况下，

(1) 证明极化强度的复振幅可写成

$$P_i^\omega = \varepsilon_0 \chi_{ij} E_j^\omega + 3\chi_{ijkl} E_j^\omega E_k^{\omega *} E_l^\omega$$

其中 E_j^ω 为电场的复振幅；

(2) 假定光电场沿 x 方向偏振，证明与此光有关的折射率可写成

$$n = n_0 + \frac{1}{2} n_2 \boldsymbol{E}^* \cdot \boldsymbol{E}$$

并且证明

$$n_2 = \frac{3\chi_{1111}}{\varepsilon_0 n_0}$$

此 n_2 将导致激光束在介质中的自聚焦。

参考文献

[1] Franken P A, et al. Phys. Rev. Lett., 1961, 7: 118.

[2] 石顺祥，陈国夫，赵卫，等. 非线性光学. 2版. 西安：西安电子科技大学出版社，2012.

[3] 蓝信钜，等. 激光技术. 北京：科学出版社，2000.

[4] A 亚里夫，P 叶. 晶体中的光波. 于荣金，金锋，译. 北京：科学出版社，1991.

[5] Hobden M V. Phase-matched second harmonic generation in biaxial crystals. J. Appl. Phys., 1967, 38(11).

[6] Born M and Wolf E. Principles of optics. Pergaman Press, 1959:678.

[7] Armstong J A, Bloembergen N, et al. Interaction between light wave in a nonlinear dielectric, Phys. Rev., 1962, 127: 1918.

[8] Boyd G D and Kleinman D A. Parametric interaction of focused Gaussian light beams. J. Appl. Phys., 1968, 39:3597.

[9] Midwinter J E. Appl. Phys. Lett., 1968, 12:68.

[10] Liu J Y, et al. Appl. Phys., 1991, 70:3426; W Sirum, et al. Appl. Phys., 1992, 72:4473.

[11] Kingston R H. Proc, IRE, 1962, 50:472.

[12] Kroll N M. Phys. Rev., 1962, 127:1207; Proc, IEEE, 1963, 51:110.

[13] Wang C C and Racette G W. Appl. Phys. Lett., 1965, 6:169.

[14] Giordmaine J A and Miller R C. Tunable optical parametric oscillation in $LiNbO_3$. Phys. Rev. Lett., 1965, 14:973.

[15] Goldberg L S. Appl. Opt., 1975, 14:653.

[16] Magde D and Louisell W H. Study in ammonium dihydrogen phosphate of spontaneous parametric interaction tunable from 4400 to 16000Å. Phys. Rev. Lett., 1967, 18:905.

[17] Hanna D C, et al. Nonlinear optical of free atom and molecules. New Yord: Springer-Velag Berlin Heidelberg, 1979:497.

第六章　光波传播的控制

前面几章我们讨论了光在均匀、非均匀介质；各向同性、各向异性介质；无限大、有限空间介质；线性、非线性介质中的传播特性。实际上，当光束在介质中传播时，如果采取一些措施，改变介质的光学性质，就可以使传播光波电场的振幅、强度、相位及传播方向等特性按某种时、空规律变化，从而达到使光波携带信息传播的目的。这些能使光波携带信息的过程统称为光波传播的控制(调制)，或者依照控制光波特性的不同，分别称为光束(振幅、强度、相位)调制、光束扫描和空间光调制。能实现光波传播控制的这些效应均属于非线性光学效应。在实际工作中，对于光波传播的控制，有非常重要的意义。本章将根据光的电磁理论，分别讨论光波的电光、声光和磁光控制，介绍一种重要的控制光传输特性的光学双稳态效应。

6.1　光波的电光效应控制

由第二章关于光波在各向异性介质中的传播讨论已知，光波在晶体中的双折射传播特性取决于晶体光学性质(介电常数或折射率)的各向异性，而晶体光学性质的各向异性起源于晶体结构的各向异性。通常，将因晶体固有结构各向异性造成的双折射现象叫做自然双折射，而将因某种外加作用引起的双折射现象叫做感应双折射。

对于自然界中的某些晶体材料，外加电场后，其晶体结构将发生变化，从而引起光学性质的变化，最终导致晶体折射率(或介电常数)有显著的变化。这种由外加电场引起晶体光学性质发生变化的效应叫做电光效应，这些晶体统称为电光晶体。电光晶体外加电场后的折射率是外加电场 E_e 的函数，并可用如下幂级数表示：

$$n = n_0 + c_1 E_e + c_2 E_e^2 + \cdots \tag{6.1-1}$$

式中，n_0 是未加电场时的折射率，c_1 和 c_2 为常数。在上式中，由外加电场一次方项 $c_1 E_e$ 引起的折射率变化，称为线性电光效应或普克尔(Pockels)效应；由外加电场二次方项 $c_2 E_e^2$ 引起的折射率变化，称为二次电光效应或克尔(Kerr)效应。对于大多数电光晶体材料来说，线性电光效应比二次电光效应显著，可以不计二次项的贡献。只是在具有对称中心的晶体中，因为不存在线性电光效应，二次电光效应才凸现出来。因此，这里只讨论利用线性电光效应的光波控制。应当指出的是，电光效应是一种非线性光学效应：线性电光效应属于晶体的二次非线性光学效应，二次电光效应属于晶体的三次非线性光学效应。

因为在实际应用中，线性电光效应多采用波动光学理论折射率椭球的几何方法描述，所以下面首先利用折射率椭球方法讨论线性电光效应及光波的控制，然后利用模式理论方法讨论晶体外加电场时光波的传播与控制问题。

6.1.1 线性电光效应的折射率椭球方法描述

1. 线性电光效应

晶体未外加电场时，在主轴坐标系中，其折射率分布可以用折射率椭球描述：

$$\frac{x^2}{n_x^2}+\frac{y^2}{n_y^2}+\frac{z^2}{n_z^2}=1 \tag{6.1-2}$$

式中，x，y，z 为晶体的主轴方向，晶体内沿着这些方向上的电位移矢量 $\boldsymbol{D}$ 和电场强度 $\boldsymbol{E}$ 平行；n_x，n_y，n_z 为折射率椭球的主折射率。利用该方程可以讨论光波在晶体中的传播特性。晶体外加电场对光波传播特性的影响，也可以借助于折射率椭球方程参量的改变进行分析。当晶体外加电场后，其折射率椭球发生“变形”，椭球方程变为

$$\left(\frac{1}{n^2}\right)_1 x^2+\left(\frac{1}{n^2}\right)_2 y^2+\left(\frac{1}{n^2}\right)_3 z^2+2\left(\frac{1}{n^2}\right)_4 yz+2\left(\frac{1}{n^2}\right)_5 xz+2\left(\frac{1}{n^2}\right)_6 xy=1 \tag{6.1-3}$$

由于外电场的作用，折射率椭球各系数(逆相对介电张量元素)发生线性变化，其变化量为[1]

$$\Delta\left(\frac{1}{n^2}\right)_i=\sum_{j=1}^{3}\gamma_{ij}E_{ej} \tag{6.1-4}$$

式中，γ_{ij} 为晶体的线性电光系数，i 取值 1，2，…，6，j 取值 1，2，3。上式可以用矩阵形式表示为

$$\begin{bmatrix}\Delta\left(\frac{1}{n^2}\right)_1\\ \Delta\left(\frac{1}{n^2}\right)_2\\ \Delta\left(\frac{1}{n^2}\right)_3\\ \Delta\left(\frac{1}{n^2}\right)_4\\ \Delta\left(\frac{1}{n^2}\right)_5\\ \Delta\left(\frac{1}{n^2}\right)_6\end{bmatrix}=\begin{bmatrix}\gamma_{11} & \gamma_{12} & \gamma_{13}\\ \gamma_{21} & \gamma_{22} & \gamma_{23}\\ \gamma_{31} & \gamma_{32} & \gamma_{33}\\ \gamma_{41} & \gamma_{42} & \gamma_{43}\\ \gamma_{51} & \gamma_{52} & \gamma_{53}\\ \gamma_{61} & \gamma_{62} & \gamma_{63}\end{bmatrix}\begin{bmatrix}E_{e1}\\ E_{e2}\\ E_{e3}\end{bmatrix} \tag{6.1-5}$$

式中，E_{e1}，E_{e2}，E_{e3} 是外加电场矢量的 x，y，z 分量。具有 γ_{ij} 元素的 6×3 矩阵称为电光矩阵，每个元素的值由具体的晶体决定，它是表征电光效应感应极化强弱的量。表 6.1-1 列出了所有非中心对称晶体类型的电光矩阵的形式。表 6.1-2 列出了某些晶体的电光系数。

表 6.1-1　所有非中心对称晶体类型的线性电光矩阵[2]

三斜晶系	1 $\begin{bmatrix} \gamma_{11} & \gamma_{12} & \gamma_{13} \\ \gamma_{21} & \gamma_{22} & \gamma_{23} \\ \gamma_{31} & \gamma_{32} & \gamma_{33} \\ \gamma_{41} & \gamma_{42} & \gamma_{43} \\ \gamma_{51} & \gamma_{52} & \gamma_{53} \\ \gamma_{61} & \gamma_{62} & \gamma_{63} \end{bmatrix}$					
单斜晶系	$2(2\parallel x_2)$ $\begin{bmatrix} 0 & \gamma_{12} & 0 \\ 0 & \gamma_{22} & 0 \\ 0 & \gamma_{32} & 0 \\ \gamma_{41} & 0 & \gamma_{43} \\ 0 & \gamma_{52} & 0 \\ \gamma_{61} & 0 & \gamma_{63} \end{bmatrix}$	$2(2\parallel x_3)$ $\begin{bmatrix} 0 & 0 & \gamma_{13} \\ 0 & 0 & \gamma_{23} \\ 0 & 0 & \gamma_{33} \\ \gamma_{41} & \gamma_{42} & 0 \\ \gamma_{51} & \gamma_{52} & 0 \\ 0 & 0 & \gamma_{63} \end{bmatrix}$	$m(m\perp x_2)$ $\begin{bmatrix} \gamma_{11} & 0 & \gamma_{13} \\ \gamma_{21} & 0 & \gamma_{23} \\ \gamma_{31} & 0 & \gamma_{33} \\ 0 & \gamma_{42} & 0 \\ \gamma_{51} & 0 & \gamma_{53} \\ 0 & \gamma_{62} & 0 \end{bmatrix}$	$m(m\perp x_3)$ $\begin{bmatrix} \gamma_{11} & \gamma_{12} & 0 \\ \gamma_{21} & \gamma_{22} & 0 \\ \gamma_{31} & \gamma_{32} & 0 \\ 0 & 0 & \gamma_{43} \\ 0 & 0 & \gamma_{53} \\ \gamma_{61} & \gamma_{62} & 0 \end{bmatrix}$		
正交晶系	222 $\begin{bmatrix} 0 & 0 & 0 \\ 0 & 0 & 0 \\ 0 & 0 & 0 \\ \gamma_{41} & 0 & 0 \\ 0 & \gamma_{52} & 0 \\ 0 & 0 & \gamma_{63} \end{bmatrix}$	$2mm$ $\begin{bmatrix} 0 & 0 & \gamma_{13} \\ 0 & 0 & \gamma_{23} \\ 0 & 0 & \gamma_{33} \\ 0 & \gamma_{42} & 0 \\ \gamma_{51} & 0 & 0 \\ 0 & 0 & 0 \end{bmatrix}$				
正方晶系	4 $\begin{bmatrix} 0 & 0 & \gamma_{13} \\ 0 & 0 & \gamma_{13} \\ 0 & 0 & \gamma_{33} \\ \gamma_{41} & \gamma_{51} & 0 \\ \gamma_{51} & -\gamma_{41} & 0 \\ 0 & 0 & 0 \end{bmatrix}$	$\bar{4}$ $\begin{bmatrix} 0 & 0 & \gamma_{13} \\ 0 & 0 & -\gamma_{13} \\ 0 & 0 & 0 \\ \gamma_{41} & -\gamma_{51} & 0 \\ \gamma_{51} & \gamma_{41} & 0 \\ 0 & 0 & \gamma_{63} \end{bmatrix}$	422 $\begin{bmatrix} 0 & 0 & 0 \\ 0 & 0 & 0 \\ 0 & 0 & 0 \\ \gamma_{41} & 0 & 0 \\ 0 & -\gamma_{41} & 0 \\ 0 & 0 & 0 \end{bmatrix}$	$4mm$ $\begin{bmatrix} 0 & 0 & \gamma_{13} \\ 0 & 0 & \gamma_{13} \\ 0 & 0 & \gamma_{33} \\ 0 & \gamma_{51} & 0 \\ \gamma_{51} & 0 & 0 \\ 0 & 0 & 0 \end{bmatrix}$	$42m(2\parallel x_2)$ $\begin{bmatrix} 0 & 0 & 0 \\ 0 & 0 & 0 \\ 0 & 0 & 0 \\ \gamma_{41} & 0 & 0 \\ 0 & \gamma_{41} & 0 \\ 0 & 0 & \gamma_{63} \end{bmatrix}$	
三角晶系	3 $\begin{bmatrix} \gamma_{11} & -\gamma_{22} & \gamma_{13} \\ -\gamma_{11} & \gamma_{22} & \gamma_{13} \\ 0 & 0 & \gamma_{33} \\ \gamma_{41} & \gamma_{51} & 0 \\ \gamma_{51} & -\gamma_{41} & 0 \\ -\gamma_{22} & -\gamma_{11} & 0 \end{bmatrix}$	32 $\begin{bmatrix} \gamma_{11} & 0 & 0 \\ -\gamma_{11} & 0 & 0 \\ 0 & 0 & 0 \\ \gamma_{41} & 0 & 0 \\ 0 & -\gamma_{41} & 0 \\ 0 & -\gamma_{11} & 0 \end{bmatrix}$	$3m(m\perp x_1)$ $\begin{bmatrix} 0 & -\gamma_{22} & \gamma_{13} \\ 0 & \gamma_{22} & \gamma_{13} \\ 0 & 0 & \gamma_{33} \\ 0 & \gamma_{51} & 0 \\ \gamma_{51} & 0 & 0 \\ -\gamma_{22} & 0 & 0 \end{bmatrix}$	$3m(m\perp x_2)$ $\begin{bmatrix} \gamma_{11} & 0 & \gamma_{13} \\ -\gamma_{11} & 0 & \gamma_{13} \\ 0 & 0 & \gamma_{33} \\ 0 & \gamma_{51} & 0 \\ \gamma_{51} & 0 & 0 \\ 0 & -\gamma_{11} & 0 \end{bmatrix}$		
六角晶系	6 $\begin{bmatrix} 0 & 0 & \gamma_{13} \\ 0 & 0 & \gamma_{13} \\ 0 & 0 & \gamma_{33} \\ \gamma_{41} & \gamma_{51} & 0 \\ \gamma_{51} & -\gamma_{41} & 0 \\ 0 & 0 & 0 \end{bmatrix}$	$6mm$ $\begin{bmatrix} 0 & 0 & \gamma_{13} \\ 0 & 0 & \gamma_{13} \\ 0 & 0 & \gamma_{33} \\ 0 & \gamma_{51} & 0 \\ \gamma_{51} & 0 & 0 \\ 0 & 0 & 0 \end{bmatrix}$	622 $\begin{bmatrix} 0 & 0 & 0 \\ 0 & 0 & 0 \\ 0 & 0 & 0 \\ \gamma_{41} & 0 & 0 \\ 0 & -\gamma_{41} & 0 \\ 0 & 0 & 0 \end{bmatrix}$	$\bar{6}$ $\begin{bmatrix} \gamma_{11} & -\gamma_{22} & 0 \\ -\gamma_{11} & \gamma_{22} & 0 \\ 0 & 0 & 0 \\ 0 & 0 & 0 \\ 0 & 0 & 0 \\ -\gamma_{22} & -\gamma_{11} & 0 \end{bmatrix}$	$6m2(m\perp x_1)$ $\begin{bmatrix} 0 & -\gamma_{22} & 0 \\ 0 & \gamma_{22} & 0 \\ 0 & 0 & 0 \\ 0 & 0 & 0 \\ 0 & 0 & 0 \\ -\gamma_{22} & 0 & 0 \end{bmatrix}$	$6m2(m\perp x_2)$ $\begin{bmatrix} r_{11} & 0 & 0 \\ -\gamma_{11} & 0 & 0 \\ 0 & 0 & 0 \\ 0 & 0 & 0 \\ 0 & 0 & 0 \\ 0 & -\gamma_{11} & 0 \end{bmatrix}$
立方晶系	$43m$，23 $\begin{bmatrix} 0 & 0 & 0 \\ 0 & 0 & 0 \\ 0 & 0 & 0 \\ \gamma_{41} & 0 & 0 \\ 0 & \gamma_{41} & 0 \\ 0 & 0 & \gamma_{41} \end{bmatrix}$	432 $\begin{bmatrix} 0 & 0 & 0 \\ 0 & 0 & 0 \\ 0 & 0 & 0 \\ 0 & 0 & 0 \\ 0 & 0 & 0 \\ 0 & 0 & 0 \end{bmatrix}$				

表 6.1-2 某些晶体的线性电光系数[2]

材　料	对称性	波长/μm	$\gamma_{ij}/(10^{-12}\ \mathrm{m/V})$	折射率	$n\gamma_{ij}/(10^{-12}\ \mathrm{m/V})$	介电常数
CdTe	$\bar{4}3m$	1.0	$(T)\gamma_{41}=4.5$	$n=2.84$	103	$(S)\varepsilon=9.4$
		3.39	$(T)\gamma_{41}=6.8$			
		10.6	$(T)\gamma_{41}=6.8$	$n=2.60$	120	
		23.35	$(T)\gamma_{41}=5.47$	$n=2.58$	94	
		27.95	$(T)\gamma_{41}=5.04$	$n=2.53$	82	
GaAs	$\bar{4}3m$	0.9	$\gamma_{41}=1.1$	$n=3.60$	51	$(S)\varepsilon=13.2$
		1.15	$(T)\gamma_{41}=1.43$	$n=3.43$	58	$(T)\varepsilon=12.3$
		3.39	$(T)\gamma_{41}=1.24$	$n=3.3$	45	
		10.6	$(T)\gamma_{41}=1.51$	$n=3.3$	54	
GaP	$\bar{4}3m$	0.55～1.3	$(T)\gamma_{41}=-1.0$	$n=3.66\sim3.03$		$(S)\varepsilon=10$
		0.633	$(S)\gamma_{41}=-0.97$	$n=3.32$	35	
		1.15	$(S)\gamma_{41}=-1.10$	$n=3.10$	33	
		3.39	$(S)\gamma_{41}=-0.97$	$n=3.02$	27	
β－ZnS 闪锌矿	$\bar{4}3m$	0.4	$(T)\gamma_{41}=1.1$	$n=2.52$	18	$(T)\varepsilon=16$
		0.5	$(T)\gamma_{41}=1.81$	$n=2.42$		$(S)\varepsilon=12.5$
		0.6	$(T)\gamma_{41}=2.1$	$n=2.36$		
		0.633	$(S)\gamma_{41}=-1.6$	$n=2.35$		
		3.39	$(S)\gamma_{41}=-1.4$			
ZnSe	$\bar{4}3m$	0.548	$(T)\gamma_{41}=2.0$	$n=2.66$	35	$(T)\varepsilon=9.1$
		0.633	$(S)\gamma_{41}=2.0$	$n=2.60$		$(S)\varepsilon=9.1$
		10.6	$(T)\gamma_{41}=2.2$	$n=2.39$		
ZnTe	$\bar{4}3m$	0.589	$(T)\gamma_{41}=4.51$	$n=3.05$		$(T)\varepsilon=10.1$
		0.616	$(T)\gamma_{41}=4.27$	$n=3.01$		$(S)\varepsilon=10.1$
		0.633	$(T)\gamma_{41}=4.04$	$n=2.99$	108	
			$(S)\gamma_{41}=4.3$			
		0.690	$(T)\gamma_{41}=3.97$	$n=2.93$		
		3.41	$(T)\gamma_{41}=4.2$	$n=2.70$	83	
		10.6	$(T)\gamma_{41}=3.9$	$n=2.70$	77	
$Bi_{12}GeO_{20}$	23	0.666	$(T)\gamma_{41}=3.32$	$n=2.54$	53	
$Bi_{12}SiO_{20}$	23	0.633	$\gamma_{41}=5.0$	$n=2.54$	82	
CdS	$6mm$	0.589	$(T)\gamma_{51}=3.7$　$(T)\gamma_c=4$	$n_o=2.501$		$(T)\varepsilon_1=9.35$
				$n_e=2.519$		$(T)\varepsilon_3=10.33$
		0.633	$(T)\gamma_{51}=1.6$　$(T)\gamma_c=4.8$	$n_o=2.460$		$(S)\varepsilon_1=9.02$
				$n_e=2.477$		$(S)\varepsilon_3=9.53$
		1.15	$(T)\gamma_{13}=3.1$　$(T)\gamma_c=6.2$	$n_o=2.320$		
			$(T)\gamma_{33}=3.2$	$n_e=2.336$		
			$(T)\gamma_{51}=2.0$			
		3.39	$(T)\gamma_{13}=3.5$　$(T)\gamma_c=6.4$	$n_o=2.276$		
			$(T)\gamma_{33}=2.9$	$n_e=2.29$		
			$(T)\gamma_{51}=2.0$			
		10.6	$(T)\gamma_{13}=2.45$　$(T)\gamma_c=5.2$	$n_o=2.226$		
			$(T)\gamma_{33}=2.75$	$n_e=2.239$		
			$(T)\gamma_{51}=1.7$			

续表一

材　料	对称性	波长 /μm	$\gamma_{ij}/(10^{-12}\ m/V)$	折射率	$n\gamma_{ij}/(10^{-12}\ m/V)$	介电常数
CdSe	$6mm$	3.39	$(S)\gamma_{13}=1.8$ $(T)\gamma_{33}=4.3$	$n_o=2.452$ $n_e=2.471$		$(T)\varepsilon_1=9.70$ $(T)\varepsilon_3=10.65$ $(S)\varepsilon_1=9.33$ $(S)\varepsilon_3=10.20$
ZnO	$6mm$	0.633 3.39	$(S)\gamma_{13}=1.4$ $(S)\gamma_{33}=2.6$ $(S)\gamma_{13}=0.96$ $(S)\gamma_{33}=1.9$	$n_o=1.990$ $n_e=2.006$ $n_o=1.902$ $n_e=1.916$		$\varepsilon_1=\varepsilon_2-8.15$ $\approx\varepsilon_3$
α-ZnS 纤锌矿	$6mm$	0.633	$(S)\gamma_{13}=0.9$ $(S)\gamma_{33}=1.8$	$n_o=2.347$ $n_e=2.360$		$(T)\varepsilon_1=\varepsilon_2=8.7$ $(S)\varepsilon_1=8.7$
$Pb_{0.814}La_{0.124}$ $(Ti_{0.6}Zr_{0.4})O_3$ (PLZT)	∞m	0.546	$n_o^3\gamma_{33}-n_o^3\gamma_{33}=2320$	$n_o=2.25$		
$LiIO_3$	6	0.633	$(S)\gamma_{13}=4.1$　$(S)\gamma_{33}=6.4$ $(S)\gamma_{41}=1.4$　$(S)\gamma_{51}=3.3$	$n_o=1.3830$ $n_e=1.7363$		
Ag_3AsS_3	$3m$	0.633	$(S)n_o^3\gamma_{22}=29$	$n_o=3.019$ $n_e=2.739$		
$LiNbO_3$ $(T_c=1230℃)$	$3m$	0.633 1.15 3.39	$(T)\gamma_{13}=9.6$　$(S)\gamma_{13}=8.6$ $(T)\gamma_{22}=6.8$　$(S)\gamma_{22}=3.4$ $(T)\gamma_{33}=30.9$　$(S)\gamma_{33}=30.8$ $(T)\gamma_{51}=32.6$　$(S)\gamma_{51}=28$ $(T)\gamma_c=21.1$ $(T)\gamma_{22}=5.4$ $(T)\gamma_c=19$ $(T)\gamma_{22}=3.1$　$(S)\gamma_{33}=28$ $(T)\gamma_c=18$　$(S)\gamma_{22}=3.1$ $(S)\gamma_{13}=6.5$ $(S)\gamma_{51}=23$	$n_o=2.286$ $n_e=2.200$ $n_o=2.229$ $n_e=2.150$ $n_o=2.136$ $n_e=2.073$		$(T)\varepsilon_1=\varepsilon_2=78$ $(T)\varepsilon_3=32$ $(S)\varepsilon_1=\varepsilon_2=43$ $(S)\varepsilon_3=28$
$LiTaO_3$	$3m$	0.633 3.39	$(T)\gamma_{13}=8.4$　$(S)\gamma_{13}=7.5$ $(T)\gamma_{33}=30.5$　$(S)\gamma_{33}=33$ $(T)\gamma_{22}=-0.2$　$(S)\gamma_{51}=20$ $(T)\gamma_c=22$　$(S)\gamma_{22}=1$ $(S)\gamma_{13}=4.5$ $(S)\gamma_{33}=27$ $(S)\gamma_{22}=0.3$ $(S)\gamma_{51}=15$	$n_o=2.176$ $n_e=2.180$ $n_o=2.060$ $n_e=2.065$		$(T)\varepsilon_1=\varepsilon_2=51$ $(T)\varepsilon_3=45$ $(S)\varepsilon_1=\varepsilon_2=41$ $(S)\varepsilon_3=43$
$AgGaS_2$	$\bar{4}2m$	0.633	$(T)\gamma_{41}=4.0$ $(T)\gamma_{63}=3.0$	$n_o=2.553$ $n_e=2.507$		
CsH_2AsO_4 (CDA)	$\bar{4}2m$	0.55	$(T)\gamma_{41}=14.8$ $(T)\gamma_{63}=18.2$	$n_o=1.572$ $n_e=1.550$		

续表二

材　　料	对称性	波长/μm	$\gamma_{ij}/(10^{-12}$ m/V)	折射率	$n\gamma_{ij}/(10^{-12}$ m/V)	介电常数
KH_2PO_4 (KDP)	$\bar{4}2m$	0.546 0.633 3.39	$(T)\gamma_{41}=8.77$ $(T)\gamma_{63}=10.3$ $(T)\gamma_{41}=8$ $(T)\gamma_{63}=11$ $(T)\gamma_{41}=9.7$ $(T)n_o^3\gamma_{63}=33$	$n_o=1.5115$ $n_e=1.4698$ $n_o=1.5074$ $n_e=1.4669$		$(T)\varepsilon_1=\varepsilon_2=42$ $(T)\varepsilon_3=21$ $(S)\varepsilon_1=\varepsilon_2=44$ $(S)\varepsilon_3=21$
KD_2PO_4 (KD^*P)	$\bar{4}2m$	0.546 0.633	$(T)\gamma_{41}=8.8$ $(T)\gamma_{63}=26.8$ $(T)\gamma_{63}=24.1$	$n_o=1.5079$ $n_e=1.4683$ $n_o=1.502$ $n_e=1.462$		$(T)\varepsilon_3=50$ $(S)\varepsilon_1=\varepsilon_2=58$ $(S)\varepsilon_3=48$
$(NH_4)H_2PO_4$ (ADP)	$\bar{4}2m$	0.546 0.633	$(T)\gamma_{41}=23.76$ $(T)\gamma_{63}=8.56$ $(T)\gamma_{41}=23.41$ $(T)\gamma_{63}=27.6$	$n_o=1.5266$ $n_e=1.4808$ $n_o=1.5220$ $n_e=1.4773$		$(T)\varepsilon_1=\varepsilon_2=56$ $(T)\varepsilon_3=15$ $(S)\varepsilon_1=\varepsilon_2=58$ $(S)\varepsilon_3=14$
$(NH_4)D_2PO_4$ (AD^*P)	$\bar{4}2m$	0.633	$(T)\gamma_{41}=40$ $(T)\gamma_{63}=10$	$n_o=1.516$ $n_e=1.475$		
$BaTiO_3$ ($T_c=395$K)	4*mm*	0.546	$(T)\gamma_{51}=1640$　$(S)\gamma_{51}=820$ $(T)\gamma_c=108$　$(S)\gamma_c=23$	$n_o=2.437$ $n_e=2.365$		$(T)\varepsilon_1=\varepsilon_2=3600$
$KTa_xNb_{1-x}O_3$ (KTN)，$x=0.35$ $T_c=40\sim50$℃	4*mm*	0.633	$(T)\gamma_c=108$　$(S)\gamma_c=23$ $(T)\gamma_{51}=8000$ (T_c-28) $(T)\gamma_c=500$ $(T)\gamma_{51}=3000$ (T_c-16)	$n_o=2.318$ $n_e=2.365$ $n_o=2.277$ $n_e=2.318$		$(T)\varepsilon_3=135$
$Ba_{0.25}Sr_{0.75}$ Nb_2O_6 ($T_c=395$K)	4*mm*	0.633	$(T)\gamma_{13}=67$　$(T)\gamma_{51}=42$ $(T)\gamma_{33}=1340$ $(S)\gamma_c=1090$	$n_o=2.3117$ $n_e=2.2987$		$\varepsilon_3=3400$ (15 MHz)
$\alpha-HIO_3$	222	0.633	$(T)\gamma_{41}=6.6$　$(S)\gamma_{41}=2.3$ $(T)\gamma_{52}=7.0$　$(S)\gamma_{52}=2.6$ $(T)\gamma_{63}=6.0$　$(S)\gamma_{63}=4.3$	$n_1=1.8365$ $n_2=1.948$ $n_3=1.960$		
$KnbO_3$	2*mm*	0.633	$(T)\gamma_{13}=28$　$(T)\gamma_{23}=1.3$ $(T)\gamma_{33}=64$ $(T)\gamma_{42}=380$　$(S)\gamma_{42}=270$ $(T)\gamma_{51}=105$	$n_1=2.280$ $n_2=2.329$ $n_3=2.169$		
KIO_3	1	0.500	$\gamma_{62}=90$	$n_1=1.700$ $n_2=1.828$ (589.3 nm) $n_3=1.832$		

注：(T)为从直流到声频的低频；(S)为高频；$\gamma_c=\gamma_{33}-n_o^3\gamma_{13}/n_e^3$。

下面，以常用的 KDP(KH_2PO_4)晶体为例讨论线性电光效应。

KDP 晶体属于四方晶系，$\bar{4}2m$ 点群，是负单轴晶体，有 $n_x=n_y=n_o$，$n_z=n_e$，$n_o>n_e$，其折射率椭球方程为

$$\frac{x^2}{n_o^2}+\frac{y^2}{n_o^2}+\frac{z^2}{n_e^2}=1 \tag{6.1-6}$$

这类晶体的电光矩阵为

$$[\gamma_{ij}]=\begin{bmatrix} 0 & 0 & 0 \\ 0 & 0 & 0 \\ 0 & 0 & 0 \\ \gamma_{41} & 0 & 0 \\ 0 & \gamma_{41} & 0 \\ 0 & 0 & \gamma_{63} \end{bmatrix} \tag{6.1-7}$$

因此，独立的电光系数只有 γ_{41} 和 γ_{63} 两个。将(6.1-7)式代入(6.1-5)式得

$$\left.\begin{aligned} &\Delta\left(\frac{1}{n^2}\right)_1=0, \qquad \Delta\left(\frac{1}{n^2}\right)_4=\gamma_{41}E_{e1} \\ &\Delta\left(\frac{1}{n^2}\right)_2=0, \qquad \Delta\left(\frac{1}{n^2}\right)_5=\gamma_{41}E_{e2} \\ &\Delta\left(\frac{1}{n^2}\right)_3=0, \qquad \Delta\left(\frac{1}{n^2}\right)_6=\gamma_{63}E_{e3} \end{aligned}\right\} \tag{6.1-8}$$

再将(6.1-8)式代入(6.1-3)式，便得到晶体加外电场 $\boldsymbol{E}_e$ 后的新折射率椭球方程：

$$\frac{x^2}{n_o^2}+\frac{y^2}{n_o^2}+\frac{z^2}{n_e^2}+2\gamma_{41}yzE_{e1}+2\gamma_{41}xzE_{e2}+2\gamma_{63}xyE_{e3}=1 \tag{6.1-9}$$

显然，外加电场导致折射率椭球方程中出现了“交叉”项，这说明外加电场后，晶体的折射率椭球主轴不再与 x，y，z 轴平行。因此，必须找出一个新的坐标系，使(6.1-9)式在该坐标系中主轴化，这样才能方便地确定外加电场对光波传播的影响。由于在利用电光效应对光波进行控制时，电场总是加在晶体的某些特殊方向上，因而下面只分别讨论沿晶体 z，x 和 y 方向外加电场的电光效应。

1) 外加电场 $\boldsymbol{E}_e$ 平行于 z 轴的电光效应

此时，$E_{e3}=E_e$，$E_{e1}=E_{e2}=0$，所以(6.1-9)式变成

$$\frac{x^2}{n_o^2}+\frac{y^2}{n_o^2}+\frac{z^2}{n_e^2}+2\gamma_{63}xyE_{e3}=1 \tag{6.1-10}$$

在所选取的新坐标系(x'，y'，z')中，折射率椭球方程应不含交叉项，具有如下形式：

$$\frac{x'^2}{n_{x'}^2}+\frac{y'^2}{n_{y'}^2}+\frac{z'^2}{n_{z'}^2}=1 \tag{6.1-11}$$

式中，x'，y'，z'为外加电场后折射率椭球的主轴方向，通常称为感应主轴；$n_{x'}$，$n_{y'}$，$n_{z'}$是新坐标系中的主折射率，叫做感应主折射率。因为方程(6.1-10)中的 z^2 项相对方程(6.1-6)没有变化，所以选取的新坐标系应由原坐标系绕 z 轴旋转 α 角得到(见图 6.1-1(a))，于是原坐标系与新坐标系的变换关系为

$$\left.\begin{aligned} x &= x'\cos\alpha - y'\sin\alpha \\ y &= x'\sin\alpha + y'\cos\alpha \\ z &= z' \end{aligned}\right\} \tag{6.1-12}$$

将(6.1-12)式代入(6.1-10)式得

$$\left(\frac{1}{n_o^2}+\gamma_{63}E_{e3}\sin2\alpha\right)x'^2+\left(\frac{1}{n_o^2}-\gamma_{63}E_{e3}\sin2\alpha\right)y'^2+\frac{1}{n_e^2}z'^2+2\gamma_{63}E_{e3}\cos2\alpha x'y'=1 \tag{6.1-13}$$

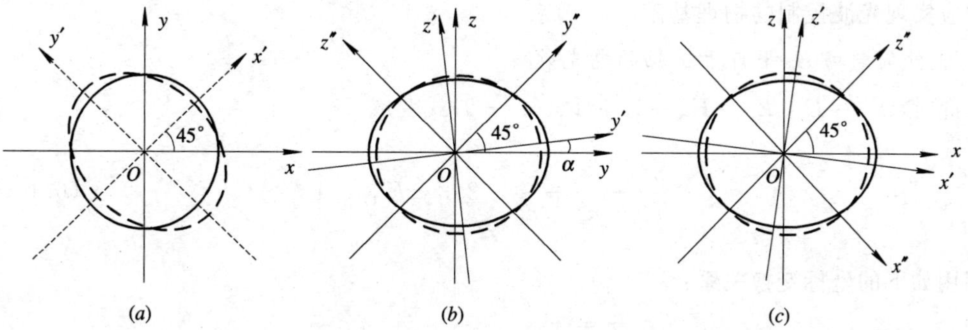

图 6.1-1 外加电场前后折射率椭球的变化

令交叉项为零，即 $\cos2\alpha=0$，得 $\alpha=\pm45°$。若取 $\alpha=45°$，(6.1-13)式变为

$$\left(\frac{1}{n_o^2}+\gamma_{63}E_{e3}\right)x'^2+\left(\frac{1}{n_o^2}-\gamma_{63}E_{e3}\right)y'^2+\frac{1}{n_e^2}z'^2=1 \tag{6.1-14}$$

该式就是 KDP 晶体沿 z 轴外加电场后的折射率椭球(感应折射率椭球)方程。这个椭球主轴的半长度由下式决定：

$$\left.\begin{aligned} \frac{1}{n_{x'}^2} &= \frac{1}{n_o^2}+\gamma_{63}E_{e3} \\ \frac{1}{n_{y'}^2} &= \frac{1}{n_o^2}-\gamma_{63}E_{e3} \\ \frac{1}{n_{z'}^2} &= \frac{1}{n_e^2} \end{aligned}\right\} \tag{6.1-15}$$

由于 γ_{63} 很小(约 10^{-10} m/V)，一般有 $\gamma_{63}E_{e3}\ll\frac{1}{n_o^2}$。利用微分 $d\left(\frac{1}{n^2}\right)=-\frac{2}{n^3}dn$ 关系式，有 $dn=-\frac{n^3}{2}d\left(\frac{1}{n^2}\right)$，得到

$$\left.\begin{aligned} \Delta n_{x'} &= -\frac{1}{2}n_o^3\gamma_{63}E_{e3} \\ \Delta n_{y'} &= \frac{1}{2}n_o^3\gamma_{63}E_{e3} \\ \Delta n_{z'} &= 0 \end{aligned}\right\} \tag{6.1-16}$$

故

$$\left.\begin{aligned}n_{x'} &= n_o - \frac{1}{2}n_o^3\gamma_{63}E_{e3}\\ n_{y'} &= n_o + \frac{1}{2}n_o^3\gamma_{63}E_{e3}\\ n_{z'} &= n_e\end{aligned}\right\}\tag{6.1-17}$$

由此可见，KDP 晶体沿 z 轴外加电场后，由单轴晶体变成了双轴晶体，折射率椭球的主轴绕 z 轴旋转了 45°角，此转角与外加电场的大小无关，其折射率变化与电场成正比。(6.1-16)式中的 Δn 值称为电致折射率变化。这个表示式是利用外加电场平行于 z 轴的电光效应实现光波控制的物理基础。

2) 外加电场 $\boldsymbol{E}_e$ 平行于 x 轴的电光效应

此时，$E_{e1}=E_e$，$E_{e2}=E_{e3}=0$，所以(6.1-9)式变成

$$\frac{x^2}{n_o^2}+\frac{y^2}{n_o^2}+\frac{z^2}{n_e^2}+2\gamma_{41}yzE_{e1}=1\tag{6.1-18}$$

若利用如下的坐标变换关系：

$$\left.\begin{aligned}x &= x'\\ y &= y'\cos\alpha - z'\sin\alpha\\ z &= y'\sin\alpha + z'\cos\alpha\end{aligned}\right\}\tag{6.1-19}$$

即使原坐标系绕 x 轴旋转 α 角，则在新主轴坐标系中的感应折射率椭球方程为

$$\begin{aligned}&\frac{1}{n_o^2}x'^2+\left(\frac{1}{n_o^2}\cos^2\alpha+\frac{1}{n_e^2}\sin^2\alpha+\gamma_{41}E_{e1}\sin2\alpha\right)y'^2\\ &\quad+\left(\frac{1}{n_o^2}\sin^2\alpha+\frac{1}{n_e^2}\cos^2\alpha-\gamma_{41}E_{e1}\sin2\alpha\right)z'^2\\ &\quad+\left(-\frac{1}{n_o^2}\sin2\alpha+\frac{1}{n_e^2}\sin2\alpha+2\gamma_{41}E_{e1}\cos2\alpha\right)y'z'=1\end{aligned}\tag{6.1-20}$$

令 $y'z'$ 交叉项为零，得到转角 α 的正切为

$$\tan2\alpha=\frac{2\gamma_{41}E_{e1}}{\dfrac{1}{n_o^2}-\dfrac{1}{n_e^2}}\tag{6.1-21}$$

可见，对 KDP 晶体沿 x 方向外加电场时，主轴旋转角与外加电场有关。但是因 KDP 晶体的 γ_{41} 仅为 10^{-12} V/m 量级，当 $E_{e1}=10^6$ V/m 时，$\alpha\approx0.04°$，故 $\tan2\alpha\approx\sin2\alpha$，$\cos2\alpha\approx1$，方程(6.1-20)可简化为

$$\frac{1}{n_o^2}x'^2+\left(\frac{1}{n_o^2}+\gamma_{41}E_{e1}\tan2\alpha\right)y'^2+\left(\frac{1}{n_e^2}-\gamma_{41}E_{e1}\tan2\alpha\right)z'^2=1\tag{6.1-22}$$

由此得到

$$\left.\begin{aligned}\Delta n_{x'} &= 0\\ \Delta n_{y'} &= -\frac{1}{2}n_o^3\gamma_{41}E_{e1}\tan2\alpha\\ \Delta n_{z'} &= \frac{1}{2}n_e^3\gamma_{41}E_{e1}\tan2\alpha\end{aligned}\right\}\tag{6.1-23}$$

考虑到 $\tan 2\alpha \propto \gamma_{41} E_{e1}$，感应主轴折射率变化与外加电场的平方成正比。由于在光波控制的实际应用中，总是希望电光器件对外加电场产生线性响应，因而对上述感应主轴折射率变化与外加电场的平方成正比的效应应用，非常不便。为此，可将原坐标系绕 x 轴旋转 $\alpha=45°$，建立起如图 6.1-1(*b*)所示的一个新坐标系 x''，y''，z''，并得到在这个新坐标系中的感应折射率椭球方程：

$$\frac{1}{n_o^2}x''^2+\left(\frac{1}{2n_o^2}+\frac{1}{2n_e^2}+\gamma_{41}E_{e1}\right)y''^2+\left(\frac{1}{2n_o^2}+\frac{1}{2n_e^2}-\gamma_{41}E_{e1}\right)z''^2+\left(\frac{1}{n_e^2}-\frac{1}{n_o^2}\right)y''z''=1 \tag{6.1-24}$$

在这种情况下，如果光波沿 z''方向传播，则根据折射率椭球的性质，相应 x''和 y''方向偏振光的折射率由 $z''=0$ 截面椭圆的长短半轴决定，即可由截面椭圆方程

$$\frac{1}{n_o^2}x''^2+\left(\frac{1}{2n_o^2}+\frac{1}{2n_e^2}+\gamma_{41}E_{e1}\right)y''^2=1 \tag{6.1-25}$$

得到

$$\left.\begin{aligned} n_{x''}&=n_o\\ n_{y''}&=\frac{\sqrt{2}n_o n_e}{\sqrt{n_o^2+n_e^2}}-\sqrt{2}\left(\frac{1}{n_o^2}+\frac{1}{n_e^2}\right)^{-3/2}\gamma_{41}E_{e1}\end{aligned}\right\} \tag{6.1-26}$$

同理，如果光波沿 y''方向传播，则相应 x''和 z''方向偏振光的折射率为

$$\left.\begin{aligned} n_{x''}&=n_o\\ n_{z''}&=\frac{\sqrt{2}n_o n_e}{\sqrt{n_o^2+n_e^2}}+\sqrt{2}\left(\frac{1}{n_o^2}+\frac{1}{n_e^2}\right)^{-3/2}\gamma_{41}E_{e1}\end{aligned}\right\} \tag{6.1-27}$$

在这两种情况下，$n_{y''}$和 $n_{z''}$的感应折射率变化与外加电场呈线性关系，应用起来非常方便。

3) 外加电场 $\boldsymbol{E}_e$ 平行于 y 轴的电光效应

此时，$E_{e2}=E_e$，$E_{e1}=E_{e3}=0$，所以(6.1-9)式变成

$$\frac{x^2}{n_o^2}+\frac{y^2}{n_o^2}+\frac{z^2}{n_e^2}+2\gamma_{41}xzE_{e2}=1 \tag{6.1-28}$$

该式结构与(6.1-18)式完全相似。类似于外加电场平行于 x 轴的讨论得到：把原坐标系绕 y 轴旋转 α'角，保证新坐标系中折射率椭球方程 $x'z'$交叉项为零的转角满足

$$\tan 2\alpha'=\frac{2\gamma_{41}E_{e2}}{\frac{1}{n_o^2}-\frac{1}{n_e^2}} \tag{6.1-29}$$

与第二种情况相似，新折射率椭球的感应主折射率变化与外加电场呈非线性关系。为此，如图 6.1-1(*c*)所示，可将原坐标系绕 y 轴旋转 $\alpha'=45°$，建立起一个新坐标系 x''，y''，z''，当光波沿 z''方向传播时，相应 y''和 x''方向偏振光的折射率为

$$\left.\begin{aligned} n_{y''}&=n_o\\ n_{x''}&=\frac{\sqrt{2}n_o n_e}{\sqrt{n_o^2+n_e^2}}+\sqrt{2}\left(\frac{1}{n_o^2}+\frac{1}{n_e^2}\right)^{-3/2}\gamma_{41}E_{e2}\end{aligned}\right\} \tag{6.1-30}$$

当光波沿 x''方向传播时，相应 y''和 z''方向偏振光的折射率为

$$\left.\begin{aligned} n_{y''} &= n_o \\ n_{z''} &= \frac{\sqrt{2}n_o n_e}{\sqrt{n_o^2+n_e^2}} - \sqrt{2}\left(\frac{1}{n_o^2}+\frac{1}{n_e^2}\right)^{-3/2}\gamma_{41}E_{e2} \end{aligned}\right\} \tag{6.1-31}$$

用类似的方法，可以分析其他晶体的电光效应。

2. 电光相位延迟

在光波的电光效应控制应用中，电光晶体总是沿着相对光轴的某些特殊方向切割，而外电场也总是沿着某一主轴方向加在晶体上。通常采用的方式有两种：一种是外电场方向与光束在晶体中的传播方向一致，称为纵向电光效应运用；另一种是外电场方向与光束在晶体中的传播方向垂直，称为横向电光效应运用。

1）纵向电光效应运用的相位延迟

以 KDP 晶体为例进行讨论。设 KDP 晶体沿 z 轴方向外加电场，光波也沿 z 方向传播，如图 6.1-2 所示。这时，晶体的感应双折射特性取决于椭球与垂直于 z 轴的平面相交所形成的椭圆。在(6.1-14)式中，令 $z=0$，得到椭圆方程：

$$\left(\frac{1}{n_o^2}+\gamma_{63}E_{e3}\right)x'^2+\left(\frac{1}{n_o^2}-\gamma_{63}E_{e3}\right)y'^2=1 \tag{6.1-32}$$

这个椭圆的长、短半轴分别与 x' 和 y' 重合，相应于 x' 和 y' 两个偏振光分量的折射率为 $n_{x'}$ 和 $n_{y'}$，由(6.1-17)式决定。

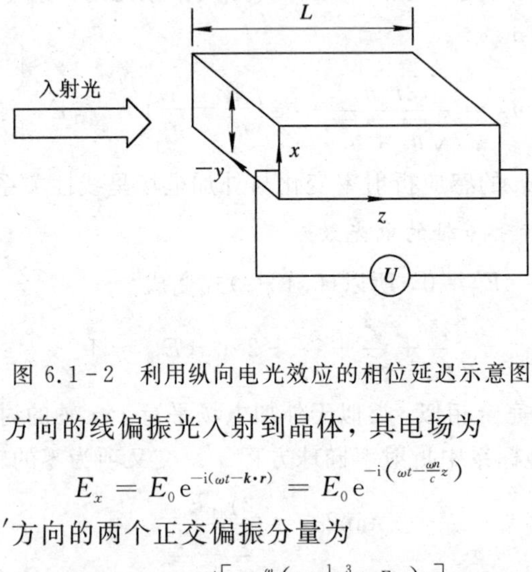

图 6.1-2　利用纵向电光效应的相位延迟示意图

现在假设一束沿 x 方向的线偏振光入射到晶体，其电场为

$$E_x = E_0 e^{-i(\omega t-\boldsymbol{k}\cdot\boldsymbol{r})} = E_0 e^{-i\left(\omega t-\frac{\omega n}{c}z\right)} \tag{6.1-33}$$

在晶体中该光沿 x' 和 y' 方向的两个正交偏振分量为

$$\left.\begin{aligned} E_{x'} &= A_1 e^{-i\left[\omega t-\frac{\omega}{c}\left(n_o-\frac{1}{2}n_o^3\gamma_{63}E_{e3}\right)z\right]} \\ E_{y'} &= A_2 e^{-i\left[\omega t-\frac{\omega}{c}\left(n_o+\frac{1}{2}n_o^3\gamma_{63}E_{e3}\right)z\right]} \end{aligned}\right\} \tag{6.1-34}$$

由于该二偏振分量的折射率不同，在晶体中传播的速度不同，传过 L 空间距离的光程分别为 $n_{x'}L$ 和 $n_{y'}L$，相应的相位延迟分别为

$$\left.\begin{aligned} \varphi_{x'} &= \frac{2\pi}{\lambda}n_{x'}L = \frac{2\pi L}{\lambda}\left(n_o-\frac{1}{2}n_o^3\gamma_{63}E_{e3}\right) \\ \varphi_{y'} &= \frac{2\pi}{\lambda}n_{y'}L = \frac{2\pi L}{\lambda}\left(n_o+\frac{1}{2}n_o^3\gamma_{63}E_{e3}\right) \end{aligned}\right\} \tag{6.1-35}$$

因此，当这两个光波穿过长度为 L 的晶体后，将产生一个相位延迟差：

$$\Delta\varphi=\varphi_{y'}-\varphi_{x'}=\frac{2\pi}{\lambda}Ln_o^3\gamma_{63}E_{e3}=\frac{2\pi}{\lambda}n_o^3\gamma_{63}U \tag{6.1-36}$$

式中，$U=E_{e3}L$，是晶体上沿 z 轴所外加的电压。由以上分析可见，该二光波的相位延迟差完全是由电光效应造成的，称为电光相位延迟。当电光晶体和传播的光波长确定后，电光相位延迟的变化仅取决于外加电压，只要改变电压，就能使两偏振光波的相位延迟差成比例地变化。

在(6.1-36)式中，使光波两个正交分量 $E_{x'}$、$E_{y'}$ 的附加光程差为半个波长(相应的电光相位延迟为 π)时所需外加电压，称为“半波电压”，通常以 U_π 或 $U_{\lambda/2}$ 表示。由(6.1-36)式得到

$$U_{\lambda/2}=\frac{\lambda}{2n_o^3\gamma_{63}}=\frac{\pi c}{\omega n_o^3\gamma_{63}} \tag{6.1-37}$$

半波电压是表征电光晶体性能的一个重要参数，这个电压越小越好。晶体的半波电压一般是波长的函数，在可见光波段，晶体的半波电压和波长之间呈线性关系。

根据上述分析可知，当改变晶体的外加电压时，两个正交偏振分量 $E_{x'}$ 和 $E_{y'}$ 间的相位差会发生相应的变化，从而会改变出射光束的偏振态。在一般情况下，出射的合成光是一个椭圆偏振光，其偏振特性由下面的方程描述：

$$\frac{E_{x'}^2}{A_1^2}+\frac{E_{y'}^2}{A_2^2}-\frac{2E_{x'}E_{y'}}{A_1A_2}\cos\Delta\varphi=\sin^2\Delta\varphi \tag{6.1-38}$$

(1) 当晶体未外加电场或外加电场使 $\Delta\varphi=2n\pi(n=0，1，2，\cdots)$ 时，上面的方程简化为

$$\left(\frac{E_{x'}}{A_1}-\frac{E_{y'}}{A_2}\right)^2=0$$

即

$$E_{y'}=\frac{A_2}{A_1}E_{x'}$$

这是一个直线方程，说明通过晶体后的合成光仍然是线偏振光，且与入射光的偏振方向一致。

(2) 当晶体上外加电场使 $\Delta\varphi=(n+1/2)\pi$ 时，方程(6.1-38)简化为

$$\frac{E_{x'}^2}{A_1^2}+\frac{E_{y'}^2}{A_2^2}=1$$

这是一个正椭圆方程，说明通过晶体的合成光为椭圆偏振光。当 $A_1=A_2$ 时，其合成光就变成一个圆偏振光。

(3) 当外加电场使 $\Delta\varphi=(n+1)\pi$ 时，方程(6.1-38)简化为

$$\left(\frac{E_{x'}}{A_1}+\frac{E_{y'}}{A_2}\right)^2=0$$

即

$$E_{y'}=-\frac{A_2}{A_1}E_{x'}=E_{x'}\tan(-\theta)$$

该式说明合成光仍为线偏振光，但偏振方向相对于入射光旋转了 2θ 角(若 $\theta=45°$，则入射

x 方向偏振光旋转 90°，出射光沿 y 方向偏振）。

2）横向电光效应运用的相位延迟

仍以 KDP 晶体为例，沿 z 方向外加电场，光束传播方向垂直于 z 轴并与 y（或 x）轴成 45°角，这种运用方式一般采用 45°－z 切割晶体，如图 6.1－3（a）所示。

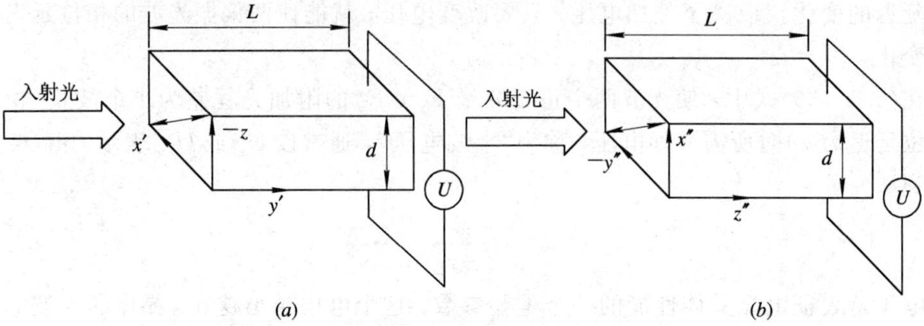

图 6.1－3　电场作用下的 KDP 横向电光效应

（a）z 向电场作用下；（b）x（或 y）向电场作用下

设光波垂直于 $x'z'$ 平面入射，其光电场 $\boldsymbol{E}$ 矢量与 z' 轴成 45°角，则在晶体内有两个沿 y' 方向传播、沿 x' 和 z' 方向振动的光波分量，相应的折射率分别为 $n_{x'}=n_o-n_o^3\gamma_{63}E_{e3}/2$ 和 $n_{z'}=n_e$。传播距离 L 后，该二光波场分量为

$$\left.\begin{aligned} E_{x'} &= A\mathrm{e}^{-\mathrm{i}\left[\omega t-\frac{\omega}{c}\left(n_o-\frac{1}{2}n_o^3\gamma_{63}E_{e3}\right)L\right]} \\ E_{z'} &= A\mathrm{e}^{-\mathrm{i}\left[\omega t-\frac{\omega}{c}n_e L\right]} \end{aligned}\right\} \tag{6.1-39}$$

这两个正交偏振光波的相位延迟为

$$\left.\begin{aligned} \varphi_{x'} &= \frac{2\pi}{\lambda}n_{x'}L = \frac{2\pi L}{\lambda}\left(n_o-\frac{1}{2}n_o^3\gamma_{63}E_{e3}\right) \\ \varphi_z &= \frac{2\pi}{\lambda}n_{z'}L = \frac{2\pi L}{\lambda}n_e \end{aligned}\right\} \tag{6.1-40}$$

因此，当这两个光波穿过晶体后将产生一个相位延迟差：

$$\Delta\varphi=\varphi_{z'}-\varphi_{x'}=\frac{2\pi}{\lambda}(n_e-n_o)L+\frac{\pi}{\lambda}Ln_o^3\gamma_{63}E_{e3}=\Delta\varphi_0+\frac{\pi}{\lambda}n_o^3\gamma_{63}\frac{L}{d}U \tag{6.1-41}$$

式中，L 为沿光波传播方向的晶体长度，d 为外加电压方向（z 向）的晶体宽度。可见，在横向运用条件下，光波通过晶体后的相位延迟差包括两项：第一项与外加电场无关，是由晶体自然双折射引起的；第二项则为电光效应引起的电光相位延迟。

KDP 晶体的横向电光效应也可以采用沿 x 或 y 方向外加电场、光束在与之垂直的方向上传播。如果在 x 方向外加电场，光束在 yz 平面内沿与 y 轴和 z 轴成 45°角的 y'' 或 z'' 方向传播，则这种运用方式需要采用图 6.1－3（b）所示的 45°－x 切割的晶体。如果光束沿 z'' 方向传播，其光电场矢量与 x'' 方向成 45°角振动，则晶体中沿 x'' 和 y'' 方向偏振的两光波分量，经过晶体后的相位延迟差为

$$\Delta\varphi=\varphi_{x''}-\varphi_{y''}=\frac{2\pi}{\lambda}\left[n_o-\frac{\sqrt{2}n_on_e}{\sqrt{n_o^2+n_e^2}}+\sqrt{2}\left(\frac{1}{n_o^2}+\frac{1}{n_e^2}\right)^{-3/2}\gamma_{41}\frac{L}{d}U\right] \tag{6.1-42}$$

式中，$U=E_{e1}d$，是晶体沿 x 方向的外加电压。

同样，如果入射光波沿 y''方向传播，光电场矢量与 x''方向成 45°角振动，则晶体中沿 x''和 z''方向偏振的两光波分量，经过晶体后的相位延迟差为

$$\Delta\varphi=\varphi_{x''}-\varphi_{z''}=\frac{2\pi}{\lambda}\left[n_o-\frac{\sqrt{2}n_on_e}{\sqrt{n_o^2+n_e^2}}-\sqrt{2}\left(\frac{1}{n_o^2}+\frac{1}{n_e^2}\right)^{-3/2}\gamma_{41}\frac{L}{d}U\right] \tag{6.1-43}$$

可见，x 方向外加电场时，存在自然双折射引起的相位延迟差。类似上述讨论，也可以研究 y 方向外加电场的相位延迟。

比较 KDP 晶体的纵向和横向电光效应两种运用情况，可以得到如下两点结论：

(1) 横向运用时，存在自然双折射产生的固有相位延迟差，它们与外加电场无关。表明在没有外加电场时，入射光通过晶体后，其偏振状态已因自然双折射发生了变化，这对于电光调制器等器件的应用不利，应设法消除。

(2) 纵向运用时，其电光相位延迟只与外加电压 U 成正比。而横向运用时，无论采用哪种方式，电光相位延迟不仅与所加电压成正比，而且与晶体的长宽比(L/d)有关。因此，增大 L 或减小 d 就可大大降低横向运用时的半波电压。例如，在 z 向外加电场的横向运用中，由(6.1-41)式略去自然双折射的影响，求得半波电压为

$$U_{\lambda/2}=\frac{\lambda}{n_o^3\gamma_{63}}\frac{d}{L} \tag{6.1-44}$$

可见，(d/L)越小，$U_{\lambda/2}$就越小，这是横向运用的优点。

6.1.2 电光晶体中光波的传播

1. 电光晶体中的简正模[3]

电光效应是一种非线性光学效应。线性电光效应是由二阶非线性电极化率引起的二阶非线性光学效应。根据第五章有关非线性光学的讨论，若在这种二阶非线性光学效应中，作用于介质有两个电场，一个是直流电场 $\boldsymbol{E}_e$，一个是光电场 $\boldsymbol{E}\exp(-\mathrm{i}\omega t)+\mathrm{c.c.}$，则在介质中所产生的频率为 ω 的极化强度为

$$P_\mu(\omega,t)=\varepsilon_0\chi_{\mu\alpha}^{(1)}(\omega)E_\alpha\mathrm{e}^{-\mathrm{i}\omega t}+2\varepsilon_0\chi_{\mu\alpha\beta}^{(2)}(\omega,0)E_{e\beta}E_\alpha\mathrm{e}^{-\mathrm{i}\omega t}+\mathrm{c.c.} \tag{6.1-45}$$

式中，$\chi_{\mu\alpha}^{(1)}(\omega)$和 $\chi_{\mu\alpha\beta}^{(2)}(\omega,0)$分别是线性和二阶非线性电极化率张量元素，第二项中的因子 2 起因于电极化率张量的本征对易对称性。介质中的电位移矢量为

$$\boldsymbol{D}=\varepsilon_0\boldsymbol{\varepsilon}\cdot\boldsymbol{E}+\boldsymbol{P}^{(2)}=\varepsilon_0\boldsymbol{\varepsilon}_{\mathrm{eff}}\cdot\boldsymbol{E} \tag{6.1-46}$$

式中的有效相对介电张量元为

$$(\varepsilon_{\mu\alpha})_{\mathrm{eff}}=\varepsilon_{\mu\alpha}+2\chi_{\mu\alpha\beta}^{(2)}E_{e\beta} \tag{6.1-47}$$

将(6.1-46)式代入描述晶体光学性质的基本方程(2.2-7)，利用求解本征模的方法，即可确定外加电场晶体中的光波简正模及相应的本征折射率，从而可以确定任意光波在晶体中的传播特性以及控制规律。

下面仍以$\bar{4}2m$ 晶类的 KDP 晶体为例，讨论晶体中传播的简正模。

假定外加电场平行于 KDP 晶体的光轴(z 轴)方向，根据$\bar{4}2m$ 类晶体的二阶极化率张量形式

$$\begin{bmatrix} 0 & 0 & 0 & xyz & xzy & 0 & 0 & 0 & 0 \\ 0 & 0 & 0 & 0 & 0 & xzy & xyz & 0 & 0 \\ 0 & 0 & 0 & 0 & 0 & 0 & 0 & zxy & zxy \end{bmatrix}$$

KDP 晶体的有效相对介电张量元为

$$(\varepsilon_{\mu\alpha})_{\mathrm{eff}} = \varepsilon_{\mu\alpha} + 2\chi^{(2)}_{\mu\alpha z}E_{e3} \tag{6.1-48}$$

写成矩阵形式的有效相对介电张量为

$$\boldsymbol{\varepsilon}_{\mathrm{eff}} = \begin{bmatrix} \varepsilon_{xx} & 2\chi^{(2)}_{xyz}E_{e3} & 0 \\ 2\chi^{(2)}_{xyz}E_{e3} & \varepsilon_{xx} & 0 \\ 0 & 0 & \varepsilon_{zz} \end{bmatrix} \tag{6.1-49}$$

将 $\boldsymbol{\varepsilon}_{\mathrm{eff}}$ 代入方程(2.2-7)，得

$$\begin{bmatrix} \varepsilon_{xx} & 2\chi^{(2)}_{xyz}E_{e3} & 0 \\ 2\chi^{(2)}_{xyz}E_{e3} & \varepsilon_{xx} & 0 \\ 0 & 0 & \varepsilon_{zz}+k_{0z}k_{0z}n^2 \end{bmatrix}\begin{bmatrix} E_x \\ E_y \\ E_z \end{bmatrix} = \begin{bmatrix} n^2 & 0 & 0 \\ 0 & n^2 & 0 \\ 0 & 0 & n^2 \end{bmatrix}\begin{bmatrix} E_x \\ E_y \\ E_z \end{bmatrix} \tag{6.1-50}$$

其中 E_z 分量满足的方程为

$$(\varepsilon_{zz} + k_{0z}k_{0z}n^2)E_z = n^2 E_z \tag{6.1-51}$$

这要求 $E_z=0$，即沿光轴 z 方向传播的光波是横波。方程(6.1-50)有解的条件是系数行列式等于零，即

$$\begin{vmatrix} \varepsilon_{xx} - n^2 & 2\chi^{(2)}_{xyz}E_{e3} \\ 2\chi^{(2)}_{xyz}E_{e3} & \varepsilon_{xx} - n^2 \end{vmatrix} = 0 \tag{6.1-52}$$

由此可得

$$\left.\begin{aligned} n_1^2 &= \varepsilon_{xx} - 2\chi^{(2)}_{xyz}E_{e3} \\ n_2^2 &= \varepsilon_{xx} + 2\chi^{(2)}_{xyz}E_{e3} \end{aligned}\right\} \tag{6.1-53}$$

或

$$\left.\begin{aligned} n_1 &= n_o\left(1 - \frac{\chi^{(2)}_{xyz}E_{e3}}{n_o^2}\right) \\ n_2 &= n_o\left(1 + \frac{\chi^{(2)}_{xyz}E_{e3}}{n_o^2}\right) \end{aligned}\right\} \tag{6.1-54}$$

这里所求得的折射率 n_1 和 n_2 对应于利用折射率椭球几何方法中的 $n_{x'}$ 和 $n_{y'}$，即

$$\left.\begin{aligned} n_1 &= n_o - \frac{\chi^{(2)}_{xyz}E_{e3}}{n_o} = n_o + \frac{1}{2}n_o^3\gamma_{63}E_{e3} = n_{x'} \\ n_2 &= n_o + \frac{\chi^{(2)}_{xyz}E_{e3}}{n_o} = n_o - \frac{1}{2}n_o^3\gamma_{63}E_{e3} = n_{y'} \end{aligned}\right\} \tag{6.1-55}$$

上式中已利用了关系：

$$\gamma_{xyz} = -\frac{2\chi^{(2)}_{xyz}}{\varepsilon_{xx}\varepsilon_{yy}} \Rightarrow \gamma_{63} = -\frac{2\chi^{(2)}_{xyz}}{n_o^4} \tag{6.1-56}$$

需要指出的是，在上一节的讨论中，若选取感应主轴坐标系(x', y', z')时令 $\alpha=-45°$，则所得感应主折射率表示式与(6.1-55)式完全相同。

现将本征折射率 n_1^2 和 n_2^2 分别代入方程(6.1-50)，便可求得相应的简正模矢量为

$$\left.\begin{aligned}\boldsymbol{E}_1 &= \boldsymbol{E}_0\begin{bmatrix}1\\-1\end{bmatrix}\\ \boldsymbol{E}_2 &= \boldsymbol{E}_0\begin{bmatrix}1\\1\end{bmatrix}\end{aligned}\right\} \tag{6.1-57}$$

这表示沿 z 轴(光轴)方向传播的两个简正模是方向正交的线偏振光波，其振动方向与主轴坐标 x，y 成 45°夹角，它们有不同的折射率($E_{e3}=0$ 时，沿光轴方向传播的两个偏振方向正交的光波折射率相等，都为 n_o)。由此可见，沿 $\bar{4}2m$ 晶体的 z 轴方向加上外电场 E_{e3}，使得沿 z 方向传播的二偏振方向正交的光波在经过距离 L 后，产生了相对相移(电光相位延迟)。

2. 电光晶体中光波传播的耦合模分析[2]

在前面讨论电光效应时，均假定电光晶体外加电场是直流电场，或低频电场，认为光波通过晶体时外加电场不变化，因此电光晶体出射光波的相位被调制，并由外加电场的瞬时值确定。当外加电场是频率足够高的交流信号时，这种处理方法就会失效。此时，在光波通过晶体的传播期间，外加电场时空会明显地变化(甚至电场几次改变方向)，出射光波的净相位延迟(或相位调制)可能很小。这种高频调制的应用，对于外加调制场可在微波频率上振荡的高数据速率光通信系统尤为重要。因此在讨论电光效应时，必须要研究晶体中存在随时间和空间变化电场时的光波传播问题。下面，利用耦合模理论进行分析。

1) 电光晶体中光波传播的耦合模方程

现在从 2.4 节推得的各向异性介质中存在微扰时电位移矢量 $\boldsymbol{D}$ 的运动方程

$$\left[\frac{\partial}{\partial\zeta}+\frac{1}{c}\mathbf{N}\frac{\partial}{\partial t}\right]\boldsymbol{D}=0 \tag{6.1-58}$$

出发。该方程式中，ζ 为沿传播方向的距离；c 为光在真空中的速度；$\mathbf{N}$ 为折射率张量，由下式给出：

$$\mathbf{N}=\begin{pmatrix} n_1-\dfrac{1}{2}n_1^3\Delta\eta_{11} & -\dfrac{n_1^2n_2^2}{n_1+n_2}\Delta\eta_{12}\\ -\dfrac{n_1^2n_2^2}{n_1+n_2}\Delta\eta_{21} & n_2-\dfrac{1}{2}n_2^3\Delta\eta_{22}\end{pmatrix} \tag{6.1-59}$$

上式中，n_1 和 n_2 是未受微扰本征模传播的折射率；$\Delta\eta_{\alpha\beta}$是微扰产生的介质逆相对介电张量的改变，在外加调制电场 E_γ 的情况下，$\Delta\eta_{\alpha\beta}$ 为

$$\Delta\eta_{\alpha\beta}=\gamma'_{\alpha\beta\gamma}E_\gamma \tag{6.1-60}$$

这里，用 $\gamma'_{\alpha\beta\gamma}$ 表示线性电光张量是强调方程(6.1-58)和(6.1-59)式所用的坐标系一般不同于介电主轴坐标系。令 a_{ij} 为坐标系从介电主轴转动到传播轴($\boldsymbol{D}_1$，$\boldsymbol{D}_2$，$\boldsymbol{k}_0$)的坐标变换矩阵元，则在新坐标系中的电光系数为

$$\gamma'_{\alpha\beta\gamma}=a_{\alpha i}a_{\beta j}a_{\gamma k}\gamma_{ijk} \tag{6.1-61}$$

令 $A_1(\zeta, t)$和 $A_2(\zeta, t)$为耦合模振幅，则电光晶体中光波电位移矢量可写成

$$\boldsymbol{D} = A_1(\zeta, t)\boldsymbol{d}_1 \mathrm{e}^{-\mathrm{i}(\omega t - k_1\zeta)} + A_2(\zeta, t)\boldsymbol{d}_2 \mathrm{e}^{-\mathrm{i}(\omega t - k_2\zeta)} \tag{6.1-62}$$

式中 $\boldsymbol{d}_1$ 和 $\boldsymbol{d}_2$ 为未受微扰简正模电位移矢量振动方向的单位矢量，k_1 和 k_2 为由下式表示的传播波数：

$$k_\alpha = \frac{\omega}{c} n_\alpha \qquad \alpha = 1, 2 \tag{6.1-63}$$

将(6.1-62)式代入方程(6.1-58)，可得

$$\left.\begin{aligned}\left(\frac{\partial}{\partial\zeta} + \frac{n_1}{c}\frac{\partial}{\partial t}\right)A_1 &= \mathrm{i}\,\frac{\omega}{c}\Delta N_{11}A_1 + \mathrm{i}\,\frac{\omega}{c}\Delta N_{12}A_2\mathrm{e}^{-\mathrm{i}(k_1-k_2)s}\\ \left(\frac{\partial}{\partial\zeta} + \frac{n_2}{c}\frac{\partial}{\partial t}\right)A_2 &= \mathrm{i}\,\frac{\omega}{c}\Delta N_{22}A_2 + \mathrm{i}\,\frac{\omega}{c}\Delta N_{21}A_1\mathrm{e}^{-\mathrm{i}(k_1-k_2)s}\end{aligned}\right\} \tag{6.1-64}$$

式中 $\Delta\mathbf{N}$ 为折射率张量中的微扰矩阵：

$$\Delta\mathbf{N} = \begin{bmatrix} -\dfrac{1}{2}n_1^3\Delta\eta_{11} & -\dfrac{n_1^2 n_2^2}{n_1 + n_2}\Delta\eta_{12} \\ -\dfrac{n_1^2 n_2^2}{n_1 + n_2}\Delta\eta_{21} & -\dfrac{1}{2}n_2^3\Delta\eta_{22} \end{bmatrix} \tag{6.1-65}$$

方程(6.1-64)是耦合模振幅的线性偏微分方程。由于 $\Delta\mathbf{N}$ 的存在，导致晶体中传播模式间的能量交换，耦合模振幅是空间和时间的函数。当 $\Delta\mathbf{N}$ 的非对角矩阵元为零时，模式耦合消失，相应于单纯相位调制情况；当 $\Delta\mathbf{N}$ 的对角元为零时，相应于单纯振幅调制情况。下面分别进行讨论。

2) 相位调制

在相位调制的情况下，因为 $\Delta\eta_{12} = \Delta\eta_{21} = 0$，所以施加的电场并不耦合未受微扰的简正模。此时，

$$\gamma'_{12\gamma}E_\gamma = 0 \tag{6.1-66}$$

模振幅 A_1 和 A_2 的方程(6.1-64)变成去耦合的方程，可以分别求解。若令调制场为行波 $\boldsymbol{E}_\mathrm{m}\sin(\omega_\mathrm{m}t - k_\mathrm{m}\zeta)$形式，按照(6.1-60)式，逆相对介电张量的电介质微扰为

$$\Delta\eta_{\alpha\alpha} = \gamma'_{\alpha\alpha\gamma}E_{\mathrm{m}\gamma}\sin(\omega_\mathrm{m}t - k_\mathrm{m}\zeta) \qquad \alpha = 1, 2 \tag{6.1-67}$$

式中 $E_{\mathrm{m}\gamma}$为 $\boldsymbol{E}_\mathrm{m}$ 的 γ 分量。因此模振幅方程可写成

$$\left(\frac{\partial}{\partial\zeta} + \frac{n}{c}\frac{\partial}{\partial t}\right)A(\zeta, t) = -\mathrm{i}\beta\sin(\omega_\mathrm{m}t - k_\mathrm{m}\zeta)A(\zeta, t) \tag{6.1-68}$$

其中

$$\beta = \frac{\omega n^3}{2c}\gamma'_{\alpha\alpha\gamma}E_{\mathrm{m}\gamma} \qquad \alpha = 1 \text{ 或 } 2 \tag{6.1-69}$$

式中，n 可以是 n_1 或 n_2，A 可以是 A_1 或 A_2。

方程(6.1-68)是一阶线性偏微分方程，可通过引入下列新的变量对它积分：

$$\left.\begin{aligned} u &= \zeta + \frac{c}{n}t \\ v &= \zeta - \frac{c}{n}t \end{aligned}\right\} \tag{6.1-70}$$

利用

$$\frac{\partial}{\partial \zeta}=\frac{\partial u}{\partial \zeta}\frac{\partial}{\partial u}+\frac{\partial v}{\partial \zeta}\frac{\partial}{\partial v}=\frac{\partial}{\partial u}+\frac{\partial}{\partial v}$$

$$\frac{\partial}{\partial t}=\frac{\partial u}{\partial t}\frac{\partial}{\partial u}+\frac{\partial v}{\partial t}\frac{\partial}{\partial v}=\frac{c}{n}\left(\frac{\partial}{\partial u}-\frac{\partial}{\partial v}\right)$$

方程(6.1-68)变成

$$2\frac{\partial}{\partial u}A=-\mathrm{i}\beta\sin\left[\frac{n\omega_{\mathrm{m}}}{2c}(u-v)-\frac{k_{\mathrm{m}}}{2}(u+v)\right]A \tag{6.1-71}$$

把 u 和 v 作为自变量处理，上式的积分为

$$A(\zeta,\ t)=C\left(\zeta-\frac{c}{n}t\right)\mathrm{e}^{\mathrm{i}\frac{\beta c}{\omega_{\mathrm{m}}(n-n_{\mathrm{m}})}\cos(\omega_{\mathrm{m}}t-k_{\mathrm{m}}\zeta)} \tag{6.1-72}$$

式中，C 为任意函数，$n_{\mathrm{m}}=\dfrac{ck_{\mathrm{m}}}{\omega_{\mathrm{m}}}$。在晶体入射面($\zeta=0$)处的边界条件为

$$A(0,\ t)=A_0 \tag{6.1-73}$$

式中 A_0 为任意常数。此条件要求函数 C 为如下形式：

$$C\left(\zeta-\frac{c}{n}t\right)=A_0\,\mathrm{e}^{-\mathrm{i}\frac{\beta c}{\omega_{\mathrm{m}}(n-n_{\mathrm{m}})}\cos(\omega_{\mathrm{m}}t-\frac{n}{c}\omega_{\mathrm{m}}\zeta)} \tag{6.1-74}$$

根据(6.1-72)式和(6.1-74)式，模振幅 $A(\zeta,\ t)$ 为

$$A(\zeta,\ t)=A_0\,\mathrm{e}^{-\mathrm{i}\frac{\beta c}{\omega_{\mathrm{m}}(n-n_{\mathrm{m}})}\left[\cos(\omega_{\mathrm{m}}t-\frac{\omega_{\mathrm{m}}}{c}n\zeta)-\cos(\omega_{\mathrm{m}}t-\frac{\omega_{\mathrm{m}}}{c}n_{\mathrm{m}}\zeta)\right]} \tag{6.1-75}$$

利用三角函数关系式

$$\cos\alpha-\cos\beta=-2\sin\frac{1}{2}(\alpha+\beta)\sin\frac{1}{2}(\alpha-\beta) \tag{6.1-76}$$

晶体出射面($\zeta=L$)处的模振幅可写成

$$A(L,\ t)=A_0\,\mathrm{e}^{-\mathrm{i}\Delta\varphi_{\mathrm{m}}\sin(\omega_{\mathrm{m}}t-\varphi)} \tag{6.1-77}$$

式中

$$\Delta\varphi_{\mathrm{m}}=\beta L\,\frac{\sin\dfrac{\omega_{\mathrm{m}}}{2c}(n_{\mathrm{m}}-n)L}{\dfrac{\omega_{\mathrm{m}}}{2c}(n_{\mathrm{m}}-n)L} \tag{6.1-78}$$

$$\varphi=\frac{\omega_{\mathrm{m}}}{2c}(n+n_{\mathrm{m}})L \tag{6.1-79}$$

如果超出 $\zeta=L$ 的地方没有进一步的微扰，则出射光的电位移场可写成

$$D(\zeta,\ t)=A_0\,\mathrm{e}^{-\mathrm{i}[\omega t+\Delta\varphi_{\mathrm{m}}\sin(\omega_{\mathrm{m}}t-\varphi)-k\zeta]} \tag{6.1-80}$$

这是一种相位调制系数为 $\Delta\varphi_{\mathrm{m}}$ 的调相波。在这种情况下，由(6.1-78)式给出的 $\Delta\varphi_{\mathrm{m}}$ 值不再与晶体长度 L 成正比，而是从它的最大值 βL 减少一个因子

$$\frac{\sin L\Delta}{L\Delta} \tag{6.1-81}$$

其中

$$\Delta=\frac{\omega_{\mathrm{m}}}{2c}(n_{\mathrm{m}}-n)=\frac{\omega_{\mathrm{m}}}{2}\left(\frac{1}{v_{\mathrm{m}}}-\frac{1}{v_{\mathrm{o}}}\right) \tag{6.1-82}$$

式中，v_{o} 和 v_{m} 分别为光波和调制波的相速度。物理上，这个缩减因子是由于波的相速度失配造成的。如果光波和调制波都以同样相速度传播，则光波通过电光晶体传播时，将会经

历一个固定的调制场，在这种情况下，缩减因子为1，即调制系数没有缩减，因而调制系数与晶体长度成线性比例。如果相速度不相等，$\Delta\varphi_m$ 变成晶体长度的周期函数。$\Delta\varphi_m$ 与 L 的关系曲线如图 6.1-4 所示。当

$$\frac{\omega_m}{2c}(n_m - n)L = \frac{\pi}{2} \tag{6.1-83}$$

时，相位调制系数 $\Delta\varphi_m$ 最大，且最大相位调制系数$(\Delta\varphi_m)_{max}$为

$$(\Delta\varphi_m)_{max} = \frac{\omega}{\omega_m}\frac{n^3}{|n - n_m|}\gamma_{\alpha\alpha\gamma}E_{m\gamma} \tag{6.1-84}$$

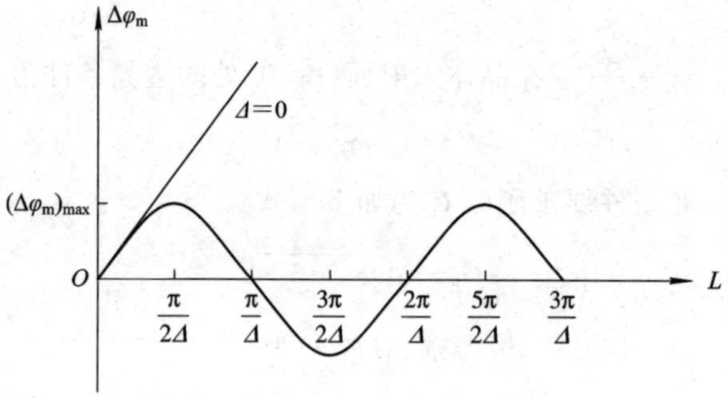

图 6.1-4　相位调制系数与晶体长度的关系曲线

3）振幅调制

现在考虑外加电场使未受微扰的简正模发生耦合的情况。此时，(6.1-65)式中微扰非对角线矩阵元不为0，即 $\Delta\eta_{12}\neq 0$，则光波在晶体中传播时耦合模之间交换电磁能量。因此，耦合模振幅值是空间和时间的函数，耦合模振幅满足耦合模方程(6.1-64)。对于纯振幅调制的情况，有 $\Delta\eta_{11}=\Delta\eta_{22}=0$，这相当于满足如下条件：

$$\gamma'_{11\gamma}E_\gamma = \gamma'_{22\gamma}E_\gamma = 0 \tag{6.1-85}$$

假设调制场是行波 $\boldsymbol{E}_m \sin(\omega_m t - k_m\zeta)$形式，根据线性电光系数的定义，逆相对介电张量中的电介质微扰为

$$\Delta\eta_{12} = \Delta\eta_{21} = \gamma'_{12\gamma}E_{m\gamma}\sin(\omega_m t - k_m\zeta) \tag{6.1-86}$$

式中 $E_{m\gamma}$是 $\boldsymbol{E}_m$ 的 γ 分量。因此，耦合模振幅的耦合方程可写成

$$\left.\begin{aligned}\left(\frac{\partial}{\partial\zeta}+\frac{n_1}{c}\frac{\partial}{\partial t}\right)A_1 &= -\mathrm{i}\kappa\sin(\omega_m t - k_m\zeta)A_2\mathrm{e}^{-\mathrm{i}(k_1-k_2)\zeta}\\ \left(\frac{\partial}{\partial\zeta}+\frac{n_2}{c}\frac{\partial}{\partial t}\right)A_2 &= -\mathrm{i}\kappa\sin(\omega_m t - k_m\zeta)A_1\mathrm{e}^{\mathrm{i}(k_1-k_2)\zeta}\end{aligned}\right\} \tag{6.1-87}$$

式中

$$\kappa = \frac{n_1^2 n_2^2}{n_1 + n_2}\frac{\omega}{c}\gamma'_{12\gamma}E_{m\gamma} \tag{6.1-88}$$

在 $n_1=n_2=n$ 的情况下，耦合方程变为

$$\left.\begin{aligned}\left(\frac{\partial}{\partial\zeta}+\frac{n}{c}\frac{\partial}{\partial t}\right)A_1 &= -\mathrm{i}\kappa\sin(\omega_m t - k_m\zeta)A_2\\ \left(\frac{\partial}{\partial\zeta}+\frac{n}{c}\frac{\partial}{\partial t}\right)A_2 &= -\mathrm{i}\kappa\sin(\omega_m t - k_m\zeta)A_1\end{aligned}\right\} \tag{6.1-89}$$

式中

$$\kappa=\frac{\omega n^3}{2c}\gamma'_{12\gamma}E_{m\gamma} \tag{6.1-90}$$

一般情况下($n_1\neq n_2$)的耦合方程(6.1-87)，其解很复杂，此处不予讨论。对于$n_1=n_2=n$时的情况，耦合模方程的通解为

$$\left.\begin{aligned}A_1(\zeta,t)=&C_1\left(\zeta-\frac{c}{n}t\right)\cos\left[\frac{\kappa c}{\omega_m(n-n_m)}\cos(\omega_m t-k_m\zeta)\right]\\&+C_2\left(\zeta-\frac{c}{n}t\right)\sin\left[\frac{\kappa c}{\omega_m(n-n_m)}\cos(\omega_m t-k_m\zeta)\right]\\A_2(\zeta,t)=&-\mathrm{i}C_2\left(\zeta-\frac{c}{n}t\right)\cos\left[\frac{\kappa c}{\omega_m(n-n_m)}\cos(\omega_m t-k_m\zeta)\right]\\&+\mathrm{i}C_1\left(\zeta-\frac{c}{n}t\right)\sin\left[\frac{\kappa c}{\omega_m(n-n_m)}\cos(\omega_m t-k_m\zeta)\right]\end{aligned}\right\} \tag{6.1-91}$$

式中C_1和C_2是任意函数。令晶体入射($\zeta=0$)面处的边界条件为

$$\left.\begin{aligned}A_1(0,t)&=A_0\\A_2(0,t)&=0\end{aligned}\right\} \tag{6.1-92}$$

令(6.1-91)式中$\zeta=0$，则边界条件变成

$$\left.\begin{aligned}&C_1\left(-\frac{c}{n}t\right)\cos\left[\frac{\kappa c}{\omega_m(n-n_m)}\cos\omega_m t\right]+C_2\left(-\frac{c}{n}t\right)\sin\left[\frac{\kappa c}{\omega_m(n-n_m)}\cos\omega_m t\right]=A_0\\&C_1\left(-\frac{c}{n}t\right)\sin\left[\frac{\kappa c}{\omega_m(n-n_m)}\cos\omega_m t\right]-C_2\left(-\frac{c}{n}t\right)\cos\left[\frac{\kappa c}{\omega_m(n-n_m)}\cos\omega_m t\right]=0\end{aligned}\right\} \tag{6.1-93}$$

由该式得到

$$\left.\begin{aligned}C_1\left(-\frac{c}{n}t\right)&=A_0\cos\left[\frac{\kappa c}{\omega_m(n-n_m)}\cos\omega_m t\right]\\C_2\left(-\frac{c}{n}t\right)&=A_0\sin\left[\frac{\kappa c}{\omega_m(n-n_m)}\cos\omega_m t\right]\end{aligned}\right\} \tag{6.1-94}$$

(6.1-94)式给出$\zeta=0$时的函数C_1和C_2。因为C_1和C_2是$\zeta-(c/n)t$的任意函数，所以它们可表示成如下形式：

$$\left.\begin{aligned}C_1\left(\zeta-\frac{c}{n}t\right)&=A_0\cos\left[\frac{\kappa c}{\omega_m(n-n_m)}\cos\left(\omega_m t-\frac{\omega_m}{c}n\zeta\right)\right]\\C_2\left(\zeta-\frac{c}{n}t\right)&=A_0\sin\left[\frac{\kappa c}{\omega_m(n-n_m)}\cos\left(\omega_m t-\frac{\omega_m}{c}n\zeta\right)\right]\end{aligned}\right\} \tag{6.1-95}$$

将该式代入(6.1-91)式，耦合模振幅变成

$$\left.\begin{aligned}A_1(\zeta,t)&=A_0\cos\left\{\frac{\kappa c}{\omega_m(n-n_m)}\left[\cos(\omega_m t-k_m\zeta)-\cos\left(\omega_m t-\frac{\omega_m}{c}n\zeta\right)\right]\right\}\\A_2(\zeta,t)&=-\mathrm{i}A_0\sin\left\{\frac{\kappa c}{\omega_m(n-n_m)}\left[\cos(\omega_m t-\frac{\omega_m}{c}n\zeta)-\cos(\omega_m t-k_m\zeta)\right]\right\}\end{aligned}\right\} \tag{6.1-96}$$

进一步，利用三角函数关系式

$$\cos\alpha - \cos\beta = -2\sin\frac{1}{2}(\alpha+\beta)\sin\frac{1}{2}(\alpha-\beta)$$

及关系 $k_m = \frac{\omega_m}{c} n_m$，在晶体输出平面($\zeta = L$)处的耦合模振幅变成

$$\left.\begin{aligned} A_1(L,t) &= A_0\cos[\Delta\varphi_m \sin(\omega_m t - \varphi)] \\ A_2(L,t) &= -\mathrm{i}A_0\sin[\Delta\varphi_m \sin(\omega_m t - \varphi)] \end{aligned}\right\} \tag{6.1-97}$$

式中

$$\Delta\varphi_m = \kappa L \frac{\sin\left[\frac{\omega_m}{2c}(n-n_m)L\right]}{\frac{\omega_m}{2c}(n-n_m)L} \tag{6.1-98}$$

是振幅调制系数，φ 由(6.1-79)式给出。

由(6.1-98)式可见，振幅调制系数 $\Delta\varphi_m$ 与晶体长度 L 的依赖关系与相位调制相同。因此，上面有关相位调制相速度匹配的所有讨论，也适用于振幅调制。尤其是，最大调制发生在条件(6.1-83)下，最大振幅调制系数为

$$(\Delta\varphi_m)_{max} = \frac{\omega}{\omega_m}\frac{n^3}{|n-n_m|}\gamma'_{12\gamma}E_{m\gamma} \tag{6.1-99}$$

6.1.3 电光调制

电光调制是利用晶体中的电光效应实现的光束控制，其作用是把要传输的信息加载到光束之上。通常采用两种电光调制技术：电光强度调制和电光相位调制。下面仍以 KDP 电光晶体为例，讨论电光调制的基本原理和电光调制器的基本结构。

1. 电光强度调制

利用纵向电光效应运用和横向电光效应运用均可实现电光强度调制。

1) 纵向电光强度调制

纵向电光强度调制的原理结构如图 6.1-5 所示：电光晶体(KDP)置于两正交偏振器之间，其中起偏器 P_1 的偏振方向平行于电光晶体的 x 轴，检偏器 P_2 的偏振方向平行于电光晶体的 y 轴，在电光晶体和 P_2 之间插入一个1/4 波片，用以实现线性工作。当沿着晶体的 z 轴方向外加电场后，晶体的感应主轴 x' 和 y' 方向分别与原主轴 x 和 y 成 45°的夹角。入射光束沿 z 轴方向通过起偏器 P_1 后，变成平行于 x 方向的线偏振光，进入晶体时($z=$

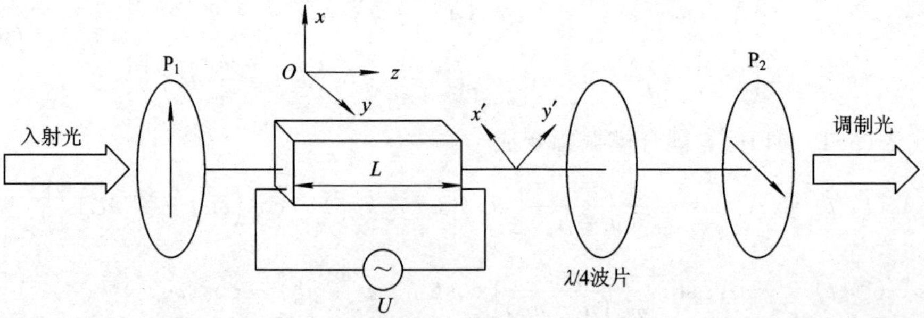

图 6.1-5 纵向电光强度调制

0)，其 x'、y'方向偏振的两个正交分量的振幅和相位都相同，分别为

$$\left.\begin{aligned} E_{x'}(0) &= A\mathrm{e}^{-\mathrm{i}\omega t} \\ E_{y'}(0) &= A\mathrm{e}^{-\mathrm{i}\omega t} \end{aligned}\right\} \tag{6.1-100}$$

相应的入射光强度为

$$I_\mathrm{i} \propto E \cdot E^* = |E_{x'}(0)|^2 + |E_{y'}(0)|^2 = 2A^2 \tag{6.1-101}$$

当光束通过长度为 L 的晶体后，由于电光效应，$E_{x'}$ 和 $E_{y'}$ 两个分量间产生了一个相位差(电光相位延迟)$\Delta\varphi$，可表示为 $E_{x'}(L)=A$，$E_{y'}(L)=A\mathrm{e}^{-\mathrm{i}\Delta\varphi}$。若使该二光分量直接入射检偏器 P_2(相当于无 $\lambda/4$ 波片)，则通过检偏器 P_2 后的总光电场是 $E_{x'}(L)$和 $E_{y'}(L)$在 y 方向上的投影之和，即$(E_y)_\mathrm{o}=A(\mathrm{e}^{-\mathrm{i}\Delta\varphi}-1)/\sqrt{2}$，相应的输出光强为

$$I_\mathrm{o} \propto [(E_y)_\mathrm{o} \cdot (E_y^*)_\mathrm{o}] = \frac{A^2}{2}(\mathrm{e}^{-\mathrm{i}\Delta\varphi}-1)(\mathrm{e}^{\mathrm{i}\Delta\varphi}-1) = 2A^2\sin^2\frac{\Delta\varphi}{2} \tag{6.1-102}$$

故根据(6.1-36)式和(6.1-37)式，电光强度调制器的透过率为

$$T = \frac{I_\mathrm{o}}{I_\mathrm{i}} = \sin^2\frac{\Delta\varphi}{2} = \sin^2\frac{\pi U}{2U_\pi} \tag{6.1-103}$$

根据该式关系，可以画出图 6.1-6 所示的电光光强调制特性曲线。

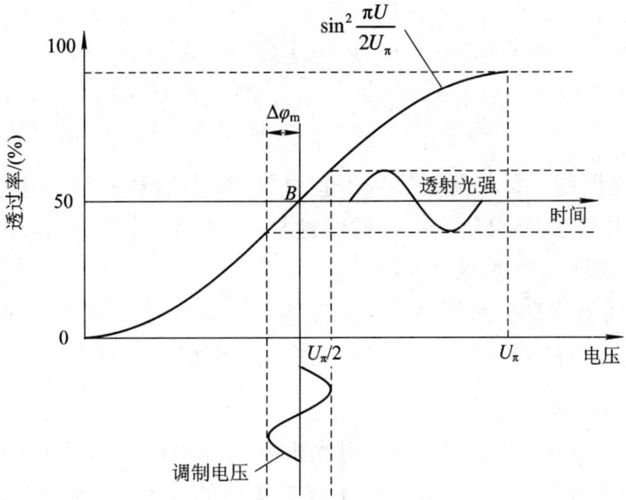

图 6.1-6 电光调制特性曲线

由图可见，在一般情况下，调制器的输出特性与外加电压的关系是非线性的。若调制器工作在非线性区，则调制光强将发生畸变。为了获得线性调制，可以通过引入一个固定的 $\pi/2$ 相位延迟，使调制器的工作点在 $T=50\%$的 B 点处。常用的方法有两种：一种是在调制晶体上除了施加信号电压之外，再附加一个 $U_{\pi/2}$ 的固定偏压，但此法会增加电路的复杂性，而且工作点的稳定性也差；另外一种是如图 6.1-5 所示，在调制器的光路上插入一个 1/4 波片，其快慢轴与晶体的主轴 x 成 45°角，从而使通过该波片的 $E_{x'}$ 和 $E_{y'}$ 两个光波分量间产生 $\pi/2$ 的固定相位差。于是，(6.1-103)式中的总相位差变为

$$\Delta\varphi = \frac{\pi}{2} + \pi\frac{U}{U_\pi} \tag{6.1-104}$$

如果外加调制信号电压在晶体上产生纵向低频电场 $E_{e3}=E_\mathrm{m}\cos\omega_\mathrm{m}t$，则调制器的透过率可

表示为

$$T = \frac{I_o}{I_i} = \sin^2\left(\frac{\pi}{4} + \frac{\Delta\varphi_m}{2}\sin\omega_m t\right) = \frac{1}{2}[1 + \sin(\Delta\varphi_m \sin\omega_m t)] \quad (6.1-105)$$

式中

$$\Delta\varphi_m = \frac{2\pi}{\lambda} L n_o^3 \gamma_{63} E_m = \pi \frac{U_m}{U_\pi} \quad (6.1-106)$$

称为电光强度(或振幅)调制系数。利用贝塞尔函数将上式中的 $\sin(\Delta\varphi_m \sin\omega_m t)$ 展开，得到

$$T = \frac{1}{2} + \sum_{n=0}^{\infty}\{J_{2n+1}(\Delta\varphi_m)\sin[(2n+1)\omega_m t]\} \quad (6.1-107)$$

可见，输出的调制光波中含有高次谐波分量，调制光有畸变。为了获得线性调制，必须将高次谐波控制在允许的范围内。设基频波和高次谐波的幅值分别为 I_1 和 I_{2n+1}，则高次谐波与基频波成分的比值为

$$\frac{I_{2n+1}}{I_1} = \frac{J_{2n+1}(\Delta\varphi_m)}{J_1(\Delta\varphi_m)} \qquad n = 0, 1, 2, \cdots \quad (6.1-108)$$

若取 $\Delta\varphi_m = 1$ rad，则 $J_1(1) = 0.44$，$J_3(1) = 0.02$，$I_3/I_1 = 0.045$，即三次谐波为基波的5%。在这个范围内可近似认为是线性调制，因而可取 $\Delta\varphi_m = \pi U_m/U_\pi \leqslant 1$ rad 作为线性调制的判据。此时，$J_1(\Delta\varphi_m) \approx \frac{1}{2}\Delta\varphi_m$，代入(6.1-107)式得

$$T = \frac{I_o}{I_i} \approx \frac{1}{2}[1 + \Delta\varphi_m \sin\omega_m t] \quad (6.1-109)$$

所以，为了获得线性调制，要求调制信号不宜过大(即小信号调制)，在这种情况下，输出光强调制波就是调制信号 $U = U_m \sin\omega_m t$ 的线性复现。如果 $\Delta\varphi_m \leqslant 1$ rad 的条件不能满足(即大信号调制)，则光强调制波就要发生畸变。

纵向电光强度调制器具有结构简单、工作稳定、不存在自然双折射的影响等优点。其缺点是半波电压太高，特别是在调制频率较高时，功率损耗比较大。

2) 横向电光强度调制

由上述讨论可见，电光强度调制是入射光束在晶体中产生的两个正交线偏振光，通过晶体后的相位差(电光相位延迟)与外加电压有关实现的。据此，利用晶体电光效应的横向运用实现电光强度调制，可以有三种不同的形式：① 沿 z 轴方向加电场，通光方向垂直于 z 轴，并与 x 轴或 y 轴成45°夹角(晶体为45°- z 切割)；② 沿 x 方向加电场(即电场方向垂直于光轴)，通光方向垂直于 x 轴，并与 z 轴成45°夹角(晶体为45°- x 切割)；③ 沿 y 方向加电场(即电场方向垂直于光轴)，通光方向垂直于 y 轴，并与 z 轴成45°夹角(晶体为45°- y 切割)。在此，仅以 KDP 晶体的①类运用方式为例进行讨论。

横向电光强度调制器的原理如图6.1-7所示。因为外加电场沿 z 轴方向，所以和纵向运用一样，$E_{e1} = E_{e2} = 0$，$E_{e3} = E_e$，晶体的感应主轴 x' 和 y' 方向分别与原主轴 x 和 y 成45°的夹角。此时，沿 y' 方向的入射光经起偏器 P_1 后，偏振方向与 z 轴成45°角，而在晶体中沿 y' 方向传播，在 x' 和 $z'(z)$ 方向振动的两个正交偏振光波分量的折射率分别为 $n_{x'}$ 和 $n_{z'}$。若通光方向上的晶体长度为 L，厚度(两电极间的距离)为 d，外加电压 $U = E_{e3} d$，则从晶体出射两光波的相位差为

$$\Delta\varphi = \varphi_{z'} - \varphi_{x'} = \frac{2\pi}{\lambda}(n_e - n_o)L + \frac{\pi}{\lambda}Ln_o^3\gamma_{63}E_{e3} = \Delta\varphi_0 + \frac{\pi}{\lambda}n_o^3\gamma_{63}\frac{L}{d}U \tag{6.1-110}$$

该二光直接通过检偏器 P_2 后，出射光即为强度调制光。由(6.1-110)式可见，KDP 晶体 γ_{63} 电光效应的横向运用使光波通过晶体后的相位延迟差包括两项：第一项是与外电场无关的晶体自然双折射引起的相位延迟差，这一项对调制器的工作没有什么贡献，而当晶体温度变化时，还会带来不利影响，应设法消除；第二项是外电场引起的电光相位延迟，它与外加电压 U 和晶体的尺寸 L/d 有关，适当地选择晶体的尺寸，可以降低半波电压。

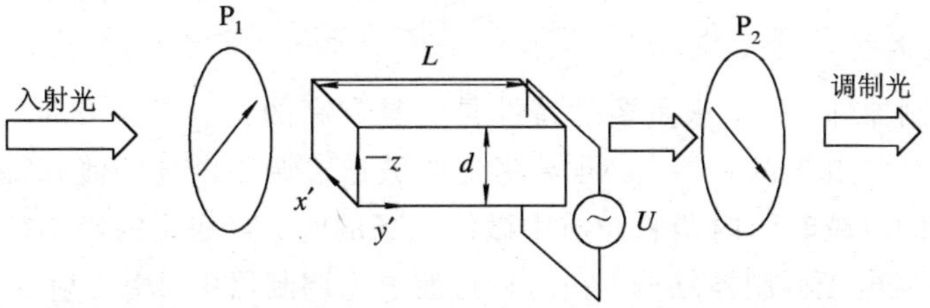

图 6.1-7 横向电光强度调制示意图

如上所述，在 KDP 晶体横向电光强度调制器中，自然双折射贡献的存在，将对光调制过程产生不利的影响，甚至使调制器不能工作。所以在实际应用中，除了尽量采用一些措施(如散热、恒温等)减小晶体的温度漂移之外，主要是采用“组合调制器”的结构形式予以补偿。常用的补偿方法有两种(如图 6.1-8 所示)。一种方法是将两块尺寸、性能完全相同晶体，光轴互成 90°的方式串联排列，即一块晶体的 x'、z'轴分别与另一块晶体的 z'、x'轴平行(见图 6.1-8(a))；另一种方法是，两块晶体的 z'轴和 x'轴互相反向平行排列，中间放置 $\lambda/2$ 波片(见图 6.1-8(b))。

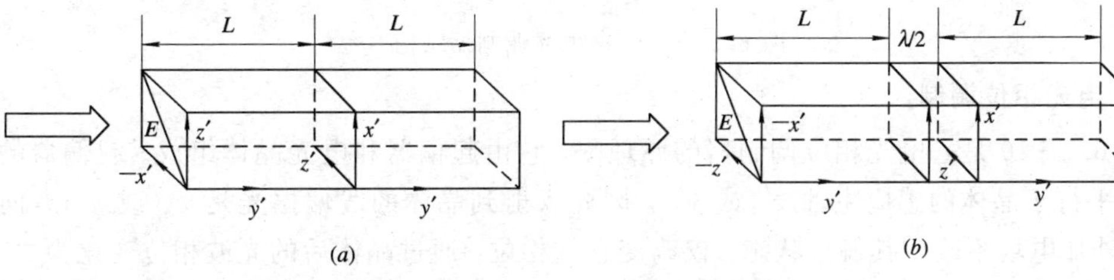

图 6.1-8 KDP 组合电光调制器的相位补偿示意图

上面两种方法的补偿原理是相同的，都是使第一块晶体中的 o 光进入第二块晶体变成 e 光，第一块晶体中的 e 光进入第二块晶体变成 o 光，而且两块晶体的尺寸、性能及受外界的影响完全相同，所以由自然双折射和温度变化引起的相位差相互抵消。因此，组合调制器输出二正交偏振光波之间的总相位差中，只有由电光效应引起的相位差的贡献：

$$\Delta\varphi = \Delta\varphi_1 + \Delta\varphi_2 = \frac{2\pi}{\lambda}n_o^3\gamma_{63}\frac{L}{d}U \tag{6.1-111}$$

相应的半波电压为

$$U_{\lambda/2} = \frac{\lambda}{2n_o^3\gamma_{63}}\frac{d}{L} \tag{6.1-112}$$

式中括号内的值就是纵向电光效应的半波电压，所以有

$$U_{\lambda/2} = (U_{\lambda/2})_{纵} \frac{d}{L} \tag{6.1-113}$$

可见，该组合调制器的半波电压是纵向半波电压的 d/L 倍，减小 d 或增加长度 L，可以降低半波电压。但是这种方法必须用两块晶体，所以结构复杂，而且其尺寸加工要求极高：对 KDP 晶体而言，若长度相差 0.1 mm，当温度变化 1℃时，相位变化为 0.6°(对 632.8 nm 波长)，故对 KDP 晶体一般不采用横向调制方式。

在实际应用中，由于$\bar{4}3m$ 点群 GaAs 晶体($n_o=n_e$)和 $3m$ 点群 $LiNbO_3$ 晶体(x 方向加电场，z 方向通光)均无自然双折射的影响，因而多用于横向电光强度调制。

3) 行波电光调制

作为电光调制器件，一个很重要的特性是应具有高的调制频率和足够宽的调制带宽。对于诸如射频调制的电光调制器，必须要考虑光波通过调制电场的渡越特性，即要考虑光波通过调制电场的渡越时间内调制介质中微波电场的时、空变化的影响，需要采用诸如图 6.1-9 所示的行波电光调制器结构。在这种行波电光调制器中，由于射频调制场与光波一起在晶体中传播，当设计调制器件满足上节所讨论的相速度匹配条件时，就可以克服光波通过晶体时渡越时间对调制频率的限制，可以满足高调制频率、宽调制带宽的要求，其带宽可达数千兆赫。

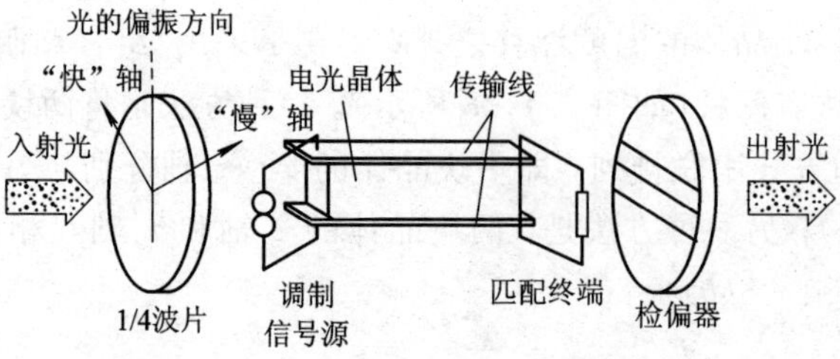

图 6.1-9　行波电光调制器结构

2. 电光相位调制

图 6.1-10 是一电光相位调制器的原理图，它由起偏器和电光晶体组成。起偏器的偏振方向平行于晶体的感应主轴 x'(或 y')，因此入射到晶体的线偏振光是 x'(或 y')方向偏振光，外加电场不改变其偏振状态，仅改变它的相位。通过晶体后的光波相位变化为

$$\Delta\varphi_{x'} = -\frac{2\pi}{\lambda}\Delta n_{x'} L \tag{6.1-114}$$

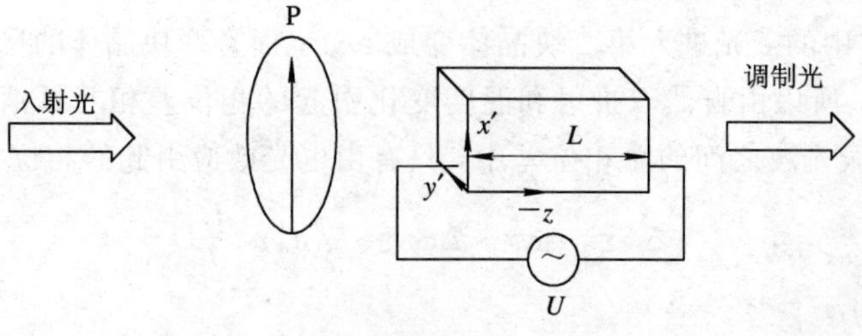

图 6.1-10　电光相位调制器原理图

因为晶体中的感应折射率为 $n_{x'}=n_o-\frac{1}{2}n_o^3\gamma_{63}E_{ez}$，当外加电场为 $E_{ez}=E_m\sin\omega_m t$，晶体入射面($z=0$)处的光场为 $E_{in}=A\cos\omega t$ 时，输出光场($z=L$ 处)为

$$E_{out}=A\cos\left[\omega t-\frac{2\pi}{\lambda}\left(n_o-\frac{1}{2}n_o^3\gamma_{63}E_m\sin\omega_m t\right)L\right] \tag{6.1-115}$$

略去式中相角的常数项(它对调制效果没有影响)，则输出光场可表示为

$$E_{out}=A\cos(\omega t+\Delta\varphi_m\sin\omega_m t) \tag{6.1-116}$$

式中

$$\Delta\varphi_m=\frac{\pi n_o^3\gamma_{63}E_mL}{\lambda}=\frac{\pi U_m}{2U_\pi} \tag{6.1-117}$$

称为相位调制系数。将(6.1-116)式按贝塞尔函数展开，得

$$\begin{aligned}E_{out}=A\{&J_0(\Delta\varphi_m)\cos\omega t+J_1(\Delta\varphi_m)[\cos(\omega+\omega_m)t-\cos(\omega-\omega_m)t]\\&+J_2(\Delta\varphi_m)[\cos(\omega+2\omega_m)t+\cos(\omega-2\omega_m)t]\\&+J_3(\Delta\varphi_m)[\cos(\omega+3\omega_m)t-\cos(\omega-3\omega_m)t]\\&+J_4(\Delta\varphi_m)[\cos(\omega+4\omega_m)t+\cos(\omega-4\omega_m)t]+\cdots\}\end{aligned} \tag{6.1-118}$$

该式给出了作为相位调制系数函数的边带能量分布。对于 $\Delta\varphi_m=0$，$J_0(0)=1$；$J_n(0)=0$ ($n\neq0$)。值得注意的是，电光相位调制系数是电光强度(振幅)调制系数的 1/2。

3. 电光空间光调制[4]

所谓空间光调制，就是光束调制后形成随 xy 空间坐标变化的振幅(或强度)分布 $A(x,y)=A_0T(x,y)$，或形成随坐标变化的相位分布 $A(x,y)=A_0Te^{i\theta(x,y)}$，或者形成随坐标变化的的散射状态。实现空间光调制的器件称为空间光调制器。

空间光调制器含有许多独立单元，它们在空间排列成一维或二维阵列，每个单元都可以独立地接受光信号或电信号的控制，并按此信号改变自身的光学性质(透过率、反射率、折射率等)，从而对通过它的光波进行调制。控制这些单元光学性质的信号称为“写入信号”，写入信号可以是光信号也可以是电信号；射入器件并被调制的光波称为“读出光”；经过空间光调制器后的输出光波称为“输出光”。显然，写入信号应含有控制调制器各单元的信息，并把这些信息分别传送到调制器相应的各单元位置上，改变其光学性质。若写入信号是光学信号时，通常表现为一个二维的光强分布的图像，它可通过一光学系统成像在空间光调制器的单元平面上，这个过程称为“编址”。当读出光通过调制器时，其参量(振幅、强度、相位或偏振态)受到空间光调制器各单元的调制，变成了一束具有参量空间分布的输出光。这种器件可以应用于光学信息处理和光计算机中，用作为图像转换、显示、存储、滤波。

利用电光效应制成的空间光调制器中，性能比较好、已得到实际应用的是由硅酸铋(BSO)晶体材料制成的光学编址型空间光调制器。BSO 是一种非中心对称的立方晶体(23 点群)，它不但具有线性电光效应，而且还具有光电导效应。它对 $\lambda=400$ nm～450 nm 的蓝光较灵敏(光子能量较大)，而对 600 nm 的红光(光子能量较小)的光电导效应很微弱。由于光敏特性随波长的剧烈变化，材料对蓝光敏感，而对红光不敏感，所以可用蓝光作为写入光，用红光作为读出光，因而可减少读出光和写入光之间的互相干扰。

BSO 空间光调制器的结构示意可参看图 6.1-11。在 BSO 晶体的两侧涂有 3 μm 厚的绝缘层，最外层镀上透明电极就构成透射式器件。如果如图所示在写入一侧镀上双色反射层用以反射红光而透射蓝光，就构成反射式器件。反射式结构不但能降低半波电压，而且消除了晶体本身旋光性的影响。

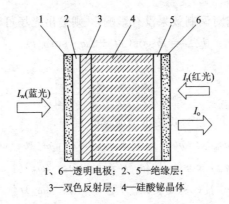

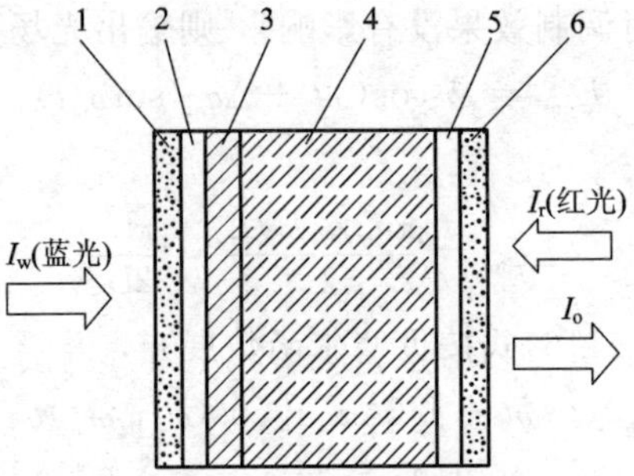

1、6—透明电极；2、5—绝缘层；
3—双色反射层；4—硅酸铋晶体

图 6.1-11 反射式硅酸铋空间光调制器结构示意图

BSO 空间光调制器是把图像的光强分布转化为加在 BSO 晶体上电压的空间分布，从而把图像传递到读出光束上去。前者是利用晶体的光电导性质，后者则是利用晶体的线性电光效应。反射式电光空间调制器的工作过程是：当在透明电极上外加工作电压而无光照射时，晶体的光学性质并不发生变化，因为此时光敏层电阻的阻值很大，大部分电压降到光敏层上。如果用较强的蓝光照射光敏层，光子被激发，使电子获得足够的能量越过禁带而进入导带，就会有大量自由电子和空穴参与导电，于是光敏层的电阻就减到很小(称为光电导效应)，这时绝大部分电压就加到了 BSO 晶体上，由于光敏层的电阻值是随外界入射光的强弱发生变化，故晶体的电光效应也随入射光的强弱做相应的变化。例如，用一束携带图像信息的激光作为写入信号 I_w 从图的左方通过透镜照射到 BSO 晶体上，由于光电导效应在晶体内激发电子-空穴对后，电子被拉向正极，而空穴按写入光的图像形状分布引起电位的空间变化，则写入光的照度分布通过光电导效应转化成 BSO 晶体内的电场分布，将图像存储下来。在读取图像时，用长波长光，如波长为 633 nm 的红光作为读出光 I_r，通过起偏器(x 方向)从图的右方照射器件，由于电光效应而变成椭圆偏振光，其椭圆率取决于晶体中电压的空间变化，因此，从检偏器(图的右方，与起偏器正交放置)输出光 I_o 的光强分布将正比于图像的明暗分布，即实现了光的空间调制。

透射式电光空间调制器的工作程序如图 6.1-12 所示。图(a)、(b)、(c)所示均为写入前的准备阶段。图(a)所示为在晶体的两个电极间加电压 U_0；图(b)所示为用均匀的灯光照射光敏层，使之产生电子-空穴对，并且在外电场作用下向晶体的电极界面漂移，使晶体中电场为零，即清除原来存储的图像(因为 BSO 的暗电阻很大，存储的图像可以保持很长时间)；图(c)所示为把电压反转，使晶体上的电压升高为 $2U_0$；图(d)表示写入阶段的情况，用较短波长的蓝光携带图像信息作为写入光 I_w 成像在 BSO 晶片的表面上，通过光电导效应转变成 BSO 晶体内的电场分布，再通过电光效应而转变成双折射率分布；图(e)表示读出时的情况，用长波长的线偏振红光作为读出光 I_r，选择红光作为读出光是因为它基本上不对 BSO 晶体产生光电导效应，不会破坏原先写入的电场图像。它入射晶体后，由于双折射而分解成两个相垂直的偏振分量，两者之间有一相位差，故其合成光的偏振态随之发生变化，因此从检偏器输出的光 I_o 即为振幅(强度)受到调制的光。图中记录屏下方的亮区，因是 BSO 晶体未曝光区，故晶体的双折射效应很弱，光束在这个区域的偏振态几乎没有改变，故无图像显示。

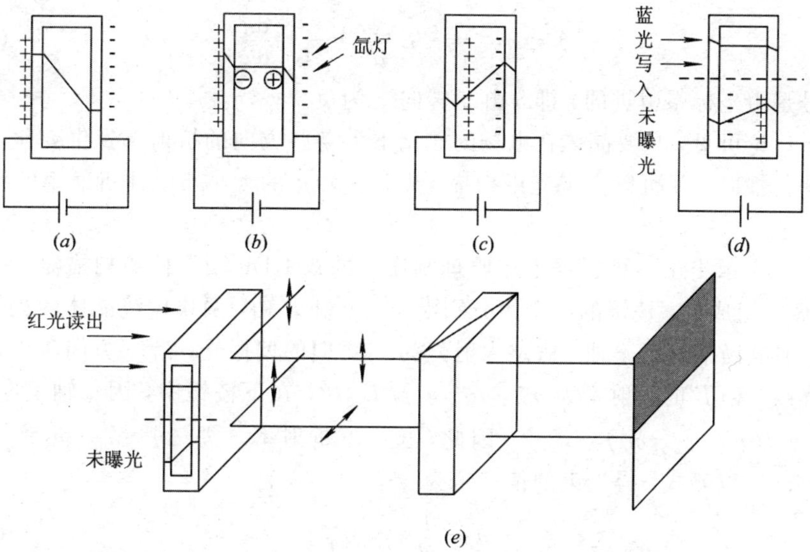

图 6.1－12　BSO 空间光调制器工作程序

6.1.4　电光光束扫描

1. 电光光束扫描器

电光扫描是利用电光效应改变光束在空间的传播方向，实现光束空间扫描的技术，其原理如图 6.1－13 所示。光束沿 y 方向入射到长度为 L、厚度为 d 的电光晶体上，由于线性电光效应，该晶体下表面处($x=0$)的折射率是 n，$x=d$ 处的折射率变化量是 Δn，晶体的折射率是 x 的线性函数，即

$$n(x) = n + \frac{\Delta n}{d}x \tag{6.1-119}$$

当平面光波通过晶体时，光波的上部(A 线)和下部(B 线)所“经受”的折射率不同，通过晶体所需的时间也就不同，分别为 $T_A = L(n+\Delta n)/c$ 和 $T_B = Ln/c$。由于通过晶体的时间不

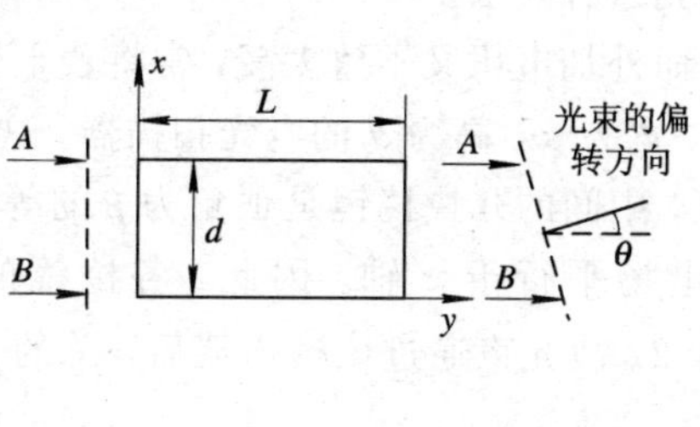

图 6.1－13　电光扫描原理图

同，导致光线 A 相对于 B 要滞后一段距离 $\Delta y=c(T_A-T_B)/n$。这就意味着光波到达晶体出射面时，其波阵面相对于入射光的波阵面偏转了一个角度，在晶体的输出端面内为 $\theta'=-\frac{\Delta y}{d}=-L\frac{\Delta n}{nd}=-\frac{L}{n}\frac{\mathrm{d}n}{\mathrm{d}x}$，式中已用折射率的线性变化 $\frac{\mathrm{d}n}{\mathrm{d}x}$ 代替了 $\frac{\Delta n}{d}$。光束射出晶体后的偏转角 θ 可根据折射定律 $\sin\theta/\sin\theta'=n$ 求得。设 $\sin\theta\approx\theta\ll1$，则

$$\theta=n\theta'=-L\frac{\Delta n}{d}=-L\frac{\mathrm{d}n}{\mathrm{d}x} \tag{6.1-120}$$

式中的负号是由坐标系引进的，即 θ 由 y 转向 x 为负。

由以上讨论可见，只要晶体在电场的作用下沿某些方向的折射率发生变化，则光束沿着特定方向传播时，就可以实现光束扫描。光束偏转角的大小与晶体折射率的线性变化率成正比。

图 6.1-14 示出了一种根据上述原理制作成的双 KDP 楔形棱镜扫描器。它是由两块 KDP 直角棱镜组成的，棱镜的三个边分别沿 x'、y' 和 z' 轴，两块棱镜晶体的光轴（z 轴）反向平行，外加电场平行于 z 轴。假定入射光为 x' 方向的偏振光，沿 y' 方向传播，则在上棱镜中传播光线“经历”的折射率为 $n_\mathrm{u}=n_\mathrm{o}-n_\mathrm{o}^3\gamma_{63}E_{\mathrm{e}z}/2$，在下棱镜中，因 z 轴反向，光线“经历”的折射率为 $n_\mathrm{d}=n_\mathrm{o}+n_\mathrm{o}^3\gamma_{63}E_{\mathrm{e}z}/2$。因此，上、下折射率之差 $\Delta n=n_\mathrm{u}-n_\mathrm{d}=-n_\mathrm{o}^3\gamma_{63}E_{\mathrm{e}z}$。将其代入(6.1-120)式，得光束的偏转角为

$$\theta=\frac{L}{d}n_\mathrm{o}^3\gamma_{63}E_{\mathrm{e}3} \tag{6.1-121}$$

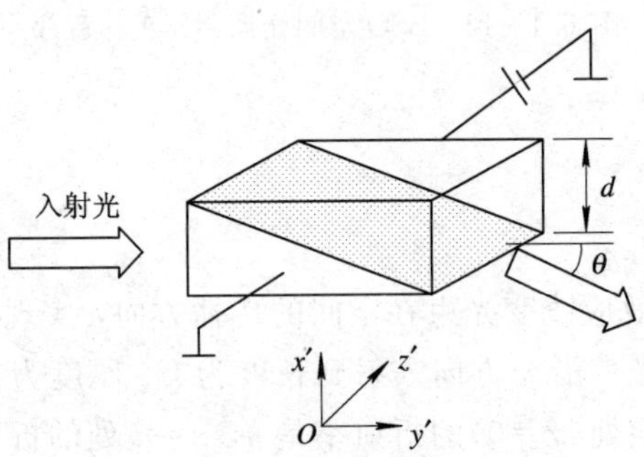

图 6.1-14 双 KDP 楔形棱镜扫描器

若取 $L=d=1$ cm，$\gamma_{63}=10.5\times10^{-12}$ m/V，$n_\mathrm{o}=1.51$，$U=1000$ V，则得 $\theta=3.5\times10^{-6}$ rad。可见，电光偏转角度很小。要想增大偏转角度，提高扫描范围，就需要加很高的电压，而实际应用中很难达到这种要求。

为了使偏转角度增大，而外加电压又不致太高，常将若干个 KDP 棱镜串联起来，构成图 6.1-15 所示的长为 mL、宽为 w、高为 d 的电光扫描器。这种电光扫描器两端的两块棱镜是顶角为 $\beta/2$ 的直角棱镜，中间的几块棱镜是顶角为 β 的等腰三角棱镜，任意相邻二棱镜的 z 轴反向平行，外加电场平行于 z 轴。因此，各棱镜的折射率交替为 $n_\mathrm{o}-\Delta n$ 和 $n_\mathrm{o}+\Delta n$，其中 $\Delta n=n_\mathrm{o}^3\gamma_{63}E_{\mathrm{e}z}/2$。故光束通过该扫描器后，总的偏转角为每级（一对棱镜）偏转角的 m 倍，即

$$\theta_{总}=m\theta=\frac{mLn_o^3\gamma_{63}E_{ez}}{d}=\frac{mLn_o^3\gamma_{63}U}{wd} \tag{6.1-122}$$

一般 m 为 4～10，m 不能无限增加的主要原因是光束有一定的尺寸，而 d 的大小有限，光束不能偏出 d 之外。

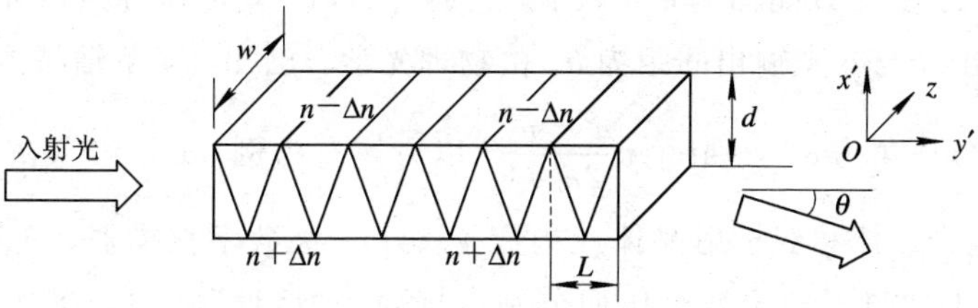

图 6.1-15 多级棱镜扫描器

由于实际光束总有一定的发散角 $\theta_{束}$，因此衡量电光扫描器的基本参量并不是偏转角 $\theta_{总}$ 的绝对值的大小，而是 $\theta_{总}$ 和 $\theta_{束}$ 的比值 N，且

$$N=\frac{\theta_{总}}{\theta_{束}} \tag{6.1-123}$$

通常称 N 为光束扫描的可分辨点数。

2. 电光数字式扫描器

利用电光效应也可以实现数字式扫描。它是由电光晶体和双折射晶体组合而成的，其结构原理如图 6.1-16(a)所示。图中 S 为 KDP 电光晶体，其光轴 z 平行于晶面法线方向，且沿该方向外加电压；B 为方解石双折射晶体，它能将一束正入射的线偏振光分离成两束

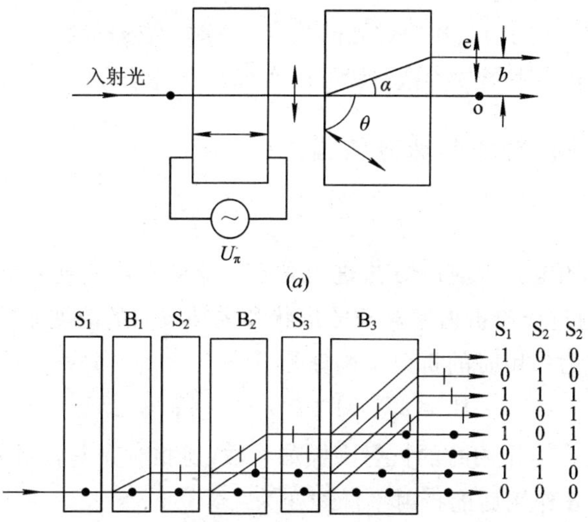

图 6.1-16 电光扫描原理

(a) 电光数字式扫描原理；(b) 三级数字式电光扫描器

平行输出的正交偏振光，其间隔 b 为分离度，α 为分离角(也称离散角)，θ 为入射光波法线方向与光轴间的夹角。今有一束偏振方向垂直于纸面(图示黑点方向，对 B 而言，相当于 o 光偏振)的正入射光，当 S 上未加电压时，通过 S 晶体后的偏振状态不变，进而它通过 B 后其振动方向仍保持不变，其输出光路不变；当 S 加上半波电压时，S 输出光的偏振面相对入射光旋转了 90°，变成 B 晶体的 e 光入射，它通过 B 时，其传播方向相对入射光方向偏转了一个 α 角，输出光与 o 光输出间距为 b。由物理光学[1]已知，当单轴晶体的 n_o 和 n_e 确定后，对应的最大分离角为 $\alpha_{max}=\arctan\dfrac{n_e^2-n_o^2}{2n_o n_e}$。以方解石为例，$\alpha_{max}\approx 6°$(在可见光和近红外光波段)。上述电光晶体和双折射晶体就构成了一个一级数字扫描器，入射的 x 方向线偏振光随电光晶体上加与不加半波电压而分别占据两个“地址”之一，分别代表“0”和“1”状态。若把 n 个这样的数字偏转器组合起来，就能制成 n 级数字式扫描器。图 6.1－16(b)示出了一个三级数字式扫描器，可以把入射光分离为 2^3 个输出扫描点(“地址”)。光路上的短线“|”表示偏振面与纸面平行，“·”表示与纸面垂直。最后射出的光线中，“1”表示某电光晶体上加了电压，“0”表示未加电压。

为使可扫描的位置分布在二维空间方向上，只要将两个彼此垂直的 n 级扫描器组合起来即可。这样就可以得到 $2^n\times 2^n$ 个二维可控扫描位置。

6.2 光波的声光效应控制

当声纵波在介质中传播时，将引起介质呈现疏密相间的交替分布，称为弹性应变场。在弹性应变场的作用下，介质的折射率也将发生相应的周期性变化，这就是弹光效应。声波的作用如同一个光学“相位光栅”，该光栅间距(光栅常数)等于声波波长 λ_s。当光波通过此介质时，就会产生光的衍射，其衍射光的强度、频率、方向等特性，都将随着声场的变化而变化。通过改变介质中声场的参数，就可以实现对通过该介质光波的控制。

6.2.1 声光效应的折射率椭球方法描述[1]

1. 弹光效应

弹光效应可以按照电光效应的方法进行处理，即应力或应变对介质光学性质(介质折射率)的影响，可以通过介质折射率椭球的形状和主轴取向的改变来描述。

假定介质未受应力作用时的折射率椭球为

$$B_{ij}^0 x_i x_j = 1 \qquad i,j=1,2,3 \tag{6.2-1}$$

式中，B_{ij}^0 是介质未受应力作用时的折射率椭球系数(逆相对介电张量元)，x_i 是介质的主轴坐标。介质受到应力 $\boldsymbol{\sigma}$ 作用后的折射率椭球变为

$$B_{ij} x_i x_j = 1 \qquad i,j=1,2,3 \tag{6.2-2}$$

或

$$(B_{ij}^0+\Delta B_{ij}) x_i x_j = 1 \qquad i,j=1,2,3 \tag{6.2-3}$$

式中，B_{ij} 是介质受应力作用时的折射率椭球系数；ΔB_{ij} 是相应折射率椭球系数的变化量，

与应力相关。如果只考虑线性效应，忽略所有高次项，ΔB_{ij} 可表示为

$$\Delta B_{ij} = \Pi_{ijkl}\sigma_{kl} \qquad i,j,k,l = 1,2,3 \tag{6.2-4}$$

式中，考虑到介质的光学各向异性，认为应力$[\sigma_{kl}]$和逆相对介电张量的变化量$[\Delta B_{ij}]$都是二阶张量，$[\Pi_{ijkl}]$为压光系数，是四阶张量，有 81 个分量。

根据虎克定律，应力和应变有如下关系：

$$\sigma_{kl} = C_{klrs}S_{rs} \qquad k,l,r,s = 1,2,3 \tag{6.2-5}$$

式中，$[S_{rs}]$是弹性应变，$[C_{klrs}]$是倔强系数。把(6.2-5)式代入(6.2-4)式，得到用应变参数描述的 ΔB_{ij}：

$$\Delta B_{ij} = \Pi_{ijkl}C_{klrs}S_{rs} = P_{ijrs}S_{rs} \tag{6.2-6}$$

式中，$P_{ijrs}=\Pi_{ijkl}C_{klrs}$，$[P_{ijrs}]$称为弹光系数，它也是一个四阶张量，有 81 个分量。

由于$[\Delta B_{ij}]$和$[\sigma_{kl}]$都是对称二阶张量，有 $\Delta B_{ij}=\Delta B_{ji}$，$\sigma_{kl}=\sigma_{lk}$，所以有 $\Pi_{ijkl}=\Pi_{jilk}$，故可把前后两对下标 ij 和 kl 分别简化为单下标，相应的下标关系如表 6.2-1 所示，并且有

当 $n=1,2,3$ 时，$\Pi_{mn}=\Pi_{ijkl}$，例如 $\Pi_{21}=\Pi_{2211}$；

当 $n=4,5,6$ 时，$\Pi_{mn}=2\Pi_{ijkl}$，例如 $\Pi_{24}=2\Pi_{2223}$。

表 6.2-1 下标关系

张量表示 (ij) (kl) (rs)	11	22	33	23，32	31，13	12，21
矩阵表示 (m) (n)	1	2	3	4	5	6

采用简化下标矩阵形式后，(6.2-4)式变换为

$$\Delta B_m = \Pi_{mn}\sigma_n \qquad m,n = 1,2,\cdots,6 \tag{6.2-7}$$

这样，压光系数矩阵的分量数就由张量表示时的 81 个减少为 36 个。必须指出的是，(6.2-7)式中的$[\Pi_{mn}]$在形式上与二阶张量相似，但它不再是二阶张量，而是一个 6×6 阶矩阵。

类似地，对弹光系数$[P_{ijrs}]$的下标也可进行简化，将(6.2-6)式变为矩阵形式：

$$\Delta B_m = P_{mn}S_n \qquad m,n = 1,2,\cdots,6 \tag{6.2-8}$$

与$[\Pi_{mn}]$不同的是，对$[P_{mn}]$的所有分量均有 $P_{mn}=P_{ijrs}$，并且有 $P_{mn}=\Pi_{mr}C_{rn}$(m，n，$r=1$，2，…，6)。

进一步，考虑到介质的材料对称性，压光系数矩阵和弹光系数矩阵的非零分量会由 36 个大大减少。对于不同对称性材料的压光系数和弹光系数的具体矩阵形式各不相同，表 6.2-2 列出了所有晶体对称性类型的弹光系数形式[2]，表中括号内的数表示独立系数的数目。

表 6.2-2 所有晶体对称性类型的弹光系数形式

晶系	弹光系数		
三斜晶系(36)	$\begin{bmatrix} P_{11} & P_{12} & P_{13} & P_{14} & P_{15} & P_{16} \\ P_{21} & P_{22} & P_{23} & P_{24} & P_{25} & P_{26} \\ P_{31} & P_{32} & P_{33} & P_{34} & P_{35} & P_{36} \\ P_{41} & P_{42} & P_{43} & P_{44} & P_{45} & P_{46} \\ P_{51} & P_{52} & P_{53} & P_{54} & P_{55} & P_{56} \\ P_{61} & P_{62} & P_{63} & P_{64} & P_{65} & P_{66} \end{bmatrix}$	单斜晶系(20)	$\begin{bmatrix} P_{11} & P_{12} & P_{13} & 0 & P_{15} & 0 \\ P_{21} & P_{22} & P_{23} & 0 & P_{25} & 0 \\ P_{31} & P_{32} & P_{33} & 0 & P_{35} & 0 \\ 0 & 0 & 0 & P_{44} & 0 & P_{46} \\ P_{51} & P_{52} & P_{53} & 0 & P_{55} & 0 \\ 0 & 0 & 0 & P_{64} & 0 & P_{66} \end{bmatrix}$
正交晶系(12)	$\begin{bmatrix} P_{11} & P_{12} & P_{13} & 0 & 0 & 0 \\ P_{21} & P_{22} & P_{23} & 0 & 0 & 0 \\ P_{31} & P_{32} & P_{33} & 0 & 0 & 0 \\ 0 & 0 & 0 & P_{44} & 0 & 0 \\ 0 & 0 & 0 & 0 & P_{55} & 0 \\ 0 & 0 & 0 & 0 & 0 & P_{66} \end{bmatrix}$	正方晶系(10) 类型 4, $\bar{4}$, $4/m$	$\begin{bmatrix} P_{11} & P_{12} & P_{13} & 0 & 0 & P_{16} \\ P_{12} & P_{11} & P_{13} & 0 & 0 & -P_{16} \\ P_{31} & P_{31} & P_{33} & 0 & 0 & 0 \\ 0 & 0 & 0 & P_{44} & P_{45} & 0 \\ 0 & 0 & 0 & -P_{45} & P_{44} & 0 \\ P_{61} & -P_{61} & 0 & 0 & 0 & P_{66} \end{bmatrix}$
正方晶系(7) 类型 $4mm$, 422, $4/mmm$	$\begin{bmatrix} P_{11} & P_{12} & P_{13} & 0 & 0 & 0 \\ P_{12} & P_{11} & P_{13} & 0 & 0 & 0 \\ P_{31} & P_{31} & P_{33} & 0 & 0 & 0 \\ 0 & 0 & 0 & P_{44} & 0 & 0 \\ 0 & 0 & 0 & 0 & P_{44} & 0 \\ 0 & 0 & 0 & 0 & 0 & P_{66} \end{bmatrix}$	三角晶系(12) 类型 3, $\bar{3}$	$\begin{bmatrix} P_{11} & P_{12} & P_{13} & P_{14} & P_{15} & P_{16} \\ P_{12} & P_{11} & P_{13} & -P_{14} & -P_{15} & -P_{16} \\ P_{31} & P_{31} & P_{33} & 0 & 0 & 0 \\ P_{41} & -P_{41} & 0 & P_{44} & P_{45} & -P_{51} \\ P_{51} & -P_{51} & 0 & -P_{45} & P_{44} & P_{41} \\ -P_{16} & P_{16} & 0 & -P_{15} & P_{14} & \frac{1}{2}(P_{11}-P_{12}) \end{bmatrix}$
三角晶系(8) 类型 $3m$, 32, $\bar{3}m$	$\begin{bmatrix} P_{11} & P_{12} & P_{13} & P_{14} & 0 & 0 \\ P_{12} & P_{11} & P_{13} & -P_{14} & 0 & 0 \\ P_{13} & P_{13} & P_{33} & 0 & 0 & 0 \\ P_{41} & -P_{41} & 0 & P_{44} & 0 & 0 \\ 0 & 0 & 0 & 0 & P_{44} & P_{41} \\ 0 & 0 & 0 & 0 & P_{14} & \frac{1}{2}(P_{11}-P_{12}) \end{bmatrix}$	六角晶系(8) 类型 6, $\bar{6}$, $6/m$	$\begin{bmatrix} P_{11} & P_{12} & P_{13} & 0 & 0 & P_{16} \\ P_{12} & P_{11} & P_{13} & 0 & 0 & -P_{16} \\ P_{31} & P_{31} & P_{33} & 0 & 0 & 0 \\ 0 & 0 & 0 & P_{44} & P_{45} & 0 \\ 0 & 0 & 0 & -P_{45} & P_{44} & 0 \\ -P_{16} & P_{16} & 0 & 0 & 0 & \frac{1}{2}(P_{11}-P_{12}) \end{bmatrix}$
六角晶系(6) 类型 $\bar{6}m2$, $6mm$, 622, $6/mmm$	$\begin{bmatrix} P_{11} & P_{12} & P_{13} & 0 & 0 & 0 \\ P_{12} & P_{11} & P_{13} & 0 & 0 & 0 \\ P_{31} & P_{31} & P_{33} & 0 & 0 & 0 \\ 0 & 0 & 0 & P_{44} & 0 & 0 \\ 0 & 0 & 0 & 0 & P_{44} & 0 \\ 0 & 0 & 0 & 0 & 0 & \frac{1}{2}(P_{11}-P_{12}) \end{bmatrix}$	立方晶系(4) 类型 23, $m3$	$\begin{bmatrix} P_{11} & P_{12} & P_{21} & 0 & 0 & 0 \\ P_{21} & P_{11} & P_{12} & 0 & 0 & 0 \\ P_{12} & P_{21} & P_{11} & 0 & 0 & 0 \\ 0 & 0 & 0 & P_{44} & 0 & 0 \\ 0 & 0 & 0 & 0 & P_{44} & 0 \\ 0 & 0 & 0 & 0 & 0 & P_{44} \end{bmatrix}$
立方晶系(4) 类型 $\bar{4}3m$, 432, $m3m$	$\begin{bmatrix} P_{11} & P_{12} & P_{12} & 0 & 0 & 0 \\ P_{12} & P_{11} & P_{12} & 0 & 0 & 0 \\ P_{12} & P_{12} & P_{11} & 0 & 0 & 0 \\ 0 & 0 & 0 & P_{44} & 0 & 0 \\ 0 & 0 & 0 & 0 & P_{44} & 0 \\ 0 & 0 & 0 & 0 & 0 & P_{44} \end{bmatrix}$	各向同性介质(2)	$\begin{bmatrix} P_{11} & P_{12} & P_{12} & 0 & 0 & 0 \\ P_{12} & P_{11} & P_{12} & 0 & 0 & 0 \\ P_{12} & P_{12} & P_{11} & 0 & 0 & 0 \\ 0 & 0 & 0 & \frac{1}{2}(P_{11}-P_{12}) & 0 & 0 \\ 0 & 0 & 0 & 0 & \frac{1}{2}(P_{11}-P_{12}) & 0 \\ 0 & 0 & 0 & 0 & 0 & \frac{1}{2}(P_{11}-P_{12}) \end{bmatrix}$

作为弹光效应的例子，现在讨论立方晶体的弹光效应。为简单起见，假设立方晶体的三个主轴为 x_1、x_2、x_3，则应力作用前的折射率椭球为旋转球面，其方程为

$$B^0(x_1^2 + x_2^2 + x_3^2) = 1 \tag{6.2-9}$$

式中，$B^0 = 1/n_0^2$。在 x_1 方向单向应力作用下，折射率椭球发生变化，一般情况下，折射率椭球方程可表示为

$$B_1 x_1^2 + B_2 x_2^2 + B_3 x_3^2 + 2B_4 x_2 x_3 + 2B_5 x_3 x_1 + 2B_6 x_1 x_2 = 1 \tag{6.2-10}$$

根据(6.2-7)式和立方晶体的[Π_{mn}]矩阵形式，有

$$\begin{bmatrix} \Delta B_1 \\ \Delta B_2 \\ \Delta B_3 \\ \Delta B_4 \\ \Delta B_5 \\ \Delta B_6 \end{bmatrix} = \begin{bmatrix} \Pi_{11} & \Pi_{12} & \Pi_{13} & 0 & 0 & 0 \\ \Pi_{13} & \Pi_{22} & \Pi_{12} & 0 & 0 & 0 \\ \Pi_{12} & \Pi_{13} & \Pi_{33} & 0 & 0 & 0 \\ 0 & 0 & 0 & \Pi_{44} & 0 & 0 \\ 0 & 0 & 0 & 0 & \Pi_{44} & 0 \\ 0 & 0 & 0 & 0 & 0 & \Pi_{44} \end{bmatrix} \begin{bmatrix} \sigma \\ 0 \\ 0 \\ 0 \\ 0 \\ 0 \end{bmatrix} = \begin{bmatrix} \Pi_{11}\sigma \\ \Pi_{13}\sigma \\ \Pi_{12}\sigma \\ 0 \\ 0 \\ 0 \end{bmatrix} \tag{6.2-11}$$

由此可得

$$B_1 = B^0 + \Delta B_1 = \frac{1}{n_0^2} + \Pi_{11}\sigma$$

$$B_2 = B^0 + \Delta B_2 = \frac{1}{n_0^2} + \Pi_{13}\sigma$$

$$B_3 = B^0 + \Delta B_3 = \frac{1}{n_0^2} + \Pi_{12}\sigma$$

$$B_4 = B_5 = B_6 = 0$$

代入(6.2-10)式，得到

$$\left(\frac{1}{n_0^2} + \Pi_{11}\sigma\right)x_1^2 + \left(\frac{1}{n_0^2} + \Pi_{13}\sigma\right)x_2^2 + \left(\frac{1}{n_0^2} + \Pi_{12}\sigma\right)x_3^2 = 1 \tag{6.2-12}$$

可见，当晶体沿 x_1 方向加单向应力时，折射率椭球由旋转球变成了椭球，主轴仍为 x_1、x_2、x_3，立方晶体变成了双轴晶体。对于 $2m$ 和 $m3$ 立方晶体，相应的三个主折射率为

$$\left.\begin{aligned} n_1 &= n_0 - \frac{1}{2}n_0^3\Pi_{11}\sigma \\ n_2 &= n_0 - \frac{1}{2}n_0^3\Pi_{13}\sigma \\ n_3 &= n_0 - \frac{1}{2}n_0^3\Pi_{12}\sigma \end{aligned}\right\} \tag{6.2-13}$$

对于$\bar{4}3m$、432 和 $m3m$ 立方晶体，因其 $\Pi_{12} = \Pi_{13}$，所以在 x_1 方向单向应力作用下，立方晶体由光学各向同性变成单轴晶体，相应的三个主折射率为

$$\left.\begin{aligned} n_1 &= n_0 - \frac{1}{2}n_0^3\Pi_{11}\sigma \\ n_2 &= n_0 - \frac{1}{2}n_0^3\Pi_{12}\sigma \\ n_3 &= n_0 - \frac{1}{2}n_0^3\Pi_{12}\sigma \end{aligned}\right\} \tag{6.2-14}$$

2. 声光衍射[5]

超声波是一种弹性波，当它通过介质时，介质中各点将出现随时间和空间变化的弹性应变，由于弹光效应，将使介质中各点的折射率产生相应的周期性变化。当光通过超声波作用的介质时，相位就要受到调制，其结果就如同它通过一个间距等于声波波长的衍射光栅一样，将产生衍射，这就是通常观察到的声光效应。

按照超声波频率的高低以及超声波和光波相互作用长度的不同，声光效应可以分为喇曼－纳斯(Raman－Nath)衍射和布喇格(Bragg)衍射两种类型。

1）喇曼-纳斯衍射

当超声波频率较低，光波平行于声波面入射(即垂直于声场传播方向)，声光相互作用长度 L 较短时，在光波通过介质的时间内，折射率的变化可以忽略不计，则声光介质可近似看做为“平面相位光栅”。由于声速比光速小得多，故声光介质可视为一个静止的平面相位光栅。而且，由于声波长 λ_s 比光波长 λ 大得多，当光波平行通过介质时，几乎不穿过声波面，因此只受到相位调制，即通过光密(折射率大)部分的光波波阵面将推迟，而通过光疏(折射率小)部分的光波波阵面将超前，于是通过声光介质的平面波波阵面出现凸凹现象，变成一个折皱曲面，如图 6.2－1 所示。由出射波阵面上各子波源发出的次波将发生相干作用，形成与入射方向对称分布的多级衍射光，这就是喇曼-纳斯衍射。

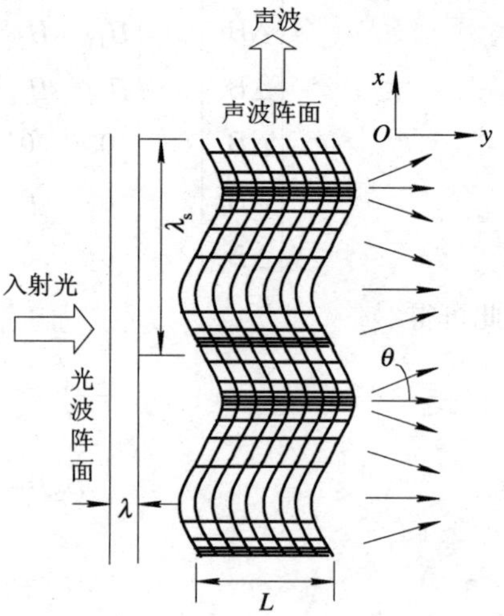

图 6.2－1　喇曼-纳斯衍射示意图

下面对光波的衍射方向及光强的分布进行简要分析。

设声光介质中的声波是一个宽度为 L 沿着 x 方向传播的平面纵波(声柱)，波长为 λ_s(角频率 ω_s)，波矢量 $\boldsymbol{k}_s$ 指向 x 轴方向，入射光波矢量 $\boldsymbol{k}_i$ 指向 y 轴方向，如图 6.2－2 所示。若声波在介质中引起的弹性应变场为 $S_1 = S_0\ \sin(\omega_s t - k_s x)$，则声致折射率变化为

$$\Delta n(x,t) = -\frac{1}{2}n^3 PS\ \sin(\omega_s t - k_s x) \tag{6.2-15}$$

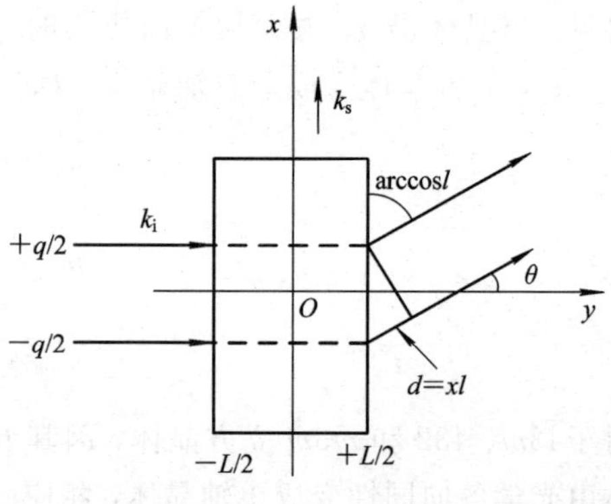

图 6.2－2　垂直入射情况

式中，S 为超声波致介质产生的应变，P 为材料的弹光系数。声光介质的折射率可表示为

$$n(x,t) = n_0 + \Delta n\ \sin(\omega_s t - k_s x) \tag{6.2-16}$$

式中，n_0 为平均折射率；Δn 为声致折射率变化振幅。把声行波视为不随时间变化的声场时，可略去对时间的依赖关系，这样沿 x 方向的折射率分布可简化为

$$n(x) = n_0 + \Delta n \sin k_s x \tag{6.2-17}$$

由于介质折射率发生周期性变化，因而会对入射光波的相位产生调制。如果所研究的问题是一平面光波垂直入射的情况，它在声光介质的前表面 $y=-L/2$ 处入射，入射光波为

$$E_{in} = A\mathrm{e}^{-\mathrm{i}\omega_i t} \tag{6.2-18}$$

则在 $y=L/2$ 处出射的光波是一个被调制了的光波，其等相面是由函数 $n(x)$ 决定的折皱曲面，其光波场可写成

$$E_{out} = A\mathrm{e}^{-\mathrm{i}[\omega_i(t-n(x)L/c)]} \tag{6.2-19}$$

该出射波阵面可分成若干个子波源，在远场的 P 点处总的衍射光波是所有子波源贡献之和，即由下列积分决定：

$$E_p = \int_{-q/2}^{q/2} \mathrm{e}^{\mathrm{i}k_i(lx+L\Delta n \sin k_s x)}\,\mathrm{d}x \tag{6.2-20}$$

式中，$l=\sin\theta$ 为衍射方向的正弦，q 为入射光束宽度。将 $v=2\pi(\Delta n)L/\lambda=(\Delta n)k_i L$ 代入(6.2-20)式，并利用欧拉公式展开成下面形式：

$$\begin{aligned}E_p &= \int_{-q/2}^{q/2}\{\cos[k_i lx + v\sin k_s x] + \mathrm{i}\sin[k_i lx + v \sin k_s x]\}\mathrm{d}x \\ &= \int_{-q/2}^{q/2}\{\cos(k_i lx)\cos[v\sin k_s x] - \sin(k_i lx)\sin[v\sin k_s x]\}\mathrm{d}x \\ &\quad + \mathrm{i}\int_{-q/2}^{q/2}\{\sin(k_i lx)\cos[v\sin k_s x] - \cos(k_i lx)\sin[v\sin k_s x]\}\mathrm{d}x\end{aligned} \tag{6.2-21}$$

再利用关系式

$$\cos(v\sin k_s x) = 2\sum_{r=0}^{\infty}\mathrm{J}_{2r}(v)\cos(2rk_s x)$$

$$\sin(v\sin k_s x) = 2\sum_{r=0}^{\infty}\mathrm{J}_{2r+1}(v)\sin[(2r+1)k_s x]$$

得到(6.2-21)式实部的积分为

$$\begin{aligned}E_p &= q\sum_{r=0}^{\infty}\mathrm{J}_{2r}(v)\left[\frac{\sin(lk_i+2rk_s)q/2}{(lk_i+2rk_s)q/2} + \frac{\sin(lk_i-2rk_s)q/2}{(lk_i-2rk_s)q/2}\right] \\ &\quad + q\sum_{r=0}^{\infty}\mathrm{J}_{2r+1}(v)\left\{\frac{\sin[lk_i+(2r+1)k_s]q/2}{[lk_i+(2r+1)k_s]q/2} - \frac{\sin[lk_i-(2r+1)k_s]q/2}{[lk_i-(2r+1)k_s]q/2}\right\}\end{aligned} \tag{6.2-22}$$

而(6.2-21)式虚部的积分为零。可见，衍射光波各项取极大值的条件为

$$lk_i \pm mk_s = 0 \qquad m = 整数 \tag{6.2-23}$$

当 θ 角和声波波矢大小 k_s 确定后，其中某一项为极大时，其他项的贡献几乎等于零，因而当 m 取不同值时，不同 θ 角方向的衍射光取极大值。(6.2-23)式确定了各级衍射的方位角为

$$\sin\theta = \pm m\frac{k_s}{k_i} = \pm m\frac{\lambda}{\lambda_s} \qquad m = 0, \pm 1, \pm 2, \cdots \tag{6.2-24}$$

式中，m 表示衍射级次。各级衍射光的强度为

$$I_m \propto \mathrm{J}_m^2(v), \qquad v = (\Delta n)k_i L = \frac{2\pi}{\lambda}\Delta n L \tag{6.2-25}$$

可见，由于喇曼-纳斯声光衍射，使光波在远场分成一组离散型的衍射光，它们分别对应于确定的衍射角 θ_m（即传播方向）和衍射强度。由于 $J_m^2(v)=J_{-m}^2(v)$，所以各级衍射光对称地分布在零级衍射光两侧，且同级次衍射光的强度相等。这些特点便是喇曼-纳斯衍射的主要特征。

以上分析中略去了时间因素，采用比较简单的处理方法得到了喇曼-纳斯声光衍射的结果。实际上，由于光波与声波场的相互作用，各级衍射光波将产生多普勒频移，根据能量守恒原理，应有

$$\omega = \omega_i \pm m\omega_s \tag{6.2-26}$$

而且各级衍射光强将受到角频率为 $2\omega_s$ 的调制。但由于超声波频率较低（例如 10^9 Hz），而光波频率高达 10^{14} Hz 量级，故频移的影响可忽略不计。

2）布喇格(Bragg)衍射

当声波频率较高，声光作用长度 L 较大，而且光束以特定的角度斜入射声波波面时，光波在介质中要穿过多个声波面，故介质具有“体光栅”的性质。当入射光与声波面间夹角满足一定条件时，介质内各级衍射光会相互干涉，其高级次衍射光互相抵消，只出现 0 级和 +1 级（或 −1 级）（视入射光的方向而定）衍射光，即产生布喇格衍射，如图 6.2-3 所示。在发生布喇格衍射时，若能合理地选择参数，并使超声场足够强，即可使入射光能量几乎全部转移到 +1 级（或 −1 级）衍射极值上。因而光束能量可以得到充分利用，可以获得较高的效率。

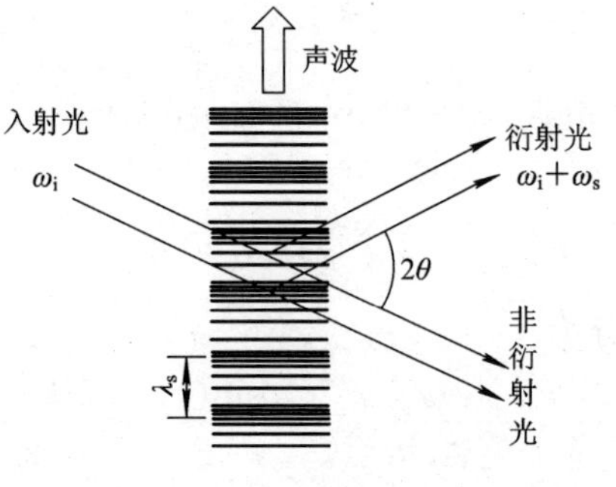

图 6.2-3 布喇格声光衍射

为了得到布喇格衍射条件，可以把声波通过的介质近似地看做为许多间距是 λ_s 的部分反射、部分透射的镜面，如图 6.2-4 所示。

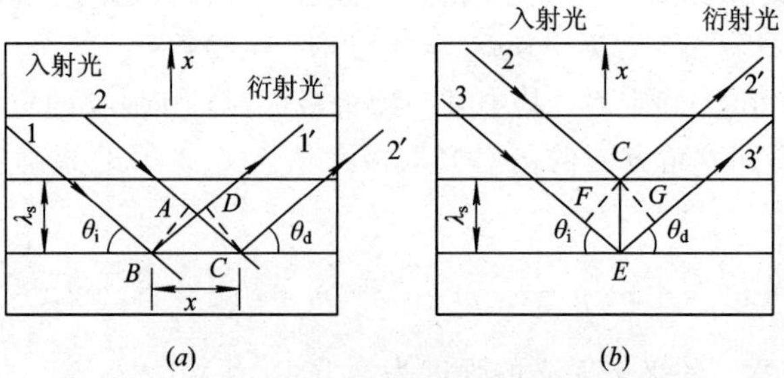

图 6.2-4 产生布喇格衍射条件的模型

当平面波光线 1 和 2 以角度 θ_i 入射至声波场时，在 B、C、E 各点处部分反射，产生衍射光 1′、2′、3′。各衍射光相长干涉的条件是它们之间的光程差为波长的整倍数，或者说它们必须同相位。图 6.2-4(a)表示在同一镜面上的衍射情况，入射光线 1 和 2 在 B、C 点的反射光线 1′和 2′同相位的条件是光程差($AC-BD$)等于光波波长的整倍数，即

$$x(\cos\theta_i-\cos\theta_d)=m\frac{\lambda}{n}\qquad m=0,\pm1 \tag{6.2-27}$$

要使声波面上所有点同时满足这一条件，只有使

$$\theta_i=\theta_d \tag{6.2-28}$$

即入射角等于衍射角。对于相距 λ_s 的两个不同镜面上的衍射情况如图 6.2-4(b)所示。由 C、E 点反射的光线 2′、3′具有同相位的条件是光程差($FE+EG$)必须等于光波波长的整数倍，即

$$\lambda_s(\cos\theta_i+\cos\theta_d)=\frac{\lambda}{n} \tag{6.2-29}$$

考虑到 $\theta_i=\theta_d$，有

$$2\lambda_s\sin\theta_B=\frac{\lambda}{n}$$

或

$$\sin\theta_B=\frac{\lambda}{2n\lambda_s}=\frac{\lambda}{2nv_s}f_s \tag{6.2-30}$$

式中，$\theta_i=\theta_d=\theta_B$，$\theta_B$ 称为布喇格角。可见，只有当入射角 θ_i 等于布喇格角 θ_B 时，在声波面上衍射的光波才具有同相位，满足相长干涉条件，得到衍射极值。上式称为布喇格方程。

后面将证明，当入射光强为 I_i 时，布喇格声光衍射的 0 级和 1 级衍射光强表达式分别为

$$\left.\begin{aligned}I_0&=I_i\cos^2\frac{v}{2}\\I_1&=I_i\sin^2\frac{v}{2}\end{aligned}\right\} \tag{6.2-31}$$

式中，$v=2\pi\Delta nL/\lambda$ 是光波穿过长度为 L 的超声场所产生的附加相位延迟。由此可求得声光布喇格衍射效率为

$$\eta_s=\frac{I_1}{I_i}=\sin^2\left[\frac{1}{2}\left(\frac{2\pi}{\lambda}\Delta n\right)L\right] \tag{6.2-32}$$

上面是从光波的相干叠加来说明布喇格声光相互作用的，也可以从光和声的量子特性得出声光布喇格衍射条件。光束可以看成是能量为 $\hbar\omega_i$、动量为 $\hbar\boldsymbol{k}_i$ 的光子(粒子)流，其中 ω_i 和 $\boldsymbol{k}_i$ 为光波的角频率和波矢。同样，声波也可以看成是能量为 $\hbar\omega_s$、动量为 $\hbar\boldsymbol{k}_s$ 的声子流，其中 ω_s 和 $\boldsymbol{k}_s$ 为声波的角频率和波矢。声光相互作用可以看成是光子和声子的一系列碰撞，每次碰撞都导致一个入射光子(ω_i)和一个声子(ω_s)的湮灭，同时产生一个频率为 $\omega_d=\omega_i+\omega_s$ 的新(衍射)光子。这些新的衍射光子流沿着衍射方向传播。根据动量守恒原理，应有

$$\hbar \boldsymbol{k}_i \pm \hbar \boldsymbol{k}_s = \hbar \boldsymbol{k}_d$$

即

$$\boldsymbol{k}_i \pm \boldsymbol{k}_s = \boldsymbol{k}_d \tag{6.2-33}$$

同样根据能量守恒，应有

$$\hbar\omega_i \pm \hbar\omega_s = \hbar\omega_d$$

即

$$\omega_i \pm \omega_s = \omega_d \tag{6.2-34}$$

式中，“+”表示吸收声子，“−”表示放出声子。“+”和“−”取决于光子和声子碰撞时 $\boldsymbol{k}_i$ 和 $\boldsymbol{k}_s$ 的相对方向。公式中取“+”号，表示衍射光子是通过碰撞湮灭入射光子和声子所产生的，其频率为 $\omega_d=\omega_i+\omega_s$；公式中取“−”号，表示碰撞中湮灭一个入射光子，同时产生一个声子和一个衍射光子，衍射光频率为 $\omega_d=\omega_i-\omega_s$。由于光波频率 ω_i 远大于声波频率 ω_s，由(6.2-34)式可近似地得到

$$\omega_d = \omega_i \pm \omega_s \approx \omega_i \tag{6.2-35}$$

并由此得到

$$k_d = k_i \tag{6.2-36}$$

因此，布喇格衍射的波矢图为一等腰三角形，如图6.2-5所示。由图可直接导出 $k_i\ \sin\theta_i + k_d\ \sin\theta_d = 2k_i\ \sin\theta_B = k_s$，于是有

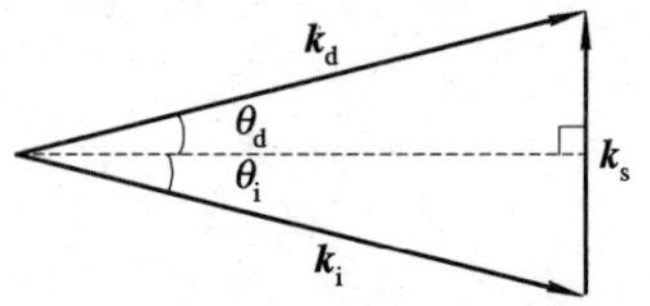

图 6.2-5 布喇格衍射波矢图

$$\left.\begin{aligned}\sin\theta_B &= \frac{k_s}{2k_i} = \frac{\lambda}{2n\lambda_s} \\ \theta_i &= \theta_d = \theta_B\end{aligned}\right\} \tag{6.2-37}$$

这就是前面所得到的布喇格方程。

6.2.2 布喇格衍射的耦合波理论分析

声光相互作用可以看成是一个参量相互作用的过程，即由于声波场的扰动，引起介质电极化率在时间和空间上周期变化，当频率为 ω_i 的光场在这种介质中传播时，将产生许多具有复合频率的极化，并辐射次波，这些次波辐射的相干增强，形成各级衍射光。复合频率和波矢量分别为

$$\left.\begin{aligned}\omega_d &= \omega_i \pm m\omega_s \qquad m=\pm 1, \pm 2, \cdots \\ \boldsymbol{k}_d &= \boldsymbol{k}_i \pm m\boldsymbol{k}_s \qquad m=\pm 1, \pm 2, \cdots\end{aligned}\right\} \tag{6.2-38}$$

对于布喇格衍射，介质中的声波场引起的折射率变化为

$$\Delta n(\boldsymbol{r}, t) = \Delta n \cos(\omega_s t - \boldsymbol{k}_s \cdot \boldsymbol{r}) \tag{6.2-39}$$

通过与 ω_i 和 ω_d 光波场的相互作用，在介质中产生附加的电极化强度[6]：

$$\Delta \boldsymbol{P}(\boldsymbol{r}, t) = 2\sqrt{\varepsilon\varepsilon_0}\,\Delta n(\boldsymbol{r}, t)\boldsymbol{E}(\boldsymbol{r}, t) \tag{6.2-40}$$

式中，$\boldsymbol{E}(\boldsymbol{r}, t)$是频率为 ω_i 和 ω_d 的光电场之和。这个附加的电极化强度将导致 ω_i 和 ω_d 二光波间的能量耦合。为了得到声光相互作用的耦合方程，我们从波动方程

$$\nabla^2 \boldsymbol{E} = \mu\sigma \frac{\partial \boldsymbol{E}}{\partial t} + \mu\varepsilon \frac{\partial^2 \boldsymbol{E}}{\partial t^2} + \mu \frac{\partial^2}{\partial t^2}\boldsymbol{P}^{(\mathrm{NL})} \tag{6.2-41}$$

出发，并设介质无损耗，即 $\sigma=0$。上式是参量相互作用的基本方程，也是光波在折射率变化的介质中传播的波动方程，它对频率为 ω_i 和 ω_d 的光波场都成立。设入射光波和衍射光波皆为线偏振光，对频率为 ω_i 的入射光波场来说，方程(6.2-41)可写成

$$\nabla^2 E_i = \mu\varepsilon \frac{\partial^2 E_i}{\partial t^2} + \mu \frac{\partial^2}{\partial t^2}(\Delta P)_i \tag{6.2-42}$$

式中，$(\Delta P)_i$ 是附加电极化强度在平行于 $\boldsymbol{E}_i$ 方向上的分量，频率为 ω_i，它的其它频率分量与 $\boldsymbol{E}_i$ 不同步，对 $\boldsymbol{E}_i$ 贡献的平均值为零。参与介质极化的总光电场为下列两个光波场之和：

$$\left.\begin{aligned} E_i(\boldsymbol{r}, t) &= \frac{1}{2}E_i(x_i)\mathrm{e}^{-\mathrm{i}(\omega_i t - \boldsymbol{k}_i\cdot\boldsymbol{r})} + \mathrm{c.\,c.} \\ E_d(\boldsymbol{r}, t) &= \frac{1}{2}E_d(x_d)\mathrm{e}^{-\mathrm{i}(\omega_d t - \boldsymbol{k}_d\cdot\boldsymbol{r})} + \mathrm{c.\,c.} \end{aligned}\right\} \tag{6.2-43}$$

式中，$\boldsymbol{k}_i$ 和 $\boldsymbol{k}_d$ 分别为入射光和衍射光的波矢，x_i 和 x_d 分别为沿 $\boldsymbol{k}_i$ 和 $\boldsymbol{k}_d$ 方向的坐标。对(6.2-43)式进行两次微分得到

$$\nabla^2 E_i(\boldsymbol{r}, t) = \frac{1}{2}\left[-k_i^2 E_i(x_i) + 2\mathrm{i}k_i \frac{\mathrm{d}E_i}{\mathrm{d}x_i} + \nabla^2 E_i(x_i)\right]\mathrm{e}^{-\mathrm{i}(\omega_i t - \boldsymbol{k}_i\cdot\boldsymbol{r})}$$

假设 $E_i(x_i)$ 变化缓慢，满足 $\nabla^2 E_i(x_i) \ll k_i[\mathrm{d}E_i(x_i)/\mathrm{d}x_i]$，则将上式与(6.2-42)式联立，并利用关系式 $k_i=\omega_i\sqrt{\mu\varepsilon_i}$，可得

$$k_i \frac{\mathrm{d}E_i}{\mathrm{d}x_i} = -\mathrm{i}\mu\left[\frac{\partial^2}{\partial t^2}(\Delta P)_i\right]\mathrm{e}^{-\mathrm{i}(\omega_i t - \boldsymbol{k}_i\cdot\boldsymbol{r})} \tag{6.2-44}$$

利用关系式 $\Delta\boldsymbol{P}=2\sqrt{\varepsilon\varepsilon_0}\Delta n(\boldsymbol{r}, t)[\boldsymbol{E}_i(\boldsymbol{r}, t)+\boldsymbol{E}_d(\boldsymbol{r}, t)]$，有

$$(\Delta P)_i = \frac{1}{2}\sqrt{\varepsilon\varepsilon_0}\Delta n E_d(x_d)\mathrm{e}^{-\mathrm{i}[(\omega_s+\omega_d)t - (\boldsymbol{k}_s+\boldsymbol{k}_d)\cdot\boldsymbol{r}]} + \mathrm{c.\,c.} \tag{6.2-45}$$

将(6.2-45)式代入方程(6.2-44)，得

$$\frac{\mathrm{d}E_i(x_i)}{\mathrm{d}x_i} = \mathrm{i}\kappa_i E_d(x_d)\mathrm{e}^{\mathrm{i}(\boldsymbol{k}_i - \boldsymbol{k}_d - \boldsymbol{k}_s)\cdot\boldsymbol{r}} \tag{6.2-46}$$

同理有

$$\frac{\mathrm{d}E_d(x_d)}{\mathrm{d}x_d} = \mathrm{i}\kappa_d E_i(x_i)\mathrm{e}^{-\mathrm{i}(\boldsymbol{k}_i - \boldsymbol{k}_d - \boldsymbol{k}_s)\cdot\boldsymbol{r}} \tag{6.2-47}$$

式中，$\kappa_{i,d}=\omega_{i,d}\sqrt{\mu\varepsilon_0}\Delta n/2=\omega_{i,d}\Delta n/(2c)$ 为耦合系数，它表征了声光相互作用的强弱。在给定的声场作用下，入射光场 E_i 和衍射光场 E_d 之间得到最大能量耦合的条件是

$$\boldsymbol{k}_i = \boldsymbol{k}_s + \boldsymbol{k}_d \tag{6.2-48}$$

该条件称为布喇格条件。若此布喇格条件得到满足，并考虑到声频 ω_s 较光频 ω_i 小得多，$\omega_i \approx \omega_d$，可取 $\kappa_i=\kappa_d=\kappa$，则方程(6.2-46)和(6.2-47)变为

$$\left.\begin{aligned} \frac{\mathrm{d}E_i}{\mathrm{d}x_i} &= \mathrm{i}\kappa E_d \\ \frac{\mathrm{d}E_d}{\mathrm{d}x_d} &= \mathrm{i}\kappa E_i \end{aligned}\right\} \tag{6.2-49}$$

为了求解上面方程，首先应统一坐标，如图 6.2-6 所示，将 x_i 和 x_d 变换到沿波矢 $\boldsymbol{k}_i$ 和 $\boldsymbol{k}_d$ 角平分线的新坐标 ζ 上，有

$$x_i = \zeta \cos\theta$$
$$x_d = \zeta \cos\theta$$

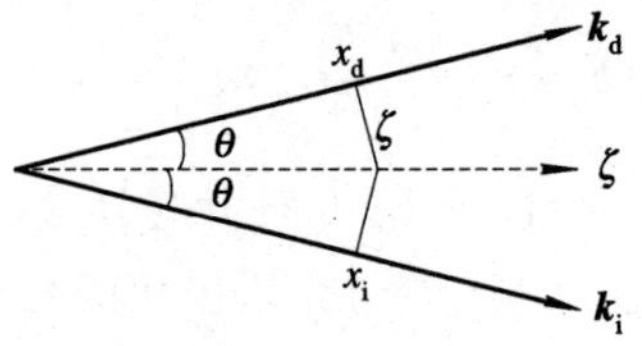

图 6.2-6 x_i、x_d 与坐标 ζ 之间的关系

方程(6.2-49)可改写为

$$\left.\begin{aligned} \frac{dE_i}{d\zeta} &= \frac{dE_i}{dx_i}\cos\theta = i\kappa E_d \cos\theta \\ \frac{dE_d}{d\zeta} &= \frac{dE_d}{dx_d}\cos\theta = i\kappa E_i \cos\theta \end{aligned}\right\} \tag{6.2-50}$$

方程(6.2-50)的解为

$$\left.\begin{aligned} E_i(\zeta) &= E_i(0)\cos(\kappa\zeta\cos\theta) + iE_d(0)\sin(\kappa\zeta\cos\theta) \\ E_d(\zeta) &= E_d(0)\cos(\kappa\zeta\cos\theta) + iE_i(0)\sin(\kappa\zeta\cos\theta) \end{aligned}\right\}$$

再利用 x_i，x_d 和 ζ 之间的关系，把上式改写为

$$\left.\begin{aligned} E_i(x_i) &= E_i(0)\cos\kappa x_i + iE_d(0)\sin\kappa x_i \\ E_d(x_d) &= E_d(0)\cos\kappa x_d + iE_i(0)\sin\kappa x_d \end{aligned}\right\} \tag{6.2-51}$$

此式就是各向同性介质中两束满足布喇格条件的耦合波振幅表示式。当入射光振幅为 $E_i(0)$，$E_d(0)=0$ 时，(6.2-51)简化为

$$\left.\begin{aligned} E_i(x_i) &= E_i(0)\cos\kappa x_i \\ E_d(x_d) &= iE_i(0)\sin\kappa x_d \end{aligned}\right\} \tag{6.2-52}$$

并有

$$|E_i(x_i)|^2 + |E_d(x_d)|^2 = |E_i(0)|^2 \tag{6.2-53}$$

该式表明，两束光波在声光相互作用过程中光功率是守恒的。考虑到坐标 x_i、x_d 和声光作用长度 L 之间的关系 $x_i = x_d = L/\cos\theta_B$，引入一个新的参量 $v = 2\pi\Delta nL/(\lambda\cos\theta_B)$，则两束光波光强随作用距离的变化可表示为

$$\left.\begin{aligned} I_i &= I_i(0)\cos^2\frac{v}{2} \\ I_d &= I_i(0)\sin^2\frac{v}{2} \end{aligned}\right\} \tag{6.2-54}$$

可以得到入射光强和衍射光强随 v 的变化关系，如图 6.2-7 所示。声光衍射效率为

$$\eta_s = \frac{I_d(L)}{I_i(0)} = \sin^2\frac{v}{2} \tag{6.2-55}$$

可见，当 $v/2=\pi/2$ 时，$I_i=0$，$I_d=I_i(0)$，即入射光束的全部能量将转移到衍射光束中去，即理想的布喇格衍射效率可达100%，故在声光器件中多应用布喇格衍射效应。

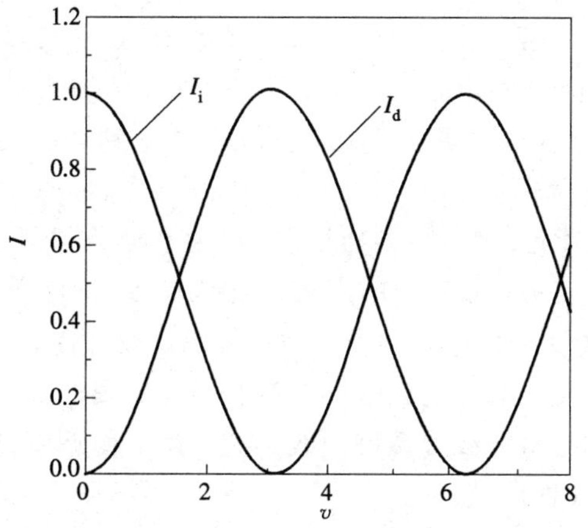

图 6.2-7　I_i、I_d 随 v 的变化曲线(单位任意)

6.2.3　声光调制器

1. 声光调制器结构

当一束光通过变化的超声波场时，由于光波和超声波场的相互作用，其出射光是具有随时间变化的多级衍射光，利用衍射光强度随超声波强度变化的性质，就可以制成光强度调制器。

声光调制器是由声光介质、电-声换能器、吸声(或反射)装置及驱动电源等组成的，如图6.2-8所示。

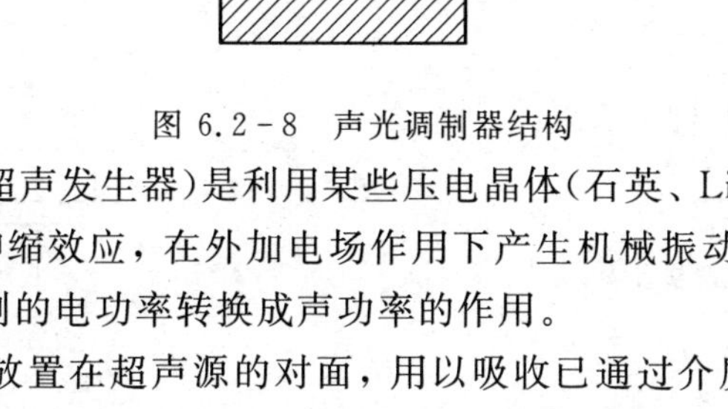

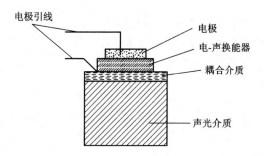

图 6.2-8　声光调制器结构

电-声换能器(又称超声发生器)是利用某些压电晶体(石英、$LiNbO_3$ 等)或压电半导体(CdS、ZnO等)的电致伸缩效应，在外加电场作用下产生机械振动，从而在声光介质中激发超声波。它起着将调制的电功率转换成声功率的作用。

吸声(或反射)装置放置在超声源的对面，用以吸收已通过介质的声波(工作于行波状态)，以免声波返回介质产生干扰。如果要使超声场为驻波状态，则需要将吸声装置换成声反射装置。

驱动电源用以产生施加于电-声换能器两端电极上的调制电信号，驱动声光调制器(换能器)工作。

2. 声光调制器的工作原理[6]

声光调制是利用声光效应将信息加载于光频载波上的一种物理过程。调制信号是以电信号(调辐)形式作用于电-声换能器上，转化为在声光介质中依电信号形式变化的超声波场，当光波通过声光介质时，由于声光作用，使光载波受到调制而成为“携带”信息的强度调制波。

由前面的分析已知，无论是喇曼-纳斯衍射，还是布喇格衍射，其衍射效率均与附加相位延迟因子 $v=2\pi\Delta nL/\lambda$ 有关，而其中的声致折射率差 Δn 正比于弹性应变幅值 S，S 正比于声功率 P_s，故当声波场受到信号调制使声波振幅随之变化时，衍射光强也将随之相应地变化。布喇格声光调制特性曲线与电光强度调制相似，如图 6.2-9 所示。由图可以看出，衍射效率 η_s 与超声功率 P_s 呈非线性调制曲线形式，为了使调制波不发生畸变，需要加超声偏置 P_{s0}，使其工作在线性区域。

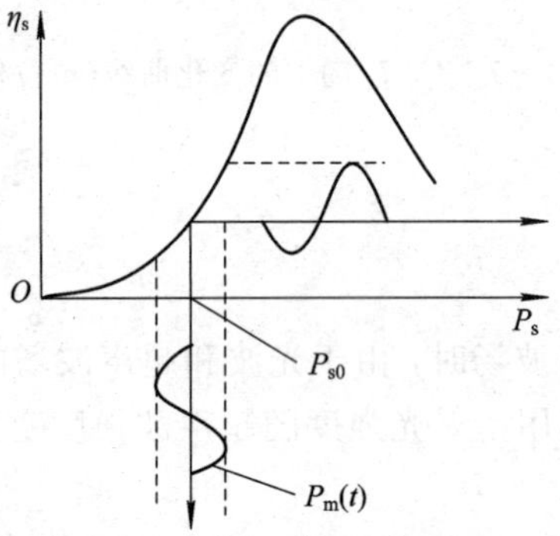

图 6.2-9 声光调制特性曲线

应用喇曼-纳斯衍射的声光调制器工作原理如图 6.2-10(*a*)所示，其各级衍射光强比例于 $J_n^2(v)$。若取某一级衍射光作为输出，可以利用光阑将其他各级衍射光遮挡，则从光阑孔出射的光束就是一个随 v 变化的调制光。由于喇曼-纳斯型衍射效率低，因而光能利用率也低。

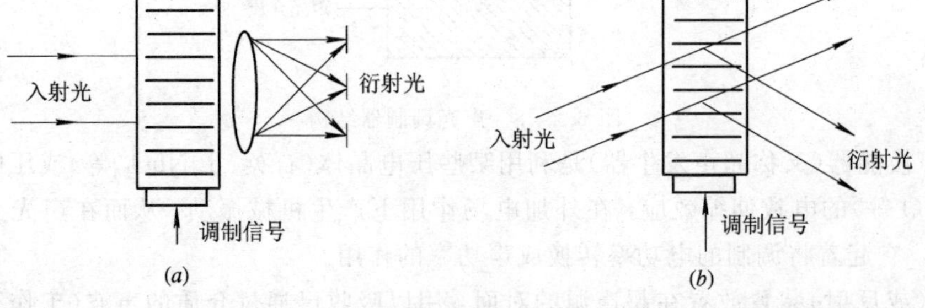

图 6.2-10 声光调制器

(*a*) 喇曼-纳斯型；(*b*) 布喇格型

布喇格型声光调制器工作原理如图 6.2-10(b)所示。其衍射效率由 $\eta_s=\sin^2(v/2)$给出。在声功率 P_s 较小的情况下，衍射效率 η_s 随声强度 I_s 线性变化：

$$\eta_s \propto \frac{I_s}{\cos^2\theta_B} \tag{6.2-56}$$

式中的 $\cos\theta_B$ 因子是考虑了布喇格角对声光作用的影响。由此可见，若对声强加以调制，衍射光强也就受到了调制。应当注意的是，布喇格衍射必须使入射光束以布喇格角 θ_B 入射，同时在相对于声波阵面对称方向接收衍射光束时，才能得到满意的结果。由于布喇格衍射效率高，故多被采用。

下面讨论声光调制器的两个重要技术参量：调制带宽和衍射效率。

1) *声光调制器的带宽*

调制带宽是声光调制器的一个重要参量，它是衡量能否无畸变地传输信息的重要指标，它受到布喇格带宽的限制。对于布喇格型声光调制器而言，在理想的平面光波和声波情况下，波矢量是确定的，因此对一给定入射角和波长的光波，只能有一个确定频率和波矢的声波才能满足布喇格条件。当采用有限的发散光束和声波场时，波束的有限角将会扩展，因此，只在一个有限的声频范围内才能产生布喇格衍射。根据布喇格衍射方程，可以得到允许的声频带宽 Δf_s 与布喇格角的可能变化量 $\Delta\theta_B$ 之间的关系为

$$\Delta f_s = \frac{2nv_s\cos\theta_B}{\lambda}\Delta\theta_B \tag{6.2-57}$$

式中，布喇格角允许的变化量 $\Delta\theta_B$ 是由光束和声波束的发散所引起的入射角和衍射角的变化量。设入射光束的发散角为 $\delta\theta_i$，声波束的发散角为 $\delta\phi$，对于衍射受限制的波束来说，这些波束发散角与波长和束宽的关系可分别近似为

$$\delta\theta_i \approx \frac{2\lambda}{\pi n w_0},\quad \delta\phi \approx \frac{\lambda_s}{L} \tag{6.2-58}$$

式中，w_0 为入射高斯光束的束腰半径，n 为介质的折射率，L 为声束宽度。显然，入射角(光波矢 $\boldsymbol{k}_i$ 与声波矢 $\boldsymbol{k}_s$ 之间的夹角)的覆盖范围应为

$$\Delta\theta = \delta\theta_i + \delta\phi \tag{6.2-59}$$

如果把 $\delta\theta_i$ 角内传播的入射(发散)光束分解为若干不同方向的平面波(即不同的波矢 $\boldsymbol{k}_i$)，对于光束的每个特定方向的分量在 $\delta\phi$ 范围内就有一个合适的频率和波矢的声波可以满足布喇格条件。而声波束因受信号的调制将同时包含许多中心频率的声载波的傅里叶频谱分量，因此对于每个声频率，具有许多波矢方向不同的声波分量都能引起光波的衍射。于是，相应于每一确定角度的入射光，就有一束发散角为 $2\delta\phi$ 的衍射光，如图 6.2-11 所示。由于每一衍射方向的光对应着不同的频移，因而在解调衍射光束的强度调制时，为保证不同频移的衍射光分量在平方律探测器中均能混频，就要求两束最边界的衍射光(如图中的 OA'和 OB')有一定的重叠，即要求 $\delta\phi\approx\delta\theta_i$。若取 $\delta\phi\approx\delta\theta_i=\lambda/(\pi n w_0)$，则得到调制带宽 $(\Delta f)_m$(取允许声频带宽的 1/2)为

$$(\Delta f)_m = \frac{1}{2}\Delta f_s = \frac{2v_s}{\pi w_0}\cos\theta_B \tag{6.2-60}$$

上式表明，声光调制器的带宽与声波穿过光束的渡越时间(w_0/v_s)成反比，即与光束直径成反比，用宽度小的光束可得到大的调制带宽。但实际上光束发散角不能太大，否则，0 级

和 1 级衍射光束将有部分重叠，会降低调制器的效果。因此，一般要求 $\delta\theta_i < \theta_B$，于是由(6.2-30)、(6.2-60)式及 $\Delta\theta_i = \theta_B$，可得

$$\frac{(\Delta f)_m}{f_s} = \frac{\Delta f}{2f_s} < \frac{1}{2} \tag{6.2-61}$$

即最大的调制带宽 $(\Delta f)_m$ 近似等于声频率 f_s 的一半。因此，大的调制带宽要采用高频布喇格衍射才能得到。

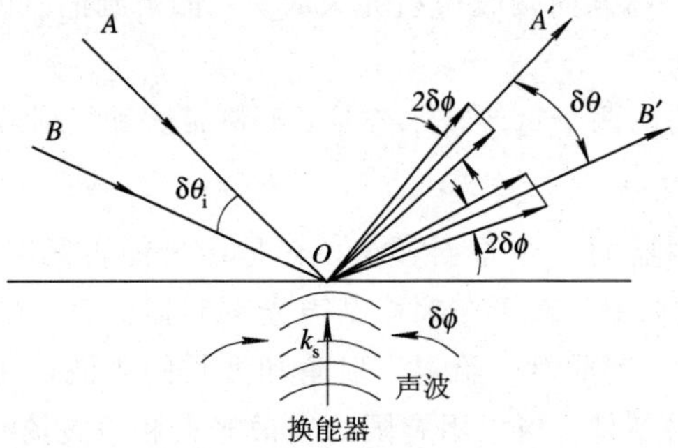

图 6.2-11 具有波束发散的布喇格衍射

2) 声光调制器的衍射效率

声光调制器的另一重要参量是衍射效率。根据(6.2-55)式，衍射效率由声光介质的折射率变化 Δn 和光波在声光介质中的传播距离 L 决定，而 Δn 由介质的弹光系数 P 和声场作用下的弹性应变幅值 S 决定，即

$$\Delta n = -\frac{1}{2}n^3 PS \tag{6.2-62}$$

根据超声波理论，弹性应变幅值 S 与超声驱动功率 P_s 有关，而超声驱动功率与换能器的面积(宽为 H，长为 L)、声速 v_s 以及声波能量密度 $\rho v_s^2 S^2/2$(ρ 为介质的密度)有关，即

$$P_s = (HL)v_s\left(\frac{1}{2}\rho v_s^2 S^2\right) = \frac{1}{2}\rho v_s^3 S^2 HL \tag{6.2-63}$$

利用该式可将弹性应变幅值 S 表示成

$$S = \sqrt{\frac{2P_s}{\rho v_s^3 HL}}$$

就有

$$\Delta n = -\frac{1}{2}n^3 PS = -\frac{1}{2}n^3 P\sqrt{\frac{2P_s}{\rho v_s^3 HL}} = -\frac{1}{2}n^3 P\sqrt{\frac{2I_s}{\rho v_s^3}} \tag{6.2-64}$$

式中，$I_s = P_s/(HL)$ 为超声强度。将(6.2-64)式代入(6.2-55)式，便得到

$$\eta_s = \sin^2\left[\frac{\pi L}{\sqrt{2}\lambda\cos\theta_B}\sqrt{\frac{n^6P^2}{\rho v_s^3}I_s}\right] = \sin^2\left[\frac{\pi L}{\sqrt{2}\lambda\cos\theta_B}\sqrt{M_2 I_s}\right] \tag{6.2-65}$$

式中，M_2 是由声光介质性质决定的参量，称为声光材料品质因数。

由以上分析可见，当超声功率 P_s 改变时，衍射效率随之改变，因此，可以通过控制 P_s(亦即加在电声换能器上的电功率)达到控制衍射光强的目的，实现声光调制。在超声功率 P_s 一定的情况下，欲使衍射光强尽量大，则要求选择 M_2 大的材料。当超声功率 P_s 足够大

时，可获得100%的衍射效率。

若 $\eta_s=1$，则

$$\frac{\pi L}{\sqrt{2}\lambda\cos\theta_B}\sqrt{M_2 I_s}=\frac{\pi}{2}$$

由此可以得到100%调制所需要的声强度为

$$I_s=\frac{\lambda^2\cos^2\theta_B}{2M_2L^2} \tag{6.2-66}$$

若表示成所需要的声功率，则有

$$P_s=HLI_s=\frac{\lambda^2\cos^2\theta_B}{2M_2}\frac{H}{L} \tag{6.2-67}$$

可见，欲获得100%的衍射效率，选取声光材料的品质因数 M_2 越大，所需要的声功率越小，而且电声换能器的截面应做得长(L 大)而窄(H 小)。

应当指出的是，增大作用长度 L 可以提高衍射效率，但是将导致调制带宽的减小，这是因为声束发散角 $\delta\phi$ 与 L 成反比，如前所述，小的 $\delta\phi$ 意味着小的调制带宽。

若令 $\delta\phi=\lambda_s/(2L)$，并利用(6.2-57)～(6.2-59)式，调制带宽可表示成

$$(\Delta f)_m=\frac{2nv_s\lambda_s}{\lambda L}\cos\theta_B \tag{6.2-68}$$

与(6.2-65)式联立，可得

$$2\eta_s(\Delta f)_m f_0=\left(\frac{n^7P^2}{\rho v_s}\right)\frac{2\pi^2}{\lambda^3\cos\theta_B}\left(\frac{P_s}{H}\right) \tag{6.2-69}$$

式中，$f_0=v_s/\lambda_s$，为声波中心频率。由此，为表征声光材料的调制带宽特性，可以引入一个新的声光材料品质因数 M_1：

$$M_1=\frac{n^7P^2}{\rho v_s}=nv_s^2M_2 \tag{6.2-70}$$

M_1 值越大，由此材料制成的调制器可能的调制带宽越宽。

综上所述，声光调制器性能对材料的要求是矛盾的。例如，为使调制器调制效率高，要求 M_2 值大，即材料应有较小的声速；为使调制器有较宽的带宽，要求 M_1 值大，即要求材料有较大的声速。所以选用材料时，应视器件的具体要求，综合折中考虑。

6.2.4 光束的声光扫描

声光效应的另一个重要用途是用来进行光束扫描。声光扫描器的结构与布喇格声光调制器基本相同，所不同之处在于调制器是利用声波振幅改变衍射光的强度，而扫描器则是利用声波频率改变衍射光的方向，使之发生偏转，并且声光扫描器既可以使光束连续偏转，也可以使光按分离的点扫描偏转。

1. 声光扫描原理

从前面的声光布喇格衍射理论分析已知，入射光束产生布喇格衍射应满足布喇格条件：$\sin\theta_B=\lambda/(2n\lambda_s)$，入射角和相应的衍射角满足 $\theta_i=\theta_d=\theta_B$。布喇格角 θ_B 可近似表示为

$$\theta_B\approx\frac{\lambda}{2n\lambda_s}=\frac{\lambda}{2v_s}f_s \tag{6.2-71}$$

故衍射光与入射光间的夹角(偏转角)等于布喇格角 θ_B 的2倍，即

$$\theta = \theta_i + \theta_d = 2\theta_B = \frac{\lambda}{nv_s} f_s \tag{6.2-72}$$

由上式可以看出：改变超声波的频率 f_s，就可以改变其偏转角 θ，从而达到控制光束传播方向的目的。超声频率改变 Δf_s 引起光束偏转角的变化为

$$\Delta\theta = \frac{\lambda}{nv_s}\Delta f_s \tag{6.2-73}$$

(6.2-73)式可用图 6.2-12 及声光波矢关系予以说明。设声波频率为 f_s 时，声光衍射满足布喇格条件，则声光波矢图为闭合等腰三角形，衍射极值沿着与超声波面成 θ_d 角的方向。若声波频率变为 $f_s+\Delta f_s$ 时，则根据 $k_s=2\pi f_s/v_s$ 的关系，声波波矢量将有 $\Delta k_s=2\pi\Delta f_s/v_s$ 的变化。由于入射角 θ_i 不变，衍射光波矢大小也不变，则声光波矢图不再闭合。光束将沿着 OB 方向衍射，相应的光束偏转为 $\Delta\theta$。因为 θ 和 $\Delta\theta$ 都很小，因而可近似认为 $\Delta\theta=\Delta k_s/k_d=\lambda\Delta f_s/(nv_s)$，所以偏转角与声频的改变成正比。

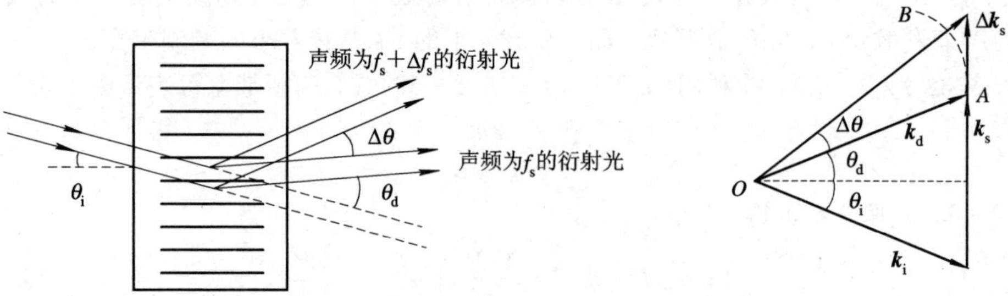

图 6.2-12　声光扫描器原理图

2. 声光扫描器的性能参量

声光扫描器的主要性能参量有三个，即可分辨点数(它决定扫描器的容量)、偏转时间 τ(其倒数决定扫描器的速度)和衍射效率 η_s(决定扫描器的效率)。衍射效率前面已经讨论过。下面主要讨论可分辨点数、扫描速度和工作带宽问题。

对一个声光扫描器来说，不仅要看偏转角 $\Delta\theta$ 的大小，主要的还要看其可分辨点数 N。可分辨点数 N 定义为偏转角 $\Delta\theta$ 和入射光束本身发散角 $\Delta\phi$ 之比，即

$$N = \frac{\Delta\theta}{\Delta\phi} \tag{6.2-74}$$

式中，$\Delta\phi=R\lambda/(nw)$，w 为入射光束的宽度，R 为常数，其值决定于所用光束的性质(均匀光束或高斯光束)及可分辨判据(瑞利判据或可分辨判据)。例如，显示或记录用扫描器，采用瑞利判据，$R=1.0\sim1.3$；光存储器用扫描器，采用可分辨判据，$R=1.8\sim2.5$，则扫描可分辨点数为

$$N = \frac{\Delta\theta}{\Delta\phi} = \frac{w}{v_s}\frac{\Delta f_s}{R} \tag{6.2-75}$$

式中的 w/v_s 为超声波渡越时间，记为 τ，它即是扫描器的偏转时间。因此上式可以写成

$$N\frac{1}{\tau} = \frac{1}{R}\Delta f_s \tag{6.2-76}$$

$N\dfrac{1}{\tau}$称为声光扫描器的容量-速度积，它表征单位时间内光束可以指向的可分辨位置的数

目。该式表明，声光扫描器的容量-速度积仅取决于工作带宽 Δf_s，而与介质的性质无关。当光束宽度和声速确定后，参数 τ 就确定了，因而只有增加带宽才能提高扫描器的分辨率。例如，入射光束直径 $w=1$ cm，声速 $v_s=4\times10^5$ cm/s，则 $\tau=2.5$ μs，若要求 $N=200$ 时，则 Δf_s 为 100 MHz～200 MHz。

声光扫描器的带宽受换能器带宽和布喇格带宽两个因素的限制。因为声频改变时，相应的布喇格角也要改变，其变化量为

$$\Delta\theta_B = \frac{\lambda}{2nv_s}\Delta f_s \tag{6.2-77}$$

因此要求声束和光束具有匹配的发散角。声光扫描器一般采用准直的平行光束，其发散角很小，所以要求声波的发散角 $\delta\phi\geqslant\delta\theta_B$。取 $\delta\phi=\frac{\lambda_s}{L}$，再考虑到(6.2-77)式，就得到

$$\frac{\Delta f_s}{f_s} \leqslant \frac{2n\lambda_s^2}{\lambda L} \tag{6.2-78}$$

实际上工作带宽的选取是由给定的指标 N 和 τ 确定的，此时工作频带的中心频率也已确定。因为正常布喇格器件总存在一些剩余的高级衍射，此外还有各种非线性因素和驱动电源谐波分量的影响，为了避免在工作频带内出现假点，要求工作带宽的中心频率 $f_{s0}\geqslant\frac{3}{2}\Delta f_s$，或

$$\frac{\Delta f_s}{f_{s0}} \leqslant \frac{2}{3} = 0.667 \tag{6.2-79}$$

此式是设计布喇格声光扫描带宽的基本关系式。

6.2.5 声光空间光调制[4]

声光空间光调制器是利用声光效应进行空间光调制的器件。在声光空间光调制器中，电学写入信号通过电声换能器转换成载有写入信息的超声波，这个声波作用于声光介质，通过弹光效应，又转化成介质折射率的变化分布，构成一种“相位光栅”。读出光受到这种“相位光栅”的作用而被调制：其衍射光强度可以由超声波的功率，或者说由电-声换能器的电驱动功率来控制，因而通过改变超声功率就可以获得光强的空间调制；若利用声光器件的频率调制功能又可以实现对读出光的相位空间调制，这是因为光波相位随时间变化的速率与角频率 ω_i 成正比，因此不同频率的光波在传播了相同的时间之后，其相位改变量是不同的。

声光空间光调制器有如下特点：其一写入信息的空间分布不是固定的，而是以声速在缓慢地运动；其二写入信息只沿一维空间(平行于声波的传播方向)分布，因此声光调制器适宜用来进行一维图像(或信息)的空间光调制。

6.3 光波的磁光效应控制

在第二章关于旋光性效应的讨论中指出，当线偏振光通过旋光介质时会发生偏振面的旋转，这种现象起因于旋光介质的圆双折射，而这种圆双折射是由旋光介质的结构决定的，称为自然圆双折射，这种旋光性属于互易效应。实际上，在自然界中存在有某些介质

(磁光介质),它们在外加磁场的作用下,会改变光学性质,产生感应圆双折射,这就是磁光效应,这种磁光效应是非互易效应,与外加磁场方向有关。磁光效应包括法拉第效应、克尔效应、磁线振双折射、磁圆振二向色性、磁线振二向色性、塞曼效应和磁激发光散射等,其中最为人们熟悉、应用最多的是法拉第效应。在实际工作中,人们可以利用法拉第效应实现控制光波参量的目的。

6.3.1 光波在法拉第介质中传播的简正模理论

1. 描述磁光效应的基本方程

光波通过具有磁矩的介质(旋光介质)后,光的偏振状态会发生变化,这是由于光波电、磁场与介质相互作用的结果。对于各种磁光效应,这种现象起因于介电常数张量中的非对角项[7]。

对于对称性高于正交系的磁光晶体,假定 a、b、c 轴分别平行于坐标系的 x、y、z 轴,磁化强度 $\boldsymbol{M}$ 平行于单轴晶体光轴或平行于 z 轴的情形,晶体中光波场的电位移矢量 $\boldsymbol{D}$ 与电场强度矢量 $\boldsymbol{E}$ 有如下关系:

$$\boldsymbol{D}=\varepsilon_0\boldsymbol{\varepsilon}\cdot\boldsymbol{E}=\varepsilon_0\begin{bmatrix}\varepsilon_x & \mathrm{i}\delta & 0\\ -\mathrm{i}\delta & \varepsilon_y & 0\\ 0 & 0 & \varepsilon_z\end{bmatrix}\boldsymbol{E} \tag{6.3-1}$$

考虑到在光频波段晶体的相对磁导率 $\mu_r\approx1$,且晶体的电阻率很高,即 $\sigma\approx0$,则晶体中光波场所满足的麦克斯韦方程为

$$\left.\begin{aligned}\nabla\times\boldsymbol{E}&=-\mu_0\frac{\partial\boldsymbol{H}}{\partial t}\\ \nabla\times\boldsymbol{H}&=\varepsilon_0\boldsymbol{\varepsilon}\frac{\partial\boldsymbol{E}}{\partial t}\end{aligned}\right\} \tag{6.3-2}$$

其中,ε_0 和 μ_0 分别为真空中的介电常数和磁导率。设入射到晶体的光波为线偏振光,其电、磁场分别为

$$\left.\begin{aligned}\boldsymbol{E}&=\boldsymbol{E}_0\mathrm{e}^{-\mathrm{i}(\omega t-\boldsymbol{k}\cdot\boldsymbol{r})}=\boldsymbol{E}_0\mathrm{e}^{-\mathrm{i}\omega(t-\frac{n}{c}\boldsymbol{k}_0\cdot\boldsymbol{r})}\\ \boldsymbol{H}&=\boldsymbol{H}_0\mathrm{e}^{-\mathrm{i}(\omega t-\boldsymbol{k}\cdot\boldsymbol{r})}=\boldsymbol{H}_0\mathrm{e}^{-\mathrm{i}\omega(t-\frac{n}{c}\boldsymbol{k}_0\cdot\boldsymbol{r})}\end{aligned}\right\} \tag{6.3-3}$$

式中,$\boldsymbol{k}=\frac{n\omega}{c}\boldsymbol{k}_0$,为波矢量,$\boldsymbol{k}_0$ 为波矢量方向的单位矢量;n 为晶体的折射率。将(6.3-3)式代入(6.3-2)式,得

$$\left.\begin{aligned}\frac{n}{c}\boldsymbol{E}\times\boldsymbol{k}_0&=-\mu_0\boldsymbol{H}\\ \frac{n}{c}\boldsymbol{H}\times\boldsymbol{k}_0&=\varepsilon_0\boldsymbol{E}\end{aligned}\right\} \tag{6.3-4}$$

将(6.3-1)式代入(6.3-4)式,经过运算得到

$$\begin{bmatrix}n^2(1-\alpha^2)-\varepsilon_x & -n^2\alpha\beta-\mathrm{i}\delta & -n^2\alpha\lambda\gamma\\ -n^2\alpha\beta+\mathrm{i}\delta & n^2(1-\beta^2)-\varepsilon_y & -n^2\beta\gamma\\ -n^2\alpha\gamma & -n^2\beta\gamma & n^2(1-\gamma^2)-\varepsilon_z\end{bmatrix}\begin{bmatrix}E_x\\ E_y\\ E_z\end{bmatrix}=0 \tag{6.3-5}$$

式中，α、β、γ 分别为波矢量 $\boldsymbol{k}$ 相对 x、y、z 轴的方向余弦。$\boldsymbol{E}$ 有非零解的条件是方程(6.3-5)中的系数行列式等于零，由此得

$$n^4(\varepsilon_x\alpha^2+\varepsilon_y\beta^2+\varepsilon_z\gamma^2)-n^2[(\varepsilon_x\varepsilon_y-\delta^2)(\alpha^2+\beta^2)+\varepsilon_z(\varepsilon_x\alpha^2+\varepsilon_y\beta^2)+\varepsilon_z(\varepsilon_x+\varepsilon_y)\gamma^2]$$
$$+\varepsilon_z(\varepsilon_x\varepsilon_y-\delta^2)=0 \tag{6.3-6}$$

求解该方程可以得到晶体中的折射率分布 n，进一步把所求得的折射率 n 代入方程(6.3-5)，就可以求出相应于不同折射率的传播简正模。方程(6.3-5)和方程(6.3-6)是描述各种磁光效应的基础。

2. 法拉第效应的简正模理论

法拉第效应是指线偏振光沿外加磁场方向通过介质时偏振面发生旋转的现象。根据非线性光学理论[8]，法拉第效应可以利用 $P_\mu(\omega)=\varepsilon_0\chi_{\mu\alpha\beta}E_\alpha(\omega_1)B_\beta(\omega_2)$ 关系描述，式中的 $P_\mu(\omega)$ 是光束在外加磁场介质中传播时的感应极化强度，$\chi_{\mu\alpha\beta}$ 是一个描述磁光介质产生磁光效应强弱的三阶赝张量，$B_\beta(\omega_2)$ 是外加磁场，$E_\alpha(\omega_1)$ 是传播光束的光电场，且满足 $\omega=\omega_1+\omega_2$。当外加直流磁场 B_z^0 时，$P_\mu(\omega)=\varepsilon_0\chi_{\mu\alpha z}E_\alpha(\omega)B_z^0$。

1）法拉第介质中的简正模

设线偏振光波波矢 $\boldsymbol{k}$ 平行于磁化强度 $\boldsymbol{M}$ 方向，则 $\alpha=\beta=0$，$\gamma=1$。若光波在立方晶体或各向同性介质中传播，则 $\varepsilon_x=\varepsilon_y=\varepsilon_z=\varepsilon$。因此，方程(6.3-5)变为

$$\begin{bmatrix} n^2-\varepsilon & -\mathrm{i}\delta & 0 \\ \mathrm{i}\delta & n^2-\varepsilon & 0 \\ 0 & 0 & -\varepsilon \end{bmatrix}\begin{bmatrix} E_x \\ E_y \\ E_z \end{bmatrix}=0 \tag{6.3-7}$$

方程(6.3-6)变为

$$(n^2-\varepsilon)^2-\delta^2=0 \tag{6.3-8}$$

式中，$\delta=\chi_{xyz}B_z^0$。对于这样的本征值问题，求解本征方程(6.3-8)得到

$$n_\pm^2=\varepsilon\pm\delta \tag{6.3-9}$$

进一步将(6.3-9)式代入方程(6.3-7)，可以求得相应于 n_+ 的光波场解满足 $E_y=-\mathrm{i}E_x$，这个光波为右旋偏振光；相应于 n_- 的光波场解满足 $E_y=\mathrm{i}E_x$，这个光波为左旋偏振光。因此，对于沿晶体外加磁场方向传播的线偏振光，在晶体中可分解成两个反向旋转的圆偏振光 $\mathrm{e}^{-\mathrm{i}\omega\left(t-\frac{n_+}{c}z\right)}$ 和 $\mathrm{e}^{-\mathrm{i}\omega\left(t-\frac{n_-}{c}z\right)}$，它们在晶体中的折射率分别为 n_+ 和 n_-，这两个正交的圆偏振光就是法拉第介质中传播的简正模。

2）法拉第效应

如果不计法拉第介质的吸收，则折射率 $n_\pm$ 为实数，入射到介质中的线偏振光将分解为两个正交的圆偏振光简正模，无耦合地分别以速度 $v_+=c/n_+$ 和 $v_-=c/n_-$ 在介质中传播，传过一段距离后，出现与传播距离有关的相位差，其合成光仍然为线偏振光，但该光的偏振面相对入射光转过了一个角度。

为了具体求出线偏振光在法拉第介质中传播时偏振面的旋转角度，假设入射的线偏振光电场 $\boldsymbol{E}$ 沿 x 方向振动，它在晶体中可以分解为右旋圆偏振光

$$\left.\begin{aligned} E_x^+ &= \frac{1}{2}E_0\cos\left(\omega t - \frac{2\pi n_+}{\lambda}z\right) \\ E_y^+ &= -\frac{1}{2}E_0\sin\left(\omega t - \frac{2\pi n_+}{\lambda}z\right) \end{aligned}\right\} \tag{6.3-10}$$

和左旋圆偏振光

$$\left.\begin{aligned} E_x^- &= \frac{1}{2}E_0\cos\left(\omega t - \frac{2\pi n_-}{\lambda}z\right) \\ E_y^- &= \frac{1}{2}E_0\sin\left(\omega t - \frac{2\pi n_-}{\lambda}z\right) \end{aligned}\right\} \tag{6.3-11}$$

在晶体中传播一段距离 z 后，合成光电场强度的两个分量分别为

$$\left.\begin{aligned} E_x &= E_x^+ + E_x^- = \frac{1}{2}E_0\left[\cos\left(\omega t - \frac{2\pi n_+}{\lambda}z\right) + \cos\left(\omega t - \frac{2\pi n_-}{\lambda}z\right)\right] \\ &= E_0\cos\frac{\pi(n_+ - n_-)}{\lambda}z\cos\left[\omega t - \frac{\pi(n_+ - n_-)}{\lambda}z\right] \\ E_y &= E_y^+ + E_y^- = -\frac{1}{2}E_0\left[\sin\left(\omega t - \frac{2\pi n_+}{\lambda}z\right) - \sin\left(\omega t - \frac{2\pi n_-}{\lambda}z\right)\right] \\ &= -E_0\sin\frac{\pi(n_+ - n_-)}{\lambda}z\cos\left[\omega t - \frac{\pi(n_+ - n_-)}{\lambda}z\right] \end{aligned}\right\} \tag{6.3-12}$$

该光仍为线偏振光，只是在传播一段距离 z 后，其电场振动方向相对入射光转过了一个角度 θ：

$$\theta = \arctan\frac{-E_y}{E_x} = \frac{\pi(n_+ - n_-)}{\lambda}z = \alpha z \tag{6.3-13}$$

这就是法拉第效应。式中，$\alpha = \pi(n_+ - n_-)/\lambda$，为传播单位长度后电场振动方向的旋转角度，称为法拉第介质的旋光率，或比法拉第旋转。根据(6.3-9)式可求出$(n_+ - n_-)$，将其代入(6.3-12)式，可得

$$\alpha = \frac{\pi\chi_{xyz}B_z^0}{\lambda} = \mathrm{V}B_z^0 \tag{6.3-14}$$

式中，$\mathrm{V} = \pi\chi_{xyz}/\lambda$ 为韦尔德(Verdet)常数。

6.3.2 光传播的磁光调制

磁光调制与电光调制、声光调制一样，也是把要传递的信息转换成光载波的强度(振幅)等参数随时间的变化，所不同的是，磁光调制先将电信号转换成与之对应的交变磁场，再通过磁光效应改变在介质中传播光波的偏振态，从而达到改变光强度等参量的目的。一种磁光调制器的结构示意如图 6.3-1 所示：法拉第介质 YIG(或掺 Ga 的 YIG)棒沿 z 轴方向置于光路上，它的两端放置有起偏器和检偏器，高频螺旋形线圈环绕在 YIG 棒上，受驱动电源的控制，用以提供平行于 z 轴的信号磁场。为了获得线性调制，在垂直于光传播的方向上加一恒定磁场 H_{dc}[7]，其强度足以使晶体饱和磁化。工作时，高频信号电流通过线圈感生出平行于光传播方向的磁场，入射光通过 YIG 晶体时，由于法拉第旋转效应，其偏振面发生旋转，旋转角正比于磁场强度 H。因此，只要用调制信号控制磁场强度的变化，就会使光的偏振面发生相应的变化。由于这里外加的恒定磁场 H_{dc} 与通光方向垂直，旋转

角与 H_{dc} 成反比，于是光场偏振方向转过的角度为

$$\theta = \theta_s \frac{H_0 \sin\omega_m t}{H_{dc}} L \tag{6.3-15}$$

式中，θ_s 是单位长度饱和法拉第旋转角，$H_0\sin\omega_m t$ 是调制磁场。如果该光通过检偏器，就可以获得相应强度变化的调制光。

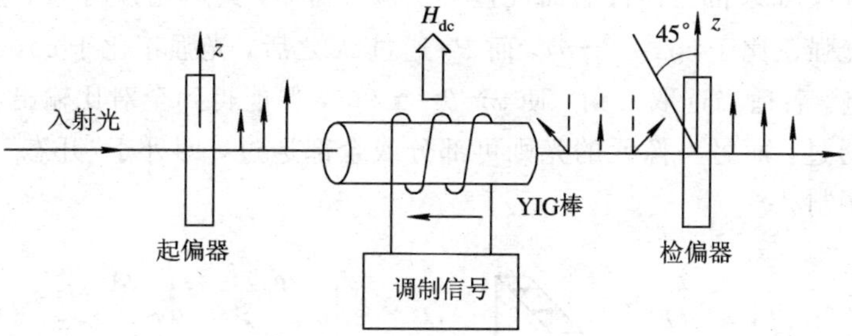

图 6.3-1 磁光强度调制器

6.3.3 磁光空间光调制

磁光空间光调制器是利用对铁磁材料的诱导磁化记录写入信息，利用磁光效应对读出光进行调制的。

1. 写入信息的记录过程

我们知道，有些磁性材料在外磁场的诱导下即被磁化，当撤去外磁场后，材料的磁感应强度并不恢复为零，而仍有“剩磁”，这时，即使有一个反方向的外磁场，只要其强度不超过临界值，上述剩磁强度方向仍不会改变，只有当反向外磁场的大小超过临界值之后，剩磁强度方向才会随之改变。因此，可以利用磁性材料稳定的剩磁强度的方向“记忆”原来的外磁场方向，若要使它发生变化，则必须施加足够大的反向磁场。由于稳定的剩磁方向有两个，因而记录的信息是二元的，如果把磁性材料做成薄膜形状，并分成大量互相独立的像元(刻蚀成矩形像元阵列)，在各像元之间制作正交的编址电极，便可以记录一个以二进制数字表示的二维数据阵列。

具体进行数据记录的方法是：利用一种所谓矩阵编址方法，通过在电极上施加电流，在某个需要改变剩磁方向的单元处产生较强的局部反向磁场，达到使指定像元发生剩磁方向反转的效果。当电流通过两正交方向的编址电极时，电极交叉处的像元即被编址(究竟是交叉点周围的四个像元中哪个像元被编址，由磁光薄膜的设计及电极中电流的方向确定)，薄膜的磁化状态随编址磁场而发生变化。这样，利用逐行写入的方式，便能把二元的电学写入信号转变成按二维阵列排列的以剩磁方向表征的信息阵列。

2. 信息的读出

在磁光调制器中，对读出光的调制是通过磁光效应实现的。当一束线偏振光通过磁光介质时，如果存在着沿光传播方向的磁场，则由于法拉第效应，入射光的偏振方向将随着光的传播而发生旋转，旋转的方向取决于磁场的方向，这样，我们就可以利用把记录在上述磁性薄膜中的剩磁方向分布的信息转换成输出光的偏振态的分布，若再通过一检偏器，

便可完成二元的振幅调制或相位调制。

具体调制过程可用图 6.3-2 说明：如调制器的两个像元"1"和"2"已被写入信号调制成具有相反方向的剩磁强度(图中用箭头方向表示，其中"1"表示薄膜磁化方向与光束方向相同；"2"相反)，由于法拉第效应，沿 y 轴方向偏振的线偏光 P 通过这两个单元后，其偏振方向将分别旋转一个角 θ 和 $-\theta$，得到 P_1 和 P_2 两个出射光(一个顺时针旋转 θ 角，一个逆时针旋转 θ 角)；如果再在器件后面设置一个检偏器 A，其透光方向与 y 轴成 φ 角，则 P_1 通过 A 之后，光强正比于 $\cos^2(\varphi-\theta)$，而 P_2 通过 A 之后，光强正比于 $\cos^2(\varphi+\theta)$，实现了二元的振幅调制。若适当选取 φ 角，使 $\varphi-\theta=\pm 90°$，便能得到全对比输出，即一个像元处于"关态"无光通过，而另一像元的光则可部分或全部透过，即处于"开态"。这样，就实现了光束的空间调制。

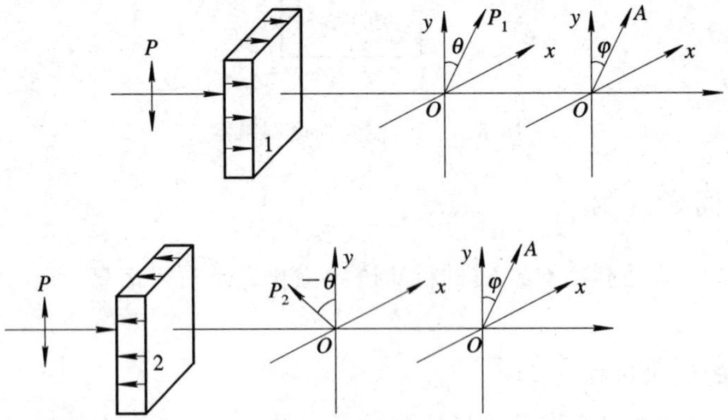

图 6.3-2　磁光调制器的信息读出

6.4　光学双稳态

光学双稳态(OBIS)是控制光传输特性的一种特殊的非线性光学效应。与电子学双稳态器件是电子计算机的最基本单元器件一样，光学双稳态器件也是未来光学计算机的基本单元器件，有极其诱人的应用前景。

6.4.1　光学双稳态概述[9]

1. 光学双稳性

如果一个光学系统相应于一个输入光强存在着两个可能的输出光强状态，而且这两个光强状态间可以实现可恢复性的开关转换，则称该系统具有光学双稳定性，如图 6.4-1 所示。

图 6.4-1　光学双稳性的定义

光学双稳性一般是指光强的双稳性，有时也被推广到其它光学量，如频率的双稳性等。光学双稳性的特征曲线($I_o \sim I_i$曲线)如图 6.4-2 所示，类似于铁磁性或铁电性的滞后回线，具有以下两个特征：①迟滞性，即输出光总是滞后于入射光，迟滞性决定其系统的稳定特性，来源于负反馈作用；②突变性，即两状态间的快速开关转换，这种两状态间的快速转换特性，起源于正反馈作用。可见，反馈在光学双稳性中起着关键性作用。

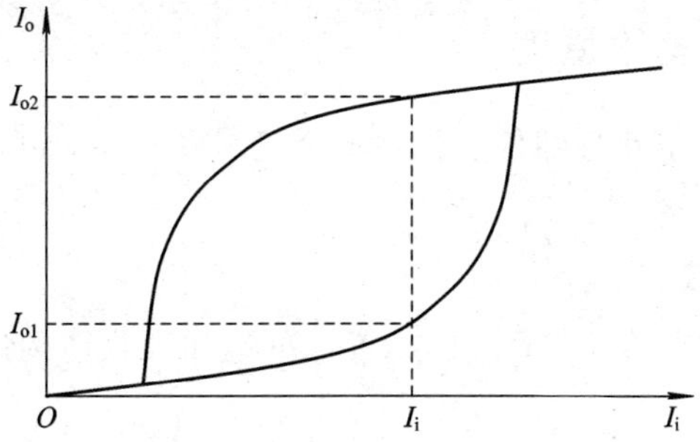

图 6.4-2 光学双稳性的输出输入特性

2. 光学双稳器件

具有光学双稳性的光学装置称为光学双稳器件(OBD)。一般光学双稳性源于光学非线性和反馈的共同作用，因此光学双稳器件是一种具有反馈的非线性光学器件。

构成光学双稳器件有三要素：非线性介质、反馈系统和入射光能，如图 6.4-3 所示。最简单的光学双稳器件是在 F-P 光学谐振腔中放置一块非线性介质构成的，其中 F-P 起反馈作用，如图 6.4-4 所示。

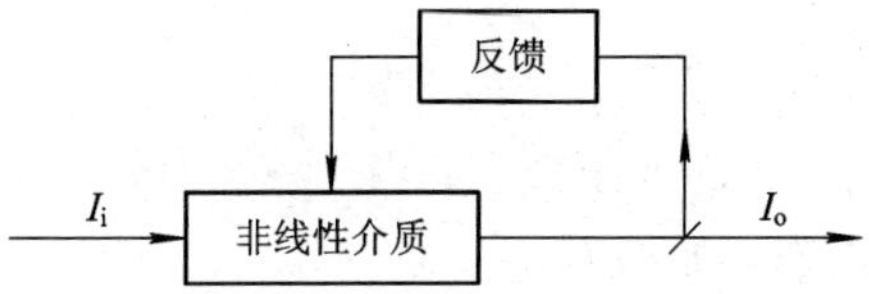

图 6.4-3 光学双稳态器件的构成

F-P 腔型光学双稳器件在结构上很像一个激光器。但是，除了双稳激光器之外，光学双稳器件在 F-P 腔中放置的不是增益介质，而是无源的非线性介质；F-P 光学谐振腔在光学双稳器件中提供负反馈(有些情形提供正反馈)，而在激光器中仅提供正反馈；在光学双稳器件中的光辐射过程是超辐射，而在激光器中是受激辐射。

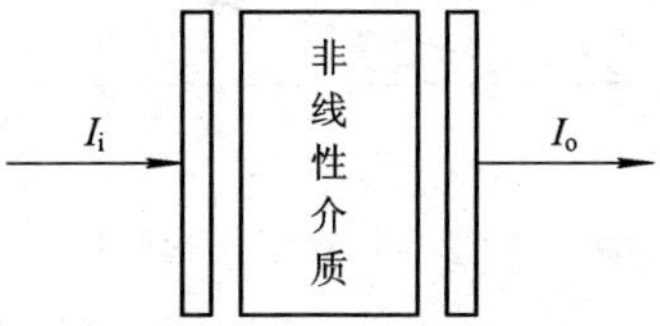

图 6.4-4 非线性 F-P 腔光学双稳态器件

3. 光学双稳器件的分类

光学双稳器件种类繁多，并且可以按不同方式分类。光学双稳器件按反馈方式可以分为两类：

(1) 全光型——纯光学反馈元件光学双稳器件。例如，含有非线性介质的 F-P 标准具。进一步，按非线性机制不同，又可以分为：① 吸收型：由非线性吸收引起；② 色散型：

由非线性折射引起；③ 热光型：由热致非线性引起。

(2) 混合型——混合反馈元件光学双稳器件。例如，具有反馈的电光调制器，以及其它电光、磁光、声光双稳器件等。

6.4.2 光学双稳态的基本原理

本节以吸收型全光光学双稳器件和折射型全光双稳器件为例，简单讨论光学双稳态的基本原理。

1. 吸收型全光双稳性

吸收型全光双稳器件是在 F-P 腔中放置一可饱和吸收体构成。可饱和吸收体介质的吸收系数 α 可表示为

$$\alpha = \frac{\alpha_0}{1 + \dfrac{I_0}{I_s}} \tag{6.4-1}$$

式中，α_0 为线性吸收系数；I_0 为介质中的光强；I_s 为饱和光强。若设 I_i 和 I_o 分别为光学双稳器件的输入、输出光强，L 为器件厚度，则器件的透射率 T 为

$$T = \frac{I_o}{I_i} = e^{-\alpha L} \tag{6.4-2}$$

根据 (6.4-1)式和(6.4-2)式，吸收型光学双稳态器件有两个稳定状态：当 $I_i \to 0$ 时，$I_o \to 0$，$\alpha \to \alpha_0$，则

$$I_o = I_i e^{-\alpha_0 L} = k I_i \tag{6.4-3}$$

$I_o \sim I_i$ 曲线的斜率较小，为 k，器件处于低态；当 $I_i \to \infty$ 时，$I_o \to \infty$，$\alpha \to 0$，$I_o \approx I_i$，$I_o \sim I_i$ 曲线的斜率为 45°，器件处于高态，如图 6.4-5 所示。

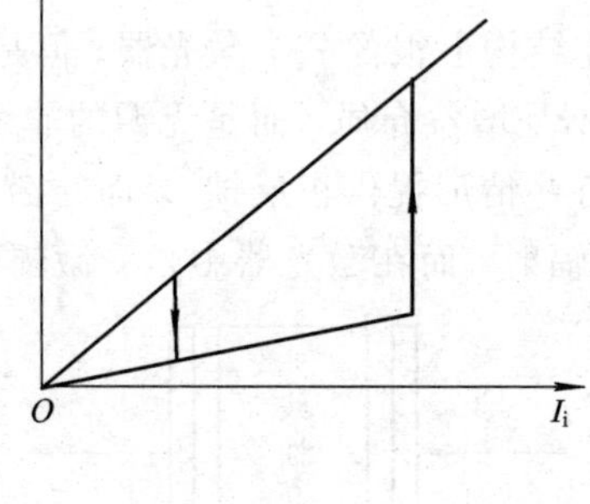

图 6.4-5 吸收型光学双稳性

2 折射型全光学双稳性

折射型(色散型) 全光双稳器件是在 F-P 腔中放置光克尔介质构成的。假定 F-P 腔两个反射镜的反射率为 R，腔长为 L，介质的线性折射率为 n_0，若不计吸收，其透射率 T 为[1]

$$T = \frac{I_o}{I_i} = \frac{1}{1 + F \sin^2 \dfrac{\phi_0}{2}} \tag{6.4-4}$$

式中，$F=\dfrac{4R}{(1-R)^2}$，ϕ_0是两相邻透射光线间的相位差，且

$$\phi_0 = \frac{4\pi n_0 L}{\lambda} \tag{6.4-5}$$

若 F-P 腔中放置光克尔介质，其介质折射率为

$$n = n_0 + n_2 I_0 \tag{6.4-6}$$

式中，n_2是介质的非线性折射率系数；I_0是光克尔介质中的光强。因为腔内光克尔介质中的光强 I_0与输出光强 I_o有近似关系：

$$I_0 = \frac{1+R}{1-R} I_o \tag{6.4-7}$$

所以光克尔介质的折射率可表示为

$$n = n_0 + n_2 \frac{1+R}{1-R} I_o \tag{6.4-8}$$

在这种情况下，两相邻透射光线间的相位差为

$$\phi = \frac{4\pi}{\lambda} nL = \phi_0 + KI_o \tag{6.4-9}$$

式中，

$$K = \frac{2\pi}{\lambda}\left(\frac{1+R}{1-R}\right) n_2 L$$

因此，根据(6.4-9)式，双稳器件透射率 T 与相位差 ϕ 的关系可表示为

$$T = \frac{I_o}{I_i} = \frac{\phi - \phi_0}{KI_i} \tag{6.4-10}$$

在该式中，T 与 ϕ 呈线性关系，斜率由入射光强的倒数确定。(6.4-10)式通常被称为反馈关系式。进一步，考虑到 F-P 腔中放置光克尔介质，两相邻透射光线间的相位差为 ϕ，双稳器件的透射率 T 与相位差 ϕ 还可以表示为

$$T = \frac{I_o}{I_i} = \frac{1}{1 + \dfrac{4R}{T^2} \sin^2 \dfrac{\phi}{2}} \tag{6.4-11}$$

(6.4-11)式通常称为调制关系式。

利用上述双稳器件的透射率 T 与相位差 ϕ 的两个关系式(6.4-10) 和(6.4-11)，可以利用作图法和解析法分折得到折射型全光双稳态器件的双稳特性。

1) 作图法

所谓作图法，就是将 (6.4-10)式所确定的反馈曲线和 (6.4-11)式所确定的调制曲线绘于一张图上，得到两个曲线相交的工作点。

如图 6.4-6 所示，当输入光强由零逐步增加时，由(6.4-10)式，反馈曲线斜率逐渐减小，得到两曲线的交点依次为：$A-B-C-D-E$；然后，逐步减小输入光强，由(6.4-10)式，反馈曲线斜率逐渐增大，两曲线的交点依次为：$E-D-F-B-A$。这样，就确定了折射型全光器件双稳特性的工作范围在直线 CD 和 BF 之间。在这个范围内，对应于一个给定的输入光强 I_i，两曲线有三个交点 1、2、3，其中 2 是不稳定的工作点，1 和 3 是稳定的工作点。也就是说，对应于一个输入光强，存在着两个稳定的输出光强状态。由此就得到了相应的输出光强 I_o依赖于入射光强 I_i的关系曲线，即折射型光学双稳性的特性曲线，如

图 6.4-7 所示。可以证明，图中 $C-2-F$ 曲线是不稳定的。由该图可见，I_o 滞后于 I_i，在 C 点和 F 点发生开启和关闭的跳变。

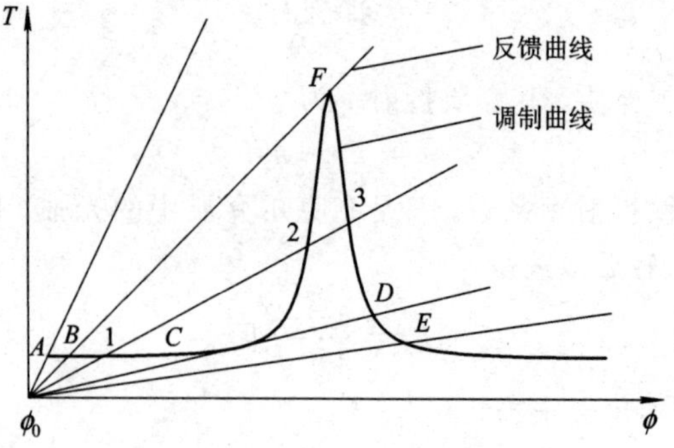

图 6.4-6　折射型全光双稳器件工作点的作图法

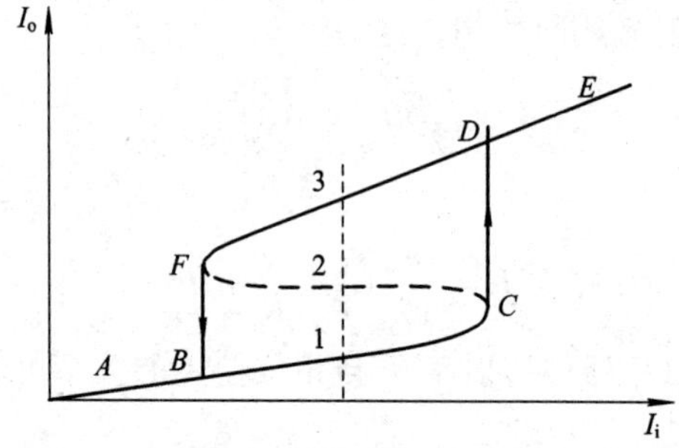

图 6.4-7　作图法求折射型全光双稳器件双稳特性

2) 解析法

对于双稳器件的 $T\sim\phi$ 关系，在其透射峰 $\phi=2m\pi(m=0, 1, 2, \cdots)$ 值附近，近似有 $\sin(\phi/2)\approx\phi/2$，调制关系式(6.4-11)可表示为

$$T=\frac{I_o}{I_i}=\frac{1}{1+\dfrac{R\phi^2}{(1-R)^2}} \tag{6.4-12}$$

由此得到如下输入输出光强间的关系：

$$I_i=\left[1+\frac{R\phi^2}{(1-R)^2}\right]I_o \tag{6.4-13}$$

另一方面，由(6.4-9)式可以得到

$$\phi=\phi_0\pm|\phi_2|I_o \tag{6.4-14}$$

对于图 6.4-6 中所示峰值附近的相位关系(峰值处：$\phi=2m\pi$，$m=0, 1, 2, \cdots$)，(6.4-14)式应取负号，即 $\phi=\phi_0-|\phi_2|I_o$，代入(6.4-13)式，可得

$$I_i=\left[1+\frac{R}{(1-R)^2}(\phi-\phi_2 I_o)^2\right]I_o \tag{6.4-15}$$

这个关系式是关于 I_o 的三次方程。令

$$I_{\rm I}=\frac{\phi_2}{\phi_0}I_i,\quad I_{\rm O}=\frac{\phi_2}{\phi_0}I_o,\quad k=\frac{R\phi_0^2}{(1-R)^2} \tag{6.4-16}$$

则有

$$I_{\mathrm{I}} = kI_{\mathrm{O}}^{3} - 2kI_{\mathrm{O}}^{2} + (1+k)I_{\mathrm{O}} \tag{6.4-17}$$

对于不同的初始相位 ϕ_0(即不同的 k 值)，存在着不同的折射型光学双稳曲线，如图 6.4-8 所示。

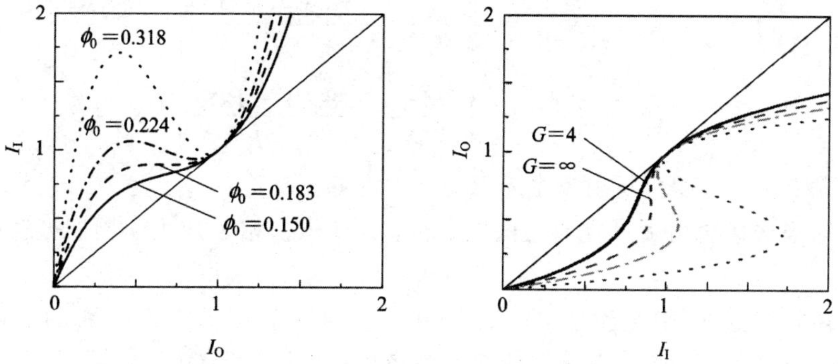

图 6.4-8 不同 ϕ_0 下的折射型光学双稳特性曲线

在图 6.4-8 中，F-P 腔反射镜的反射率 $R=0.9$，左图中的 $\phi_0=0.183$ 曲线相应于右图中微分增益 $G=\mathrm{d}I_{\mathrm{O}}/\mathrm{d}I_{\mathrm{I}}=\infty$ 的曲线，是双稳的临界情况。曲线的斜率 $\mathrm{d}I_{\mathrm{O}}/\mathrm{d}I_{\mathrm{I}}$ 决定着双稳器件的性质：

当 $0<\dfrac{\mathrm{d}I_{\mathrm{O}}}{\mathrm{d}I_{\mathrm{I}}}\leqslant 1$ 或 $1\leqslant\dfrac{\mathrm{d}I_{\mathrm{I}}}{\mathrm{d}I_{\mathrm{O}}}<\infty$ 时，无增益，无双稳；

当 $1<\dfrac{\mathrm{d}I_{\mathrm{O}}}{\mathrm{d}I_{\mathrm{I}}}<\infty$ 或 $0\leqslant\dfrac{\mathrm{d}I_{\mathrm{I}}}{\mathrm{d}I_{\mathrm{O}}}<1$ 时，有微分增益；

当 $-\infty<\dfrac{\mathrm{d}I_{\mathrm{O}}}{\mathrm{d}I_{\mathrm{I}}}<0$ 或 $-\infty<\dfrac{\mathrm{d}I_{\mathrm{I}}}{\mathrm{d}I_{\mathrm{O}}}<0$ 时，有光学双稳性(负斜率区)。

为求双稳态阈值条件，由 $\dfrac{\mathrm{d}^2 I_{\mathrm{I}}}{\mathrm{d}I_{\mathrm{O}}^2}=0$ 求拐点位置，得到

$$I_{\mathrm{O}} = \frac{2}{3}$$

因此，微分增益与光双稳态的临界点为

$$G = \frac{\mathrm{d}I_{\mathrm{O}}}{\mathrm{d}I_{\mathrm{I}}} = \left(\frac{\mathrm{d}I_{\mathrm{I}}}{\mathrm{d}I_{\mathrm{O}}}\right)^{-1} = [3kI_{\mathrm{O}}^2 - 4kI_{\mathrm{O}} + (1+k)]^{-1}\big|_{I_{\mathrm{O}}=\frac{2}{3}} = \left(1-\frac{k}{3}\right)^{-1} = \infty$$

为使上式成立，要求 $k=3$，即 $k=\dfrac{R\phi_0^2}{(1-R)^2}=3$，或 $|\phi_0|=\dfrac{\sqrt{3}(1-R)}{\sqrt{R}}$。利用 F-P 标准具的条纹精细度公式 $N=\dfrac{\pi\sqrt{R}}{1-R}$，有

对微分增益：
$$0<|\phi_0|\leqslant\frac{\sqrt{3}\pi}{N} \tag{6.4-18}$$

对双稳性：
$$|\phi_0|>\frac{\sqrt{3}\pi}{N} \tag{6.4-19}$$

若利用 F-P 的精细度定义 $N=\dfrac{2\pi}{\varepsilon}$，可以得到折射型全光双稳器件实现双稳态的条件为

$$|\phi_0|>\frac{\sqrt{3}\pi}{N}\approx\frac{2\pi}{N}=\varepsilon \tag{6.4-20}$$

可见，要使器件实现双稳态，其初始相移 ϕ_0 必须适当选择，使相移的大小大于条纹锐度 ε。

将 $I_O=\dfrac{2}{3}$，$k=3$ 代入 (6.4-17)式，得到 $I_1=\dfrac{8}{9}$。由此可以得到拐点坐标为

$$\left.\begin{aligned} I_{oc} &= \frac{2}{3}\frac{\phi_0}{\phi_2} = \frac{2}{3}\frac{\sqrt{3}\pi}{\phi_2 N} = \frac{2}{\sqrt{3}}\frac{1-R}{\sqrt{R}}\frac{1}{\phi_2} \\ I_{ic} &= \frac{8}{9}\frac{\phi_0}{\phi_2} = \frac{8}{9}\frac{\sqrt{3}\pi}{\phi_2 N} = \frac{8}{3\sqrt{3}}\frac{1-R}{\sqrt{R}}\frac{1}{\phi_2} \end{aligned}\right\} \tag{6.4-21}$$

由以上分析，可以得到折射型全光双稳器件的如下结论：

(1) 要适当选择初相 ϕ_0 才能满足阈值条件，即要求初相 ϕ_0 应大于周期型透射峰值的半峰值宽度 ε；

(2) 采用较好的 F-P 精细度可以减少所需相移量，即大的 N 值或小的 ε 值；

(3) 要有足够强的入射光强才能满足阈值条件；

(4) 较大的非线性折射系数可降低阈值光强。

6.4.3 光学双稳态的基本形式[10]

1969 年 Szöke 首先提出[11]，用强激光照射充有 SF_6 气体的 F-P 腔，可以产生输出光与输入光的强度滞后回线关系，并得到 OBIS。1974 年美国贝尔实验室的 McCall[12] 从理论上研究了吸收型 OBIS，确证了 OBIS 的实现可能性。不久，人们在充有钠蒸汽的 F-P 腔中，观察[13] 到了相应于某一些入射激光束的强度值时，可有两个不同的输出光强；观察[14] 到了色散型 OBIS。其后，在许多不同特性的材料中都观察到了 OBIS 效应。值得一提的是 Gibbs[15] 在多种半导体材料中实现了光学双稳态，Smith[16] 等人利用电光效应得到了混合型双稳态。与此同时，人们对于 OBIS 的理论研究工作也取得了重要进展，从理论上对多种类型光学双稳态的实现机理，基本性质及稳定特性，瞬态特性进行深入的研究。这里，仅介绍几种双稳态系统。

1. 纯光学型双稳态

1975 年 McCall，Gibbs 等人实现的钠蒸汽光学双稳态实验装置如图 6.4-9 所示，图 6.4-10 是其实验结果。对于没有 F-P 腔结构的钠蒸汽池，透射光束强度与入射光束强度的关系是一种简单的饱和型关系，即当入射光强增大时，输出光强呈现一定的饱和，这时

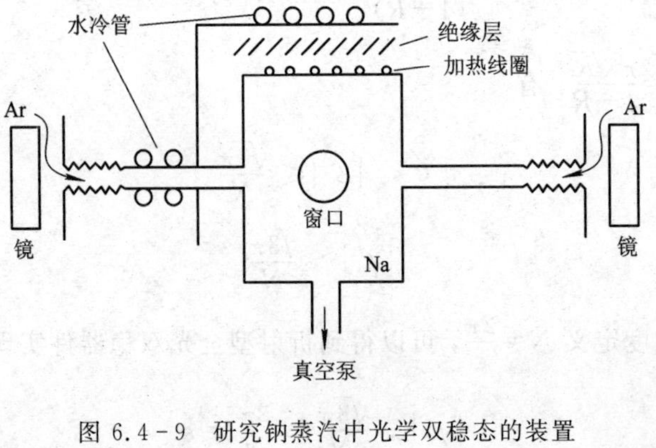

图 6.4-9 研究钠蒸汽中光学双稳态的装置

不存在 OBIS 效应。当加上腔体结构后，则得到图 6.4－10 所示的滞后回线结构。如果将入射光强固定在某些数值，则可以清楚看到输出光强与入射光强间的双稳关系，这表示这种 OBIS 效应并不只是在输入迅变光场时才存在的。

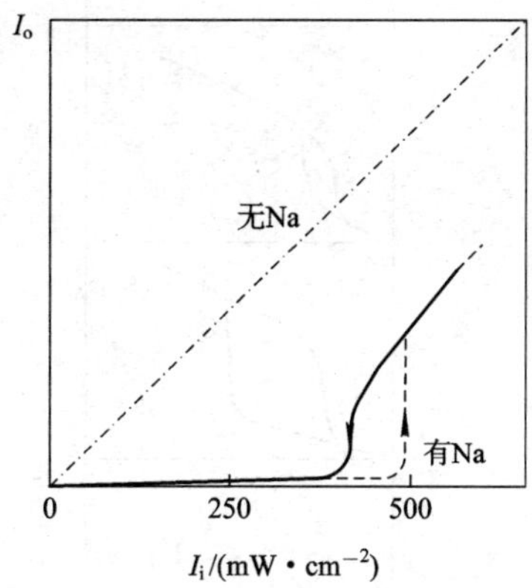

图 6.4－10 钠蒸汽中观测到的色散型光学双稳态

1978 年，Bischofber 和 Shen 等人对液晶、CS_2 等克尔介质进行了纯色散型 OBIS 实验，其实验曲线如图 6.4－11 所示，与理论分析结果非常一致。

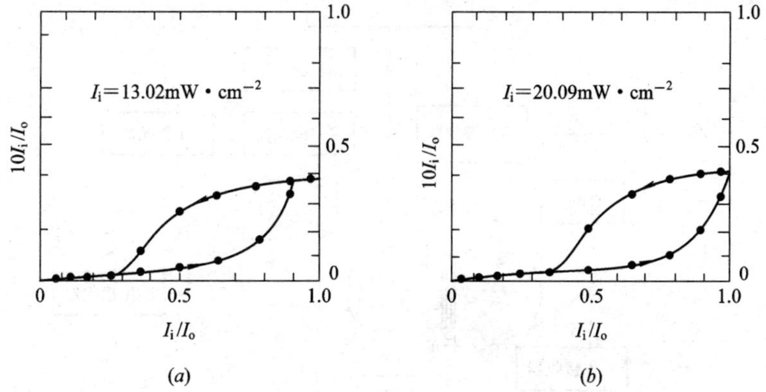

图 6.4－11 光学双稳态

(*a*) CS_2；(*b*) 硝基苯

1978 年，Karpushko 等人在 ZnS 层中观察到了光学双稳态效应，这是半导体材料中的第一次 OBIS 测量，测量结果示于图 6.4－12。图中从上至下分别对应着激光与谐振腔不同的失谐量，ZnS 层是多层介质膜的中间层，其厚度为 0.22 μm，两侧反射层的反射率为 0.98。

1978 年，Gibbs 等人首先研究了 GaAs 体材料的光学双稳态，实验装置和实验结果如图 6.4－13、图 6.4－14 所示。

大量的半导体材料已成为 OBIS 研究中的一类重要介质，这不仅是因为它们的强非线性光学特性使得 OBIS 效应易于观察，更重要的是因为半导体材料及微结构材料在光电子学应用上的巨大潜力。

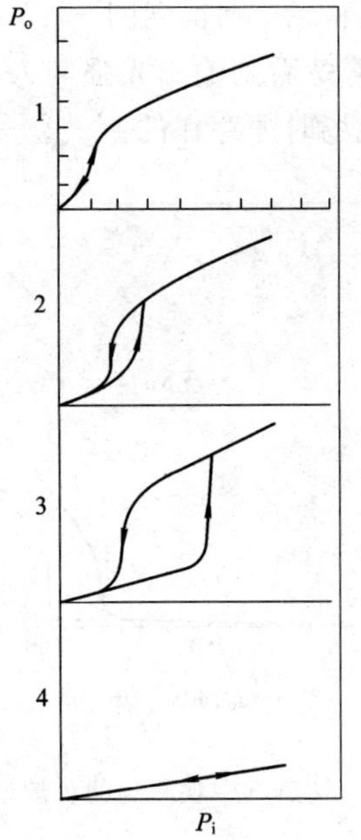

图 6.4-12 干涉滤光片的输出功率与入射功率的关系

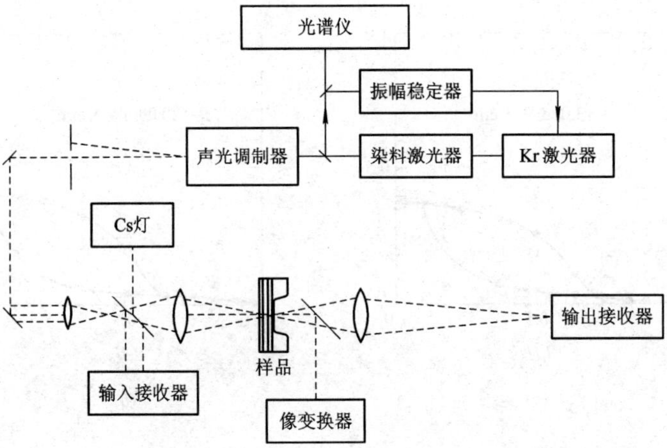

图 6.4-13 观察 GaAs 的 OBIS 效应的实验装置

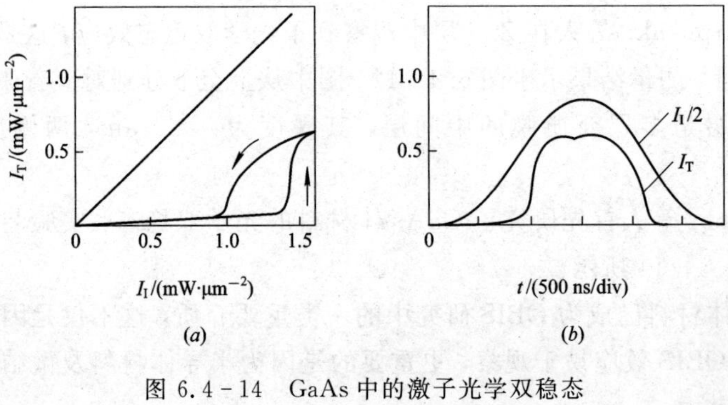

图 6.4-14 GaAs 中的激子光学双稳态

2. 混合型双稳态

基于对 OBIS 效应的研究人们认识到，实现 OBIS 效应除介质的非线性性质外，另外一个重要的因素是某种反馈机制的存在。因此，除了 F-P 腔特殊的反馈特性外，采用其他方法使介质的非线性性质得到反馈，同样也可以产生双稳态效应。于是，人们研究出了各种型式的混合型光学双稳态系统。

图 6.4-15 和图 6.4-16 是 Smith 在 1977 年利用电光效应观测双稳态现象的混合型双稳态实验装置及实验结果。该实验装置中，电光晶体调制器被置于 F-P 腔中，部分输出光通过探测器转换成电信号，并经放大器放大后加到电光晶体的电极上，调制晶体的折射率和光的相位。这种光学双稳器件属于多光束干涉型。

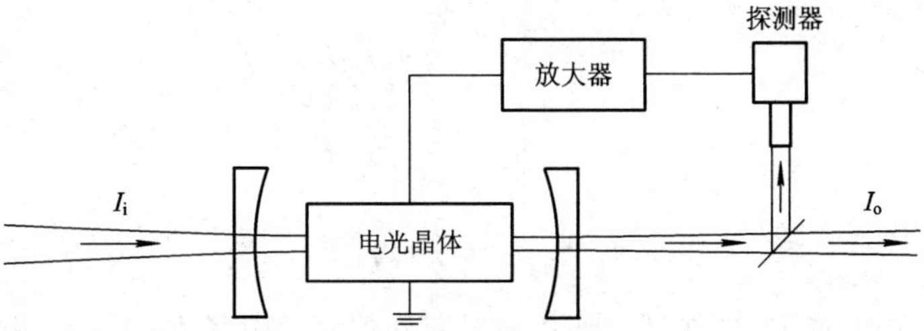

图 6.4-15 电光非线性 F-P 型双稳器件实验装置

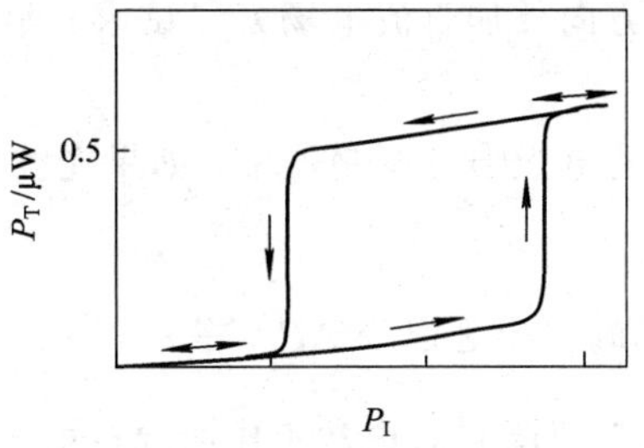

图 6.4-16 电光非线性 F-P 型双稳器件的输入输出关系

设晶体介质单程损耗为 A，F-P 腔的透射率公式为

$$T=\frac{T_m}{1+C\sin^2\frac{\phi}{2}} \tag{6.4-22}$$

式中

$$T_m=\left(\frac{1-R}{1-RA}\right)^2A,\quad C=\frac{4RA}{(1-RA)^2} \tag{6.4-23}$$

(6.4-22)式是 $T\sim\phi$ 调制关系。

另外，考虑到线性反馈过程 $I_o\propto U\propto\Delta\phi$；线性电光效应 $\Delta\phi=\pi U/U_{\lambda/2}$（$U_{\lambda/2}$ 为晶体的半波电压），$T\sim\phi$ 反馈关系为

$$T=\frac{I_o}{I_i}=\frac{\phi-\phi_0}{kI_i} \tag{6.4-24}$$

联立方程(6.4-22)和(6.4-24)，可以得到如图 6.4-16 所示的光学双稳曲线。

习 题 六

6-1 对$\bar{4}3m$类晶体，当沿立方体轴向加电场E_e时，主折射率为

$$n_{x'} = n + \frac{1}{2}n^3\gamma_{41}E_e,\ n_{y'} = n - \frac{1}{2}n^3\gamma_{41}E_e,\ n_{z'} = n$$

假定晶片z-切割，厚度为l。证明正入射光的电光相位延迟为

$$\Gamma_0 = \frac{2\pi}{\lambda}n^3\gamma_{41}E_e l$$

6-2 对$3m$类$LiNbO_3$晶体，证明当沿z向外加电场时，其主折射率为

$$n_{x'} = n_o - \frac{1}{2}n_o^3\gamma_{13}E_z$$

$$n_{y'} = n_o - \frac{1}{2}n_o^3\gamma_{13}E_z$$

$$n_{z'} = n_e - \frac{1}{2}n_e^3\gamma_{33}E_z$$

6-3 BSO晶体属23对称群，现沿y方向外加直流电场$\boldsymbol{E}_0$，试利用折射率椭球方法确定该光沿z方向通过晶体的电光相位延迟。

6-4 $\bar{4}3m$晶体沿〈111〉方向外加直流电场$\boldsymbol{E}_0$，试求光沿〈111〉方向传播时的本征值和本征矢。

6-5 在图6.1-4所示的电光强度调制器中，如果光波偏离z轴一个小角度θ($\theta \ll 1$)传播，

(1) 证明自然双折射引起的相位延迟为$\Delta\Gamma = \frac{\omega L}{2c}n_o\left(\frac{n_o^2}{n_e^2} - 1\right)\theta^2$；

(2) 利用上述结果，证明为使调制器正常工作所允许的光束发散角应满足

$$\theta < \left[\frac{\lambda_0}{4n_o L}\left(\frac{n_o^2}{n_e^2} - 1\right)\right]^{\frac{1}{2}}$$

6-6 在电光调制器中，为了得到线性调制，在调制器中插入一个$\lambda/4$波片，波片的轴向如何设置最好？若旋转$\lambda/4$波片，它所提供的直流偏置有何变化？

6-7 如图所示，为了降低电光调制器的半波电压，用4块z-切割的KD^*P晶体连接(光路串联，电路并联)成纵向串联式结构。试求：为了使4块晶体的电光效应逐块叠加，各晶体的x和y轴应如何取向？

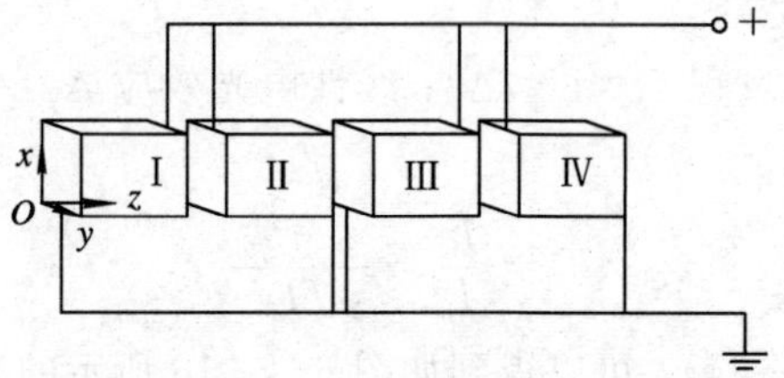

题6-7图

6-8 在折射率 $n=2.35$ 的声光介质中，声速 $v_s=616$ m/s。若取超声频率为 $f_s=100$ MHz，入射光波长 $\lambda=632.8$ nm。试估算发生喇曼-纳斯衍射所允许的介质长度。

6-9 一个 $PbMoO_4$ 声光调制器，对 He-Ne 激光进行调制。已知声功率 $P_s=1$ W，声光相互作用长度 $L=1.8$ mm，换能器宽度 $H=0.8$ mm，$M_2=36.3\times10^{-15}$ s^3/kg。试求该 $PbMoO_4$ 声光调制的布喇格衍射效率。

6-10 一个驻波超声场会对布喇格衍射光场产生什么影响？给出它所造成的频移和衍射方向。

6-11 用 $PbMoO_4$ 晶体做成一个声光扫描器，取 $n=2.48$，$M_2=37.75\times10^{-15}$ s^3/kg，换能器宽度 $H=0.5$ mm。声波沿光轴方向传播，声频 $f_s=150$ MHz，声速 $v_s=399$ m/s，光束宽度 $d=0.85$ cm，光波长 $\lambda=0.5$ μm。

(1) 证明此扫描器只能产生正常布喇格衍射；

(2) 为获得 100%的衍射效率，声功率 P_s 应为多大？

(3) 若布喇格带宽 $\Delta f=125$ MHz，则衍射效率降低多少？

(4) 求可分辨点数 N。

6-12 当光波在立方晶体($\varepsilon_x=\varepsilon_y=\varepsilon_z$)中垂直磁化强度方向传播时，证明

$$n_{\parallel}^2=\varepsilon_r,\ n_{\perp}^2=\varepsilon_r\left(1-\frac{\delta^2}{\varepsilon_r^2}\right)$$

6-13 一束线偏振光经过长 $L=25$ cm，直径 $D=1$ cm 的实心玻璃，玻璃外绕 $N=250$ 匝导线，通有电流 $I=5$ A。取韦尔德常数为 $V=0.25\times10^{-5}{}'/(\text{cm}\cdot\text{T})$，试计算光的旋转角 θ。

参考文献

[1] 石顺祥，等. 物理光学与应用光学. 西安：西安电子科技大学出版社，2000. //石顺祥，等. 物理光学与应用光学. 2版. 西安：西安电子科技大学出版社，2008.

[2] Yariv A, Yeh P. Optical Waves in Crystals: Propagation and Control of Laser Radiation. John Wiley & Sons, Inc., 1984.

[3] 石顺祥，等. 非线性光学. 西安：西安电子科技大学出版社，2003. //石顺祥，等. 非线性光学. 2版. 西安：西安电子科技大学出版社，2012.

[4] 李育林，等. 空间光调制器及其应用. 北京：国防工业出版社，1996.

[5] 蓝信钜，等. 激光技术. 北京：科学出版社，2000.

[6] 徐介平. 声光器件的原理、设计和应用. 北京：科学出版社，1982.

[7] 刘湘林，等. 磁光材料和磁光器件. 北京：北京科学技术出版社，1990.

[8] 过巳吉，等. 非线性光学. 西安：西北电讯工程学院出版社，1986.

[9] 李淳飞. 非线性光学. 哈尔滨：哈尔滨工业大学出版社，2005.

[10] Gibbs H M. Optical Bistability : Controlling light with light. New York: Academic Press Inc., 1985.

[11] Szöke A, et al. Appl. Phys. Lett., 1969, 15 : 376.

[12] McCall S L. Phys. Rev., 1974, A9: 1515.

[13] McCall S L, Gibbs H M, and T N C Venkatesan. Optical transistor and bistability. J. Opt. Soc. Am., 1975, 65: 1184.

[14] Bischofberger T and Shen Y R. J. Opt. Soc. Am., 1978, 68: 642.

[15] Gibbs H M, Gossard A C, et al. Solid state commun., 1979, 30: 271.

[16] Smith P W and Turner E H. J. Opt. Soc. Am., 1977, 67: 250.